Excel技术与应用大全

宋翔◎编著

人民邮电出版社
北京

图书在版编目（CIP）数据

Excel技术与应用大全 / 宋翔编著. -- 北京 : 人民邮电出版社, 2022.1
ISBN 978-7-115-57016-1

Ⅰ. ①E… Ⅱ. ①宋… Ⅲ. ①表处理软件 Ⅳ. ①TP391.13

中国版本图书馆CIP数据核字(2021)第148352号

内容提要

本书以 Excel 2019 软件为平台，从 Excel 用户的工作需要和日常应用出发，结合大量的典型案例，详细讲解了 Excel 界面的组成和自定义设置，工作簿和工作表的基本操作，Excel 模板的创建和使用，行、列和单元格的基本操作，数据的输入、编辑、验证、导入、导出、排序、筛选、分类汇总和打印，数据格式、条件格式的设置，公式与函数的基本知识及使用技巧，逻辑函数、信息函数、数学函数、文本函数、日期函数、时间函数、求和函数、统计函数、查找函数、引用函数、财务函数的实际应用，数据的分析、展示、保护、协作和共享，VBA 编程等内容。

本书内容翔实，可操作性强，兼顾技术理论和实际应用，适合所有学习和使用 Excel 的用户。本书既可作为 Excel 的自学宝典，又可作为案例应用的速查手册，还可作为各类院校的培训教材。

◆ 编　　著　宋　翔
责任编辑　牟桂玲
责任印制　王　郁　彭志环

◆ 人民邮电出版社出版发行　　北京市丰台区成寿寺路 11 号
邮编　100164　　电子邮件　315@ptpress.com.cn
网址　https://www.ptpress.com.cn
北京市艺辉印刷有限公司印刷

◆ 开本：787×1092　1/16
印张：28　　　　2022 年 1 月第 1 版
字数：760 千字　　　　2022 年 1 月北京第 1 次印刷

定价：119.90 元

读者服务热线：(010)81055410　印装质量热线：(010)81055316
反盗版热线：(010)81055315
广告经营许可证：京东市监广登字 20170147 号

感谢您选择了《Excel 技术与应用大全》！本书详细介绍 Excel 涵盖的大部分功能和技术，提供大量的应用案例，将理论知识和实际应用紧密结合。

本书组织结构

本书共包括 25 章和 3 个附录，具体内容如下表所示。

章名	简介
第 1 章　熟悉 Excel 的工作环境	主要介绍 Excel 界面的组成结构和自定义 Excel 界面的方法
第 2 章　工作簿和工作表的基本操作	主要介绍工作簿和工作表的基本操作，以及一些有用的工作簿设置、控制 Excel 窗口显示、创建和使用 Excel 模板等方法
第 3 章　行、列和单元格的基本操作	主要介绍行、列和单元格的定义、表示方法、选择方法，以及行、列和单元格的结构等调整方法
第 4 章　输入和编辑数据	主要介绍输入和编辑数据的方法和操作技巧，包括输入和编辑不同类型的数据、转换数据类型、修改和删除数据、使用数据验证功能限制数据的输入、移动和复制数据、导入外部数据
第 5 章　设置数据格式	主要介绍设置数据格式的一些常用工具及方法，包括字体格式、数字格式、对齐方式、边框、填充、单元格样式、条件格式等设置方法
第 6 章　打印和导出数据	主要介绍工作表的页面格式设置技巧、打印数据的多种方式，以及将工作簿导出为其他文件类型等内容
第 7 章　公式和函数基础	主要介绍公式和函数的基本概念、基本操作及使用技巧，包括公式的组成、运算符及其优先级、公式的基本分类、输入和编辑公式、在公式中使用函数和名称、数组公式的概念和输入方法、引用其他工作表和工作簿中的数据、处理公式中的错误等
第 8 章　逻辑判断和信息获取	主要介绍常用的逻辑函数和信息函数的应用方法
第 9 章　数学计算	主要介绍常用的数学函数的语法格式及应用方法
第 10 章　处理文本	主要介绍常用的文本函数的语法格式及应用方法
第 11 章　日期和时间计算	主要介绍常用的日期和时间函数的语法格式及应用方法
第 12 章　数据求和与统计	主要介绍常用的求和与统计函数的语法格式及应用方法
第 13 章　查找和引用数据	主要介绍常用的查找和引用函数的语法格式及应用方法
第 14 章　财务金融计算	主要介绍使用财务函数进行借贷和投资，以及本金和利息等方面的计算方法
第 15 章　排序、筛选和分类汇总	主要介绍数据的排序、筛选和分类汇总的方法
第 16 章　使用数据透视表多角度透视分析	主要介绍使用数据透视表对数据进行多角度透视分析的方法，包括创建数据透视表、刷新数据透视表、布局和重命名字段、更改数据透视表的整体布局、分组数据、使用切片器筛选数据、设置数据的汇总和计算方式、创建计算字段和计算项、创建数据透视图等内容
第 17 章　使用高级分析工具	主要介绍模拟分析、单变量求解、规划求解、分析工具库等分析工具的使用方法
第 18 章　使用图表和图形展示数据	主要介绍图表的基本概念、创建和编辑图表、创建和编辑迷你图，以及使用图片、形状、文本框、艺术字和 SmartArt 等图形对象增强显示效果的方法
第 19 章　使用 Power BI 分析数据	主要介绍在 Excel 中使用 Power Query、Power Pivot 和 Power View 这 3 个加载项导入和整理数据、为数据建模、以可视化形式呈现数据的方法
第 20 章　数据安全、协作和共享	主要介绍 Excel 在数据安全、协作和共享方面的功能
第 21 章　宏和 VBA 基础	主要介绍 VBA 的基本概念、录制和使用宏以及 VBA 语言元素和语法等内容
第 22 章　编程处理工作簿、工作表和单元格	主要介绍使用 VBA 编程处理工作簿、工作表和单元格的方法
第 23 章　使用事件编程	主要介绍编写事件代码的基础知识，以及一些重要事件的使用方法
第 24 章　使用窗体和控件	主要介绍在 VBA 中通过用户窗体和控件构建自定义对话框的方法
第 25 章　创建自定义函数和加载项	主要介绍创建自定义函数和加载项的方法
附录 1　Excel 规范和限制	汇总了 Excel 在工作簿、工作表、图表、数据透视表、计算等方面的规范和限制
附录 2　Excel 函数速查表	汇总了 Excel 的所有函数，包括新增函数与兼容性函数，每个类别中的函数按首字母顺序排列
附录 3　Excel 快捷键	汇总了 Excel 常用命令对应的快捷键，帮助读者提高操作效率

为了让读者可以更有效率地阅读本书内容，本书包含以下几个栏目。

提示：对辅助性或可能产生疑问的内容进行补充说明。

技巧：提供完成相同操作更加简捷高效的方法。

注意：指出需要引起特别注意的警告信息。

公式解析：本书包含大量的公式案例，对复杂公式的编写思路和运算方式进行详细的分析和说明。

交叉参考：在本书的适当位置给出与当前内容相关的知识所在的章节，便于读者快速跳转至相应位置进行参考查阅。

本书读者对象

本书适合以下人士阅读。

- ◆ 经常使用 Excel 制作各类表格、报表和图表，经常进行各种计算和统计分析的人士。
- ◆ 从事销售、人力资源、财务等工作并经常使用 Excel 的人士。
- ◆ 从事数据分析工作并以 Excel 为主要工具的人士。
- ◆ 使用 Excel 中的 Power Query、Power Pivot 和 Power View 进行数据分析的人士。
- ◆ 希望掌握 Excel 公式、函数、图表、数据透视表和高级分析工具的人士。
- ◆ 希望掌握 Excel VBA 编程技术的人士。
- ◆ 对 Excel 的各项功能和技术感兴趣并希望学习这些内容的人士。
- ◆ 在校学生和社会求职者。

图形界面元素、鼠标和键盘等操作的描述方式

为了使读者可以更轻松、更有效率地阅读本书，本书在图形界面元素、鼠标和键盘等操作的描述方式上有一些基本的约定。

图形界面元素操作

本书使用以下方式来描述对菜单命令、按钮等 Excel 界面元素进行的操作。书中命令、按钮、选项等界面元素的名称使用一对黑括号（即“【”和“】”）括起，使界面操作清晰可见。

◆ 在功能区中的选项卡中进行操作时，使用类似“在功能区的【数据】选项卡中单击【筛选】按钮”的描述方式。

◆ 在窗口、对话框等界面中操作按钮时，使用类似“单击【确定】按钮”的描述方式。

◆ 在命令菜单中选择命令时，使用类似“选择【复制】命令”的描述方式。

◆ 在选择菜单及其子菜单中连续的两个或多个命令时，命令之间使用 ⇨ 符号连接，如“在弹出的菜单中选择【隐藏和取消隐藏】⇨【隐藏行】命令”。

鼠标操作

书中的很多操作都使用鼠标来完成，本书使用下列术语来描述鼠标的操作方式。

◆ 指向：将鼠标指针移动到某个项目上。

◆ 单击：按下鼠标左键一次并松开鼠标左键。

◆ 右击：按下鼠标右键一次并松开鼠标右键。

◆ 双击：快速按下鼠标左键两次并松开鼠标左键。

◆ 拖动：按住鼠标左键不放，然后移动鼠标指针。

键盘操作

在使用键盘上的按键完成某个操作时，如果只需要按一个键，则表示为与键盘上该按键名称相同的英文单词或字母等，如“按【Enter】键”；如果需要同时按几个键才能完成一个操作，则使用加号连接所需按下的每一个键，如执行“复制数据”操作表示为“按【Ctrl+C】快捷键”。

本书附赠资源

本书附赠以下配套资源。

◆ 本书案例文件，包括操作前的原始文件和操作后的结果文件。

◆ 本书案例的多媒体视频教程。

◆ Excel 文档模板。

◆ Windows 10 多媒体视频教程。

读者可以根据个人习惯和上网环境，通过以下几种方式获取本书的附赠资源。

◆ 扫描本书封底的二维码后下载。

◆ 加入专为本书创建的读者 QQ 群（群号：663672850），从群文件中下载。

由于 Power Query 编辑器中的数据源使用的是绝对路径，为了确保本书第 19 章中的案例文件在 Power Query 编辑器中打开时，其中的数据可以正确显示，读者可能需要重新指定数据源的位置。

本书更多支持

如果您在使用本书的过程中遇到问题，可以通过以下方式与作者联系。

◆ 作者 QQ：188171768。加 QQ 时请注明“读者”以验证身份。

◆ 读者 QQ 群：663672850。加群时请注明“读者”以验证身份。如果此群满员，请在加群时查看群资料中注明的下一个群号并进行添加。

◆ 作者邮箱：songxiangbook@163.com。

◆ 作者微博：@ 宋翔 book。

第 3 章 行、列和单元格的基本操作

第 4 章 输入和编辑数据

第 5 章 设置数据格式

第 6 章 打印和导出数据

第 7 章 公式和函数基础

第 13 章 查找和引用数据

第 14 章 财务金融计算

第 15 章 排序、筛选和分类汇总

第18章 使用图表和图形展示数据

第19章 使用 Power BI 分析数据

第20章 数据安全、协作和共享

第 11 章　日期和时间计算

第 12 章　数据求和与统计

第 13 章　查找和引用数据

第 14 章　财务金融计算

第 15 章　排序、筛选和分类汇总

第 22 章 编程处理工作簿、工作表和单元格

第 23 章 使用事件编程

第 24 章 使用窗体和控件

第 25 章 创建自定义函数和加载项

熟悉 Excel 的工作环境

无论学习哪个软件，都需要先了解这个软件的工作环境。工作环境是指软件的界面组成结构及其基本的操作方法。学习 Excel 也不例外，掌握 Excel 的工作环境后，可以让后续学习更加顺畅。由于微软公司 Office 各个组件的界面结构非常相似，因此，一旦掌握 Excel 的工作环境，用户就可以快速适应 Word、PowerPoint 和 Access 等应用程序的界面。

1.1 Excel 简介

本节将对 Excel 的基本情况进行简要介绍，包括 Excel 的发展历程、Excel 涵盖的功能、Excel 的学习方法等内容，了解这些内容将有助于更好地学习 Excel。

1.1.1 Excel 发展历程

微软公司在 1985 年发布了 Excel 的第一个版本，它只能在苹果计算机上使用；在 1987 年又发布了捆绑在 Windows 2.0 操作系统中的 Excel 的第二个版本（Excel 2.0）。此后每隔 2 ~ 3 年，微软公司都会发布新的 Excel 版本，以便不断增强 Excel 的功能并修复其自身存在的问题。

Excel 从 1993 年开始支持 VBA（Visual Basic for Applications），VBA 是一个嵌入在 Excel 内部的独立编程环境。用户通过编写 VBA 代码，不但可以让 Excel 中的操作自动完成，而且可以增强和扩展 Excel 的功能。同年，微软公司将 Excel 捆绑在 Office 办公套件中，使其成为该套件中的一员。

至今已经过去了几十年，Excel 的版本不断更替。本书编写期间的 Excel 最新版本是 Excel 2019。与最初的 Excel 版本相比，无论是界面环境还是内部功能，Excel 2019 都已经脱胎换骨、焕然一新。图 1-1 所示为 Excel 不同历史版本的启动界面。

图 1-1　Excel 不同历史版本的启动界面

1.1.2 Excel 涵盖的功能

Excel 主要用于表格数据的存储、计算、分析和呈现，可以完成从只存储固定数据的静态表格，到包含公式、函数与数据分析工具的动态表格的制作与处理。具体来说，用户可以使用 Excel 制作以下几种类型的表格。

- 数据存储类表格：这类表格主要用于存储数据和信息，其中不包含任何用于计算的公式或其他可自动更新的功能，如员工信息表。

◉ 数据计算类表格：这类表格主要用于对数据进行计算，使用公式和函数对数据进行所需的计算和处理，如汇总求和、计算平均值、统计数量、提取文本中的特定部分、计算财务数据等。

◉ 数据分析类表格：这类表格主要用于对数据进行分析，可以对数据进行排序、筛选和分类汇总，以便进行简单的分析；可以使用数据透视表快速汇总数据，并从不同的角度查看和分析数据，还可以使用模拟分析、规划求解等高级工具对数据进行更专业的分析。

◉ 数据呈现类表格：这类表格主要通过图表、迷你图、图片、形状等图形化方式来直观呈现数据的含义，如使用图表分析和预测销售趋势。

◉ 功能定制类表格：这类表格主要用于根据用户的需求来对表格的功能进行自定义设置，一般需要通过编写 VBA 代码来开发可以增强或扩展 Excel 功能的插件，包括为用户定制的表格操作方式、针对特定需求的计算、新的界面环境和菜单命令等。

根据上面列出的使用 Excel 可以制作的表格类型及其实际用途，可以将 Excel 涵盖的功能划分为表 1-1 所示的几个部分。还有其他一些 Excel 功能没有在表格中列出，包括工作簿和工作表的基本操作、窗口和视图、审阅和批注，以及安全设置等。

表 1-1　Excel 涵盖的功能

功能涵盖的主要部分	每个部分涉及的具体功能
数据输入和编辑	选择单元格（选择一个单元格或单元格区域、选择独立的数据区域、使用定位技术快速选择单元格或单元格区域、按不同条件选择单元格或数据、选择多表中的相同区域、使用通配符进行模糊匹配选择）
	输入数据（数值、文本、日期和时间、逻辑值等）、使用自动填充功能输入数据
	转换数据类型（文本型数字转数值、数值转文本型数字、日期转数值、逻辑值转数值）
	编辑数据（手动修改数据、使用替换功能批量修改数据）
	移动和复制数据（同一个工作表内的移动和复制、工作表之间的移动和复制、以不同方式进行选择性粘贴、Office 剪贴板）
	确保输入的数据有效和安全（数据验证、工作表密码、隐藏公式、隐藏工作表、锁定工作簿窗口结构等）
格式设置和数据呈现	设置字体格式（字体、字号、字体颜色、加粗、倾斜、下划线、上标、下标等）
	设置其他基础格式（数据对齐方式、单元格内换行、单元格的宽度和高度、单元格边框和背景色）
	设置数据的数字格式（使用预置的数字格式、自定义数字格式）
	设置单元格样式（应用样式、创建样式、修改样式、合并样式）
	设置条件格式（使用预置的条件格式、创建普通条件格式、创建公式条件格式、修改条件格式、删除条件格式）
	使用图表（创建图表、编辑图表数据、更改图表类型、设置图表元素、美化图表外观等）、迷你图
	设置图片格式（图片尺寸、角度、裁剪、去背、边框、显示效果、艺术特效、版式布局等），以及 SmartArt 和数学公式的格式
	设置图形对象格式（形状、尺寸、角度、边框、填充、图形特效、在图形对象中输入文字、对齐、排列、层叠、组合）
	使用主题（主题字体、主题颜色、主题效果）
数据计算	输入与编辑公式（输入公式、修改公式、移动和复制公式、删除公式、数组常量、数组公式、创建与使用名称、创建外部公式、改变公式的计算方式）
	在公式中使用函数（输入函数及其参数、使用 Excel 内置的大量函数等）
	审核计算公式（显示公式本身、使用公式错误检查器、追踪单元格关系、监视单元格内容、使用公式求值器）
	处理计算错误

续表

功能涵盖的主要部分	每个部分涉及的具体功能
数据分析	排序（单条件排序、多条件排序、自定义排序、按其他方式排序）
	筛选（单条件筛选、多条件筛选、自定义条件筛选）
	分类汇总（汇总单类数据、汇总多类数据、分级查看汇总数据）
	使用数据透视表（创建数据透视表、布局字段、更新数据透视表、更改报表布局、更改分类汇总和总计方式、使用表样式美化数据透视表、组合数据、使用切片器、设置值汇总和显示方式、创建计算字段和计算项等）
	使用高级分析工具（模拟分析、单变量求解、规划求解、分析工具库）
页面设置和打印	设置页面格式（幅面、页边距、方向、背景、页眉和页脚、设置分页等）
	设置打印选项（打印区域、是否打印标题、打印顺序、打印的页码、缩放打印等）
自动化处理	宏和 VBA 编程

1.1.3 Excel 的学习方法

正所谓人外有人，一个人的学习之路永无止境。每一位拥有丰富 Excel 使用经验的用户都是从茫然和困惑一步步走过来的。很多 Excel 用户都经历过或正经历着下面这些操作。

◉ 手动输入一系列自然数或连续的日期。

◉ 对多个单元格中的数据求和时，在公式中逐个输入单元格的地址。

◉ 在需要输入多个相似公式时，手动输入这些公式。

◉ 发现工作表中多个位置上的相同数据有错误时，逐个在这些位置修改错误。

◉ 创建多个格式相似的工作表时，重复从原工作表中复制数据和格式到新的工作表。

◉ 在资料表中输入身份证号码后，手动输入每个人的出生日期和性别。

◉ 通过排列和堆叠多个形状来模拟数据的可视化效果。

◉ 手动为符合条件的数据设置特定的格式，如字体、字体颜色或单元格的填充色。

上面列出的操作在 Excel 中都有更简捷、更高效的实现方法，纠正不规范的操作习惯是成为“Excel 高手”的必经之路。只有掌握正确的操作方法，才能真正发挥 Excel 的强大功能。下面介绍的一些学习方法有助于读者更好地学习 Excel。

1. 使用 Excel 帮助系统

学习 Excel 最简单的方法是使用 Excel 提供的帮助系统。启动 Excel 程序后，在 Excel 主界面中按【F1】键，或者在功能区的【帮助】选项卡中单击【帮助】按钮，如图 1-2 所示，将打开图 1-3 所示的【帮助】窗口，可以按目录浏览帮助内容，也可以在搜索框中输入要查找的关键字，以便快速找到想要了解的内容。

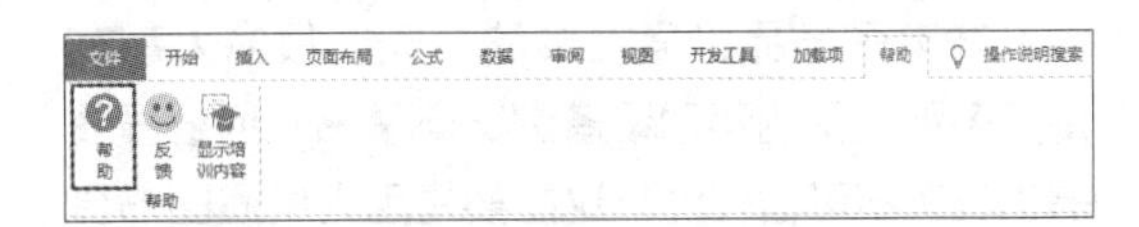

图 1-2 单击【帮助】按钮

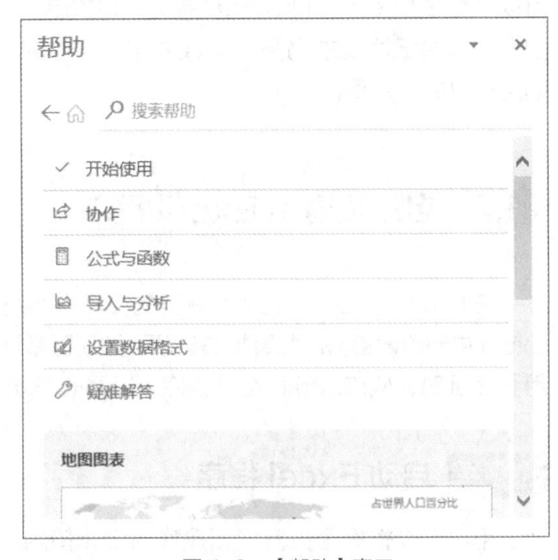

图 1-3 【帮助】窗口

除了使用【F1】键和【帮助】按钮之外，还可以在打开的对话框中单击右上角的问号按钮，如图 1-4 所示，将打开当前对话框的上下文帮助。

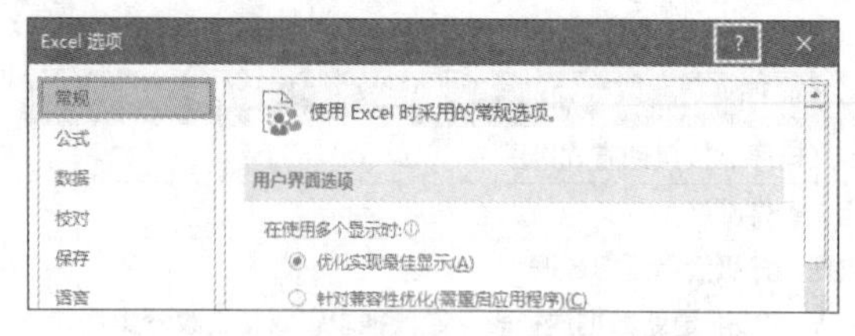

图 1-4　单击问号按钮打开上下文帮助界面

2. 在网上搜索答案

用户可以通过搜索引擎在网上搜索使用 Excel 时遇到的特定问题，这种方式可以直接针对自己遇到的问题获得一些答案，可能是解决问题的最快途径。但是由于网上内容参差不齐，答案是否正确需要自己去鉴别，因此，有时也会给用户带来一些误导。除此之外，用户还可以浏览一些专注于 Excel 技术的网站或论坛中的技术帖或在其中提问，这也是一种学习和解决问题的方法。这样带着问题去学习所获得的知识通常记忆最深刻。

3. 购买纸质图书

在电子产品迅猛发展的今天，很多人都在使用各种类型的移动设备浏览电子书，但纸质图书仍具有不可替代性。这主要是因为纸质图书具有质感和仪式感，读者在静心阅读的同时，不仅可以享受书香气息，而且可以做笔记、划重点。因此，购买纸质图书仍是大多数想学习 Excel 的用户的主要选择。

4. 善于总结

对于在使用 Excel 时遇到的问题，在解决问题后应对问题产生的原因和解决方法进行总结。总结问题的过程相当于再次重现问题，并在大脑中重新回顾和思考解决问题的方法和步骤，这样做能够加深记忆。通过日积月累的总结，你将会逐步提高对问题的分析思考能力。

5. 勤于练习

Excel 帮助系统中的内容和书籍看得再多，始终都是纸上谈兵。只有在计算机上实际操作演练一番，才能真正理解并记住所学内容。很多人都会遇到这种情况，看书时感觉理解得很清晰、透彻，但是在实际操作过程中却遇到或多或少的问题。实际上，操作中的很多细节和注意事项只有在自己实际操作时才会遇到并加以注意。只看不做，Excel 水平很难有实质性的提升。

6. 步步为营

无论学习哪种技术，都需要先打好基础，然后逐步增加学习的难度。对于 Excel 的学习，首先应了解 Excel 界面的组成结构和使用方法，掌握工作簿、工作表和单元格的操作方法，然后再学习 Excel 的其他功能。切忌在 Excel 基本操作还没有熟练掌握的情况下就急于学习难度较大的操作，这样只会消磨自己学习 Excel 的热情和信心。

1.2　启动和退出 Excel 程序

在开始使用 Excel 之前，需要先在操作系统中启动 Excel 程序。启动 Excel 时，系统会根据 Excel 内部的设置自动配置相关选项，如配置默认文件夹、默认视图、默认的字体和字号等。不再使用 Excel 时，应该退出 Excel 程序，以释放 Excel 程序占用的系统资源。

1.2.1 启动 Excel 程序

用户可以根据个人喜好和操作习惯，使用不同的方式启动 Excel 程序。

1. 使用【开始】菜单

在 Windows 操作系统中正确安装 Excel 程序后，单击 Windows 任务栏左侧的【开始】按钮，在打开的【开始】菜单中选择【Excel】命令，即可启动 Excel 程序。

2. 使用【开始】屏幕

可以将 Excel 程序的启动命令添加到【开始】屏幕，以便快速启动 Excel。单击 Windows 任务栏左侧的【开始】按钮，在打开的【开始】菜单中右击【Excel】命令，然后在弹出的菜单中选择【固定到“开始”屏幕】命令，即可将Excel的启动命令添加到【开始】屏幕，如图1-5所示。以后便可以通过单击【开始】屏幕中的Excel磁贴来启动Excel程序，如图1-6所示。

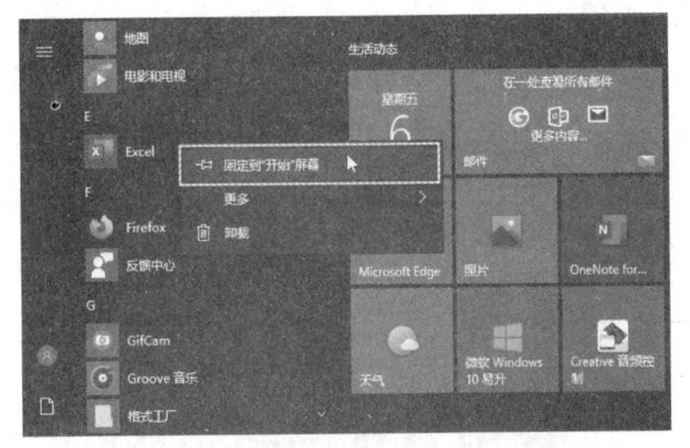

图1-5 选择【固定到“开始”屏幕】命令

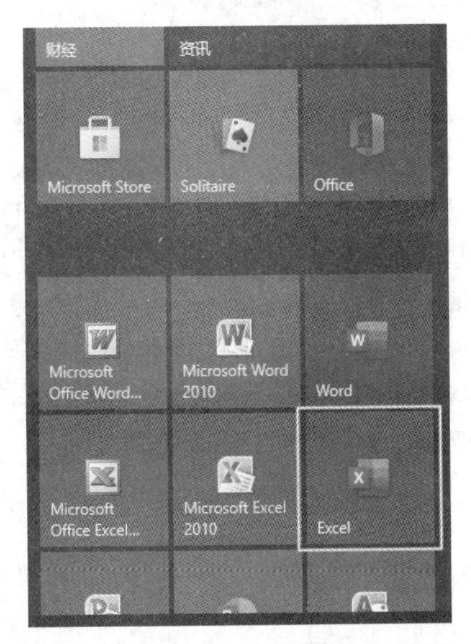

图1-6 单击Excel磁贴启动Excel程序

提示

磁贴是指放置在【开始】屏幕中的图标。

3. 使用任务栏

单击Windows任务栏左侧的【开始】按钮，在打开的【开始】菜单中右击【Excel】命令，然后在弹出的菜单中选择【更多】⇨【固定到任务栏】命令，即可将Excel程序的启动命令添加到任务栏，如图1-7所示。以后便可以通过单击任务栏中的Excel图标来启动Excel程序。

图1-7 选择【固定到任务栏】命令

4. 使用桌面快捷方式

快捷方式是由程序的可执行文件（扩展名为.exe）创建出来的，双击快捷方式可以启动相应的程序。可以将程序的快捷方式放置在Windows桌面、【开始】菜单或任意文件夹中。前面介绍的【开始】菜单中的【Excel】命令就是Excel程序的快捷方式。

为了便于启动Excel程序，通常会在Windows桌面上创建Excel程序的快捷方式。最简单的方法是进入Excel可执行文件所在的文件夹，然后右击EXCEL.EXE文件，在弹出的菜单中选择【发送到】⇨【桌面快捷方式】命令，如图1-8所示。

如果Windows操作系统安装在C盘，那么Excel 2019的安装路径可能位于以下两个位置之一，具体在哪个位置取决于安装的Excel程序是32位还是64位的。其他版本Excel的安装路径与此类似。

```
C:\Program Files(x86)\Microsoft Office\root\Office16
C:\Program Files\Microsoft Office\root\Office16
```

如果按照上面的路径仍然找不到Excel程序的安装位置，那么可以单击Windows任务栏左侧的【开始】按钮，在打开的【开始】菜单中右击【Excel】命令，然后在弹出的菜单中选择【更多】⇨【打开文件位置】命令，打开【开始】菜单中的Excel程序快捷方式所在的文件夹。右击该文件夹中的Excel快捷方式图标，在弹出的菜单中选择【创建快捷方式】命令，在打开的对话框中单击【是】按钮，如图1-9所示，将在Windows桌面上创建Excel程序的快捷方式。

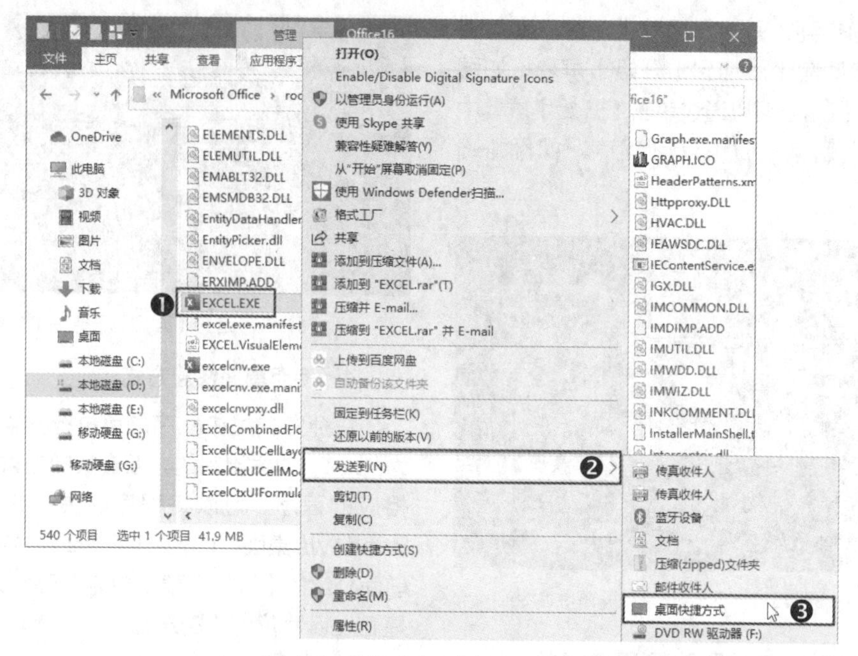

图 1-8　选择【桌面快捷方式】命令

图 1-9　创建快捷方式时显示的对话框

1.2.2 使用特殊方式启动 Excel 程序

除了上一小节介绍的正常启动 Excel 程序的方式之外，用户还可以根据实际情况，使用特殊方式启动 Excel 程序。

1. 以安全模式启动 Excel

如果存在一些问题导致 Excel 无法正常启动，那么可以在安全模式下启动 Excel 程序，具体有以下两种方法。

◉ 按住【Ctrl】键，然后使用上一小节介绍的任意一种方法启动 Excel，将显示图 1-10 所示的提示对话框，单击【是】按钮，将在安全模式下启动 Excel 程序。

图 1-10　按住【Ctrl】键启动 Excel 时显示的提示对话框

◉ 使用上一小节介绍的方法创建一个 Excel 快捷方式。右击 Excel 快捷方式图标，在弹出的菜单中选择【属性】命令，打开【Excel 属性】对话框，在【快捷方式】选项卡的【目标】文本框中定位到内容的末尾，先按【Space】键，然后输入"/s"，如图 1-11 所示，最后单击【确定】按钮。以后使用该快捷方式启动 Excel 时都会自动进入安全模式。

图 1-11　设置快捷方式的启动参数

2. 加快启动速度

如果Excel程序的启动速度很慢，那么可以修改启动参数来加快启动速度。使用前面介绍的方法打开【Excel属性】对话框，在【快捷方式】选项卡的【目标】文本框中定位到内容的末尾，先按【Space】键，然后输入“/e”，最后单击【确定】按钮。

以后双击该Excel快捷方式时，将不再显示Excel程序的启动画面，而是直接进入Excel程序主界面，并且不会自动创建一个空白的工作簿。

1.2.3 退出Excel程序

可以使用以下两种方法退出Excel程序。

◉ 单击Excel主界面右上角的【关闭】按钮×，如图1-12所示。

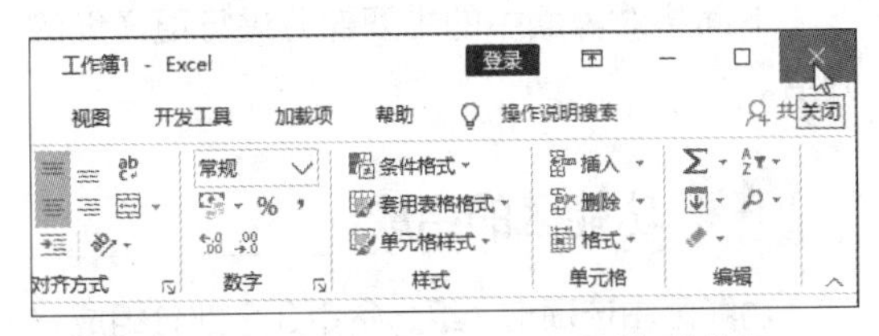

图1-12 单击主界面右上角的【关闭】按钮

◉ 按【Alt+F4】快捷键（该方法适用于任何一个具有焦点的活动窗口）。

> **注意**
> 如果对工作簿进行了修改但还未保存，在退出Excel时将显示是否保存的提示信息，用户需要在决定是否保存工作簿后才能退出Excel程序。

如果遇到Excel程序无响应的情况，那么使用上面介绍的方法可能无法退出Excel程序。此时可以右击Windows任务栏的空白处，在弹出的菜单中选择【任务管理器】命令，打开【任务管理器】窗口，在【进程】选项卡中右击Excel程序，然后在弹出的菜单中选择【结束任务】命令，强制退出Excel程序，如图1-13所示。

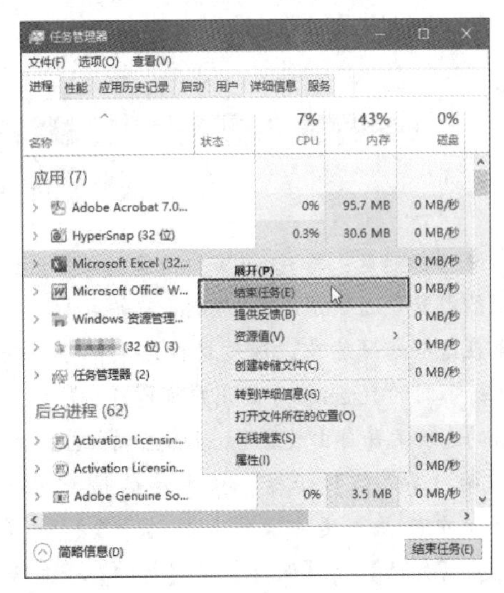

图1-13 强制退出Excel程序

1.3 Excel界面的组成结构

从Office 2007开始，微软公司对Office应用程序的界面结构进行了重大改进，即使用新的功能区代替Office早期版本中的菜单栏和工具栏。本节将介绍Excel界面的组成结构。虽然本节内容以Excel 2019为例，但是其界面的整体结构与Excel 2007 ~ 2016的差别不大。

1.3.1 Excel界面的整体结构

Excel界面由标题栏、快速访问工具栏、功能区、【文件】按钮、内容编辑区、状态栏等部分组成，如图1-14所示。

◉ 标题栏：显示当前打开的Excel文件的名称（如“工作簿1”）和Excel程序的名称（即Excel）。

◉ 快速访问工具栏：排列着一个或多个按钮，单击这些按钮可以快速执行Excel命令。在快速访问工具栏中默认只显示【保存】、【撤销】、【恢复】3个按钮，可以在其中添加更多的命令或删除不需要的命令。

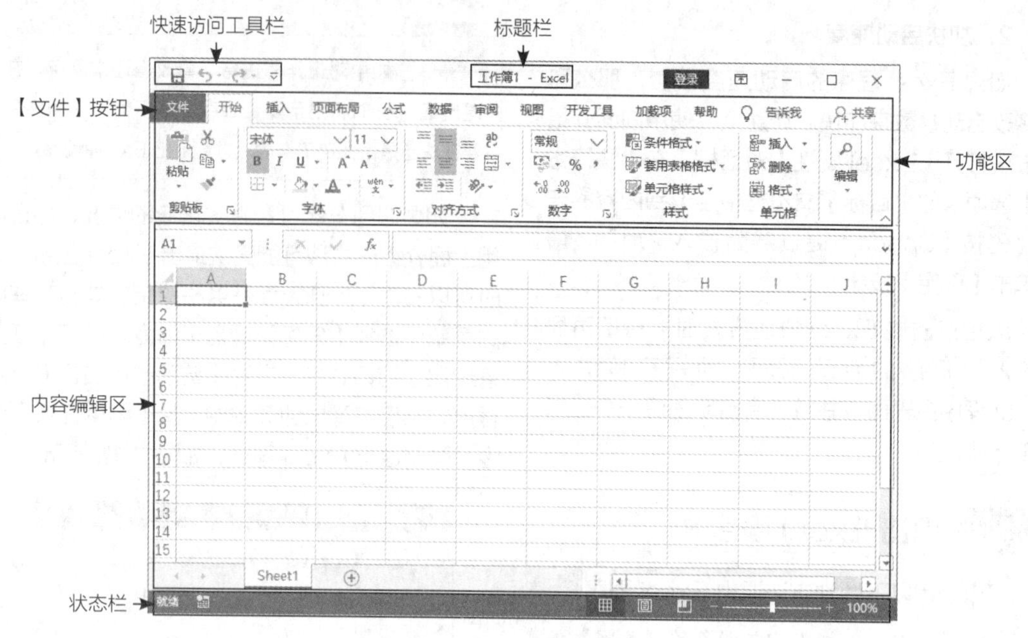

图 1-14　Excel 界面的整体结构

◉　功能区：与 Excel 窗口同宽的矩形区域。功能区由多个选项卡组成，Excel 中的大多数命令分布在这些选项卡中，通过切换选项卡可以查看和执行不同的 Excel 命令。用户可以在功能区中添加新的选项卡并自由设置 Excel 命令的组织方式。

◉　【文件】按钮：单击该按钮，在打开的菜单中包含与文件操作有关的命令，如【新建】、【打开】、【保存】、【打印】等命令。

◉　内容编辑区：在该区域内的上方是名称框和编辑栏，名称框位于左侧，编辑栏位于右侧，它们用于输入和编辑名称与公式，如图 1-15 所示；下方是单元格区域，在其中可以输入数据和公式，还可以插入图片、图形和图表。当内容太多而无法完全显示在 Excel 窗口中时，可以拖动水平滚动条或垂直滚动条上的滑块来查看未显示的内容。单元格区域下方标有“Sheet1”的位置是工作表标签，用于标识工作表的名称，单击工作表标签可以选择指定的工作表。

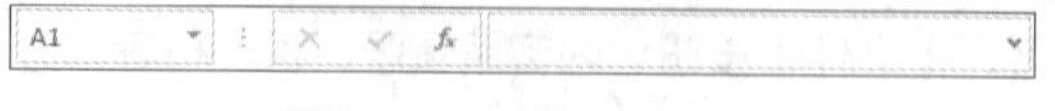

图 1-15　名称框和编辑栏

◉　状态栏：显示在 Excel 执行命令和用户操作过程中的状态信息。例如，当用户选择了一个单元格区域后，在状态栏中将显示该选区中的数据的统计信息。

下面将对界面中的主要部分进行更详细的介绍。

1.3.2 功能区的组成

功能区由选项卡、组、命令 3 个部分组成，如图 1-16 所示。每个选项卡顶部的标签表示选项卡的名称，如【开始】选项卡、【视图】选项卡。单击标签将切换到相应的选项卡，并显示其中包含的命令。每个选项卡中的命令按照功能类别被划分为多个组，组中的命令是用户可以执行的操作。例如，在【开始】选项卡的【剪贴板】组中包含的都是与剪切、复制、粘贴等操作有关的命令，而【字体】组中包含的命令都与字体格式的设置有关。

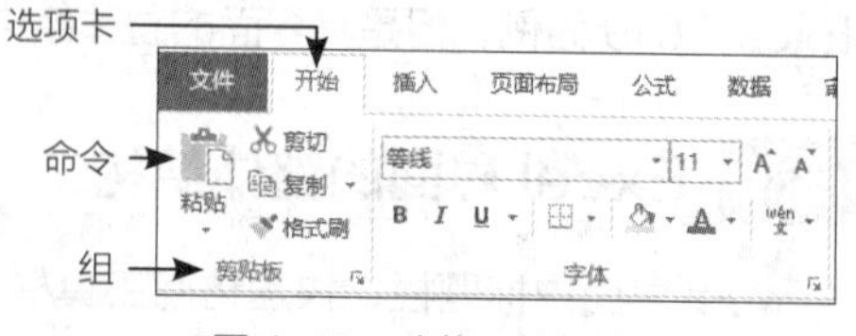

图 1-16　功能区的组成

当 Excel 窗口最大化显示时，功能区中的大多数命令都能完整地显示出来。如果调整 Excel 窗口的大小，一些命令的外观和尺寸将会自动调整，以适应窗口尺寸的变化。最显著的变化有以下几种。

◉ 原来同时显示文字和图标的按钮，将只显示图标而隐藏文字，如图 1-17 所示。

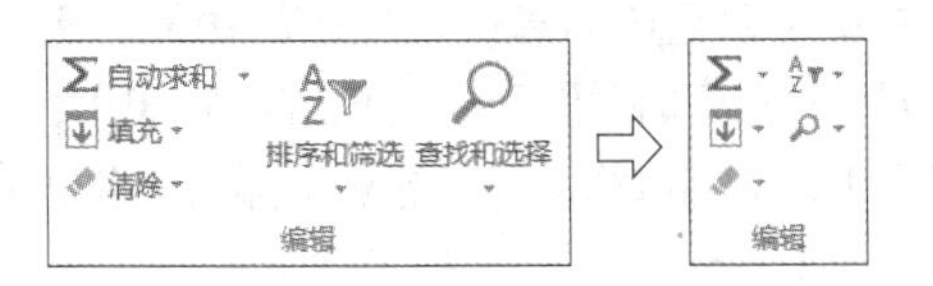

图 1-17　显示文字和图标的按钮将只显示图标

◉ 原来纵向显示的下拉按钮和组合按钮，将变为横向显示，如图 1-18 所示。

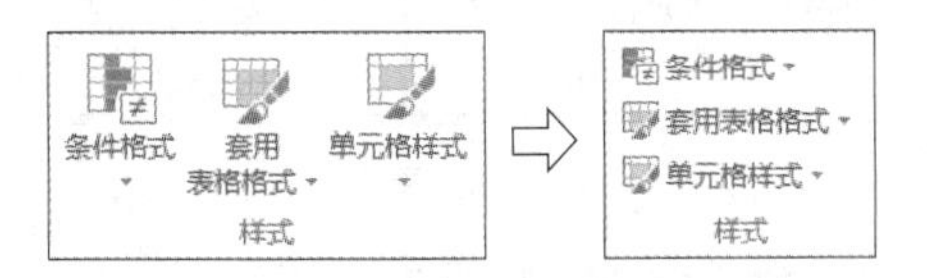

图 1-18　纵向显示的下拉按钮和组合按钮变为横向显示

◉ 原来在功能区中显示部分选项的库，将显示为一个下拉按钮。

◉ 原来显示全部命令或部分命令的组，将显示为一个下拉按钮。

◉ 当 Excel 窗口小到无法同时显示所有选项卡标签时，选项卡标签的两端会各显示一个箭头，单击箭头将滚动显示每一个选项卡标签。

关于选项卡中的命令类型的更多内容，请参考 1.3.4 小节。

1.3.3 常规选项卡和上下文选项卡

每次启动 Excel 程序后，功能区中都会固定显示【开始】、【插入】、【页面布局】、【公式】、【数据】等选项卡。在进行一些操作时，根据操作对象的不同，Excel 会在功能区中临时新增一个或多个选项卡，这些选项卡出现在所有常规选项卡的最右侧。

例如，当在 Excel 中创建图表并将其选中后，功能区中将新增【设计】和【格式】两个选项卡，并在它们的标签上方显示“图表工具”文字，这意味着这两个选项卡中的命令专门用于图表，如图 1-19 所示。

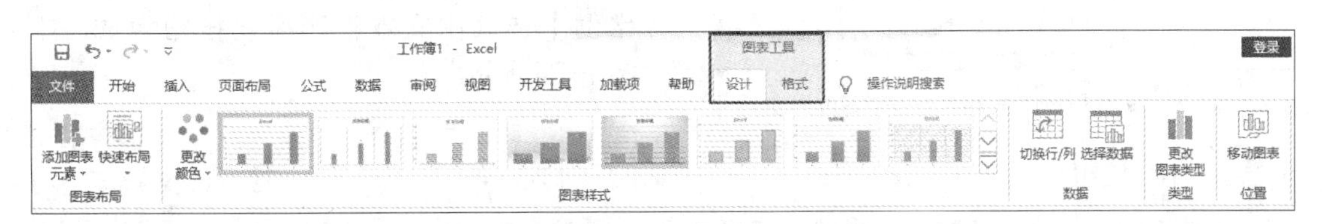

图 1-19　专门用于图表的【设计】和【格式】选项卡

【设计】和【格式】两个选项卡是动态显示的，如果取消选择图表，这两个选项卡会自动隐藏起来。这类选项卡被称为“上下文选项卡”。Excel 中还存在很多类似的上下文选项卡，这些上下文选项卡只在选择了特定的对象或执行特定的操作时才会出现。

1.3.4 选项卡中的命令类型

Excel 中的所有命令都以控件的形式显示在功能区中。控件是指可由用户直接操作的部件，如按钮。根据控件的外观和操作方式，可以将控件分为命令按钮、切换按钮、组合按钮、下拉按钮、复选框、文本框和微调按钮、组合框、库、对话框启动器等多种类型。

1. 命令按钮

单击命令按钮将执行指定的操作。例如，【开始】选项卡的【剪贴板】组中的【剪切】按钮 ✂ 是一个命令按钮，单击该按钮将删除所选内容，并将其放到剪贴板中，如图 1-20 所示。

图 1-20　【剪切】按钮

2. 切换按钮

切换按钮有“按下”和“弹起”两种状态。按下按钮时，表示已启用该按钮代表的功能；弹起按钮时，表示未启用该按钮代表的功能。例如，【开始】选项卡的【字体】组中的【加粗】按钮 B 是一个切换按钮，单击该按钮将为所选内容设置加粗格式，此时该按钮处于按下状态；再次单击该按钮将取消所选内容的加粗格式，此时该按钮处于弹起状态。

3. 组合按钮

组合按钮包含左右或上下两个部分。例如【开始】选项卡的【对齐方式】组中的【合并后居中】按钮 合并后居中 是一个组合按钮，该按钮的左侧是一个命令按钮，单击该按钮将执行合并单元格的命令；该按钮的右侧是一个带有黑色三角的下拉按钮，单击该下拉按钮将打开一个下拉列表，其中包含与合并单元格有关的更多命令，如图 1-21 所示。

图 1-21　单击组合按钮打开一个下拉列表

4. 下拉按钮

下拉按钮与组合按钮的外观类似，不同之处在于下拉按钮是一个整体，而非分为两个部分。单击下拉按钮将会弹出一个菜单或下拉列表，从中选择要执行的命令或所需选项。例如，【页面布局】选项卡的【页面设置】组中的【纸张方向】按钮是一个下拉按钮，单击该按钮将弹出图 1-22 所示的菜单。

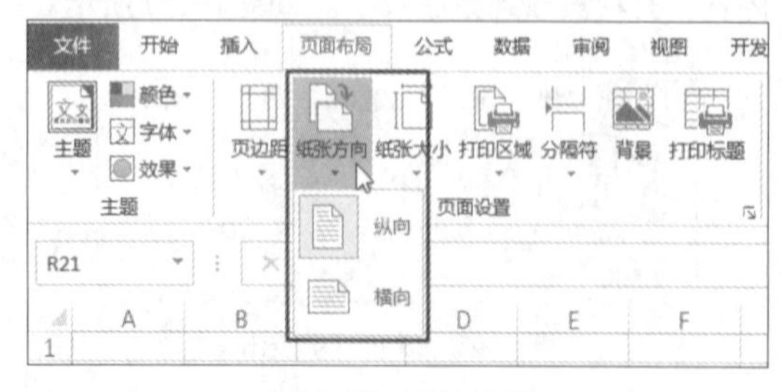

图 1-22　下拉按钮

5. 复选框

复选框由方框和文字两个部分组成，单击方框将在其内部显示一个对钩标记，表示当前已选中复选框；再次单击方框将隐藏对钩标记，表示当前未选中复选框。通过选中或取消选中复选框来决定是否启用复选框代表的功能。例如，【视图】选项卡的【显示】组中的【直尺】、【编辑栏】、【网格线】和【标题】都是复选框，如图 1-23 所示。

图 1-23　复选框

6. 文本框和微调按钮

文本框既可以显示文本，也允许用户编辑其中的文本。微调按钮是垂直排列的一对方向相反的三角箭头，通常与文本框一起出现。用户可以在文本框中输入数值，也可以通过单击微调按钮来调整文本框中数值的大小。例如，【页面布局】选项卡的【调整为合适大小】组中的【缩放比例】选项由文本框和微调按钮组成，如图 1-24 所示。

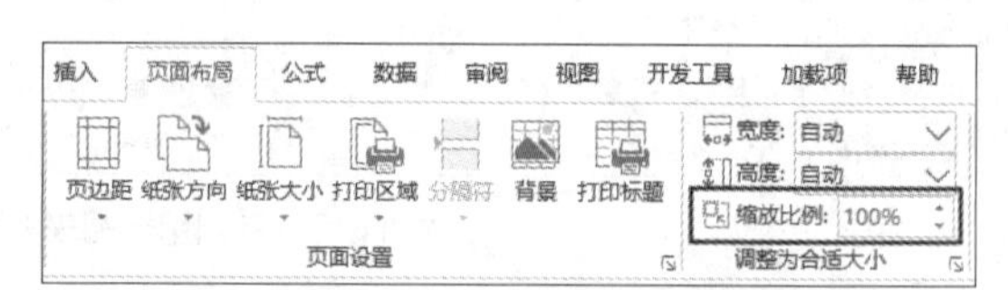

图 1-24　文本框和微调按钮

7. 组合框

组合框由文本框、下拉按钮、下拉列表 3 个部分组成。可以单击下拉按钮，在打开的下拉列表中选择所需的选项，也可以直接在组合框的文本框中输入选项的名称，然后按【Enter】键确定。对于数值类的选项，可以在组合框的文本框中输入下拉列表中未列出的选项，只要输入的数值位于有效范围之内，按【Enter】键后就会生效。

例如，【开始】选项卡的【字体】组中的【字号】选项是一个组合框，单击该组合框右侧的下拉按钮，在打开的下拉列表中选择字号的大小，如图 1-25 所示。

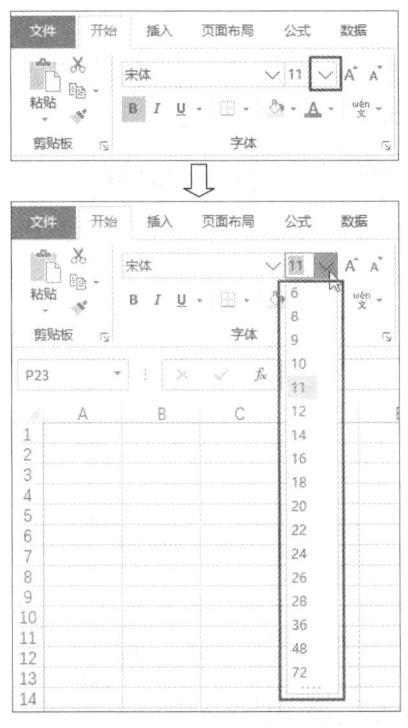

图 1-25 组合框

8. 库

与单击组合框上的下拉按钮所打开的下拉列表类似，库也提供了一个下拉列表。不同之处在于库中的选项以图形化的方式呈现（如图标或缩略图），而且这些选项的可操作性更强。右击库中的选项将会弹出一个快捷菜单，可以对选项执行特定的命令。

一些库中的部分选项会直接显示在功能区中，无须打开库列表即可查看和选择这些选项。在工作表中绘制一个形状（如“矩形”）并将其选中，功能区中将显示【绘图工具 | 格式】上下文选项卡，其中包含【形状样式】和【艺术字样式】两个库，它们中的部分选项直接显示在功能区中，如图 1-26 所示。单击⌃或⌄按钮可以在不打开库列表的情况下依次查看库中的选项。单击⌄按钮将打开库列表，其中包含库中的所有选项，如图 1-27 所示。

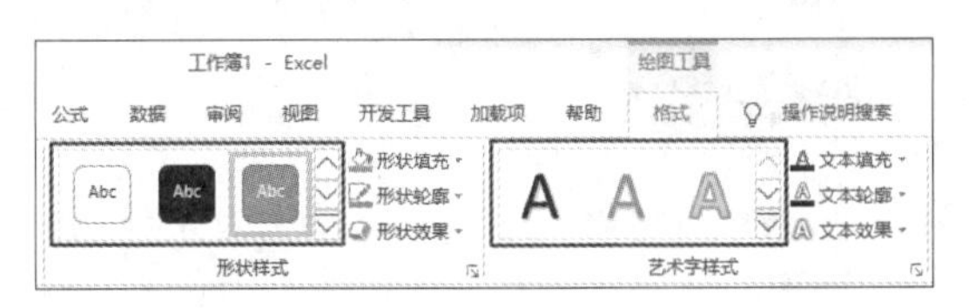

图 1-26 【形状样式】库和【艺术字样式】库

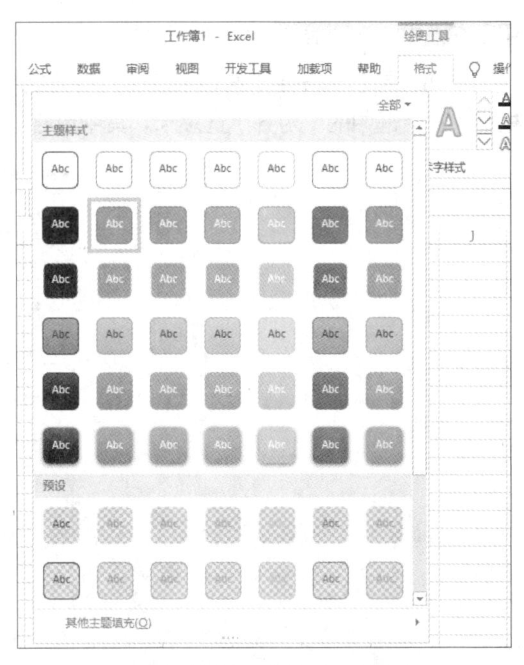

图 1-27 打开库显示其中的所有选项

还有一些库以下拉按钮的形式显示在功能区中，只有单击下拉按钮，才能查看库中的选项。在【开始】选项卡的【样式】组中单击【套用表格格式】按钮，将打开表格样式库，如图 1-28 所示。

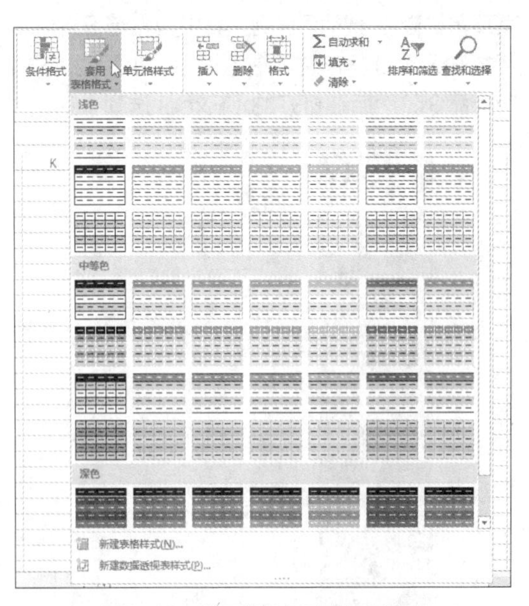

图 1-28 以下拉按钮形式显示的库

9. 对话框启动器

对话框启动器 ↘ 位于选项卡中的某些组的右下角，它是一个可以单击的小按钮。单击该按钮将打开一个对话框，其中包含的选项与 ↘ 按钮所在组中的选项类似，但是通常更全面。

例如，单击【开始】选项卡的【对齐方式】组右下角的对话框启动器，将打开【设置单元格格式】对话框中的【对齐】选项卡，其中包含与文本对齐方式有关的选项，如图 1-29 所示。

图 1-29　单击【对齐方式】组右下角的对话框启动器打开的对话框

1.3.5 文件按钮

【文件】按钮位于【开始】选项卡的左侧，单击该按钮，进入的界面如图 1-30 所示，可见，其菜单栏竖立于界面左侧，其中包含与 Excel 文件操作有关的命令，如新建、打开、保存、关闭等。若要对 Excel 程序选项进行设置，也需要单击【文件】按钮，在进入图 1-30 所示的界面后单击【选项】命令，然后在打开的【Excel 选项】对话框中进行设置。

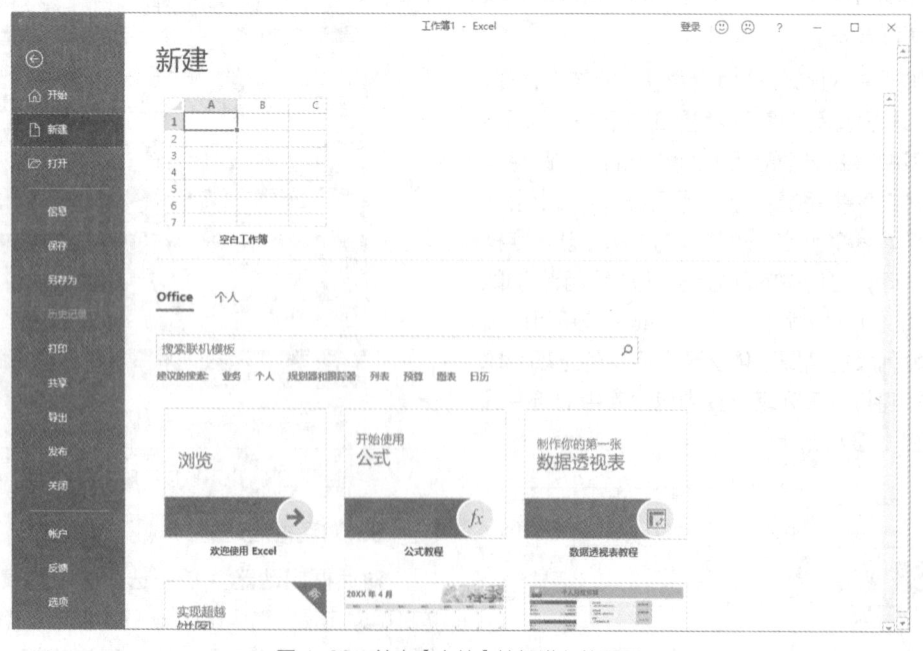

图 1-30　单击【文件】按钮进入的界面

1.3.6 状态栏

状态栏位于 Excel 窗口的底部，其中显示了与当前操作有关的一些信息。例如，选中了一个包含数字的单元格区域，状态栏中将显示对该区域中的数字进行求和、计数、求平均值的统计结果，如图 1-31 所示。

图 1-31　状态栏

状态栏的右侧包含用于调整 Excel 窗口显示比例的控件，显示比例控件的左侧是视图按钮，单击这些按钮可以切换到不同的视图。Excel 提供了“普通”“页面布局”“分页预览”3 种视图，普通视图是默认视图。

1.3.7 对话框和窗格

用户在 Excel 中无时无刻不在使用对话框。关闭未保存的 Excel 文件时会弹出保存对话框，其中包含几个按钮，通过它们来决定是否保存文件，这是最简单的对话框。另一类对话框中包含多种类型的控件，使用这些控件可以完成不同的操作。

1.3.4 小节介绍对话框启动器时，在打开的【设置单元格格式】对话框的【对齐】选项卡中有可以输入缩进量和角度值的文本框，也有可以选择对齐方式的下拉列表，还有可以同时选择多个选项的复选框，通过设置这些选项可以对数据在单元格中的对齐方式进行综合设置。

在对话框中可能包含多个选项卡，选项卡的标签通常显示在对话框的上方，单击选项卡标签可在不同的选项卡之间切换。有些对话框中的选项卡标签位于对话框的左侧并呈纵向排列，如【Excel 选项】对话框，如图 1-32 所示。

除了对话框之外，在设置对象格式时还将使用“窗格”。例如，在工作表中插入一个形状，然后右击该形状，在弹出的菜单中选择【设置形状格式】命令，打开【设置形状格式】窗格，如图 1-33 所示。

窗格上方以文字的形式显示顶级选项卡的类别，每个顶级选项卡以图标的形式显示其内部包含的子选项卡。将鼠标指针指向图标将显示选项卡的名称，单击不同的图标可在不同的选项卡之间切换。在每个选项卡中纵向排列着一个或多个带箭头的文字，单击这些文字将展开其中包含的选项，在窗格中的主要操作就是对这些选项进行设置。

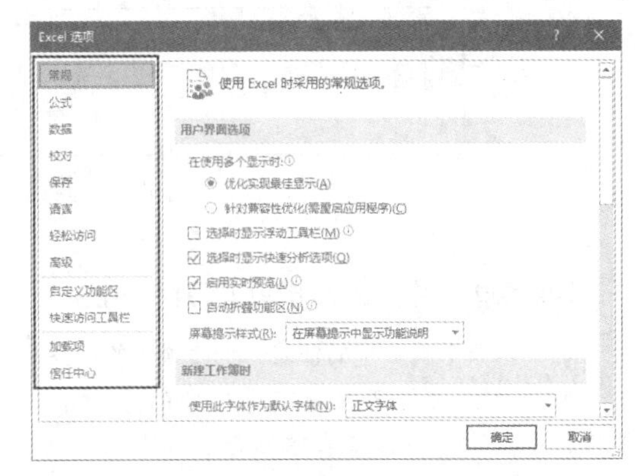

图 1-32　【Excel 选项】对话框中的选项卡纵向排列在左侧

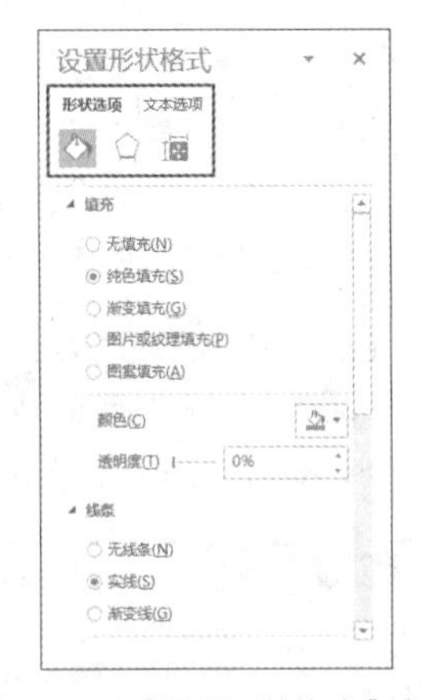

图 1-33　【设置形状格式】窗格

> **注意**
>
> 在窗格中进行的设置会立刻对工作表中的对象生效，而在对话框中进行的设置只有在单击【确定】按钮后才会生效；如果在窗格中进行了误操作，可以在不关闭窗格的情况下按【Ctrl+Z】快捷键撤销误操作。

1.4 自定义功能区和快速访问工具栏

用户可以根据个人的操作习惯，对 Excel 界面环境进行自定义设置，包括自定义功能区和快速访问工具栏，从而提高操作效率。

1.4.1 显示和隐藏选项卡

功能区占据 Excel 窗口较大一部分面积，为了让内容编辑区可以显示更多的内容，可以将功能区中的选项卡隐藏起来。图 1-34 所示为隐藏选项卡后的效果，在功能区中只显示选项卡的标签。

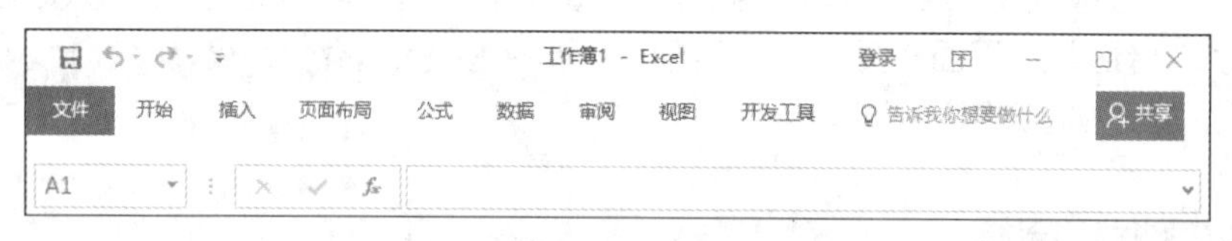

图 1-34　隐藏 Excel 功能区选项卡

隐藏功能区中的选项卡有以下几种方法。

- 双击功能区中的任意一个选项卡的标签。
- 单击功能区右侧下边缘处的【折叠功能区】按钮 ^，如图 1-35 所示。

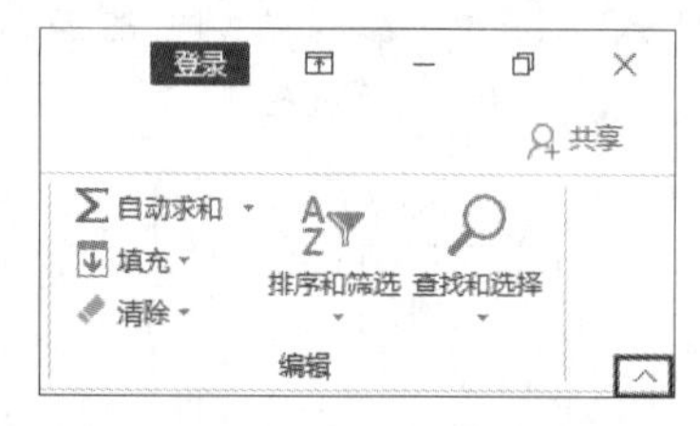

图 1-35　单击【折叠功能区】按钮

- 单击 Excel 窗口标题栏右侧的【功能区显示选项】按钮，在弹出的菜单中选择【显示选项卡】命令，如图 1-36 所示。

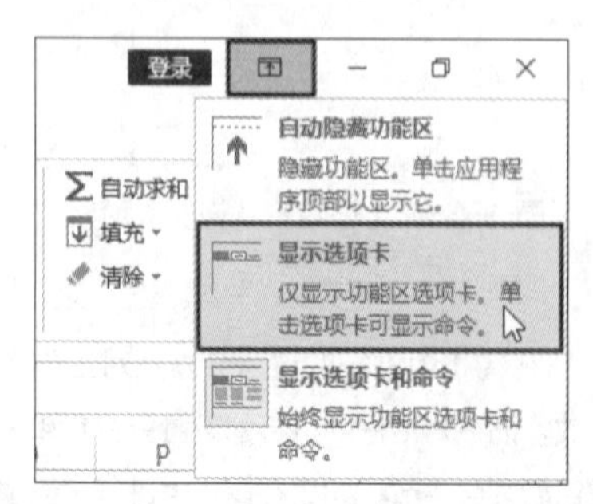

图 1-36　选择【显示选项卡】命令

- 右击功能区或快速访问工具栏，在弹出的菜单中选择【折叠功能区】命令。
- 按【Ctrl+F1】快捷键。

如果要显示功能区中的选项卡，可以使用以下与隐藏选项卡类似的方法。

- 双击功能区中的任意一个选项卡的标签。
- 单击 Excel 窗口标题栏右侧的【功能区显示选项】按钮，在弹出的菜单中选择【显示选项卡和命令】命令。
- 右击功能区或快速访问工具栏，在弹出的菜单中取消选择【折叠功能区】命令。
- 按【Ctrl+F1】快捷键。

上面介绍的方法作用于功能区中的所有选项卡。如果要单独设置特定选项卡的显示和隐藏状态，那么可以使用以下两种方法进入自定义功能区界面，然后在界面右侧的【自定义功能区】下方的列表框中，通过选中或取消选中选项卡的复选框来控制其显示或隐藏，如图 1-37 所示。

- 选择【文件】⇨【选项】命令，在打开的【Excel 选项】对话框中选择【自定义功能区】选项卡。
- 右击快速访问工具栏或功能区，在弹出的菜单中选择【自定义功能区】命令。

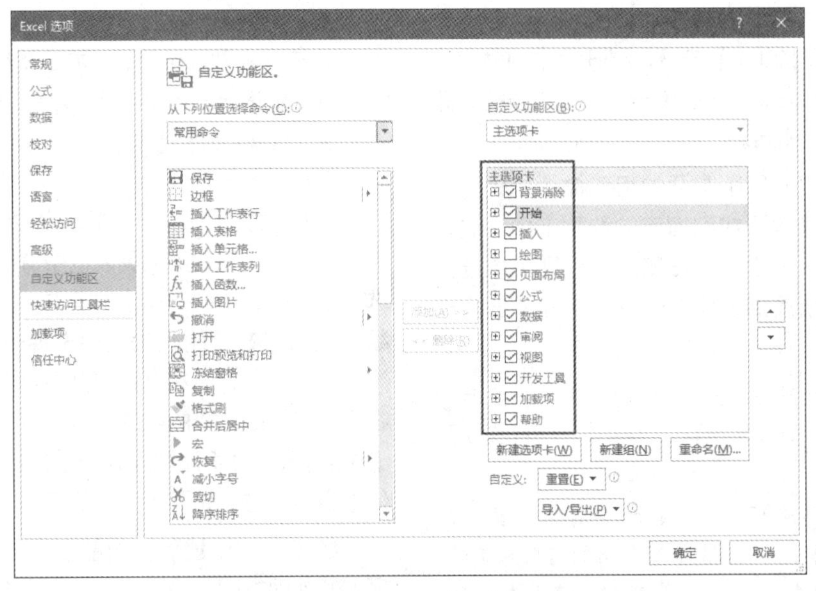

图 1-37 选择要显示或隐藏的选项卡

1.4.2 修改内置的选项卡、组和命令

为了在功能区中只显示用户所需的命令，用户可以调整 Excel 内置的选项卡、组和命令的组织方式，包括将选项卡中的组或命令删除，或者在选项卡中添加整组命令。

首先使用上一小节介绍的方法打开【Excel 选项】对话框的【自定义功能区】选项卡，在右侧的下拉列表中选择【主选项卡】，在下方的列表框中将显示 Excel 内置的常规选项卡。单击选项卡名称左侧的【+】按钮，展开该选项卡中的组。选择要删除的组，单击【删除】按钮即可将其从选项卡中删除。例如，在【开始】选项卡中选择【编辑】组，然后单击【删除】按钮将其删除，如图 1-38 所示。

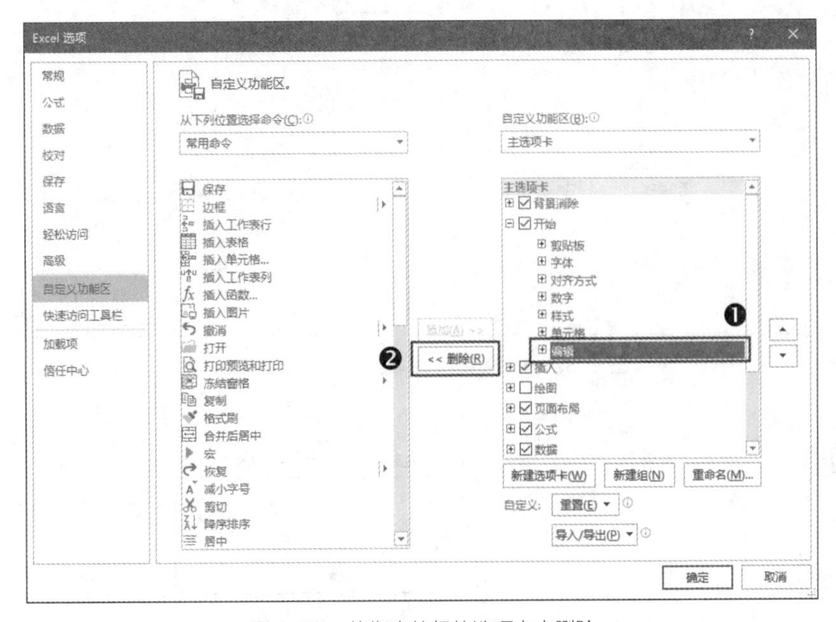

图 1-38 将指定的组从选项卡中删除

删除组中的命令与删除组的方法类似，单击组名称左侧的【+】按钮，展开组中的命令，选择要删除的命令，然后单击【删除】按钮，即可将所选命令删除。

除了可以删除不需要的组和命令之外，还可以将整组命令添加到指定的选项卡中。进入自定义功能区界面，在左侧的下拉列表中选择要添加的组所属的选项卡。有以下 4 个选项卡可供选择。

◉ 主选项卡：Excel 功能区中默认显示的常规选项卡，如【开始】、【插入】、【视图】等选项卡。

◉ 工具选项卡：选择特定对象时显示的上下文选项卡，如 1.3.3 小节介绍的【图表工具 | 设计】和【图表工具 | 格式】两个上下文选项卡。

◉ “文件”选项卡：单击【文件】按钮进入的界面，其中只有命令，不包含组，因此，在向选项卡中添加整组命令时“文件”选项卡无效。

◉ 自定义选项卡和组：由用户创建的选项卡和组。

选择除了“文件”选项卡之外的其他 3 个选项卡之一，在左侧的列表框中将显示所选择的选项卡中的组。展开某个选项卡，选择要添加的组，然后在右侧的列表框中选择一个组，单击【添加】按钮，将左侧列表框中选中的组添加到右侧列表框中选择的组的下方。将【插入】选项卡中的【图表】组添加到【开始】选项卡中的【字体】组的下方，如图 1-39 所示。

经过上述设置后，功能区中的【开始】选项卡的外观如图 1-40 所示，将【图表】组添加到了【字体】组和【对齐方式】组之间。

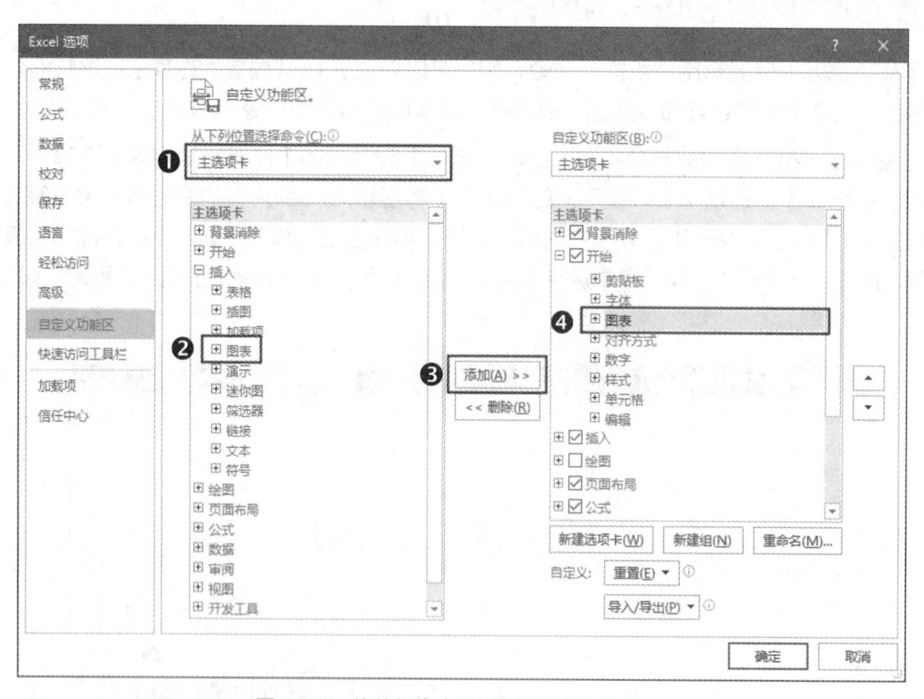

图 1-39　将整组命令添加到指定的选项卡中

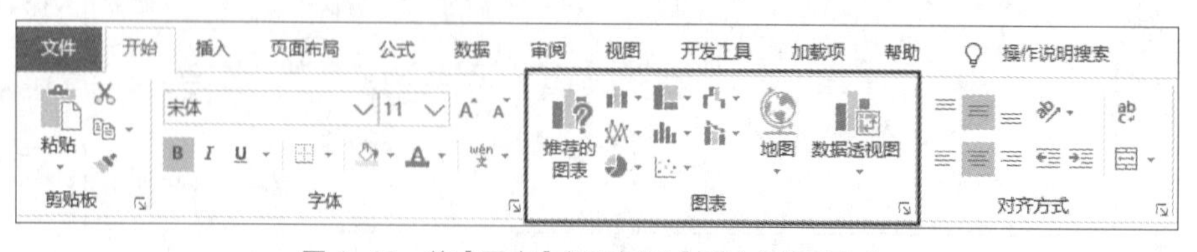

图 1-40　将【图表】组添加到【开始】选项卡中

如果想要改变组的位置，可以在自定义功能区界面右侧的列表框中选择要调整位置的组，然后单击▲或▼按钮，将选中的组向上或向下移动。该方法同样适用于调整选项卡和命令的位置。

> **交叉参考**　如果要将功能区界面恢复到最初状态，那么可以重置功能区界面，具体方法请参考 1.4.5 小节。

1.4.3　创建新的选项卡和组

Excel 只允许用户在内置的选项卡中添加整组的命令，而不能在内置的组中添加单独的命令。如果想要自由配置组中的命令，需要在选项卡中创建新的组，然后将所需的命令添加到新建的组中。此外，用户还可以创建新的选项卡，以便从头开始构建组和命令。

1. 创建新的组

进入自定义功能区界面，在右侧的列表框中选择要在其中创建组的选项卡，然后单击【新建组】按钮，该选项卡中最后一个组的下方将添加一个新的组，名称默认为“新建组（自定义）”，如图 1-41 所示。

图 1-41　在指定的选项卡中创建新的组

选择新建的组，单击【重命名】按钮，打开图 1-42 所示的【重命名】对话框，在【显示名称】文本框中输入一个有意义的名称，然后单击【确定】按钮，确认对组名称的修改。

2. 在组中添加命令

用户可以在新建的组中添加命令。在自定义功能区界面右侧的列表框中选择一个新建的组，然后在左侧的列表框中选择要添加的命令。左侧列表框中显示的命令由用户在【从下列位置选择命令】下拉列表中选择的选项决定。选择所需的命令，然后单击【添加】按钮，将所选命令添加到用户创建的组中，如图 1-43 所示。

图 1-42　修改组的名称

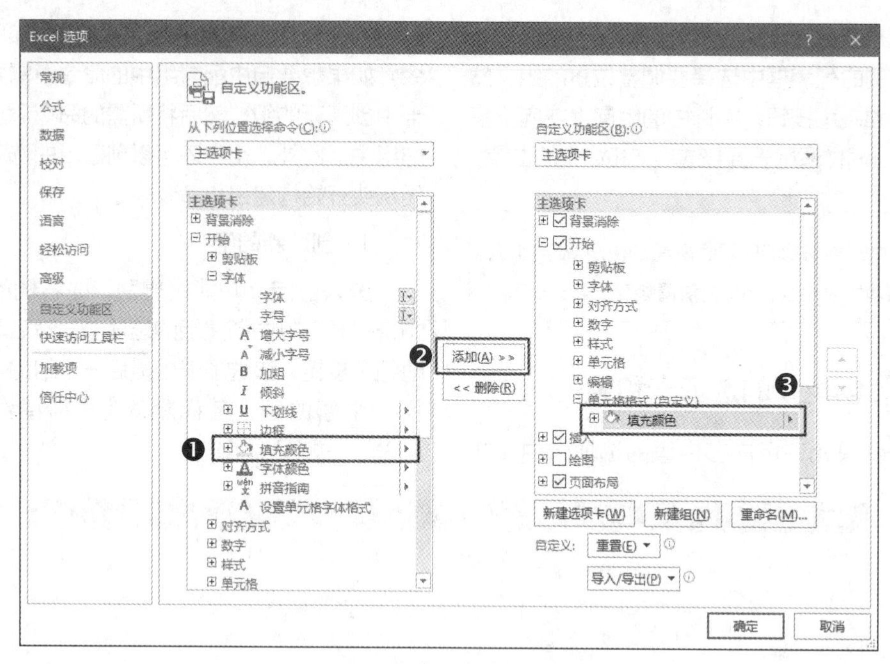

图 1-43　向用户创建的组中添加命令

可以使用与重命名组类似的方法来修改命令的名称。如果在【重命名】对话框中删除命令的名称，并单击【确定】按钮，该命令在功能区中将只显示图标，如图 1-44 所示。

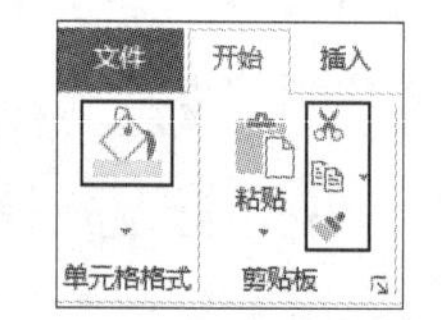

图 1-44　名称被删除的命令只显示图标

3. 创建新的选项卡

与创建新的组类似，用户也可以创建新的选项卡，然后在选项卡中添加组和命令。进入自定义功能区界面，单击【新建选项卡】按钮，在右侧的列表框中当前选中的选项卡的下方创建一个新的选项卡，其中包含一个默认的组。以后可以在新建的选项卡中创建组或添加内置的组，并将命令添加到组中。

图 1-45 所示为用户创建的新选项卡（名为“常用工具”）在功能区中的外观，该选项卡包含两个组，一个是用户创建的组，另一个是 Excel 内置的组。

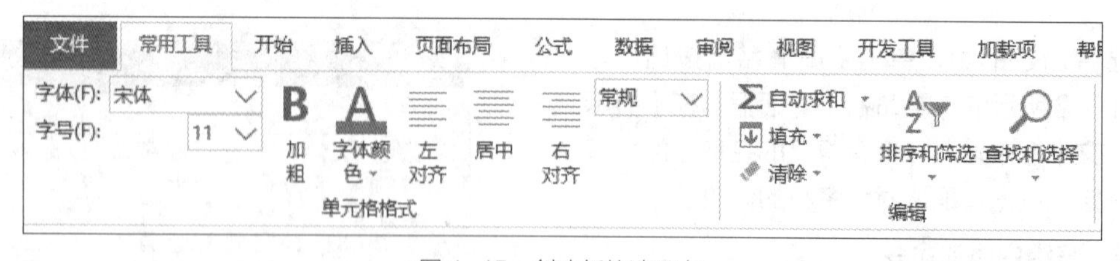

图 1-45　创建新的选项卡

1.4.4 自定义快速访问工具栏

将经常使用的命令添加到快速访问工具栏中，可以加快执行命令的速度，提高操作效率。自定义快速访问工具栏与自定义功能区有很多相似的操作，如在自定义界面中添加命令、调整命令的排列顺序等，本小节不再重复介绍这些内容。

1. 调整快速访问工具栏的位置

快速访问工具栏默认位于功能区的上方，可以将其移动到功能区的下方，以便减小鼠标指针从内容编辑区到快速访问工具栏的距离，从而加快命令的执行速度。右击快速访问工具栏，在弹出的菜单中选择【在功能区下方显示快速访问工具栏】命令，即可将快速访问工具栏移动到功能区下方，如图1-46所示。

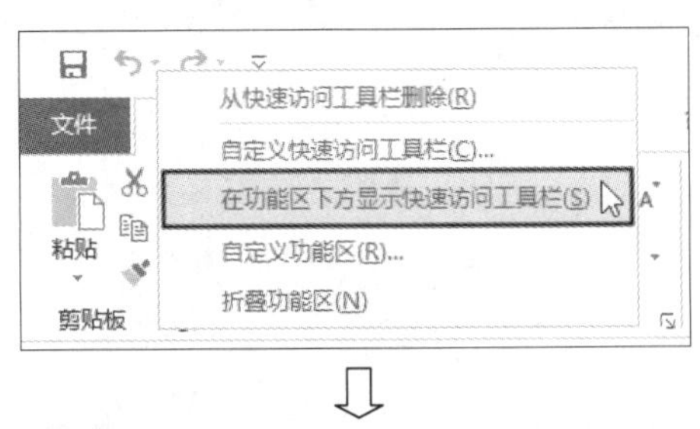

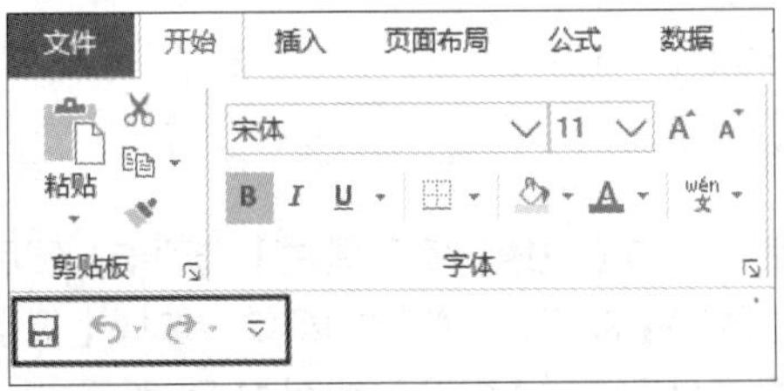

图1-46 将快速访问工具栏移动到功能区的下方

2. 在快速访问工具栏中添加命令

快速访问工具栏中默认只有【保存】、【撤销】、【恢复】3个命令，用户可以将常用的命令添加到快速访问工具栏中，有以下3种方法。

◉ 单击快速访问工具栏右侧的下拉按钮，在弹出的菜单中选择要添加的命令，如图1-47所示。

◉ 在功能区中右击要添加到快速访问工具栏中的命令，然后在弹出的菜单中选择【添加到快速访问工具栏】命令，如图1-48所示。

> **技巧**
>
> 如果要将整组命令添加到快速访问工具栏中，只需右击要添加的组内的空白处，在弹出的菜单中选择【添加到快速访问工具栏】命令。

◉ 如果要添加的命令不在功能区中，可以右击快速访问工具栏，在弹出的菜单中选择【自定义快速访问工具栏】命令，进入自定义快速访问工具栏界面。右侧列表框中显示的是快速访问工具栏中的命令，如图1-49所示。使用与自定义功能区类似的方法，将所需命令添加到右侧的列表框中。

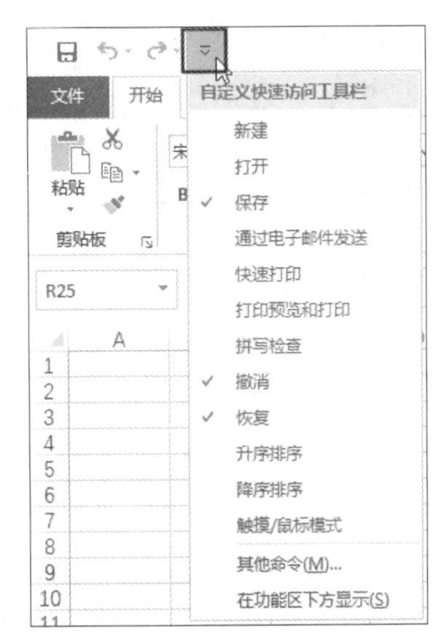

图1-47 使用下拉按钮添加命令

图1-48 添加功能区中的命令

> **提示**
>
> 在右侧列表框的上方有一个下拉列表，从中可以选择自定义的快速访问工具栏是对所有工作簿有效，还是只对当前工作簿有效，默认对所有工作簿有效。

3. 删除快速访问工具栏中的命令

删除快速访问工具栏中的命令有以下两种方法。

◉ 在快速访问工具栏中右击要删除的命令，然后在弹出的菜单中选择【从快速访问工具栏删除】命令。

◉ 进入自定义快速访问工具栏界面，在右侧的列表框中选择要删除的命令，然后单击【删除】按钮。

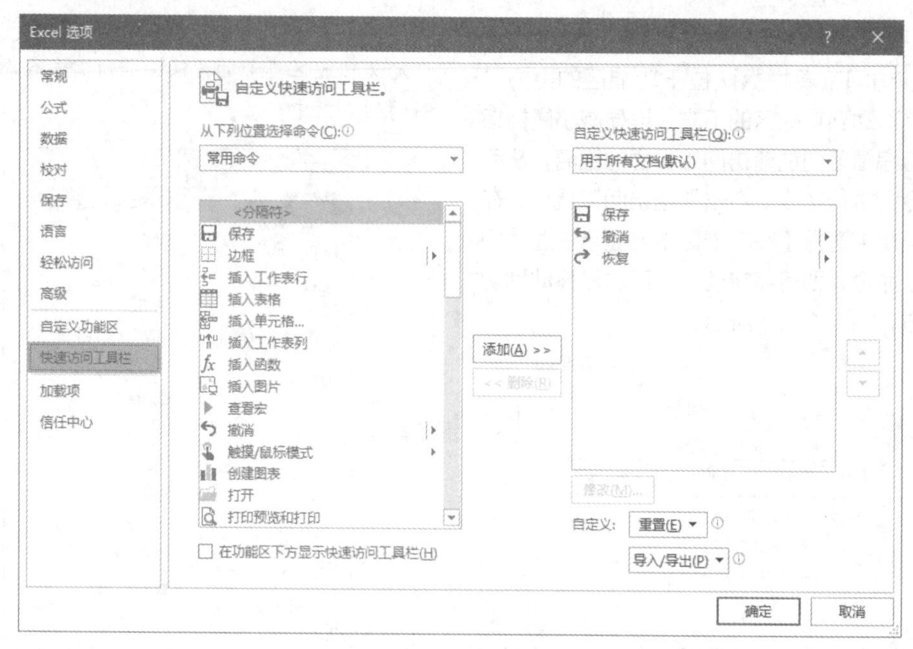

图 1-49　自定义快速访问工具栏界面

1.4.5 恢复功能区和快速访问工具栏的默认设置

如果要将经过设置后的功能区恢复到最初的默认设置，可以在自定义功能区界面中单击【重置】按钮，如图 1-50 所示，然后在弹出的菜单中选择以下两个命令之一。

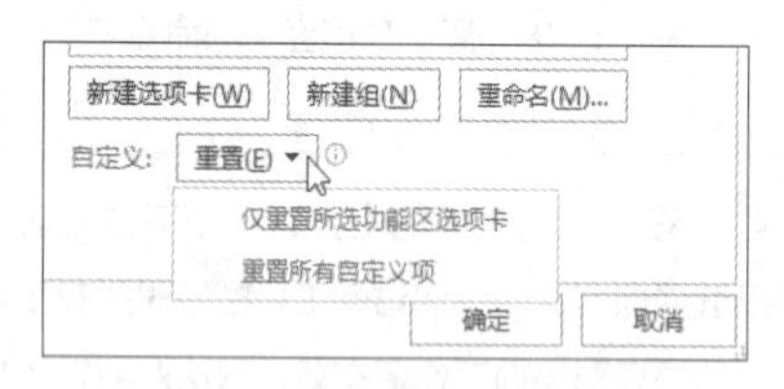

图 1-50　选择恢复默认设置的方式

◉ 仅重置所选功能区选项卡：只将选中的选项卡恢复为默认设置。执行该命令之前，需要先选择要恢复的选项卡。选中的选项卡中必须包含自定义设置，否则该命令将处于灰色禁用状态。

◉ 重置所有自定义项：删除功能区和快速访问工具栏的所有自定义设置，将它们恢复为默认设置。

也可以使用类似的方法将快速访问工具栏恢复到最初的默认设置，只需打开【Excel选项】对话框中的【快速访问工具栏】选项卡，然后单击【重置】按钮，在弹出的菜单中选择【仅重置快速访问工具栏】命令，如图 1-51 所示。

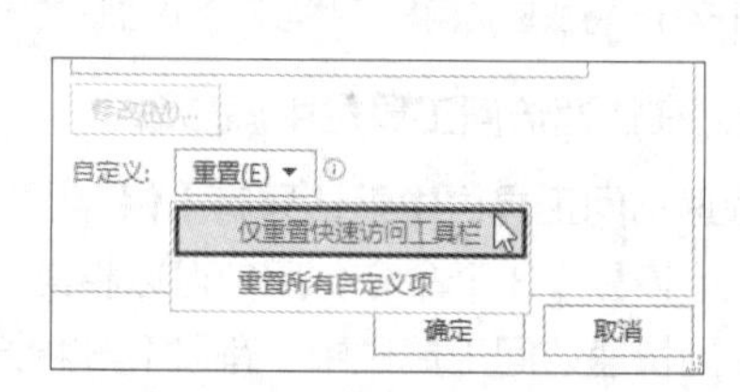

图 1-51　仅恢复快速访问工具栏的默认设置

1.4.6 备份和恢复 Excel 界面配置信息

为了在重装系统后可以恢复之前自定义的功能区和快速访问工具栏，用户可以事先备份功能区和快速访问工具栏的配置信息，操作步骤如下。

（1）右击功能区，在弹出的菜单中选择【自定义功能区】命令。

（2）打开【Excel 选项】对话框中的【自定义功能区】选项卡，单击【导入 / 导出】按钮，在弹出的菜单中选择【导出所有自定义设置】命令，如图 1-52 所示。

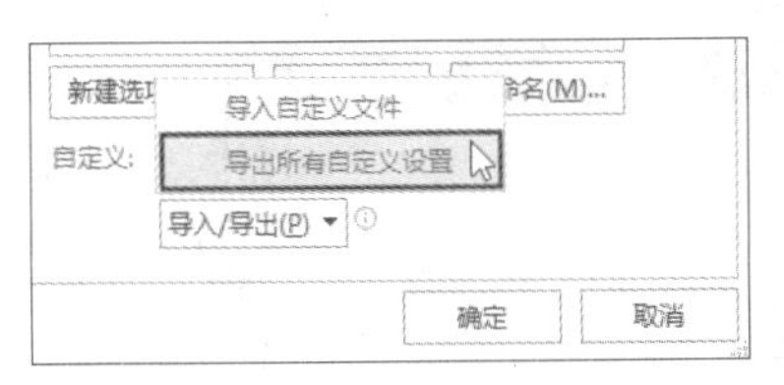

图 1-52 选择【导出所有自定义设置】命令

> **提示**
> 以上操作也可改为右击快速访问工具栏，在弹出的菜单中选择【自定义快速访问工具栏】命令，打开【Excel选项】对话框中的【自定义功能区】选项卡，然后单击【导入/导出】按钮并选择【导出所有自定义设置】命令。

（3）打开【保存文件】对话框，设置文件的名称和保存位置，单击【保存】按钮，将功能区和快速访问工具栏的配置信息以文件的形式保存。

以后在自定义功能区界面或自定义快速访问工具栏界面中单击【导入/导出】按钮，在弹出的菜单中选择【导入自定义文件】命令，然后在打开的对话框中选择之前保存的界面配置信息文件，在弹出的对话框中单击【是】按钮，即可将功能区和快速访问工具栏的配置信息导入Excel。

如果想要在其他计算机中使用相同的界面配置，可以将备份的配置信息文件复制到其他计算机中，然后在其他计算机中启动Excel程序并导入该配置信息文件。

1.5 让Excel更易用的选项设置

本节将介绍一些让Excel更易用的设置，用户可以根据个人操作习惯进行设置。

1.5.1 启动Excel时隐藏开始屏幕

每次启动Excel时显示的界面称为“开始屏幕”，该界面提供了新建和打开Excel文件的诸多选项，便于用户新建或打开Excel文件，如图1-53所示。

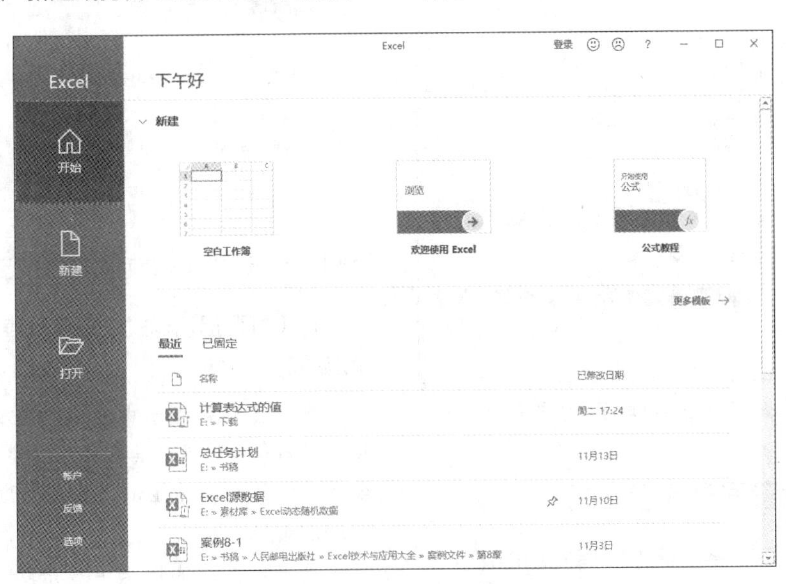

图 1-53 Excel开始屏幕

如果要在启动Excel程序后，自动进入系统默认新建的空白工作簿并开始工作，那么可以在启动Excel时隐藏开始屏幕。选择【文件】⇨【选项】命令，打开【Excel选项】对话框，在【常规】选项卡中取消选中【此应用程序启动时显示开始屏幕】复选框，然后单击【确定】按钮，如图1-54所示。

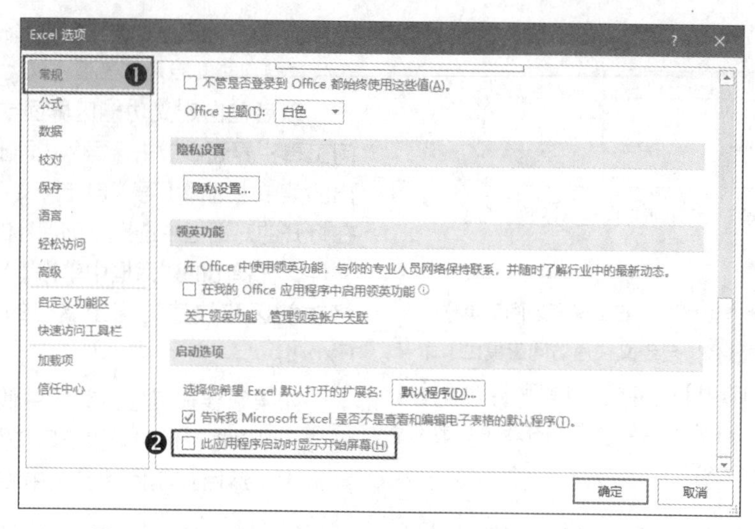

图 1-54　取消选中【此应用程序启动时显示开始屏幕】复选框

1.5.2 设置 Excel 界面配色

Excel 提供了可以改变界面配色的选项，用户可以根据不同的时间段来选择更有利于保护眼睛的配色，如在夜晚可以选择黑色模式，以降低 Excel 界面的亮度。选择【文件】⇨【账户】命令，然后打开【Office 主题】下拉列表，从中选择一种界面配色方案，如图 1-55 所示。

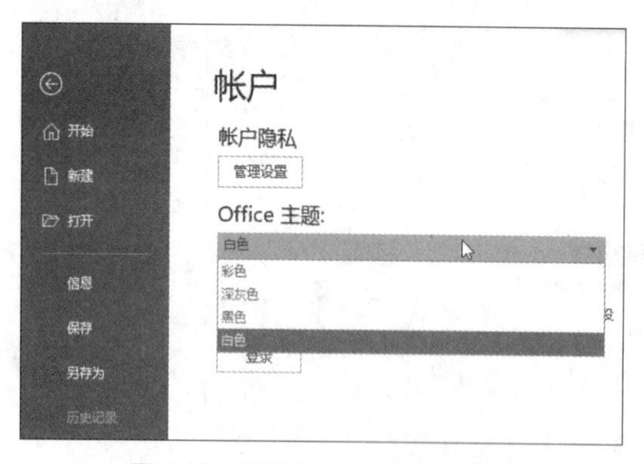

图 1-55　选择 Excel 界面配色方案

1.5.3 设置屏幕提示方式

默认情况下，将鼠标指针指向功能区中的命令时，将自动显示该命令的名称和功能简介，如图 1-56 所示。

显示这类信息会占据一定的空间，为了让界面看起来更清爽，可以通过关闭屏幕提示功能来隐藏这类信息。选择【文件】⇨【选项】命令，打开【Excel 选项】对话框，在【常规】选项卡的【屏幕提示样式】下拉列表中选择【不显示屏幕提示】选项，然后单击【确定】按钮，如图 1-57 所示。

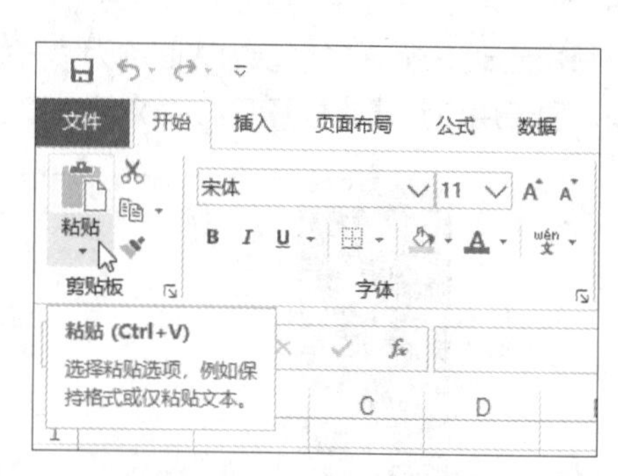

图 1-56　将鼠标指针指向命令时将自动显示简要说明

在【屏幕提示样式】下拉列表中包含以下 3 个选项。

- 在屏幕提示中显示功能说明：当鼠标指针指向命令时显示其名称和功能说明，如果命令有快捷键，还会显示快捷键，该选项为 Excel 默认设置。
- 不在屏幕提示中显示功能说明：当鼠标指针指向命令时显示其名称和快捷键，不显示功能说明。
- 不显示屏幕提示：当鼠标指针指向命令时不显示任何内容。

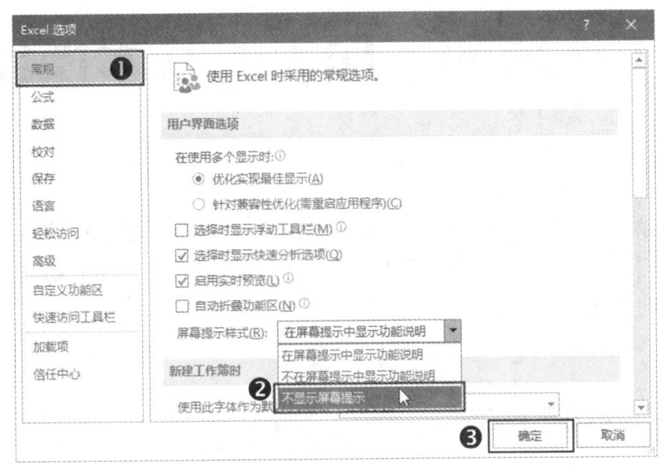

图 1-57　设置命令的屏幕提示方式

1.5.4 启用或禁用实时预览

“实时预览”是指当鼠标指针指向某个选项时，将自动显示设置该选项后的效果，这只是效果的预览，而非真正进行设置。实时预览功能提高了在不同选项之间测试设置效果的效率，但是会在一定程度上降低程序的性能，用户可以根据需要启用或禁用该功能。选择【文件】⇨【选项】命令，打开【Excel 选项】对话框，在【常规】选项卡中通过选中或取消选中【启用实时预览】复选框来决定是否启用实时预览功能。

1.5.5 选择内容时隐藏浮动工具栏

在编辑栏或单元格中选择内容时，将自动显示一个小型工具栏，其中包含几个常用的字体格式选项，使用该工具栏可以快速为所选内容设置字体格式，如图 1-58 所示。当取消选择内容后，该工具栏会自动消失，这类工具栏称为“浮动工具栏”。

显示浮动工具栏虽然便于设置字体格式，但是也会挡住部分内容，如果不想使用该工具栏，可以将其隐藏起来。选择【文件】⇨【选项】命令，打开【Excel 选项】对话框，在【常规】选项卡中取消选中【选择时显示浮动工具栏】复选框，然后单击【确定】按钮，如图 1-59 所示。

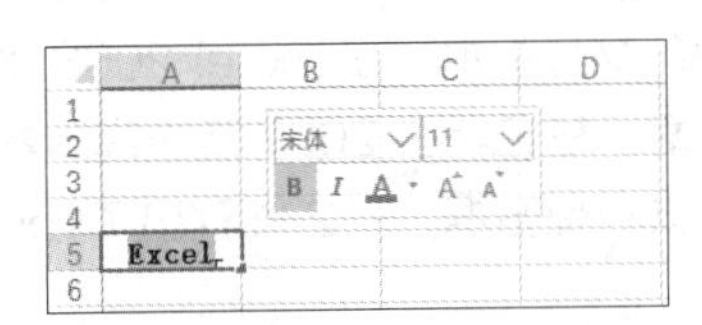

图 1-58　选择内容时将自动显示浮动工具栏

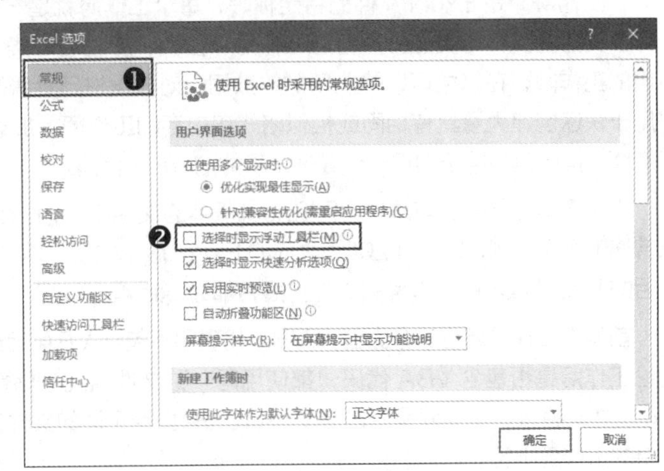

图 1-59　取消选中【选择时显示浮动工具栏】复选框

工作簿和工作表的基本操作

本章将介绍工作簿和工作表的基本操作，以及控制 Excel 窗口显示的方法，掌握这些内容将为学习 Excel 其他操作打下基础。为了提高工作簿的操作效率，本章还将介绍与工作簿有关的一些有用设置，以及创建和使用 Excel 模板的方法。

2.1 理解工作簿和工作表

在开始学习工作簿和工作表的基本操作之前，首先应该了解工作簿和工作表之间的关系，以及 Excel 支持的工作簿类型，以便让新建和保存工作簿、工作簿的兼容模式和格式转换，以及新建、移动和复制工作表等操作更加顺畅。

2.1.1 工作簿和工作表的关系

工作簿和工作表之间的关系类似于一本书和书中每一页之间的关系。如果将工作簿看作一本书，那么工作簿中的工作表就相当于这本书的书页。一本书可以有一页或多页，一个工作簿也可以包含一个或多个工作表。书中的每一页上可以有文字、表格、图片、符号等不同类型的内容，每一个工作表中也可以包含这些内容。书页有特定的尺寸，可以是横向的，也可以是纵向的，工作表也可以设置为横向或纵向的，并可设置为特定的尺寸。

书的厚度通常有一定的限制，太厚将难以装订和阅读，而工作簿中包含的工作表数量只受计算机内存大小的限制。在将书装订好后，无法在完好无损的情况下随意添加、移动和删除其中的书页，而工作簿中的工作表可以由用户随意添加、移动和删除。

2.1.2 Excel 支持的工作簿类型

“工作簿”是 Excel 文件的特定称呼，每个工作簿就是一个文件，它们存储在计算机磁盘中。Excel 支持的工作簿类型分为普通工作簿、模板、加载宏 3 类。普通工作簿是用户在大多数情况下使用的工作簿，在其中可以输入所需的数据、对数据进行计算和分析、创建图表展示数据等。模板是用于快速创建大量具有相同或相似格式和内容的工作簿。加载宏是一种扩展和增强 Excel 功能的工作簿，其中包含用于实现一个或多个功能的 VBA 代码。

以上 3 类工作簿都有两种不同 Excel 版本的文件格式，Excel 版本以 Excel 2007 作为分界线。以普通工作簿为例，Excel 2007 之前的 Excel 版本的工作簿的文件扩展名为 .xls，而 Excel 2007 之后的 Excel 版本的工作簿的文件扩展名都为 .xlsx。

前两类工作簿还可细分为包含 VBA 代码和不包含 VBA 代码的文件版本。在 Excel 2003 中，无论工作簿是否包含 VBA 代码，都使用同一种文件格式存储数据。在 Excel 2007 及更高版本的 Excel 中，将根据工作簿是否包含 VBA 代码来使用不同的文件格式存储数据。表 2-1 列出了 Excel 支持的工作簿类型。

表 2-1　Excel 支持的工作簿类型

工作簿类型	是否可以存储 VBA 代码	文件扩展名
Excel 工作簿	不可以	.xlsx
Excel 启用宏的工作簿	可以	.xlsm
Excel 97-2003 工作簿	可以	.xls
Excel 模板	不可以	.xltx
Excel 启用宏的模板	可以	.xltm
Excel 97-2003 模板	可以	.xlt
Excel 加载宏	可以	.xlam
Excel 97-2003 加载宏	可以	.xla

2.2　工作簿的基本操作

工作簿是 Excel 特有的文件类型，用户在 Excel 中输入的数据、设置的格式、执行的计算、创建的图表、编写的 VBA 代码都存储在工作簿中，掌握工作簿的基本操作是学习 Excel 的基础。本节将介绍工作簿的新建、打开、保存和另存、关闭、恢复、格式转换等操作。

2.2.1 新建工作簿

如果没有更改 Excel 的默认设置，那么在每次启动 Excel 程序时都会显示开始屏幕。它是用户开始在 Excel 中工作的起点，其中提供了用于新建和打开工作簿的选项，使用户可以方便地创建新的工作簿或打开现有的工作簿。

开始屏幕的左侧显示了【开始】、【新建】和【打开】3 个类别，创建新的工作簿需要选择【新建】类别，进入如图 2-1 所示的【新建】界面。单击界面上方的【空白工作簿】将创建一个空白工作簿。界面下方列出了一些工作簿模板，通过缩略图可以预览它们的大致外观。用户可以在位于界面中间的搜索框中输入关键字并按【Enter】键，搜索特定名称或用途的模板。

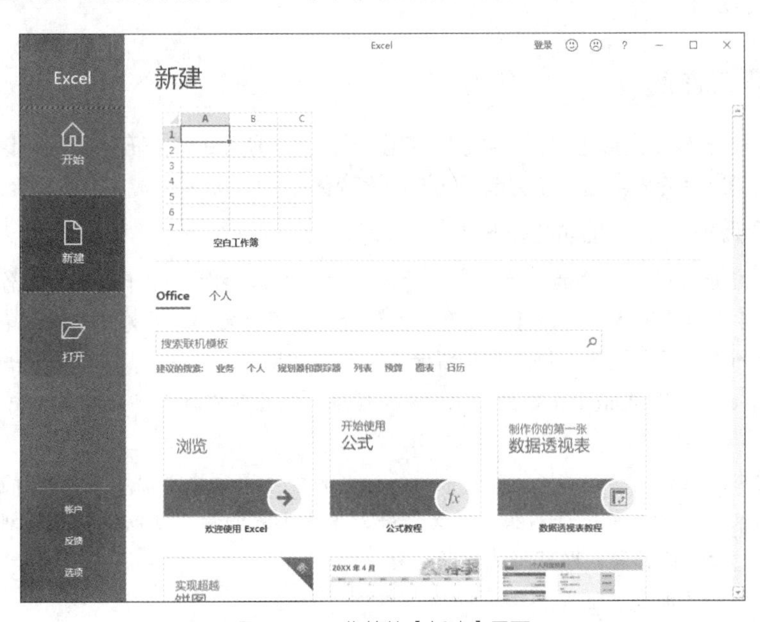

图 2-1　工作簿的【新建】界面

如果要使用模板创建工作簿，可以单击所需的模板缩略图，显示图 2-2 所示的界面，单击【创建】按钮将开始下载该模板，并基于该模板创建一个工作簿，该工作簿中的内容和格式与模板完全相同。用户可以根据实际需求，对工作簿中的内容和格式进行修改，快速完成工作簿的制作。

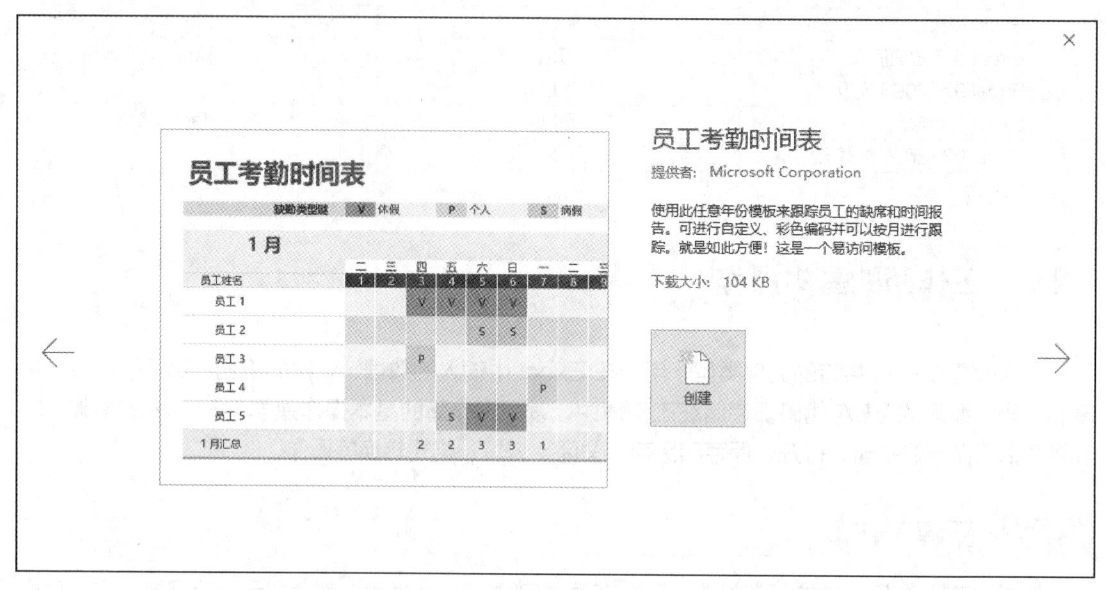

图 2-2　基于模板创建工作簿

如果已经从 Excel 开始屏幕切换到工作簿界面，并希望在该界面中新建工作簿，那么可以使用以下两种方法。

◉ 单击快速访问工具栏中的【新建】按钮（如果已添加该命令），或按【Ctrl+N】快捷键，创建一个空白工作簿。

◉ 选择【文件】⇨【新建】命令，在进入的界面中选择要基于哪个模板创建工作簿，该界面类似于 Excel 开始屏幕。

2.2.2 打开工作簿

在 Excel 开始屏幕中选择【打开】类别，将显示图 2-3 所示的【打开】界面。该界面分为左、右两个部分，右侧显示的内容随着左侧选择的选项而变化。

界面左侧显示的几个选项的功能如下。

◉ 最近：显示最近打开过的工作簿的名称，选择一个名称即可打开相应的工作簿。右击某个名称，弹出图 2-4 所示的菜单，选择【固定至列表】命令，将指定的工作簿固定在列表中，以后该名称将始终显示在列表的顶部，便于快速打开频繁使用的工作簿。

◉ OneDrive：使用 Microsoft 账户登录 Excel 程序，然后可以打开存储在与 Microsoft 账户关联的 OneDrive 中的工作簿。

◉ 这台电脑：显示一个内嵌于 Excel 中的简化版的文件资源管理器，其中显示 Excel 程序的默认文件夹，单击文件夹的名称将进入相应的文件夹，单击上方的箭头可以返回上一级文件夹。在文件夹中单击想要打开的工作簿，即可将其打开。

◉ 添加位置：添加云端位置。

图2-3 工作簿的【打开】界面

◉ 浏览：单击【浏览】按钮将打开【打开】对话框，导航到工作簿的存储位置，然后双击要打开的工作簿。如果无法正常打开工作簿，可以在【打开】对话框中选择要打开的工作簿，然后单击【打开】按钮右侧的下拉按钮，在弹出的菜单中选择【打开并修复】命令，如图2-5所示，Excel将在打开工作簿时尝试修复该工作簿。

图2-4 将指定的工作簿固定在列表中

图2-5 修复工作簿

交叉参考

默认文件夹是每次执行打开、另存为等命令时在对话框中默认显示的文件夹。用户可以更改默认文件夹的位置，具体方法请参考 2.3.1 小节。

如果当前正在工作簿界面中工作，那么可以使用以下两种方法打开工作簿。

◉ 单击快速访问工具栏中的【打开】按钮（如果已添加该命令），或按【Ctrl+O】快捷键，然后在【打开】对话框中双击要打开的工作簿。在【打开】对话框中可以按住【Ctrl】键或【Shift】键并配合鼠标单击，来选择一个或多个工作簿，以便将它们同时打开。

◉ 选择【文件】⇨【打开】命令，在【打开】界面中选择最近打开过的工作簿，或者选择指定文件夹中的工作簿。

技巧

如果想要在选择【打开】命令时直接显示【打开】对话框，而绕过工作簿的【打开】界面，可以选择【文件】⇨【选项】命令，打开【Excel 选项】对话框，在【保存】选项卡中选中【使用键盘快捷方式打开或保存文件时不显示 Backstage】复选框，然后单击【确定】按钮，如图 2-6 所示。该设置也适用于保存和另存工作簿的操作。

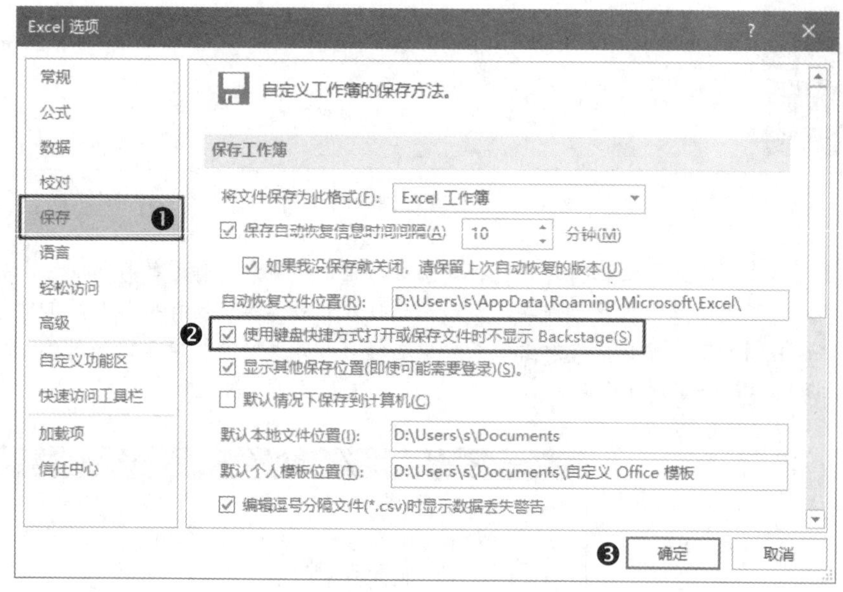

图 2-6 设置打开和保存工作簿时不显示工作簿的【打开】界面

2.2.3 保存和另存工作簿

为了以后随时查看和编辑工作簿，需要将工作簿中的内容保存到计算机中，有以下两种方法。

◉ 单击快速访问工具栏中的【保存】命令，或按【Ctrl+S】快捷键。

◉ 选择【文件】⇨【保存】命令。

默认进入【另存为】界面，该界面与前面介绍的【打开】界面类似，选择一个保存位置，将打开【另存为】对话框，如图 2-7 所示，输入工作簿的名称并单击【保存】按钮，即可保存工作簿。

如果使用上一小节介绍的方法设置了在打开和保存工作簿时不显示 Backstage，那么在执行保存操作时，对于新建的工作簿将直接打开【另存为】对话框。如果已将工作簿保存到计算机中，那么在执行保存操作时，会将上次保存后的最新修改直接保存到当前工作簿中，而不再显示【另存为】对话框。

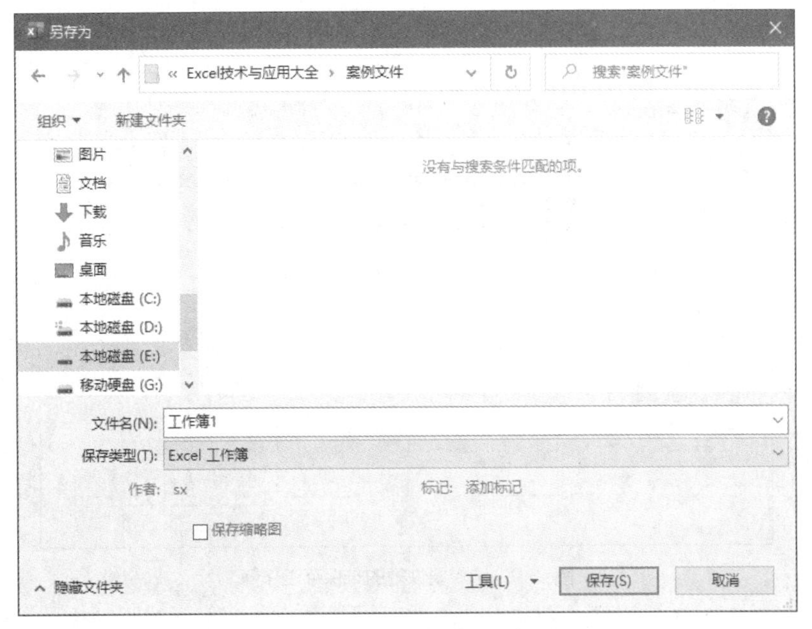

图 2-7 【另存为】对话框

如果要将当前工作簿以其他名称保存，可以选择【文件】⇨【另存为】命令，在【另存为】界面中选择一个保存位置，然后在打开的【另存为】对话框中输入工作簿的新名称，最后单击【保存】按钮。

2.2.4 关闭工作簿

可以将暂时不使用的工作簿关闭，从而释放它们占用的内存资源。关闭工作簿的方法有以下两种。

- 单击快速访问工具栏中的【关闭】按钮（如果已添加该命令）。
- 选择【文件】⇨【关闭】命令。

如果在关闭工作簿时包含未保存的内容，将会显示如图 2-8 所示的对话框，单击【保存】按钮，即可保存内容并关闭工作簿。

图 2-8 关闭包含未保存内容的工作簿时显示的提示信息

2.2.5 恢复未保存的工作簿

恢复未保存的工作簿是从 Excel 2010 开始提供的功能，Excel 2010 及更高版本的 Excel 都支持该功能。未保存工作簿是指在一个新建的工作簿中执行了任何可被检测到的使工作簿发生更改的操作，如输入内容、设置格式等，然后在没有对工作簿进行保存的情况下将其关闭。恢复未保存的工作簿的操作步骤如下。

选择【文件】⇨【打开】命令，在【打开】界面中单击【恢复未保存的工作簿】按钮，在【打开】对话框中双击要恢复的工作簿，如图 2-9 所示，将在 Excel 中打开该工作簿，然后可以将其保存到计算机磁盘中，从而恢复未保存的工作簿中的数据。

用于恢复的未保存工作簿位于以下路径中，假设 Windows 操作系统安装在 C 盘。

C:\Users\< 用户名 >\AppData\Local\Microsoft\OFFICE\UnsavedFiles

交叉参考 Excel 默认启用了恢复未保存工作簿的功能，如果无法对未保存的工作簿进行恢复，请参考 2.3.4 小节。

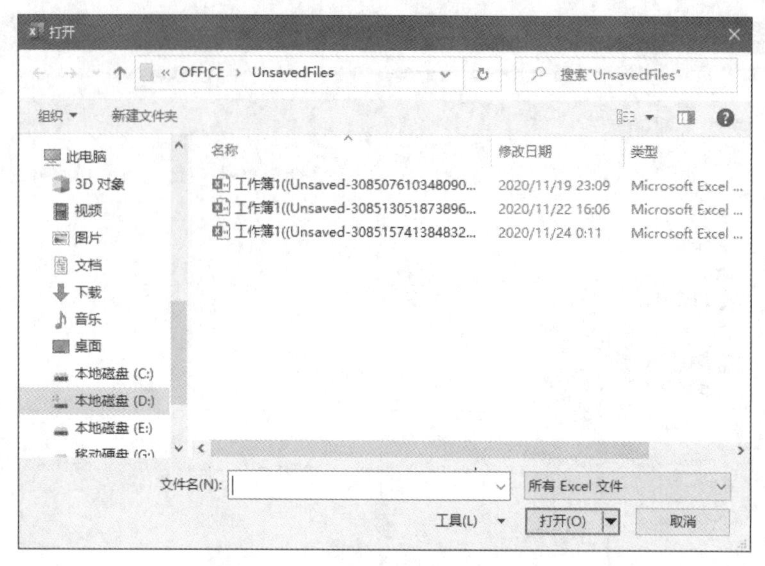

图 2-9　选择要恢复的未保存工作簿

2.2.6 兼容模式与格式转换

在 Excel 2007 及更高版本的 Excel 中打开由低版本 Excel 创建的工作簿（扩展名为 .xls）时，在 Excel 窗口标题栏中将显示文字“[兼容模式]”，如图 2-10 所示。在兼容模式下会禁用一些在低版本 Excel 中不支持的新功能。

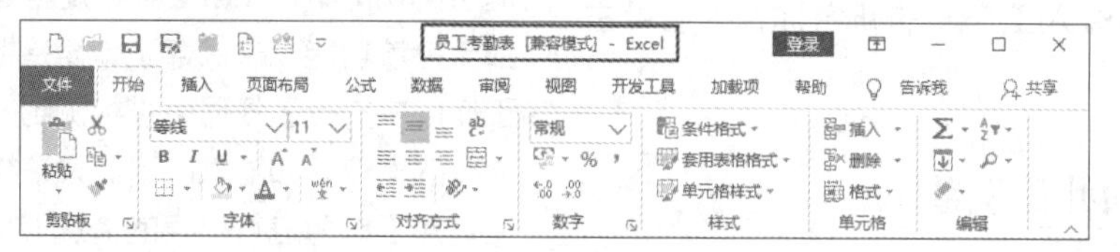

图 2-10　兼容模式

为了解决这个问题，需要将用低版本 Excel 创建的工作簿转换为新的格式，操作步骤如下。

(1) 在 Excel 2007 或更高版本的 Excel 中打开扩展名为 .xls 的工作簿，然后选择【文件】⇨【信息】命令，在进入的【信息】界面中单击【转换】按钮，如图 2-11 所示。

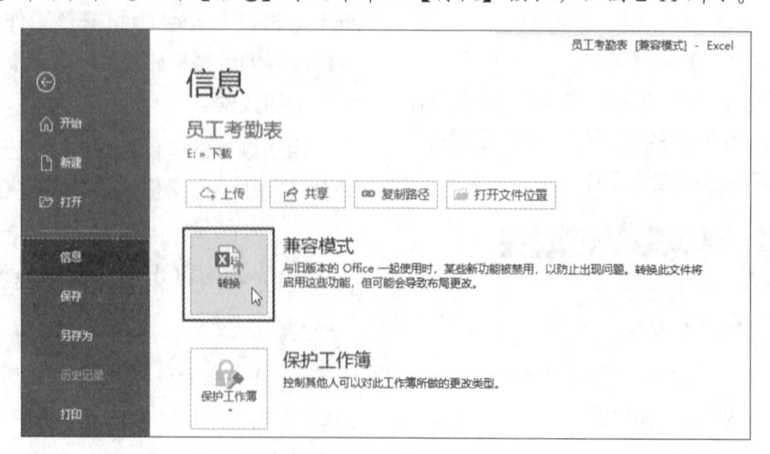

图 2-11　单击【转换】按钮

(2) 打开图 2-12 所示的对话框，单击【确定】按钮，将当前工作簿转换为支持高版本 Excel 中的新功能的文件格式，Excel 窗口标题栏中的“[兼容模式]”文字随即消失。

图 2-12 转换工作簿格式时的提示信息

2.3 让工作簿更易用的设置

本节将介绍在打开、保存、恢复工作簿时，可以提高操作效率的一些有用设置，包括设置打开和保存工作簿的默认文件夹、设置保存工作簿的默认格式、设置自动恢复工作簿的保存时间间隔和位置、启用或禁用未保存工作簿的恢复功能。

2.3.1 设置打开和保存工作簿的默认文件夹

每次使用【打开】对话框、【另存为】对话框打开、保存和另存一个 Excel 工作簿时，在对话框中默认显示的文件夹都是 Excel 程序的默认文件夹。如果经常在一个固定的位置打开或保存工作簿，那么可以将该位置设置为默认文件夹，每次打开对话框时都会自动显示该文件夹，从而提高打开和保存工作簿的效率。设置默认文件夹的操作步骤如下。

选择【文件】⇨【选项】命令，打开【Excel 选项】对话框，在【保存】选项卡的【默认本地文件位置】文本框中显示的是当前设置的默认文件夹，将其删除；然后在文本框中输入所需的文件夹的完整路径，或者将预先复制好的文件夹路径粘贴到文本框中，最后单击【确定】按钮，如图 2-13 所示。

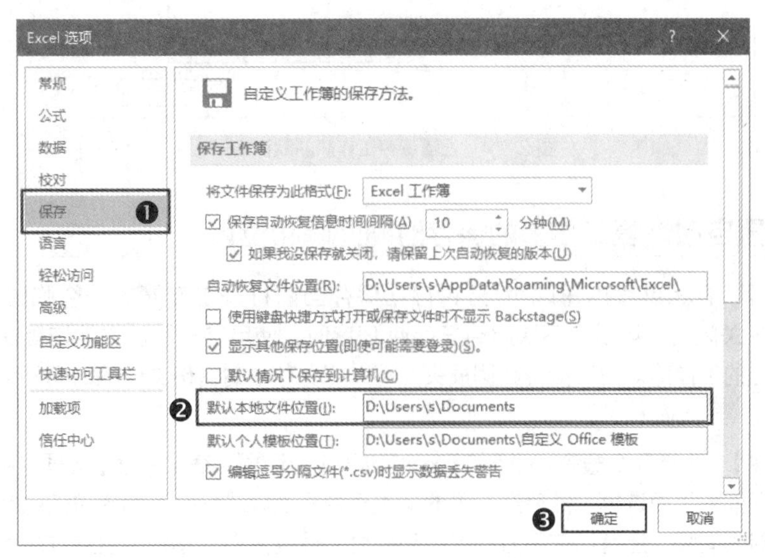

图 2-13 设置打开和保存工作簿的默认文件夹

2.3.2 设置保存工作簿的默认格式

在 Excel 2007 及更高版本的 Excel 中，每次保存工作簿时的默认格式都为“Excel 工作簿”，文件扩展名为 .xlsx。如果经常需要将工作簿保存为其他类型的文件格式，一种方法是执行【另存为】命令，然后在【另存为】对话框中选择所需的文件格式。另一种方法是设置保存工作簿的默认格式，以后每次保存新建的工作簿或另存工作簿时，都会默认以该格式保存。设置保存工作簿的默认格式的操作步骤如下。

选择【文件】⇨【选项】命令，打开【Excel 选项】对话框，在【保存】选项卡的【将文件保存为此格式】下拉列表中选择所需的文件格式，然后单击【确定】按钮，如图 2-14 所示。

图 2-14 设置保存工作簿的默认格式

2.3.3 设置自动恢复工作簿的保存时间间隔和位置

默认情况下，Excel 程序每隔 10 分钟自动保存当前打开工作簿的一个临时备份文件，当 Excel 程序意外关闭时，可以在下次启动 Excel 程序时，使用临时备份文件恢复在上次意外关闭时处于打开状态的工作簿。为了减少数据损失，可以将保存临时备份文件的时间间隔缩短，操作步骤如下。

选择【文件】⇨【选项】命令，打开【Excel 选项】对话框，在【保存】选项卡中选中【保存自动恢复信息时间间隔】复选框，然后在右侧的文本框中输入以“分钟”为单位的数字，表示保存临时备份文件的时间间隔；还可以在下方的【自动恢复文件位置】文本框中设置临时备份文件的保存位置。设置完成后单击【确定】按钮，如图 2-15 所示。

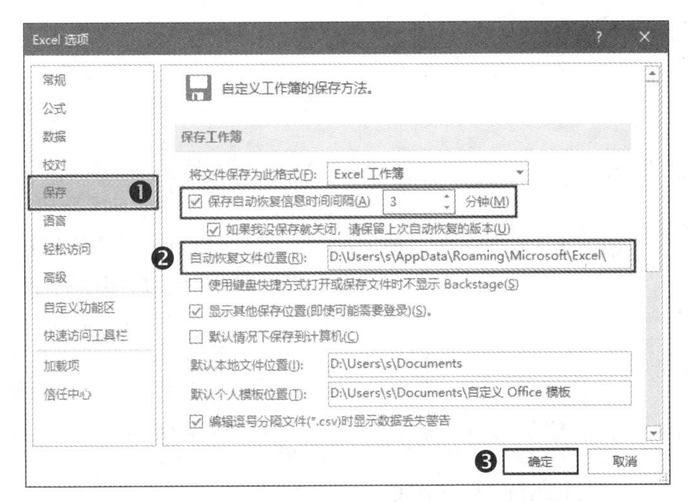

图 2-15　设置自动恢复工作簿的保存时间间隔和位置

2.3.4 启用或禁用未保存工作簿的恢复功能

如果想要使用 2.2.5 小节介绍的未保存工作簿的恢复功能，那么需要在上一小节介绍的【Excel 选项】对话框的【保存】选项卡中选中【如果我没保存就关闭，请保留上次自动恢复的版本】复选框，还应确保在新建但未保存的工作簿中的编辑时间不少于在【保存自动恢复信息时间间隔】文本框中设置的时长。

2.4 工作表的基本操作

工作表就像画家的画布，用户对数据进行的所有操作都要在工作表中完成，可以将数据存储在一个或多个工作表中。本节将介绍工作表的基本操作，包括工作表的添加、激活和选择、重命名、颜色设置、移动和复制、显示和隐藏、删除等。

2.4.1 添加工作表

不同版本的 Excel 程序在启动后，在默认创建的空白工作簿中将包含一个或 3 个工作表，以后新建的工作簿默认也包含同样数量的工作表。除了 Excel 默认提供的工作表之外，用户可以使用以下几种方法添加新的工作表。

◉ 单击工作表标签右侧的【新工作表】按钮⊕。

◉ 在功能区的【开始】选项卡的【单元格】组中单击【插入】按钮的下拉按钮，然后在弹出的菜单中选择【插入工作表】命令，如图 2-16 所示。

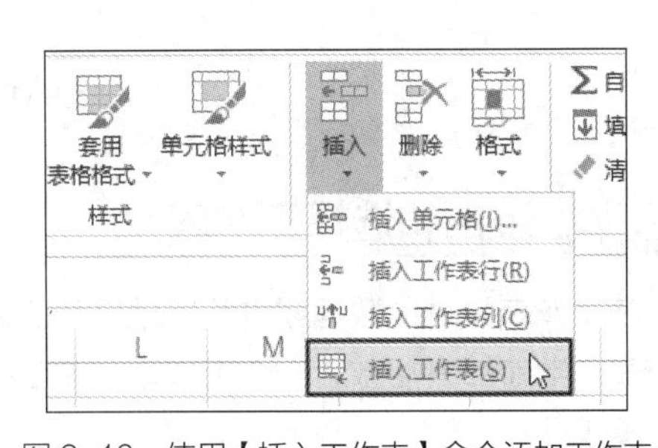

图 2-16　使用【插入工作表】命令添加工作表

◉ 右击任意一个工作表标签，在弹出的菜单中选择【插入】命令，打开【插入】对话框的【常用】选项卡，选择【工作表】并单击【确定】按钮，或直接双击【工作表】，如图 2-17 所示。

◉ 按【Shift+F11】或【Alt+Shift+F1】快捷键。

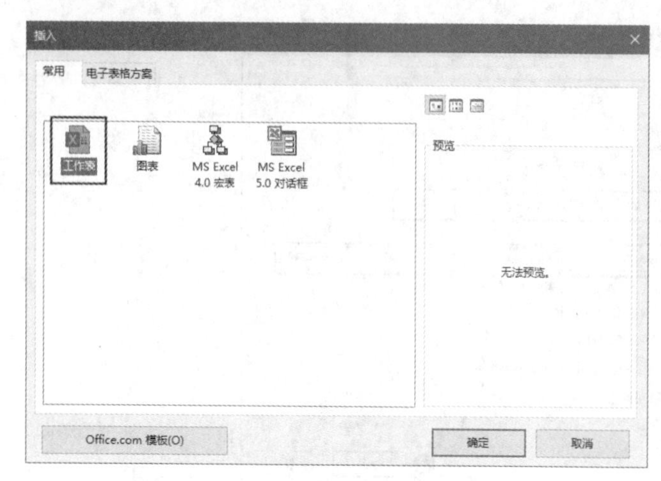

图 2-17　使用【插入】对话框添加工作表

提示

使用第一种方法添加的工作表位于活动工作表的右侧，使用其他 3 种方法添加的工作表位于活动工作表的左侧。

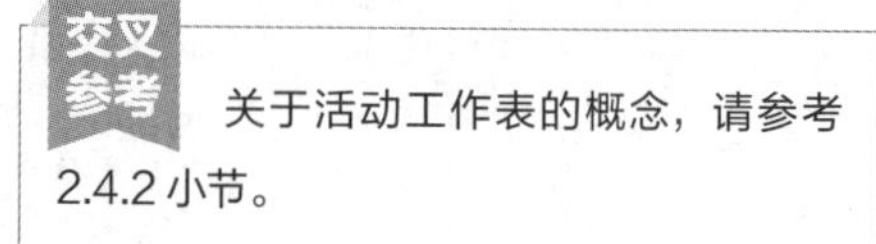

交叉参考

关于活动工作表的概念，请参考 2.4.2 小节。

用户可以设置新建工作簿时默认包含的工作表数量，方法如下。选择【文件】⇨【选项】命令，打开【Excel 选项】对话框，将【常规】选项卡的【包含的工作表数】文本框中的值设置为所需的数量，然后单击【确定】按钮，如图 2-18 所示。

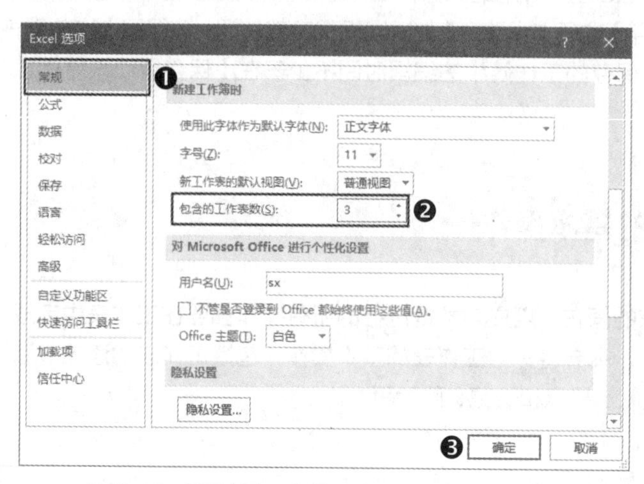

图 2-18　设置新建工作簿时默认包含的工作表数量

2.4.2 激活和选择工作表

在工作表中输入数据或进行其他操作之前，需要先激活该工作表。无论一个工作簿包含多少个工作表，当前都只能激活一个工作表，该工作表称为“活动工作表”，只有活动工作表才能接受用户的操作。

单击工作表标签即可激活相应的工作表，使其成为活动工作表。活动工作表的工作表标签呈凸起状态，标签文字呈绿色。图 2-19 所示的 Sheet1 工作表就是活动工作表。

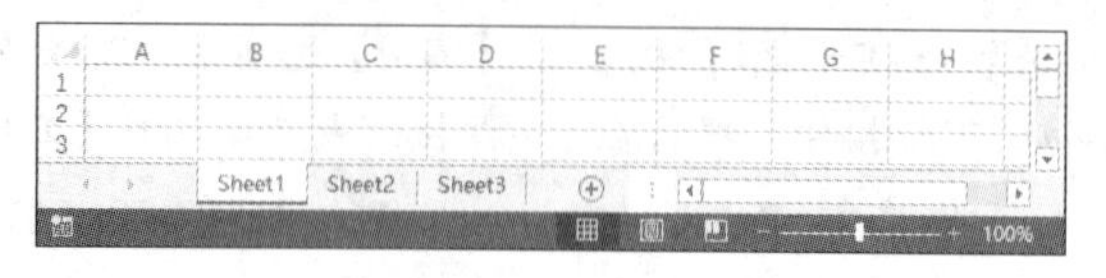

图 2-19　Sheet1 工作表

对一个或多个工作表进行操作之前，需要先选择这些工作表。选择一个工作表等同于激活该工作表。当选择多个工作表时，只有其中的一个工作表成为活动工作表。下面将介绍选择工作表的几种方法。

1. 选择一个工作表

单击一个工作表的标签，即可选中该工作表。如果工作簿包含的工作表数量较多，无法显示所有的工作表标签，可以单击工作表标签左、右两端的箭头按钮来滚动显示工作表标签。

另一种快速找到并激活指定工作表的方法是右击箭头按钮所在的区域，打开【激活】对话框，如图2-20所示，其中列出了所有工作表，双击要激活的工作表，即可让该工作表成为活动工作表。

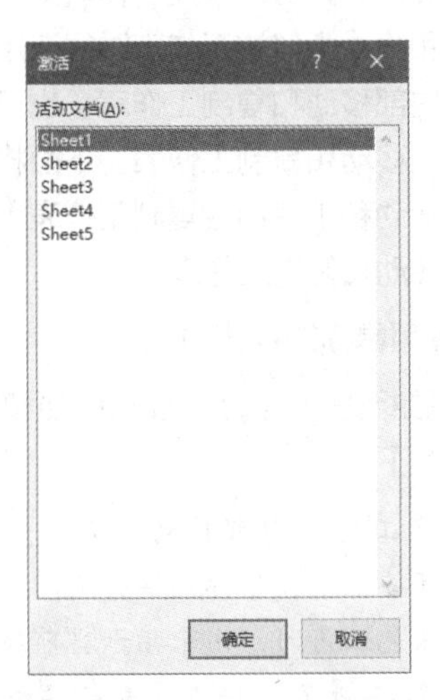

图2-20 使用【激活】对话框快速选择工作表

> **注意**
> 在【激活】对话框中只能选择一个工作表，处于隐藏状态的工作表不会显示在该对话框中。

2. 选择多个工作表

如果要选择相邻的多个工作表，可以先单击在这些工作表中位于第一个位置的工作表标签，然后按住【Shift】键，再单击在这些工作表中位于最后一个位置的工作表标签，选中这两个工作表和位于它们之间的所有工作表。图2-21所示为选中了Sheet2、Sheet3和Sheet4这3个工作表，其中的Sheet2是活动工作表。

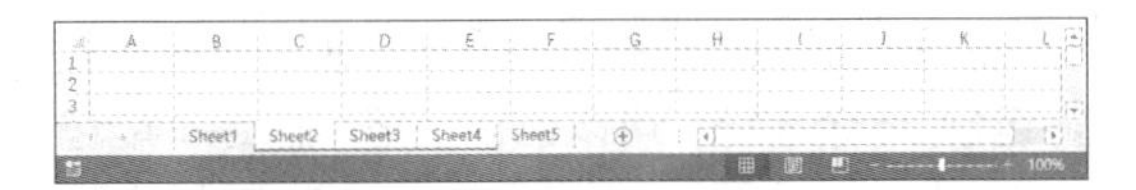

图2-21 选择相邻的多个工作表

> **提示**
> 选择多个工作表时，Excel窗口标题栏中将显示“[组]”文字。

如果想要选择不相邻的多个工作表，只需单击要选择的任意一个工作表，然后按住【Ctrl】键，再单击其他要选择的工作表即可。

3. 选择所有工作表

右击任意一个工作表标签，在弹出的菜单中选择【选定全部工作表】命令，即可选中工作簿中的所有工作表，如图2-22所示。

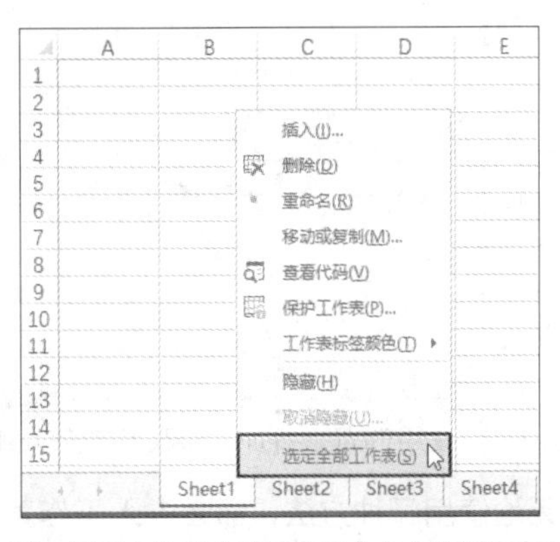

图2-22 使用【选定全部工作表】命令选择所有工作表

4. 取消工作表的选中状态

可以使用以下几种方法取消多个工作表的选中状态，Excel窗口标题栏中的“[组]”文字也会随即消失。

- 如果选中的是部分工作表，而非所有工作表，可以单击未被选中的任意一个工作表。
- 如果选中的是所有工作表，可以单击除了活动工作表之外的任意一个工作表。
- 无论选中的是部分工作表还是所有工作表，都可以右击选中的任意一个工作表，在弹出的菜单中选择【取消组合工作表】命令。

2.4.3 修改工作表的名称

Excel默认使用Sheet1、Sheet2、Sheet3等作为工作表的名称。为了让工作表易于识别，应该为工作表设置有意义的名称。工作表名称最多包含 31 个字符，可以包含空格，但是不能包含 ?、/、*、\、]、:、[等字符。修改工作表的名称有以下几种方法。

- 双击工作表标签。
- 右击工作表标签，在弹出的菜单中选择【重命名】命令。
- 在功能区的【开始】选项卡中单击【格式】按钮，在弹出的菜单中选择【重命名工作表】命令，如图 2-23 所示。

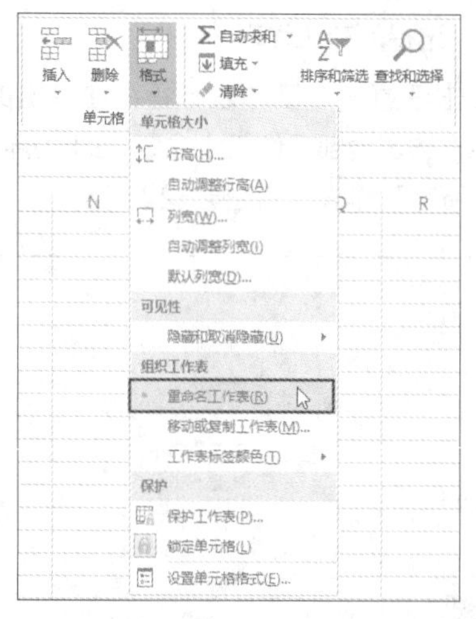

图 2-23　使用功能区中的命令修改工作表的名称

无论使用哪种方法，都会进入工作表名称的编辑状态，先删除原有名称，然后输入新的名称，最后按【Enter】键。

2.4.4 设置工作表标签的颜色

与文字相比，颜色更易于被人眼识别。通过为工作表标签设置醒目的颜色，可以让工作表在视觉上更突出。右击要设置颜色的工作表标签，在弹出的菜单中选择【工作表标签颜色】命令，然后在打开的列表中选择一种颜色，如图 2-24 所示。

如果在列表中没有所需的颜色，可以选择列表中的【其他颜色】命令，在打开的【颜色】对话框中选择更多的颜色。

如果要清除工作表标签上的颜色，可以右击工作表标签，在弹出的菜单中选择【工作表标签颜色】⇨【无颜色】命令。

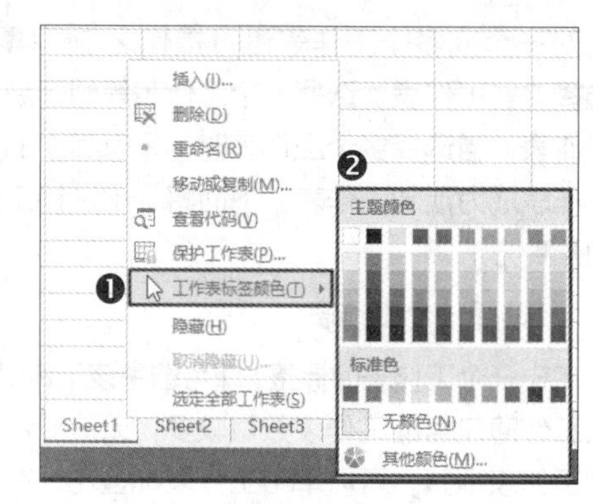

图 2-24　设置工作表标签的颜色

2.4.5 移动和复制工作表

当工作簿中包含多个工作表时，通过移动工作表，可以调整各个工作表之间的排列顺序。通过复制工作表，可以创建工作表的副本，这在创建内容和格式类似的工作表时很有用。可以在工作簿的内部移动和复制工作表，也可以在不同工作簿之间移动和复制工作表。下面将介绍使用鼠标指针拖动和【移动或复制工作表】对话框两种方法来移动和复制工作表。

1. 使用鼠标指针拖动

使用鼠标指针拖动的方式移动和复制工作表的方法如下。

- 在工作簿内部移动和复制。在要移动的工作表标签上按住鼠标左键并拖动，拖动时将显示一个黑色三角形，用于指示当前移动到的位置，如图 2-25 所示。将工作表标签拖动到目标位置，松开鼠标左键，即可将工作表移动到该位置。拖动过程中按住【Ctrl】键将复制工作表。

图 2-25　黑色三角形用于指示当前移动到的位置

- 在不同工作簿之间移动和复制。与上面介绍的方法类似，但是需要将工作表标签从当前工作簿拖动到另一个工作簿。拖动过程中按住【Ctrl】键将复制工作表。

2. 使用【移动或复制工作表】对话框

如果工作簿包含的工作表数量较多，如十几个或几十个，在使用鼠标指针拖动的方法移动工作表时，不太容易准确定位移动到的目标位置。此时可以使用【移动或复制工作表】对话框来移动工作表，使用该对话框还可以完成工作表的复制操作，并可以在移动或复制工作表时创建新的工作簿。

右击要移动或复制的工作表标签，在弹出的菜单中选择【移动或复制】命令，打开【移动或复制工作表】对话框，如图2-26所示。在该对话框中移动或复制工作表时需要执行以下操作。

- 选择工作簿：在【工作簿】下拉列表中选择是在当前工作簿内部移动或复制，还是在不同工作簿之间移动或复制；还可以选择【（新工作簿）】，在移动或复制工作表时创建新的工作簿。
- 选择目标位置：在【下列选定工作表之前】列表框中选择要将工作表移动到哪个工作表的左侧。
- 选择移动还是复制：如果要复制工作表，需要选中【建立副本】复选框。

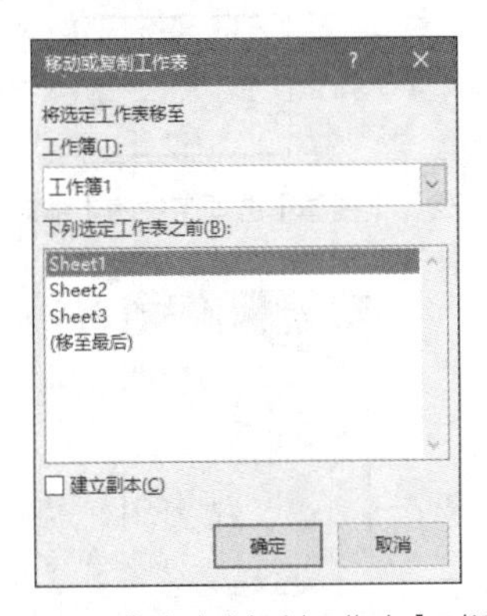

图2-26 【移动或复制工作表】对话框

设置完成后，单击【确定】按钮，将指定的工作表移动或复制到目标位置。

2.4.6 显示和隐藏工作表

可以将包含隐私数据或暂时不想显示的工作表隐藏起来。右击要隐藏的工作表的标签，在弹出的菜单中选择【隐藏】命令，即可隐藏该工作表，如图2-27所示。使用该命令可以隐藏选中的多个工作表，但是一个工作簿中至少要有一个工作表处于显示状态。

如果要显示处于隐藏状态的工作表，可以右击任意一个工作表的标签，在弹出的菜单中选择【取消隐藏】命令，打开【取消隐藏】对话框，在【取消隐藏工作表】列表框中选择要显示的工作表，然后单击【确定】按钮，如图2-28所示。

图2-27 使用【隐藏】命令隐藏工作表

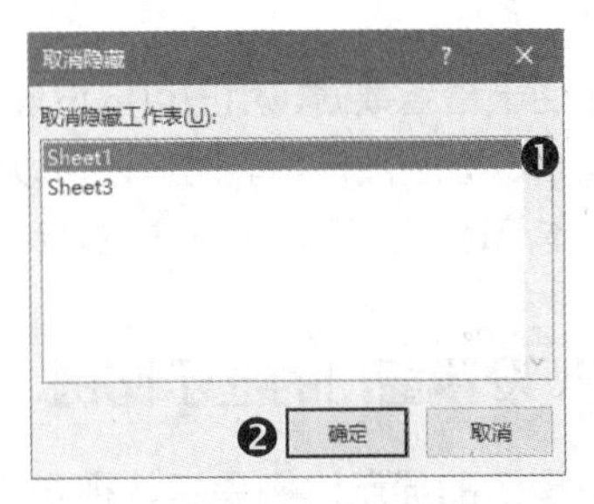

图2-28 选择要重新显示的工作表

> **提示**
>
> 在【取消隐藏】对话框中每次只能选择一个工作表。

2.4.7 删除工作表

可以将不需要的工作表删除。当工作簿中只有一个工作表时，无法删除该工作表。删除工作表有以下两种方法。

- 右击要删除的工作表的标签，在弹出的菜单中选择【删除】命令。
- 激活要删除的工作表，在功能区的【开始】选项卡的【单元格】组中单击【删除】按钮上的下拉按钮，然后在弹出的菜单中选择【删除工作表】命令，如图2-29所示。

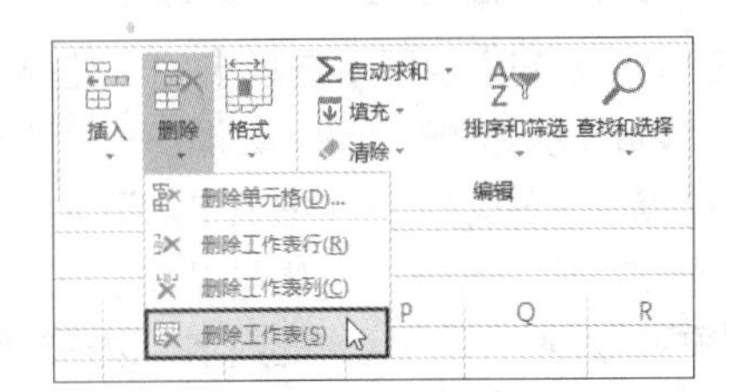

图2-29 使用【删除工作表】命令删除工作表

无论使用哪种方法，都将显示图 2-30 所示的提示信息，单击【删除】按钮，将指定的工作表删除。

图 2-30　删除工作表时的提示信息

注意

删除工作表的操作不可逆，这意味着无法通过撤销命令恢复已删除的工作表。如果误删了工作表，恢复它的唯一方法是在删除工作表后，立即在不保存的情况下关闭工作簿；下次打开该工作簿时，之前误删的工作表仍然存在。

2.5　控制 Excel 窗口的显示方式

为了便于查看数据，用户可以设置 Excel 窗口的显示方式，包括设置窗口的显示比例、多窗口和拆分窗格、冻结窗格等。用户还可以保存窗口的显示设置，以便以后随时重复使用。除了以上内容之外，本节还将介绍 Excel 中的几种视图及其切换方法。

2.5.1　设置窗口的显示比例

设置窗口的显示比例是指从视觉上放大或缩小工作表中的内容，但是并未真正改变内容的大小。Excel 默认的显示比例为 100%，用户可以根据需要调整显示比例，有以下 3 种方法。

1. 使用状态栏中的显示比例控件

显示比例控件位于 Excel 状态栏的右侧，如图 2-31 所示。每次单击【+】或【-】按钮，将以 10% 的幅度增大或减小显示比例，拖动这两个按钮之间的滑块可以任意调整显示比例。【+】按钮右侧的数字 100% 表示当前设置的显示比例，该数字也是一个可以单击的按钮，单击它将打开【缩放】对话框。

图 2-31　显示比例控件

2. 使用【视图】选项卡中的命令

在功能区的【视图】选项卡的【缩放】组中包含设置显示比例的命令，如图 2-32 所示。单击【缩放】按钮将打开【缩放】对话框，可以选择预置的显示比例选项，也可以在【自定义】文本框中输入表示显示比例的数字，以指定所需的比例值，如图 2-33 所示。

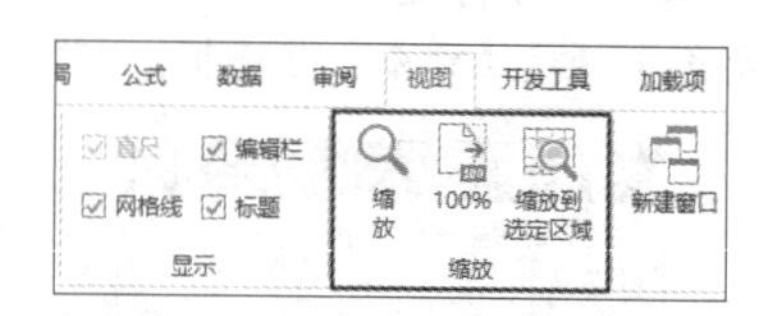

图 2-32　【视图】选项卡中的【缩放】组

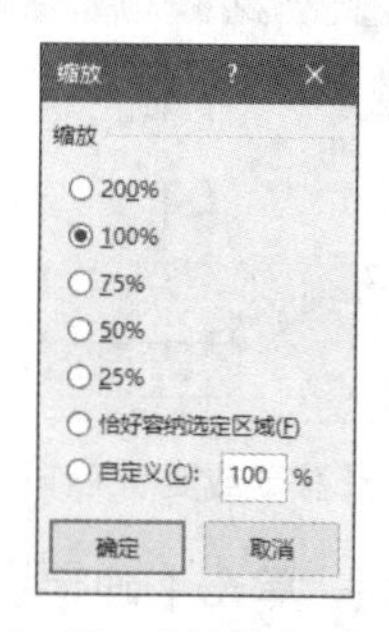

图 2-33　【缩放】对话框

注意

在【自定义】文本框中输入的数字范围为 10 ~ 400。

3. 使用快捷键

按住【Ctrl】键，每向上滚动一次鼠标滚轮，显示比例增大 15%；每向下滚动一次鼠标滚轮，显示比例减小 15%。

2.5.2　多窗口和拆分窗格

默认情况下，每个工作簿显示在一个独立

的窗口中。如果要同时处理和比对工作簿中的多个工作表，可以为同一个工作簿打开多个窗口，并在窗口中激活不同的工作表，如图 2-34 所示。为一个工作簿打开多个窗口后，每个窗口标题栏将以“工作簿名称 : 窗口编号”的方式显示，如“员工信息 :1”“员工信息 :2”。

图 2-34　为一个工作簿创建多个窗口

在功能区的【视图】选项卡的【窗口】组中单击【新建窗口】按钮，即可为当前工作簿创建一个新的窗口，如图 2-35 所示。

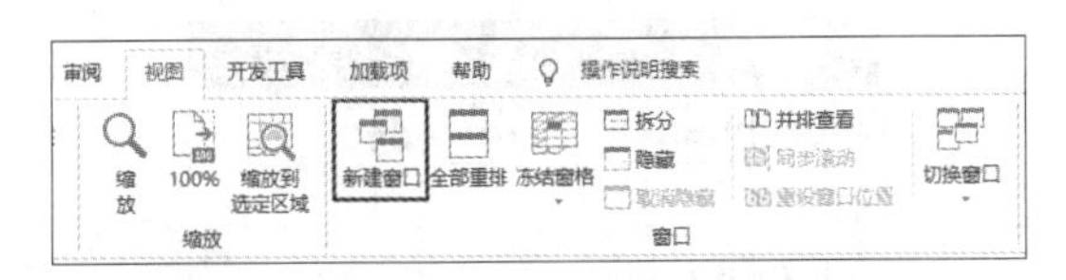

图 2-35　使用【新建窗口】按钮创建新的窗口

如果想要查看一个工作表的不同部分，一种方法是使用上面介绍的方法，新建窗口并在各个窗口中显示工作表的不同部分。另一种方法是利用“拆分”功能将一个窗口拆分为几个部分，在不同部分显示工作表不同位置的内容。

在功能区的【视图】选项卡的【窗口】组中单击【拆分】按钮，将当前窗口拆分为两个部分或 4 个部分，拆分数量取决于拆分之前鼠标指针所在的位置。可以在拆分后的各个窗格中定位到工作表的不同位置，如图 2-36 所示。

	A	B	C	D	E
1	姓名	性别	年龄	学历	
2	谭奕鸿	男	36	硕士	
3	夏吴颀	男	23	硕士	
4	苗奕	男	35	大本	
5	应哄	男	39	硕士	
6	张妙可	女	36	大专	
7	朱苑杰	女	36	博士	
8	魏府	女	27	硕士	
9	屈诗夏	女	27	大本	
10	山依灵	男	26	大本	
11	奚城鸿	女	24	大专	
12	倪盈冬	女	47	硕士	
13	席振祁	男	33	大专	
14	都巧	女	30	高中	
15	康宛筠	男	39	博士	
16	邵循	男	23	大本	
17	宋颀	女	41	硕士	
18	房剑	男	46	大专	
19	邹僳	男	20	大本	
20	常寄文	男	21	大本	
21	颜魅峄	女	27	高中	
22					

图 2-36　将 Excel 窗口拆分为多个部分

将鼠标指针移动到窗格之间的分界线上，当鼠标指针变为双向箭头时，拖动分界线可以调整其位置。取消窗口的拆分有以下两种方法。

◉ 在功能区的【视图】选项卡的【窗口】组中单击【拆分】按钮，将删除当前窗口中的所有分界线，使窗口恢复到未拆分的状态。

◉ 只删除特定的分界线。例如，将水平分界线向上或向下拖动到内容编辑区之外，即可将其删除。

2.5.3 冻结窗格

当滚动查看包含多行数据的工作表时，数据表顶部的标题行会随着数据的向下滚动而变得不可见。标题行中的各个标题用于描述各列数据的含义，如员工信息表中的“姓名”“性别”“年龄”等，缺少标题行的数据不易理解。

使用“冻结窗格”功能可以让标题行始终显示在当前窗口所显示的数据区域的顶部。开始设置前，需要让标题行显示在当前窗口中，然后在功能区的【视图】选项卡的【窗口】组中单击【冻结窗格】按钮，在弹出的菜单中选择【冻结首行】命令，如图 2-37 所示。

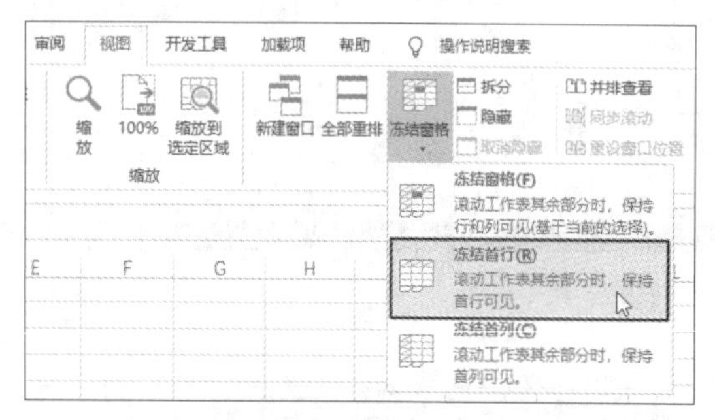

图 2-37　使用【冻结首行】命令冻结数据表的标题行

冻结后，工作表的标题行与其下一行之间显示一条细线，表示当前已将标题行冻结。以后无论如何滚动数据，标题行都会显示在当前窗口可视范围内的顶部，如图 2-38 所示。

	A	B	C	D	E
1	姓名	性别	年龄	学历	
16	邵循	男	23	大本	
17	宋愈	女	41	硕士	
18	房剑	男	46	大专	
19	邹儒	男	20	大本	
20	常寄文	男	21	大本	
21	颜甦峄	女	27	高中	
22					

图 2-38　冻结标题行的效果

还可以在单击【冻结窗格】按钮弹出的菜单中选择其他冻结方式，该菜单中的【冻结窗格】命令用于同时冻结行和列，冻结的位置取决于当前选择的单元格。

要取消窗格冻结状态，需要在功能区的【视图】选项卡中单击【冻结窗格】按钮，然后在弹出的菜单中选择【取消冻结窗格】命令。

2.5.4 保存窗口的显示设置

使用“自定义视图”功能，用户可以将当前工作簿中各个工作表的显示设置一次性全部保存下来，以后随时载入已保存的设置，以便快速恢复各个工作表的显示设置。可以保存的显示设置包括窗口的显示比例、拆分窗格、冻结窗格、选中的单元格、隐藏的行和列、打印和筛选设置等。

在功能区的【视图】选项卡中单击【自定义视图】按钮，打开【视图管理器】对话框，其列表框中显示了已保存的显示设置，如图 2-39 所示。如果要将当前的显示设置保存下来，需要单击【添加】按钮，打开【添加视图】对话框，在【名称】文本框中输入一个易于识别的名称，然后单击【确定】按钮，如图 2-40 所示。

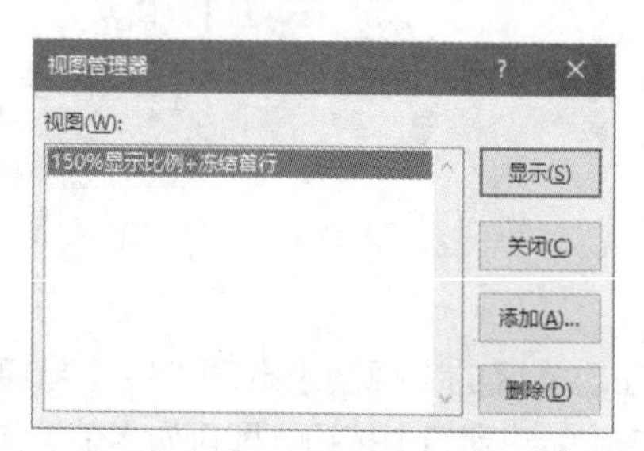

图 2-39　【视图管理器】对话框

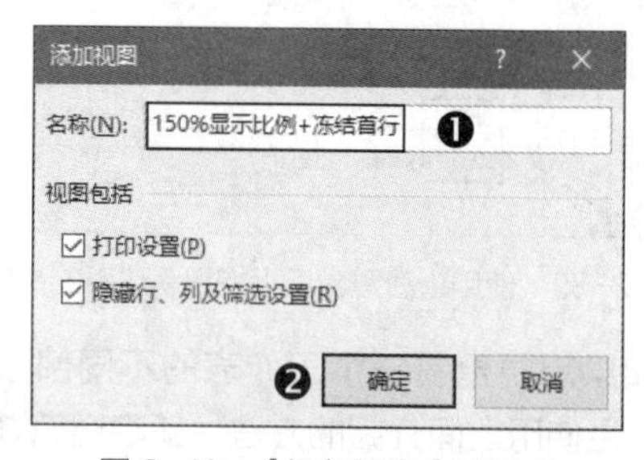

图 2-40　【添加视图】对话框

除了【添加】按钮之外，【视图管理器】对话框中的其他 3 个按钮的功能如下。

- 显示：单击【显示】按钮，将列表框中当前选中的显示设置载入当前工作簿的各个工作表中。
- 关闭：单击【关闭】按钮，关闭【视图管理器】对话框。
- 删除：单击【删除】按钮，将删除列表框中当前选中的显示设置；删除前会显示确认信息，单击【是】按钮即可将所选显示设置删除。

2.5.5 在不同视图下工作

视图提供了完成特定任务的最佳操作环境。Excel 提供了“普通”“页面布局”“分页预览”3种视图。普通视图主要用于完成数据的输入、编辑、计算、处理和分析等大多数任务；页面布局视图主要用于设置工作表的页面版式以便打印；分页预览视图主要用于设置打印内容的分页效果。图 2-41 所示为页面布局视图。

图 2-41　页面布局视图

切换视图有以下两种方法。

- 单击状态栏右侧的视图按钮，它们位于显示比例控件的左侧，如图 2-42 所示。
- 使用功能区的【视图】选项卡的【工作簿视图】组中的命令，如图 2-43 所示。

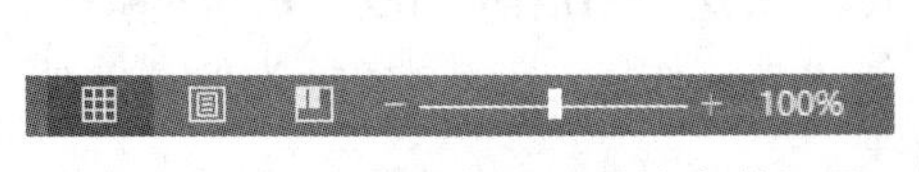

图 2-42　使用状态栏中的视图按钮切换视图

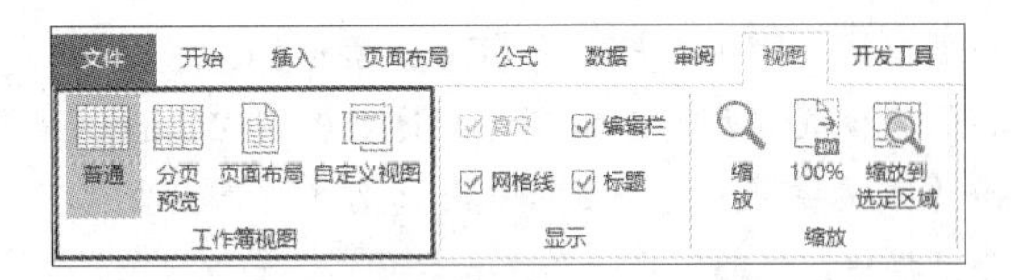

图 2-43　使用功能区中的命令切换视图

2.6 创建和使用 Excel 模板

模板是所有 Excel 工作簿的起点，主要用于快速创建具有统一格式的一系列工作簿，基于模板创建的每一个工作簿包含相同的工作表、格式和内容。本节将介绍创建 Excel 默认的工作簿模板和工作表模板，以及创建自定义模板的方法。

2.6.1 创建 Excel 默认的工作簿模板和工作表模板

每次在 Excel 中新建空白工作簿时，其中都会包含一个工作表，该工作表默认使用 Excel 预置的格式，如字体是正文字体，字号是 11 号，行高是 14.25，列宽是 8.38，Excel 启动时会自动加载这些设置。

如果要修改这些默认设置，并将修改结果作为以后新建空白工作簿时的默认设置，则需要创建名为“工作簿 .xltx”的工作簿模板，该名称的模板是唯一可被 Excel 中文版识别的默认工作簿模板。如果 Excel 启动时检测到该模板存在，则会使用该模板中的设置，否则使用上面列出 Excel 启动时默认加载的预置格式。

> **提示**
> Excel 模板的文件类型分为 .xltx 和 xltm 两种，前者不能包含 VBA 代码，后者可以包含 VBA 代码，本小节介绍的模板的文件类型是 .xltx。

创建“工作簿 .xltx”模板的操作步骤如下。

(1) 新建一个工作簿，在其默认包含的工作表中设置所需的格式，如字体、字号、字体颜色、边框、填充、行高、列宽、数字格式、单元格样式、打印设置等。也可以在工作簿中添加多个工作表，并进行所需的设置。如果需要包含数据和公式，则可以在工作表中的适当位置输入这些内容。

(2) 按【F12】键，打开【另存为】对话框，在【文件名】文本框中输入“工作簿”，在【保存类型】下拉列表中选择【Excel 模板】，然后设置保存位置，如图 2-44 所示。这里假设 Windows 操作系统安装在 C 盘，“< 用户名 >”是指当前登录操作系统的用户的账户名称。

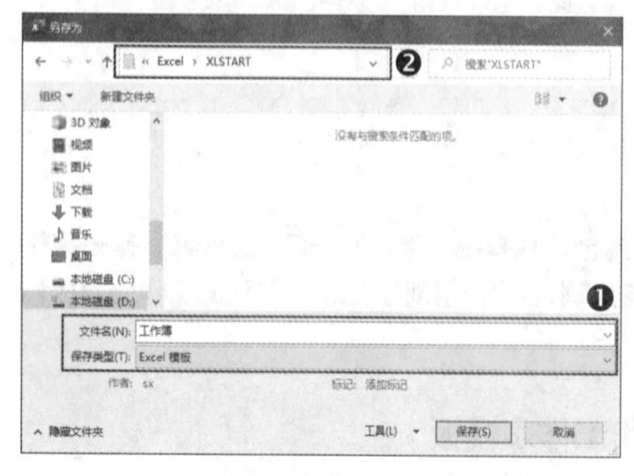

图 2-44　设置工作簿模板的名称和保存位置

C:\Users\< 用户名 >\AppData\Roaming\Microsoft\Excel\XLSTART

> **提示**
> 在第 2 步中设置的路径是 Excel 默认的启动文件夹，Excel 启动时将自动打开位于该文件夹中的工作簿。

(3) 设置完成后，单击【保存】按钮，将创建名为“工作簿 .xltx”的工作簿模板。

(4) 选择【文件】⇨【选项】命令，打开【Excel 选项】对话框，在【常规】选项卡中取消选中【此应用程序启动时显示开始屏幕】复选框，然后单击【确定】按钮，如图 2-45 所示。

以后启动 Excel 时会跳过开始屏幕而自动新建一个空白工作簿，其中的工作表及其格式设置与“工作簿 .xltx”模板中的设置完全相同。通过快速访问工具栏中的【新建】按钮或【Ctrl+N】快捷键新建的空白工作簿也是如此。

如果在工作簿中添加新的工作表，则新工作表的格式仍然为 Excel 默认设置，而非“工作簿 .xltx”模板中的设置。如果希望添加的工作表也使用“工作簿 .xltx”模板中的设置，则需要创建名为“Sheet.xltx”的工作表模板，并在其中设置所需的格式，然后将该模板保存到“工作簿 .xltx”模板所在的文件夹。创建“Sheet.xltx”模板的操作步骤与创建“工作簿 .xltx”模板类似，此处不再赘述。

> **注意**
> 在【Excel 选项】对话框的【高级】选项卡中，只有位于【此工作表的显示选项】中的选项才可以作为工作表模板的设置内容，如图 2-46 所示。

如果要在新建的空白工作簿中使用 Excel 的默认格式，则需要将 XLSTART 文件夹中的“工作簿 .xltx”和“Sheet.xltx”两个文件删除。

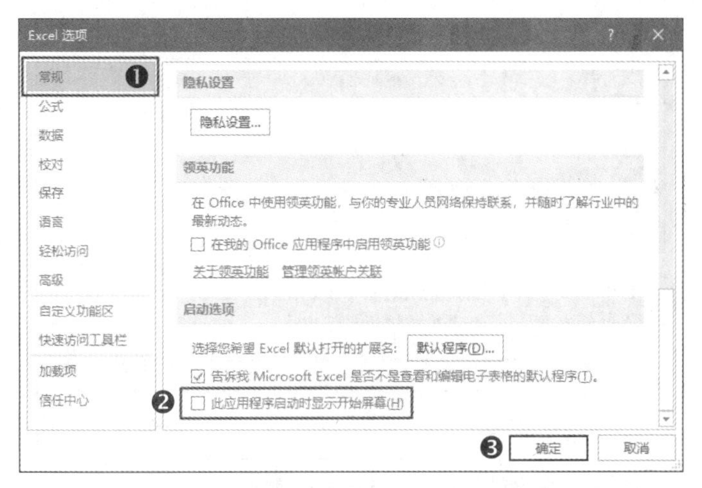

图 2-45　取消选中【此应用程序启动时显示开始屏幕】复选框

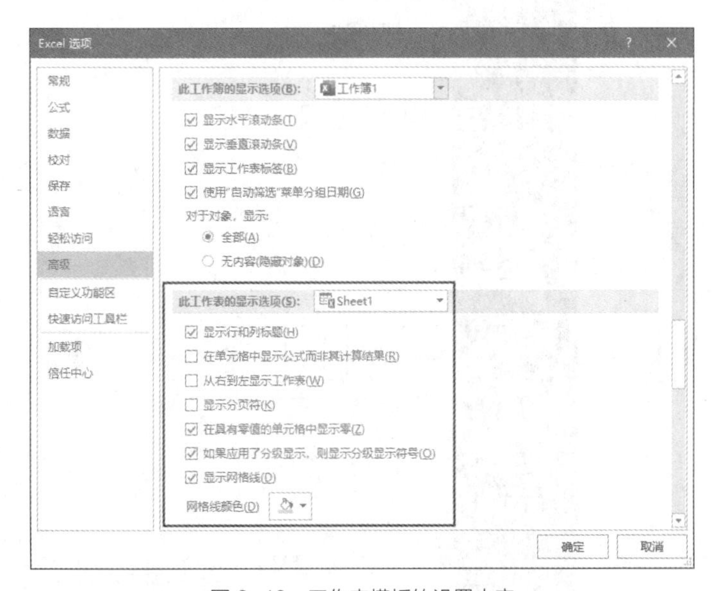

图 2-46　工作表模板的设置内容

2.6.2 创建自定义模板

除了可以创建随 Excel 启动而自动打开的工作簿模板和工作表模板外，用户还可以创建自定义模板。自定义模板不随 Excel 的启动而自动打开，而是需要用户在新建工作簿时手动选择。存储自定义模板的默认位置如下，假设 Windows 操作系统安装在 C 盘。

C:\Users\< 用户名 >\Documents\ 自定义 Office 模板

用户需要在【Excel 选项】对话框的【保存】选项卡的【默认个人模板位置】文本框中指定自定义模板的路径，如图 2-47 所示。

完成以上操作后，将创建的模板放置到上面的路径中，然后在新建工作簿时的开始屏幕中将会显示【个人】类别，单击【个人】，其下方会显示工作簿模板的缩略图，选择所需的模板即可基于该模板创建新的工作簿，如图 2-48 所示。

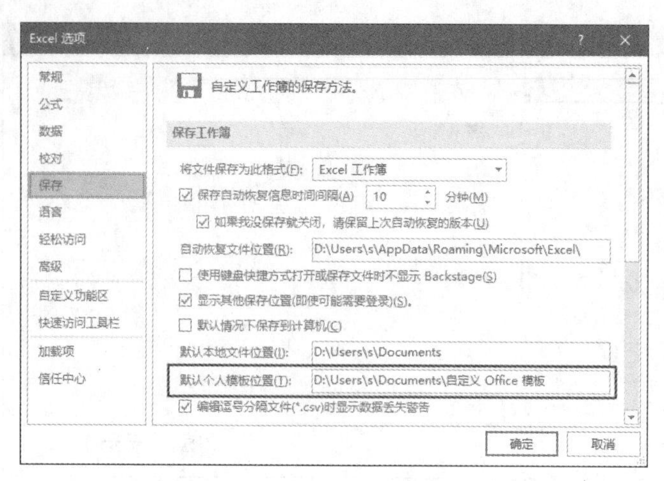

图 2-47　指定用户自定义模板的路径

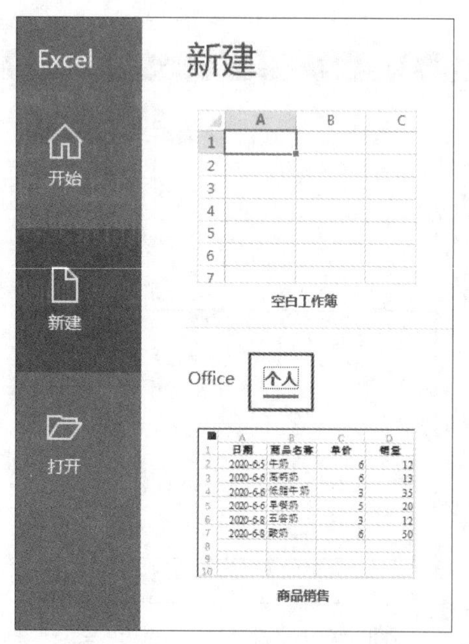

图 2-48　用户创建的自定义模板显示在【个人】类别中

第3章 行、列和单元格的基本操作

行、列和单元格是组成工作表的基本元素，工作表中的数据位于不同的行、列和单元格中，掌握这些元素的基本操作不仅可以掌握数据的基础操作，还可以提高操作的效率。本章将介绍行、列和单元格的基本概念和基本操作，包括它们的定义和表示方法、基本选择方法和特殊选择方法，以及调整行、列和单元格的结构等内容。

3.1 行、列和单元格的基本概念

行、列和单元格是组成工作表的基本元素，在 Excel 中执行的大多数操作都与它们有关。开始学习行、列和单元格的操作之前，首先应该了解它们的基本概念。

3.1.1 行、列和单元格的定义与表示方法

之所以将 Excel 称为电子表格软件，主要是因为在 Excel 中执行操作的空间是一个个的表格，这些表格由多个行和列组成。在每个工作表中可以看到有很多条横线和竖线，由横线间隔出来的横向区域称为“行”，由竖线间隔出来的纵向区域称为“列”，行和列交叉位置的格子称为“单元格”。

每行的开头都标有一个数字，如 1、2、3 等，每个数字用于标识特定的一行，这些数字称为“行号”。每列的顶部都标有一个英文大写字母，如 A、B、C 等，每个字母用于标识特定的一列，这些字母称为“列标”，如图 3-1 所示。

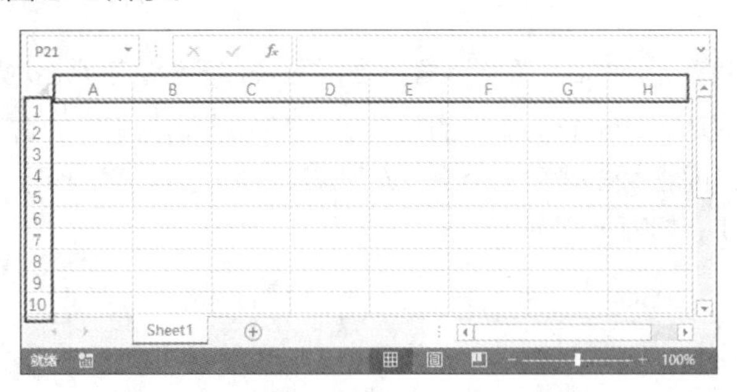

图 3-1 用于标识行和列的行号和列标

提示

如果没有显示行号和列标，可以在功能区的【视图】选项卡的【显示】组中选中【标题】复选框，如图 3-2 所示。

图 3-2 选中【标题】复选框以显示行号和列标

在 Excel 中，使用列标来表示列，如 A 列、B 列、C 列等。使用行号来表示行，如第 1 行、第 2 行、第 3 行等。同时使用列标和行号来表示单元格，称为“单元格地址”，列标在前，行号在后，如 A1、B3、C6 等，A1 表示 A 列和第 1 行交叉处的单元格，B3 表示 B 列和第 3 行交叉处的单元格，C6 表示 C 列和第 6 行交叉处的单元格，这 3 个单元格的位置如图 3-3 所示。

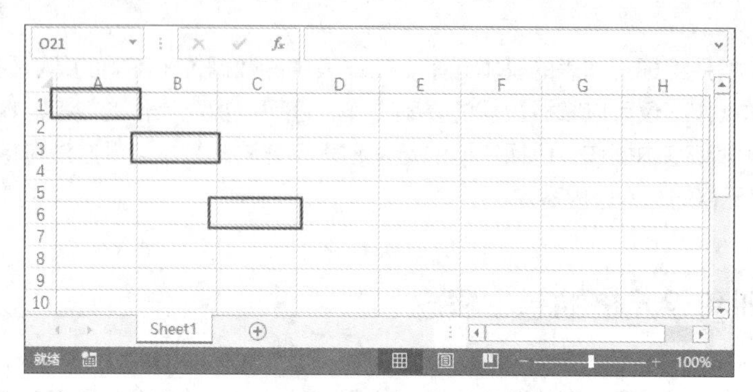

图 3-3 同时使用列标和行号来表示单元格

在 Excel 2007 及更高版本的 Excel 中，每个工作表中的最大行号为 1048576，最大列标为 XFD（即 16384 列）。换言之，每个工作表包含的总行数为 1048576，总列数为 16384。在 Excel 2007 之前版本的 Excel 中，每个工作表包含的总行数为 65536，总列数为 256。

3.1.2 单元格区域的定义和表示方法

单元格区域是指由多个单元格组成的单元格群组。如果构成单元格区域的多个单元格是连续的，那么就是连续的单元格区域，否则是不连续的单元格区域。

连续的单元格区域的形状总是矩形，可以使用矩形的左上角单元格和右下角单元格来表示连续的单元格区域，格式如下。

区域左上角的单元格地址 + 英文半角冒号 + 区域右下角的单元格地址

例如，A1:B6 表示以 A1 单元格为矩形的左上角、B6 单元格为矩形的右下角组成的矩形区域中包含的所有单元格，该矩形区域的宽度为 2 列（A 列和 B 列），高度为 6 行（第 1 ~ 6 行），共包含 12 个单元格（2×6），如图 3-4 所示。

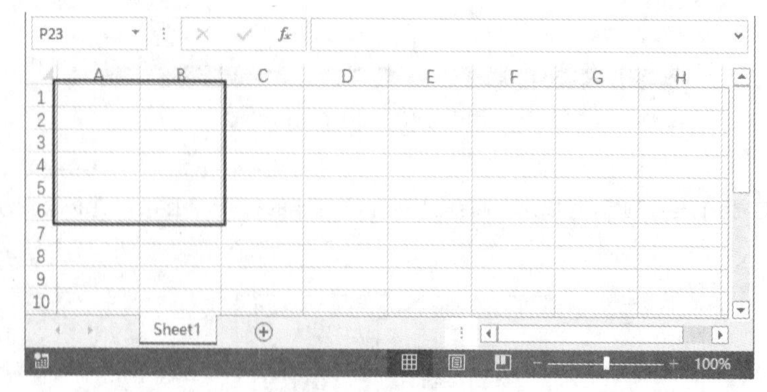

图 3-4 单元格区域

对于整行和整列，可以使用行号和列标的形式来表示。例如，6:6 表示第 6 行整行，E:E 表示 E 列整列。整个工作表覆盖的所有单元格区域表示为 A1:XFD1048576。

3.1.3 活动单元格和选中的单元格

活动单元格与第 2 章介绍的活动工作表的概念类似，活动单元格是接受用户输入的单元格。无论当前在工作表中是否选择了单元格，工作表中都自动存在一个活动单元格，该单元格的边框显示为绿色矩形粗线框。

单击一个单元格，即可使其成为活动单元格，图 3-5 所示的 B3 单元格是活动单元格。当只选择一个单元格时，这个单元格既是活动单元格，又是选中的单元格，选中的单元格的列标和行号将高亮显示。

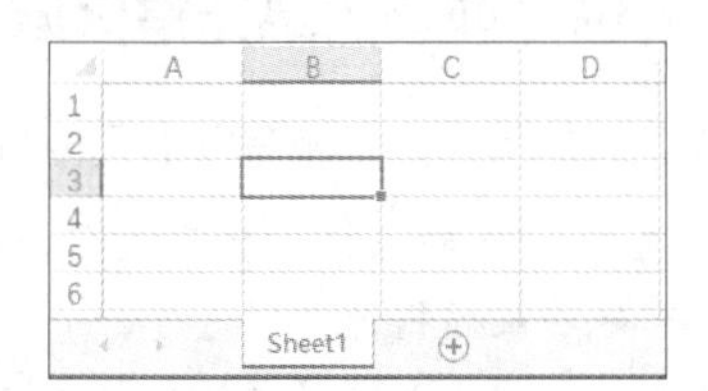

图 3-5 活动单元格

如果选择了一个单元格区域，则该区域的边框都会显示为绿色矩形粗线框，此时的活动单元格是其中背景为白色的单元格，在名称框中将显示活动单元格的地址。图 3-6 所示的选中的单元格区域为 B2:C5，其中的 B2 单元格是活动单元格。

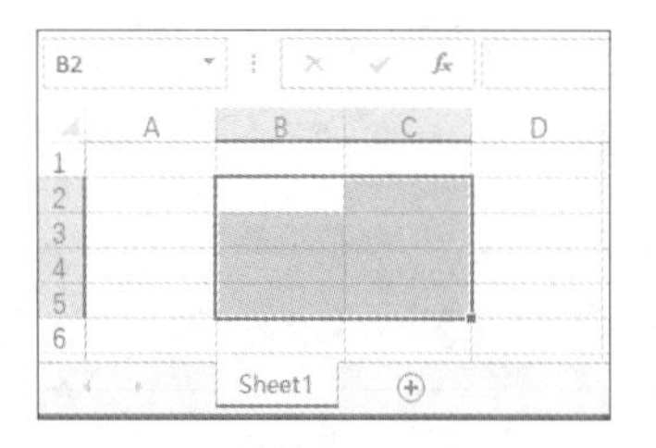

图 3-6 选区中的活动单元格

按【Tab】、【Shift+Tab】、【Enter】和【Shift+Enter】等快捷键，可以在选区不变的情况下，改变活动单元格的位置。图 3-7 所示的选中的单元格区域仍然是 B2:C5，但是按了两次【Tab】键后，活动单元格将变为 B3。这是因为【Tab】键按先行后列的顺序改变活动单元格的位置，第 1 次按【Tab】键时，活动单元格从 B2 变为 C2，第 2 次按【Tab】键时，活动单元格从 C2 变为 B3。

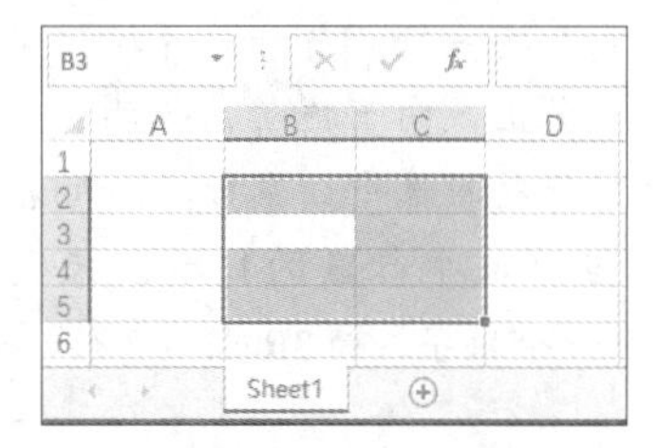

图 3-7 在选区不变的情况下改变活动单元格的位置

交叉参考 关于选择单元格区域的方法，请参考3.2节。

3.2 选择行、列和单元格的基本方法

在 Excel 中执行大多数数据操作之前，都需要先选择要操作的数据，这些数据可能分布于行、列、单元格或单元格区域中，因此，掌握选择它们的方法是后续其他操作的基础。本节将介绍选择行、列、单元格和单元格区域的多种方法，以适应不同的情况。

3.2.1 选择单行或单列

单击某行的行号或某列的列标，即可选中该行或该列。选中行的行号或选中列的列标的背景色将发生改变，选中的整行单元格或整列单元格都将高亮显示。如果要同时选择一行和一列，可以先选择行或列中的一个，然后按住【Ctrl】键，再选择另一个。图 3-8 所示为同时选择第 3 行和 C 列的效果。

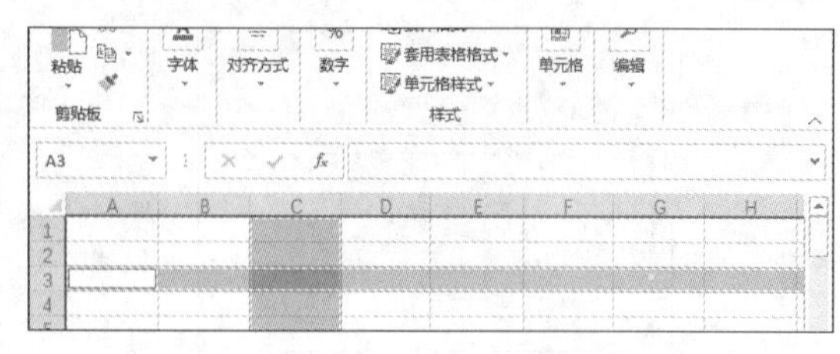

图 3-8　同时选择行和列

提示

当鼠标指针移动到行号或列标上时，鼠标指针会变为向右或向下的黑色箭头，此时单击即可选中相应的行或列。

3.2.2 选择连续或不连续的多行和多列

选择连续的多行有以下两种方法。

◉ 单击某一行的行号，并按住鼠标左键不放，然后向上或向下拖动鼠标指针，鼠标指针经过的行都将被选中。鼠标指针的拖动过程中会显示当前选中行数的提示，行数表示为 *n*R，*n* 代表一个数字，如 3R 表示 3 行，如图 3-9 所示。

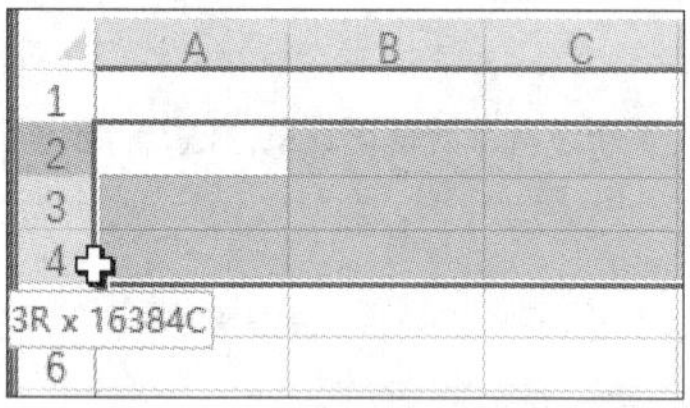

图 3-9　选择多行时会显示已选中行数的提示

◉ 单击某一行的行号，将该行选中，然后按住【Shift】键，再单击另一行的行号，包括这两行在内且位于这两行之间的所有行都将被选中。

选择连续多列的方法与上述方法类似，只需由单击行号改为单击列标即可。鼠标指针拖动过程中显示的当前已选中列数表示为 *n*C，如 3C 表示 3 列。

如果要选择不连续的多行，可以先选择其中的一行，然后按住【Ctrl】键，再逐一选择其他所需的行，如图 3-10 所示。选择不连续多列的方法与此类似。

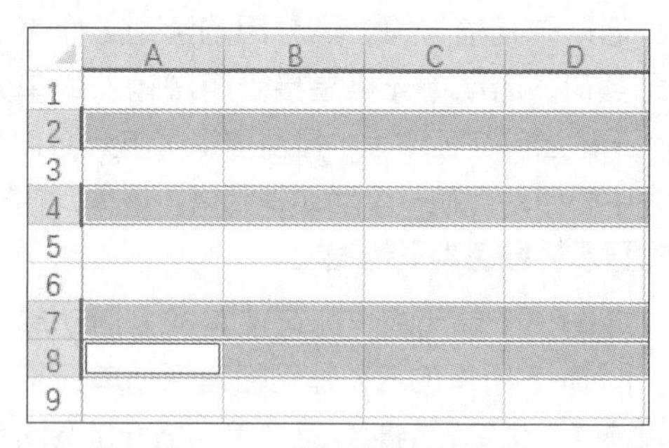

图 3-10　选择不连续的多行

3.2.3 选择连续的单元格区域

选择连续的单元格区域有以下几种方法。

◉ 选择一个单元格，然后按住鼠标左键在工作表中拖动鼠标指针，到达另一个单元格时松开鼠标左键，即可选中以这两个单元格为左上角和右下角的矩形单元格区域。图 3-11 所示为选中了 B2:D5 单元格区域。

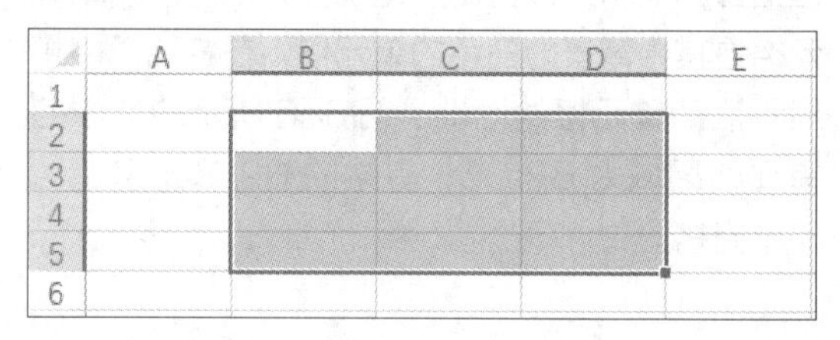

图 3-11　选择连续的单元格区域

◉ 选择一个单元格，然后按住【Shift】键，再选择另一个单元格。

◉ 选择一个单元格，然后按【F8】键进入“扩展”选择模式，再选择另一个单元格，效果与第二种方法相同。在“扩展”选择模式下按【F8】键或【Esc】键将退出该模式。

3.2.4 选择不连续的单元格区域

选择不连续的单元格区域有以下几种方法。

◉ 选择一个单元格，然后按住【Ctrl】键，再选择其他的单元格或单元格区域。图 3-12 所示为同时选中了以下几个单元格和单元格区域：B2，C3:D3，B5:B8，D6:E8。

* 选择一个单元格，然后按【Shift+F8】快捷键进入“添加”选择模式，再选择其他的单元格或单元格区域，效果与第一种方法相同。在“添加”选择模式下按【Shift+F8】快捷键或【Esc】键将退出该模式。

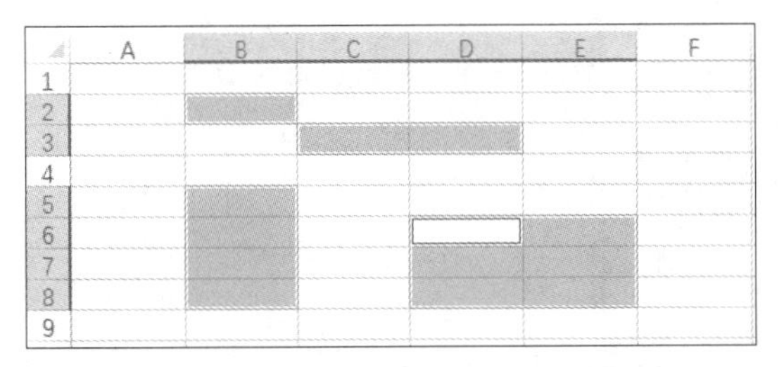

图 3-12　选择不连续的单元格区域

3.2.5 选择距离较远的单元格或范围较大的单元格区域

对于距离较远的单元格或范围较大的单元格区域，使用上一小节介绍的方法操作起来通常不太方便，此时可以使用名称框或【定位】对话框。

1. 使用名称框

单击名称框，输入要选择的单元格或单元格区域的地址，然后按【Enter】键，即可选中相应的单元格或单元格区域。例如，要选择M200:R600单元格区域，可以单击名称框并输入“M200:R600”，然后按【Enter】键，如图 3-13 所示。

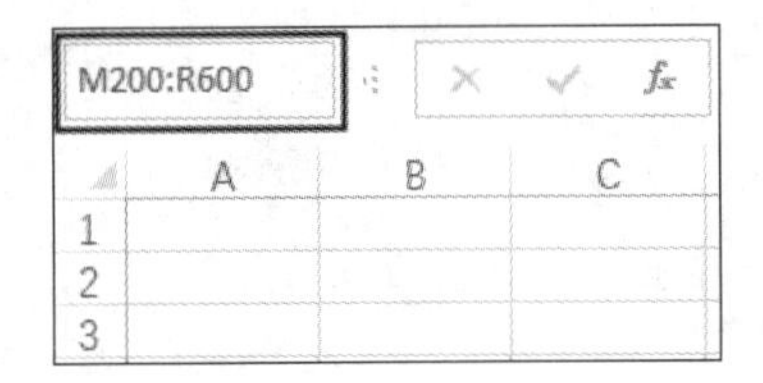

图 3-13　使用名称框选择单元格区域

2. 使用【定位】对话框

按【F5】键打开【定位】对话框，在【引用位置】文本框中输入要选择的单元格或单元格区域的地址，然后单击【确定】按钮，如图 3-14 所示。

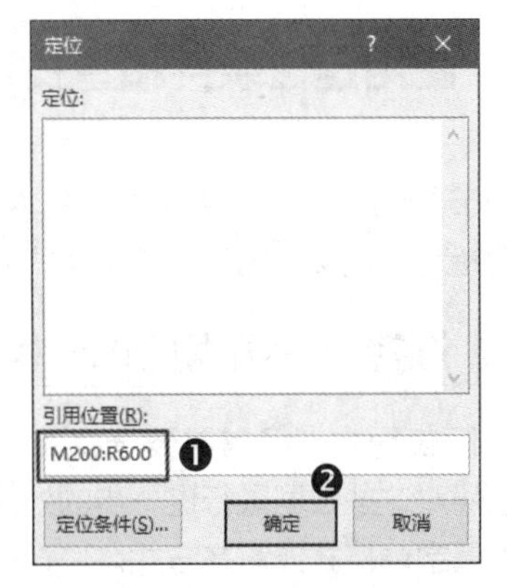

图 3-14　使用【定位】对话框选择单元格区域

还可以使用名称框或【定位】对话框选择不连续的单元格区域：在名称框或【定位】对话框的【引用位置】文本框中，输入要选择的不连续的单元格或单元格区域的地址，各个地址之间使用英文半角逗号分隔，如“B2,C3:D3,B5:B8,D6:E8”，然后按【Enter】键或单击【定位】对话框中的【确定】按钮。

3.2.6 选择多个工作表中的单元格区域

除了可以在一个工作表中选择单元格区域之外，用户还可以同时在多个工作表中选择相同位置的单元格区域，以便快速在多个工作表中输入相同的内容或设置相同的格式。

要选择多个工作表中的单元格区域，首先在其中一个工作表中选择单元格区域，然后选择所需的多个工作表。在活动工作表的选定区域中输入和编辑的内容、设置的格式，都将同时作用于其他选中的工作表中的相同区域。

例如，工作簿中有 Sheet1、Sheet2 和 Sheet3 3 个工作表，在 Sheet1 工作表中选择 A1:C1 单元格区域，然后同时选中 Sheet2 和 Sheet3 两个工作表，再在活动工作表 Sheet1 的 A1:C1 单元格区域中输入“姓名”“性别”“年龄”，这些文字将同时被输入 Sheet2 和 Sheet3 工作表的 A1:C1 单元格区域中。如果对 Sheet1 工作表中的这些文字设置字体格式，字体格式也会同时应用到其他两个工作表中的这些文字上。

3.3 使用定位条件和查找功能快速选择特定的单元格

上一节介绍的是选择单元格的基本方法，本节将介绍选择特定单元格的方法，“特定单元格”是指包含特定或相似的内容、特定格式的单元格。

3.3.1 选择包含数据的单元格

在实际应用中，经常需要选择工作表中的数据，以便对这些数据进行进一步的处理，例如为数据设置字体格式或对齐方式。“数据”分为两类：一类是由用户手动输入的数据（这种数据称为“常量”），另一类是由公式计算得到的结果。用户可以快速选择任意一类数据，也可以同时选择这两类数据。

案例 3-1

选择包含商品基本信息的单元格

案例目标：A ~ D 列中的数据是由用户手动输入的，E 列中输入的是用于计算销售额[①]的公式（单价 × 销量）。本例需要只选择工作表中包含用户手动输入数据的单元格，不选择包含公式的单元格和空单元格，效果如图 3-15 所示。

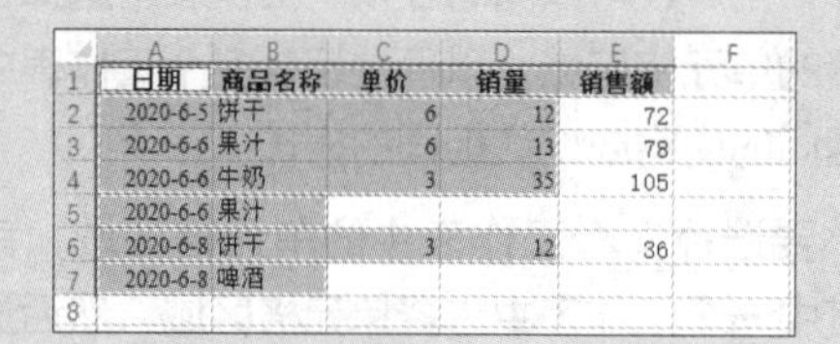

	A	B	C	D	E	F
1	日期	商品名称	单价	销量	销售额	
2	2020-6-5	饼干	6	12	72	
3	2020-6-6	果汁	6	13	78	
4	2020-6-6	牛奶	3	35	105	
5	2020-6-6	果汁				
6	2020-6-8	饼干	3	12	36	
7	2020-6-8	啤酒				
8						

图 3-15 选择只包含用户手动输入数据的单元格

操作步骤如下。

（1）按【F5】键打开【定位】对话框，单击【定位条件】按钮，如图 3-16 所示。

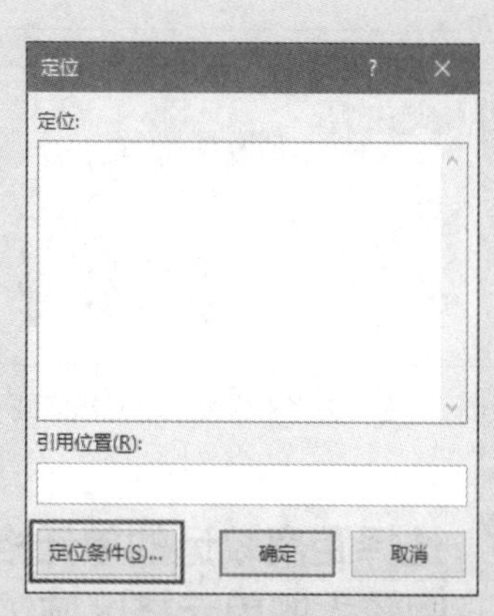

图 3-16 单击【定位条件】按钮

（2）打开【定位条件】对话框，选中【常量】单选按钮，然后选中其下方的 4 个复选框，最后单击【确定】按钮，如图 3-17 所示。

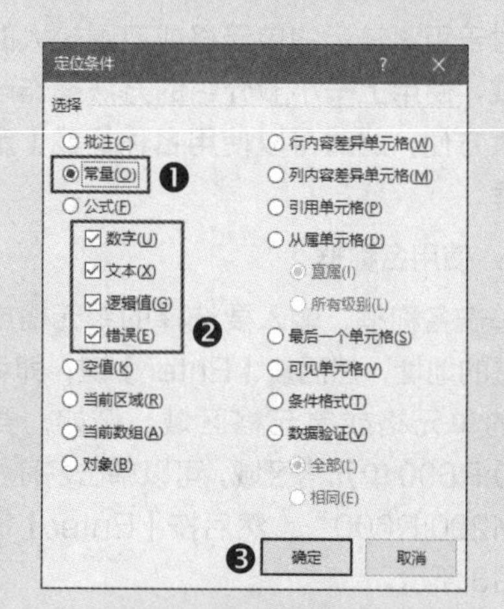

图 3-17 选中【常量】单选按钮及相关的复选框

实际上，无须使用【定位条件】对话框也能实现本例效果，只需在功能区的【开始】选项卡的【编辑】组中单击【查找和选择】按钮，然后在弹出的菜单中选择【常量】命令，如图 3-18 所示。

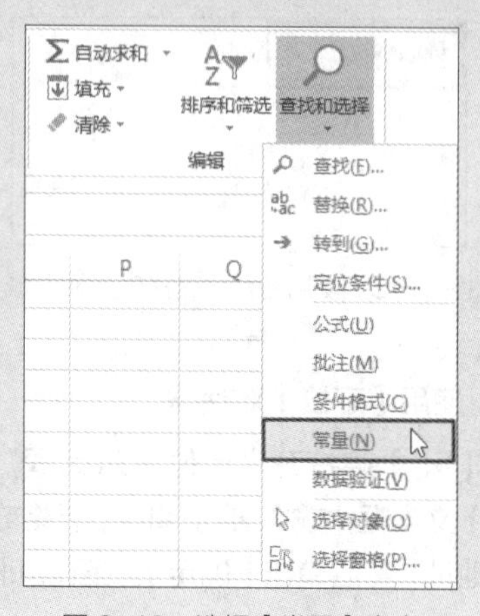

图 3-18 选择【常量】命令

① 除非另有说明，单价、销售额的单位为元。

使用【定位条件】对话框可以快速选择具有共同特性的单元格，该对话框中的各个选项的含义如表 3-1 所示。

表 3-1 【定位条件】对话框中的各个选项的含义

选项	功能
批注	在当前工作表或选定区域中所有包含批注的单元格
常量	在当前工作表或选定区域中所有不包含公式的非空单元格。使用【公式】下方的 4 个复选框来指定常量的类型，包括【数字】、【文本】、【逻辑值】和【错误】
公式	在当前工作表或选定区域中所有包含公式的单元格。使用【公式】下方的 4 个复选框来指定公式计算结果的类型，包括【数字】、【文本】、【逻辑值】和【错误】
空值	所有空白单元格
当前区域	当前单元格周围矩形区域内的单元格，该区域的范围由周围非空的行和列决定
当前数组	包含同一个数组公式的多个单元格
对象	工作表中的所有对象，包括图片、形状、图表、SmartArt 等
行内容差异单元格	在选定区域中，以活动单元格所在的列为参照数据，选定区域中的其他列数据与参照数据进行同行横向比较，所得到的与参照数据不同的数据所在的单元格
列内容差异单元格	在选定区域中，以活动单元格所在的行为参照数据，选定区域中的其他行数据与参照数据进行同列纵向比较，所得到的与参照数据不同的数据所在的单元格
引用单元格	在选定区域中的公式引用的单元格。使用【从属单元格】下方的两个单选按钮来指定引用单元格的方式，包括【直属】和【所有级别】，【直属】表示直接引用的单元格，【所有级别】表示直接引用和间接引用的单元格
从属单元格	如果在选定区域中存在被公式引用的单元格，将选择这些公式所在的单元格。使用【从属单元格】下方的两个单选按钮来指定引用单元格的方式，包括【直属】和【所有级别】，含义同上
最后一个单元格	在当前工作表中包含数据或格式的最后一个单元格
可见单元格	在当前工作表中包含数据或格式且未被隐藏的单元格
条件格式	在当前工作表中所有设置了条件格式的单元格。使用【数据验证】下方的两个单选按钮来指定常量的类型，包括【全部】和【相同】
数据验证	在当前工作表中所有设置了数据验证的单元格。使用【数据验证】下方的两个单选按钮来指定常量的类型，包括【全部】和【相同】

在【定位条件】对话框中选择一个选项，然后单击【确定】按钮，工作表中将自动选中与所选选项相匹配的所有单元格。

案例 3-2

选择包含销售额计算公式的单元格

案例目标： A ~ D 列中的数据是由用户手动输入的，E 列中输入的是用于计算销售额的公式（单价 × 销量）。本例需要只选择工作表中包含公式的单元格，不选择用户手动输入数据的单元格和空单元格，效果如图 3-19 所示。

	A	B	C	D	E	F
1	日期	商品名称	单价	销量	销售额	
2	2020-6-5	饼干	6	12	72	
3	2020-6-6	果汁	6	13	78	
4	2020-6-6	牛奶	3	35	105	
5	2020-6-6	果汁				
6	2020-6-8	饼干	3	12	36	
7	2020-6-8	啤酒				
8						

图 3-19 选择只包含公式的单元格

操作步骤如下。

使用上一个案例中的方法打开【定位条件】对话框，选中【公式】单选按钮及其下方的 4 个复选框，然后单击【确定】按钮。

与上一个案例类似，无须打开【定位条件】对话框也能实现本例效果，只需在功能区的【开始】选项卡的【编辑】组中单击【查找和选择】按钮，然后在弹出的菜单中选择【公式】命令。

关于公式的更多内容，请参考本书第 7 章。

案例 3-3

选择所有包含数据的单元格

案例目标： A ~ D 列中的数据是由用户手动输入的，E 列中输入的是用于计算销售额的公式（单价 × 销量）。本例需要选择工作表中所有包含数据的单元格，不选择空单元格，效果如图 3-20 所示。

	A	B	C	D	E	F
1	日期	商品名称	单价	销量	销售额	
2	2020-6-5	饼干	6	12	72	
3	2020-6-6	果汁	6	13	78	
4	2020-6-6	牛奶	3	35	105	
5	2020-6-6	果汁				
6	2020-6-8	饼干	3	12	36	
7	2020-6-8	啤酒				
8						

图 3-20　选择所有包含数据的单元格

操作步骤如下。

(1) 在功能区的【开始】选项卡的【编辑】组中单击【查找和选择】按钮，然后在弹出的菜单中选择【查找】命令，如图 3-21 所示。

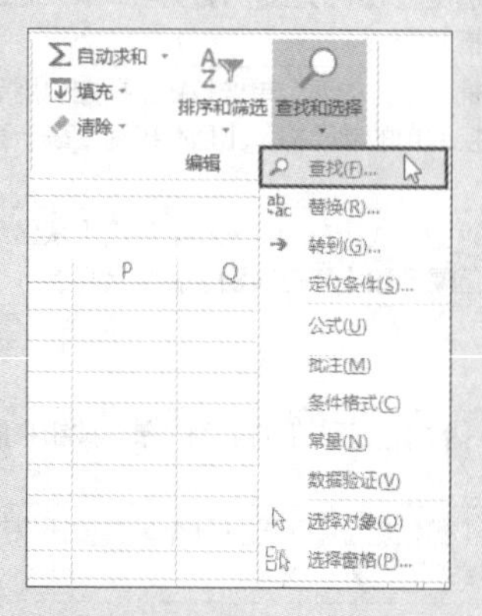

图 3-21　选择【查找】命令

(2) 打开【查找和替换】对话框的【查找】选项卡，在【查找内容】文本框中输入“*”，然后单击【查找全部】按钮，如图 3-22 所示。

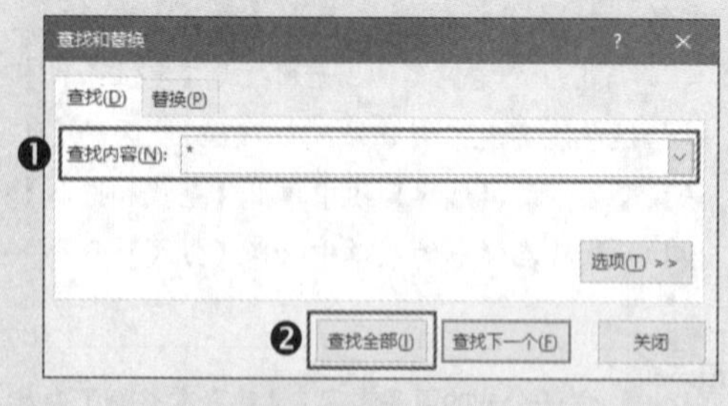

图 3-22　输入要查找的内容

(3) 对话框自动展开并显示找到的所有匹配的单元格，对话框的左下角显示了找到的单元格数量。按【Ctrl+A】快捷键选中所有找到的单元格，然后单击【关闭】按钮 ×，如图 3-23 所示。

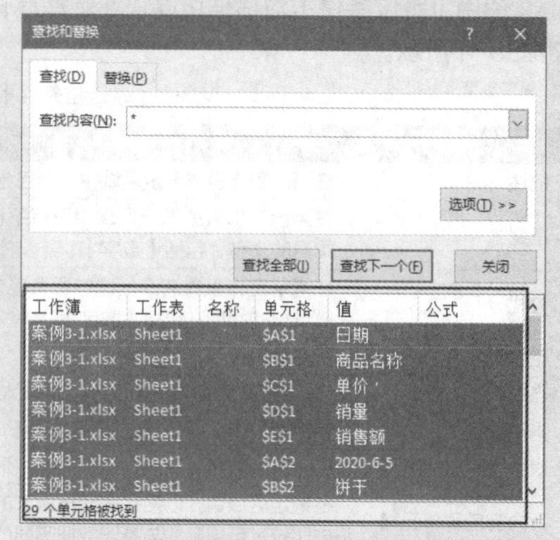

图 3-23　在展开的对话框中显示了所有匹配的单元格

交叉参考　在本例的查找操作中，“*”是一个通配符，表示 0 个或任意个字符。关于该符号在查找中的更多用法，请参考 3.3.4 小节。

3.3.2 选择包含特定内容的单元格

使用“查找”功能可以快速选择包含特定内容的单元格。使用上一小节介绍的方法打开【查找和替换】对话框的【查找】选项卡，在【查找内容】文本框中输入要查找的内容，如“果汁”。单击【查找下一个】按钮，将选中找到的包含“果汁”的一个单元格。再次单击【查找下一个】按钮，将选中找到的下一个包含“果汁”的单元格，继续单击该按钮的效果以此类推。单击【查找全部】按钮，将选中当前工作表中所有包含“果汁”的单元格。

用户可以更改默认的查找方式，以符合查找需求。例如，在查找英文字母时，默认不区分大小，通过修改查找选项，可以严格区分英文字母的大小写形式。要设置查找选项，需要单击【选项】按钮，展开【查找和替换】对话框，如图 3-24 所示，各个选项的功能如下。

◉　范围。指定在当前工作表或整个工作簿中查找。

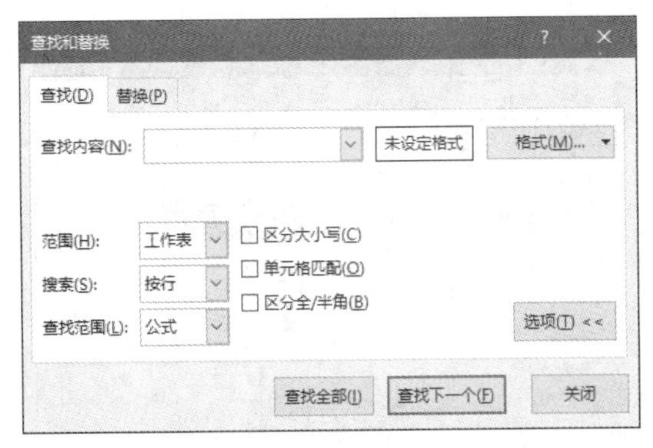

图 3-24 展开对话框以设置查找选项

◉ 搜索。可以选择【按行】或【按列】，【按行】是按先行后列的顺序查找，【按列】是按先列后行的顺序查找，默认为【按行】。例如，对于前面查找“果汁”的例子，假设在第 1 ~ 3 行的每行中都有不止一个单元格包含“果汁”，如果选择【按行】查找，则会先在第 1 行中查找，完成后才会在第 2 行中查找，最后在第 3 行中查找；如果选择【按列】查找，则会先在 A 列中查找，完成后再在 B 列中查找，最后在 C 列中查找。

◉ 查找范围。指定查找的内容类型，包括【公式】、【值】和【批注】。【公式】包含用户输入的数据和组成公式的字符，但是不包含公式的计算结果；【值】包含用户输入的数据和公式的计算结果，但是不包含组成公式的字符；【批注】只包含批注内容。

◉ 区分大小写。指定在查找时是否区分英文字母的大小写形式。

◉ 单元格匹配。指定是否查找完全相同的内容。选中该复选框，将严格按照【查找内容】文本框中输入的内容来查找匹配的单元格。例如，如果在【查找内容】文本框中输入“果汁”并选中【单元格匹配】复选框，将查找只包含“果汁”二字的单元格，包含“苹果汁”的单元格不会被找到，因为它比“果汁”多了一个“苹”字。

◉ 区分全 / 半角。指定在查找时是否区分字符的全角和半角。

交叉参考

关于【查找】选项中的【格式】按钮的说明，请参考 3.3.3 小节。

3.3.3 选择包含特定格式的单元格

使用【查找和替换】对话框【查找】选项卡中的【格式】按钮，可以查找包含不同内容但格式相同的单元格，也可以查找包含相同内容和格式的单元格。单击【格式】按钮上的下拉按钮，弹出图 3-25 所示的菜单，其中包括以下 3 个命令。

◉ 格式：选择该命令将打开【查找格式】对话框，在该对话框中通过设置不同的格式来构建要查找的格式。

◉ 从单元格选择格式：选择该命令，可以在工作表中选择一个包含特定格式的单元格，并将其指定为要查找的基准格式，Excel 将查找与该格式相同的单元格。

◉ 清除查找格式：选择该命令将清除为查找设置的所有格式。

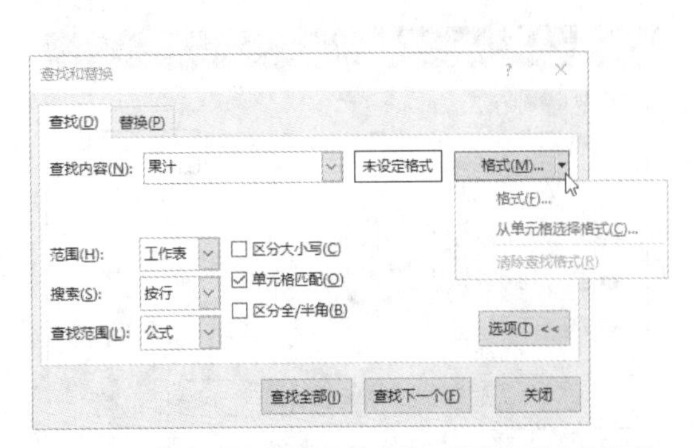

图 3-25 单击【格式】按钮上的下拉按钮弹出的菜单

未设置任何格式之前，【格式】按钮的左侧会显示“未设定格式”文字。一旦设置了格式，该文字就会变为“预览”，并显示当前设置的格式的预览效果。例如，如果在格式中设置了填充色，那么会在“预览”文字下方显示设置的填充色；如果设置了字体大小，“预览”文字的大小也会随之改变。

设置好要查找的格式后，单击【查找下一个】按钮或【查找全部】按钮，逐一查找或一次性查找所有格式匹配的单元格。

关于单元格格式的更多内容，请参考本书第 5 章。

案例 3-4
选择所有字体设置为粗体的内容

案例目标： 选择工作表中字体格式为“加粗”的所有单元格，效果如图 3-26 所示。

	A	B	C	D	E	F
1	日期	商品名称	单价	销量	销售额	
2	2020-6-5	饼干	6	12	72	
3	**2020-6-6**	**果汁**	**6**	**13**	**78**	
4	2020-6-6	牛奶	3	35	105	
5	**2020-6-6**	**果汁**	**5**	**20**	**100**	
6	2020-6-8	饼干	3	12	36	
7	**2020-6-8**	**啤酒**	**6**	**50**	**300**	
8						

图 3-26　选择所有字体设置为粗体的内容

操作步骤如下。

（1）按【Ctrl+F】快捷键，打开【查找和替换】对话框的【查找】选项卡，单击【选项】按钮展开该对话框，然后单击【格式】按钮的左侧部分，如图 3-27 所示。

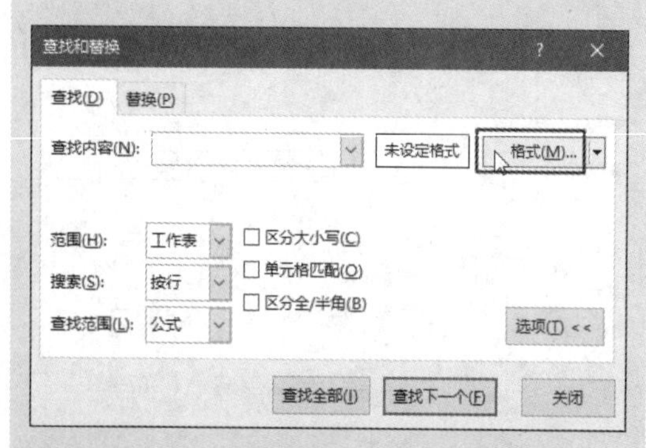

图 3-27　单击【格式】按钮的左侧部分

提示

【格式】按钮是一个组合按钮，单击该按钮的左侧部分，等同于单击该按钮上的下拉按钮并在弹出的菜单中选择【格式】命令。

（2）打开【查找格式】对话框，切换到【字体】选项卡，在【字形】列表框中选择【加粗】，然后单击【确定】按钮，如图 3-28 所示。

（3）返回【查找和替换】对话框，在【格式】按钮的左侧将显示该格式的预览效果，如图 3-29 所示。

（4）单击【查找全部】按钮，将在对话框下方展开的列表中显示所有包含加粗字体的单元格，按【Ctrl+A】快捷键选中这些单元格，然后单击【关闭】按钮，如图 3-30 所示。

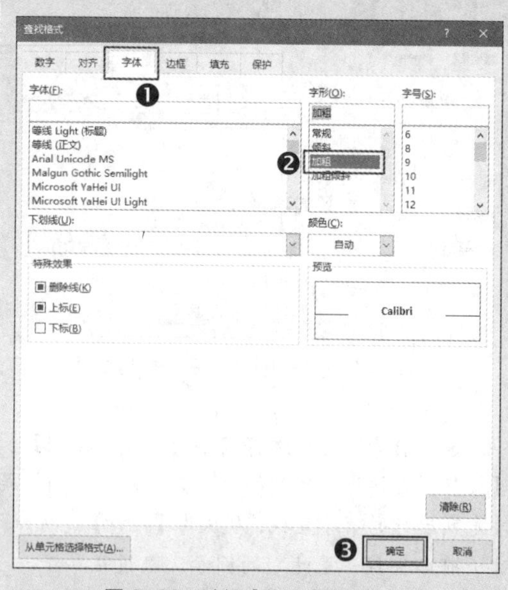

图 3-28　选择【加粗】字体格式

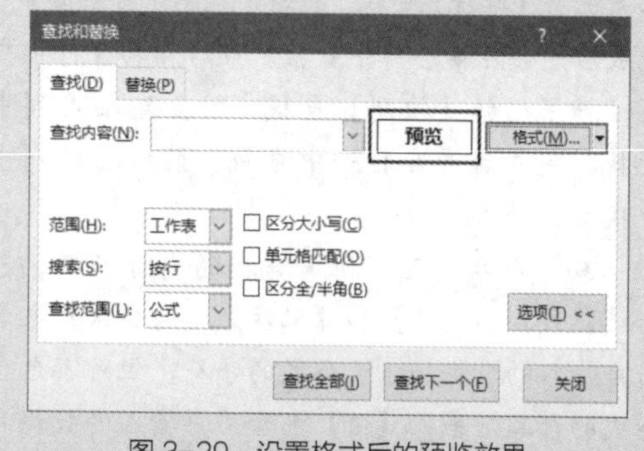

图 3-29　设置格式后的预览效果

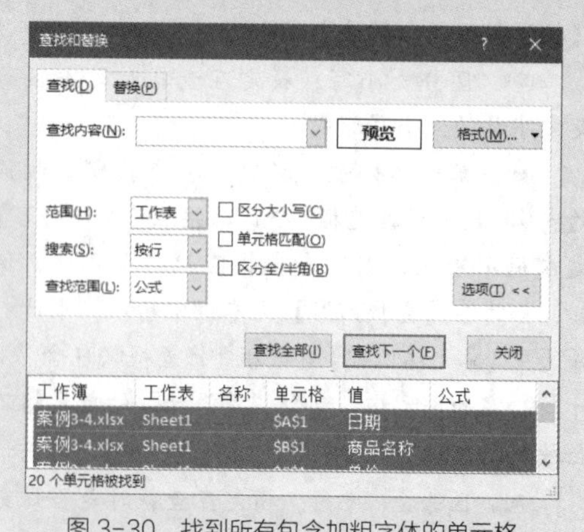

图 3-30　找到所有包含加粗字体的单元格

3.3.4 选择包含相似内容的单元格

Excel 支持使用通配符来查找数据，为快速找到相似的内容提供方便。Excel 支持“*”和“?”两种通配符，“*”表示0个或任意个字符，“?”表示任意单个字符。如果要查找“*”和“?”两个字符本身，则需要在它们的左侧添加波浪线，如“~*”。如果要查找波浪线这个字符本身，则需要使用两个波浪线，即“~~”。

案例 3-5

选择名称为 3 个字的奶制品

案例目标：工作表中包含一些奶制品，它们的名称的字数为 2 ~ 4 个，本例需要只选择名称为 3 个字的奶制品，效果如图 3-31 所示。

	A	B	C	D	E	F
1	日期	商品名称	单价	销量	销售额	
2	2020-6-5	牛奶	6	12	72	
3	2020-6-6	高钙奶	6	13	78	
4	2020-6-6	低脂牛奶	3	35	105	
5	2020-6-6	早餐奶	5	20	100	
6	2020-6-8	五谷奶	3	12	36	
7	2020-6-8	酸奶	6	50	300	
8						

图 3-31　选择名称为 3 个字的奶制品

操作步骤如下。

（1）按【Ctrl+F】快捷键，打开【查找和替换】对话框的【查找】选项卡，在【查找内容】文本框中输入“??奶”，然后单击【选项】按钮展开对话框，选中【单元格匹配】复选框，如图 3-32 所示。

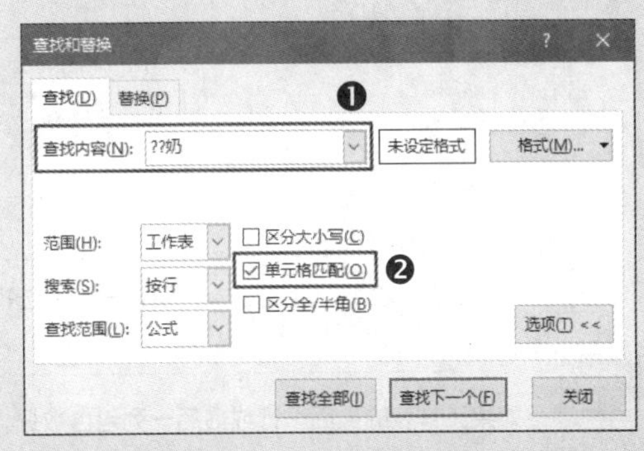

图 3-32　在查找内容中使用通配符

（2）单击【查找全部】按钮，将在对话框下方展开的列表中显示所有名称为 3 个字的奶制品的单元格，按【Ctrl+A】快捷键选中这些单元格，然后单击【关闭】按钮。

注意　在单击【查找全部】按钮之前，确保当前未设置任何查找格式，否则可能找不到匹配的单元格。

3.4　调整行、列和单元格的结构

在包含数据的工作表中，如果要在现有数据中添加新的数据，可以直接在数据区域边界外的空行或空列中输入数据。如果对数据的添加位置有特定的要求，则可以在数据区域中的指定位置插入空行、空列和空单元格，然后输入所需的数据。本节将介绍调整行、列和单元格的结构的方法。

3.4.1　插入行和列

在工作表中插入行和列有以下几种方法。

◉　右击行号，在弹出的菜单中选择【插入】命令，该行的上方将插入一个空行，如图 3-33 所示。插入列的方法与此类似，只需右击列标并在弹出的菜单中选择【插入】命令。

◉　选择要在其上方插入空行的单元格，然后在功能区的【开始】选项卡的【单元格】组中单击【插入】按钮上的下拉按钮，在弹出的菜单中选择【插入工作表行】命令，如图 3-34 所示。选择【插入工作表列】命令将在单元格的左侧插入一个空列。

◉　右击单元格，在弹出的菜单中选择【插入】命令，打开【插入】对话框，选中【整行】单选按钮，然后单击【确定】按钮，该单元格的上方将插入一个空行，如图 3-35 所示。在【插入】对话框中选中【整列】单选按钮将插入一个空列。

图 3-33　选择【插入】命令

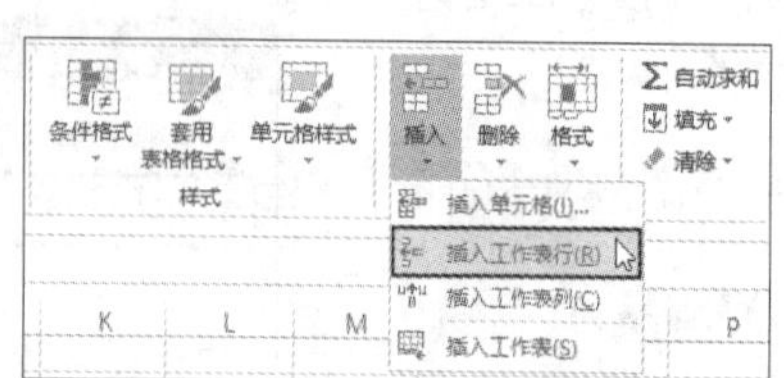

图 3-34　选择【插入工作表行】命令

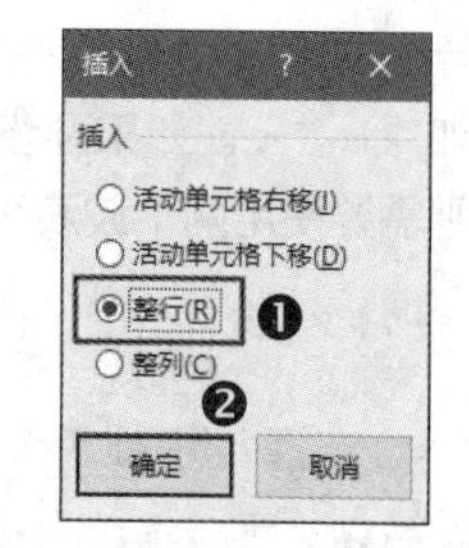

图 3-35　选中【整行】单选按钮

注意

如果工作表的最后一行或最后一列包含数据，在执行插入行或列的操作时，将显示图 3-36 所示的提示信息，表示禁止插入行或列。此时需要删除最后一行或最后一列中的数据，或者删除中间的一些空行或空列，才能插入行或列。

图 3-36　最后一行或最后一列包含数据时不能插入行或列

可以一次性插入多个行或多个列，无论这些行或列是连续还是不连续的。首先选择多个行或多个列，选择的行数或列数等同于想要插入的行数或列数；然后使用前面介绍的任意一种方法执行插入行或插入列的操作，即可插入与所选行或列相同数量的空行或空列。

3.4.2 设置行高和列宽

设置行高和列宽有以下 3 种方法。

- 手动调整行高和列宽：通过拖动鼠标指针来调整行高和列宽。
- 自适应调整行高和列宽：根据单元格中数据的字符高度和长度，自动将行高和列宽设置为正好容纳数据的尺寸。
- 精确设置行高和列宽：将行高和列宽设置为精确的值。

1. 手动调整行高和列宽

如果单元格中包含文本类型的内容，且内容的长度超过单元格的宽度，在以下两种情况下会有不同的显示方式。

- 在该单元格右侧的单元格中没有内容：该单元格中的内容会完全显示，如图 3-37（a）所示；从外观上看似乎占用了位于其右侧的单元格，但实际上所有内容仍然位于左侧的单元格中。
- 在该单元格右侧的单元格中有内容：单元格中的内容不会完整显示，如图 3-37（b）所示。

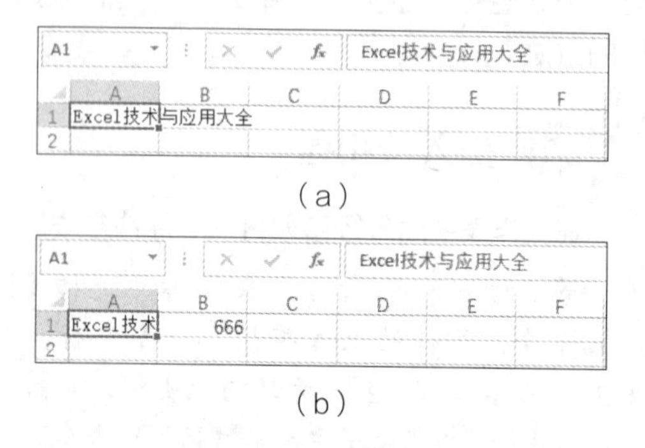

图 3-37　内容长度超过单元格宽度时的两种显示方式

无论以上哪种情况，单元格中的内容都会在编辑栏中完整显示出来。

为了让内容始终都可以在单元格中完整显示出来，可以手动调整单元格的宽度。将鼠标指针指向两个列标之间的位置，当鼠标指针变为左右双箭头时，按住鼠标左键并向左或向右拖动，即可改变单元格的宽度，如图 3-38 所示。

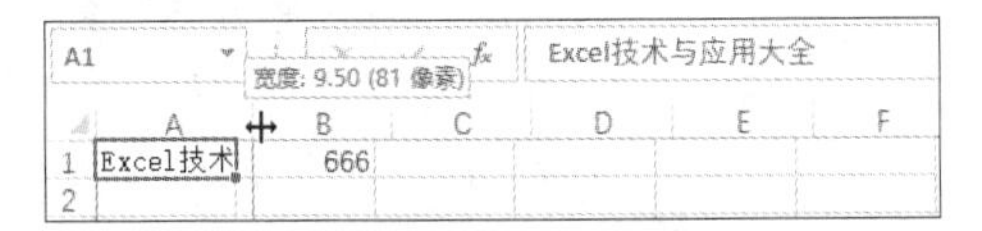

图 3-38　手动调整列宽

手动调整行高的方法与此类似，只需将鼠标指针指向两个行号之间的位置，当鼠标指针变为上下双箭头时上下拖动即可。

2. 自适应调整行高和列宽

如果要让单元格的宽度正好可以完全容纳单元格中的内容，则可以让 Excel 根据内容的多少自动调整列宽，有以下两种方法。

◉ 选择要调整宽度的一列或多列，然后在功能区的【开始】选项卡的【单元格】组中单击【格式】按钮，在弹出的菜单中选择【自动调整列宽】命令，如图 3-39 所示。选择【自动调整行高】命令将自动调整行高。

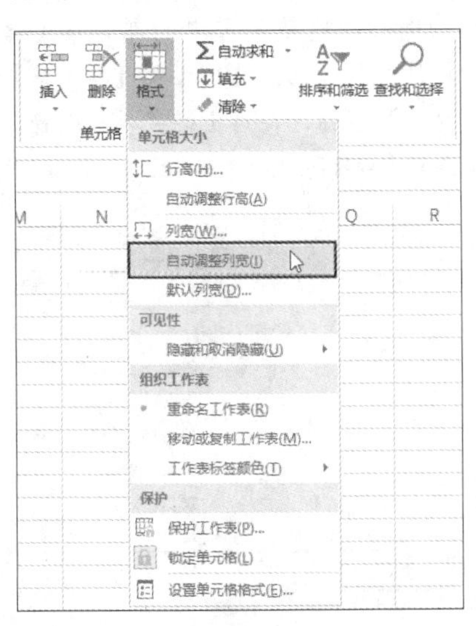

图 3-39　选择【自动调整列宽】命令

◉ 将鼠标指针指向两个列标之间的位置，当鼠标指针变为左右双箭头时双击，即可自动调整左侧列标所对应的列的宽度。该方法可以同时作用于选中的多列。自动调整行高的方法与此类似，只需双击两个行号之间的位置。

3. 精确设置行高和列宽

如果要将列宽设置为一个特定的值，需要先选择要设置的一列或多列，然后右击选区内的任意位置，在弹出的菜单中选择【列宽】命令，打开【列宽】对话框，输入列宽的值，最后单击【确定】按钮，如图 3-40 所示。设置行高的方法与此类似，只需右击选中的行中的任意位置，在弹出的菜单中选择【行高】命令，然后在【行高】对话框中设置行高的值。

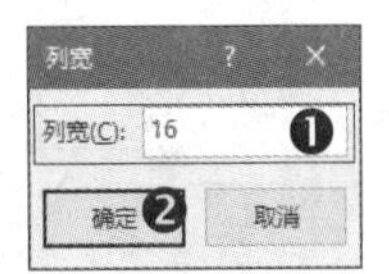

图 3-40　精确设置列宽

Excel 为行高和列宽使用“磅”（Point）和“字符”两种不同的单位。行高以“磅”为单位，“磅”是印刷业中描述印刷字体大小的专用尺度，1 磅约等于 1/72 英寸，1 英寸约等于 25.4 毫米，因此 1 磅约等于 0.35 毫米。可以设置的行高的最大值为 409 磅。列宽以“字符”为单位，列宽的值表示在 Excel 的默认字体下单元格所能容纳的数字个数。例如，如果将列宽的值设置为 6，则该列可以完整显示一个 6 位数，如“123456”。

可以设置的列宽的最大值为 255 个字符，将列宽设置为 0 表示隐藏该列。由于行高和列宽使用两个不相关的度量单位，因此无法直接通过单位换算将它们联系起来。如果要将单元格设置为正方形，则需要使用“像素”作为行高和列宽的换算中介。通过拖动鼠标指针的方式调整行高和列宽时，在拖动过程中会显示像素值（见图 3-38），通过像素值可以在行高和列宽之间建立尺寸关联。

3.4.3 移动与复制行和列

对包含数据的工作表来说，通过移动行和列可以调整数据的位置，通过复制行和列可以创建数据的副本。这不仅可以用于测试某些功能的效果，以免破坏原有数据，还可以对副本数据稍加修改以快速得到相似的数据，而无须重新输入完整的数据。

如果要移动行的位置，需要先选择该行，然后将鼠标指针指向该行行号的右边缘，当鼠标指针变为十字箭头时，按住【Shift】键并将该行拖动到目标位置。到达目标位置后，先松开鼠标左键，再松开【Shift】键，如图 3-41 所示。拖动过程中会显示一条粗实线，它指示了当前移动到的位置。

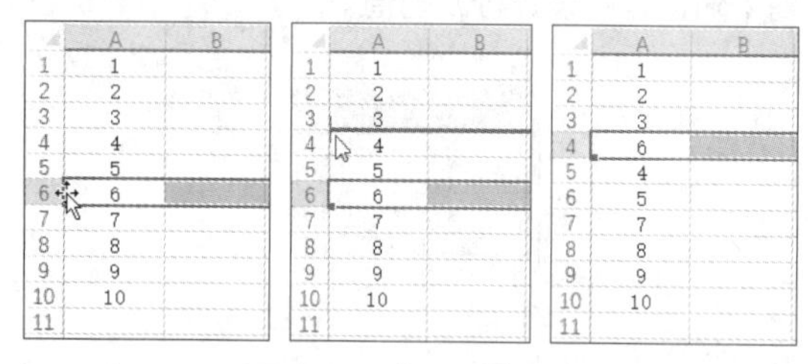

图 3-41　移动行的位置

移动列的操作方法与此类似，需要先选择要移动的列，然后将鼠标指针指向该列列标的下边缘，当鼠标指针变为十字箭头时，按住【Shift】键并将列拖动到目标位置。

复制行和列的操作方法与移动行和列类似，只是在使用鼠标指针拖动行或列的过程中同时按住【Ctrl】键和【Shift】键，即可执行复制行或列的操作。拖动过程中鼠标指针的附近会显示一个＋号，表示正在执行复制操作。

除了可以使用鼠标指针拖动的方法移动与复制行和列之外，还可以使用右键快捷菜单中的命令完成相同的操作，具体如下。

◉　移动行和列：右击要移动的行的行号，在弹出的菜单中选择【剪切】命令，然后右击要在其上方插入行的行号，在弹出的菜单中选择【插入剪切的单元格】命令，即可将指定的行移动到目标位置。图 3-42 所示是将原来的第 6 行数据移动到第 3 行的上方。移动列的方法与此类似，执行【剪切】命令后，右击要在其左侧插入列的列标，并在弹出菜单中选择【插入剪切的单元格】命令。

◉　复制行和列：复制行和列的操作方法与移动行和列类似，只需在第 1 次右击弹出的菜单中选择【复制】命令，并在第 2 次右击弹出的菜单中选择【插入复制的单元格】命令即可。

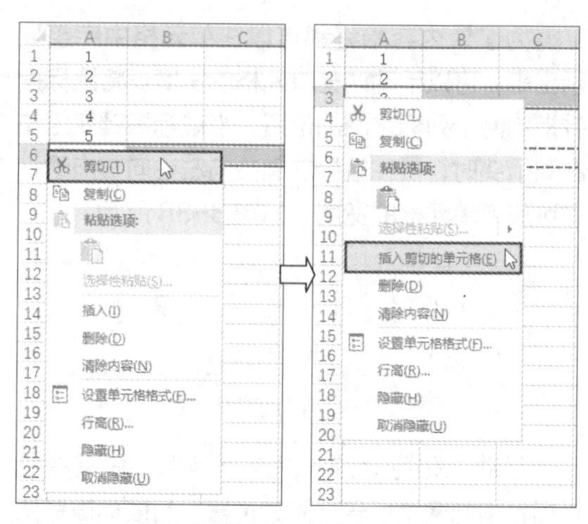

图 3-42　使用右键快捷菜单中的命令执行移动行的操作

3.4.4　隐藏与显示行和列

出于显示或安全方面的原因，有时可能需要将工作表中的某些行或列隐藏起来。隐藏行有以下两种方法。

◉　选择要隐藏的一行或多行，这些行的位置可以是连续的也可以是不连续的。右击选中的任意一行的行号，在弹出的菜单中选择【隐藏】命令。

◉　选择要隐藏的行中的部分单元格，然后在功能区的【开始】选项卡的【单元格】组中单击【格式】按钮，在弹出的菜单中选择【隐藏和取消隐藏】⇨【隐藏行】命令，如图 3-43 所示。

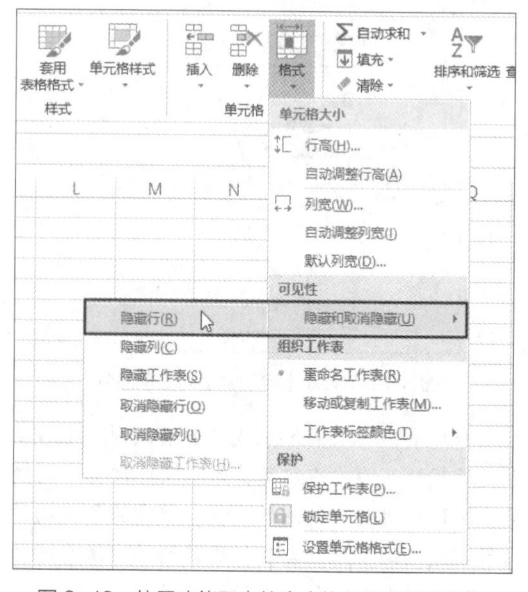

图 3-43　使用功能区中的命令执行隐藏行的操作

将行隐藏后，该行的行号不会显示在工作表中，因此工作表中的行号不是连续的，由此可以判断当前隐藏了哪些行，图 3-44 所示为隐藏了第 3 ~ 5 行。

	A	B
1	1	
2	2	
6	6	
7	7	
8	8	
9	9	
10	10	
11		

图 3-44　工作表中不显示已隐藏行的行号

将已隐藏的行显示出来有以下两种方法。

◉　选择包含隐藏行的多行，然后右击选中的任意一行的行号，在弹出的菜单中选择【取消隐藏】命令，如图 3-45 所示。由于图 3-44 中隐藏的是第 3 ~ 5 行，因此在选择行时，要将第 3 ~ 5 行包含在内，此处选择的是第 1、2、6、7 行，也可以只选择第 2 行和第 6 行。

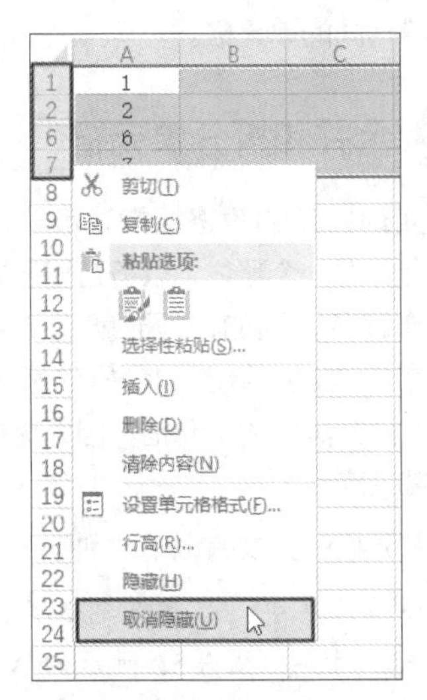

图 3-45　使用右键快捷菜单中的命令显示已隐藏的行

◉　选择包含隐藏行的单元格区域，如当前隐藏的是第 3 ~ 5 行，则在选择的单元格区域中必须包含第 3 ~ 5 行，如可以选择 B2:B6、A1:A7 或 A2:B8 等，然后在功能区的【开始】选项卡的【单元格】组中单击【格式】按钮，在弹出的菜单中选择【隐藏和取消隐藏】⇨【取消隐藏行】命令。

隐藏和显示列的方法与隐藏和显示行的方法类似，此处不再赘述。

交叉参考　如果不想让其他用户随意显示被隐藏的行和列，可以在隐藏行和列后，为工作表设置保护密码，具体方法请参考本书第 20 章。

3.4.5 删除行和列

删除行和列有以下 3 种方法。

◉　右击某行的行号或某列的列标，在弹出的菜单中选择【删除】命令。

◉　选择要删除的行或列中的任意一个单元格，然后在功能区的【开始】选项卡的【单元格】中单击【删除】按钮上的下拉按钮，在弹出的菜单中选择【删除工作表行】或【删除工作表列】命令，如图 3-46 所示。

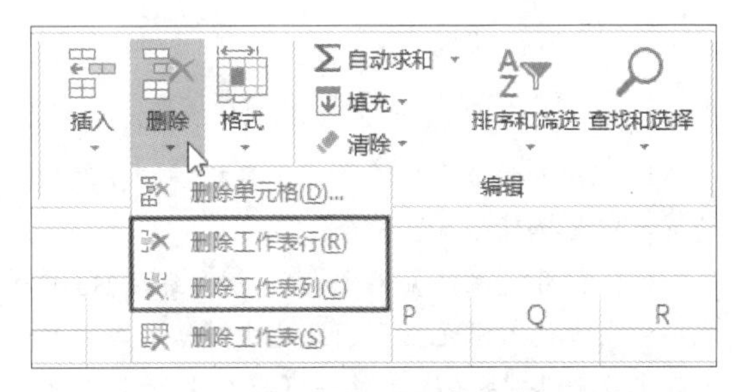

图 3-46　使用功能区中的命令删除行和列

◉　右击要删除的行或列中的任意一个单元格，在弹出的菜单中选择【删除】命令，打开【删除】对话框，选中【整行】或【整列】单选按钮，然后单击【确定】按钮，如图 3-47 所示。

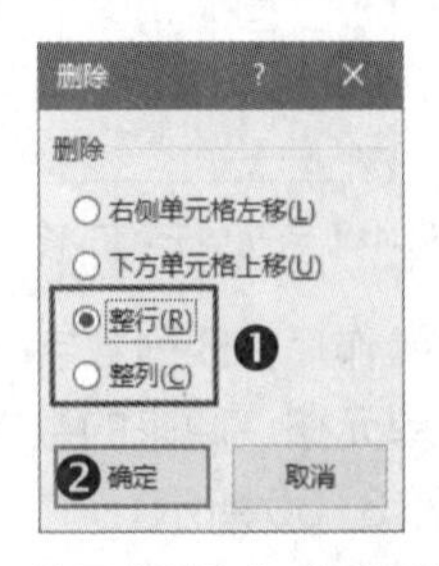

图 3-47　使用【删除】对话框删除行和列

提示　删除行和列的操作不会让工作表中的总行数和总列数不断减少，这是因为在删除行和列时，Excel 会自动在工作表的最后位置插入新的行和列，以便让总行数和总列数保持不变。

3.4.6 插入和删除单元格

用户可以在工作表中插入和删除单元格，以便在局部位置调整数据区域的结构。Excel 允许用户在活动单元格的左侧或上方插入单元格，插入单元格后，活动单元格会右移或下移，以便为插入的单元格腾出位置。

在图 3-48 所示的工作表中，A、C 两列都包含数字 1 ~ 9，B 列少了一个数字 6，为了在正确的位置添加数字 6，需要在 B 列数字 7 单元格的上方插入一个单元格并输入 6，操作步骤如下。

	A	B	C
1	1	1	1
2	2	2	2
3	3	3	3
4	4	4	4
5	5	5	5
6	6	7	6
7	7	8	7
8	8	9	8
9	9		9

图 3-48　B 列缺少数字 6

（1）右击数字 7 所在的 B6 单元格，在弹出的菜单中选择【插入】命令。

（2）打开【插入】对话框，由于要在 B6 单元格的上方插入单元格，因此选中【活动单元格下移】单选按钮，然后单击【确定】按钮，如图 3-49 所示。

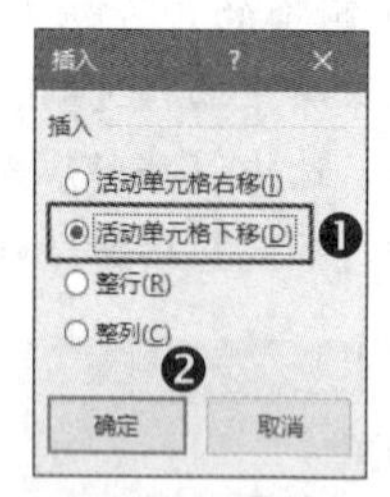

图 3-49　选中【活动单元格下移】单选按钮

执行上述操作后，B 列数字 7 单元格的上方将插入一个单元格，原来的数字 7 单元格下移了一行，如图 3-50 所示。

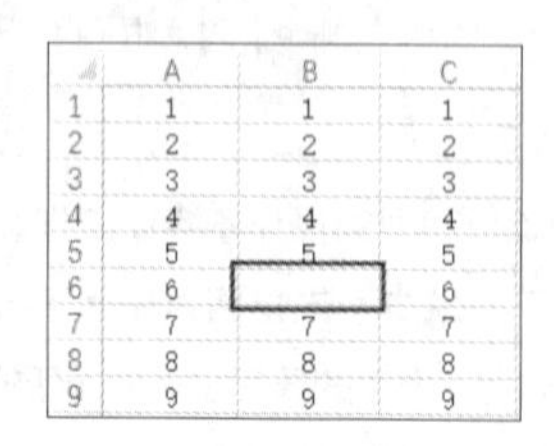

	A	B	C
1	1	1	1
2	2	2	2
3	3	3	3
4	4	4	4
5	5	5	5
6	6		6
7	7	7	7
8	8	8	8
9	9	9	9

图 3-50　在数据区域中插入一个单元格

如果想要删除工作表中的某个单元格，可以右击这个单元格，在弹出的菜单中选择【删除】命令，打开【删除】对话框，其中包含的选项与【插入】对话框中的类似，前两个选项对应的操作方向与插入单元格时的正好相反，如图 3-51 所示。

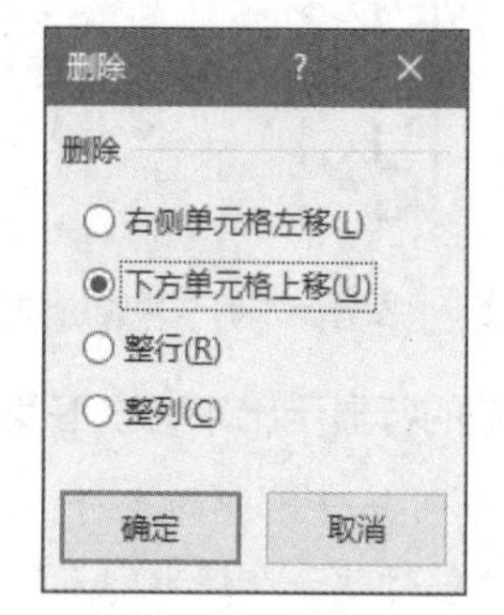

图 3-51　【删除】对话框

可以一次性插入或删除多个单元格，只需同时选择相邻或不相邻的多个单元格，然后执行上述操作，即可在相应位置上插入或删除与所选单元格数量相同的单元格。

3.4.7 合并和拆分单元格

为了实现特定的表格结构，可能需要将多个单元格合并为一个整体，以符合显示方面的要求，如制作跨越多列的标题时就需要合并单元格。对经常需要进行计算和分析的表格数据来说，不建议合并其中的单元格，因为这样会为数据的计算带来麻烦。

合并单元格的方式有以下 3 种。

- 合并后居中：合并单元格并让单元格中的文字居中对齐。图 3-52 所示的 A1 单元格就是将原来的 A1、B1 和 C1 单元格合并到一起，并将 A1 单元格中的文字居中对齐后的效果。

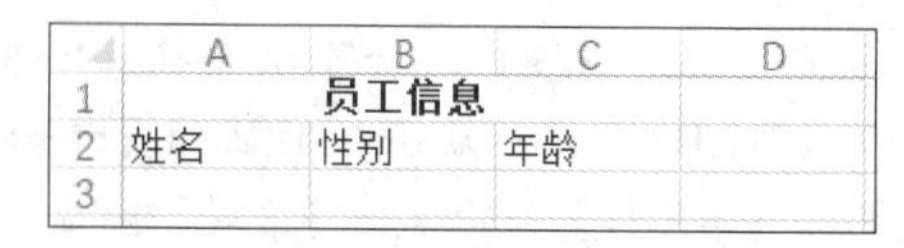

	A	B	C	D
1	员工信息			
2	姓名	性别	年龄	
3				

图 3-52　合并后居中

- 合并单元格：合并单元格，但是不将单元格中的文字居中对齐。
- 跨越合并：选择包含多行和多列的单

元格区域时，将每一行中的单元格以“行”为单位进行合并。图3-53所示的A～C列的前6行就是跨越多列合并的效果，该区域中每一行的前3个单元格合并在了一起。

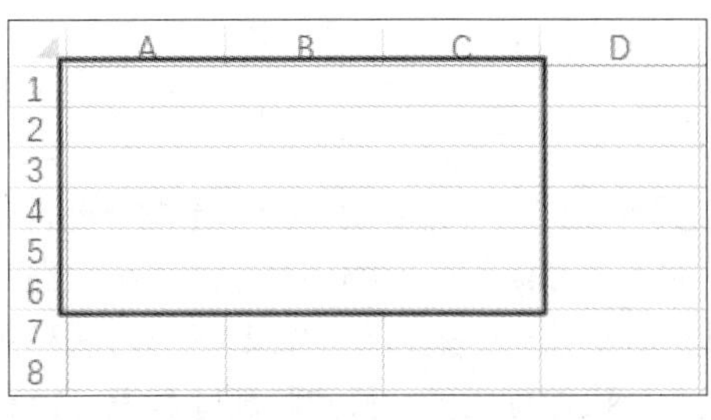

图3-53　跨越合并

如果要合并单元格，需要先在工作表中选择要合并的多个单元格，然后在功能区的【开始】选项卡的【对齐方式】组中单击【合并后居中】按钮上的下拉按钮，在弹出的菜单中选择合并方式，如图3-54所示。

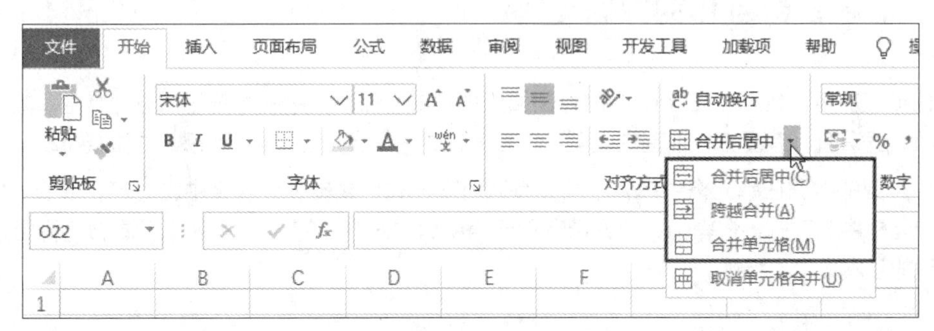

图3-54　选择单元格的合并方式

如果要将合并后的单元格恢复为合并前的独立单元格的状态，需要选择合并后的单元格，然后在功能区的【开始】选项卡的【对齐方式】组中单击【合并后居中】按钮上的下拉按钮，在弹出的菜单中选择【取消单元格合并】命令。

第4章

输入和编辑数据

在 Excel 中执行的大多数操作针对的都是数据，数据是指存储在单元格中的文本、数值、日期和时间等不同类型的内容。掌握输入和编辑数据的正确方法，可以提高操作效率，避免出错，为数据的后续处理打下良好的基础。本章将介绍输入和编辑数据的方法和操作技巧，包括输入数据的基本方法、输入不同类型的数据、转换数据类型、修改和删除数据、提高输入效率的技巧、使用数据验证功能限制数据的输入、移动和复制数据、导入外部数据等内容。为了让读者更好地了解数据，首先介绍 Excel 中的数据类型。

4.1 了解 Excel 中的数据类型

数据类型决定了数据在 Excel 中的存储和处理方式。Excel 中的数据可以分为数值、文本、日期和时间、逻辑值、错误值 5 种基本类型，“日期和时间”实际上是一种特殊形式的数值。

不同类型的数据在单元格中具有不同的默认对齐方式：文本在单元格中左对齐，数值、日期和时间在单元格中右对齐，逻辑值和错误值在单元格中居中对齐，如图 4-1 所示。本节将介绍这 5 种数据类型的基本概念和特性。

	A	B	C	D	E
1	文本	数值与日期和时间	逻辑值	错误值	
2	Excel	168	TRUE	#NUM!	
3	销量分析	2018年3月	FALSE	#VALUE!	
4					

图 4-1　不同类型的数据具有不同的默认对齐方式

4.1.1 数值

在 Excel 中，数字和数值是两个不同的概念。数字是指由 0 ~ 9 这 10 个数字任意组合而成的单纯的数；数值用于表示具有特定用途或含义的数量，如金额、销量、员工人数、体重、身高等。除了普通的数字外，Excel 也会将一些带有特殊符号的数字识别为数值，如百分号（%）、货币符号（如￥）、千位分隔符（,）、科学记数符号（E）等。

数值可以参与计算，但并不是所有的数值都有必要参与计算，是否参与计算取决于数值本身表达的含义及其应用目的。例如，在销售明细表中，需要对表示销量的数值进行求和计算，以便统计总销量；而在员工健康调查表中，通常不需要对表示体重的数值进行计算。

数值可以是正数，也可以是负数。现实中的数值大小没有限制，但是其在 Excel 中受到软件自身的限制。Excel 支持的最大正数约为 9E+307，最小正数约为 2E−308，最大负数与最小负数与这两个数字相同，只是需要在数字开头添加负号。虽然 Excel 支持一定范围内的数字，但是只能正常存储和显示最大精确到 15 位有效数字的数字。对于超过 15 位有效数字的整数，多出的位数将自动变为 0，如 112233445566778899 会变为 112233445566778000。对于超过 15 位有效数字的小数，多出的位数将被截去。

如果要在单元格中输入超过15位有效数字的数字，必须以文本格式进行输入才能保持其原样。任何一个数字在Excel中都可以有两种存储形式，为了加以区分，将以数值形式存储的数字称为“数值型数字”，将以文本格式存储的数字称为“文本型数字”。

Excel会自动对输入的数值进行判断，并以最合适的形式显示在单元格中，主要包括以下几种情况。

◉ 如果输入的整数位数较多，超过了单元格的宽度，为了在单元格中完全显示输入的整数，Excel会自动增加单元格所在列的宽度。

◉ 如果输入的整数超过11位，Excel会自动以科学记数的形式显示该数值。

◉ 如果输入的小数位数较多，超过了单元格的宽度，Excel会自动对超出宽度的第1个小数位上的数字进行四舍五入，并将其后的小数位数截去。例如，输入的小数“1.23456789”可能会显示为“1.23457”。

◉ 如果输入的数值两侧包含一对半角小括号，Excel会自动以负数形式显示该数值，且不显示括号，这是会计方面的一种数值形式。

◉ 如果输入的小数结尾为0，Excel会自动删除非有效位数上的0。

4.1.2 文本

文本用于表示特定的名称或任何具有描述性的内容，如公司名称、人名、产品编号、报表中各列的标题名等。文本可以是文字、符号，以及它们与数字的任意组合。一些不需要计算的数字也可以存储为文本格式，如电话号码、身份证号等，以文本格式存储的数字称为“文本型数字”。由此可见，文本涵盖的范围非常广泛。文本不能用于数值计算，但是可以比较文本的大小。

一个单元格最多可以容纳32767个字符。单元格中的内容可以在编辑栏中全部显示出来，但是在单元格中最多只能显示1024个字符。

4.1.3 日期和时间

Excel中的日期和时间本质上也是数值，只不过它以一种特殊的形式存储，这种形式称为“序列值”。序列值的范围为1 ~ 2958465，每个序列值对应一个日期。

在Windows操作系统的Excel版本中，序列值1对应于1900年1月1日，序列值2对应于1900年1月2日，以此类推，最大序列值2958465对应于9999年12月31日。因此，在Windows操作系统的Excel版本中支持的日期范围为1900年1月1日 ~ 9999年12月31日，这个日期系统称为“1900日期系统”。

在Macintosh计算机的Excel版本中使用的是“1904日期系统”，该日期系统中的第1个日期是1904年1月1日，其序列值为1。

可以根据需要，在两种日期系统之间转换。选择【文件】⇨【选项】命令，打开【Excel选项】对话框，在【高级】选项卡中选择所需的日期系统：取消选中【使用1904日期系统】复选框，表示使用1900日期系统，选中该复选框表示使用1904日期系统，如图4-2所示。设置完成后单击【确定】按钮。

日期的序列值是一个整数数值，一天的数值单位是1，一天有24个小时，1小时可以表示为1/24。1小时有60分钟，1分钟可以表示为1/(24×60)。因此，一天中的每一个时刻都可以使用小数形式的序列值来表示。例如，0.5表示一天中的一半，即中午12点。0.25表示一天中的四分之一，即早上6点。

对于一个大于1的小数，Excel将其整数部分换算为日期，将其小数部分换算为时间。因此，一个包含整数和小数的序列值可以表示一个日期和时间，如序列值43257.5表示2018年6月6日中午12点。

如果想要查看一个日期的序列值，可以在单元格中输入这个日期，然后将单元格的数字格式设置为【常规】。如果想要查看一个序列值对应的日期，可以在单元格中输入这个序列值，然后将单元格的数字格式设置为某种日期格式。由于日期和时间的本质是数值，因此日期和时间也可以进行数值计算。

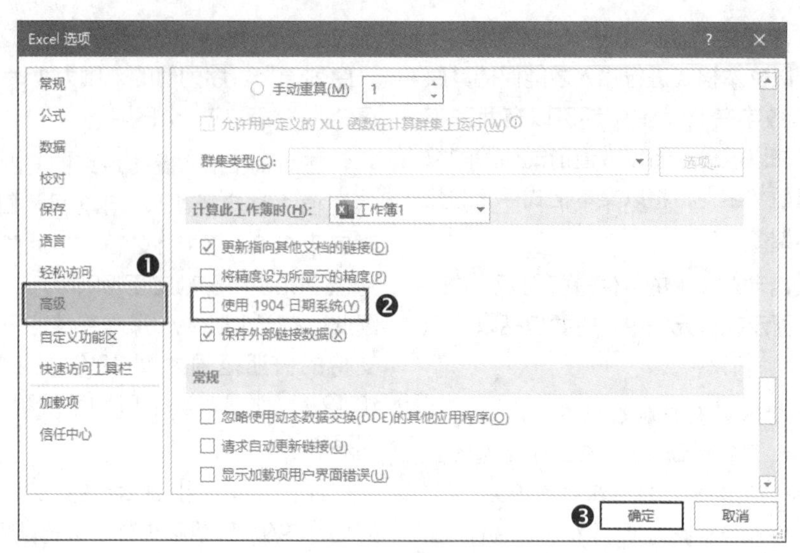

图 4-2　转换日期系统

交叉参考　关于设置单元格数字格式的更多内容，请参考本书第 5 章。

4.1.4 逻辑值

逻辑值只有 TRUE（真）和 FALSE（假）两种，它们主要用于公式的条件判断，根据条件的判断结果（即真或假），返回不同的值或计算结果。如果条件的判断结果为 TRUE，则返回一个值或执行一种预先设定好的计算；如果条件的判断结果为 FALSE，则返回另一个值或执行另一种预先设定好的计算。在以下两种情况下，逻辑值和数字之间可相互转换。

◉ 在条件判断中用作条件时，任何非 0 的数字等价于逻辑值 TRUE，0 等价于逻辑值 FALSE。

◉ 在四则运算中，逻辑值 TRUE 等价于 1，逻辑值 FALSE 等价于 0，这意味着逻辑值可以参与四则运算。

4.1.5 错误值

错误值是 Excel 中的一类比较特殊的数据类型，当用户在单元格中输入 Excel 无法识别的内容，或公式计算不正确时，就会返回一个错误值，通过错误值可以大概判断问题产生的原因。

Excel 中的错误值有以下 7 种：#DIV/0!、#NUM!、#VALUE!、#REF!、#NAME?、#N/A、#NULL!。每种错误值都以井号（#）开头，以标识特定的错误类型，它们不能参与计算和排序。Excel 中的 7 种错误值的含义如表 4-1 所示。

表 4-1　Excel 中的 7 种错误值的含义

错误值	说明
#DIV/0!	当数字除以 0 时，将会出现该类型的错误
#NUM!	如果在公式或函数中使用了无效的数值，将会出现该类型的错误
#VALUE!	当在公式或函数中使用的参数或操作数的类型错误时，将会出现该类型的错误
#REF!	当单元格引用无效时，将会出现该类型的错误
#NAME?	当 Excel 无法识别公式中的文本时，将会出现该类型的错误
#N/A	当数值对函数或公式不可用时，将会出现该类型的错误
#NULL!	如果指定两个在并不相交的区域的交点，将会出现该类型的错误

交叉参考　关于公式返回错误值的更多内容，请参考本书第 7 章。

4.2 输入和编辑不同类型的数据

本节将介绍不同类型数据的输入方法，以及提高输入效率的一些技巧。在介绍这些内容之前，首先介绍输入数据的基本方法，它是输入任何类型数据的基础。

4.2.1 输入数据的基本方法

在 Excel 中输入数据有一些基本的方法。输入数据前，需要先选择一个单元格，然后输入所需的内容。输入过程中会显示一条闪烁的竖线（称为“插入点”），表示当前输入内容的位置，如图 4-3 所示。

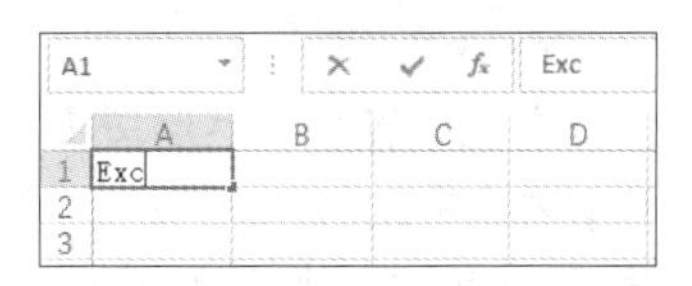

图 4-3 输入数据时会显示插入点

输入完成后，按【Enter】键或单击编辑栏中的✓按钮确认输入，输入的内容会同时显示在单元格和编辑栏中。按【Enter】键会使当前单元格下方的单元格成为活动单元格，而单击✓按钮不会改变活动单元格的位置。如果在输入的过程中想要取消本次输入，则可以按【Esc】键或单击编辑栏中的✕按钮。

提示

在【Excel 选项】对话框的【高级】选项卡中，可以选中【按 Enter 键后移动所选内容】复选框，然后在【方向】下拉列表中选择一个方向，来改变按【Enter】键后激活单元格的方向，如图 4-4 所示。

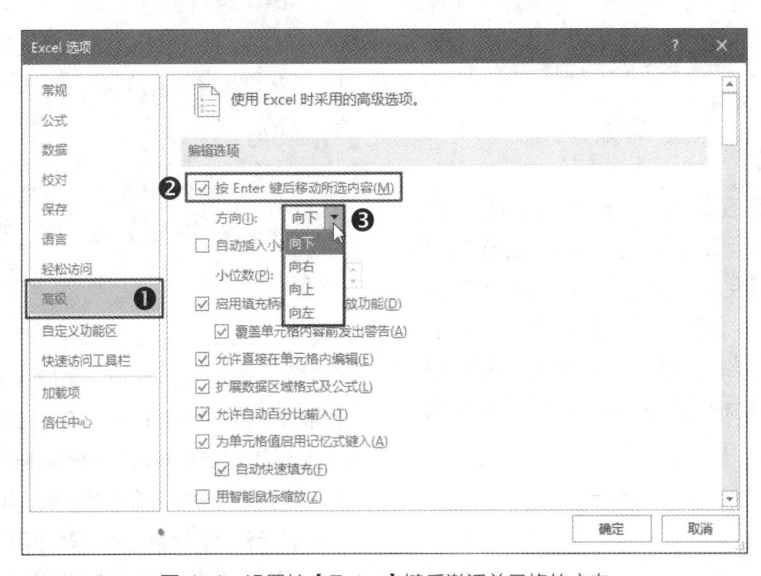

图 4-4 设置按【Enter】键后激活单元格的方向

输入数据时，Excel 窗口底部的状态栏左侧会显示当前的输入模式，分为“输入”“编辑”“点”3 种模式。

1. 输入模式

单击单元格后输入任何内容，或双击空单元格，都会进入输入模式，此时在状态栏的左侧会显示“输入”，如图 4-5 所示。在输入模式下，插入点会随着内容的输入自动向右移动。在该模式下只能从左到右依次输入，一旦按下方向键，就会结束输入并退出输入模式，已经输入的内容会保留在单元格中。

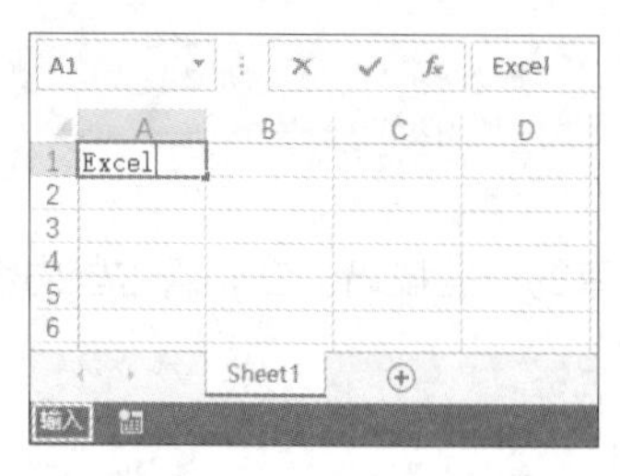

图 4-5　输入模式

2. 编辑模式

单击单元格，然后按【F2】键或单击编辑栏，都会进入编辑模式，此时在状态栏的左侧会显示“编辑”，如图 4-6 所示。在编辑模式下，可以使用方向键或单击来改变插入点的位置，以便在所需的位置输入内容。

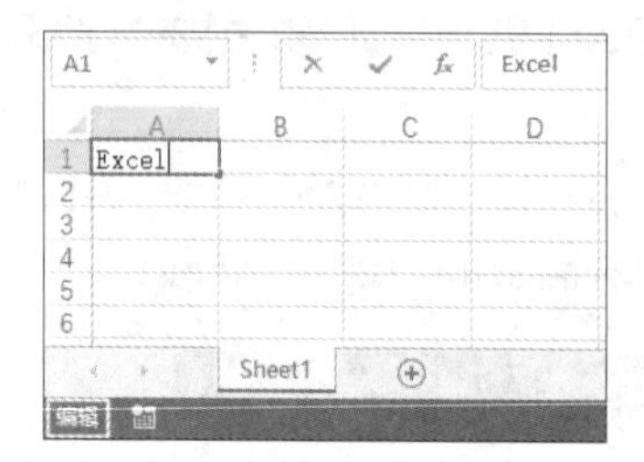

图 4-6　编辑模式

3. 点模式

点模式只有在输入公式时才会出现。在公式中输入等号或运算符后，按方向键或单击任意一个单元格，都会进入点模式，此时状态栏的左侧会显示“点”，如图 4-7 所示。在点模式下，当前选中的单元格的边框将变为虚线，该单元格的地址会被自动添加到公式中的等号或运算符的右侧。

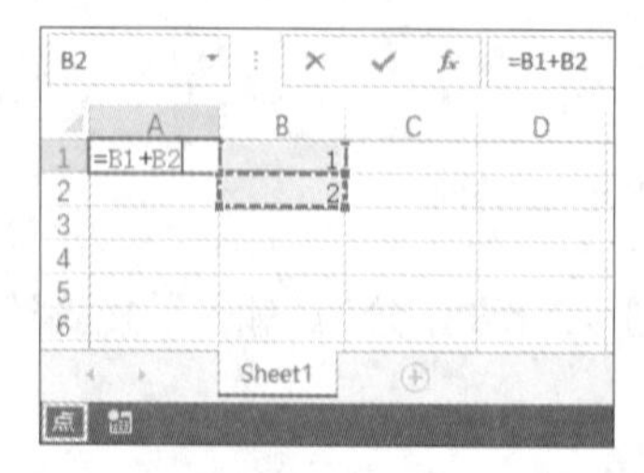

图 4-7　点模式

4.2.2 输入数值和文本

数值和文本是 Excel 中最常输入的两类数据，对大多数普通形式的数值和文本来说，它们的输入方法与上一小节介绍的输入数据的基本方法相同。本小节主要介绍的是一些特殊形式的数值的输入方法，包括输入分数、指数和 15 位以上的数字，输入它们需要使用一些特殊的方法。

案例 4-1

输入真分数 5/6 和假分数 6/5

案例目标：在单元格中输入分数时，输入的分数默认会被 Excel 识别为日期，如输入“5/6”并按【Enter】键，将自动显示为“5 月 6 日”。本例需要在 A2 和 B2 单元格中分别输入真分数 5/6 和假分数 6/5 并让它们正确显示，效果如图 4-8 所示。

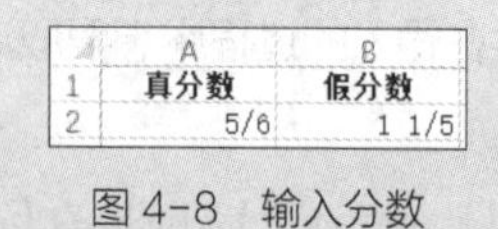

	A	B
1	真分数	假分数
2	5/6	1 1/5

图 4-8　输入分数

操作步骤如下。

（1）选择 A2 单元格，依次输入 0、空格、5/6，然后按【Enter】键，输入的字符如下。

0 5/6

（2）选择 B2 单元格，依次输入 1、空格、1/5，然后按【Enter】键，输入的字符如下。

1 1/5

提示

由于 6/5=1+1/5，可以将该分数拆分为整数部分 1 和小数部分 1/5，因此在第 2 步中输入 1 和 1/5。为了验证输入的分数是否被 Excel 正确识别，可以选择分数所在的单元格，如果在编辑栏中正确显示分数的小数形式，则说明该分数被 Excel 正确识别。例如，本例中的 B2 单元格包含分数 6/5，选择该单元格后将在编辑栏中显示该分数的小数形式（1.2），说明输入的分数 6/5 被 Excel 正确识别。

案例 4-2

输入指数 10^6

案例目标：在 A2 单元格中输入指数 10^6，效果如图 4-9 所示。

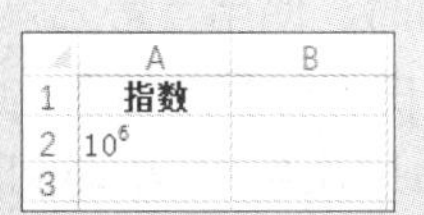

图 4-9 输入指数

操作步骤如下。

(1) 选择A2单元格，在功能区的【开始】选项卡的【数字】组中打开【数字格式】下拉列表，从中选择【文本】，如图 4-10 所示。

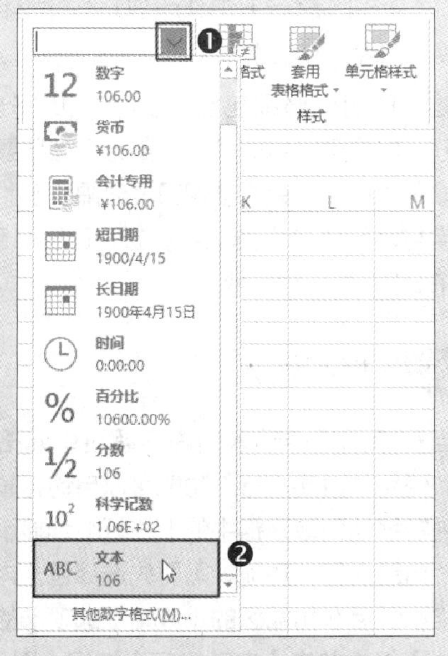

图 4-10 将单元格设置为文本格式

(2) 在A2单元格中输入“106”，按【F2】键进入编辑状态，选择数字6，如图 4-11 所示。

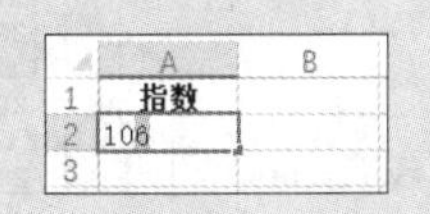

图 4-11 选择数字 6

(3) 在功能区的【开始】选项卡中单击【字体】组右下角的对话框启动器，打开【设置单元格格式】对话框的【字体】选项卡，选中【上标】复选框，然后单击【确定】按钮，如图 4-12 所示。

交叉参考 关于设置单元格格式的更多内容，请参考本书第5章。

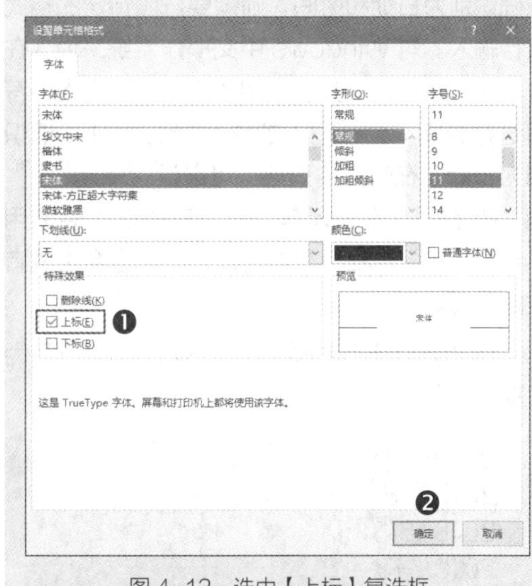

图 4-12 选中【上标】复选框

案例 4-3

输入 18 位身份证号码

案例目标： 使用普通方法输入的 18 位身份证号码将在单元格中显示为科学记数形式，而且最后 3 位会自动变为 0。本例需要在 B2 单元格中输入身份证号码并正确显示，效果如图 4-13 所示。

	A	B
1	姓名	身份证号码
2	文妮	110102196601166666

图 4-13 输入 18 位身份证号码

操作步骤如下。

选择B2单元格，使用案例4-2中的方法为该单元格设置【文本】格式，然后在B2单元格中输入所需的身份证号码，最后按【Enter】键。

提示 实现本例效果的另一种方法是在 B2 单元格中先输入一个英文半角单引号“ ' ”，然后输入身份证号码。

4.2.3 输入日期和时间

由于 Excel 中的日期和时间本质上也是数值，因此，如果要让用户输入的数据被 Excel

正确识别为日期和时间，则需要按照特定的格式进行输入。对 Windows 中文操作系统来说，在表示年、月、日的数字之间使用“-”或“/”符号进行分隔，会让输入的内容被 Excel 正确识别为日期。在输入的日期中可以混合使用“-”和“/”符号。在表示年、月、日的数字后使用“年”“月”“日”文字进行分隔，也会生成有效的日期。

例如，以下几种输入都能被 Excel 识别为日期。

```
2018-6-8
2018/6/8
2018-6/8
2018/6-8
2018 年 6 月 8 日
```

可以使用两位数年份来输入日期，下面输入的 18 会被 Excel 识别为 2018。

```
18-6-8
18/6/8
18 年 6 月 8 日
```

提示

在 Excel 97 及更高版本的 Excel 中，数字 00 ~ 29 表示 2000 ~ 2029 年，数字 30 ~ 99 表示 1930 ~ 1999 年。为了避免出现识别或理解错误，最好输入 4 位数年份。

如果省略表示“年份”的数字，则表示系统当前年份的日期。

```
6-8
6/8
6 月 8 日
```

如果省略表示“日”的数字，则表示所输入的月份的第 1 天。

```
2018-6
2018/6
2018 年 6 月
```

除了以上介绍的这些可被正确识别为日期的格式之外，还可以使用英文月份来输入日期。使用空格或其他符号来分隔表示年、月、日的数字时，Excel 会将其视为文本而非日期。

输入时间时，使用冒号分隔表示小时、分和秒的数字。由于时间分为 12 小时制和 24 小时制，如果希望使用 12 小时制来表示时间，则需要在表示上午和凌晨时间的结尾添加“Am”，在表示下午和晚上时间的结尾添加“Pm”。

例如，“9:30 Am”表示上午 9 点 30 分，“9:30 Pm”表示晚上 9 点 30 分。如果时间结尾没有 Am 或 Pm，则表示的是 24 小时制的时间，“9:30”表示上午 9 点 30 分，“21:30”表示晚上 9 点 30 分。

输入的时间必须包含“小时”和“分”两个部分，但是可以省略“秒”部分。如果要在时间中输入“秒”，只需使用冒号分隔表示“秒”的数字与表示“分”的数字，如“9:30:15”表示上午 9 时 30 分 15 秒。

4.2.4 换行输入

当在单元格中输入的内容超过单元格的宽度时，使用“自动换行”功能可以自动将超出宽度的内容移动到单元格中的下一行继续显示。要使用“自动换行”功能，需要先选择包含内容的单元格，然后在功能区的【开始】选项卡的【对齐方式】组中单击【自动换行】按钮。图 4-14 所示为 A1 单元格中的内容自动换行前、后的效果。

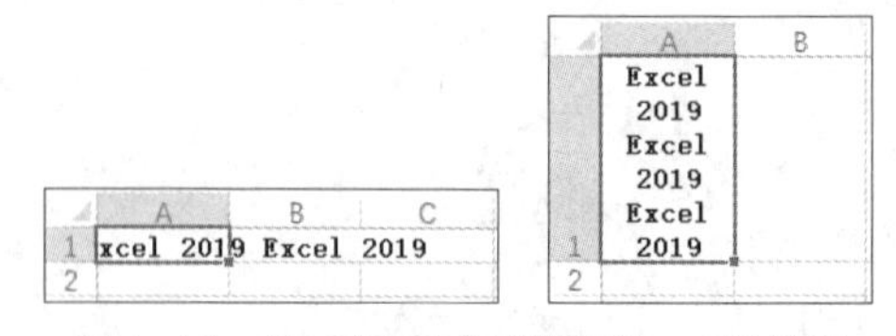

图 4-14　单元格内容自动换行前、后的效果

有时可能需要在指定的位置换行，而不是根据单元格的列宽由 Excel 自动控制换行位置。如果想要指定换行的位置，可以按【F2】键或双击单元格进入编辑状态，将插入点定位到要换行的位置，然后按【Alt+Enter】快捷键。图 4-15 所示为 A1 单元格中的内容手动换行后的效果，在编辑栏中也会显示手动换行后的格式。

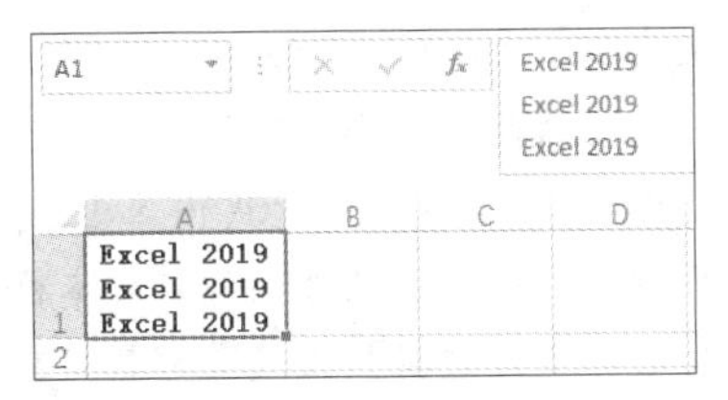

图 4-15　在指定位置手动换行

提示　执行手动换行操作后，如果在单元格中没有显示换行后的效果，可以适当调整单元格的宽度。

4.2.5 转换数据类型

有时输入有误或从外部导入，导致数据的类型不正确而影响后续操作，如无法正确对数据进行计算或统计分析。Excel 允许用户在特定的数据类型之间进行转换，最常见的情况是文本型数字和逻辑值与数值之间的转换。

1. 文本型数字与数值之间的转换

将文本型数字转换为数值有以下两种方法。

◉ 如果在单元格中以文本格式输入数字，该单元格的左上角会显示一个绿色三角形。单击这个单元格将显示 ! 按钮，单击该按钮，在弹出的菜单中选择【转换为数字】命令，如图 4-16 所示。

图 4-16　选择【转换为数字】命令

◉ 通过四则运算或函数将文本型数字转换为数值。以下任意一个公式都可以将 A1 单元格中的文本型数字转换为数值。

```
=A1*1
=A1/1
=A1+0
=A1-0
=--A1
=VALUE(A1)
```

交叉参考　关于公式和函数的更多内容，请参考本书第 7 ~ 14 章。

如果要将数值转换为文本型数字，可以使用 & 符号将数值和一个空字符连接起来。下面的公式可以将 A1 单元格中的数值转换为文本型数字，一对半角双引号中不包含任何内容。

```
=A1&""
```

交叉参考　“&”是 Excel 中的一个运算符，用于将两部分内容连接为一个整体；关于该符号和其他运算符的更多内容，请参考本书第 7 章。

2. 逻辑值与数值之间的转换

将逻辑值转换为数值与将文本型数字转换为数值的方法类似，对逻辑值 TRUE 或 FALSE 执行乘 1、除 1、加 0、减 0 的四则运算即可完成转换。在条件判断中，任何非 0 的数字等价于逻辑值 TRUE，0 等价于逻辑值 FALSE。

逻辑值与数值或逻辑值之间都可以进行四则运算，此时的逻辑值 TRUE 等价于 1，逻辑值 FALSE 等价于 0。下面说明了逻辑值 TRUE 和 FALSE 在四则运算中的计算方式，“*”在 Excel 公式中表示乘号。

```
TRUE*6=6
FALSE*6=0
TRUE+6=7
FALSE+6=6
TRUE*FALSE=0
```

4.2.6 修改和删除数据

修改单元格中的数据有以下几种方法。

◉ 双击单元格。

◉ 单击单元格，然后按【F2】键。

◉ 单击单元格，然后单击编辑栏。

使用以上任意一种方法都会进入编辑模式，删除原有的部分或全部内容，然后输入新的内容，最后按【Enter】键或单击其他单元格以确认修改。

删除单元格中的内容有以下两种方法。

◉ 选择单元格，然后按【Delete】键。

◉ 右击单元格，在弹出的菜单中选择【清除内容】命令。

如果为单元格设置了格式，使用以上两种方法只能删除单元格中的内容，无法删除其中的格式。

如果要同时删除单元格中的内容和格式，可以在功能区的【开始】选项卡的【编辑】组中单击【清除】按钮，然后在弹出的菜单中选择【全部清除】命令，如图 4-17 所示。选择该菜单中的其他命令可以执行不同的删除操作。

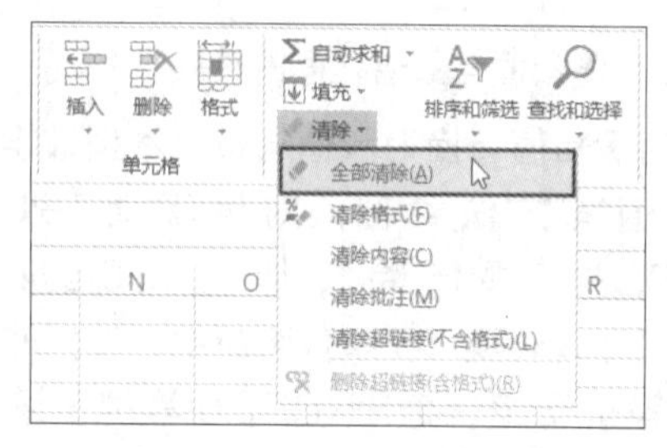

图 4-17 使用【全部清除】命令同时删除内容和格式

如果要修改或删除的内容具有一致或相似性，则可以使用“替换”功能批量完成。在功能区的【开始】选项卡的【编辑】组中单击【查找和选择】按钮，然后在弹出的菜单中选择【替换】命令，打开【查找和替换】对话框的【替换】选项卡，如图 4-18 所示。该界面类似于第 3 章介绍选择特定单元格时使用的【查找】选项卡，单击【选项】按钮后展开的选项也基本相同。

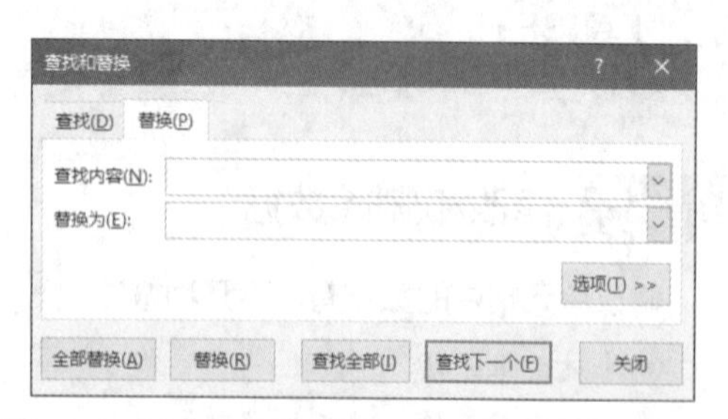

图 4-18 【查找和替换】对话框中的【替换】选项卡

使用【替换】选项卡修改或删除内容的方法如下。

◉ 修改内容：在【查找内容】文本框中输入要修改的内容，在【替换为】文本框中输入修改后的内容，然后单击【替换】或【全部替换】按钮执行单个修改或全部修改。

◉ 删除内容：在【查找内容】文本框中输入要删除的内容，在【替换为】文本框中保持空白，然后单击【替换】或【全部替换】按钮执行单个删除或全部删除。

案例 4-4
快速将所有工作表中的“销售鹅”改为“销售额”

案例目标：工作簿中包含 3 个工作表，需要将每个工作表中的“销售鹅”改为“销售额”，效果如图 4-19 所示。

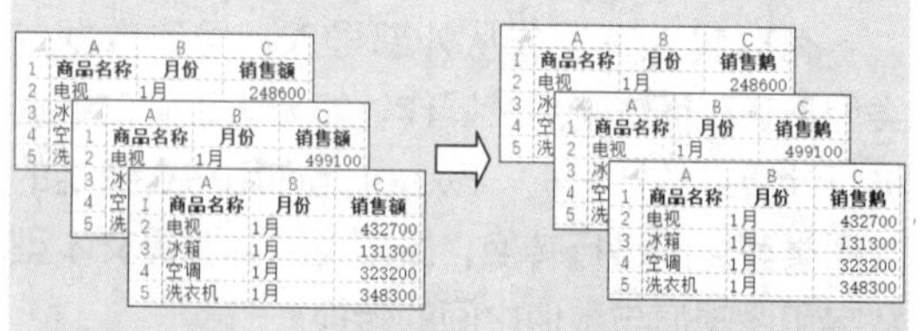

图 4-19 将所有工作表中的“销售鹅”改为“销售额”

操作步骤如下。

(1) 单击任意一个工作表中的任意一个单元格，然后在功能区的【开始】选项卡的【编辑】组中单击【查找和选择】按钮，在弹出的菜单中选择【替换】命令。

(2) 打开【查找和替换】对话框的【替换】选项卡，在【查找内容】文本框中输入“销售鹅”，在【替换为】文本框中输入“销售额”，如图 4-20 所示。

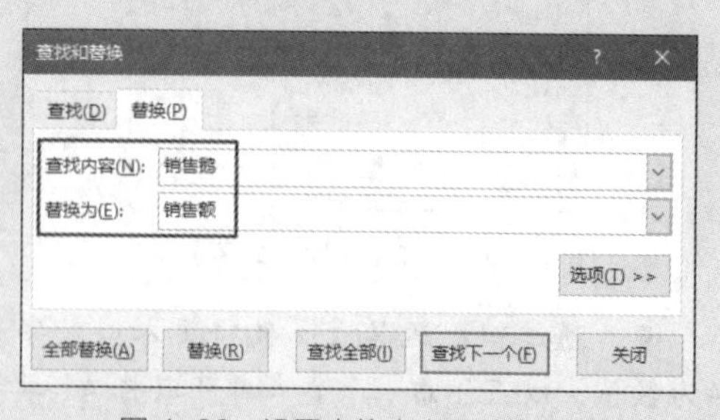

图 4-20 设置查找内容和替换内容

(3) 单击【选项】按钮，将【范围】设置为【工作簿】，然后单击【全部替换】按钮，如图 4-21 所示。

(4) 弹出图 4-22 所示的对话框，显示了成功替换的数量，单击【确定】按钮，然后单击【关闭】按钮，关闭【查找和替换】对话框。

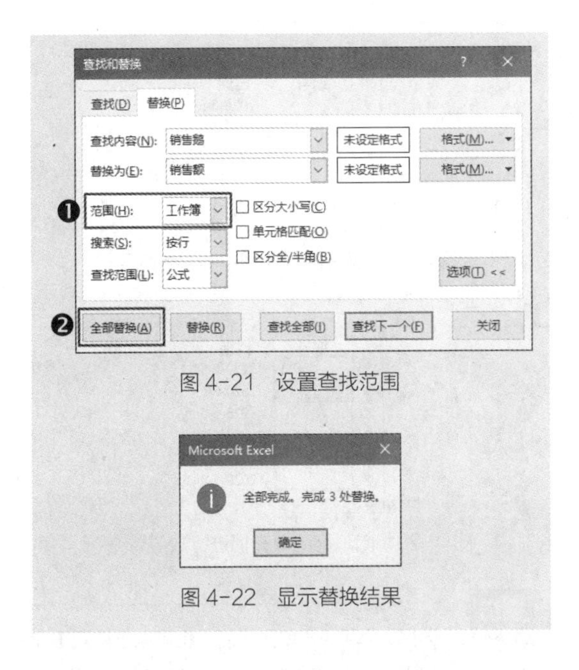

图 4-21　设置查找范围

图 4-22　显示替换结果

4.3 提高输入效率的技巧

本节将介绍一些可以提高输入效率的方法，使用这些方法不但可以快速输入数据，而且可以减少出错的概率。

4.3.1 一次性在多个单元格中输入数据

如果要在多个单元格中输入相同的数据或公式，可以选择这些单元格，它们可以是连续或不连续的区域，然后输入所需内容，最后按【Ctrl+Enter】快捷键，输入的内容将同时出现在选中的每一个单元格中，如图 4-23 所示。

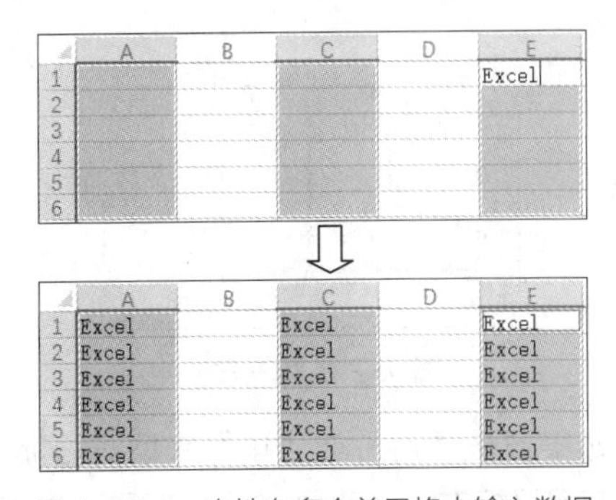

图 4-23　一次性在多个单元格中输入数据

4.3.2 使用填充功能快速输入一系列数据

手动输入数据虽然灵活方便，但是如需输入大量有规律的数据，则可以使用“填充”功能批量完成，以代替手动逐个输入。例如，在填充数值时，可以按照固定的差值填充一系列值，最常见的是填充自然数序列。在填充日期时，可以按照固定的天数间隔填充连续的多个日期。用户还可以按照特定的顺序填充文本，Excel 内置了一些文本序列，用户也可以根据自身需求创建新的文本序列。

“填充”是指使用鼠标指针拖动单元格右下角的填充柄，在鼠标指针拖动过的每个单元格中自动填入数据，这些数据与起始单元格存在某种关系。“填充柄”是指选中的单元格右下角的小方块，将鼠标指针指向它时，鼠标指针会变为十字形状，此时可以拖动鼠标指针执行填充数据的操作，如图 4-24 所示。

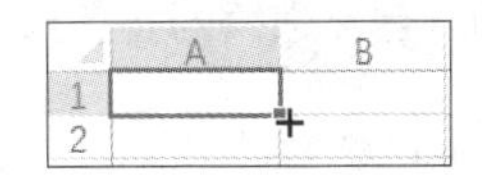

图 4-24　单元格右下角的填充柄

提示　如果无法使用鼠标指针拖动填充柄来执行填充操作，则可以选择【文件】⇨【选项】命令，打开【Excel 选项】对话框，在【高级】选项卡中选中【启用填充柄和单元格拖放功能】复选框，如图 4-25 所示。

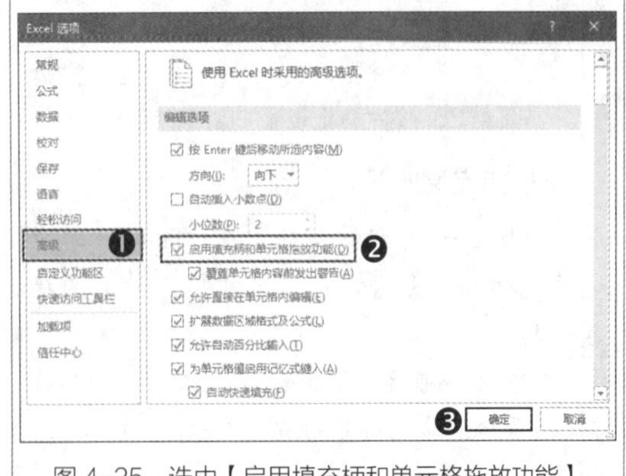

图 4-25　选中【启用填充柄和单元格拖放功能】复选框

1. 填充数值

填充数值有以下两种方法。

◉ 在相邻的两个单元格中输入数值序列中的前两个值，这两个单元格可以横向排列也可以纵向排列。选择这两个单元格，然后在水平方向或垂直方向上拖动第 2 个单元格右下角的填充柄，拖动方向取决于这两个单元格的排列方向。

◉ 输入数值序列中的第 1 个值，按住【Ctrl】键，然后拖动单元格右下角的填充柄。如果不按住【Ctrl】键进行拖动，将执行复制操作。

数值默认以等差的方式进行填充。填充数值时，在单元格中依次填入的值取决于起始两个值之间的差值。如果使用第 2 种方法，则按自然数序列进行填充，即按差值为 1 依次填充各个值。

案例 4-5

为销售记录添加自然数编号

案例目标：在“日期”列的左侧添加一列，并在其中输入自然数编号，效果如图 4-26 所示。

	A	B	C	D	E
1	日期	商品名称	单价	销量	销售额
2	2020-6-5	牛奶	6	12	72
3	2020-6-6	高钙奶	6	13	78
4	2020-6-6	低脂牛奶	3	35	105
5	2020-6-6	早餐奶	5	20	100
6	2020-6-8	五谷奶	3	12	36
7	2020-6-8	酸奶	6	50	300

	A	B	C	D	E	F
1	编号	日期	商品名称	单价	销量	销售额
2	1	2020-6-5	牛奶	6	12	72
3	2	2020-6-6	高钙奶	6	13	78
4	3	2020-6-6	低脂牛奶	3	35	105
5	4	2020-6-6	早餐奶	5	20	100
6	5	2020-6-8	五谷奶	3	12	36
7	6	2020-6-8	酸奶	6	50	300

图 4-26 为销售记录添加自然数编号

操作步骤如下。

(1) 右击 A 列的列标，在弹出的菜单中选择【插入】命令，在“日期”列的左侧插入一列。

(2) 在 A1 单元格中输入“编号”，然后在 A2 和 A3 单元格中分别输入数字 1 和 2，如图 4-27 所示。

(3) 选择 A2 和 A3 单元格，然后向下拖动 A3 单元格右下角的填充柄，直到 A7 单元格，如图 4-28 所示。

	A	B
1	编号	日期
2	1	2020-6-5
3	2	2020-6-6
4		2020-6-6
5		2020-6-6
6		2020-6-8
7		2020-6-8

图 4-27 输入编号序列中的起始编号

	A	B
1	编号	日期
2	1	2020-6-5
3	2	2020-6-6
4		2020-6-6
5		2020-6-6
6		2020-6-8
7	6	2020-6-8
8		

图 4-28 向下拖动填充柄进行数值填充

技巧

选择 A2 和 A3 单元格后，也可以直接双击 A3 单元格右下角的填充柄，将编号填充至 A7 单元格。该方法可以将数据填充至相邻行或相邻列中连续数据区域的最后一个数据所在的位置。由于本例中 B 列的最后一个数据位于 B7 单元格，所以 A 列数据将自动填充至与 B7 单元格位于同行的位置，即 A7 单元格。

2. 填充日期

日期的填充方式比数值的填充方式更加丰富，可以按日、月、年等不同时间单位进行填充，还可以按工作日来填充。按“日”填充时，默认以 1 天为时间单位，只需输入一个起始日期即可进行填充，类似于数值的填充方式，但是不需要按住【Ctrl】键。在拖动填充柄填充日期时将显示当前填充到的日期，由此可以判断填充到哪个日期结束填充，如图 4-29 所示。

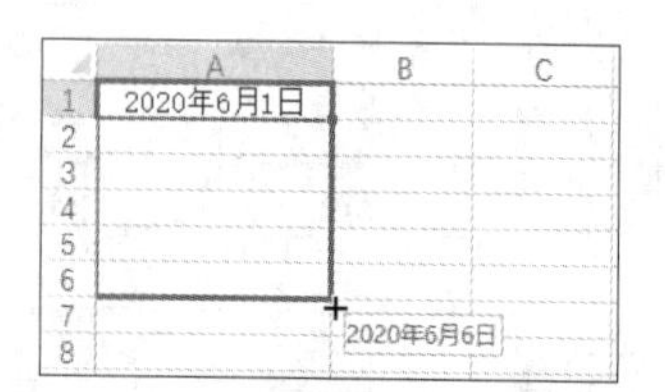

图 4-29 填充日期

如果要按“月”或“年”来填充日期，则可以使用鼠标右键拖动填充柄，然后在弹出的菜单中选择日期的填充方式，如图 4-30 所示。

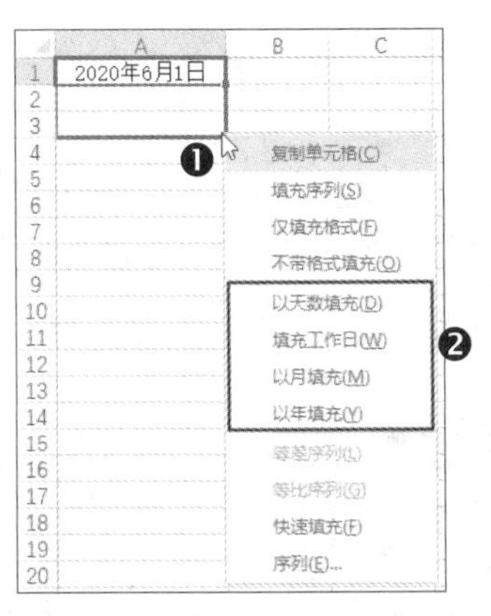

图 4-30　选择日期的填充方式

无论是填充数值还是日期，都能以更灵活的方式进行填充。在使用鼠标右键拖动填充柄时弹出的菜单中选择【序列】命令，或者在功能区的【开始】选项卡的【编辑】组中单击【填充】按钮后选择【序列】命令，打开【序列】对话框，在该对话框中可以对填充的相关选项进行设置，如图 4-31 所示。

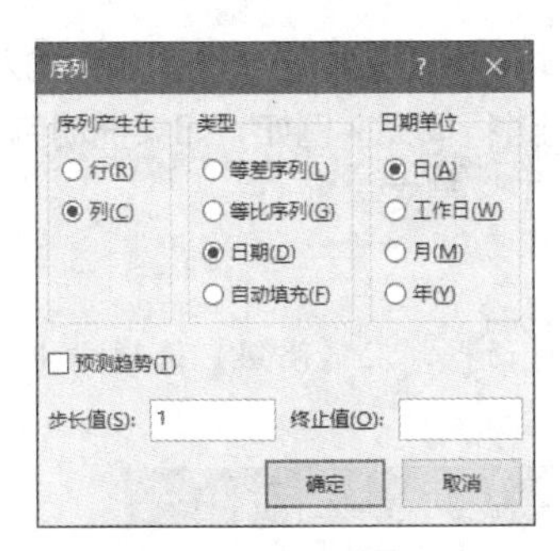

图 4-31　【序列】对话框

◉　填充方向：在【序列产生在】中可以选择在【行】或【列】的方向上填充，该选项的设置不受拖动填充柄方向的影响；例如，如果在打开【序列】对话框之前，在垂直方向上拖动填充柄，在【序列】对话框中选择【行】选项后，最终会将值填充在行的方向上，而非列。

◉　填充类型：在【类型】中可以选择是按数值的等差或等比序列进行填充，还是按日期进行填充。

◉　填充单位：只有在【类型】中选择【日期】选项后，才能选择一种日期单位。

◉　步长值和终止值：对等差填充来说，步长值相当于填充的两个相邻值之间的差值；对等比填充来说，步长值相当于填充的两个相邻值之间的比值；终止值是填充序列的最后一个值，如果设置了终止值，则无论将填充柄拖动到哪里，只要到达终止值，填充序列就会自动结束。

◉　预测趋势：在连续两个或两个以上的单元格中输入数据，并选择好要填充的区域后，如果在【序列】对话框中选中【预测趋势】复选框，Excel 就会根据已输入数据之间的规律，自动判断填充方式并完成填充操作。

案例 4-6

自动输入每个月固定的日期

案例目标：在 A 列中自动输入一年中每个月 6 日的固定日期，效果如图 4-32 所示。

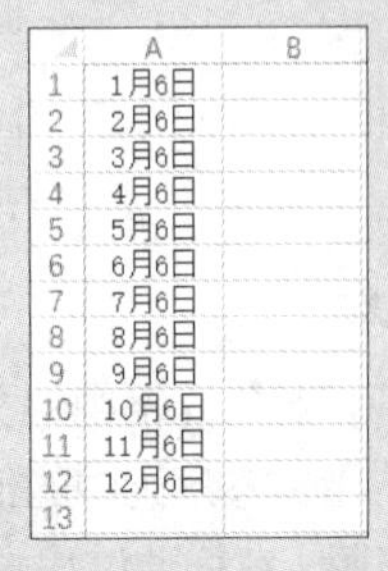

图 4-32　自动输入每个月固定的日期

操作步骤如下。

(1) 在 A1 单元格中输入日期序列中的起始日期，本例为“1 月 6 日”，如图 4-33 所示。

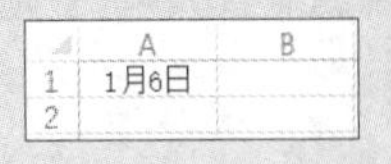

图 4-33　输入起始日期

(2) 选择 A1 单元格，在功能区的【开始】选项卡的【编辑】组中单击【填充】按钮，然后在弹出的菜单中选择【序列】命令，如图 4-34 所示。

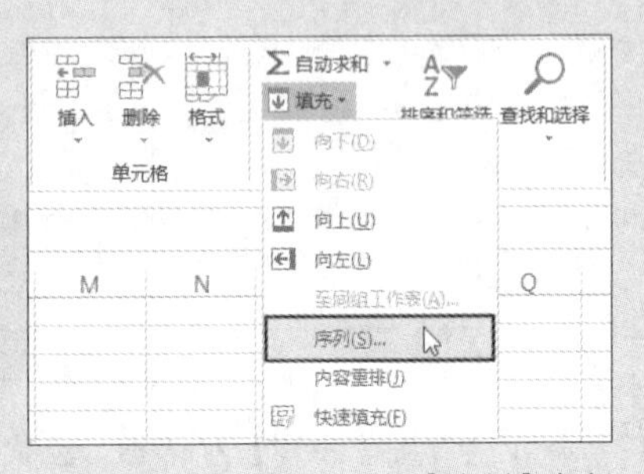

图 4-34　在功能区中选择【序列】命令

（3）打开【序列】对话框，进行以下几项设置，如图 4-35 所示，然后单击【确定】按钮，将在 A 列中自动输入每个月 6 日的日期。

◉ 在【序列产生在】区域中选中【列】单选按钮。

◉ 在【类型】区域中选中【日期】单选按钮，然后在【日期单位】区域中选中【月】单选按钮。

◉ 在【步长值】文本框中输入“1”，在【终止值】文本框中输入“12-6”。

◉ 单击【确定】按钮。

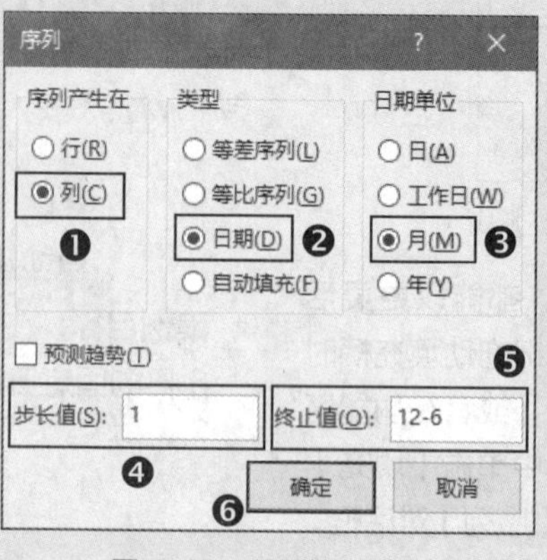

图 4-35 设置填充选项

3. 填充文本

默认情况下，对单元格中的文本使用填充柄填充时，将执行复制文本的操作。如果输入的文本正好是 Excel 内置文本序列中的值，则会自动使用该文本序列进行填充。例如，如果拖动包含“甲”字的单元格填充柄，在拖动过程中将自动填充“乙”“丙”“丁”等文字。

查看 Excel 内置文本序列的操作步骤如下。

（1）选择【文件】⇨【选项】命令，打开【Excel 选项】对话框，在【高级】选项卡中单击【编辑自定义列表】按钮，如图 4-36 所示。

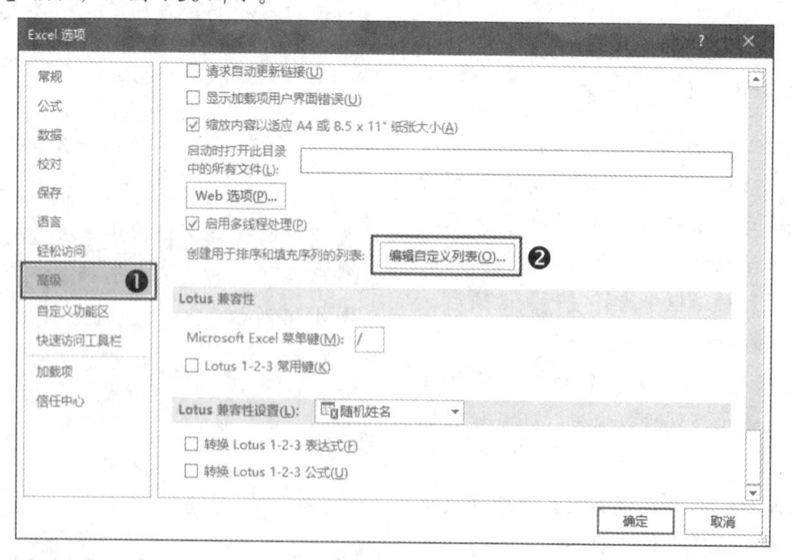

图 4-36 单击【编辑自定义列表】按钮

（2）打开【自定义序列】对话框，左侧显示了 Excel 内置的文本序列，选择任意一个序列，右侧会显示该序列包含的所有值，如图 4-37 所示。

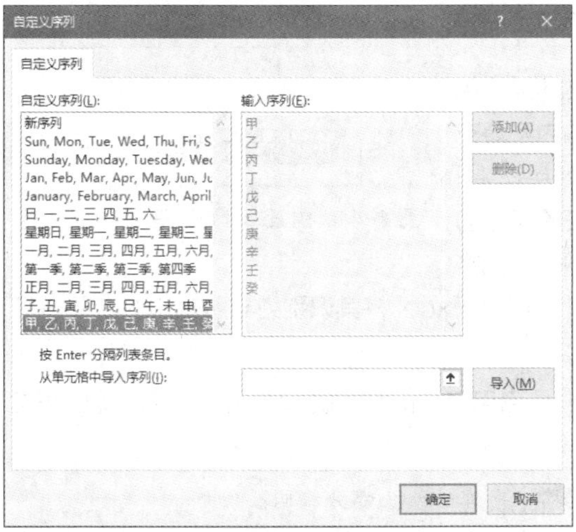

图 4-37 Excel 内置的文本序列

案例 4-7
创建学历从高到低的文本序列

案例目标：创建包含“博士、硕士、大本、大专、高中、初中、小学”7 项内容的文本序列，并在工作表中快速输入它们。

操作步骤如下。

（1）使用前面介绍的方法打开【自定义序列】对话框，在左侧的列表框中选择【新序列】，然后在右侧的列表框中按照学历从高到低的顺序，依次输入每一个学历的名称，每输入一个学历都需要按一次【Enter】键，输入好的所有学历呈纵向排列，如图 4-38 所示。

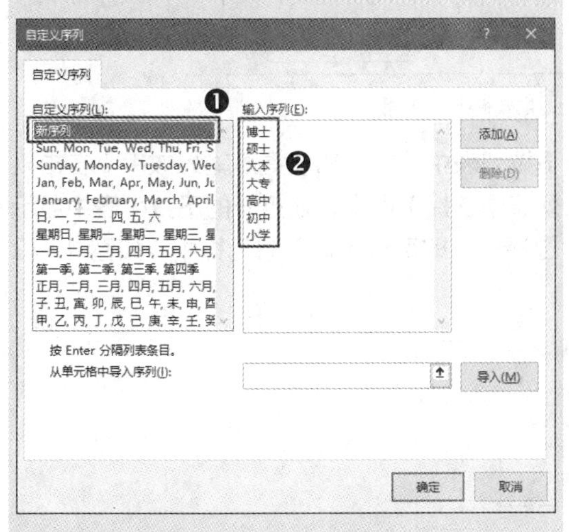

图 4-38 输入学历名称

（2）输入好所有的学历名称后，单击【添加】按钮，将它们添加到左侧的列表框中，如图 4-39 所示。

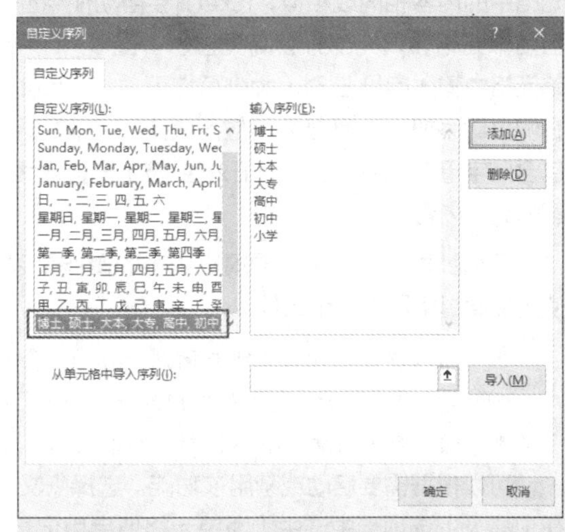

图 4-39 创建学历序列

（3）单击两次【确定】按钮，关闭打开的对话框。在一个单元格中输入“博士”，然后使用鼠标指针拖动该单元格右下角的填充柄，鼠标指针经过的单元格中将按照学历从高到低的顺序自动填充上其他学历的名称，如图 4-40 所示。

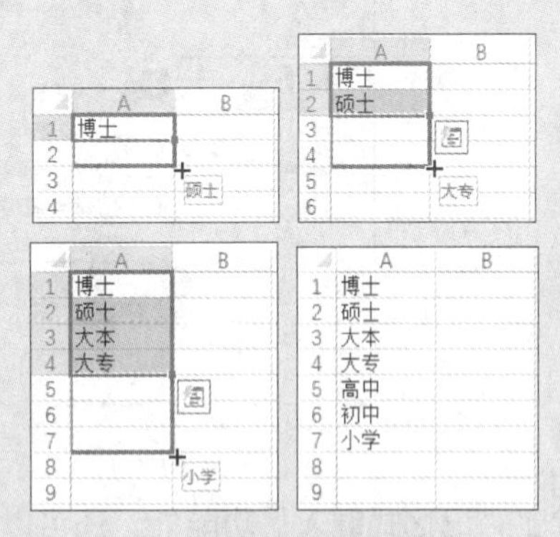

图 4-40 自动填充学历名称

提示

如果事先将文本序列中的各个值输入了单元格区域中，则可以在【自定义序列】对话框中单击【导入】按钮左侧的折叠按钮，然后在工作表中选择该单元格区域，再单击展开按钮返回【自定义序列】对话框，最后单击【导入】按钮创建文本序列。

4.3.3 使用记忆式键入和从下拉列表中选择功能

默认情况下，如果正在输入的内容与其同列上方的某个单元格中的内容相同或相似，Excel 会自动使用匹配的内容填充当前单元格，填充部分会高亮显示。图 4-41 所示为当在 A3 单元格中输入字母 E 时（大小写均可），Excel 将在该字母的右侧自动添加“xcel 技术与应用大全”，这是因为 A2 单元格包含以字母 E 开头的内容“Excel 技术与应用大全”，所以 Excel 将其识别为与所输入的字母 E 匹配的完整内容。

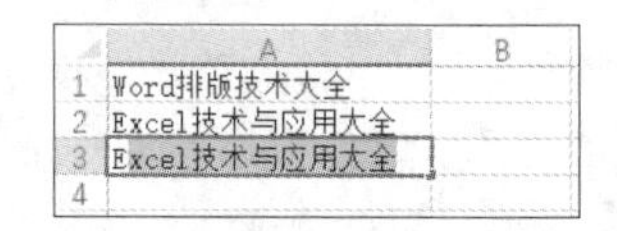

图 4-41 由 Excel 自动填充匹配的内容

Excel 能实现以上自动填充内容的操作是因为默认启用了“记忆式键入”功能，该功能的正常使用需要具备以下几个条件。

- 输入内容的开头必须与同列上方的某个单元格中内容的开头部分相同。
- 输入内容的单元格必须与同列上方的单元格位于连续的数据区域中，它们之间不能被空行分隔。
- 该功能只对文本有效，对数值和公式无效。

可以根据需要启动或禁用该功能。选择【文件】⇨【选项】命令，打开【Excel 选项】对话框，在【高级】选项卡中选中【为单元格值启用记忆式键入】复选框将启用该功能，取消选中该复选框将禁用该功能，如图 4-42 所示。

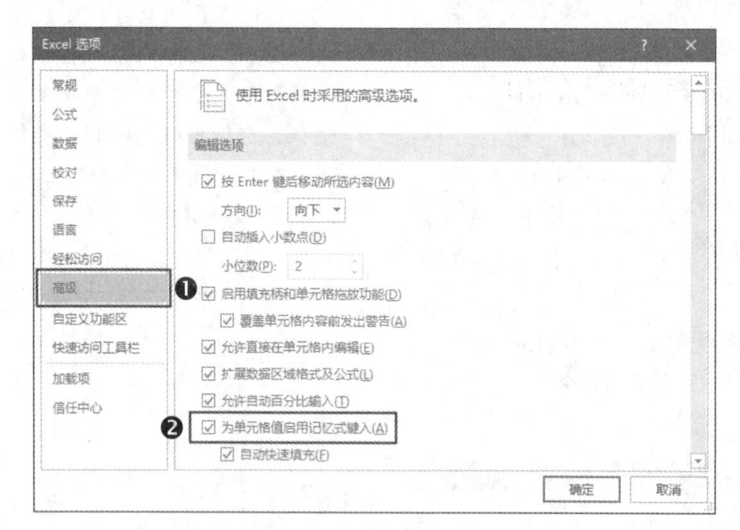

图 4-42 启用或禁用“记忆式键入”功能

除了“记忆式键入”功能外，还可以使用“从下拉列表中选择”功能提高输入效率。右击要输入内容的单元格，在弹出的菜单中选择【从下拉列表中选择】命令，在打开的下拉列表中显示了同列上方每一个单元格中的内容，从下拉列表中选择一项即可将其输入单元格中，如图 4-43 所示。

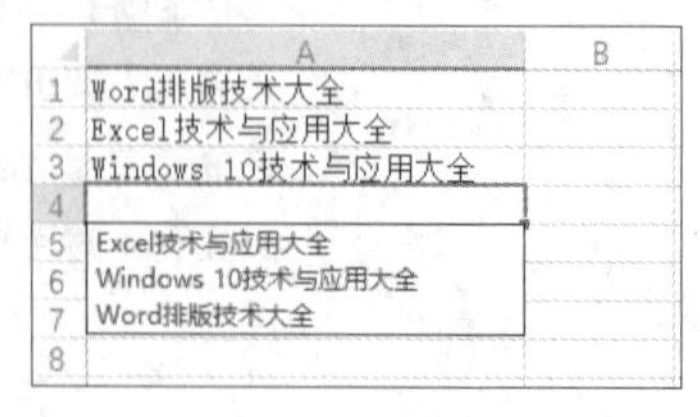

图 4-43 从下拉列表中选择要输入的内容

4.3.4 自动输入小数点

如果经常需要输入特定位数的小数，为了加快输入速度，可以只输入数字部分，然后让 Excel 自动为数字添加小数点。选择【文件】⇨【选项】命令，打开【Excel 选项】对话框，在【高级】选项卡选中【自动插入小数点】复选框，然后在【小位数】文本框中输入所需的小数位数，最后单击【确定】按钮，如图 4-44 所示。

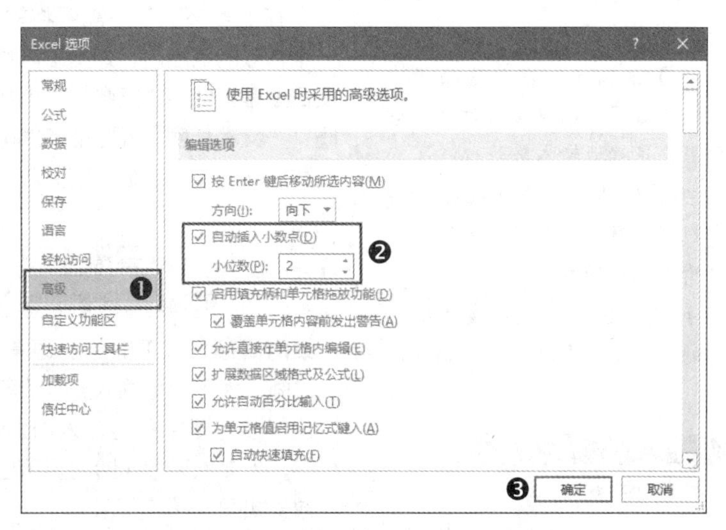

图 4-44　设置自动输入小数点的小数位数

如果在该设置中将小数位数设置为 2，Excel 会将用户输入的数字的最后两位识别为小数部分，并自动添加小数点。例如，在单元格中输入“168”将自动变为“1.68”，输入“68”将自动变为“0.68”。该设置只影响以后输入的内容，不会对设置前已经输入单元格中的数字起作用。

4.4 使用数据验证功能限制数据的输入

Excel 为用户提供了灵活的数据输入方式，用户可以在工作表中随意输入任何内容，与此同时也会引发很多问题，格式不规范的数据会为以后的数据汇总和分析带来麻烦。使用“数据验证”功能可以设置数据输入的规则，只有符合规则的数据才能被输入单元格中，从而避免输入无效数据。在 Excel 2013 之前的版本中，“数据验证”功能的名称为“数据有效性”。

4.4.1 了解数据验证

使用“数据验证”功能可以根据预先设置好的验证规则，对用户输入的数据进行检查，并将符合规则的数据输入单元格中，而拒绝输入不符合规则的数据。选择要设置数据验证规则的一个或多个单元格，然后在功能区的【数据】选项卡的【数据工具】组中单击【数据验证】按钮，如图 4-45 所示。

打开图 4-46 所示的【数据验证】对话框，在【设置】、【输入信息】、【出错警告】和【输入法模式】4 个选项卡中设置数据验证规则的相关选项，然后单击【确定】按钮，即可为选中的单元格设置数据验证规则。【数据验证】对话框中 4 个选项卡的功能如下。

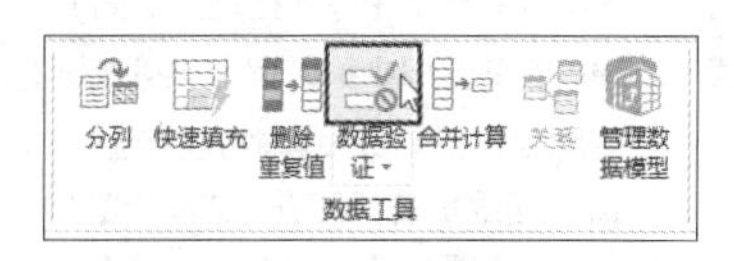

图 4-45　单击【数据验证】按钮

- 【设置】选项卡：在该选项卡中设置

数据的验证条件，在【允许】下拉列表中选择一种验证条件，其下方会显示所选验证条件的相关选项。【允许】下拉列表中包含的8种数据验证条件的功能如表4-2所示。如果选中【忽略空值】复选框，则无论为单元格设置哪种验证条件，空单元格都是有效的，否则在空单元格中按【Enter】键将显示出错警告信息。

◉ 【输入信息】选项卡：在该选项卡中设置当选择包含数据验证规则的单元格时显示的提示信息，以帮助用户正确地输入数据。

◉ 【出错警告】选项卡：在该选项卡中设置当输入不符合规则的数据时显示的出错警告信息，以提醒用户输入正确的数据。

◉ 【输入法模式】选项卡：在该选项卡中设置当选择特定的单元格时自动切换到相应的输入法模式。

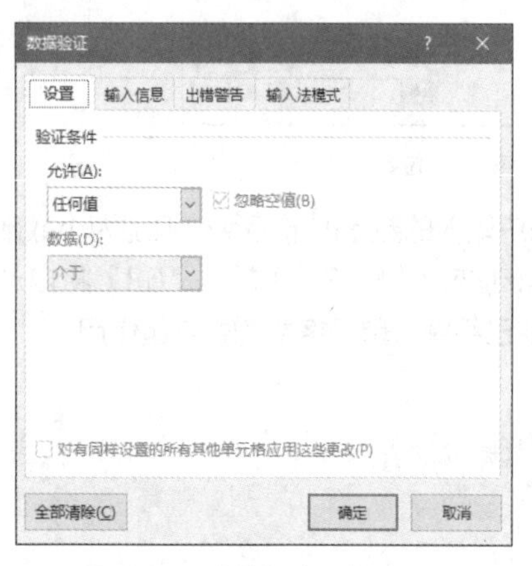

图 4-46 【数据验证】对话框

表 4-2 8种数据验证条件的功能说明

验证条件	说明
任何值	在单元格中输入的内容不受限制
整数	只能在单元格中输入指定范围内的整数
小数	只能在单元格中输入指定范围内的小数
序列	为单元格提供一个下拉列表，只能从下拉列表中选择一项，并将其输入单元格中
日期	只能在单元格中输入指定范围内的日期
时间	只能在单元格中输入指定范围内的时间
文本长度	只能在单元格中输入指定字符长度的内容
自定义	使用公式和函数设置数据验证条件。如果公式返回逻辑值 TRUE 或非 0 数字，则表示输入的数据符合验证条件；如果公式返回逻辑值 FALSE 或 0，则表示输入的数据不符合验证条件

在【数据验证】对话框中的每个选项卡的左下角都有一个【全部清除】按钮，单击该按钮将清除所有选项卡中的设置。

4.4.2 限制输入的数值和日期范围

在很多情况下，需要将输入的内容限制在一个有效的范围内，如员工年龄、考试成绩、发货日期等。使用“整数”“小数”“日期”“时间”“文本长度”等验证条件可以针对不同类型的数据设置输入的限制范围。

案例 4-8
限制员工年龄的输入范围

案例目标：员工的年龄通常在18到60岁之间，为了避免输入无效的年龄，在输入员工年龄时要求只能输入18到60之间的数字，当输入无效年龄时显示出错警告信息，效果如图4-47所示。

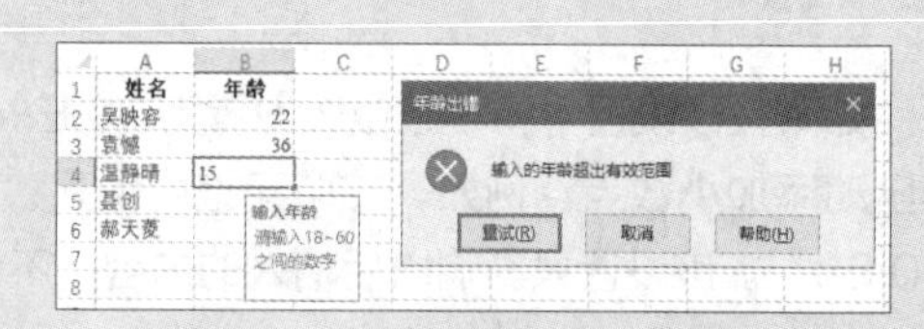

图 4-47 限制员工年龄的输入范围

操作步骤如下。

(1) 选择要输入年龄的单元格区域，本例为B2:B6，然后在功能区的【数据】选项卡的【数据工具】组中单击【数据验证】按钮。

(2) 打开【数据验证】对话框，在【设置】选项卡中进行以下设置，如图4-48所示。

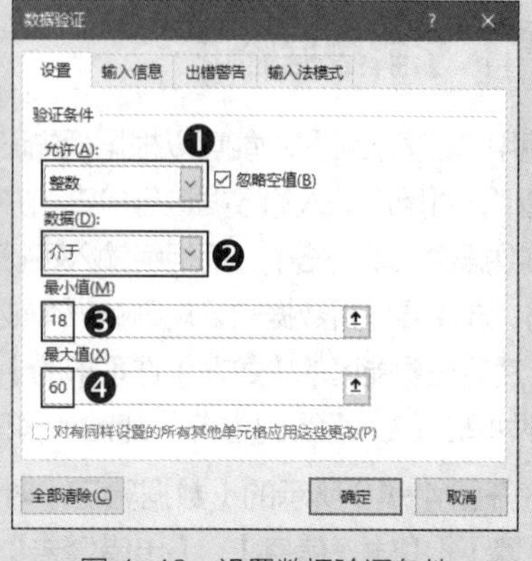

图 4-48 设置数据验证条件

◉ 在【允许】下拉列表中选择【整数】。

◉ 在【数据】下拉列表中选择【介于】。

◉ 在【最小值】文本框中输入“18”。

◉ 在【最大值】文本框中输入“60”。

(3) 切换到【输入信息】选项卡，进行以下设置，如图4-49所示。

图4-49 设置提示信息

◉ 选中【选定单元格时显示输入信息】复选框。

◉ 在【标题】文本框中输入“输入年龄”。

◉ 在【输入信息】文本框中输入“请输入18～60的数字”。

(4) 切换到【出错警告】选项卡，进行以下设置，如图4-50所示。

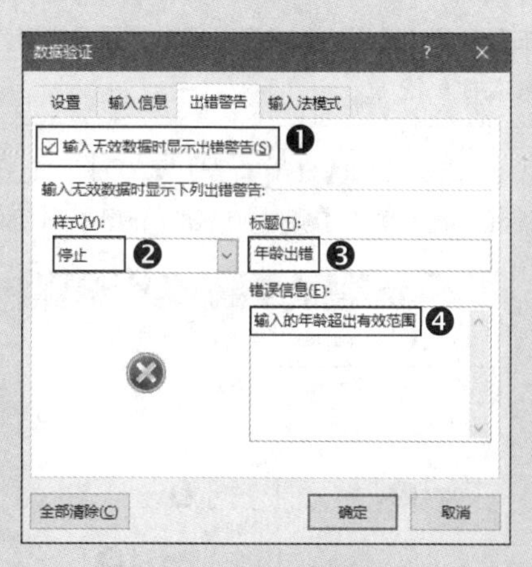

图4-50 设置出错警告信息

◉ 选中【输入无效数据时显示出错警告】复选框。

◉ 在【样式】下拉列表中选择【停止】。

◉ 在【标题】文本框中输入“年龄出错”。

◉ 在【错误信息】文本框中输入“输入的年龄超出有效范围”。

(5) 单击【确定】按钮，关闭【数据验证】对话框。选择包含数据验证规则的单元格时将显示提示信息。如果输入18～60的数字，该数字会被添加到单元格中，否则在按下【Enter】键后将显示出错警告信息，此时只能重新输入或取消输入。

4.4.3 为单元格提供包含指定选项的下拉列表

使用“数据验证”功能可以为单元格提供一个下拉列表，其中包含由用户指定的选项，从而限制用户只能在单元格中输入下拉列表中的选项。使用“序列”数据验证条件可以为单元格提供包含指定选项的下拉列表，让用户通过选择其中的选项来输入数据。

案例 4-9

将员工性别的输入限制为“男”或“女”

案例目标： 员工性别只有男、女两种，为了避免输入无效的性别，本例为性别的输入提供一个下拉列表，用户只能从中选择性别来进行输入，效果如图4-51所示。

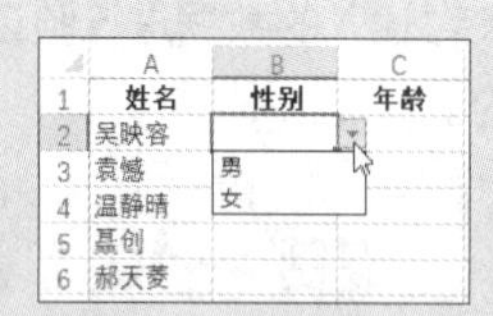

图4-51 从下拉列表中选择性别来进行输入

操作步骤如下。

(1) 选择要输入性别的单元格区域，本例为B2:B6，然后在功能区的【数据】选项卡的【数据工具】组中单击【数据验证】按钮。

(2) 打开【数据验证】对话框，在【设置】选项卡中进行以下设置，如图4-52所示。设置完成后单击【确定】按钮。

◉ 在【允许】下拉列表中选择【序列】。

◉ 在【来源】文本框中输入“男,女”，文字之间的逗号需要在英文状态下输入。如果要在文本框中任意移动插入点的位置，需要按

【F2】键进入编辑模式。如果已将下拉列表包含的选项输入单元格区域中，则可以单击【来源】文本框右侧的折叠按钮，在工作表中选择该单元格区域，将其中的内容导入【来源】文本框中。

◉ 选中【提供下拉箭头】复选框。

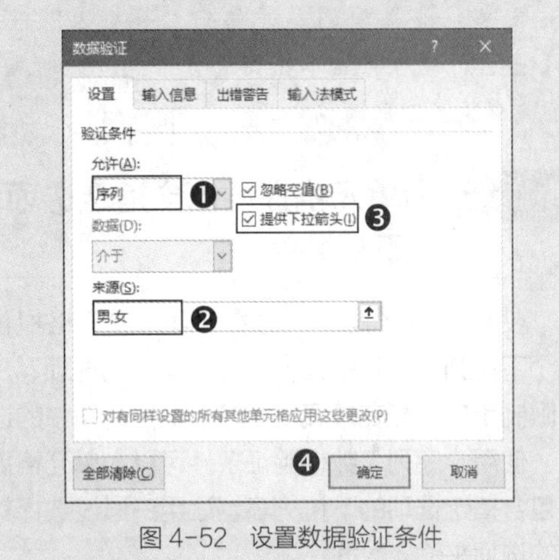

图 4-52 设置数据验证条件

4.4.4 禁止输入重复内容

前面介绍的两个案例可以有效限制用户在单元格中的输入，但是在很多的实际应用中需要以更灵活的方式控制用户的输入，如在输入具有唯一性的数据时，需要禁止用户输入重复的内容。使用"自定义"数据验证条件可以通过设置公式和函数来对输入的数据进行验证，以达到灵活控制的目的。

案例 4-10 禁止输入重复的员工编号

案例目标： 为了避免混淆姓名相同的员工，为每个员工分配一个唯一的编号，通过编号可以准确识别每一个员工。本例需要在 A 列中输入员工编号，如果输入重复的员工编号，则显示出错警告信息并禁止输入，效果如图 4-53 所示。

图 4-53 禁止输入重复的员工编号

操作步骤如下。

(1) 选择要输入员工编号的单元格区域，本例为 A2:A6，确保 A2 是活动单元格，然后在功能区的【数据】选项卡的【数据工具】组中单击【数据验证】按钮。

(2) 打开【数据验证】对话框，在【设置】选项卡中进行以下设置，如图 4-54 所示。

◉ 在【允许】下拉列表中选择【自定义】。

◉ 在【公式】文本框中输入以下公式，其中的 A2 单元格需要使用相对引用。

=COUNTIF($A$2:$A$6,A2)=1

图 4-54 设置数据验证条件

注意

关于公式和相对引用的更多内容，请参考本书第 8 章；关于 COUNTIF 函数的更多内容，请参考本书第 12 章。

(3) 切换到【出错警告】选项卡，进行以下设置，然后单击【确定】按钮，如图 4-55 所示。

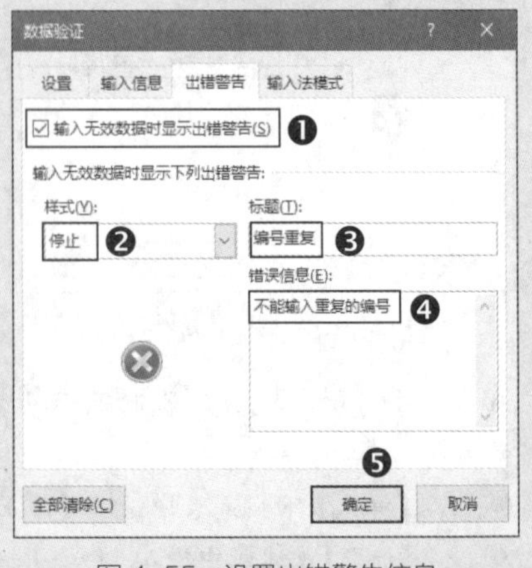

图 4-55 设置出错警告信息

◉ 选中【输入无效数据时显示出错警告】复选框。

◉ 在【样式】下拉列表中选择【停止】。

◉ 在【标题】文本框中输入“编号重复”。

◉ 在【错误信息】文本框中输入“不能输入重复的编号”。

4.4.5 检查并圈释无效数据

如果在设置数据验证规则前，已经在单元格中输入了数据，那么可以使用数据验证功能圈释不符合规则的数据，以帮助用户快速找到无效数据。圈释数据前，需要先为数据区域设置数据验证规则，然后在功能区的【数据】选项卡的【数据工具】组中单击【数据验证】按钮上的下拉按钮，在弹出的菜单中选择【圈释无效数据】命令，为选区中不符合验证规则的数据添加红色标识圈，如图 4-56 所示。

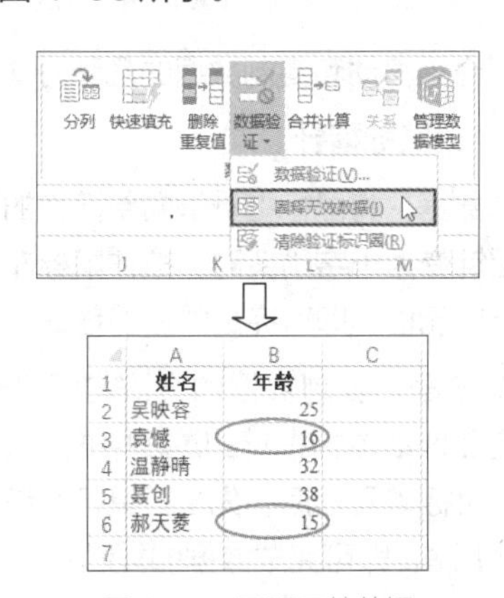

图 4-56 圈释无效数据

清除红色标识圈的一种方法是修改数据使其符合验证规则，让红色标识圈自动消失。另一种方法是在功能区的【数据】选项卡的【数据工具】组中单击【数据验证】按钮上的下拉按钮，然后在弹出的菜单中选择【清除验证标识圈】命令。

4.4.6 管理数据验证

如果要修改现有的数据验证规则，则需要先选择包含数据验证规则的单元格，然后打开【数据验证】对话框并进行对应的修改。

如果为多个单元格设置了相同的数据验证规则，则可以先修改其中任意一个单元格的数据验证规则，然后在关闭【数据验证】对话框前，在【设置】选项卡中选中【对有同样设置的所有其他单元格应用这些更改】复选框，将当前设置结果应用到其他包含相同数据验证规则的单元格中，如图 4-57 所示。

图 4-57 批量修改数据验证规则的方法

当复制包含数据验证规则的单元格时，将同时复制该单元格包含的内容和数据验证规则。如果只想复制单元格中的数据验证规则，则可以在执行复制命令后，右击要粘贴的单元格，然后在弹出的菜单中选择【选择性粘贴】命令，在打开的对话框中选中【验证】单选按钮，最后单击【确定】按钮，如图 4-58 所示。

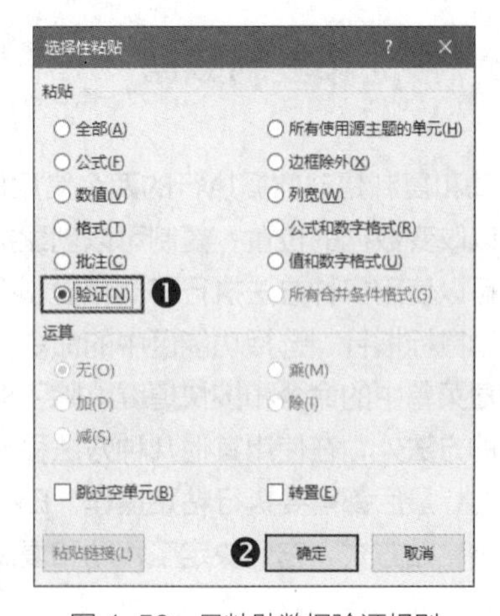

图 4-58 只粘贴数据验证规则

注意

如果复制一个不包含数据验证规则的单元格，并将其粘贴到包含数据验证规则的单元格中，将覆盖目标单元格中的数据验证规则。

如果要删除单元格中的数据验证规则，可以打开【数据验证】对话框，然后在任意一个选项卡中单击【全部清除】按钮。当工作表中包含不止一种数据验证规则时，删除所有数据验证规则的操作步骤如下。

（1）单击位于行号和列标交叉位置的全选按钮（一个三角形图标），选中工作表中的所有单元格，如图 4-59 所示。

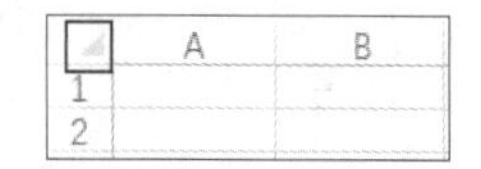

图 4-59　全选按钮

（2）在功能区的【数据】选项卡的【数据工具】组中单击【数据验证】按钮，将显示图 4-60 所示的提示信息，单击【确定】按钮。

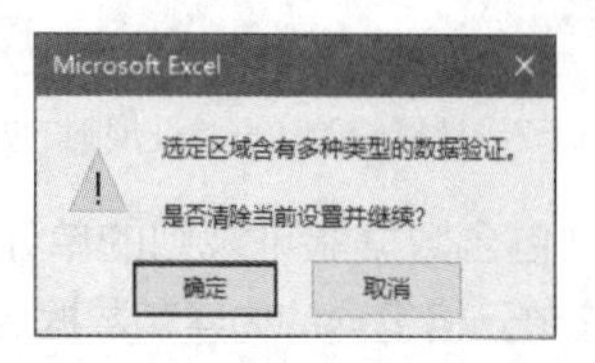

图 4-60　删除所有数据验证规则时的提示信息

（3）打开【数据验证】对话框，不做任何设置，直接单击【确定】按钮，即可删除当前工作表中包含的所有数据验证规则。

4.5　移动和复制数据

移动和复制是对数据执行的两个常用操作，移动可以改变数据的位置，复制可以创建数据的副本。可以使用多种方法执行移动和复制操作，包括拖动鼠标指针、选择功能区中的命令、选择右键快捷菜单中的命令和按快捷键。除了拖动鼠标指针的方法外，在使用其他几种方法移动和复制数据时，最后都需要执行粘贴操作。Excel 提供了多种粘贴方式，它们决定了移动和复制数据后的格式。

4.5.1　移动和复制数据的基本方法

移动或复制的数据可以位于单元格或单元格区域中，只能移动连续单元格区域中的数据，复制时数据所在的单元格区域可以是位于同行或同列的连续或不连续的单元格区域。图 4-61 所示的两个选区可以执行复制操作，虽然它们的列数不同，但是它们都包含第 1 ~ 3 行。图 4-62 所示的两个选区不能执行复制操作，因为第 1 个选区包含第 1 ~ 3 行，第 2 个选区只包含前两行。

	A	B	C	D	E
1	1		1	1	
2	2		2	2	
3	3		3	3	
4	4		4		
5	5				
6					

图 4-61　可以同时复制的两个选区

	A	B	C	D	E
1	1		1	1	
2	2		2	2	
3	3		3	3	
4	4		4		
5	5				
6					

图 4-62　不能同时复制的两个选区

下面介绍移动和复制数据的几种方法。

1. 拖动鼠标指针

移动数据：将鼠标指针指向单元格的边框，当鼠标指针变为十字箭头时，按住鼠标左键并拖动到目标单元格，即可完成数据的移动。

复制数据：复制数据的方法与移动数据类似，只需在拖动鼠标指针的过程中按住【Ctrl】键，到达目标单元格后，先松开鼠标左键，再松开【Ctrl】键，即可完成数据的复制。

无论是移动还是复制数据，如果目标单元格包含数据，都将显示图 4-63 所示的提示信息，单击【确定】按钮将使用当前正在移动或复制的数据覆盖目标单元格中的数据，单击【取消】按钮将取消当前的移动或复制操作。

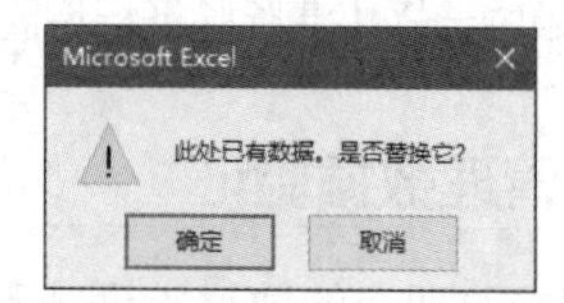

图 4-63　确认是否覆盖目标单元格中的数据

2. 功能区中的命令

移动数据：选择要移动数据的单元格，在功能区的【开始】选项卡的【剪贴板】组中单击

【剪切】按钮，然后选择目标单元格，再在功能区的【开始】选项卡的【剪贴板】组中单击【粘贴】按钮，即可完成数据的移动，如图 4-64 所示。

图 4-64　使用功能区中的命令移动数据

复制数据：复制数据的方法与移动数据类似，只需将移动数据时单击的【剪切】按钮改为单击【复制】按钮，其他操作相同。

3. 右键快捷菜单中的命令

移动数据：右击要移动数据的单元格，在弹出的菜单中选择【剪切】命令，然后右击目标单元格，在弹出的菜单中选择【粘贴选项】中的【粘贴】命令，即可完成数据的移动，如图 4-65 所示。

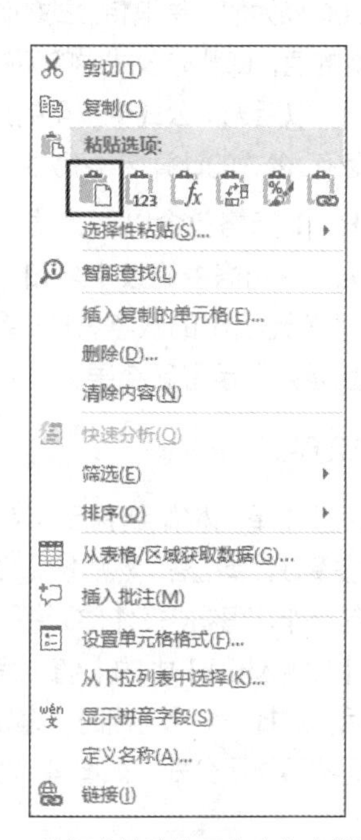

图 4-65　选择【粘贴选项】中的【粘贴】命令

复制数据：复制数据的方法与移动数据类似，只需将移动数据时选择的【剪切】命令改为选择【复制】命令，其他操作相同。

4. 按快捷键

移动数据：选择要移动数据的单元格，按【Ctrl+X】快捷键执行剪切操作，然后选择目标单元格，按【Ctrl+V】快捷键或【Enter】键执行粘贴操作，即可完成数据的移动。

复制数据：复制数据的方法与移动数据类似，只需将移动数据时按下的【Ctrl+X】快捷键改为按【Ctrl+C】快捷键，其他操作相同。

提示

无论使用哪一种方法移动和复制数据，在对单元格执行剪切或复制操作后，单元格的边框都将显示为虚线（图 4-66 所示的 B2 单元格），表示当前单元格正处于剪切复制模式，在该模式下可以执行多次粘贴操作。如果按【Enter】键执行粘贴操作，在粘贴后将退出剪切复制模式。如果不想执行粘贴操作而退出剪切复制模式，则可以按【Esc】键。

	A	B	C
1			
2		666	
3			

图 4-66　剪切复制模式下的单元格边框显示为虚线

4.5.2 使用不同的粘贴方式

无论是移动还是复制数据，最后都需要执行粘贴操作，才能将数据移动或复制到目标位置。默认情况下，Excel 会将单元格中的数据、格式、数据验证规则、批注等所有内容粘贴到目标单元格。而用户有时可能只想选择性地粘贴部分内容，如只粘贴单元格中的数据或格式。Excel 提供了大量的粘贴选项，用户可以在复制数据后选择所需的粘贴方式。这种可以灵活选择粘贴方式的功能称为“选择性粘贴”。

对数据执行复制操作后，粘贴选项出现在以下 3 个位置。

◉ 右击目标单元格，在弹出的菜单中将鼠标指针指向【选择性粘贴】右侧的箭头时弹出的菜单，如图 4-67 所示。

◉ 在功能区的【开始】选项卡的【剪贴板】组中，单击【粘贴】按钮上的下拉按钮时弹出的菜单，如图 4-68 所示。

◉ 对目标单元格执行粘贴命令，单击目标单元格右下角的【粘贴选项】按钮时弹出的菜单，如图 4-69 所示。

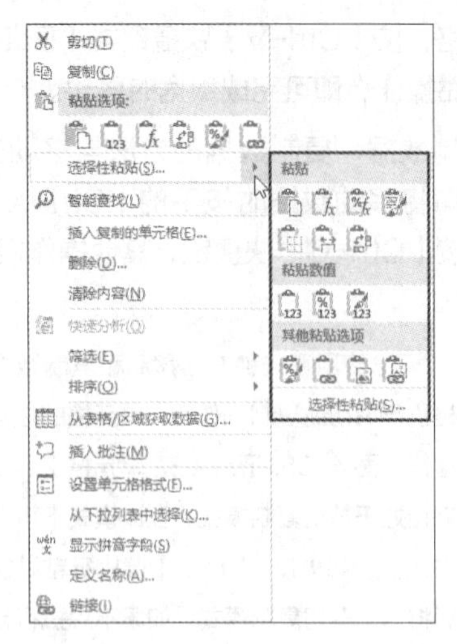

图 4-67 右键快捷菜单

图 4-68 功能区命令

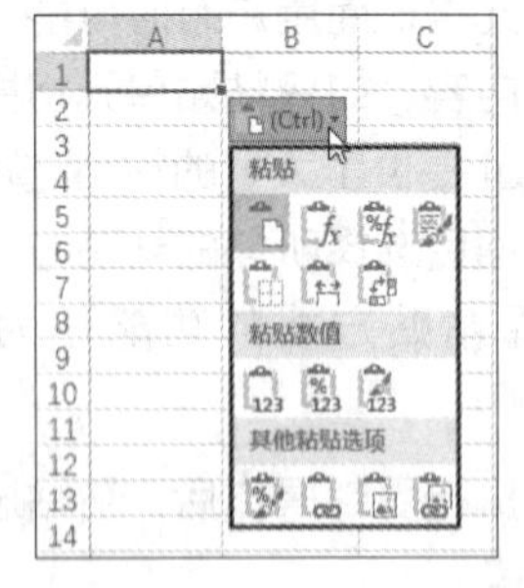

图 4-69 【粘贴选项】按钮

> **提示**
>
> 如果没有显示【粘贴选项】按钮，则需要选择【文件】⇨【选项】命令，打开【Excel 选项】对话框，在【高级】选项卡中选中【粘贴内容时显示粘贴选项按钮】复选框。

提供粘贴选项的另一个位置是【选择性粘贴】对话框。执行复制操作后，在目标位置右击并在弹出的菜单中选择【选择性粘贴】命令，即可打开【选择性粘贴】对话框，从中选择所需的粘贴方式，如图 4-70 所示。

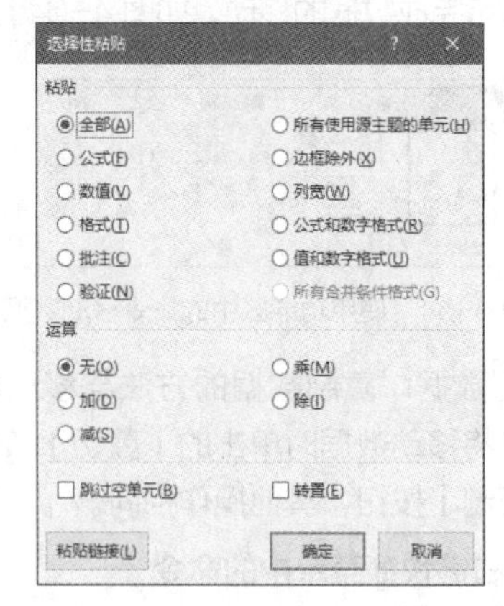

图 4-70 【选择性粘贴】对话框

“选择性粘贴”功能最常见的两种应用是将公式转换为值和转换数据的行列方向。

1. 将公式转换为值

“将公式转换为值”是指将公式的计算结果转换为固定不变的值，即删除公式中的所有内容，只保留计算结果，以后无论公式中引用的其他单元格中的值如何变化，公式的计算结果都始终保持不变。

例如，B1 单元格包含以下公式，用于计算 A1、A2 和 A3 单元格中的数字之和。如果修改其中任意一个单元格中的数字，B1 单元格中的公式会自动重算并显示最新结果。

```
=A1+A2+A3
```

如果想让 B1 单元格始终显示当前的计算结果，则可以选择 B1 单元格，然后按【Ctrl+C】快捷键执行复制操作，再右击 B1 单元格并在弹出的菜单中选择【粘贴选项】中的【值】命令。将公式转换为值后，选择 B1 单元格时，编辑栏中只显示计算结果而不再显示公式，如图 4-71 所示。

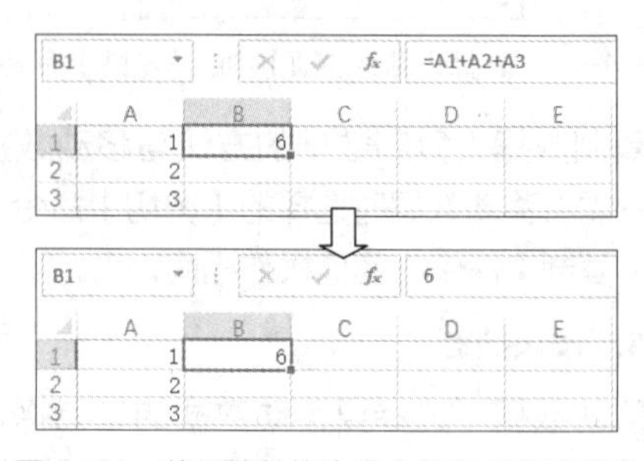

图 4-71 将公式转换为值之前和之后的效果

2. 转换数据的行列方向

使用“选择性粘贴”功能中的“转置”选项，可以将位于同一列中纵向排列的数据转换为横向排列。首先选择要转换的数据，如A1:A3，然后按【Ctrl+C】快捷键执行复制操作，再右击任意一个空白单元格，如B1，在弹出的菜单中选择【粘贴选项】中的【转置】命令，即可将数据粘贴到以B1单元格为起始单元格的一行中，如图4-72所示。

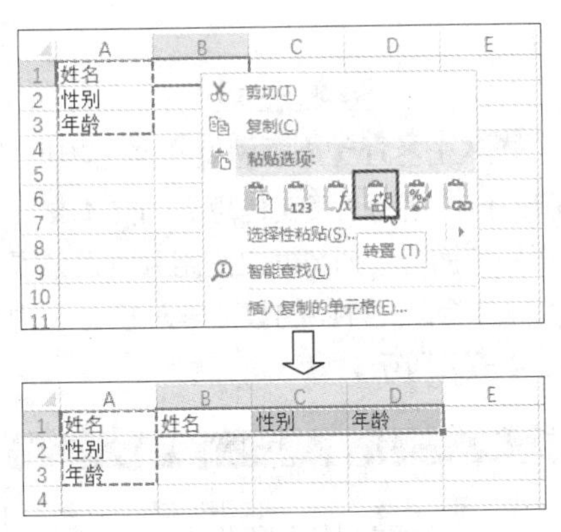

图4-72 转换数据的行列方向

4.5.3 使用Office剪贴板

Office剪贴板是Microsoft Office的一个内部功能，它与Windows剪贴板类似，用于临时存放用户剪切或复制的内容。与Windows剪贴板不同的是，Office剪贴板可以临时存储24项内容，极大地增强了交换信息的能力。Office剪贴板中的第一项内容对应于Windows剪贴板中的内容。

打开Office剪贴板有以下两种方法。

- 在功能区的【开始】选项卡中单击【剪贴板】组右下角的对话框启动器。
- 连续按两次【Ctrl+C】快捷键。如果该方法无效，可以在打开的Office剪贴板中单击【选项】按钮，然后在弹出的菜单中选择【按Ctrl+C两次后显示Office剪贴板】命令，使其左侧出现对钩标记，如图4-73所示。

每次执行剪切或复制操作时，数据都将被添加到Office剪贴板中，最新剪切或复制的内容位于顶部。将Office剪贴板中的内容粘贴到工作表有以下几种方法。

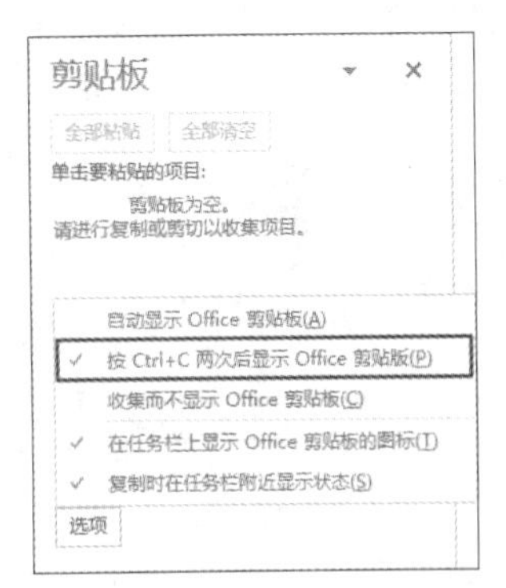

图4-73 选择【按Ctrl+C两次后显示Office剪贴板】命令

- 粘贴一项或多项：在Office剪贴板中单击要粘贴的内容，即可将其粘贴到以选区左上角的单元格为起点的单元格或单元格区域中。
- 粘贴所有项：在Office剪贴板中单击【全部粘贴】按钮；如果对粘贴后的内容的顺序有要求，则需要在复制这些内容时按照指定的顺序进行复制。
- 粘贴除个别项以外的其他所有项：在Office剪贴板中右击要排除的项，在弹出的菜单中选择【删除】命令，将其从Office剪贴板中删除，然后单击【全部粘贴】按钮将其他所有项粘贴到工作表中，如图4-74所示。

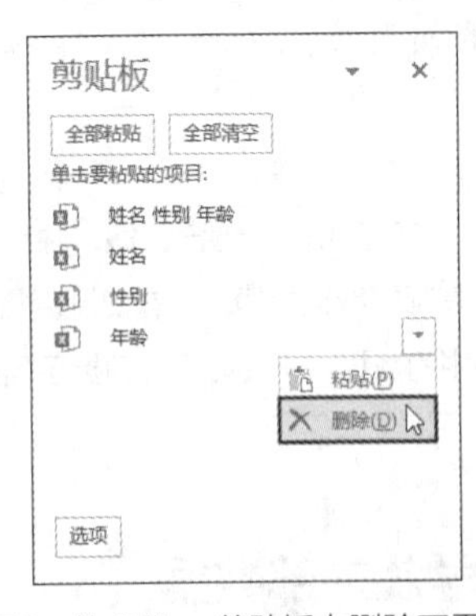

图4-74 从Office剪贴板中删除不需要的项

4.5.4 将数据同时复制到多个工作表

可以将一个工作表中的数据快速复制到其所在工作簿中的其他工作表中，操作步骤如下。

（1）选择要复制的数据区域，然后选择多个目标工作表。

(2) 在功能区的【开始】选项卡的【编辑】组中单击【填充】按钮，在弹出的菜单中选择【至同组工作表】命令，如图 4-75 所示。

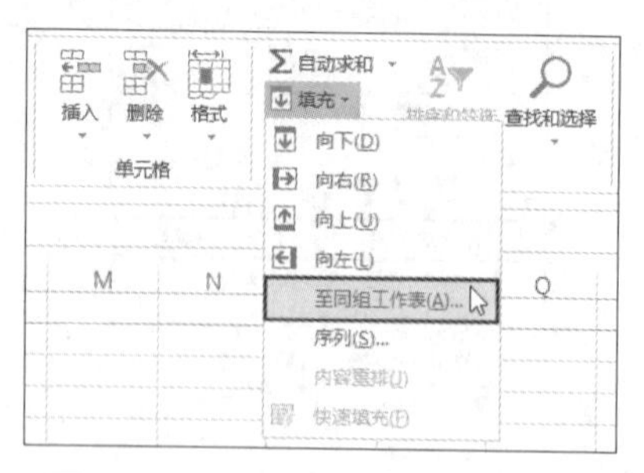

图 4-75 选择【至同组工作表】命令

(3) 打开【填充成组工作表】对话框，如图 4-76 所示，选择一种复制方式。【全部】是指复制单元格中的内容和格式，【内容】是指复制单元格中的内容，【格式】是指复制单元格中的格式。

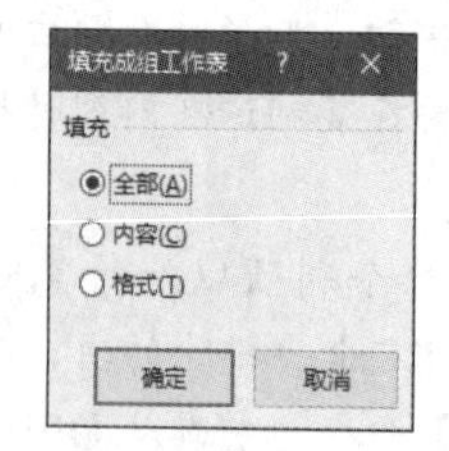

图 4-76 选择复制方式

(4) 选择复制方式后，单击【确定】按钮，将所选内容同时复制到多个工作表中的相同位置。

注意

如果目标工作表包含数据，并且数据的位置正好与要复制的数据相同，则在复制后将自动覆盖目标工作表中的数据，不会显示任何提示信息。

4.6 导入外部数据

很多时候，需要在 Excel 中处理来自其他文件或程序的数据，如文本文件、Access 数据库、SQL Server 数据库等。Excel 支持导入多种类型的数据，用户可以将不同类型的数据导入 Excel 并转换为可识别的格式，然后利用 Excel 中的各种工具对这些数据进行处理和分析。Excel 会自动建立导入后的数据与数据源的连接，通过刷新操作可以让导入后的数据与数据源保持同步。

4.6.1 导入文本文件中的数据

文本文件是一种跨平台的通用文件格式，适合在不同的操作系统和程序之间交换数据。用户可以很容易地将文本文件中的数据导入 Excel 中。

案例 4-11

将文本文件中的数据导入 Excel

案例目标：名为“员工信息”的文本文件包含 4 列数据，各列数据之间用制表符分隔，本例需要将该文件中的数据导入 Excel 中，如图 4-77 所示。

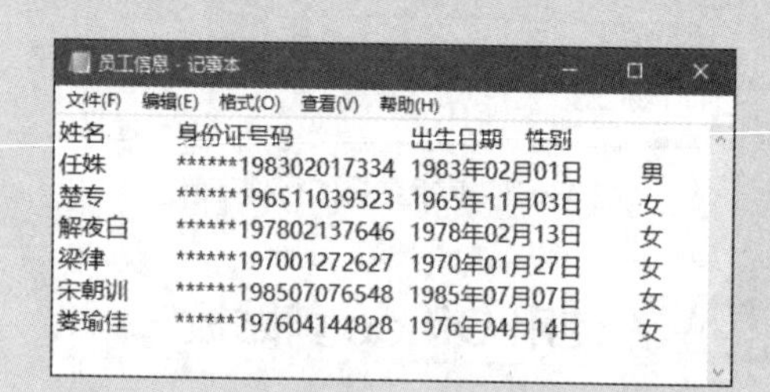

图 4-77 要导入的文本文件中的数据

操作步骤如下。

(1) 新建或打开要导入数据的 Excel 工作簿，在功能区的【数据】选项卡的【获取和转换数据】组中单击【从文本 /CSV】按钮，如图 4-78 所示。

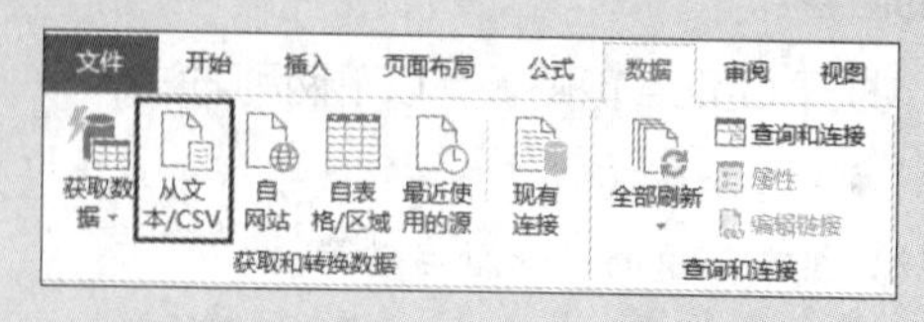

图 4-78 单击【从文本 /CSV】按钮

提示

如果使用的是 Excel 2019 之前的 Excel 版本，则需要在【数据】选项卡中单击【自文本】按钮。

(2) 打开【导入数据】对话框，双击要导入的文本文件，本例为“员工信息.txt”，如图 4-79 所示。

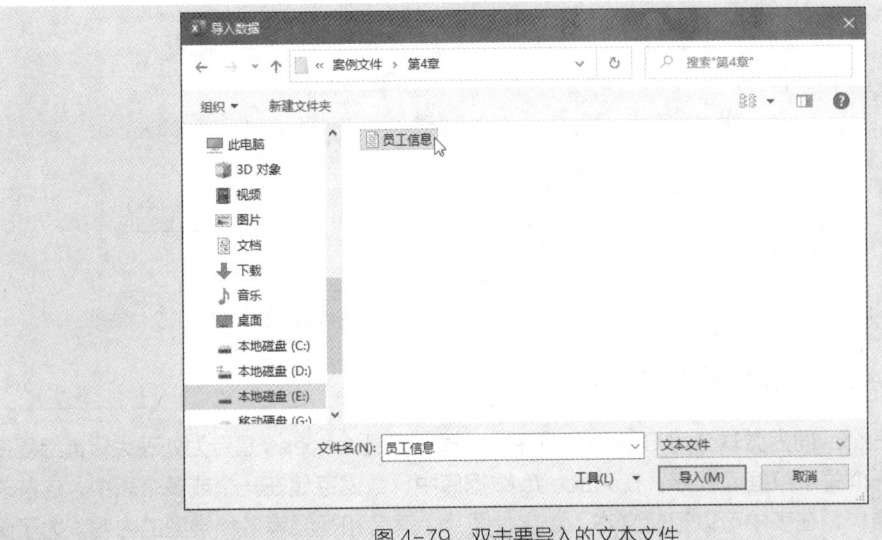

图 4-79　双击要导入的文本文件

提示

“.txt”是文件的扩展名，用于标识文件的类型。上图中的文件名没有显示扩展名，是因为在操作系统中通过设置将文件的扩展名隐藏了起来。

(3) 打开图 4-80 所示的对话框，由于文本文件中的各列数据之间使用制表符分隔，因此应该在【分隔符】下拉列表中选择【制表符】。实际上在打开该对话框时，Excel 会自动检测文本文件中数据的格式，并设置合适的选项。确认无误后单击【加载】按钮。

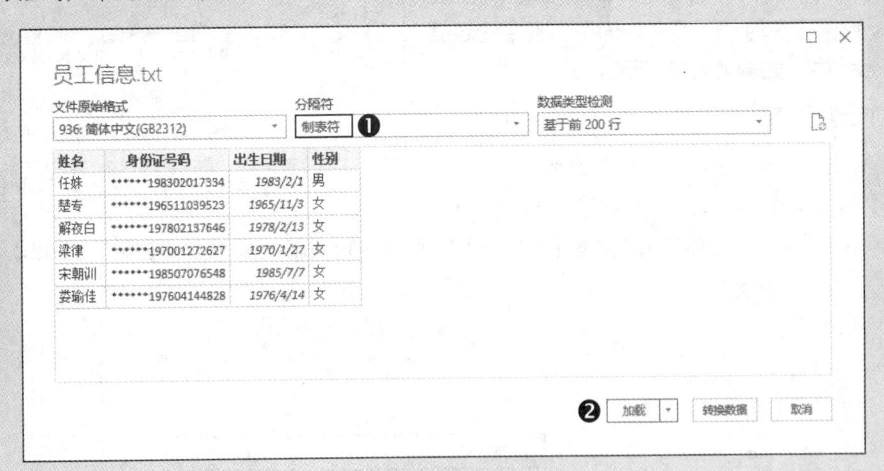

图 4-80　设置与数据格式相匹配的选项

提示

如果使用的是 Excel 2019 之前的 Excel 版本，打开的将是【文本导入向导】对话框，按照向导提示进行操作即可。

(4) Excel 将在当前工作簿中新建一个工作表，并将文本文件中的数据以“表格”形式导入该工作表中，如图 4-81 所示。

以后可以右击数据区域中的任意一个单元格，在弹出的菜单中选择【刷新】命令刷新 Excel 中的数据，以便与源文本文件中的数据保持同步，如图 4-82 所示。

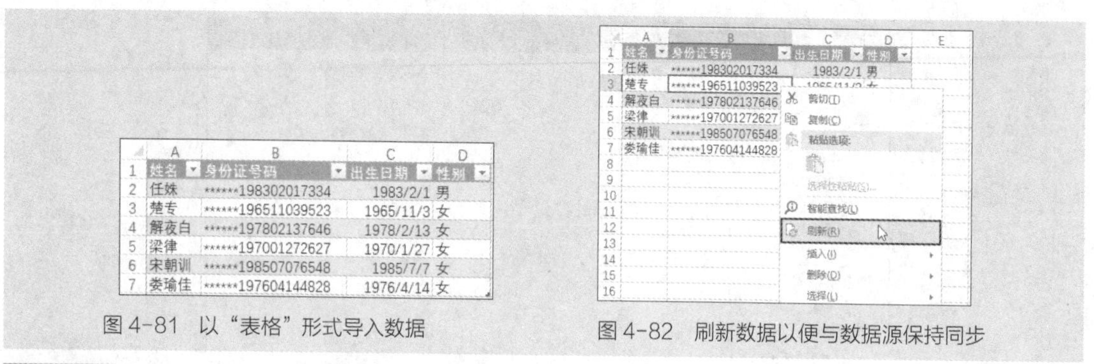

	A	B	C	D
1	姓名	身份证号码	出生日期	性别
2	任姝	******198302017334	1983/2/1	男
3	楚专	******196511039523	1965/11/3	女
4	解夜白	******197802137646	1978/2/13	女
5	梁律	******197001272627	1970/1/27	女
6	宋朝训	******198507076548	1985/7/7	女
7	娄瑜佳	******197604144828	1976/4/14	女

图 4-81　以“表格”形式导入数据

图 4-82　刷新数据以便与数据源保持同步

4.6.2 导入 Access 数据库中的数据

Access 与 Excel 同为微软公司 Office 组件中的成员，但是 Access 是专为处理大量错综复杂的数据而设计的一个关系数据库程序。在 Access 数据库中，数据存储在一个或多个表中，这些表具有严格定义的结构，在表中可以存储文本、数字、图片、声音和视频等多种类型的内容。为了降低单个表包含的庞大数据的复杂程度，Access 数据库通常将相关数据分散存储在多个表中，然后为这些表建立关系，从而为相关数据建立关联，以便用户从多个表中提取所需的信息。

Excel 允许用户导入 Access 数据库中的数据，操作方法与导入文本文件数据类似。

案例 4-12

将 Access 数据库中的数据导入 Excel

案例目标：本例要将名为“员工管理系统”的 Access 数据库中的“员工个人信息”表中的数据导入 Excel 中，如图 4-83 所示。

员工个人信息

员工编号	姓名	身份证号码	出生日期	性别
ID-001	任姝	98302017334	1983年02月0	男
ID-002	楚专	96511039523	1965年11月0	女
ID-003	解夜白	97802137646	1978年02月1	女
ID-004	梁律	97001272627	1970年01月2	女
ID-005	宋朝训	98507076548	1985年07月0	女
ID-006	娄瑜佳	97604144828	1976年04月1	女

图 4-83　要导入的 Access 数据库中的数据

操作步骤如下。

（1）新建或打开要导入数据的工作簿，在功能区的【数据】选项卡的【获取和转换数据】组中单击【获取数据】按钮，然后在弹出的菜单中选择【自数据库】⇨【从 Microsoft Access 数据库】命令，如图 4-84 所示。

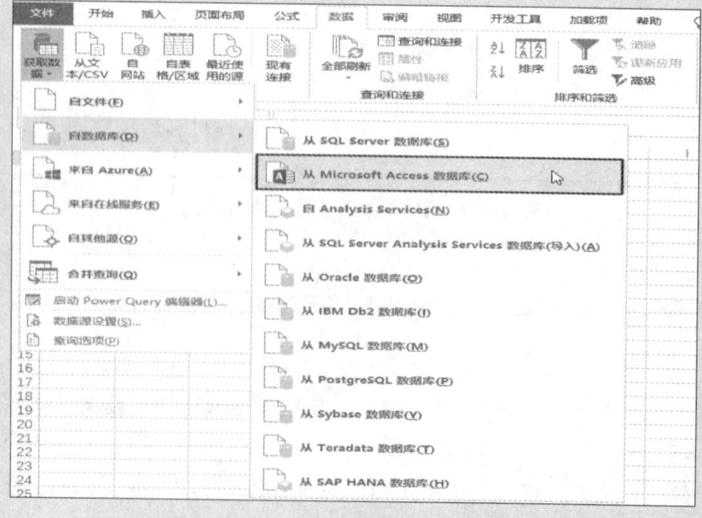

图 4-84　选择【从 Microsoft Access 数据库】命令

提示

如果使用的是 Excel 2019 之前的 Excel 版本，则在【数据】选项卡中单击【自 Access】按钮。

（2）打开【导入数据】对话框，双击要导入的 Access 数据库文件，本例为“员工管理系统.accdb”，如图 4-85 所示。

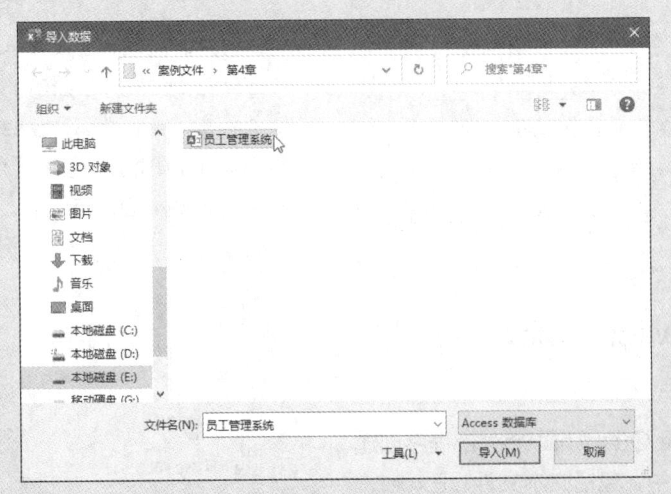

图 4-85　双击要导入的 Access 数据库文件

提示

.accdb 是 Access 数据库文件的扩展名。

（3）打开图 4-86 所示的对话框，选择要导入的表，本例为“员工个人信息”，然后单击【加载】按钮。

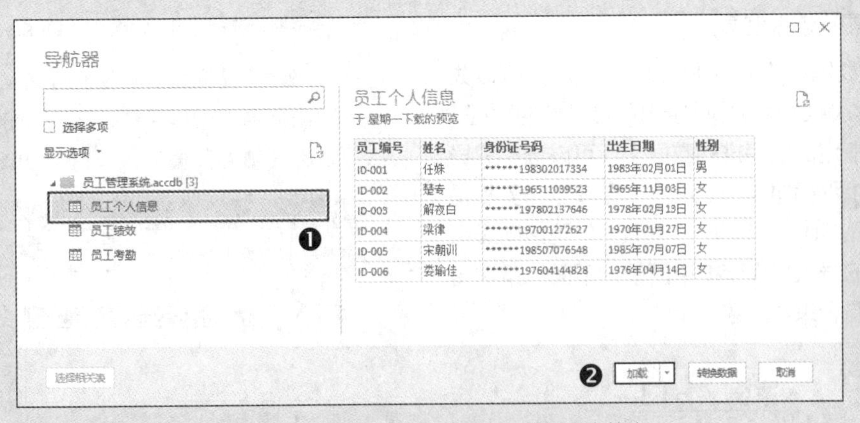

图 4-86　选择要导入的 Access 数据库中的表

提示

可以同时导入 Access 数据库中的多个表，只需选中【选择多项】复选框，然后选择要导入的每个表左侧的复选框，同时选中这些表。

注意

如果使用的是 Excel 2019 之前的 Excel 版本，打开的将是【选择表格】对话框和【导入数据】对话框，选择要导入的 Access 表和放置表的位置即可。

（4）Excel 将在当前工作簿中新建一个工作表，并将 Access 表中的数据以“表格”形式导入这个新建的工作表中，如图 4-87 所示。

员工编号	姓名	身份证号码	出生日期	性别
ID-001	任姝	******198302017334	1983年02月01日	男
ID-002	楚专	******196511039523	1965年11月03日	女
ID-003	解夜白	******197802137646	1978年02月13日	女
ID-004	梁律	******197001272627	1970年01月27日	女
ID-005	宋朝训	******198507076548	1985年07月07日	女
ID-006	娄瑜佳	******197604144828	1976年04月14日	女

图 4-87 以“表格”形式导入数据

刷新数据以便与 Access 数据库中的数据保持同步，方法与上一小节介绍的相同，此处不再赘述。

4.6.3 使用 Microsoft Query 导入数据

使用Microsoft Query可以将外部程序创建的数据导入 Excel 中，包括文本文件、Excel、Access、FoxPro、dBASE、Oracle、Paradox、SQL Server和SQL Server OLAP Services 等。使用Microsoft Query 导入数据时，需要先创建一个数据源，它包含连接到外部数据的连接配置信息，以后从同一个数据库中导入数据时，可以重复使用这个数据源，而不必重新设置所需的连接信息。

在将数据最终导入 Excel 中之前，可以先在Microsoft Query中筛选出符合条件的数据，也可以按指定的顺序排列数据，还可以选择只导入所需的列而非所有列。“查询向导”是Microsoft Query中的一个功能，使用该向导可以让数据的导入操作变得更简单。下面的案例将使用查询向导来导入数据。

案例 4-13
使用 Microsoft Query 导入 Access 数据库中的女员工信息

案例目标：本例使用的 Access 数据库与上一个案例相同，需要使用Microsoft Query 从 Access 数据库中筛选出女员工信息，并将其导入 Excel 中，效果如图 4-88 所示。

操作步骤如下。

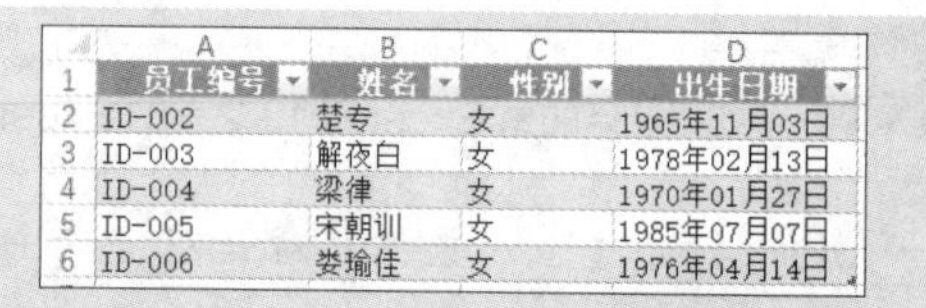

员工编号	姓名	性别	出生日期
ID-002	楚专	女	1965年11月03日
ID-003	解夜白	女	1978年02月13日
ID-004	梁律	女	1970年01月27日
ID-005	宋朝训	女	1985年07月07日
ID-006	娄瑜佳	女	1976年04月14日

图 4-88 只导入女员工信息

（1）新建或打开要导入数据的工作簿，在功能区的【数据】选项卡的【获取和转换数据】组中单击【获取数据】按钮，然后在弹出的菜单中选择【自其他源】⇨【自 Microsoft Query】命令，如图 4-89 所示。

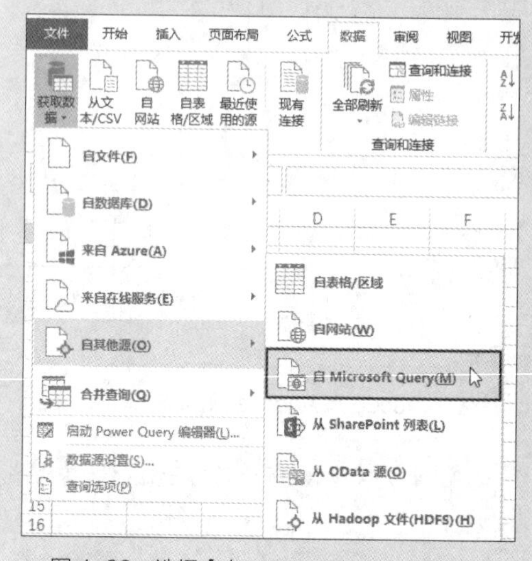

图 4-89 选择【自 Microsoft Query】命令

（2）打开【选择数据源】对话框，在【数据库】选项卡中选择【MS Access Database】，然后单击【确定】按钮，如图 4-90 所示。

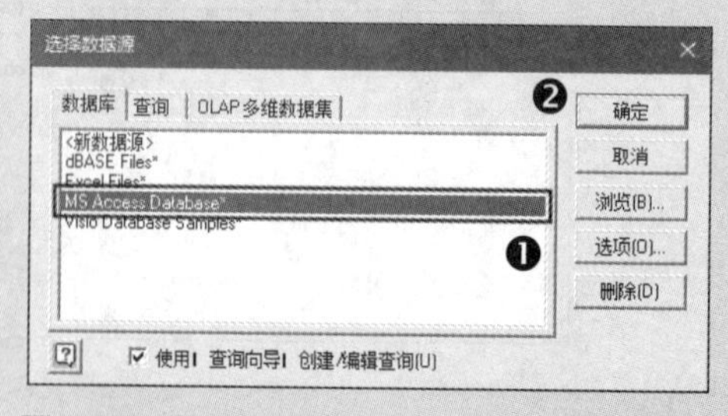

图 4-90 选择用于连接 Access 数据库的数据源

（3）打开【选择数据库】对话框，设置【驱动器】和【目录】两个选项，定位到 Access 数据库所在的文件夹，然后在左侧的列表框中选择位于该文件夹中要导入的 Access 数据库，最后单击【确定】按钮，如图 4-91 所示。

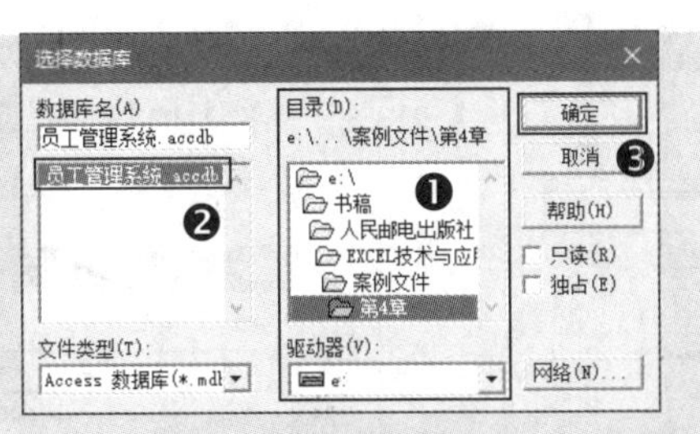

图 4-91　选择包含要导入数据的 Access 数据库

提示

如果在【数据库】选项卡中没有【MS Access Database】，则需要选择【<新数据源>】来创建新的数据源。

(4) 打开【查询向导 - 选择列】对话框，在左侧的列表框中显示了 Access 数据库中的所有表和列，选择要导入的表，然后单击中间的【>】按钮，将该表添加到右侧的列表框中，如图 4-92 所示。

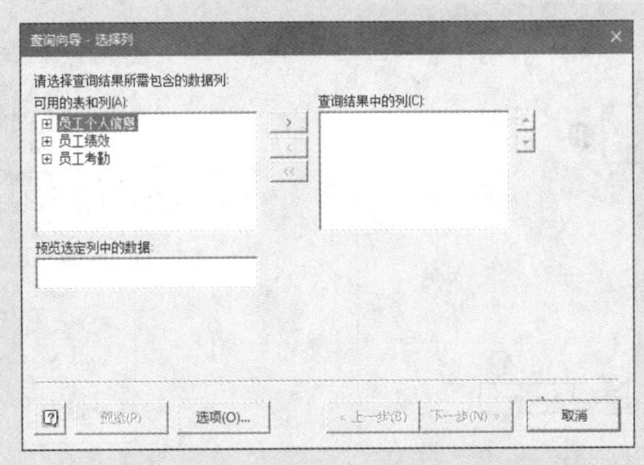

图 4-92　选择要导入的表和列

(5) 单击【+】按钮展开表中的列，选择所需的列并单击【>】按钮，将选中的列添加到右侧的列表框中。图 4-93 所示的“员工个人信息”表中共有 5 列，当前只添加了其中的 4 列，使用▲和▼按钮调整它们的排列顺序。设置完成后单击【下一步】按钮。

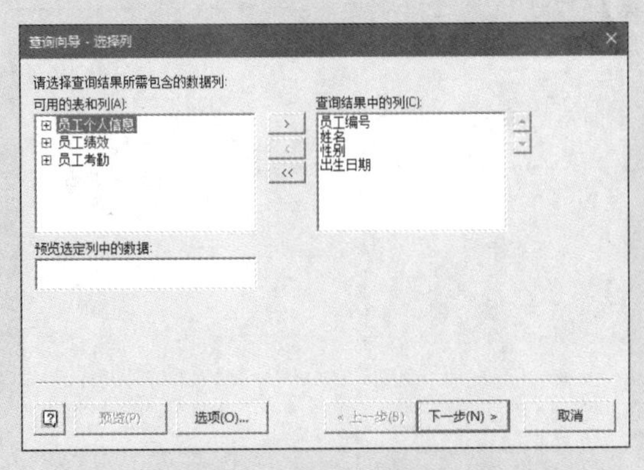

图 4-93　添加指定的列并调整各列的顺序

(6) 进入图 4-94 所示的界面，在该界面中筛选数据。本例要导入的是女员工信息，因此需要在【待筛选的列】列表框中选择【性别】，然后将右侧【性别】选项中的两项设置依次设置为【等于】和【女】。设置完成后单击【下一步】按钮。

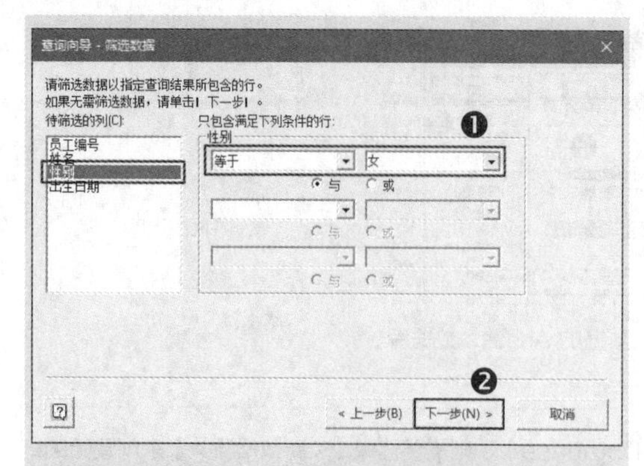

图 4-94　筛选符合条件的数据

(7) 进入图 4-95 所示的界面，在该界面中排序数据，本例将数据按照员工编号升序排列。设置完成后单击【下一步】按钮。

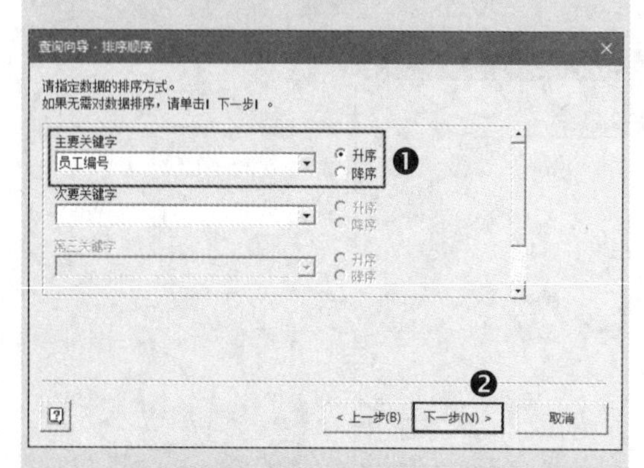

图 4-95　设置数据的排序方式

(8) 进入图 4-96 所示的界面，选中【将数据返回 Microsoft Excel】单选按钮，然后单击【完成】按钮。

(9) 打开【导入数据】对话框，选择将数据导入 Excel 后的显示方式，本例选中【表】单选按钮，然后单击【确定】按钮，即可将数据导入 Excel 中，如图 4-97 所示。

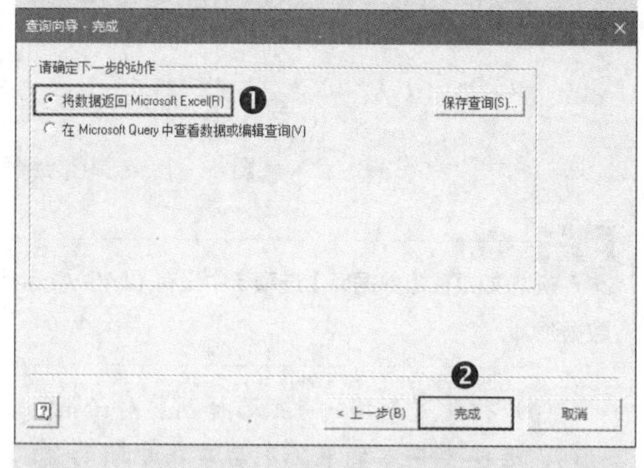

图 4-96　选择数据导入的位置

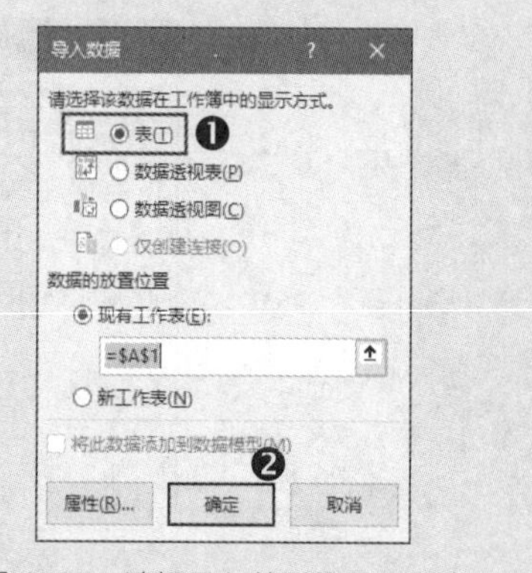

图 4-97　选择导入数据的显示方式

提示

可以单击【保存查询】按钮保存当前正在设置的数据源，便于以后重复使用。

设置数据格式

为数据设置合适的格式，不但可以让数据更易阅读和理解，而且能让工作表更加美观。为数据设置的格式只改变数据的显示外观，不会影响数据本身的内容。本章将介绍 Excel 提供的用于设置数据格式的一些常用工具及其设置方法，包括字体格式、数字格式、对齐方式、边框、填充、单元格样式、条件格式等。

5.1 设置数据在单元格中的显示方式

在单元格中输入数据后，为了让数据的含义更加清晰明确，可以通过设置数据格式来改变数据的显示外观，如更改字体以使特定数据与其他数据区分开、为表示金额的数据添加货币符号、将作为标题的内容设置为居中对齐等。用户还可以为数据添加边框和填充色，以便让数据突出显示。

5.1.1 单元格格式设置工具

Excel 在以下 3 个位置提供了设置单元格格式的相关工具，以便用户可以在不同的操作环境下快速设置单元格格式。

1. 功能区命令

在图 5-1 所示的功能区的【开始】选项卡中，【字体】、【对齐方式】、【数字】、【样式】4 个组中的命令分别用于设置数据的字体格式、对齐方式、数字格式，以及条件格式和样式。在【单元格】组中包含设置单元格尺寸的命令，在【编辑】组中包含清除单元格格式的命令。

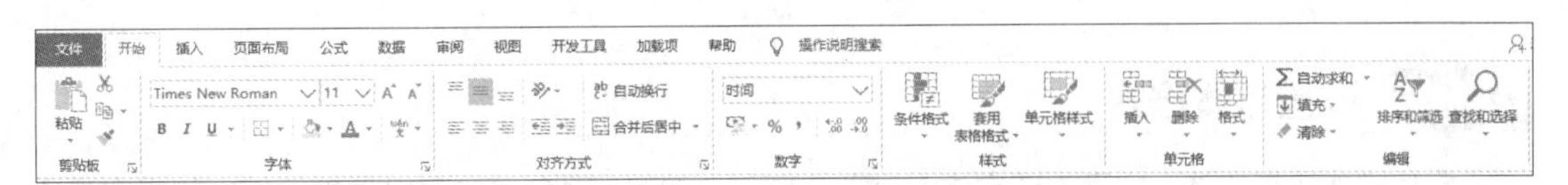

图 5-1 【开始】选项卡中的设置单元格格式的相关命令

2. 【设置单元格格式】对话框

在【设置单元格格式】对话框中有 6 个选项卡，其中汇集了与单元格格式相关的选项，图 5-2 所示为【设置单元格格式】对话框中的【数字】选项卡。打开【设置单元格格式】对话框有以下几种方法。

- 右击单元格，在弹出的菜单中选择【设置单元格格式】命令，如图 5-3 所示。
- 在功能区的【开始】选项卡中，单击【字体】、【对齐方式】、【数字】任意一个组右下角的对话框启动器。
- 按【Ctrl+1】快捷键。

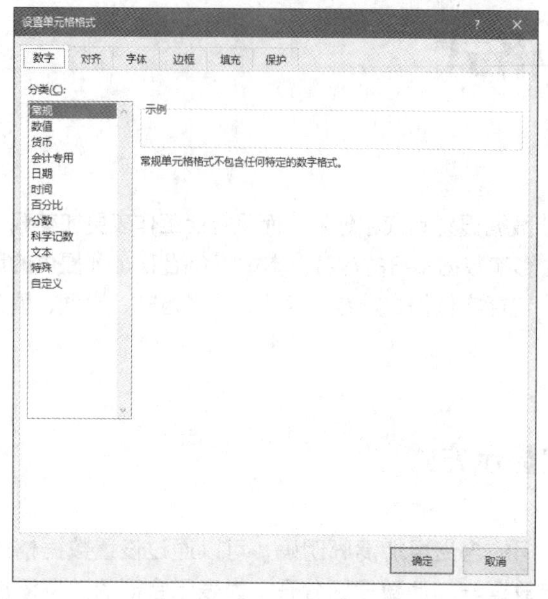

图 5-2 【设置单元格格式】对话框

图 5-3 选择【设置单元格格式】命令

3. 浮动工具栏

右击单元格时，除了会弹出快捷菜单外，默认还会显示一个浮动工具栏，其中包含常用的格式命令，如图 5-4（a）所示。选择单元格，按【F2】键进入编辑状态，然后选中单元格中的部分或全部内容，也会自动显示浮动工具栏，如图 5-4（b）所示。

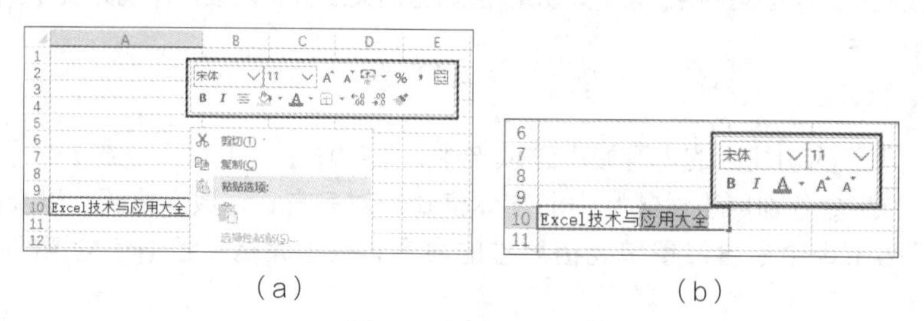

（a） （b）

图 5-4 浮动工具栏

5.1.2 设置字体格式

字体格式包括字体、字号（即字体大小）、颜色、加粗、倾斜等，可以为单元格中的内容设置一种或多种字体格式。选择要设置字体格式的单元格，或者在单元格的编辑模式下选中单元格中的部分内容，然后使用以下几种方法设置字体格式。

- 使用功能区的【开始】选项卡的【字体】组中的命令设置字体格式，如图 5-5 所示。

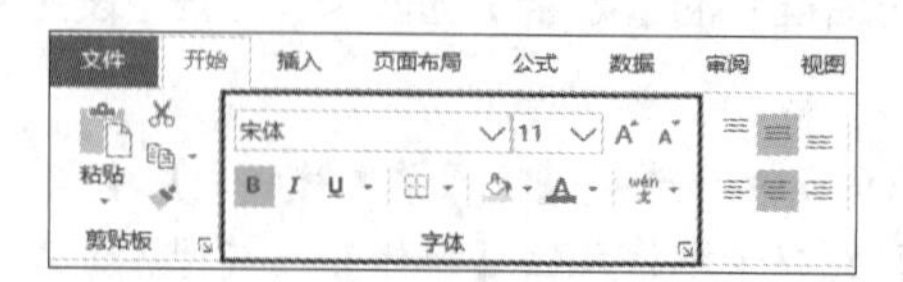

图 5-5 【开始】选项卡中的【字体】组

- 在【设置单元格格式】对话框的【字体】选项卡中设置字体格式，如图 5-6 所示。
- 使用浮动工具栏设置字体格式。

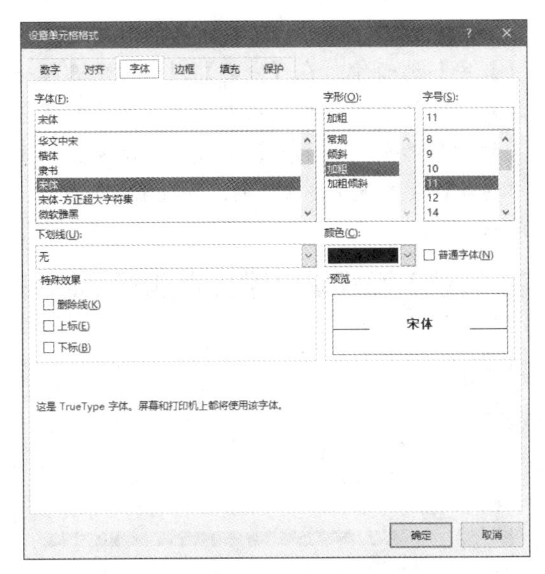

图 5-6 【设置单元格格式】对话框中的【字体】选项卡

在单元格中输入内容后，即使不为其设置字体格式，单元格中的内容也会具有某种字体，这是因为 Excel 默认为每个工作表都设置了“默认字体”。不同版本的 Excel 具有不同的默认字体，如 Excel 2019 的默认字体为“等线”，默认字号为 11 号。

如果经常需要将工作表中的内容设置为某种特定的字体，则可以将该字体设置为 Excel 的默认字体。选择【文件】⇨【选项】命令，打开【Excel 选项】对话框，在【常规】选项卡中的【使用此字体作为默认字体】和【字号】两个选项用于设置默认字体，如图 5-7 所示。

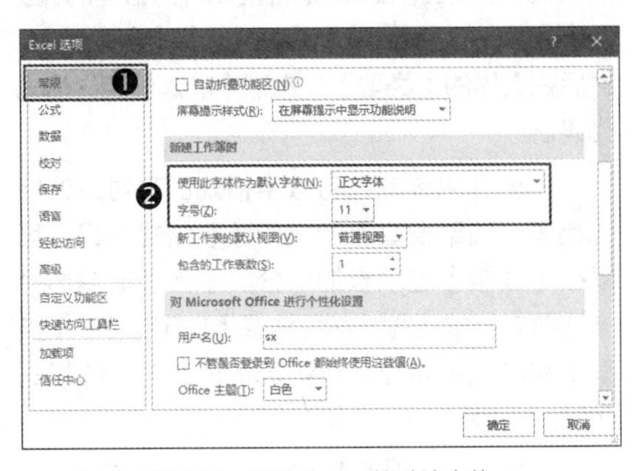

图 5-7 设置 Excel 的默认字体

5.1.3 设置数字格式

在单元格中输入一个数字后，该数字在不同场合具有不同的含义。例如，在销售分析表中，该数字可能表示商品的销量；在员工信息表中，该数字可能表示一个员工的工资；在财务报表中，该数字可能表示一个日期。为数字设置特定的数字格式，可以让数字表达的含义更明确。图 5-8 所示是为同一个数字设置了 3 种不同数字格式后的效果，每个数字的含义非常明确。

	A	B	C
1	原始数字	设置数字格式后的效果	含义
2	36000	36000	销量
3	36000	¥36,000.00	金额
4	36000	1998年7月24日	日期

图 5-8 通过设置数字格式让数字的含义更明确

Excel 内置的数字格式主要用于设置数字的格式，如表 5-1 所示。如果要为文本设置数字格式，需要创建自定义格式代码。为数据设置的数字格式只改变数据的显示外观，不会改变数据本身的值和数据类型。Windows 操作系统中的设置会影响数字格式的默认样式。

表 5-1 Excel 内置的数字格式类型

数字格式类型	说明
常规	数据的默认格式，如果没有为单元格设置任何数字格式，则默认使用该格式
数值	用于显示数字的一般格式，可以将数值设置小数位数、千位分隔符、负数等样式
货币	将数值设置为货币格式，并自动显示千位分隔符，可以设置为小数位数、负数等样式
会计专用	与货币格式类似，区别是将货币符号显示在单元格的最左侧
日期	将数值设置为日期格式，可以同时显示日期和时间
时间	将数值设置为时间格式
百分比	将数值设置为百分比格式，可以设置小数位数

续表

数字格式类型	说明
分数	将数值设置为分数格式
科学记数	将数值设置为科学记数格式，可以设置小数位数
文本	将数值设置为文本格式，之后输入的数值都以文本格式存储
特殊	将数值设置为特殊格式，包括邮政编码、中文小写数字、中文大写数字 3 种
自定义	通过编写格式代码自定义设置数据的数字格式

选择要设置数字格式的单元格，然后使用以下几种方法为选中的数据设置数字格式。

◉ 在功能区的【开始】选项卡的【数字】组中打开【数字格式】下拉列表，从中选择所需的数字格式，如图 5-9 所示。

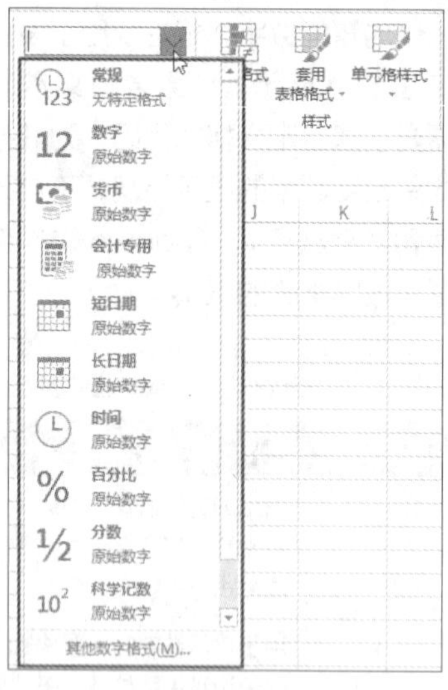

图 5-9 【数字格式】下拉列表

◉ 使用功能区的【开始】选项卡中的【数字】组中的 5 个格式按钮，它们从左到右依次为【会计数字格式】、【百分比样式】、【千位分隔样式】、【增加小数位数】、【减少小数位数】，如图 5-10 所示。

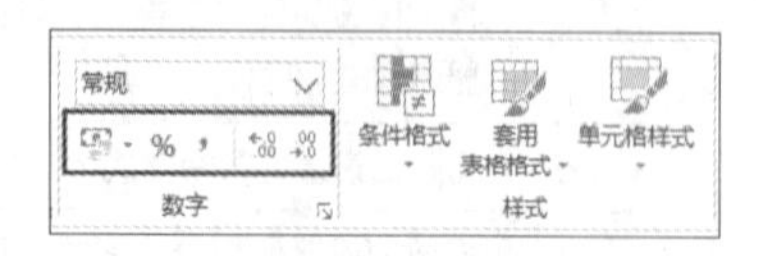

图 5-10 数字格式按钮

◉ 打开【设置单元格格式】对话框中的【数字】选项卡，在【分类】列表框中选择一种数字格式类型，然后在右侧设置所选数字格式的相关选项，【示例】区域将显示为当前选中的数据设置数字格式后的预览效果，如图 5-11 所示。

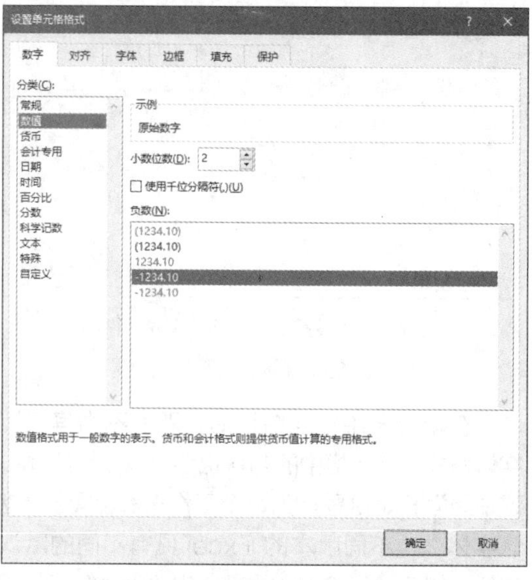

图 5-11 【设置单元格格式】对话框中的【数字】选项卡

提示

无论为单元格设置哪种数字格式，都会在编辑栏中显示数据在未设置格式时的本来样貌。

5.1.4 自定义数字格式

如果 Excel 内置的数字格式无法满足格式需求，则可以在【设置单元格格式】对话框的【数字】选项卡的【分类】列表框中选择【自定义】，然后在右侧的【类型】文本框中输入自定义格式代码。

Excel 内置的所有数字格式都有对应的格式代码，如果要查看特定的数字格式代码，可以在【数字】选项卡的【分类】列表框中选择一种数字格式类型，然后选择【自定义】，【类型】文本框中将显示所选数字格式对应的格式代码。

例如，在【分类】列表框中选择【日期】，然后在【分类】列表框中选择【自定义】，

【类型】文本框中将显示【日期】数字格式类型中的第1个日期的格式代码，如图5-12所示。

图5-12 查看Excel内置数字格式的格式代码

提示

在【数字】选项卡的【分类】列表框中选择【自定义】后，对话框的右下角将显示【删除】按钮，如果该按钮为灰色不可用状态，则说明当前选择的是Excel内置的数字格式代码，无法将其删除。如果选择的是用户创建的自定义格式代码，则可以单击【删除】按钮将该自定义格式删除。

完整的自定义格式代码包含4个部分，每个部分用于设置不同类型的内容，各个部分之间使用半角分号（;）分隔，如下所示。

正数；负数；零值；文本

虽然格式代码共有4个部分，但是在编写格式代码时可以只提供1～3个部分，此时各个部分的含义如下。

- 如果格式代码只有一部分，则该部分用于设置所有数值的格式。
- 如果格式代码包含两部分，则第一部分用于设置正数和零值，第二部分用于设置负数。
- 如果格式代码包含三部分，则第一部分用于设置正数，第二部分用于设置负数，第三部分用于设置零值。

可以在格式代码的前两个部分使用“比较运算符+数值”的形式设置条件，在这种情况下，第三部分表示“不满足前两个部分时的值”，第四部分仍然用于设置文本格式，各部分之间使用半角分号分隔，如下所示。

条件1；条件2；不满足条件1和条件2时的值；文本

在格式代码中设置条件时，可以只提供2～3个部分，此时各个部分的含义如下。

- 如果格式代码包含两部分，则第一部分用于设置满足条件1时的情况，第二部分用于设置不满足条件1时的情况。
- 如果格式代码包含三部分，则第一部分用于设置满足条件1时的情况，第二部分用于设置满足条件2时的情况，第三部分用于设置不满足条件1和条件2时的情况。

交叉参考

在格式代码中可以使用的比较运算符，与在公式中可以使用的比较运算符相同，这些运算符的更多内容请参考本书第7章。

在创建自定义格式代码时，可以使用Excel支持的特定字符来编写格式代码，这些字符在格式代码中具有特殊的含义，如表5-2所示。

表5-2 在自定义格式代码中可以使用的特定字符及其含义

代码	说明
G/通用格式	不设置任何格式，作用等同于“常规”格式
#	数字占位符，只显示有效数字，不显示无意义的零值
0	数字占位符，如果数字位数小于代码指定的位数，则显示无意义的零值
?	数字占位符，与“0”类似，但是以空格代替无意义的零值，可用于显示分数

续表

代码	说明
@	文本占位符，作用等同于“文本”格式
.	小数点
,	千位分隔符
%	百分号
*	重复下一个字符来填充列宽
\ 或 !	显示“\”或“!”右侧的一个字符，用于显示格式代码中的特定字符本身
_	保留与下一个字符宽度相同的空格
E-、E+、e- 和 e+	科学记数符号
“文本内容”	显示双引号之间的文本
[颜色]	显示相应的颜色，在中文版的 Excel 中只能使用中文颜色名称：[黑色]、[白色]、[红色]、[黄色]、[蓝色]、[绿色]、[青绿色]、[洋红]。而英文版 Excel 必须使用英文颜色名称
[颜色 *n*]	显示兼容 Excel 2003 调色板中的颜色，*n* 为 1 ~ 56 的数字
[条件]	在格式代码中使用“比较运算符 + 数值”的形式设置条件
[DBNum1]	显示中文小写数字，如“168”显示为“一百六十八”
[DBNum2]	显示中文大写数字，如“168”显示为“壹佰陆拾捌”
[DBNum3]	显示全角的阿拉伯数字与小写的中文单位，如“168”显示为“1 百 6 十 8”

Excel 还提供了在创建日期和时间格式代码时可以使用的特定字符，如表 5-3 所示。

表 5-3 创建日期和时间格式代码时可以使用的特定字符及其含义

代码	说明
y	使用两位数字显示年份（00 ~ 99）
yy	同上
yyyy	使用四位数字显示年份（1900 ~ 9999）
m	使用没有前导零的数字显示月份（1 ~ 12）和分钟（0 ~ 59）
mm	使用有前导零的数字显示月份（01 ~ 12）和分钟（00 ~ 59）
mmm	使用英文缩写显示月份（Jan ~ Dec）
mmmm	使用英文全拼显示月份（January ~ December）
mmmmm	使用英文首字母显示月份（J ~ D）
d	使用没有前导零的数字显示日期（1 ~ 31）
dd	使用有前导零的数字显示日期（01 ~ 31）
ddd	使用英文缩写显示星期几（Sun ~ Sat）
dddd	使用英文全拼显示星期几（Sunday ~ Saturday）
aaa	使用中文简称显示星期几（一 ~ 日）
aaaa	使用中文全称显示星期几（星期一 ~ 星期日）
h	使用没有前导零的数字显示小时（0 ~ 23）
hh	使用有前导零的数字显示小时（00 ~ 23）
s	使用没有前导零的数字显示秒（0 ~ 59）
ss	使用有前导零的数字显示秒（00 ~ 59）
[h]、[m]、[s]	显示超出进制的小时数、分钟数、秒数
AM/PM	使用英文上下午显示十二进制时间
A/P	同上
上午 / 下午	使用中文上下午显示十二进制时间

用户创建的自定义格式代码仅存储在其所在的工作簿中，如果要在其他工作簿中使用该自定义数字格式，需要将包含自定义数字格式的单元格复制到目标工作簿中。如果要在所有工作簿中使用创建的自定义数字格式，需要在 Excel 模板中创建自定义数字格式，通过该模板创建的每一个工作簿都可使用该自定义数字格式。

如果想要保存设置了数字格式后的单元格中显示的内容，可以选择该单元格，按【Ctrl+C】快捷键进行复制。然后启动 Windows 操作系统中的记事本程序，按【Ctrl+V】快捷键将单元格中显示的内容原样粘贴到记事本中，最后将记事本中的内容再复制并粘贴到 Excel 中。

下面介绍自定义数字格式的一些典型应用。

案例 5-1

将所有小于 1 的数字以百分数显示

案例目标：将所有小于 1 的数字显示为包含两位小数的百分数，效果如图 5-13 所示。

	A
1	原始数字
2	0.65
3	0.3
4	1.5
5	0.72
6	3.68
7	0.125
8	0.53896

	A
1	设置结果
2	65.00%
3	30.00%
4	1.5
5	72.00%
6	3.68
7	12.50%
8	53.90%

图 5-13　将所有小于 1 的数字以百分数显示

操作步骤如下。

选择 A2:A8 单元格区域，按【Ctrl+1】快捷键打开【设置单元格格式】对话框，在【数字】选项卡的【分类】列表框中选择【自定义】，然后在【类型】文本框中输入下面的格式代码，如图 5-14 所示。单击【确定】按钮，选区中所有小于 1 的数字都显示为包含两位小数的百分数。

[<1]0.00%

图 5-14　在【类型】文本框中输入格式代码

提示

由于后面几个案例创建格式代码的操作步骤与本例相同，为了节省篇幅，在这些案例中将直接给出格式代码，而省略中间步骤。

案例 5-2

以“万元”为单位显示销售额

案例目标：将所有销售额以“万元”为单位显示，并在每个金额的右侧自动显示“万元”，效果如图 5-15 所示。

	A	B
1	商品名称	销售额
2	面包	65990
3	饼干	64953
4	酸奶	106276
5	牛奶	131670
6	果汁	61194
7	啤酒	127456

	A	B
1	商品名称	销售额
2	面包	6.6万元
3	饼干	6.5万元
4	酸奶	10.6万元
5	牛奶	13.2万元
6	果汁	6.1万元
7	啤酒	12.7万元

图 5-15　以“万元”为单位显示销售额

本例的格式代码如下。

0!.0," 万元 "

案例 5-3

使用数字 1 和 0 简化性别输入

案例目标：在输入员工的性别时，通过输入数字 1 和 0 来代替输入“男”和“女”，即输入 1 后自动显示为“男”，输入 0 后自动显示为“女”，效果如图 5-16 所示，B2 单元格中显示的是“男”，但是在编辑栏中显示的是 1，说明 B2 单元格中的内容实际上是 1。

本例的格式代码如下。

[=1]" 男 ";[=0]" 女 "

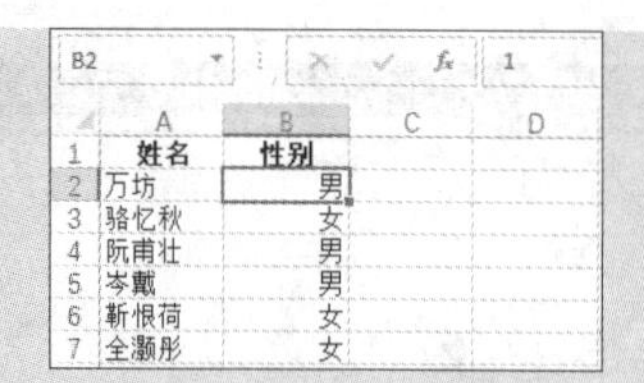

姓名	性别
万坊	男
骆忆秋	女
阮甫壮	男
岑戴	男
靳恨荷	女
全灏彤	女

图 5-16　使用数字 1 和 0 简化性别输入

案例 5-4

将满足不同条件的数值显示为不同的颜色

案例目标：将大于等于 100 的销量显示为蓝色，将大于等于 30 且小于 100 的销量显示为黄色，将小于 30 的销量显示为红色，效果如图 5-17 所示。由于本书是单色印刷，因此字体颜色的变化不太明显。

商品名称	销量
面包	100
饼干	5
酸奶	35
牛奶	150
果汁	60
啤酒	20

商品名称	销量
面包	100
饼干	5
酸奶	
牛奶	150
果汁	
啤酒	20

图 5-17　将满足不同条件的数值显示为不同的颜色

本例的格式代码如下。

[蓝色][>=100];[黑色][>=30];[红色]

案例 5-5

显示包含星期的日期

案例目标：在日期中显示星期，效果如图 5-18 所示。

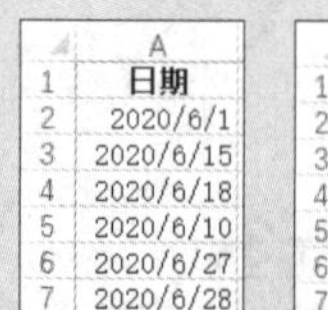

日期
2020/6/1
2020/6/15
2020/6/18
2020/6/10
2020/6/27
2020/6/28

日期
2020年6月1日 星期一
2020年6月15日 星期一
2020年6月18日 星期四
2020年6月10日 星期三
2020年6月27日 星期六
2020年6月28日 星期日

图 5-18　显示包含星期的日期

本例的格式代码如下。

yyyy" 年 "m" 月 "d" 日 " aaaa

案例 5-6

隐藏销量中的所有零值

案例目标：将销量为 0 的单元格显示为空，即隐藏零值，效果如图 5-19 所示。

商品名称	销量
面包	100
饼干	0
酸奶	50
牛奶	80
果汁	0
啤酒	30

商品名称	销量
面包	100
饼干	
酸奶	50
牛奶	80
果汁	
啤酒	30

图 5-19　隐藏销量中的所有零值

本例的格式代码如下。

G/ 通用格式 ;G/ 通用格式 ;

案例 5-7

在文本开头批量添加固定信息

案例目标：在所有编号开头添加英文字母“YG”和一个连接符“-”，并将只有一位数字的编号显示为使用 0 占位的两位数字，效果如图 5-20 所示。

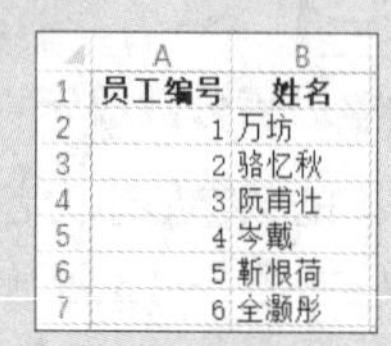

员工编号	姓名
1	万坊
2	骆忆秋
3	阮甫壮
4	岑戴
5	靳恨荷
6	全灏彤

员工编号	姓名
YG-01	万坊
YG-02	骆忆秋
YG-03	阮甫壮
YG-04	岑戴
YG-05	靳恨荷
YG-06	全灏彤

图 5-20　在文本开头批量添加固定信息

本例的格式代码如下。

"YG-"00

5.1.5 设置数据的对齐方式

对齐方式是指数据在单元格的水平和垂直两个方向上的位置。水平对齐包括常规、靠左、居中、靠右、填充、两端对齐、跨列居中、分散对齐等方式，垂直对齐包括靠上、居中、靠下、两端对齐、分散对齐等方式。在功能区的【开始】选项卡的【对齐方式】组中提供了几种常用的水平对齐方式和垂直对齐方式，如图 5-21 所示。如果要访问所有的对齐方式，需要使用【设置单元格格式】对话框的【对齐】选项卡，如图 5-22 所示。

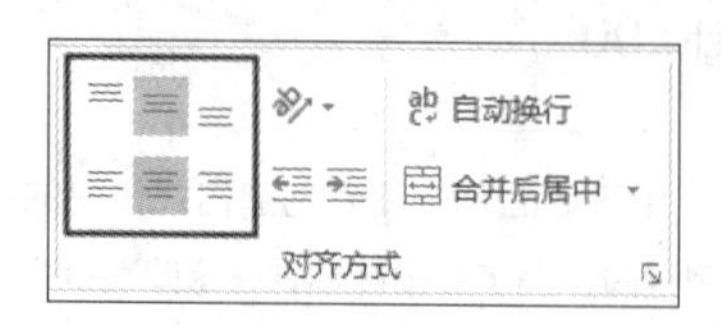

图 5-21　功能区中的对齐命令

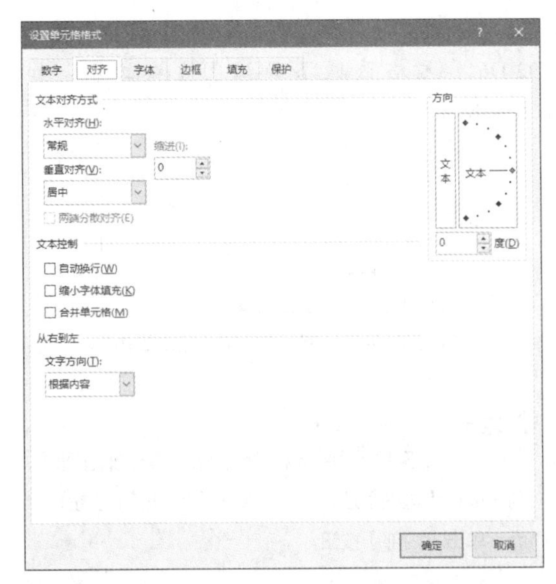

图 5-22 在【对齐】选项卡中访问所有的对齐方式

在单元格中输入的内容的水平对齐方式默认为“常规”，该对齐方式规定：文本型数据左对齐，数值型数据右对齐，逻辑值和错误值居中对齐，正如在 4.1 节中介绍的。所有数据的垂直对齐方式默认为“居中”，增加单元格的高度才能看到垂直对齐的效果。

在所有的水平对齐方式中，“填充”和“跨列居中”两种对齐方式的效果比较特殊。

◉ 填充。如果要在单元格中输入相同的多组内容，则可以使用“填充”对齐方式。只需输入一组内容，该对齐方式会在单元格中重复显示该组内容，直到正好填满单元格或单元格的剩余空间无法完整显示整组内容为止。图 5-23 所示的 A1 单元格中的“Excel 技术与应用大全”只重复显示两遍，这是因为 A1 单元格中的剩余空间不能再完整容纳第 3 个“Excel 技术与应用大全”。

◉ 跨列居中。跨列居中的效果与合并单元格中的“合并后居中”功能类似，但是前者并未真正合并单元格，只是在外观上具有合并居中的效果。图 5-24 所示为将 A1:C1 单元格区域设置为“跨列居中”对齐方式后的效果，内容位于 A1 单元格中，但是看起来就像将 A1:C1 3 个单元格合并在了一起，通过编辑栏中的显示可以了解内容真正位于哪个单元格中。

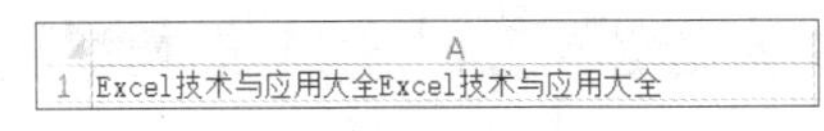

图 5-23 “填充”对齐方式

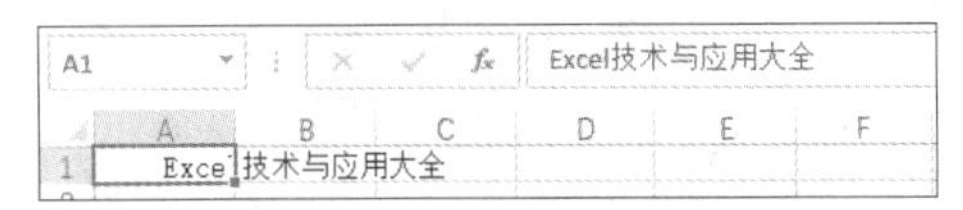

图 5-24 “跨列居中”对齐方式

5.1.6 为数据添加边框和填充色

为单元格设置边框和填充色，可以让数据具有更好的视觉效果。

1. 设置边框

在单元格区域中输入数据后，为了使数据区域的边界更清晰，可以为其添加边框。选择要设置边框的单元格区域，然后使用以下两种方法添加边框。

◉ 在功能区的【开始】选项卡的【字体】组中打开【边框】下拉列表，从中选择 Excel 内置的边框或手动绘制边框，如图 5-25 所示。

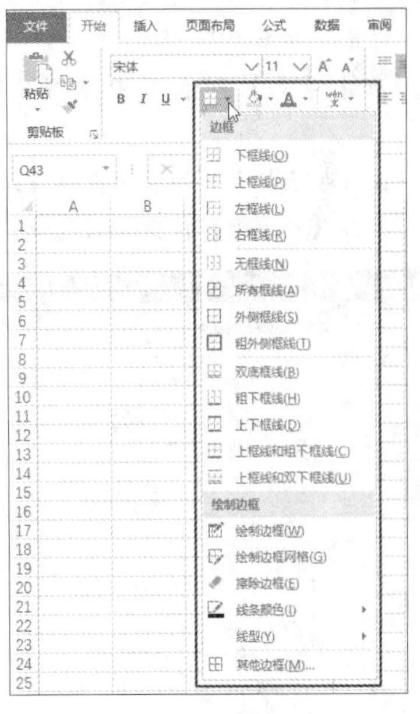

图 5-25 在【边框】下拉列表中选择边框

◉ 打开【设置单元格格式】对话框，在【边框】选项卡中可以添加特定线型和颜色的边框并设置边框的线型、颜色，还可以单独控制单元格或单元格区域的每个边缘上是否显示边框，如图 5-26 所示。

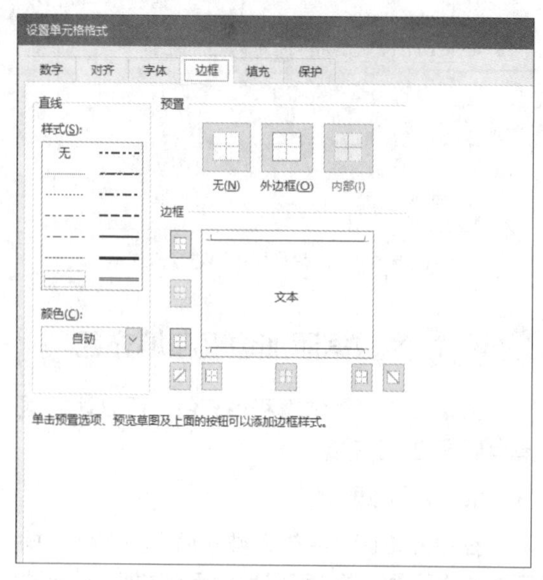

图 5-26 【边框】选项卡

例如，要为 B2:D6 单元格区域中的所有单元格添加红色虚线边框，操作步骤如下。

（1）在工作表中选择 B2:D6 单元格区域。

（2）按【Ctrl+1】快捷键，打开【设置单元格格式】对话框，切换到【边框】选项卡，然后进行以下设置，如图 5-27 所示。

- 在【样式】列表框中选择一种虚线线型。
- 在【颜色】下拉列表中选择【红色】。
- 单击【外边框】按钮和【内部】按钮。

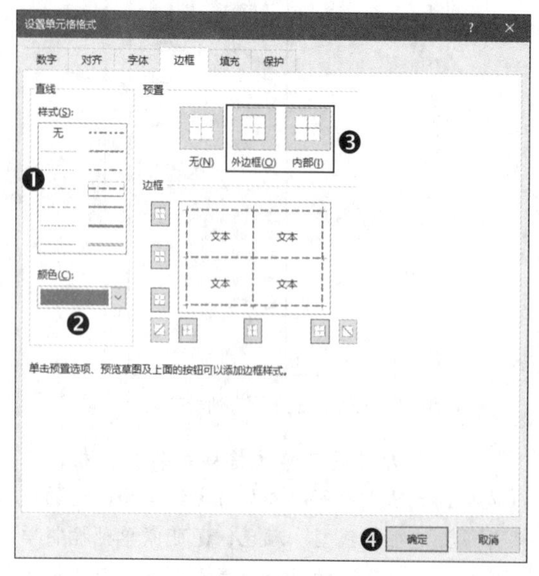

图 5-27 设置边框

（3）设置完成后，单击【确定】按钮，将为 B2:D6 单元格区域添加红色虚线边框，如图 5-28 所示。

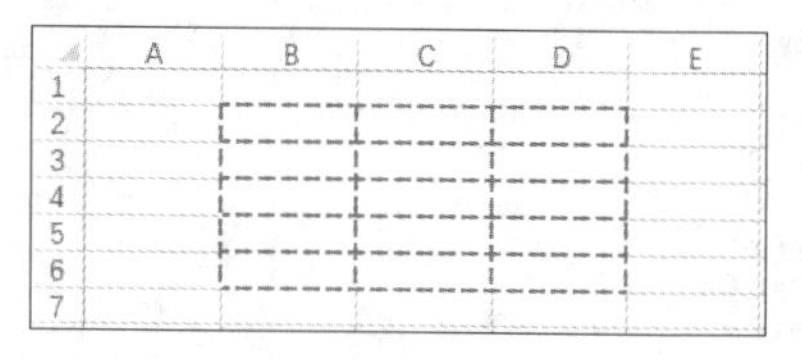

图 5-28 为单元格区域添加红色虚线边框

提示

如果只想为单元格区域的外边缘添加边框，则可以在【边框】选项卡中只单击【外边框】按钮，而不单击【内部】按钮。

2. 设置填充

在突出显示单元格方面，填充比边框具有更明显的效果。设置填充有以下两种方法。

- 在功能区的【开始】选项卡的【字体】组中单击【填充颜色】按钮上的下拉按钮，然后在打开的列表中选择一种填充色，如图 5-29 所示。

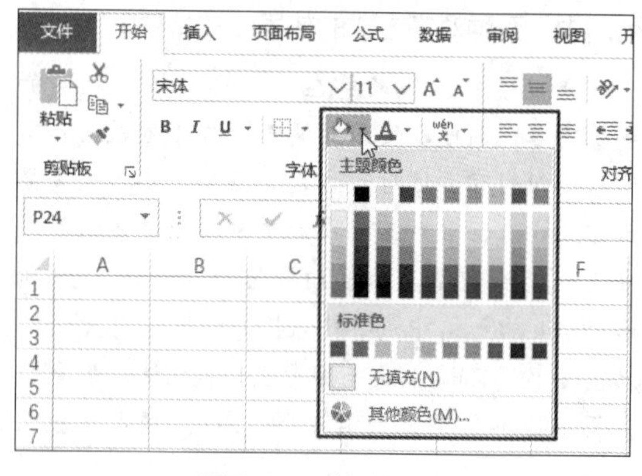

图 5-29 选择填充色

- 打开【设置单元格格式】对话框，在【填充】选项卡中可以设置纯色填充、渐变色填充、图案填充等多种填充效果，如图 5-30 所示。

为 A1:C1 单元格区域设置灰色填充后的效果如图 5-31 所示。

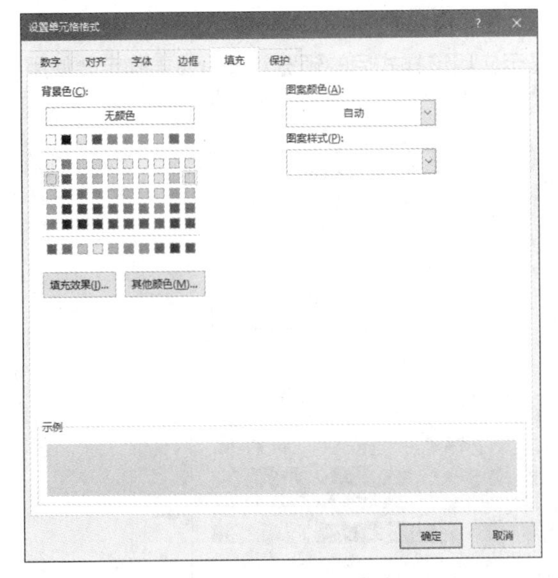

图 5-30 选择多种填充效果

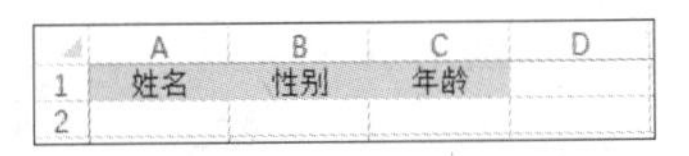

图 5-31 设置灰色填充后的效果

5.1.7 复制和清除格式

如果要将单元格的格式设置为与其他单元格相同的格式，则可以使用以下 3 种方法。

◉ 使用 Excel 默认方式粘贴。选择包含已设置好格式的单元格，按【Ctrl+C】快捷键复制该单元格中的内容和格式。然后选择目标单元格，按【Ctrl+V】快捷键，将已复制的内容和格式粘贴到该单元格中。

◉ 使用选择性粘贴。复制包含格式的单元格，然后右击目标单元格，在弹出的菜单中选择【粘贴选项】中的【格式】命令，如图 5-32 所示。

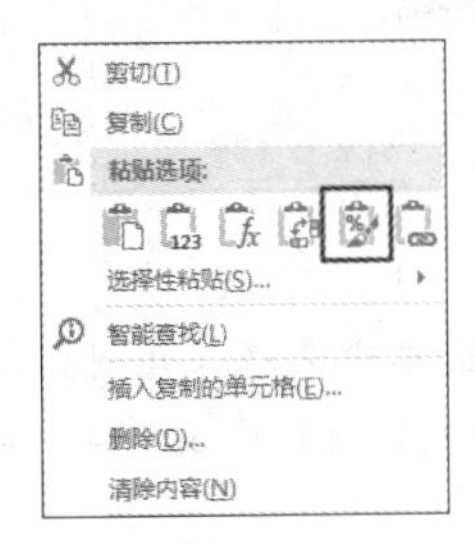

图 5-32 使用右键快捷菜单中的【格式】命令复制格式

◉ 使用格式刷。选择包含已设置好格式的单元格，在功能区的【开始】选项卡的【剪贴板】组中单击【格式刷】按钮，如图 5-33 所示。然后选择目标单元格即可。如果要使用格式刷重复设置同一种格式，则可以双击【格式刷】按钮，然后分别选择不同位置上的单元格即可。不再使用格式刷时，按【Esc】键退出格式刷状态。

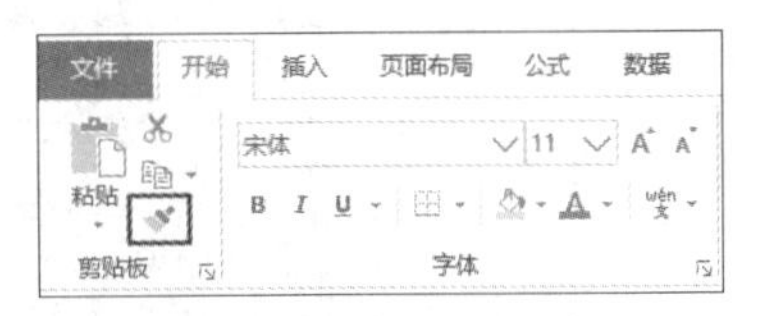

图 5-33 使用格式刷复制格式

如果要清除单元格中的格式，但是保留其中的内容，则可以在功能区的【开始】选项卡的【编辑】组中单击【清除】按钮，然后在弹出的菜单中选择【清除格式】命令，选中的单元格会自动恢复为 Excel 默认格式，如图 5-34 所示。

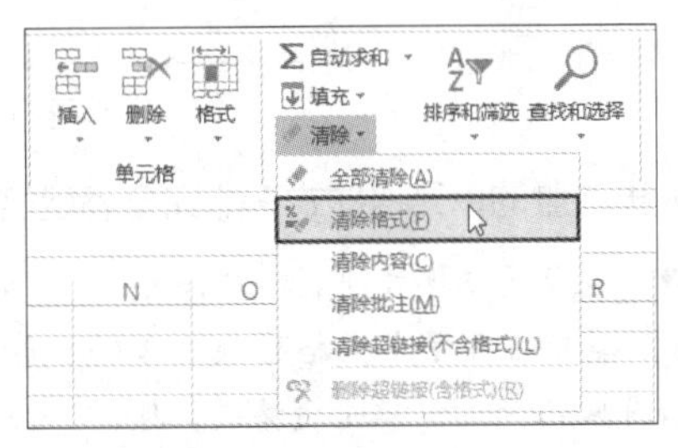

图 5-34 选择【清除格式】命令清除格式而保留内容

5.2 使用样式快速设置多种格式

如果使用过 Word 中的“样式”功能，则会很容易理解 Excel 中的“单元格样式”功能。使用“单元格样式”功能可以快速为单元格设置多种格式，这些格式就是【设置单元格格式】对话框的【数字】、【对齐】、【字体】、【边框】、【填充】和【保护】这 6 个选项卡中的格式。单元格样式就是将这 6 个选项卡中的格式组合在一起，为单元格一次性设置这些格式中的一种或多种。

5.2.1 使用内置样式

Excel 内置了一些单元格样式，用户可以直接使用这些内置的样式为单元格设置格式。选择要设置格式的一个或多个单元格，然后在功能区的【开始】选项卡的【样式】组中单击【单元格样式】按钮，打开单元格样式列表，如图 5-35 所示。将鼠标指针指向某个样式时，选中的单元格会自动显示应用该样式后的预览效果。如果确定要使用某个单元格样式，只需单击该样式即可。

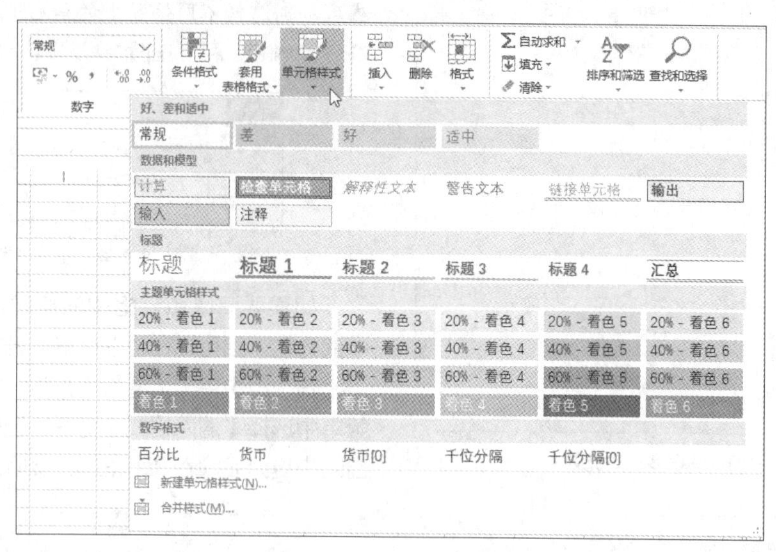

图 5-35　单元格样式列表

如果内置的单元格样式不能完全满足格式需求，则可以修改内置单元格样式，有以下两种方法。

◉　在单元格样式列表中右击要修改的样式，然后在弹出的菜单中选择【修改】命令，打开【样式】对话框，其中显示了单元格样式包含的 6 类格式，复选框处于选中状态的格式表示当前正在使用的格式，如图 5-36 所示。单击【格式】按钮，在打开的【设置单元格格式】对话框中可以修改 6 类格式。

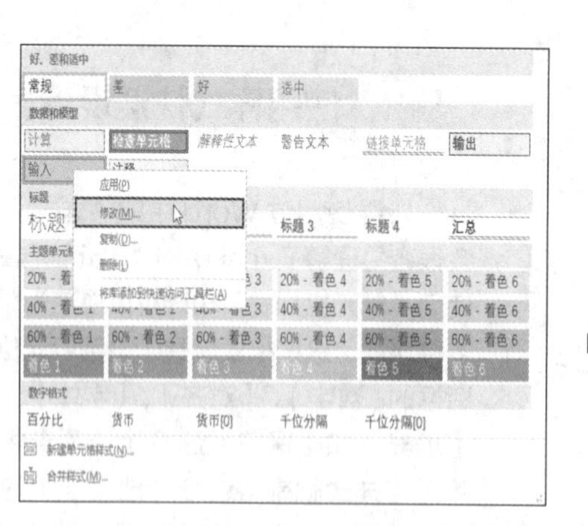

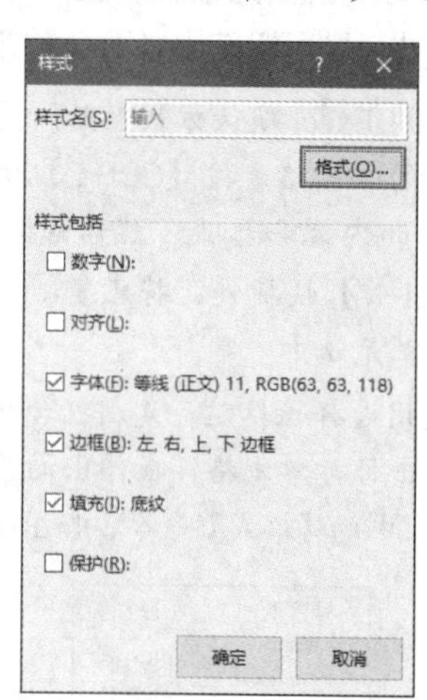

图 5-36　修改单元格样式

◉　在单元格样式列表中右击要修改的样式，然后在弹出的菜单中选择【复制】命令，在打开的【样式】对话框中为复制后的样式设置一个名称，然后单击【格式】按钮修改样式中的格式。

5.2.2　创建自定义样式

直接修改内置单元格样式时，无法更改样式的名称。如果要为单元格样式指定一个名称，并从头开始设置单元格样式中的格式，那么用户可以创建新的单元格样式。

在单元格样式列表中选择【新建单元格样式】命令，在打开的【样式】对话框中为单元格样式设置一个名称，并在下方选中相应的复选框来启用所需的格式，然后单击【格式】按钮对每一种格式进行具体设置。创建好的单元格样式显示在单元格样式列表的【自定义】类别中，如图 5-37 所示。

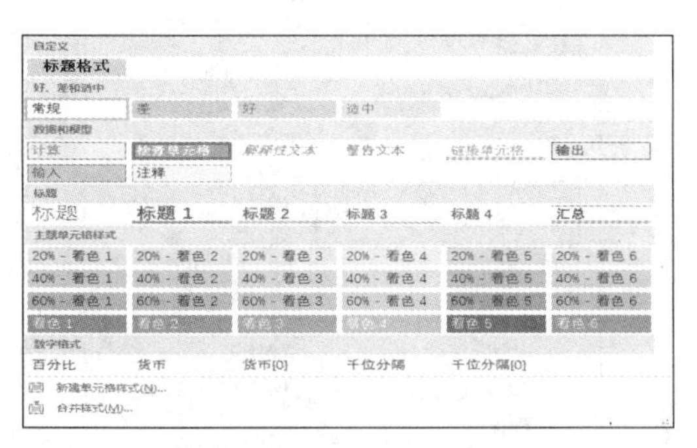

图 5-37 创建的单元格样式显示在【自定义】类别中

5.2.3 在其他工作簿中使用创建的单元格样式

用户创建的单元格样式只存在于创建该样式的工作簿中，如果要在其他工作簿中使用该单元格样式，则需要使用“合并样式”功能，操作步骤如下。

(1) 打开包含创建了单元格样式的工作簿，然后打开要使用该样式的其他工作簿，并使后者成为活动工作簿。

(2) 在功能区的【开始】选项卡的【样式】组中单击【单元格样式】按钮，然后在打开的单元格样式列表中选择【合并样式】命令，如图 5-38 所示。

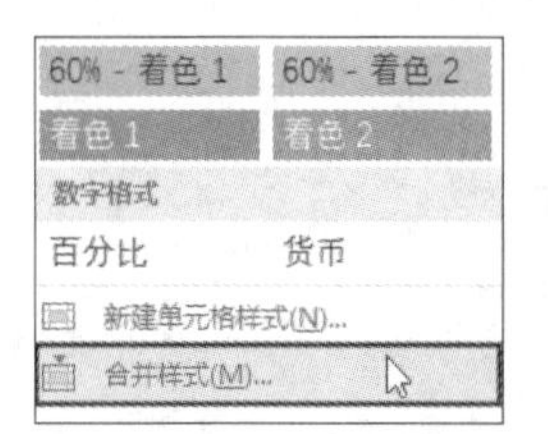

图 5-38 选择【合并样式】命令

(3) 打开【合并样式】对话框，在【合并样式来源】列表框中选择包含创建了单元格样式的工作簿，如图 5-39 所示。单击【确定】按钮，将所选工作簿中的自定义样式复制到当前工作簿的单元格样式列表中。

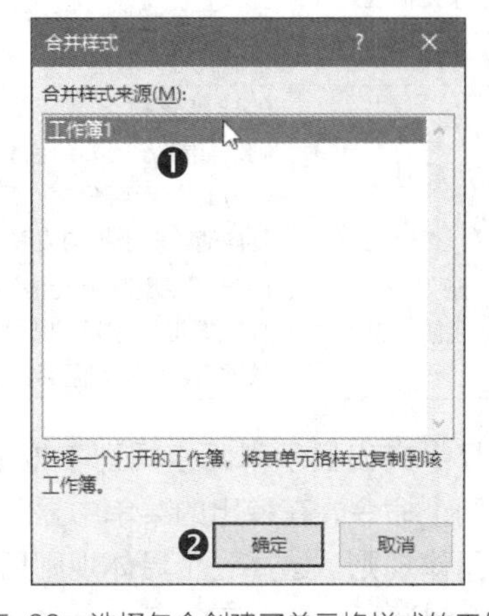

图 5-39 选择包含创建了单元格样式的工作簿

5.3 自动为满足条件的数据设置格式

使用“条件格式”功能，可以让 Excel 为符合条件的数据自动设置指定的格式。当数据发生变化时，Excel 会自动检查当前数据是否符合设置的条件规则，如果符合，则继续应用设置好的格式，否则将清除已设置的格式。为数据设置的格式由数据本身和用户设置的条件决定，格式设置是动态化的。

5.3.1 使用 Excel 内置的条件格式

Excel 内置了很多条件格式规则，它们可以满足一般应用需求。选择要设置条件格式的单元格区域，然后在功能区的【开始】选项卡的【样式】组中单击【条件格式】按钮，弹出图 5-40 所示的菜单，其中包含 8 个命令。上面 5 个命令用于设置 Excel 内置的条件格式规则，各个命令的功能如表 5-4 所示；下面 3 个命令用于对条件格式规则进行创建、修改、删除等操作。

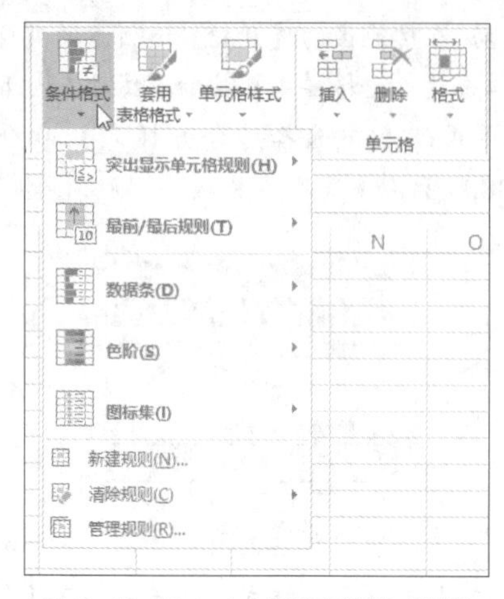

图 5-40　Excel 内置的条件格式规则

表 5-4　Excel 内置的条件格式规则的类型及其说明

条件格式规则类型	说明
突出显示单元格规则	创建基于数值大小的比较规则，如大于、小于、等于、介于、文本包含、发生日期、重复值或唯一值等
最前 / 最后规则	创建基于排名或平均值的规则，如前 n 项、前百分之项、后 n 项、后百分之 n 项、高于平均值、低于平均值等
数据条、色阶、图标集	创建可以反映单元格中的值的并以图形化展示的规则，包括数据条、色阶和图标集 3 种

选择【突出显示单元格规则】或【最前 / 最后规则】命令，在弹出的菜单中显示了命令包含的具体规则。选择一个具体规则后，将会弹出一个对话框，其中包含 Excel 默认设置好的规则选项和符合规则时所需设置的格式，用户可以对默认规则和格式进行修改，以符合实际需求。

图 5-41 所示为选择【最前 / 最后规则】命令中的【前 10 项】规则后显示的【前 10 项】对话框，该规则用于将选区中大小位于前 10 的数值设置为特定的填充色，用户可以将默认的数字 10 改为其他数字，也可以在【设置为】下拉列表中选择其他格式。

选择【数据条】、【色阶】或【图标集】命令，在弹出的菜单中选择一种图形化展示数值的方式。图 5-42 所示为选择【数据条】命令后显示的数据条样式列表。

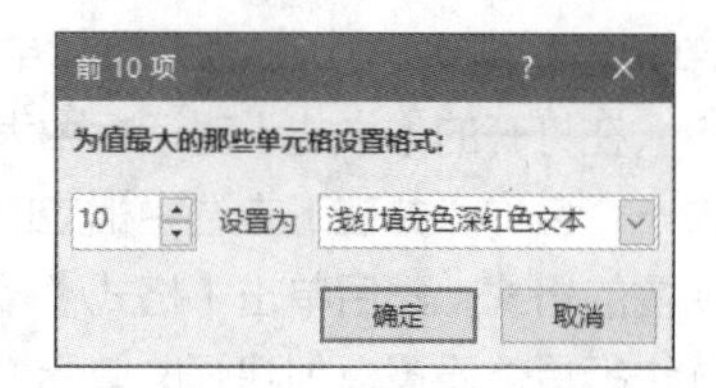

图 5-41　设置规则选项与格式

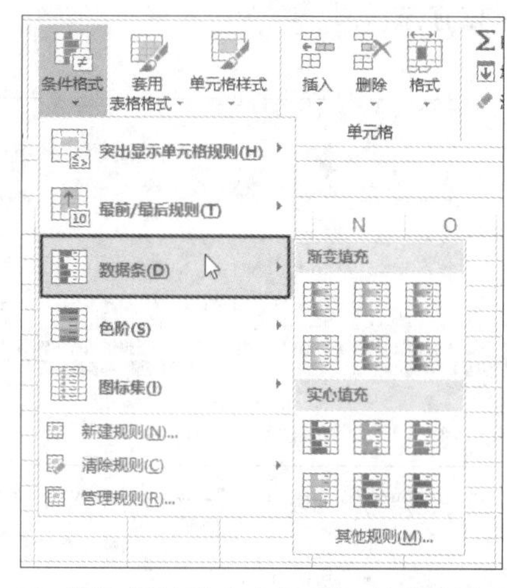

图 5-42　选择【数据条】命令后显示的数据条样式列表

案例 5-8

突出显示销售额前 3 名

案例目标：快速找到销售额位居前 3 名的商品，并为相应的销售额设置填充色，效果如图 5-43 所示。

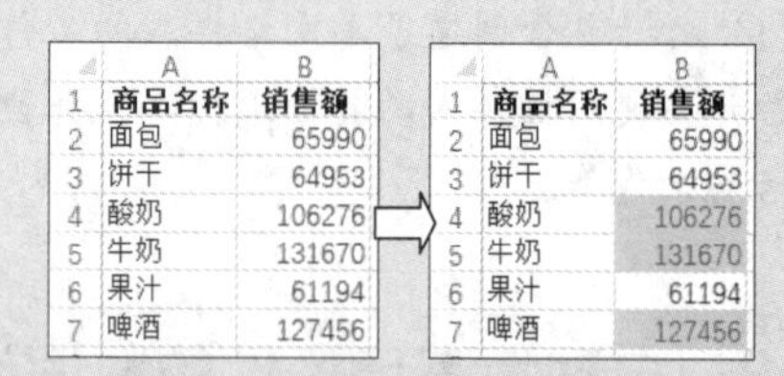

图 5-43　突出显示销售额前 3 名

操作步骤如下。

(1) 选择 B2:B7 单元格区域，在功能区的【开始】选项卡的【样式】组中单击【条件格式】按钮，然后在弹出的菜单中选择【最前 / 最后规则】⇨【前 10 项】命令，如图 5-44 所示。

(2) 打开【前 10 项】对话框，将文本框中的数字设置为 3，在【设置为】下拉列表中选择【浅红色填充】，如图 5-45 所示，然后单击【确定】按钮。

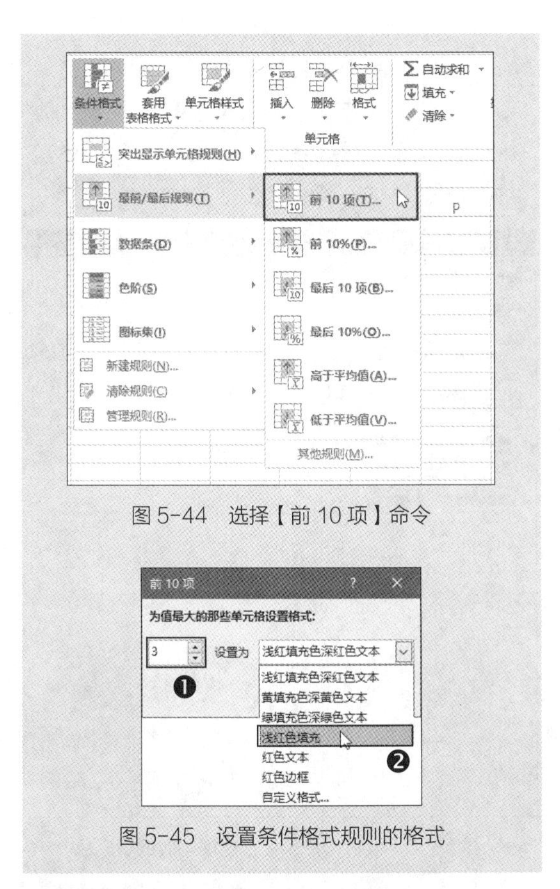

图 5-44　选择【前 10 项】命令

图 5-45　设置条件格式规则的格式

5.3.2 创建自定义条件格式

如果 Excel 内置的条件格式无法满足应用需求，则可以创建新的条件格式。在功能区的【开始】选项卡的【样式】组中单击【条件格式】按钮，然后在弹出的菜单中选择【新建规则】命令，打开图 5-46 所示的【新建格式规则】对话框，【选择规则类型】列表框中列出了 6 种规则类型，选择不同的规则类型，下方将显示相应的选项。前 5 种规则类型对应于上一小节介绍的 Excel 内置的条件格式，最后一种规则类型允许用户通过公式来创建条件格式规则。

◉　【基于各自值设置所有单元格的格式】对应于【数据条】、【色阶】、【图标集】3 种内置的条件格式。

◉　【只为包含以下内容的单元格设置格式】对应于【突出显示单元格规则】命令中除了【重复值】外的其他所有规则。

◉　【仅对排名靠前或靠后的数值设置格式】对应于【最前 / 最后规则】命令中除了【高于平均值】和【低于平均值】外的其他所有规则。

◉　【仅对高于或低于平均值的数值设置格式】对应于【最前 / 最后规则】命令中的【高于平均值】和【低于平均值】两个规则。

◉　【仅对唯一值或重复值设置格式】对应于【突出显示单元格规则】命令中的【重复值】规则。

◉　选择【使用公式确定要设置格式的单元格】，【新建格式规则】对话框将显示图 5-47 所示的内容。在【为符合此公式的值设置格式】文本框中输入一个公式，然后单击【格式】按钮指定所需的格式，Excel 将根据公式的值来设置格式。

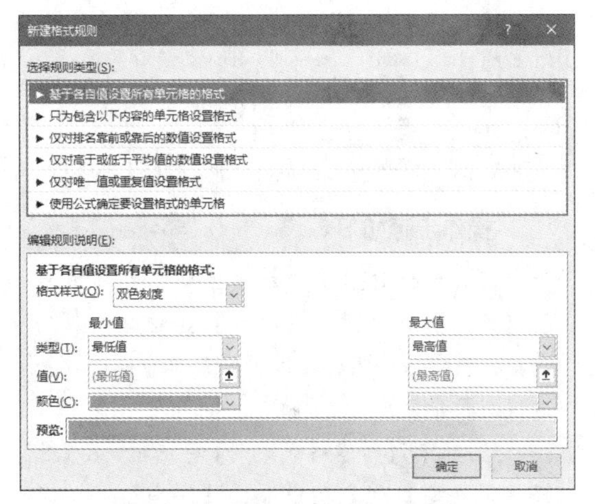

图 5-46　【新建格式规则】对话框

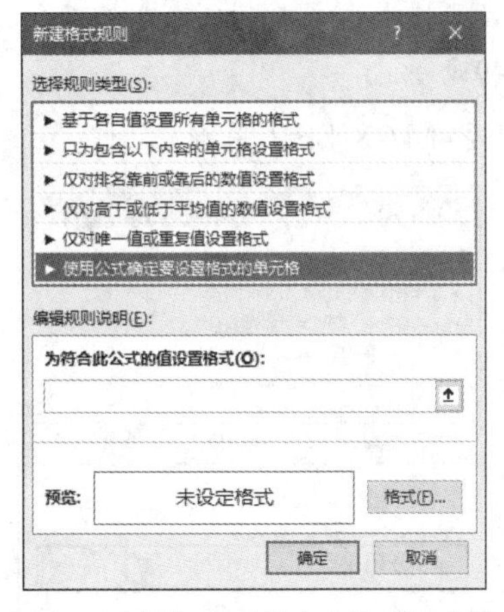

图 5-47　创建基于公式的条件格式规则的界面

下面介绍创建基于公式的条件格式规则的一些典型应用。

5.3.3 突出显示最大值

案例 5-9

突出显示商品在各个地区的最大销售额

案例目标：将商品在各个地区的最大销售额标记为灰色，效果如图 5-48 所示。

	A	B	C	D
1		北京	天津	上海
2	面包	26700	25100	10800
3	饼干	23200	11400	13300
4	酸奶	17600	13900	23000
5	牛奶	23700	12100	19500
6	果汁	10700	21400	23500
7	啤酒	25900	27000	22100

⇩

	A	B	C	D
1		北京	天津	上海
2	面包	26700	25100	10800
3	饼干	23200	11400	13300
4	酸奶	17600	13900	23000
5	牛奶	23700	12100	19500
6	果汁	10700	21400	23500
7	啤酒	25900	27000	22100

图 5-48　突出显示商品在各个地区的最大销售额

操作步骤如下。

(1) 选择 B2:D7 单元格区域，在功能区的【开始】选项卡的【样式】组中单击【条件格式】按钮，然后在弹出的菜单中选择【新建规则】命令。

(2) 打开【新建格式规则】对话框，在【选择规则类型】列表框中选择【使用公式确定要设置格式的单元格】，在【为符合此公式的值设置格式】文本框中输入如下公式，如图 5-49 所示。

=B2=MAX($B2:$D2)

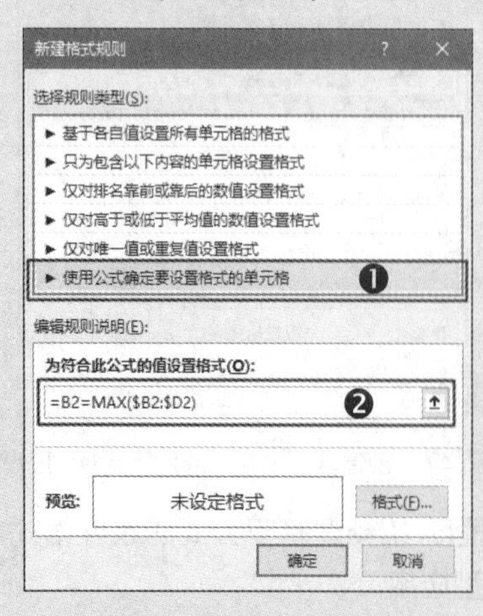

图 5-49　设置条件格式规则

(3) 单击【格式】按钮，打开【设置单元格格式】对话框，在【填充】选项卡中选择一种灰色，然后单击两次【确定】按钮，如图 5-50 所示。

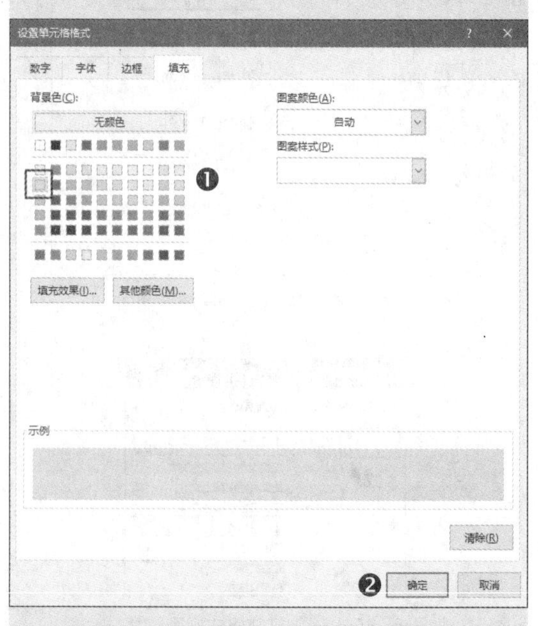

图 5-50　设置符合条件格式规则时的填充色

5.3.4 突出显示重复值

案例 5-10

突出显示姓名相同的员工记录

案例目标：将同名员工所在的数据行设置为灰色背景，效果如图 5-51 所示。

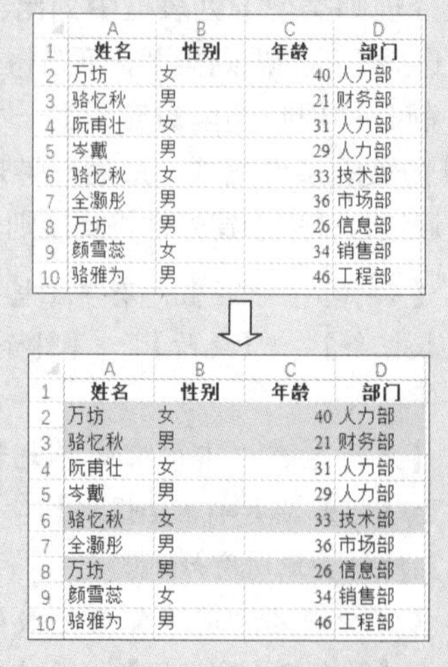

	A	B	C	D
1	姓名	性别	年龄	部门
2	万坊	女	40	人力部
3	骆忆秋	男	21	财务部
4	阮甫壮	女	31	人力部
5	岑戴	男	29	人力部
6	骆忆秋	女	33	技术部
7	全灏彤	男	36	市场部
8	万坊	男	26	信息部
9	颜雪蕊	女	34	销售部
10	骆雅为	男	46	工程部

⇩

	A	B	C	D
1	姓名	性别	年龄	部门
2	万坊	女	40	人力部
3	骆忆秋	男	21	财务部
4	阮甫壮	女	31	人力部
5	岑戴	男	29	人力部
6	骆忆秋	女	33	技术部
7	全灏彤	男	36	市场部
8	万坊	男	26	信息部
9	颜雪蕊	女	34	销售部
10	骆雅为	男	46	工程部

图 5-51　突出显示姓名相同的员工记录

操作步骤如下。

(1) 选择 A2:D10 单元格区域，在功能区的【开始】选项卡的【样式】组中单击【条件格式】按钮，然后在弹出的菜单中选择【新建规则】命令。

(2) 打开【新建格式规则】对话框，在【选择规则类型】列表框中选择【使用公式确定要设置格式的单元格】，在【为符合此公式的值设置格式】文本框中输入如下公式，如图 5-52 所示。

=COUNTIF($A$2:$D$10,$A2)>1

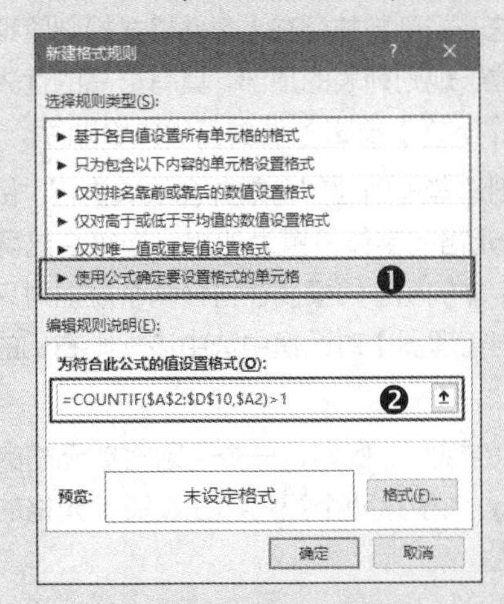

图 5-52　设置条件格式规则

(3) 单击【格式】按钮，打开【设置单元格格式】对话框，在【填充】选项卡中选择一种灰色，然后单击两次【确定】按钮。

5.3.5 突出显示到期数据

案例 5-11

合同到期提醒

案例目标：将已到期的合同所在的数据行标记为黄色，假设当前日期为 2021 年 1 月 31 日，效果如图 5-53 所示。

	A	B	C
1	合同编号	客户名称	合同到期日
2	GSHT001	上海宝丰	2021-1-23
3	GSHT002	天津泰达	2021-1-31
4	GSHT003	北京丽都	2021-1-17
5	GSHT004	重庆嘉德	2021-1-25
6	GSHT005	沈阳先锋	2021-1-30
7	GSHT006	江苏华远	2021-1-31
8	GSHT007	北京创维	2021-1-26
9	GSHT008	上海利源	2021-1-23

	A	B	C
1	合同编号	客户名称	合同到期日
2	GSHT001	上海宝丰	2021-1-23
3	GSHT002	天津泰达	2021-1-31
4	GSHT003	北京丽都	2021-1-17
5	GSHT004	重庆嘉德	2021-1-25
6	GSHT005	沈阳先锋	2021-1-30
7	GSHT006	江苏华远	2021-1-31
8	GSHT007	北京创维	2021-1-26
9	GSHT008	上海利源	2021-1-23

图 5-53　突出显示已到期的合同

操作步骤如下。

(1) 选择 A2:C9 单元格区域，在功能区的【开始】选项卡的【样式】组中单击【条件格式】按钮，然后在弹出的菜单中选择【新建规则】命令。

(2) 打开【新建格式规则】对话框，在【选择规则类型】列表框中选择【使用公式确定要设置格式的单元格】，在【为符合此公式的值设置格式】文本框中输入如下公式，如图 5-54 所示。

=$C2>=TODAY()

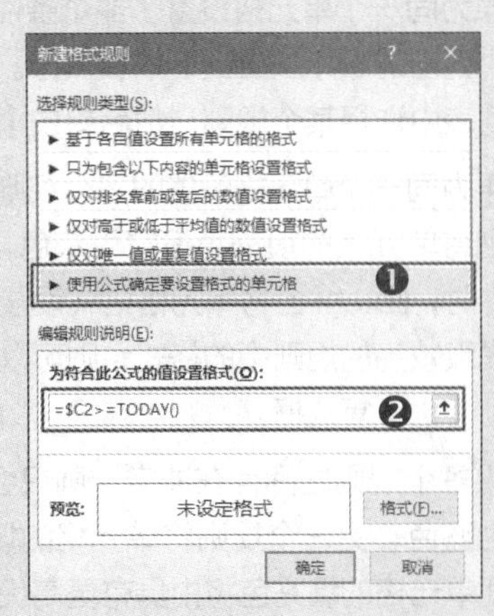

图 5-54　设置条件格式规则

(3) 单击【格式】按钮，打开【设置单元格格式】对话框，在【填充】选项卡中选择黄色，然后单击两次【确定】按钮。

注意

读者打开本例的结果文件时，可能任何数据行都未被标记为黄色，这是因为读者打开文件时的系统时间不是 2021 年 1 月 31 日。想要看到本例效果的一种方法是将计算机中的系统时间修改为 2021 年 1 月 31 日，另一种方法是将第 2 步设置的公式中的 TODAY() 改为 DATE(2021,1,31)。

5.3.6 管理条件格式

用户可以随时修改已创建的条件格式规则，使其符合新的条件要求。选择包含已设置条件格式的单元格，然后在功能区的【开始】选项卡的【样式】组中单击【条件格式】按钮，在弹出的菜单中选择【管理规则】命令，打开【条件格式规则管理器】对话框，其中列出了为当前选择的单元格设置的所有条件格式规则，如图 5-55 所示。选择要修改的规则，然后单击【编辑规则】按钮，在打开的【编辑格式规则】对话框中修改条件格式规则。

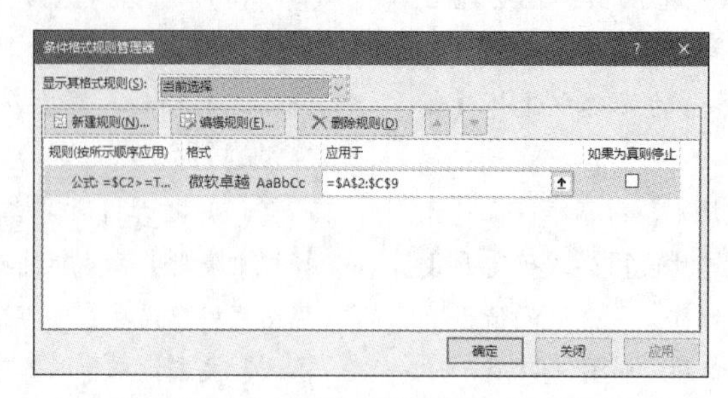

图 5-55 【条件格式规则管理器】对话框

如果为同一个单元格设置了多个条件格式规则，那么这些规则将按照在【条件格式规则管理器】对话框中列出的顺序从上到下依次执行。最新添加的规则位于规则列表的顶部，具有最高的优先级。可以在列表中选择某个规则，然后单击【上移】按钮或【下移】按钮调整其优先级顺序。

如果为同一个单元格设置的多个规则之间没有冲突，则这些规则全部有效并会依次执行。例如，一个规则将单元格的填充色设置为灰色，另一个规则将单元格的字体设置为加粗。当符合这两个规则的条件时，Excel 会将单元格格式设置为灰色背景且将字体加粗。如果要在符合两个规则时只应用其中优先级较高的规则中的格式，则可以在【条件格式规则管理器】对话框中选中该规则右侧的【如果为真则停止】复选框。

如果多个规则之间存在冲突，则只会执行优先级更高的规则。例如，一个规则将单元格的填充色设置为蓝色，另一个规则将单元格的填充色设置为灰色，由于这两个规则都在设置单元格的填充色，因此单元格的填充色将由具有更高优先级的规则来设置。

删除条件格式规则有以下两种方法。

◉ 选择设置了条件格式的单元格，然后在功能区的【开始】选项卡的【样式】组中单击【条件格式】按钮，在弹出的菜单中选择【清除规则】⇨【清除所选单元格的规则】命令，如图 5-56 所示。如果选择【清除整个工作表的规则】命令，将删除活动工作表中的所有条件格式规则，选择该命令前不需要选择特定的单元格。

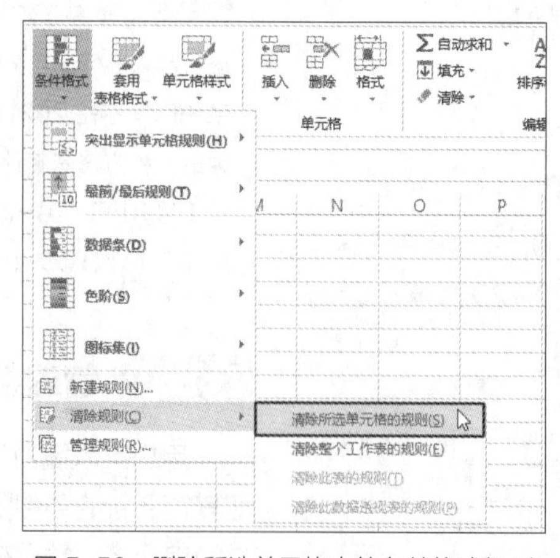

图 5-56 删除所选单元格中的条件格式规则

◉ 打开【条件格式规则管理器】对话框，在规则列表中选择要删除的规则，然后单击【删除规则】按钮。

第6章 打印和导出数据

虽然表格数据的创建、编辑和查看通常都是在 Excel 中完成的，但是在很多时候仍然需要将电子版本的数据打印到纸上，从而获得数据的纸质版本，便于分发、装订和保存。本章将介绍打印工作表前的页面格式设置、打印数据的多种方式，以及将工作簿导出为其他文件类型等内容。

6.1 设置工作表的页面格式

在打印工作表中的内容之前，通常需要对工作表的页面格式进行一些设置，使打印效果符合预期要求。工作表的页面设置主要包括纸张的大小和方向、页边距、页眉和页脚等。工作表的页面设置选项位于以下几个位置。

- 功能区的【页面布局】选项卡的【页面设置】组中。
- 选择【文件】⇨【打印】命令后进入的【打印】界面。
- 在功能区的【页面布局】选项卡中单击【页面设置】组右下角的对话框启动器时打开的【页面设置】对话框。

如果决定打印工作表中的内容，最好在输入内容之前先设置好页面格式，以免因调整页面格式而影响表格的整体结构和布局。

6.1.1 设置纸张的大小和方向

Excel 默认的纸张大小为 A4，默认的纸张方向为“纵向”，用户可以根据需要调整纸张的大小和方向。在功能区的【页面布局】选项卡的【页面设置】组中单击【纸张大小】按钮，然后在弹出的菜单中选择纸张大小，如图 6-1 所示。在功能区的【页面布局】选项卡的【页面设置】组中单击【纸张方向】按钮，然后在弹出的菜单中选择纸张方向，如图 6-2 所示。

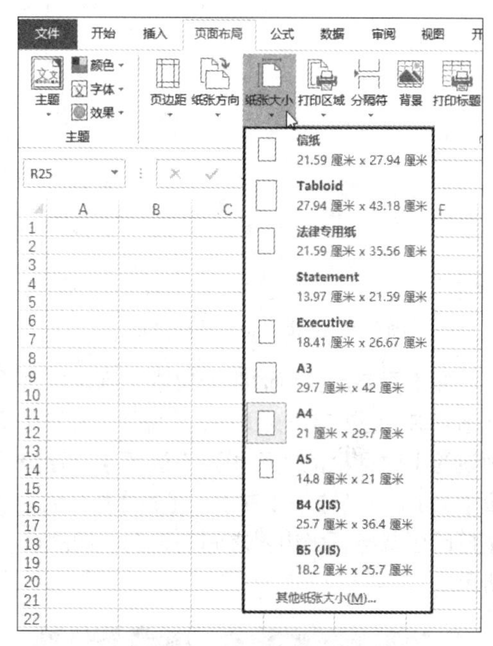

图 6-1 设置纸张大小

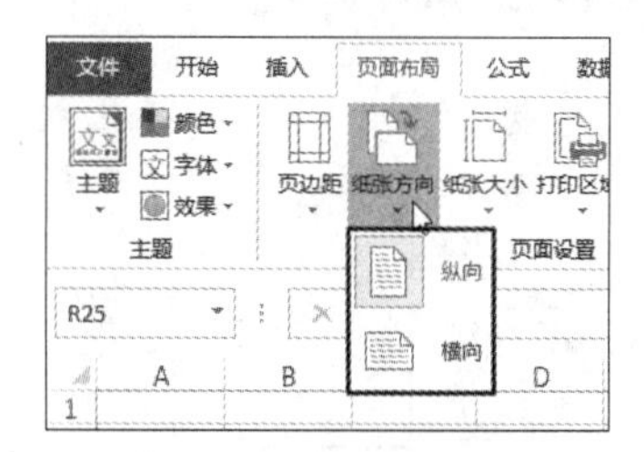

图 6-2 设置纸张方向

> **提示**
> 更改纸张大小或进行其他页面设置后，Excel 将自动在工作表中显示虚线，以此来表示每个页面的边界。

6.1.2 设置页边距

通过页边距可以控制打印区域与纸张边界之间的距离。在功能区的【页面布局】选项卡的【页面设置】组中单击【页边距】按钮，然后在弹出的菜单中选择 Excel 预置的页边距，如图 6-3 所示。

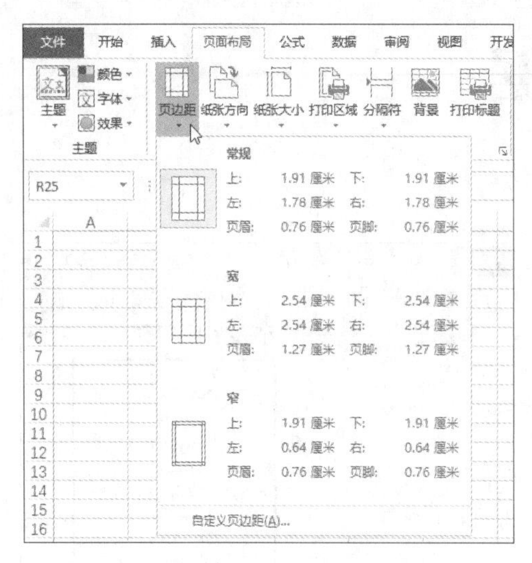

图 6-3　选择 Excel 预置的页边距

如果要自定义页边距的尺寸，则可以选择弹出菜单中的【自定义页边距】命令，打开【页面设置】对话框的【页边距】选项卡，通过设置【上】、【下】、【左】、【右】4 个值，调整打印区域与纸张边界之间的距离，如图 6-4 所示。

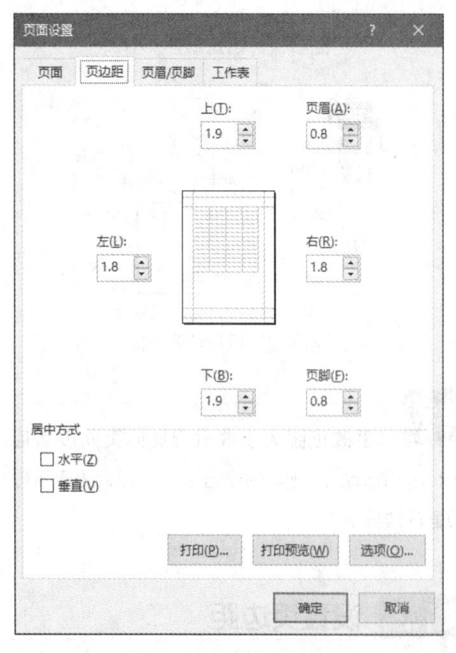

图 6-4　自定义页边距

【页眉】和【页脚】两个选项用于调整页眉、页脚与纸张边界之间的距离。如果要让内容打印在纸张的中间位置，则需要选中【水平】和【垂直】两个复选框。

6.1.3 设置页眉和页脚

页眉和页脚是位于纸张顶部和底部的内容，用于为工作表提供一些辅助信息，如标题、页码、总页数、日期和时间、公司 Logo 等。

要设置页眉和页脚，需要在功能区的【页面布局】选项卡中单击【页面设置】组右下角的对话框启动器，打开【页面设置】对话框，在【页眉/页脚】选项卡的【页眉】和【页脚】两个下拉列表中选择要添加到页眉和页脚中的内容，如图 6-5 所示。

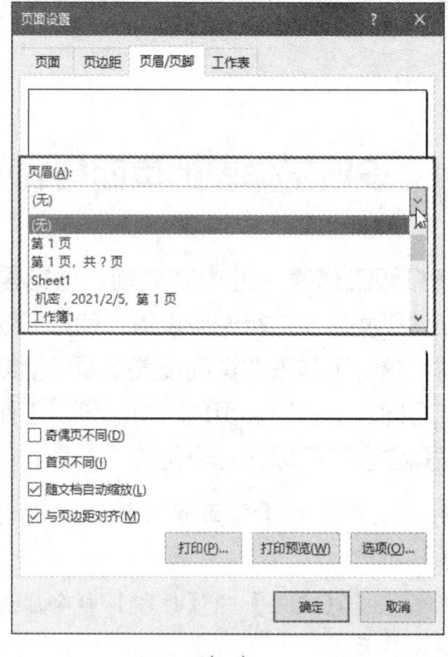

（a）

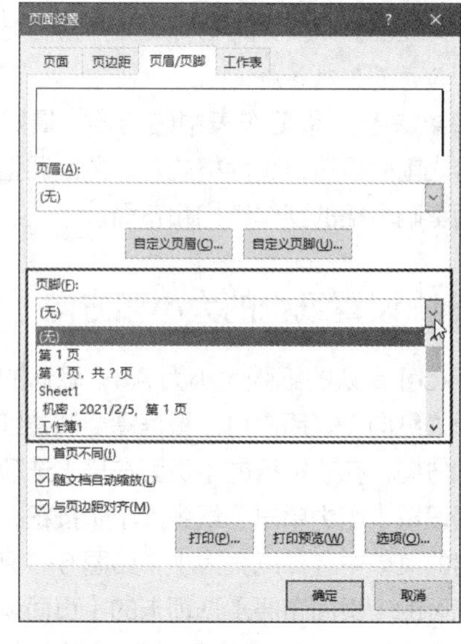

（b）

图 6-5　选择要添加到页眉和页脚中的内容

除了【页眉】和【页脚】两个下拉列表外，在【页眉/页脚】选项卡中还包含4个复选框，它们的功能如下。

- 奇偶页不同：选中该复选框后，可以为奇数页和偶数页设置不同的页眉和页脚。
- 首页不同：选中该复选框后，可以为第1个页面设置与其他页不同的页眉和页脚。
- 随文档自动缩放：选中该复选框后，如果设置了打印缩放比例，则会自动调整页眉和页脚中的字号。
- 与页边距对齐：选中该复选框后，可以分别将左页眉和左页脚与纸张左边距对齐、将右页眉和右页脚与纸张右边距对齐。

如果要在页眉和页脚中添加自定义的内容，则可以在【页眉/页脚】选项卡中单击【自定义页眉】和【自定义页脚】按钮。图6-6所示为单击【自定义页眉】按钮打开的【页眉】对话框，页眉的设置分为左、中、右3个部分，每个部分都有一个对应的文本框。单击文本框内部，然后输入所需的内容，或者单击上方的按钮在页眉中自动添加特定的元素，这些按钮的功能如表6-1所示。自定义设置页脚内容的方法与此类似。

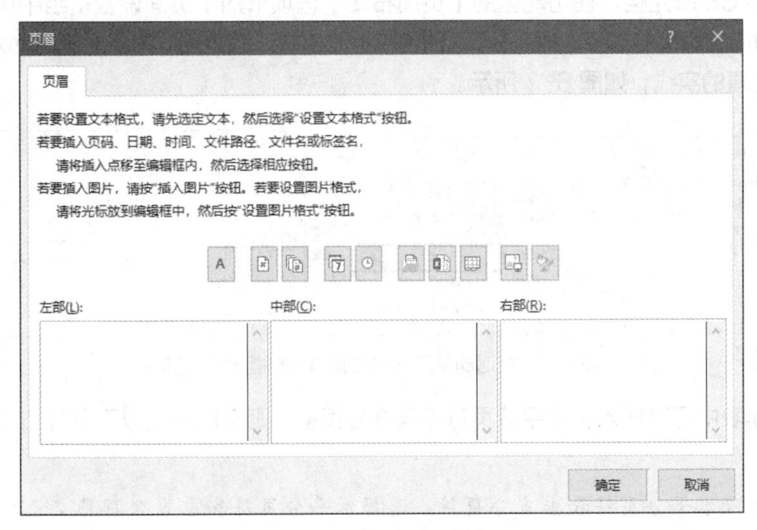

图6-6 【页眉】对话框

表6-1 【页眉】对话框中各个按钮的功能

按钮名称	单击按钮时插入的代码或执行的操作
格式文本	打开【字体】对话框，设置页眉中的文本的字体格式
插入页码	插入代码"&[页码]"，打印每一页的页码
插入页数	插入代码"&[总页数]"，打印工作表的总页数
插入日期	插入代码"&[日期]"，打印系统日期
插入时间	插入代码"&[时间]"，打印系统时间
插入文件路径	插入代码"&[路径]&[文件]"，打印工作簿的路径和文件名
插入文件名	插入代码"&[文件]"，打印工作簿的文件名
插入数据表名称	插入代码"&[标签名]"，打印工作表的名称
插入图片	打开【插入图片】对话框，选择要在页眉中插入的图片
设置图片格式	打开【设置图片格式】对话框，为已插入的图片设置格式

也可以在页面布局视图中设置页眉和页脚，具体方法请参考6.1.5小节。

> **提示**
>
> 如果要在页眉或页脚中显示 & 符号本身，则需要使用两个 & 符号。例如，如果要在页眉中显示“入库 & 出库”，则需要输入“入库 && 出库”。

6.1.4 设置分页

在打印包含很多内容的工作表时，Excel 会默认根据纸张大小自动对工作表内容进行分页，并在工作表中使用虚线作为页面之间的分界标志。执行以下任意一种操作都会在工作表中显示虚线。

- 设置纸张的大小、方向、页边距等页面格式。
- 切换到页面布局视图，然后切换回普通视图。
- 选择【文件】⇨【打印】命令，进入【打印】界面，然后返回工作表界面。

用户可以控制分页的位置，以决定在哪个位置开始打印下一页。用作分页的标记称为“分页符”，分页符分为水平分页符和垂直分页符两种，Excel 基于活动单元格的位置插入分页符。

例如，选择 C6 单元格，在功能区的【页面布局】选项卡的【页面设置】组中单击【分隔符】按钮，然后在弹出的菜单中选择【插入分页符】命令，C6 单元格的左侧和上方将各插入一个分页符，并显示水平和垂直的实线，如图 6-7 所示。

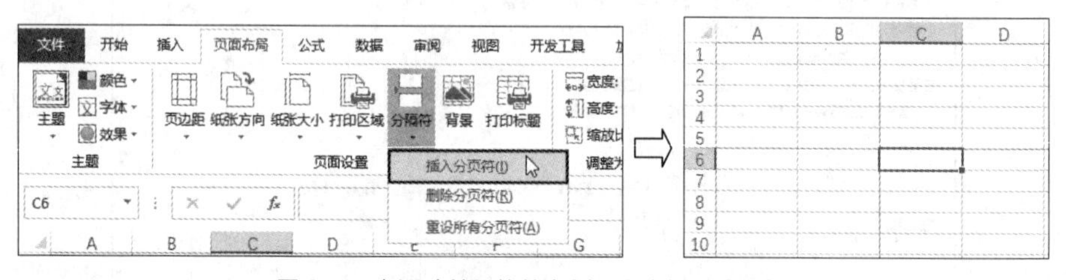

图 6-7　在活动单元格的左侧和上方插入分页符

如果在工作表中同时插入了水平分页符和垂直分页符，则可以使用以下几种方法删除指定的分页符。

- 同时删除水平分页符和垂直分页符：选择水平分页符和垂直分页符交叉处右下方的单元格，如前面创建分页符时的 C6 单元格，然后在功能区的【页面布局】选项卡的【页面设置】组中单击【分隔符】按钮，在弹出的菜单中选择【删除分页符】命令，将同时删除水平分页符和垂直分页符。
- 只删除水平分页符：选择要删除的水平分页符下一行中的任意一个单元格，然后执行【删除分页符】命令，将删除该水平分页符。
- 只删除垂直分页符：选择要删除的垂直分页符右侧列中的任意一个单元格，然后执行【删除分页符】命令，将删除该垂直分页符。
- 删除工作表中的所有分页符：如果要删除用户在当前工作表中创建的所有分页符，则可以在功能区的【页面布局】选项卡的【页面设置】组中单击【分隔符】按钮，然后在弹出的菜单中选择【重设所有分页符】命令。

6.1.5 页面布局视图和分页预览视图

除了普通视图外，用户还可以在页面布局视图和分页预览视图中对工作表的页面格式进行设置。切换到页面布局视图和分页预览视图的方法请参考本书第 2 章。在设置工作表的页眉和页脚时，页面布局视图可以提供更直观的预览效果，如图 6-8 所示。

添加页眉

	A	B	C	D	E	F
1	姓名	性别	年龄	籍贯	学历	部门
2	鲁戳	女	48	河南	高中	市场部
3	童姬	男	44	江西	大专	信息部
4	伍化	男	26	陕西	博士	市场部
5	霍业	男	31	甘肃	高中	工程部
6	贝凌	男	35	江西	博士	工程部
7	蒋巧翠	女	23	黑龙江	大专	技术部
8	申寄琴	男	48	重庆	硕士	客服部
9	洪碧白	女	34	重庆	博士	市场部
10	史夜卉	女	38	贵州	硕士	财务部
11	萁丁	男	36	安徽	博士	工程部
12	胡丹	女	24	青海	高中	技术部
13	羿定	男	33	黑龙江	博士	信息部
14	邹蓝键	女	43	山东	博士	工程部
15	叶问凝	女	48	山西	高中	技术部
16	印余	男	32	河北	高中	客服部
17	蒲贞心	男	33	陕西	高中	财务部

图 6-8　页面布局视图

在页面布局视图中单击页眉或页脚区域中的文本框，将在功能区中显示【页眉和页脚工具|设计】上下文选项卡，其中包含的选项与【页面设置】对话框的【页眉 / 页脚】选项卡中的选项基本相同，如图 6-9 所示。

图 6-9　【页眉和页脚工具 | 设计】上下文选项卡

从分页预览视图的名称中可知，在该视图中查看和操作分页符会更加方便。要插入分页符，可以在分页预览视图中右击指定的单元格，然后在弹出的菜单中选择【插入分页符】命令，如图 6-10 所示。

在分页预览视图中以蓝色粗线表示分页符。将鼠标指针指向分页符，当鼠标指针变为双向箭头时，按住鼠标左键拖动即可调整分页符的位置。插入分页符后，每一页中将显示“第 * 页”的标志，如图 6-11 所示。

	A	B	C	D	E	F
1	姓名	性别	年龄	籍贯	学历	部门
2	鲁戳	女	48	河南	高中	市场部
3	童姬	男			大专	信息部
4	伍化	男			博士	市场部
5	霍业	男			高中	工程部
6	贝凌	男			博士	工程部
7	蒋巧翠	女			大专	技术部
8	申寄琴	男			硕士	客服部
9	洪碧白	女			博士	市场部
10	史夜卉	女			硕士	财务部
11	萁丁	男			博士	工程部
12	胡丹	女			高中	技术部
13	羿定	男			博士	信息部
14	邹蓝键	女			博士	工程部
15	叶问凝	女			高中	技术部
16	印余	男			高中	客服部
17	蒲贞心	男			高中	财务部
18	石家朔	女			大本	市场部
19	益幻菱	女			高中	信息部
20	鲍兢	女			博士	工程部
21	盖书雁	男			大本	技术部
22	辛侧	女			博士	市场部
23	明优	女			高中	客服部
24	曹钰桐	男			博士	客服部
25	仲土	男			大专	技术部

剪切(T)
复制(C)
粘贴选项:
选择性粘贴(S)...
智能查找(L)
插入(I)...
删除(D)...
清除内容(N)
快速分析(Q)
插入批注(M)
设置单元格格式(F)...
插入分页符(B)
重设所有分页符(A)
设置打印区域(S)
重设打印区域(R)
页面设置(U)...

图 6-10　在分页预览视图中插入分页符

	A	B	C	D	E	F
1	姓名	性别	年龄	籍贯	学历	部门
2	鲁戳	女	48	河南	高中	市场部
3	童姬	男	44	江西	大专	信息部
4	伍化	男	26	陕西	博士	市场部
5	霍业	男	31	甘肃	高中	工程部
6	贝凌	男	35	江西	博士	工程部
7	蒋巧翠	女	23	黑龙江	大专	技术部
8	申寄琴	男	48	重庆	硕士	客服部
9	洪碧白	女	34	重庆	博士	市场部
10	史夜卉	女	38	贵州	硕士	财务部
11	萁丁	男	36	安徽	博士	工程部
12	胡丹	女	24	青海	高中	技术部

第 页　第 页

图 6-11　插入分页符后的每个区域中会显示“第 * 页”的标志

在分页预览视图中删除分页符与在普通视图删除分页符的方法类似，右击指定的单元格，在弹出的菜单中选择【删除分页符】命令即可。

6.2 打印数据

本节将介绍打印工作表的几种常用方法，包括打印预览、缩放打印、打印行列标题、打印指定的数据区域和对象、设置其他打印选项。

6.2.1 打印预览

在开始打印之前通常需要预览一下工作表的打印效果，如果发现问题可以及时修正。选择【文件】⇨【打印】命令进入【打印】界面，如图 6-12 所示。该界面左侧包含与页面设置和打印相关的选项，右侧为工作表的打印预览效果。如果工作表包含多页，则可以单击界面右侧下方的箭头切换显示不同的页面。

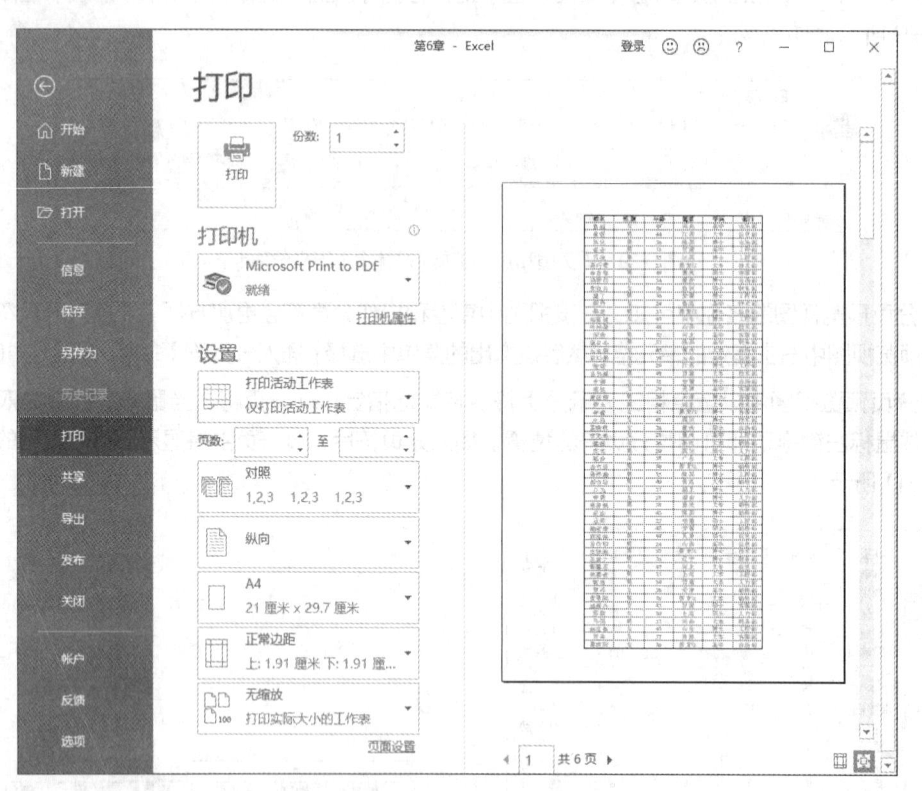

图 6-12　打印预览效果

界面左侧的部分选项与本章前面介绍的页面设置的一些选项相同，这里列出这些选项主要是为了在预览打印效果时可以随时调整相关设置。界面左侧还包括以下一些选项。

- 份数：设置要打印的文件数量。
- 打印机：选择打印时使用的打印机。
- 打印的数据范围：默认打印活动工作表，可以改为打印整个工作簿或当前选中的区域，如图 6-13 所示。

◉ 打印的页码范围：如果工作表不止一页，则可以设置要打印的页码范围。

◉ 打印次序：如果要打印多份文件，则可以在该下拉列表中选择多份文件的打印顺序，默认为【1,2,3 1,2,3 1,2,3】，即先打印第1份文件，打印完成后，再打印第2份文件，直到打印完最后一份文件；如果将该设置改为【1,1,1 2,2,2 3,3,3】，则会先打印每份文件的第1页，然后打印每份文件的第2页，以此类推，直到打印完每份文件的最后一页。

◉ 缩放打印：设置打印的缩放比例，默认按实际大小进行打印。

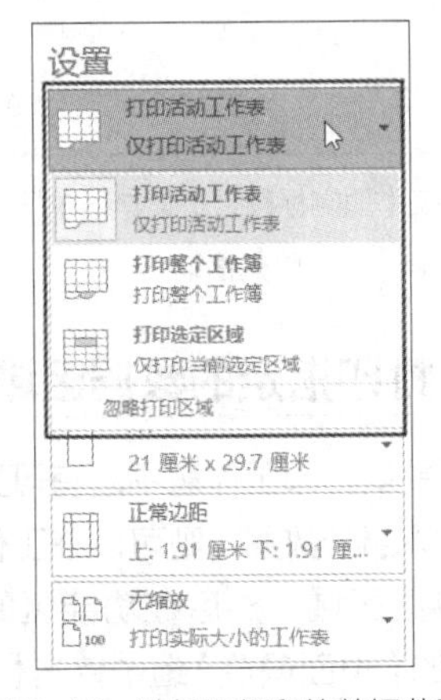

图6-13 选择要打印的数据范围

完成所需的设置后，单击打印预览界面中的【打印】按钮即可开始打印。

6.2.2 缩放打印

用户可以控制打印数据时的缩放比例，例如可以让所有列都打印在一张纸上，避免出现个别列被打印到另一张纸上的情况。可以在以下3个位置设置缩放打印的相关选项。

◉ 功能区的【页面布局】选项卡的【调整为合适大小】组，如图6-14所示。

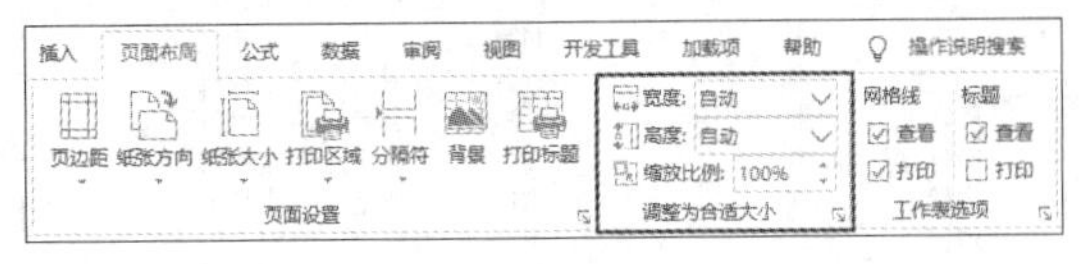

图6-14 在功能区中设置缩放打印

◉ 【页面设置】对话框中的【页面】选项卡，如图6-15所示。

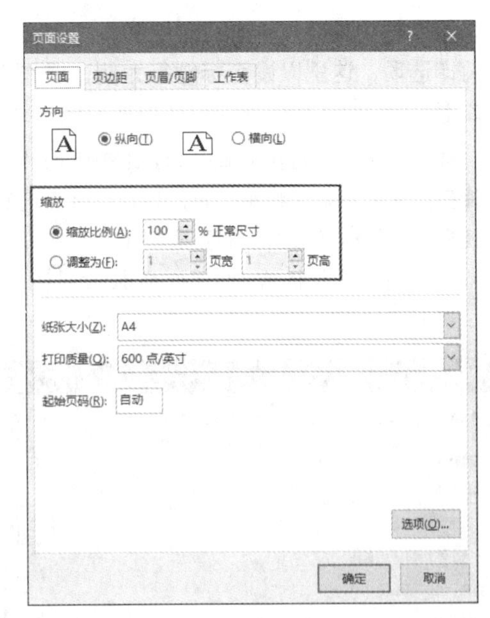

图6-15 在【页面设置】对话框中设置缩放打印

◉ 选择【文件】⇨【打印】命令，进入的【打印】界面，如图6-16所示。

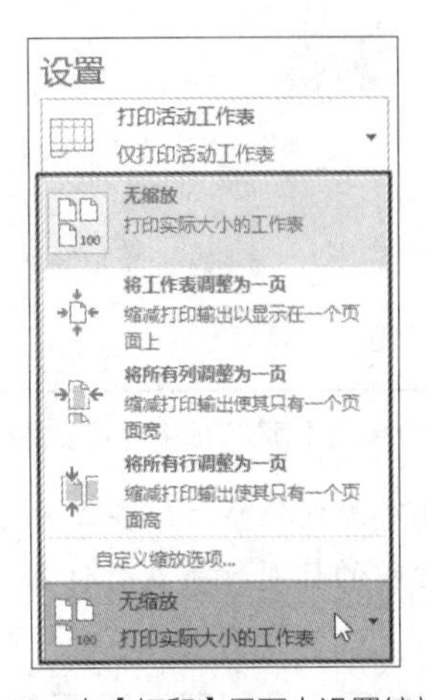

图6-16 在【打印】界面中设置缩放打印

这3个位置中的选项名称虽然有所不同，但是它们的作用相同。用户可以指定打印的比例值，大于100%将放大打印，小于100%将缩小打印；还可以在水平或垂直方向上指定要打印的页数范围，将数据在水平或垂直方向上进行压缩或扩展，以占用更少或更多的页面。

6.2.3 打印行列标题

如果工作表中的第1行是标题行，在打印包含多页的工作表时，只会在第1页中打印标题。如果要在其他页中也打印标题，则需要设置打印选项，这里以设置标题行为例，操作步骤如下。

(1) 在功能区的【页面布局】选项卡的【页面设置】组中单击【打印标题】按钮，打开【页面设置】对话框的【工作表】选项卡，单击【顶端标题行】文本框右侧的折叠按钮，如图 6-17 所示。

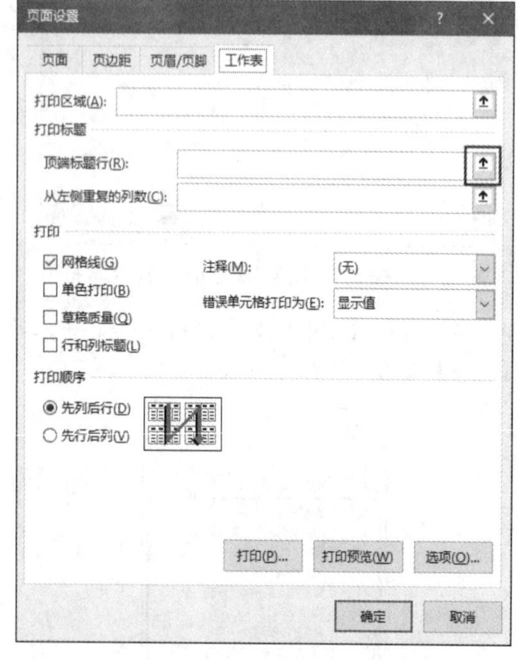

图 6-17　单击【顶端标题行】右侧的折叠按钮

(2) 将对话框折叠后，在工作表中单击要在每一页打印的标题行所在的位置，如图 6-18 所示。

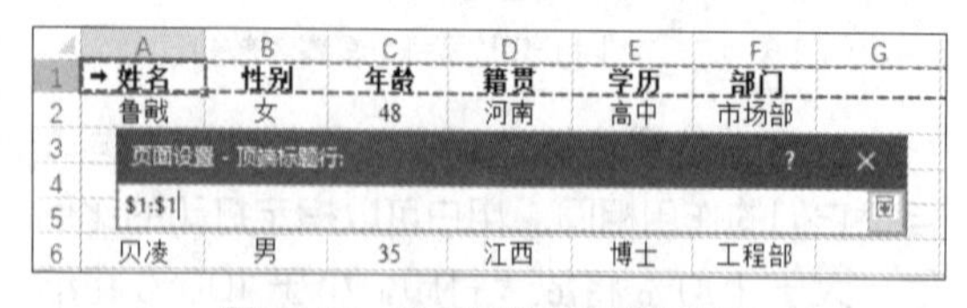

图 6-18　单击标题行所在的位置

(3) 单击对话框中的展开按钮，恢复【页面设置】对话框，上一步选择的标题行单元格的地址被自动填入【顶端标题行】文本框中，然后单击【确定】按钮，如图 6-19 所示。

设置完成后，可以在【打印】界面或页面布局视图中查看重复标题行的设置效果。

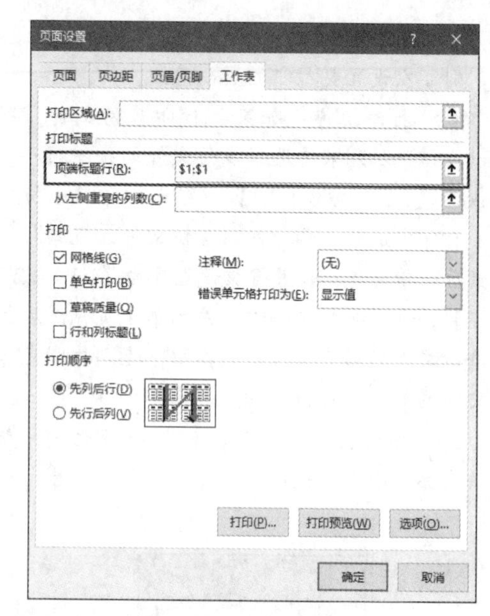

图 6-19　在【顶端标题行】文本框中填入标题行的单元格地址

6.2.4 打印指定的数据区域和对象

Excel 默认打印工作表中所有可见的内容。如果只想打印部分数据，则可以在工作表中选择要打印的数据区域，然后在功能区的【页面布局】选项卡的【页面设置】组中单击【打印区域】按钮，在弹出的菜单中选择【设置打印区域】命令，如图 6-20 所示。设置完成后选区四周将显示黑色的边框线，此处的 A1:F10 单元格区域为设置的打印区域。

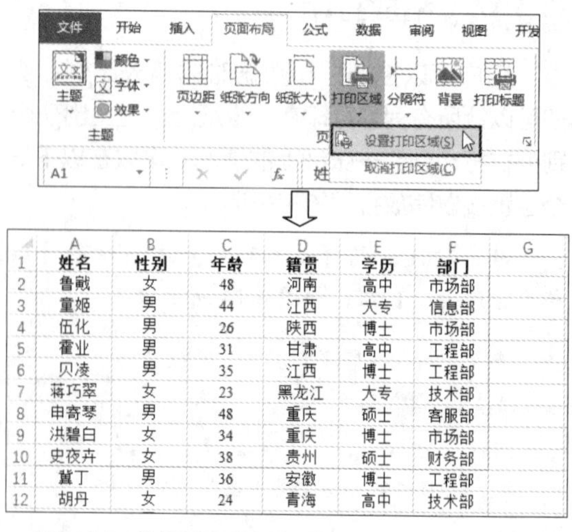

	A	B	C	D	E	F
1	姓名	性别	年龄	籍贯	学历	部门
2	鲁戚	女	48	河南	高中	市场部
3	童姬	男	44	江西	大专	信息部
4	伍化	男	26	陕西	博士	市场部
5	霍业	男	31	甘肃	高中	工程部
6	贝凌	男	35	江西	博士	工程部
7	蒋巧翠	女	23	黑龙江	大专	技术部
8	申寄琴	男	48	重庆	硕士	客服部
9	洪碧白	女	34	重庆	博士	市场部
10	史夜卉	女	38	贵州	硕士	财务部
11	冀丁	男	36	安徽	博士	工程部
12	胡丹	女	24	青海	高中	技术部

图 6-20　选择【设置打印区域】命令将选区设置为打印区域

如果要同时打印多个不相邻的区域，则可以在设置好上一个区域后，选择要打印的下一个区域，然后在功能区中的【页面布局】选项卡的【页面设置】组中单击【打印区域】按钮，在弹出的菜单中选择【添加到打印区域】命令，将当前选区也设置为打印区域，如图 6-21 所示。

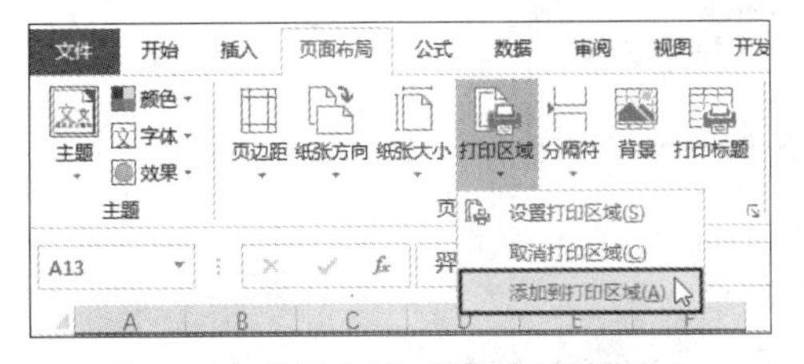

图 6-21　选择【添加到打印区域】命令

如果要取消已经设置好的打印区域，可以在功能区的【页面布局】选项卡的【页面设置】组中单击【打印区域】按钮，然后在弹出的菜单中选择【取消打印区域】命令。

如果只想打印工作表中的特定对象，如图表，则可以先选中该图表，然后执行打印操作。如果不想打印工作表中特定的对象，则可以右击该对象，然后在弹出的菜单中选择【大小和属性】命令，在打开的窗格中展开【属性】类别，取消选中【打印对象】复选框，如图 6-22 所示。

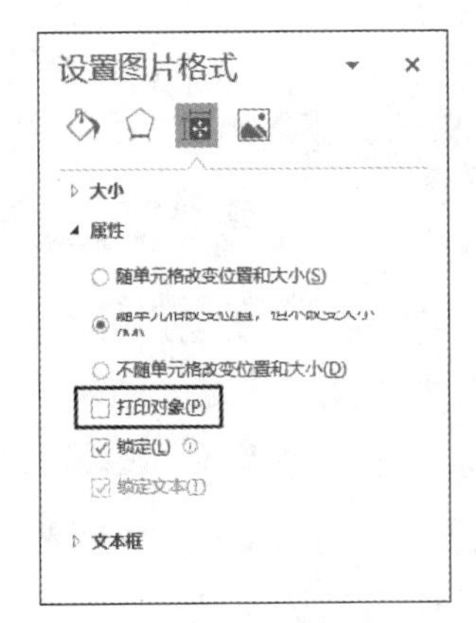

图 6-22　取消选中【打印对象】复选框

6.2.5 设置其他打印选项

用户可以设置在打印工作表时是否打印其中的网格线、行号和列标，以及单元格的颜色、错误值等。

1. 打印网格线、行号和列标

打印工作表时，Excel 默认不会打印组成单元格的横纵交错的网格线，也不会打印单元格区域左侧的行号和顶部的列标。如果要打印这些内容，则可以在功能区的【页面布局】选项卡的【工作表选项】组中选中【网格线】和【标题】两个类别中的【打印】复选框，如图 6-23 所示。

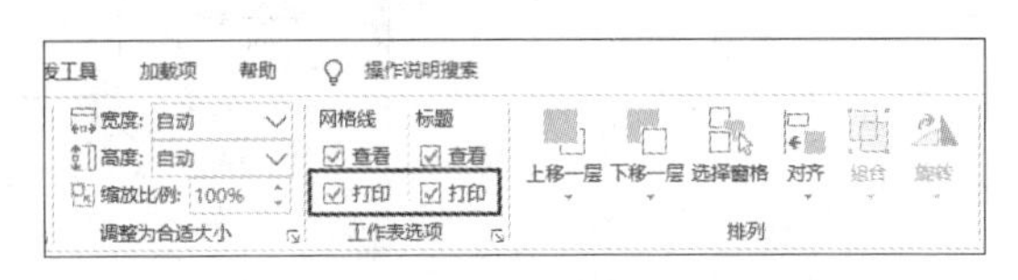

图 6-23　选中【打印】复选框以打印网格线、行号和列标

2. 不打印单元格的颜色

在工作表中如果为单元格设置了填充色、边框和字体颜色，则会在黑白打印时使用不同深浅的灰色来表示这些颜色。在【页面设置】对话框的【工作表】选项卡中选中【单色打印】复选框，打印时将忽略单元格的颜色，如图 6-24 所示。

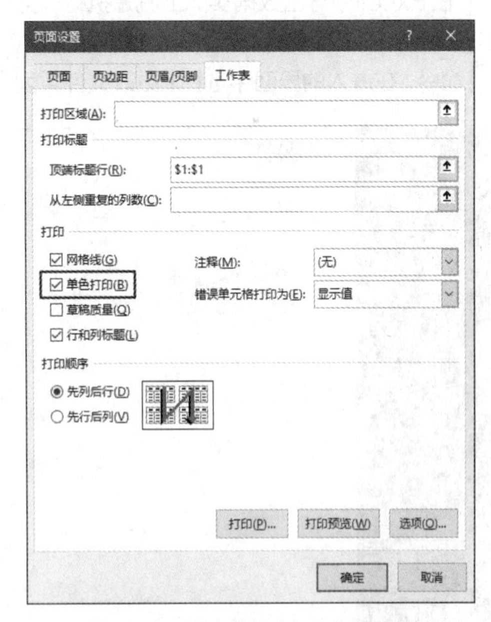

图 6-24　选中【单色打印】复选框

3. 不打印错误值

如果工作表中包含错误值，则可以在【页面设置】对话框的【工作表】选项卡的【错误单元格打印为】下拉列表中，选择要将错误值打印为哪种形式，如图 6-25 所示。

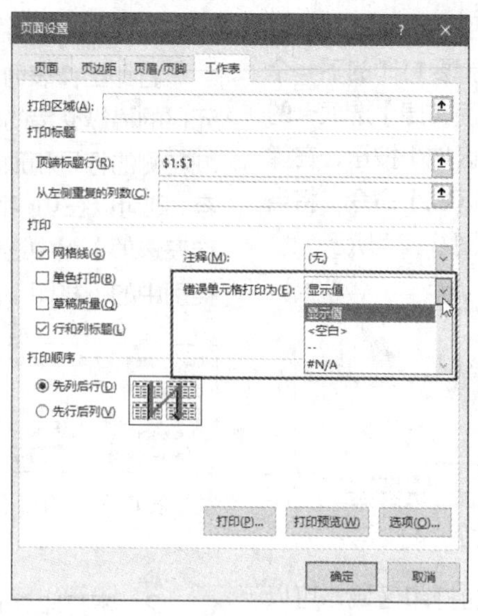

图 6-25　设置错误值的打印方式

6.3　导出数据

在 Excel 中导出数据实际上就是执行“另存为”操作。可以将工作簿导出为多种类型的文件，包括不同版本 Excel 支持的工作簿、文本文件、CSV 文件、PDF、XPS、网页等。选择【文件】⇨【导出】命令，在进入的界面中选择【更改文件类型】，然后在右侧选择导出文件的类型，如图 6-26 所示。

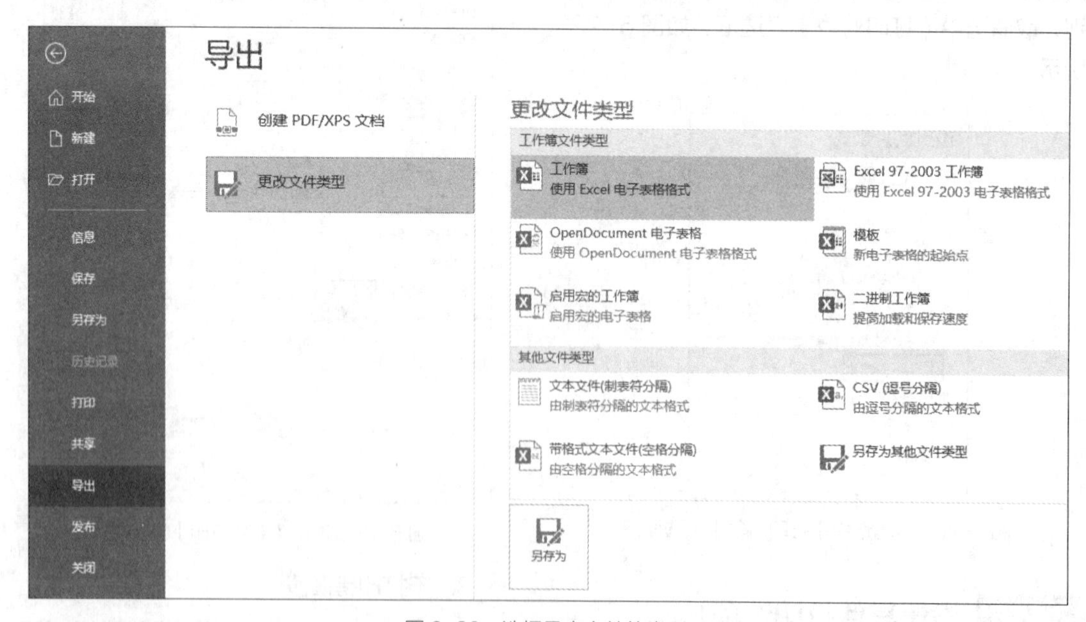

图 6-26　选择导出文件的类型

选择一种文件类型后单击【另存为】按钮，或者直接双击一种文件类型，将打开【另存为】对话框，设置好文件的名称和保存位置，然后单击【保存】按钮，即可将当前工作簿导出为指定类型的文件。

公式和函数基础

公式和函数是Excel得以发挥强大计算能力的核心技术，Excel提供了种类丰富的函数，用于完成不同类型和用途的计算任务，公式和函数在数据计算、数据验证、条件格式、动态图表等多个方面都发挥着重要作用。本章将介绍公式和函数的基本概念和基本操作，包括公式的组成、运算符及其优先级、公式的基本分类、输入和编辑公式、在公式中使用函数和名称、数组公式的概念和输入方法、引用其他工作表和工作簿中的数据、处理公式中的错误等内容，最后还将介绍公式使用中的几个实用技巧。

7.1 公式的基本概念

本节将介绍Excel公式的基本概念，包括公式的组成、运算符及其优先级、公式类型的划分方式，以及Excel在公式和函数方面的限制。

7.1.1 公式的组成

Excel中的公式由等号、常量、运算符、单元格引用、函数、定义的名称等内容组成，在一个公式中可以包含这些内容的部分或全部。Excel中的任何公式都必须以等号开头，然后才是公式包含的其他内容。下面就是Excel公式的一个示例，它首先使用SUM函数计算A1、A2、A3三个单元中内容的总和，然后将计算结果乘以10，再将计算结果加6。

```
=SUM(A1:A3)*10+6
```

常量就是字面量，它是一个值，可以是文本、数值或日期，如Excel、666、2020年10月1日。单元格引用就是单元格地址，它可以是单个单元格地址，也可以是单元格区域的地址，如A1、A2:B6。函数通常是指Excel内置函数，如SUM、LEFT、LOOKUP。名称是用户在Excel中创建的，可以将名称看作命名的公式，在公式中可以包含的内容也可以出现在名称中。使用名称可以简化公式的输入量，并使公式易于理解。

运算符用于连接公式中的各个部分，并执行不同类型的计算，如“+”运算符用于计算两个数字的和，“*”运算符用于计算两个数字的积。不同类型的运算符具有不同的运算次序，这种次序称为运算符的优先级。

7.1.2 运算符及其优先级

Excel中的运算符包括算术运算符、文本连接运算符、比较运算符、引用运算符4种类型。表7-1所示为按优先级从高到低的顺序排列的运算符，即引用运算符的优先级最高，比较运算符的优先级最低。

如果一个公式包含多个不同类型的运算符，Excel将按照这些运算符的优先级对公式中的各个部分进行计算。如果一个公式包含多个具有相同优先级的运算符，Excel将按照运算符在公式中出现的位置，从左到右对各部分进行计算。

表 7-1　运算符及其说明

运算符类型	运算符	说明	示例
引用运算符	冒号（:）	区域运算符，引用由冒号两侧的单元格组成的整个区域	=SUM(A1:A6)
	逗号（,）	联合运算符，将不相邻的多个区域合并为一个引用	=SUM(A1:B2,C5:D6)
	空格（ ）	交叉运算符，引用空格两侧的两个区域的重叠部分	=SUM(A1:B6 B2:C5)
算术运算符	-	负数	=10*-3
	%	百分比	=2*15%
	^	乘方（幂）	=3^2-6
	* 和 /	乘法和除法	=6*5/2
	+ 和 -	加法和减法	=2+18-10
文本连接运算符	&	将两部分内容连接在一起	="Windows"&" 系统 "
比较运算符	=、<、<=、>、>= 和 <>	比较两部分内容并返回逻辑值	=A1<=A2

例如，下面的公式的计算结果为 11，由于“*”运算符和“/”运算符的优先级高于“+”运算符，因此先计算 10 乘以 3，再将得到的结果 30 除以 6，最后将得到的结果 5 加 6，最终结果为 11。

```
=6+10*3/6
```

如果想要先计算低优先级的加法，即 6+10 部分，则可以使用小括号提升运算符的优先级，使低优先级的运算符先进行计算。下面的公式将 6+10 放到一对小括号中，使“+”运算符在“*”和“/”运算符之前先进行计算，因此该公式的计算结果为 8，即 6+10=16⇨16*3=48⇨48/6=8。

```
=(6+10)*3/6
```

提示

当公式中包含嵌套的小括号时，即一对小括号位于另一对小括号的内部。在这种情况下，就从最内层的小括号逐级向外层小括号进行计算。

7.1.3 普通公式和数组公式

普通公式是 Excel 中最常见的公式，前面列出的公式都是普通公式。普通公式在输入方面的一个共同点是按【Enter】键表示结束输入，并得到计算结果。例如，在 A1 单元格中输入下面的公式并按【Enter】键，即可得到计算结果 16。

```
=10+6
```

另一种功能强大的公式是数组公式，由于数组公式用于执行多项计算，因此通常只需一个数组公式即可完成需要多个普通公式才能完成的计算。多项计算是指同时对公式中具有对应关系的元素分别进行相应的计算。

与输入普通公式的方法不同，输入数组公式需要按【Ctrl+Shift+Enter】快捷键结束。按该快捷键后，Excel 会自动在公式两端添加一对大括号，将整个公式括起来，如图 7-1 所示。这是数组公式与普通公式在外观上的区别。

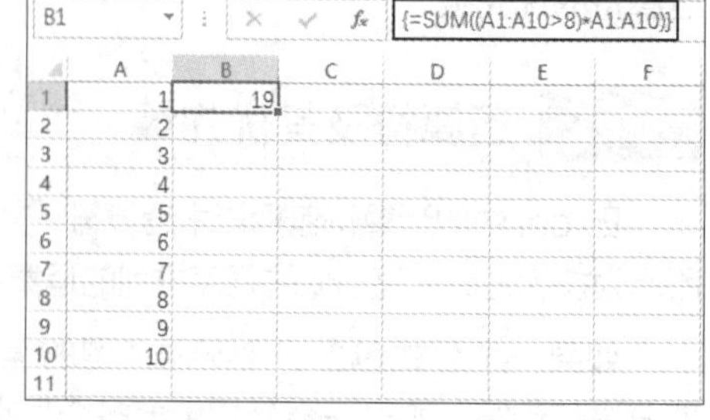

图 7-1　Excel 使用一对大括号将数组公式括起来

关于数组公式的更多内容，请参考 7.5 节。

7.1.4 单个单元格公式和多个单元格公式

按一个公式占据的单元格数量进行划分，可以将公式分为单个单元格公式与多个单元格公式（或称多单元格公式）。普通公式属于单个单元格公式，每个公式只能返回一个结果。数组公式分为单个单元格公式和多个单元格公式两种，当一个数组公式同时返回多个结果时，该数组公式就是多个单元格公式，因为要占用多个单元格来存放多个结果。

对占据多个单元格的数组公式而言，无法单独编辑其中的某个单元格，而是需要对公式占据的整个单元格区域进行统一编辑，具体方法将在 7.5.3 小节进行介绍。

7.1.5 Excel 在公式和函数方面的限制

Excel 对单元格和公式中可以包含的最大字符数、数字精度、函数的参数个数，以及可以嵌套的函数层数等方面有一定的限制，如表 7-2 所示。

表 7-2 Excel 在公式和函数方面的限制

功能	最大限制
单元格中可以包含的最大字符数	32767
公式中可以包含的最大字符数	8192
单元格中可以输入的最大正数	9.99999999999999E+307
单元格中可以输入的最小正数	2.2251E-308
单元格中可以输入的最大负数	-9.99999999999999E+307
单元格中可以输入的最小负数	-2.2251E-308
数字精度的最大位数	15 位，超过 15 位的部分自动变为 0
函数可以包含的最大参数个数	255
函数可以嵌套的最大层数	64

7.2 输入和编辑公式

本节将介绍输入和编辑公式的方法，包括输入和修改公式、移动和复制公式、更改公式的计算方式、删除公式等内容。在介绍移动和复制公式时，还将介绍单元格的 3 种引用方式，它们会影响公式复制的结果。本节的最后还将介绍在 Excel 中引用单元格的两种样式——A1 和 R1C1。

7.2.1 输入和修改公式

输入公式前需要先选择一个单元格。如果输入的是一个多个单元格数组公式，则需要选择一个单元格区域。然后输入一个等号，作为公式开始的标志，等号右侧会显示一个闪烁的竖线，其称为“插入点”，插入点表示当前的输入位置。接下来输入公式包含的内容，输入方法与本书第 4 章介绍的输入普通数据的方法类似。如果输入的是普通公式，输入完成后按【Enter】键结束；如果输入的是数组公式，则按【Ctrl+Shift+ Enter】快捷键结束。

如果要修改公式中的内容，则需要选择包含公式的单元格，然后使用以下几种方法进入编辑模式。

- 按【F2】键。
- 双击单元格。
- 单击编辑栏。

完成公式的修改后，按【Enter】键保存修改结果。如果在修改时按【Esc】键，将放弃当前所做的所有修改并退出编辑模式，单元格中的原有公式不受影响。

7.2.2 移动和复制公式

用户可以将单元格中的公式移动或复制到其他位置，方法类似于移动和复制普通数据。填充数据的方法也同样适用于公式，通过拖动包含公式的单元格右下角的填充柄，可以在一行或一列中复制公式；也可以双击填充柄，将公式快速复制到与其相邻的行或列中最后一个连续数据相同的位置。

如果在复制的公式中包含单元格引用，则单元格引用的类型将会影响公式复制后的结果。Excel 中的单元格引用类型分为相对引用、绝对引用、混合引用 3 种，根据单元格地址中是否包含 $ 符号，可以从外观上区分单元格引用的 3 种类型。

如果同时在单元格地址的行号和列标的左侧添加 $ 符号，则该单元格的引用类型是绝对引用，如 $A$1。如果在单元格地址的行号和列标左侧都没有 $ 符号，则该单元格的引用类型是相对引用，如 A1。如果只在单元格地址的行号的左侧添加 $ 符号，则该单元格的引用类型是混合引用，即列相对引用、行绝对引用，如 A$1。如果只在单元格地址的列标的左侧添加 $ 符号，则该单元格的引用类型也是混合引用，即列绝对引用、行相对引用，如 $A1。

用户可以在单元格地址中手动输入 $ 符号来改变单元格的引用类型。然而更简单的方法是在单元格或编辑栏中选中单元格地址，然后反复按【F4】键在不同的引用类型之间切换。假设 A1 单元格最初为相对引用，使用下面的方法将在各个引用类型之间切换。

- 按 1 次【F4】键，将相对引用转换为绝对引用，即 A1⇨$A$1。
- 按 2 次【F4】键，将相对引用转换为行绝对引用、列相对引用，即 A1⇨A$1。
- 按 3 次【F4】键，将相对引用转换为行相对引用、列绝对引用，即 A1⇨$A1。
- 按 4 次【F4】键，单元格的引用类型将恢复为最初的相对引用。

在将公式从一个单元格复制到另一个单元格时，公式中的绝对引用的单元格地址不会改变，而相对引用的单元格地址则会根据公式复制到的目标单元格与原始单元格之间的相对位置，做出自动调整。

例如，如果 B1 单元格中的公式为“=A1+6”，将该公式复制到 C3 单元格后，公式将变为“=B3+6”，原来的 A1 自动变为 B3，如图 7-2 所示。将公式由 B1 复制到 C3，相当于从 B1 向下移动 2 行，向右移动 1 列，从而到达 C3。由于公式中的 A1 是相对引用，因此该单元格也要向下移动 2 行，向右移动 1 列，最终到达 B3。

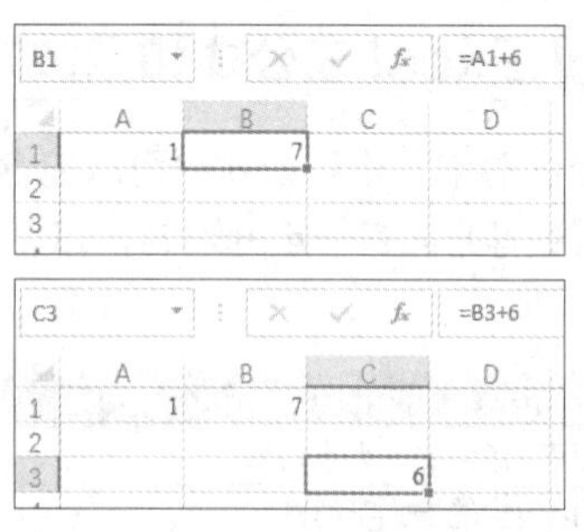

图 7-2 相对引用对复制公式的影响

如果单元格的引用类型是混合引用，则在复制公式时，只改变相对引用的部分，绝对引用的部分保持不变。继续使用上面的示例进行说明，如果 B1 单元格中的公式为“=A$1+6”，将该公式复制到 C3 单元格后，公式将变为“=B$1+6”，如图 7-3 所示。由于原来的 A$1 是行绝对引用、列相对引用，因此复制后只改变列的位置。

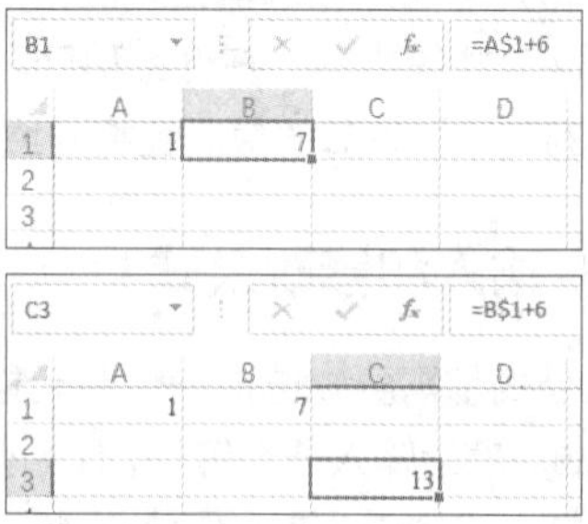

图 7-3 混合引用对复制公式的影响

7.2.3 更改公式的计算方式

修改公式或公式中引用的单元格中的值时，公式将重新进行计算，以根据修改得到最新的结果。如果工作表中包含具有易视性函数的公式，则在编辑其他单元格时，易视性函数也会重新进行计算。如果工作表中包含大量的公式，这种不断地重新计算会严重影响系统的性能。

将计算方式改为【手动】，可以减少编辑工作簿时对系统资源的占用。在功能区的【公式】选项卡的【计算】组中单击【计算选项】按钮，然后在弹出的菜单中选择【手动】命令，即可将计算方式改为“手动”，如图 7-4 所示。

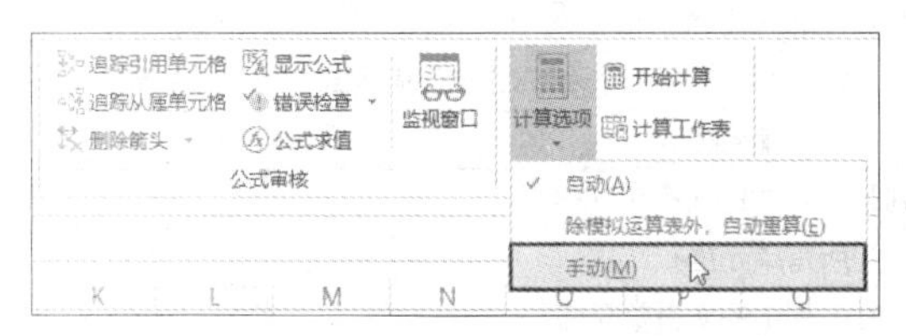

图 7-4 更改公式的计算方式

提示

如果将计算方式设置为【除模拟运算表外，自动重算】，则 Excel 在重新计算公式时会自动忽略模拟运算表的相关公式。

将计算方式设置为【手动】后，如果工作表中存在任何未计算的公式，则状态栏中会显示“计算”，此时可以使用以下几种方法对公式进行计算。

- 在功能区的【公式】选项卡的【计算】组中单击【开始计算】按钮，或按【F9】键，将重新计算所有打开工作簿中的所有工作表中未计算的公式，如图 7-5 所示。
- 在功能区的【公式】选项卡的【计算】组中单击【计算工作表】按钮，或按【Shift+F9】快捷键，将重新计算当前工作表中的公式。
- 按【Ctrl+Alt+F9】快捷键，将重新计算所有打开工作簿中的所有工作表中的公式，包括已计算和未计算的所有公式。
- 按【Ctrl+Shift+Alt+F9】快捷键，将重新检查相关的公式，并重新计算所有打开工作簿中的所有工作表中的公式，无论这些公式是否需要重新计算。

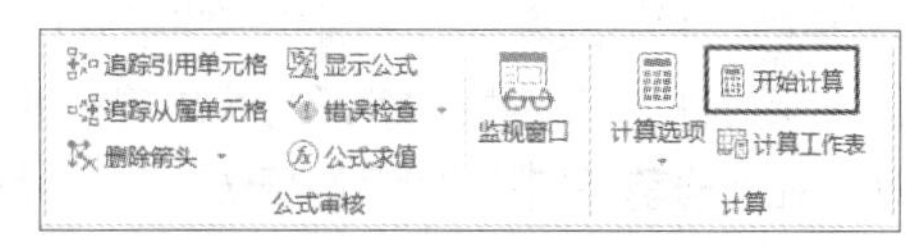

图 7-5 单击【开始计算】按钮

7.2.4 删除公式

如果要删除普通公式，则只需选择公式所在的单元格，然后按【Delete】键。如果要删除的是占据了多个单元格的数组公式，则需要选择数组公式占据的整个单元格区域，然后按【Delete】键。如果只选择其中的某个单元格并按【Delete】键，则将显示图 7-6 所示的提示信息。

图 7-6 选择部分单元格无法删除多个单元格数组公式

技巧

可以快速选择多个单元格数组公式占据的整个单元格区域，只需先选择数组公式占据的任意一个单元格，然后按【Ctrl+/】快捷键。

7.2.5 A1 引用样式与 R1C1 引用样式

Excel 通过单元格地址来引用其中存储的数据，这种引用数据的方法称为“单元格引用”。使用列标和行号表示单元格地址的方式称为“A1 引用样式”。表 7-3 所示为一些使用 A1 引用样式表示单元格地址的示例。

表 7-3 使用 A1 引用样式表示单元格地址的示例

A1 引用样式的单元格地址	说明
A2	引用的是 A 列第 2 行的单元格
B1:C6	引用的是 B 列第 1 行与 C 列第 6 行组成的单元格区域
6:6	引用的是第 6 行中的所有单元格
3:6	引用的是第 3 行到第 6 行中的所有单元格
C:C	引用的是 C 列中的所有单元格
A:C	引用的是 A 列到 C 列中的所有单元格

除了 A1 引用样式外，Excel 还提供了 R1C1 引用样式。R1C1 引用样式对行的表示方法与 A1 引用样式相同，对列的表示方法则并不使用 A1 引用样式中的英文字母形式，而是使用类似于行号的数字形式。使用 R1C1 引用样式表示一个单元格地址时，行号在前，列号在后；并在行号前添加英文大写字母R，在列号前添加英文大写字母C。表7-4所示为一些使用R1C1引用样式表示单元格地址的示例。

表 7-4　使用 R1C1 引用样式表示单元格地址的示例

R1C1 引用样式的单元格地址	说明
R2C1	引用的是第 1 列第 2 行的单元格
R1C2:R6C3	引用的是第 2 列第 1 行与第 3 列第 6 行组成的单元格区域
R6	引用的是第 6 行中的所有单元格
R3:R6	引用的是第 3 行到第 6 行中的所有单元格
C3	引用的是第 3 列中的所有单元格
C1:C3	引用的是第 1 列到第 3 列中的所有单元格

R1C1 引用样式也有相对引用、绝对引用和混合引用 3 种引用类型，上表中的示例都是 R1C1 引用样式的绝对引用。如果要使用 R1C1 引用样式的相对引用来表示单元格地址，则需要使用中括号分别将字母R和C右侧的数字括起来。例如，在A1引用样式下，B1单元格包含公式“=A1+A2”，如果使用 R1C1 引用样式来表示该公式，则应写为下面的形式。

```
=RC[-1]+R[1]C[-1]
```

字母 R 和 C 右侧表示行和列的数字相对于公式所在的单元格，正数表示下方、右侧的单元格，负数表示上方、左侧的单元格。如果是同行的单元格，则省略字母 R 右侧的数字；如果是同列的单元格，则省略字母 C 右侧的数字。

在上面的公式中，RC[-1] 表示引用的是与公式所在的 B1 单元格同行但位于其左侧一列的单元格，即 A1 单元格。R[1]C[-1] 表示引用的是位于公式所在的 B1 单元格下面一行、左侧一列的单元格，即 A2 单元格。

用户可以根据个人习惯在 A1 引用样式和 R1C1 引用样式之间切换。选择【文件】⇨【选项】命令，打开【Excel 选项】对话框，在【公式】选项卡中找到【R1C1 引用样式】复选框，选中该复选框表示使用 R1C1 引用样式，否则使用 A1 引用样式，如图 7-7 所示。

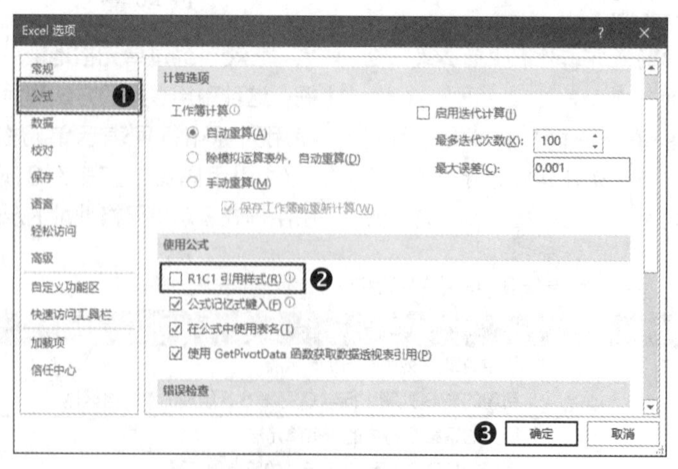

图 7-7　设置是否使用 R1C1 引用样式

使用 R1C1 引用样式时，单元格区域的左侧和顶部都以数字显示行号和列号，在名称框中将以

R1C1 引用样式的形式显示活动单元格的地址，如图 7-8 所示。

图 7-8　R1C1 引用样式

7.3　在公式中使用函数

本节将介绍 Excel 函数的基本概念和输入方法，函数的基本概念包括函数的类型、函数的参数、函数的易失性等内容。

7.3.1　为什么使用函数

假设要计算 A1 ~ A10 这 10 个单元格中数字的总和。不使用函数时，需要在公式中依次输入 A1、A2、A3 直到 A10，并使用加号将它们连接起来，公式如下。

```
=A1+A2+A3+A4+A5+
A6+A7+A8+A9+A10
```

如果要计算 A1 ~ A100 这 100 个单元格中数字的总和，则需要在这个公式中再输入 90 个单元格的地址，并添加相应的加号。输入量大且容易出错，以后如果需要修改公式，则会更加麻烦。

如果使用 Excel 中的 SUM 函数，则会变得非常简单，公式如下。

```
=SUM(A1:A100)
```

在上面的公式中，只需输入 SUM 函数的名称和待计算范围的第 1 个单元格与最后一个单元格地址，即可得到计算结果。如果以后需要增加或减少要计算的单元格，只需将 A1 或 A100 改为其他的单元格地址即可。由此可见，使用函数执行计算方便快捷且不容易出错。

使用函数的另一个原因是它可以完成特定目的的计算，这些计算通常很难或根本无法通过简单地输入计算项和运算符来完成。

7.3.2　函数的类型

Excel 提供了几百个内置函数，使用它们可以执行不同类型和用途的计算，表 7-5 所示为 Excel 中的函数类别及其说明。为了使函数的名称可以准确地描述函数的功能，从 Excel 2010 开始，微软公司修改了 Excel 早期版本中一些函数的名称，并改进了一些函数的性能和计算精度。后来的 Excel 版本仍然沿用 Excel 2010 中的函数命名方式。

表 7-5　Excel 中的函数类别及其说明

函数类别	说明
数学和三角函数	包括四则运算、数字舍入、指数和对数、阶乘、矩阵和三角函数等数学计算
日期和时间函数	对日期和时间进行计算和推算
逻辑函数	设置判断条件，使公式可以处理多种情况
文本函数	对文本进行查找、替换、提取和设置格式
查找和引用函数	查找和返回工作表中的匹配数据或特定信息
信息函数	返回单元格格式或数据类型的相关信息
统计函数	对数据进行统计计算和分析
财务函数	对财务数据进行计算和分析
工程函数	对工程数据进行计算和分析
数据库函数	对数据列表和数据库中的数据进行计算和分析
多维数据集函数	对多维数据集中的数据进行计算和分析
Web 函数	Excel 2013 新增的函数类别，用于与网络数据进行交互
加载宏和自动化函数	通过加载宏提供的函数，扩展 Excel 函数的功能
兼容性函数	这些函数已被重命名后的函数代替，保留这些函数主要用于兼容 Excel 早期版本

为了保持对 Excel 早期版本的兼容，Excel 2010 及更高版本的 Excel 中保留了重命名前的函数，可以在功能区的【公式】选项卡的【函数库】组中单击【其他函数】按钮，然后在弹出的菜单中选择【兼容性】命令，在打开的下拉列表中找到这些函数，如图 7-9 所示。

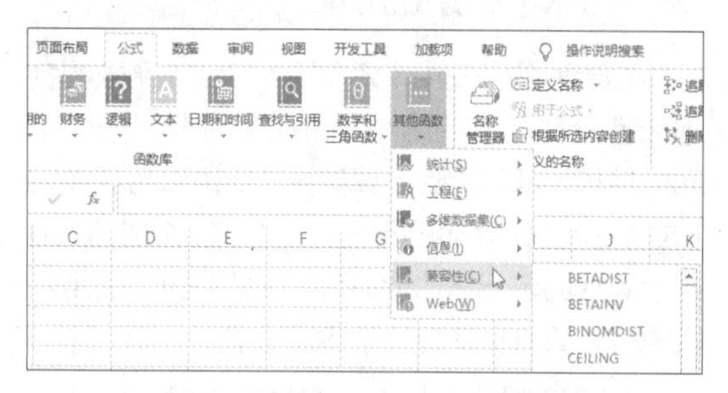

图 7-9　兼容性函数

重命名后的函数通常在原有函数名称中间的某个位置添加了英文句点“.”，有的函数会在其原有名称的结尾添加包含英文句点在内的后缀。例如，NORMSDIST 是 Excel 2003 中的标准正态累积分布函数，Excel 2010 及更高版本的 Excel 中将该函数重命名为 NORM.S.DIST。

7.3.3 函数的参数

所有函数的基本结构都是相同的，函数由函数名、一对小括号和位于小括号中的一个或多个参数组成，各个参数之间使用英文逗号分隔，形式如下。

函数名 (参数 1, 参数 2, 参数 3,..., 参数 n)

参数为函数提供要计算的数据，用户需要根据函数语法中的参数位置，依次输入相应类型的数据，使函数正确计算并得出结果，否则函数将返回错误值或根本无法计算。在输入不包含参数的函数时，需要输入函数名和一对小括号。

参数的值可以有多种形式，如以常量形式输入的数值或文本、单元格引用、数组、名称或函数。将一个函数作为另一个函数的参数的形式称为嵌套函数。

在为某些函数指定参数时，并非必须提供函数语法中列出的所有参数，这是因为参数分为必选参数和可选参数两种。

- 必选参数：必须指定必选参数的值。
- 可选参数：可以忽略可选参数的值，在单元格中输入函数时显示的函数语法中，使用中括号标记的参数是可选参数，如图 7-10 所示；例如，SUM 函数最多可以包含 255 个参数，只有第 1 个参数是必选参数，其他参数都是可选参数，因此可以只指定第 1 个参数的值，而省略其他 254 个参数。

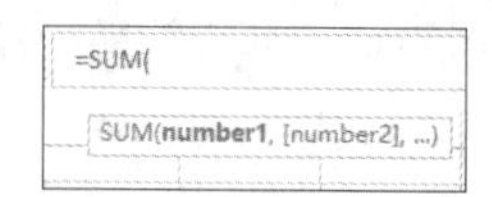

图 7-10　使用中括号标记可选参数

对包含可选参数的函数来说，如果在可选参数之后还有参数，则在不指定前一个可选参数而直接指定其后的可选参数时，必须保留前一个可选参数的逗号占位符。例如，OFFSET 函数包含 5 个参数，前 3 个参数是必选参数，后两个参数是可选参数，当不指定该函数的第 4 个参数而直接指定第 5 个参数时，必须保留第 4 个参数与第 5 个参数之间的英文逗号，此时 Excel 将为第 4 个参数指定默认值 0。

7.3.4 函数的易失性

在关闭某些工作簿时，可能会显示提示用户是否保存工作簿的信息。即使在打开工作簿后未进行任何修改，关闭工作簿时仍然会显示这类提示信息。出现这种情况通常是因为在工作簿中使用了易失性函数。在工作表的任意一个单元格中输入或编辑数据，甚至只进行打开工作簿这样的简单操作，易失性函数都会自动重新计算。此时关闭工作簿，Excel 会认为工作簿已被修改且未保存，所以就会显示是否保存的提示信息。

常见的易失性函数有 TODAY、NOW、RAND、RANDBETWEEN、OFFSET、INDIRECT、CELL 等。下面的操作不会触发易失性函数的重新计算。

- 将计算方式设置为【手动】。
- 设置单元格格式或其他显示方面的选项。
- 输入或编辑单元格时，按【Esc】键取消本次输入或编辑操作。

◉ 使用除双击外的其他方法调整单元格的行高和列宽。

7.3.5 在公式中输入函数

无论在 Excel 中使用哪个函数，都需要先掌握在公式中输入函数的基本方法，共有以下几种。

◉ 手动输入函数。

◉ 使用功能区中的函数命令。

◉ 使用【插入函数】对话框。

1. 手动输入函数

如果知道要使用的函数的完整名称，则可以直接在公式中输入函数。当用户在公式中输入函数的前几个字母时，Excel 将显示与用户输入相匹配的函数的列表。用户可以滚动鼠标滚轮或使用方向键选择所需的函数，然后按【Tab】键将该函数添加到公式中，如图 7-11 所示。

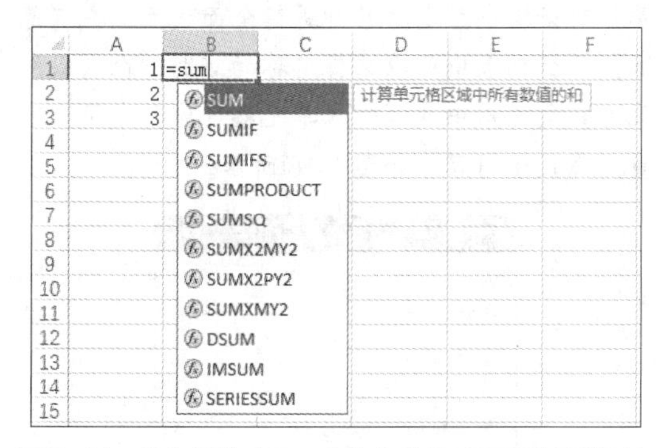

图 7-11 输入函数时 Excel 将自动显示匹配的函数列表

将函数添加到公式后，Excel 将自动在函数名的右侧添加一个左括号，并在函数名的下方以粗体格式显示当前需要输入的参数信息，中括号内的参数是可选参数，如图 7-12 所示。输入好函数的所有参数后，需要输入一个右括号作为函数的结束标志。

图 7-12 将函数输入公式中

提示

无论用户在输入函数时使用的是大写字母还是小写字母，只要输入拼写正确的函数名，按【Enter】键后，函数名就会自动转换为大写字母形式。

2. 使用功能区中的函数命令

在功能区的【公式】选项卡中的【函数库】组中，每一类函数都作为一个按钮显示在该组中。单击这些按钮，可以在弹出的菜单中选择特定类别中的函数。图 7-13 所示为从【文本】函数类别中选择 LEFT 函数。当鼠标指针指向某个函数时，将自动显示关于该函数的功能及其包含的参数的简要说明。

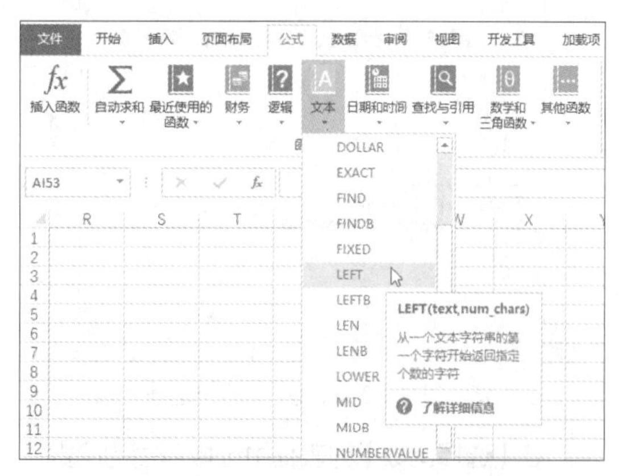

图 7-13 在功能区中选择要使用的函数

选择一个函数后，将打开【函数参数】对话框，其中显示了函数包含的各个参数，用户需要在相应的文本框中输入参数的值，可以单击文本框右侧的按钮在工作表中选择单元格或单元格区域。每个参数的值会显示在文本框的右侧，对话框下方会显示使用当前函数对各个参数计算后的结果，如图 7-14 所示。输入好参数的值，单击【确定】按钮，即可将包含参数的函数添加到公式中。

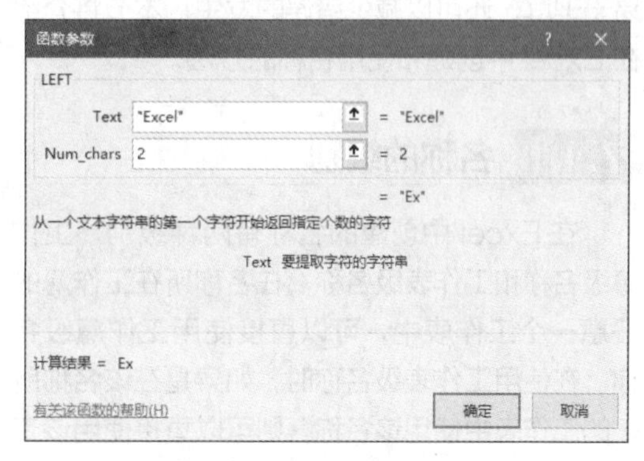

图 7-14 设置函数的参数值

3. 使用【插入函数】对话框

单击编辑栏左侧的【插入函数】按钮 f_x，

打开【插入函数】对话框，在【搜索函数】文本框中输入关于计算目的或函数功能的描述信息，然后单击【转到】按钮，Excel 将显示与输入的内容相匹配的函数，如图 7-15 所示。

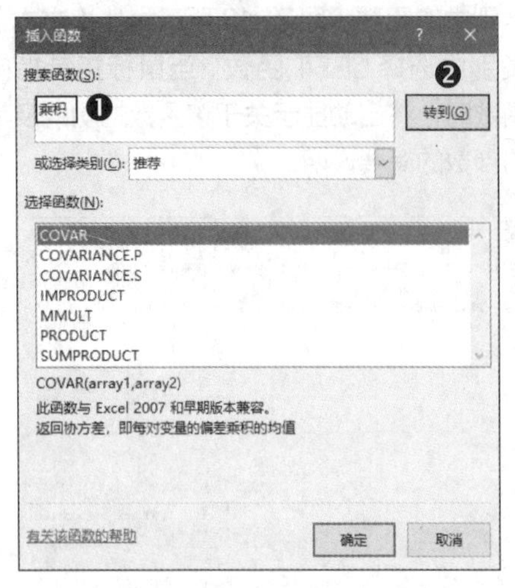

图 7-15　通过输入描述信息来找到匹配的函数

在【选择函数】列表框中选择所需的函数，然后单击【确定】按钮，在打开的【函数参数】对话框中输入参数的值即可。

7.4　在公式中使用名称

在 Excel 中可以为常量、单元格区域、公式等内容创建名称，然后使用名称代替这些内容。这样既可以简化输入，也可以使公式的含义易于理解，还可以减少错误的发生。本节将介绍在 Excel 中创建和使用名称的方法。

7.4.1 名称的级别

在 Excel 中创建的名称有两种级别：工作簿级名称和工作表级名称。在名称所在工作簿的任意一个工作表中，可以直接使用工作簿级名称。在使用工作表级名称时，如果是在该名称所在的工作表中使用该名称，则可以直接使用该工作表级名称；如果是在其他工作表中使用该名称，则需要在名称的左侧添加工作表名和一个感叹号，以指明该名称来自哪个工作表。

创建的工作簿级名称和工作表级名称可以同名，但是在使用时需要注意名称的优先级。在名称所在的工作表中使用同名的名称时，将使用工作表级名称，即同名的工作表级名称的级别高于工作簿级名称。在其他工作表中使用同名的名称时，将使用工作簿级名称。为了避免混淆，不建议创建同名但不同级别的名称。

7.4.2 创建名称的基本方法

在 Excel 中创建名称有以下几种方法。

◉ 名称框：在编辑栏左侧的名称框中输入名称，按【Enter】键后将为选择的单元格区域创建名称，名称的级别默认为工作簿级；如果要创建工作表级名称，需要在名称框中输入的名称左侧添加工作表名和一个感叹号。

◉ 【新建名称】对话框：【新建名称】对话框是创建名称最灵活的方式，在【新建名称】对话框中可以对名称进行全面设置，在【范围】下拉列表中可以选择名称的级别，在【引用位置】文本框中可以输入单元格区域的地址、常量、公式等内容，如图 7-16 所示。

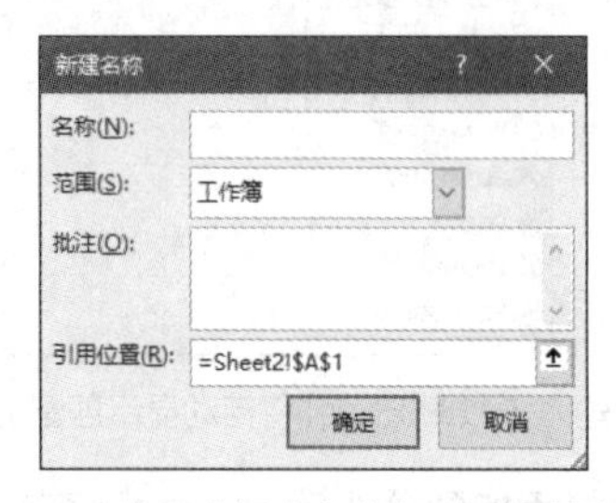

图 7-16　使用【新建名称】对话框创建名称

◉ 根据所选内容创建名称：如果数据区域包含行、列标题，则可以为单元格区域创建名称，并自动将行、列标题指定为名称。

7.4.3 为单元格区域创建名称

为单元格区域创建名称是最常见的名称创建方式，可以使用上一小节介绍的 3 种方法进行创建。

1. 使用名称框

在工作表中选择要创建名称的单元格区域，单击名称框并输入一个名称，然后按【Enter】键，即可为选中的区域创建名称，如图 7-17 所示。

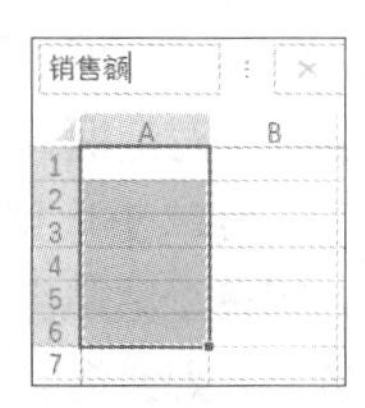

图 7-17 使用名称框创建名称

使用名称框创建的名称默认为工作簿级名称，如果要创建工作表级名称，则需要在名称框中输入的名称左侧添加对当前工作表的引用，如下所示。

```
Sheet1! 销售额
```

2. 使用【新建名称】对话框

在工作表中选择要创建名称的单元格区域，然后在功能区的【公式】选项卡的【定义的名称】组中单击【定义名称】按钮，打开【新建名称】对话框，进行以下几项设置，如图 7-18 所示。单击【确定】按钮，即可创建名称。

- 在【名称】文本框中输入名称，如“销售额”。
- 在【范围】下拉列表中选择名称的级别，选择【工作簿】将创建工作簿级名称，选择其他选项将创建工作表级名称。
- 在【批注】文本框中输入名称的简要说明。也可以不输入。
- 在【引用位置】文本框中将自动显示打开【新建名称】对话框之前在工作表中选择的单元格区域的地址；也可以手动输入单元格区域，或单击文本框右侧的按钮后在工作表中选择单元格区域。

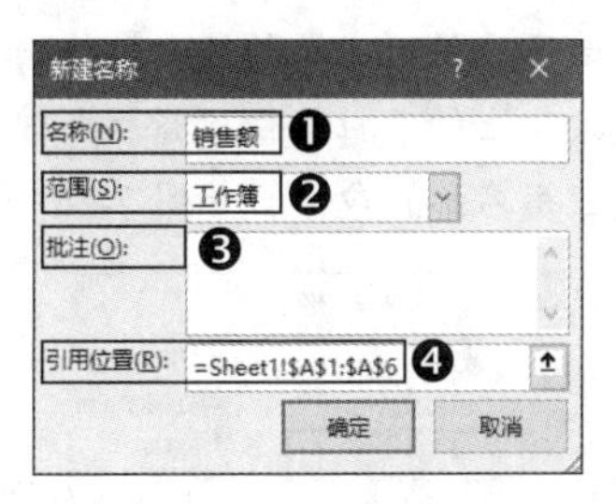

图 7-18 使用【新建名称】对话框创建名称

3. 根据所选内容自动命名

如果要创建名称的单元格区域包含标题行或标题列，则可以自动将标题作为区域的名称，操作步骤如下。

(1) 选择包含列标题的数据区域，如 A1:C10，如图 7-19 所示。

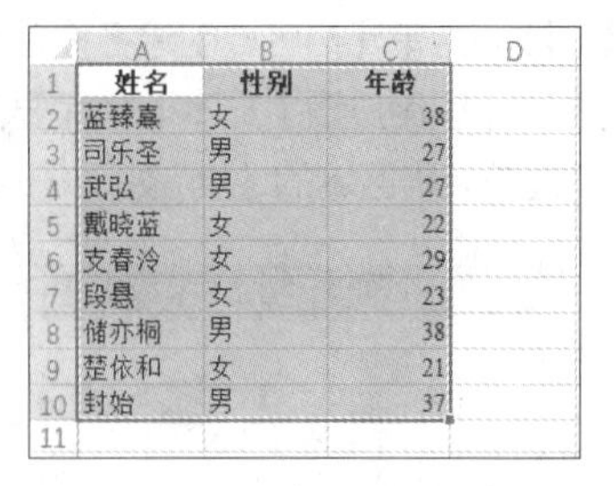

	A	B	C	D
1	姓名	性别	年龄	
2	蓝臻嘉	女	38	
3	司乐圣	男	27	
4	武弘	男	27	
5	戴晓蓝	女	22	
6	支春泠	女	29	
7	段悬	女	23	
8	储亦桐	男	38	
9	楚依和	女	21	
10	封始	男	37	
11				

图 7-19 选择包含列标题的数据区域

(2) 在功能区的【公式】选项卡的【定义的名称】组中单击【根据所选内容创建】按钮，如图 7-20 所示。

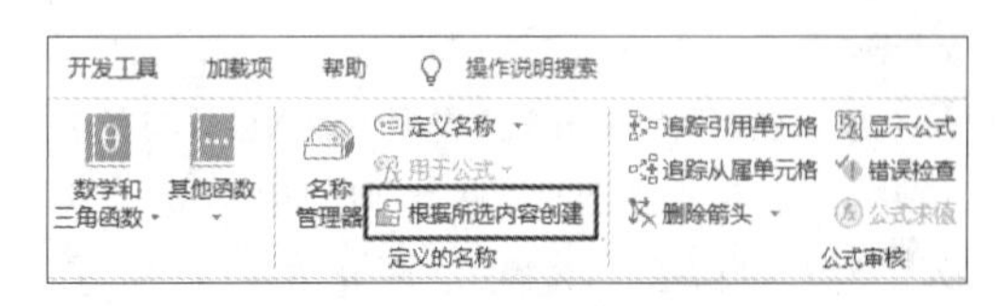

图 7-20 单击【根据所选内容创建】按钮

(3) 打开【根据所选内容创建名称】对话框，选中【首行】复选框，如图 7-21 所示。单击【确定】按钮，将为每一列数据创建一个名称，并使用各列顶部的标题为名称命名。

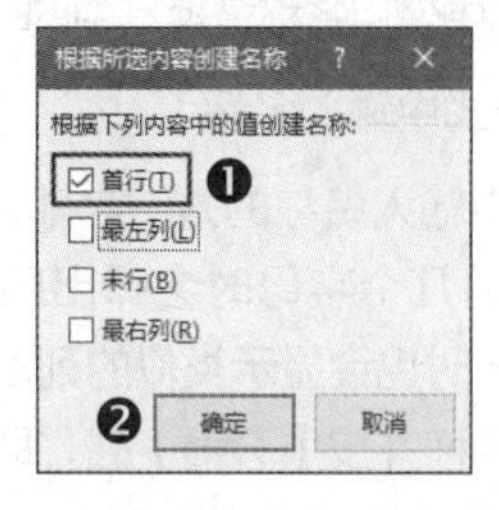

图 7-21 选中【首行】复选框

为包含行标题的数据区域创建名称的方法与此类似。

创建名称后，在名称框中输入名称并按【Enter】键，将选中与名称关联的单元格区域。

7.4.4 为公式创建名称

在很多复杂应用中，一个公式通常包含多个嵌套函数，为了减少公式的输入量，可以为内层的嵌套函数创建名称。在一些特定的应用中，只有预先创建名称才能实现某些功能。例如，要想创建动态的数据透视表，需要先创建名称，然后将其作为数据透视表的动态数据源。

为公式创建名称需要使用【新建名称】对话框，创建方法与为单元格区域创建名称基本类似，主要区别是在【引用位置】文本框中需要输入一个公式，而不是单元格区域的地址，如图 7-22 所示。

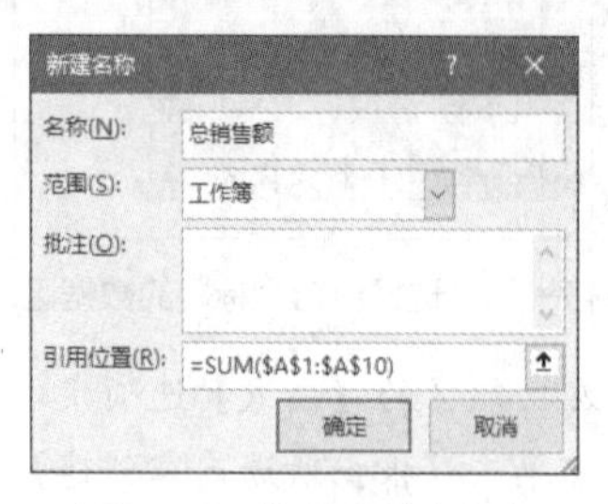

图 7-22　为公式创建名称

提示

在【引用位置】文本框中输入公式与在单元格中输入公式的方法类似，也包括“输入”“点”“编辑”3 种模式。

7.4.5 在公式中使用名称

创建名称后，可以在公式中使用名称。一种方法是在输入公式时输入名称，另一种方法是在已输入好的公式中使用名称替换其中的单元格区域。

1. 在公式中输入名称

在公式中输入名称的方法与输入函数类似，输入函数的前几个字母时会弹出匹配的函数列表，输入名称时也会显示类似的列表，从列表中选择所需的名称并按【Tab】键，即可将名称添加到公式中。

如果忘记了名称，则可以在功能区的【公式】选项卡的【定义的名称】组中单击【用于公式】按钮，然后在弹出的菜单中选择所需的名称，如图 7-23 所示。

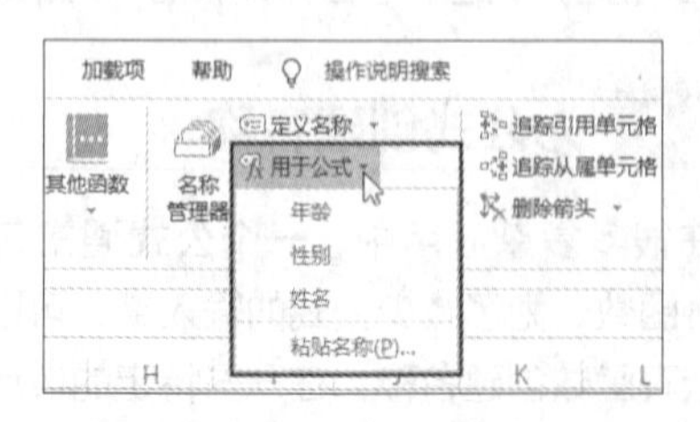

图 7-23　从已创建的名称中选择所需的名称

也可以选择弹出菜单中的【粘贴名称】命令，打开【粘贴名称】对话框，在列表框中选择要使用的名称，然后单击【确定】按钮，如图 7-24 所示。如果在【粘贴名称】对话框中单击【粘贴列表】按钮，则会将创建的所有名称及其引用位置一起粘贴到以活动单元格为左上角的区域中，如图 7-25 所示。

图 7-24　选择所需的名称

	A	B	C	D	E	F
1	姓名	性别	年龄		年龄	=Sheet1!$C$2:$C$10
2	蓝臻嘉	女	38		性别	=Sheet1!$B$2:$B$10
3	司乐圣	男	27		姓名	=Sheet1!$A$2:$A$10
4	武弘	男	27			
5	戴晓蓝	女	22			
6	支春泠	女	29			
7	段悬	女	23			
8	储亦桐	男	38			
9	楚依和	女	21			
10	封始	男	37			

图 7-25　将所有名称及其引用位置粘贴到工作表中

2. 使用名称替换公式中的单元格区域

如果已经输入好公式，并为公式中引用的单元格区域创建了名称，则可以使用名称自动替换公式中的单元格区域，而无须手动修改，操作步骤如下。

（1）激活公式所在的工作表，在功能区的【公式】选项卡的【定义的名称】组中单击【定义名称】按钮上的下拉按钮，然后在弹出的菜单中选择【应用名称】命令，如图 7-26 所示。

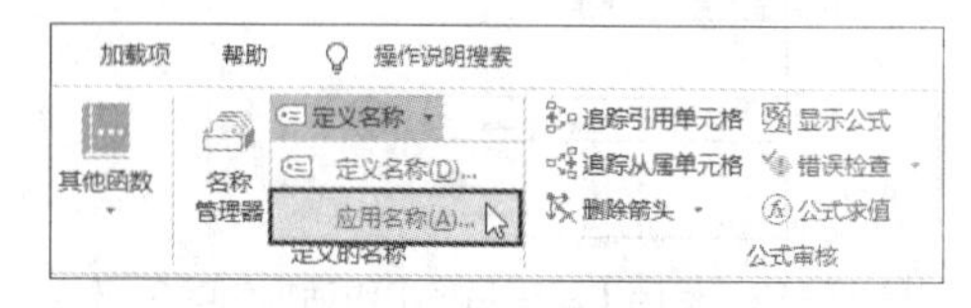

图 7-26　选择【应用名称】命令

（2）打开【应用名称】对话框，在列表框中选择要应用的名称，如图 7-27 所示。单击【确定】按钮，将使用所选名称替换当前工作表中所有与该名称关联的单元格区域。

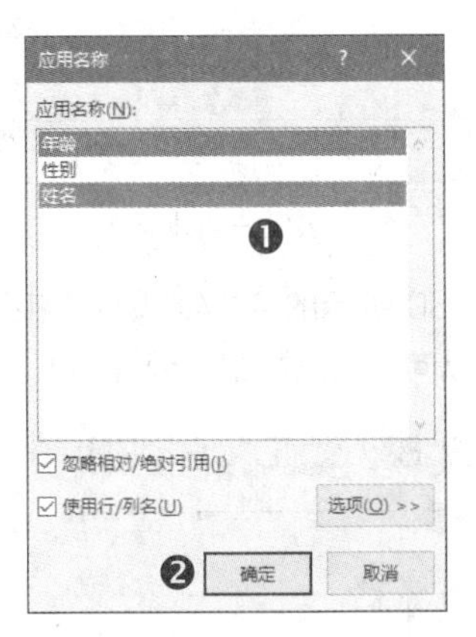

图 7-27　选择要替换单元格区域的名称

7.4.6 在名称中使用相对引用

在使用【新建名称】对话框创建名称时，【引用位置】文本框中会默认使用单元格的绝对引用。例如，为 A1:A6 单元格区域创建一个名称，选择该区域后打开【新建名称】对话框，在【引用位置】文本框中将显示如下内容，其中的单元格地址使用的是绝对引用。

=Sheet1!$A$1:$A$6

可以单击【引用位置】文本框中的单元格地址，然后按【F4】键切换引用类型，这与在输入公式时切换单元格引用类型的方法相同。

需要注意的是，在名称中使用的单元格的相对引用是与创建名称时的活动单元格形成的相对位置关系。例如，选择 A1 单元格，使其成为活动单元格，然后打开【新建名称】对话框，在【引用位置】文本框中输入如下内容。

=Sheet1!B1

创建一个名为"右侧单元格"的名称。选择 B1 单元格，然后在名称框中输入"右侧单元格"并按【Enter】键，将自动选中 C1 单元格，由此验证了创建的名称是相对于活动单元格的。

7.4.7 管理名称

用户可以使用【名称管理器】对话框对已创建的所有名称进行管理，包括查看、重命名、修改备注和引用位置、删除等操作，但是不能更改名称的级别。在功能区的【公式】选项卡的【定义的名称】组中单击【名称管理器】按钮，打开【名称管理器】对话框，如图 7-28 所示。

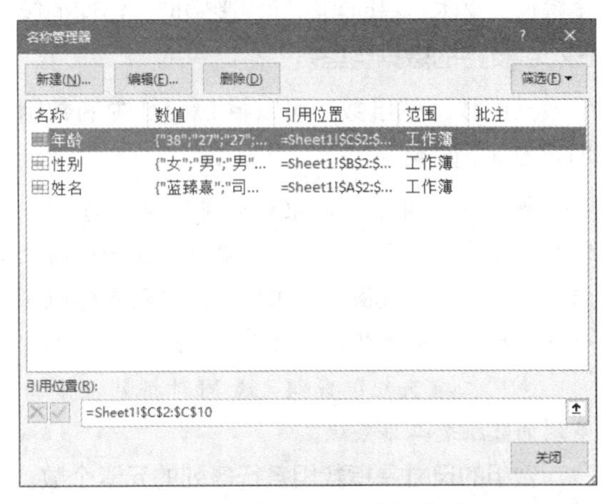

图 7-28　【名称管理器】对话框

在【名称管理器】对话框中可以执行以下操作。

- 创建新名称：单击【新建】按钮，在【新建名称】对话框中创建名称。
- 修改名称：单击【编辑】按钮，在【编辑名称】对话框中修改所选名称的相关信息。如果只修改名称的引用位置，则可以直接在【名称管理器】对话框底部的【引用位置】文本框中进行编辑。
- 删除名称：单击【删除】按钮，删除选中的名称。可以在【名称管理器】对话框中拖动鼠标指针来选择多个名称，也可以按住【Shift】键或【Ctrl】键并配合单击来选择多个相邻或不相邻的名称。
- 以不同方式查看名称：单击【筛选】按钮，在弹出的菜单中选择不同的筛选条件来查看名称。

7.5 使用数组公式

本节将介绍数组公式的基本概念和基本操作，包括数组的类型、数组的运算方式、输入和编辑数组公式。

7.5.1 数组的类型

在 Excel 中，数组是指排列在一行、一列或多行多列中的一组数据的集合。数组中的每一个数据称为数组元素，数组元素的数据类型可以是数值、文本、日期和时间、逻辑值、错误值等 Excel 支持的数据类型。

按照数组的维数，可以将 Excel 中的数组划分为以下两类。

◉ 一维数组：数组元素排列在一行或一列的数组是一维数组。数组元素排列在一行的数组是水平数组（或横向数组），数组元素排列在一列的数组是垂直数组（或纵向数组）。

◉ 二维数组：数组元素同时排列在多行多列的数组是二维数组。

数组的尺寸是指数组各行各列的元素个数。一行 N 列的一维水平数组的尺寸为 $1 \times N$，一列 N 行的一维垂直数组的尺寸为 $N \times 1$，M 行 N 列的二维数组的尺寸为 $M \times N$。

按照数组的存在形式，可以将 Excel 中的数组划分为以下 3 类。

◉ 常量数组：常量数组是直接在公式中输入数组元素，并使用一对大括号将这些元素括起来的数组。如果数组元素是文本型数据，则需要使用英文双引号将每一个数组元素引起来；常量数组不依赖于单元格区域，如果为常量数组创建名称，不仅可以简化输入，还可以在数据验证和条件格式等无法直接使用常量数组的情况下使用它。

◉ 区域数组：区域数组是公式中的单元格区域引用，如公式“=SUM(A1:B10)”中的 A1:B10 就是区域数组。

◉ 内存数组：内存数组是在公式的计算过程中，由中间步骤返回的多个计算结果临时组成的数组，通常作为一个整体继续参与下一步计算。内存数组存在于内存中，不依赖于单元格区域。

无论是哪种类型的数组，数组中的元素都遵循以下格式：水平数组中的各个元素之间使用英文半角逗号分隔，垂直数组中的各个元素之间使用英文半角分号分隔。图 7-29 所示的 A1:G1 单元格区域中包含一个一维横向的常量数组，公式如下。

```
={1,2,3,4,5,6}
```

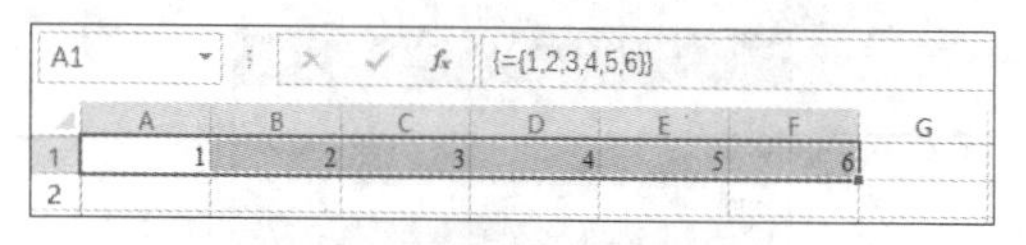

图 7-29　一维水平数组

图 7-30 所示的 A1:A6 单元格区域中包含一个一维纵向的常量数组，公式如下。

```
={"A";"B";"C";"D";"E";"F"}
```

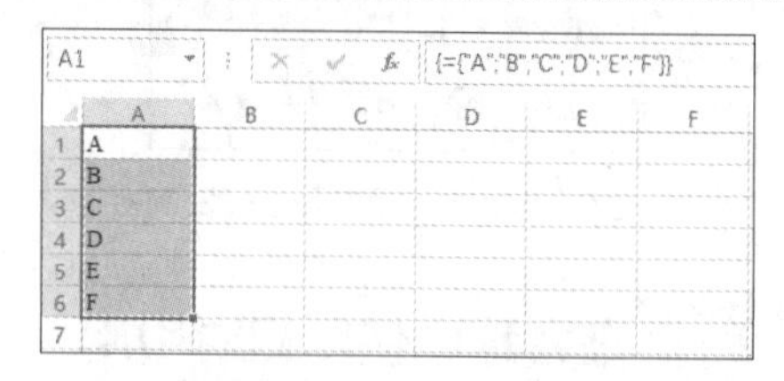

图 7-30　一维垂直数组

输入上面两个常量数组时，需要选择与数组方向及元素个数完全一致的单元格区域，并在输入数组公式后按【Ctrl+Shift+Enter】快捷键结束。

7.5.2 数组的运算方式

本小节介绍的数组的运算方式是使用运算符对常量数组中的元素进行的直接运算，以便了解数组和常量，以及数组和数组之间的运算规律。区域数组和内存数组也具有类似的运算方式。由于数组元素可以是 Excel 支持的任何数据类型，因此数组元素具有与普通数据相同的运算特性，如数值型和逻辑型数组元素可以进行加、减、乘、除等算术运算，文本型数组元素可以进行字符串连接运算。

1. 数组与单个值之间的运算

数组与单个值运算时，数组中的每个元素都会与该值进行运算，最后返回与原数组同方向、同尺寸的数组。下面的公式计算的是一个一维水平数组与 10 的和，最后仍然返回一个一维水平数组，数组中的每个元素都会与 10 相加。

```
={1,2,3,4,5,6}+10
```

返回结果如下。

```
={11,12,13,14,15,16}
```

2. 同方向一维数组之间的运算

如果同方向的两个一维数组具有相同的元素个数，则将两个数组中对应位置上的两个元素进行运算，最后返回与这两个数组同方向、同尺寸的一维数组。

```
={1,2,3}+{4,5,6}
```

返回结果：

```
={5,7,9}
```

相当于：

```
={1+4,2+5,3+6}
```

如果同方向的两个一维数组具有不同的元素个数，则多出的元素位置将返回 #N/A 错误值。

```
={1,2,3}+{4,5}
```

返回结果：

```
={5,7,#N/A}
```

3. 不同方向一维数组之间的运算

两个不同方向的一维数组进行运算后，将返回一个二维数组。如果一个数组是尺寸为 $1\times N$ 的水平数组，另一个数组是尺寸为 $M\times1$ 的垂直数组，这两个数组进行运算后返回的是一个尺寸为 $M\times N$ 的二维数组。第 1 个数组中的每个元素分别与第 2 个数组中的第 1 个元素进行运算，完成后，第 1 个数组中的每个元素再分别与第 2 个数组中的第 2 个元素进行运算，以此类推，直到与第 2 个数组中的所有元素都进行了运算。

```
={1,2,3,4}+{5;6}
```

返回结果：

```
={6,7,8,9;7,8,9,10}
```

4. 一维数组与二维数组之间的运算

如果一维数组的尺寸与二维数组同方向上的尺寸相同，则在这个方向上，对应位置的两个元素进行运算。对尺寸为 $M\times N$ 的二维数组而言，它可与 $M\times1$ 或 $1\times N$ 的一维数组进行运算，返回一个尺寸为 $M\times N$ 的二维数组。

```
={1,2,3}+{1,2,3;4,5,6}
```

返回结果：

```
={2,4,6;5,7,9}
```

如果一维数组与二维数组在同方向上的尺寸不同，则多出的元素位置将返回 #N/A 错误值。

```
={1,2,3}+{1,2;4,5}
```

返回结果：

```
={2,4,#N/A;5,7,#N/A}
```

5. 二维数组之间的运算

如果两个二维数组具有相同的尺寸，则两个数组中对应位置的两个元素进行运算，最后返回与这两个数组同尺寸的二维数组。

```
={1,2,3;4,5,6}+{1,1,1;2,2,2}
```

返回结果：

```
={2,3,4;6,7,8}
```

如果两个二维数组的尺寸不同，则多出的元素位置将返回 #N/A 错误值。

```
={1,2,3;4,5,6}+{1,1;2,2}
```

返回结果：

```
={2,3,#N/A;6,7,#N/A}
```

7.5.3 输入和编辑数组公式

输入数组公式时，需要按【Ctrl+Shift+Enter】快捷键结束，Excel 会自动将一对大括号添加到公式的首尾，把整个公式括起来，以此来表明这是一个数组公式。

使用【Ctrl+Shift+Enter】快捷键输入公式时，会通知 Excel 这是一个数组公式，Excel 计算引擎将对公式执行多项计算。然而，并非所有执行多项计算的公式都必须以数组公式的方式输入，在SUMPRODUCT、MMULT、LOOKUP 等函数中使用数组并返回单一计算结果时，不需要使用数组公式就能执行多项计算。

修改多个单元格数组公式时，需要选择数组公式占据的整个单元格区域，然后按【F2】键进入编辑模式进行修改，完成后按【Ctrl+Shift+Enter】快捷键保存修改结果。

在 F1 单元格中输入下面的数组公式，然后按【Ctrl+Shift+Enter】快捷键，计算出所有商品的总销售额，如图 7-31 所示。如果不使用数组公式，则需要分两步计算才能完成：首先分别计算每个商品的销售额，然后再对所有销售额进行求和。数组公式是使用一个公式执行多步计算。

{=SUM(B2:B8*C2:C8)}

F1 {=SUM(B2:B8*C2:C8)}

	A	B	C	D	E	F
1	商品名称	价格	销量		总销售额	255
2	苹果	8	2			
3	猕猴桃	15	5			
4	西蓝花	6	1			
5	西红柿	5	7			
6	果汁	8	8			
7	可乐	3	8			
8	冰红茶	5	7			

图 7-31　使用数组公式计算所有商品的总销售额

注意

输入上面的公式时，公式两侧的大括号是由 Excel 自动添加的，用户无须手动输入，否则公式将出错。

7.6　在公式中引用其他工作表或工作簿中的数据

公式中引用的数据可以来自公式所在的工作表，也可以来自公式所在的工作簿中的其他工作表或其他工作簿。对于后两种情况，需要使用特定的格式在公式中输入所引用的数据。此外，在公式中还可以引用多个工作表中的相同区域。

7.6.1　在公式中引用其他工作表中的数据

如果要在公式中引用同一个工作簿的其他工作表中的数据，则需要在单元格地址的左侧添加工作表名称和一个英文感叹号，格式如下。

= 工作表名称 ! 单元格地址

例如，在 Sheet2 工作表的 A1 单元格中包含数值 100，如图 7-32 所示。如果要在该工作簿的 Sheet1 工作表的 A1 单元格中输入一个公式，计算 Sheet2 工作表的 A1 单元格中的值与 6 的乘积，则需要在 Sheet1 工作表的 A1 单元格中输入以下公式，如图 7-33 所示。

=Sheet2!A1*6

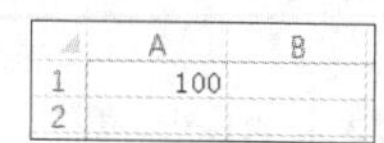

	A	B
1	100	
2		

图 7-32　Sheet2 工作表中的数据

R1 =Sheet2!A1*6

	R	S	T	U	V
1	600				
2					

图 7-33　Sheet1 工作表中的公式

注意

如果工作表的名称以数字开头，或其中包含空格、特殊字符（如 $、%、# 等），则需要使用一对单引号将工作表名称引起来，如“='Sheet 2'!A1*6”。以后如果修改工作表的名称，公式中的工作表名称将会同步更新。

7.6.2　在公式中引用其他工作簿中的数据

如果要在公式中引用其他工作簿中的数据，则需要在单元格地址的左侧添加使用中括号括起的工作簿名称、工作表名称和一个英文感叹号，格式如下。

=[工作簿名称] 工作表名称 ! 单元格地址

如果工作簿名称或工作表名称以数字开头，或其中包含空格、特殊字符，则需要使用一对单引号同时将工作簿名称和工作表名称引起来，格式如下。

='[工作簿名称] 工作表名称 '! 单元格地址

如果公式中引用的数据所在的工作簿已经打开，则只需按照上面的格式输入工作簿的名称，否则必须在公式中输入工作簿的完整路径。为了简化输入，通常在打开工作簿的情况下创建这类公式，关闭工作簿后，其路径会被自动添加到公式中。

下面的公式引用名为“销售数据”的工作簿中的 Sheet2 工作表中的 A1 单元格中的数据，并计算它与 5 的乘积，如图 7-34 所示。

=[销售数据 .xlsx]Sheet2!A1*5

A1 =[销售数据.xlsx]Sheet2!A1*5

	A	B	C	D	E	F
1	840					
2						

图 7-34　在公式中引用其他工作簿中的数据

7.6.3 在公式中引用多个工作表中的相同区域

如果要在公式中引用多个相邻工作表的相同区域中的数据，则可以使用工作表的三维引用，以简化对每一个工作表的单独引用，格式如下。

```
起始位置的工作表名称：结束位置的工作表名称！单元格地址
```

下面的公式用于计算 Sheet1、Sheet2 和 Sheet3 3 个工作表的 A1:A6 单元格区域中的数值总和。

```
=SUM(Sheet1:Sheet3!A1:A6)
```

如果不使用三维引用，则需要在公式中重复引用每一个工作表中的单元格区域。

```
=SUM(Sheet1!A1:A6,Sheet2!A1:A6,Sheet3!A1:A6)
```

下面列出的函数支持工作表的三维引用。

SUM、AVERAGE、AVERAGEA、COUNT、COUNTA、MAX、MAXA、MIN、MINA、PRODUCT、STDEV.P、STDEV.S、STDEVA、STDEVPA、VAR.P、VAR.S、VARA 和 VARPA。

如果改变公式中引用的多个工作表的起始工作表或结束工作表，或在引用的多个工作表的范围内添加或删除工作表，Excel 将自动调整公式中包含的工作表及其中引用的多个工作表的范围。

技巧

如果要引用除了当前工作表之外的其他所有工作表，则可以在公式中使用“*”通配符，形式如下。

```
=SUM('*'!A1:A6)
```

7.7 处理公式中的错误

使用公式时出错在所难免，为了找到出错的原因并尽快处理错误，需要了解 Excel 中的错误类型及其产生原因，并使用 Excel 提供的几个错误检查和修复工具来提高处理错误的效率。

7.7.1 公式返回的 7 种错误值

当单元格中的公式出现可被 Excel 识别的错误时，将在单元格中显示错误值，它们以 # 符号开头，每个错误值表示特定类型的错误。表 7-6 所示为 Excel 中的 7 种错误值及其说明。

表 7-6 Excel 中的 7 种错误值及其说明

错误值	说明
#DIV/0!	当数字除以 0 时，公式将返回该错误值
#NUM!	当在公式或函数中使用无效的数值时，公式将返回该错误值
#VALUE!	当在公式或函数中使用的参数或操作数的类型错误时，公式将返回该错误值
#REF!	当单元格引用无效时，公式将返回该错误值
#NAME?	当 Excel 无法识别公式中的文本时，公式将返回该错误值
#N/A	当公式或函数中的数值不可用时，公式将返回该错误值
#NULL!	当使用交叉运算符获取两个不相交区域的重叠部分时，公式将返回该错误值

除了表 7-6 所示的 7 种错误值外，另一种经常出现的错误是单元格被 # 符号填满，出现该错误主要有以下两个原因。

- 单元格的列宽太小，无法完全容纳其中的内容。
- 使用 1900 日期系统时在单元格中输入了负的日期或时间。

7.7.2 使用公式错误检查器

当 Excel 检测到单元格中的错误时，该单元格的左上角将显示一个绿色的三角形，单击这个单元格将显示 按钮，单击该按钮将弹出图 7-35 所示的菜单，其中包含用于检查和处理错误的相关命令。

图 7-35 用于检查和处理错误的相关命令

提示

还可以在功能区的【公式】选项卡的【公式审核】组中单击【错误检查】按钮，打开【错误检查】对话框，其中以按钮的形式提供了相应的错误检查与处理命令，如图 7-36 所示。

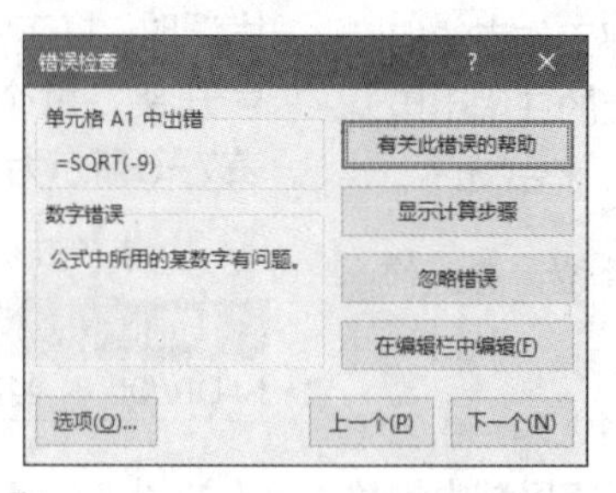

图 7-36 【错误检查】对话框

该菜单顶部的文字说明了错误的类型，如此处的“数字错误”，菜单中的其他命令的功能如下。

◉ 有关此错误的帮助：打开【帮助】窗口并显示相关错误的帮助内容。

◉ 显示计算步骤：通过分步计算检查发生错误的位置。

◉ 忽略错误：保留单元格中的当前值并忽略错误。

◉ 在编辑栏中编辑：进入单元格的“编辑”模式，可以在编辑栏中修改单元格中的内容。

◉ 错误检查选项：打开【Excel 选项】对话框中的【公式】选项卡，在该选项卡中设置错误的检查规则，只有选中【允许后台错误检查】复选框，才会启用 Excel 错误检查功能，如图 7-37 所示。

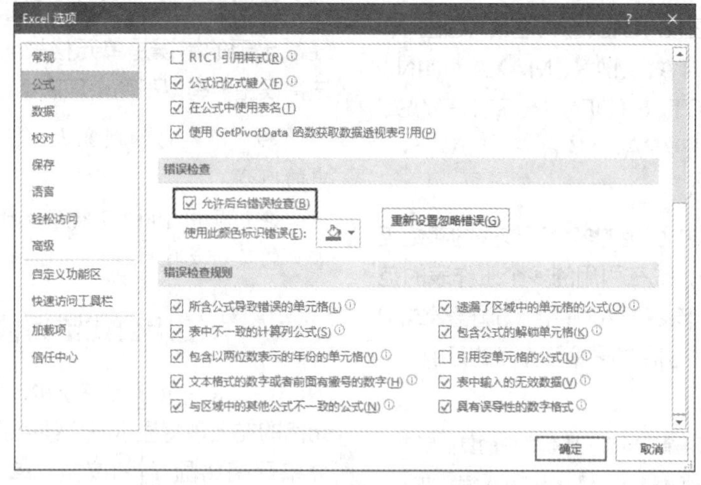

图 7-37 设置【错误检查】选项

7.7.3 追踪单元格之间的关系

由于大部分公式都会涉及单元格引用，而很多公式出现的错误都来源于单元格引用，因此可以使用 Excel 提供的“追踪单元格”功能找到公式的错误来自哪些单元格。在追踪公式中引用的单元格之前，需要先了解以下 3 个概念。

◉ 引用单元格。在公式中引用的单元格。例如，B1 单元格中包含公式“=A1+A2”，A1 和 A2 单元格就是 B1 单元格的引用单元格，更确切地说这两个单元格是直接引用单元格。如果 A1 单元格中又包含公式“=A3*A4”，则 A3 和 A4 单元格就是 B1 单元格的间接引用单元格，因为这两个单元格是通过 A1 单元格与 B1 单元格建立关联的。

◉ 从属单元格。从属单元格是包含引用其他单元格的公式的单元格。例如，在B1单元格中包含公式“=A1+A2”，B1单元格就是A1和A2单元格的从属单元格。可以理解为，一旦改变A1或A2单元格中的值，B1单元格中的值就会改变，相当于B1单元格中的值从属于A1和A2单元格中的值。从属单元格也可分为直接从属单元格和间接从属单元格，它们的定义与直接引用单元格和间接引用单元格类似。

◉ 错误单元格。在公式中直接或间接引用的、包含错误的单元格。

如果要追踪公式中引用的单元格，则需要先选择包含公式的单元格，如B3单元格。然后在功能区的【公式】选项卡的【公式审核】组中单击【追踪引用单元格】按钮，将从各引用单元格伸出箭头指向公式所在的单元格，如图7-38所示。如果存在间接引用单元格，当再次单击【追踪引用单元格】按钮时，将显示间接引用的单元格及其指向公式所在单元格的箭头，如图7-39所示。

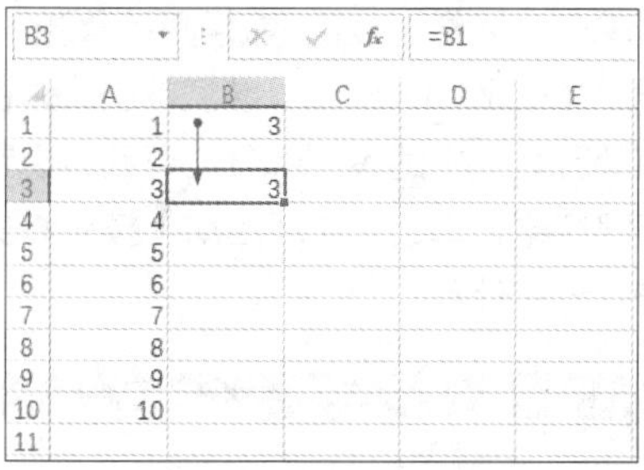

图7-38 追踪直接引用单元格

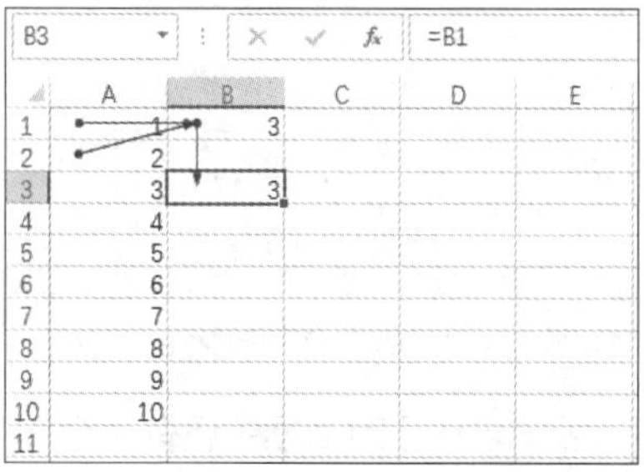

图7-39 追踪间接引用单元格

如果公式中引用了其他工作表中的数据，Excel将显示虚线箭头和工作表图标，如图7-40所示。选择公式中引用的某个单元格，然后在功能区的【公式】选项卡的【公式审核】组中单击【追踪从属单元格】按钮，Excel将创建一个箭头从该单元格指向其从属单元格，即引用了该单元格的公式所在的单元格，如图7-41所示。

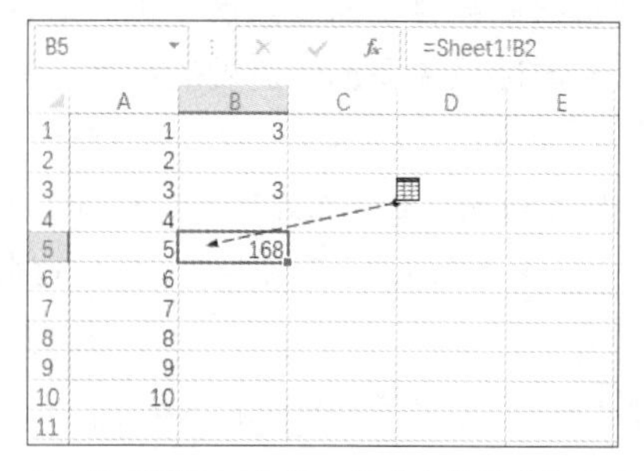

图7-40 追踪引用了当前工作表之外的数据的单元格

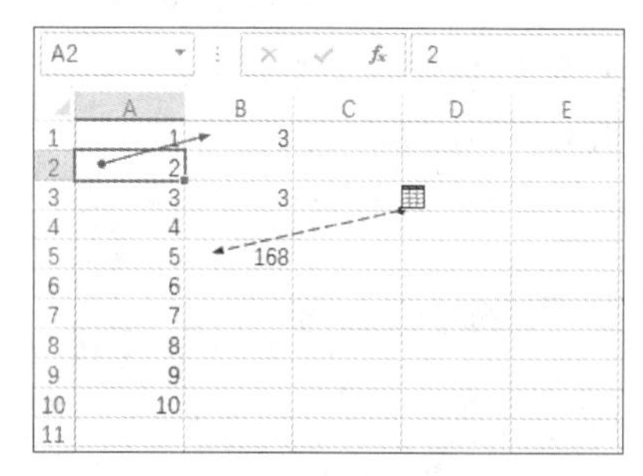

图7-41 追踪从属单元格

当公式返回错误值时，可以选择公式所在的单元格，然后在功能区的【公式】选项卡的【公式审核】组中单击【错误检查】按钮上的下拉按钮，在弹出的菜单中选择【追踪错误】命令，Excel将自动指向与错误相关的单元格，如图7-42所示。

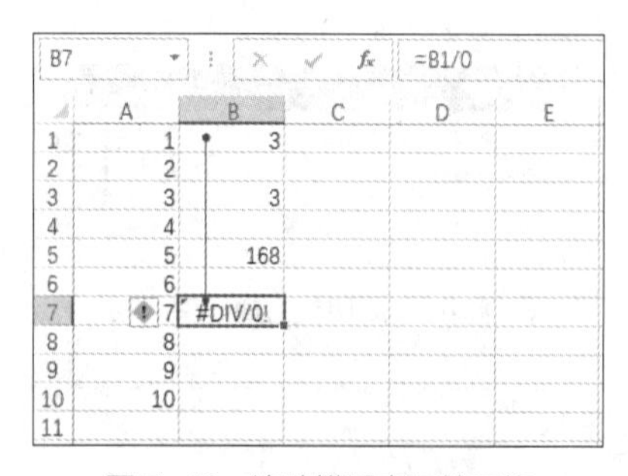

图7-42 追踪错误来源单元格

在功能区的【公式】选项卡的【公式审核】组中单击【删除箭头】按钮，将删除追踪单元格所显示的箭头。

7.7.4 监视单元格中的内容

当要追踪距离较远的单元格时，可以使用监

视窗口功能。Excel 将对所监视的单元格所属的工作簿、工作表、自定义名称、单元格、值和公式进行监视并实时显示最新内容。在【监视窗口】对话框中添加要监视的数据的操作步骤如下。

(1) 在功能区的【公式】选项卡的【公式审核】组中单击【监视窗口】按钮，如图 7-43 所示。

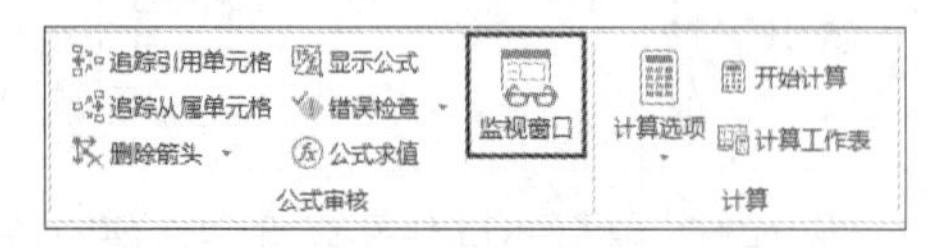

图 7-43　单击【监视窗口】按钮

(2) 打开【监视窗口】对话框，单击【添加监视】按钮，如图 7-44 所示。

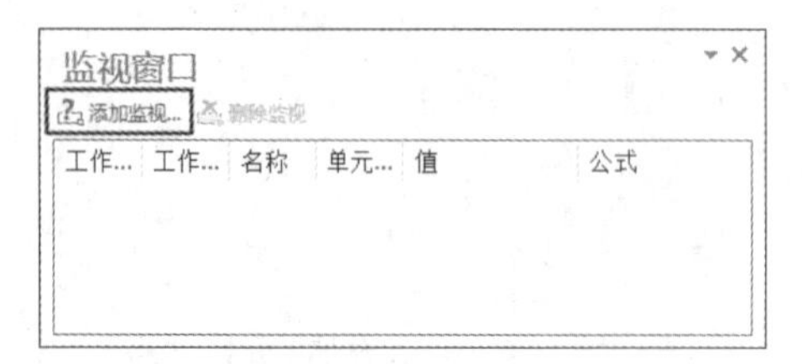

图 7-44　单击【添加监视】按钮

(3) 打开【添加监视点】对话框，在文本框中输入要监视的单元格的地址，或者直接在工作表中选择要监视的单元格，然后单击【添加】按钮，如图 7-45 所示。Excel 会将指定的单元格添加到【监视窗口】对话框中，如图 7-46 所示。

图 7-45　添加要监视的单元格

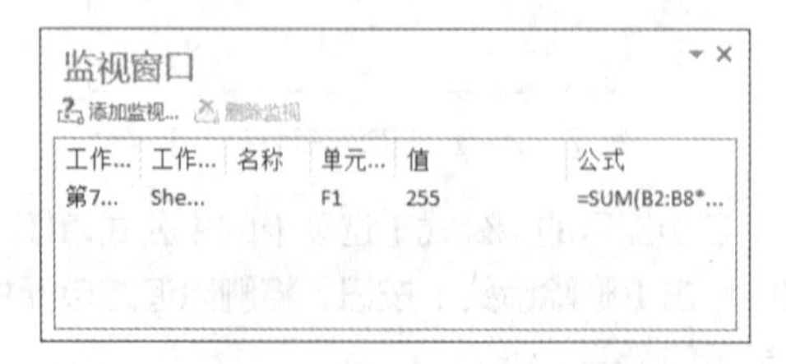

图 7-46　【监视窗口】对话框中显示的单元格的信息

在【监视窗口】对话框中选择要删除的监视对象，然后单击【删除监视】按钮，即可将其删除。

7.7.5 使用公式进行分步求值

如果公式比较复杂，在查找错误原因时则会耗费更多的时间。使用 Excel 提供的“公式求值”功能，可以将复杂的计算过程分解为单步计算，便于查找错误原因。选择公式所在的单元格，然后在功能区的【公式】选项卡的【公式审核】组中单击【公式求值】按钮，打开【公式求值】对话框，如图 7-47 所示。

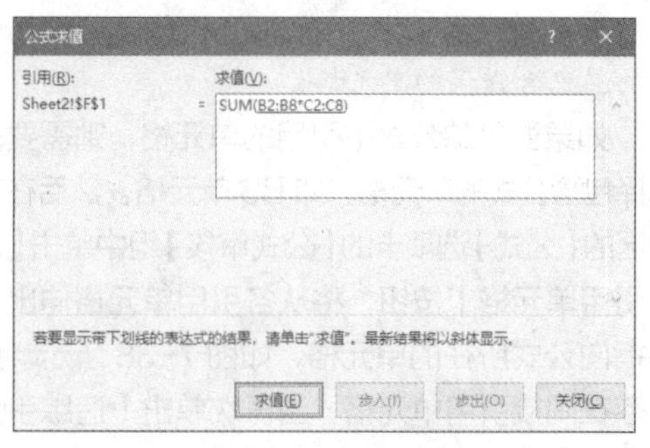

图 7-47　【公式求值】对话框

对话框中的下划线部分是当前准备计算的公式，单击【求值】按钮将得到下划线部分的计算结果，如图 7-48 所示。继续单击【求值】按钮依次计算公式中的其他部分，直到得出整个公式的最终结果。单击【重新启动】按钮将重新对公式进行分步计算。

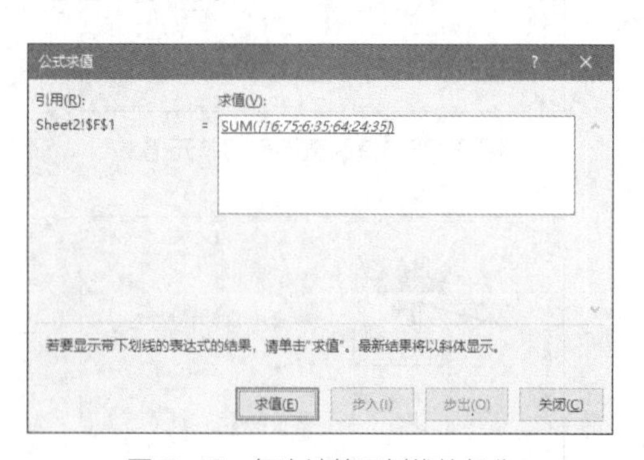

图 7-48　每次计算下划线的部分

在【公式求值】对话框中还有两个按钮——【步入】和【步出】。当公式中包含多个计算项且其中含有单元格引用时，【步入】按钮将变为可用状态，单击该按钮会显示分步计算中当前下划线部分的值。如果下划线部分包含公式，则会显示具体的公式。单击【步出】按钮可以从步入的下划线部分返回到整个公式中。

7.7.6 显示公式本身而非计算结果

如果工作表中包含很多公式，则可以一次性显示所有公式，以方便检查公式是否正确。在功能区的【公式】选项卡的【公式审核】组中单击【显示公式】按钮，或按【Ctrl+`】快捷键，单元格中将显示公式本身而非计算结果，如图 7-49 所示。再次单击【显示公式】按钮或按【Ctrl+`】快捷键将隐藏公式而显示计算结果。

	A	B	C	D
1	商品名称	价格	销量	销售额
2	苹果	8	2	=B2*C2
3	猕猴桃	15	5	=B3*C3
4	西蓝花	6	1	=B4*C4
5	西红柿	5	7	=B5*C5
6	果汁	8	8	=B6*C6
7	可乐	3	8	=B7*C7
8	冰红茶	5	7	=B8*C8

图 7-49　显示公式本身

7.7.7 循环引用

如果在包含公式的单元格中引用了公式所在的单元格，按【Enter】键后将显示图 7-50 所示的提示信息，表示由于当前公式引用其所在的单元格而产生了循环引用。此时单击【确定】按钮，公式的计算结果为 0，可以重新编辑公式来解决循环引用的问题。如果公式中包含间接循环引用，则 Excel 会使用箭头标记产生间接循环引用的来源位置。

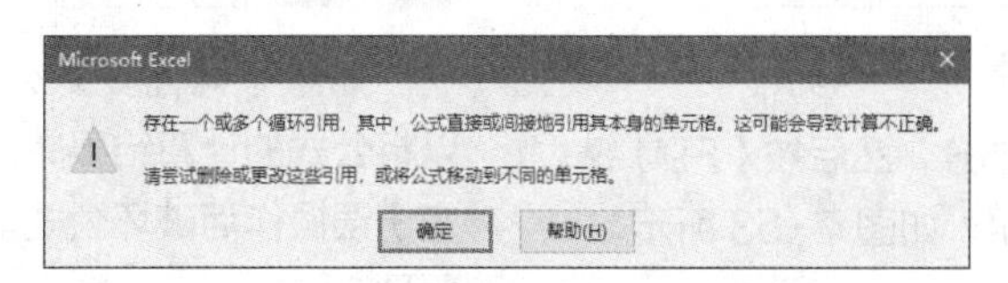

图 7-50　出现循环引用时显示的提示信息

循环引用在大多数情况下都被认为是一种错误，但是有时也可以利用循环引用来解决一些问题。如果要使用循环引用，则需要启用“迭代计算”功能。选择【文件】⇨【选项】命令，打开【Excel 选项】对话框，在【公式】选项卡中选中【启用迭代计算】复选框，如图 7-51 所示。根据需要修改【最多迭代次数】中的数字，该数字表示要进行循环计算的次数。可以通过指定【最大误差】来控制迭代计算的精确度，数字越小说明计算的精确度越高。

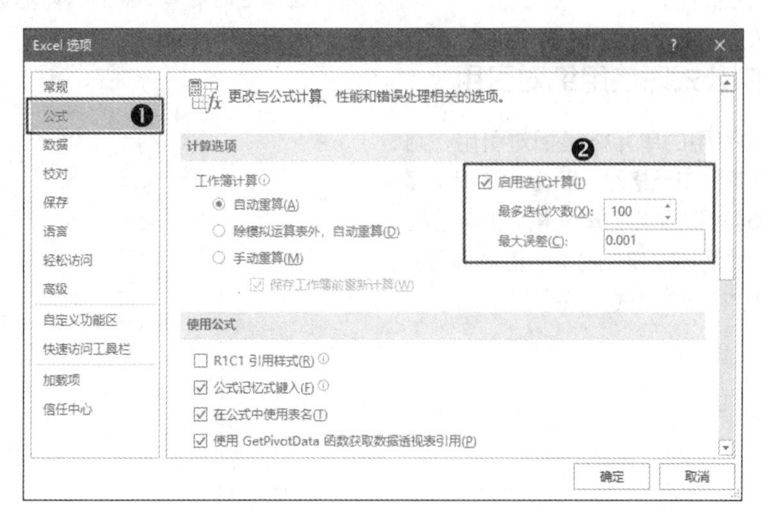

图 7-51　启用“迭代计算”功能

7.8 公式使用技巧

本节将介绍在使用公式时的几个实用的技巧，包括查看公式的中间结果、复制公式时使用绝对引用、将公式转换为值。

7.8.1 查看公式的中间结果

【F9】键除了可以用于重新计算公式外，还可以快速得到公式中选中部分的计算结果。图7-52所示为选择公式中的“B2:B8*C2:C8”部分，然后按【F9】键，将得到该部分的计算结果，即两个单元格区域中对应位置上的数值的乘积组成的内存数组。

图7-52 计算选中的部分

选择公式中的剩余部分，然后按【F9】键，将得到该公式的最终结果，如图7-53所示。

图7-53 得到公式的最终计算结果

按【F9】键得到选中部分的计算结果后，可以按【Esc】键取消计算，并恢复为原来的公式。对于公式中不确定的部分，可以使用这种方法来检测公式的正确性。

7.8.2 复制公式时使用绝对引用

如果公式中引用的单元格是相对引用，则将该公式复制到其他单元格时，Excel会根据移动的距离自动调整相对引用的单元格。如果想要按照原样复制公式而不改变公式中的相对引用，则可以在编辑栏中选中公式，按【Ctrl+C】快捷键进行复制，如图7-54所示。然后按【Esc】键退出单元格的“编辑”模式，选择目标单元格，按【Ctrl+V】快捷键将复制的公式粘贴到目标单元格中。复制后的公式与原公式完全相同，如图7-55所示。

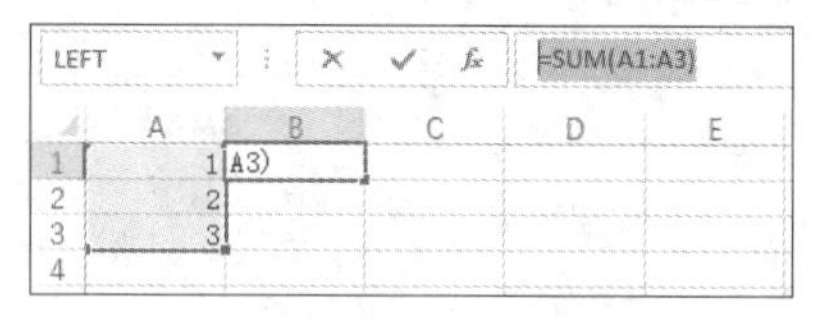

图7-54 在编辑栏中复制公式

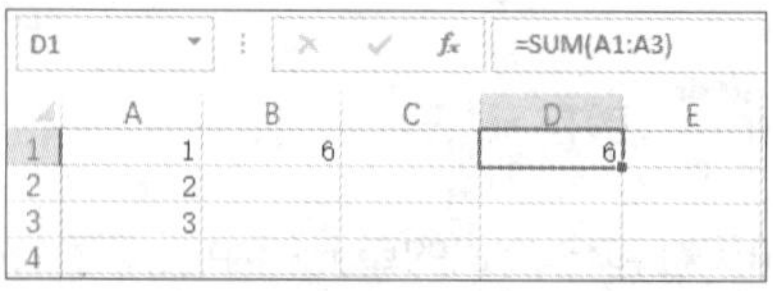

图7-55 不改变复制后的公式中的相对引用

7.8.3 将公式转换为值

如果不再需要对公式进行任何修改，则可以将公式的计算结果转换为静态的值，以免以后由于误操作而破坏公式。将公式转换为值有以下两种方法。

◉ 选择公式所在的单元格，然后在编辑栏中选中整个公式，按【F9】键将得到公式的最终计算结果，最后按【Enter】键。

◉ 选择公式所在的单元格，按【Ctrl+C】快捷键复制单元格中的公式，然后右击该单元格，在弹出的菜单中选择【粘贴选项】⇨【值】命令，如图7-56所示。

图7-56 将公式以“值”的方式粘贴

第8章 逻辑判断和信息获取

Excel中的逻辑函数主要用于在公式中对条件进行测试，并根据测试结果返回不同的数据，从而使公式更加智能。信息函数主要用于获取操作系统、Excel程序、工作表和单元格的相关信息，以及判断单元格中的数据类型和公式是否返回错误值。将逻辑函数和信息函数组合在一起可以创建具有容错功能的公式。本章将介绍几个常用的逻辑函数和信息函数。

8.1 使用逻辑函数进行条件判断

本节将介绍逻辑函数类别中的AND、OR、NOT、IF和IFERROR函数。

8.1.1 AND、OR和NOT函数

AND、OR和NOT 3个函数用于组合多个逻辑条件，从而为IF函数构建复杂的判断条件。AND函数用于判断多个条件是否同时成立，如果所有参数都为TRUE，AND函数将返回TRUE；只要其中一个参数为FALSE，AND函数就返回FALSE。其语法格式如下。

```
AND(logical1,[logical2],...)
```

OR函数用于判断多个条件中是否有任意一个条件成立，只要有一个参数为TRUE，OR函数就返回TRUE；如果所有参数都为FALSE，OR函数才返回FALSE。其语法格式如下。

```
OR(logical1,[logical2],...)
```

AND和OR两个函数的参数相同，表示1～255个要测试的条件，第1个参数为必选参数，其他参数为可选参数。

NOT函数用于对参数取反。如果参数为FALSE，NOT函数将返回TRUE；如果参数为TRUE，NOT函数将返回FALSE。NOT函数只有一个参数，表示要测试的条件。

这3个函数的所有参数可以是逻辑值TRUE或FALSE，也可以是可转换为逻辑值的表达式。如果参数是文本型数字或文本，函数将返回#VALUE!错误值。

案例 8-1

判断面试人员是否被录用

案例目标：本例要判断面试人员是否被录用，TRUE表示录用，FALSE表示未录用，只有3个面试官都认为合格的人员才能被录用，效果如图8-1所示。

E2　{=AND(B2:D2="合格")}

	A	B	C	D	E
1	姓名	面试官一	面试官二	面试官三	是否被录用
2	刘树梅	合格	合格	不合格	FALSE
3	袁芳	不合格	不合格	合格	FALSE
4	薛力	合格	合格	合格	TRUE
5	胡伟	不合格	合格	不合格	FALSE
6	蒋超	合格	合格	合格	TRUE
7	邓苗	合格	合格	合格	TRUE
8	郑华	合格	不合格	合格	FALSE
9	何贝贝	不合格	合格	合格	FALSE
10	郭静纯	合格	合格	合格	TRUE

图8-1　判断面试人员是否被录用

操作步骤如下。

在E2单元格中输入下面的公式并按【Ctrl+Shift+Enter】快捷键，然后将公式向下复制到E10单元格。

```
{=AND(B2:D2=" 合格 ")}
```

公式解析

“B2:D2=" 合格 "”部分得到一个由逻辑值TRUE和FALSE组成的数组，表示3个面试官的评价。只有3个评价都为“合格”，AND函数才会返回TRUE，否则返回FALSE。

案例 8-2

判断身份证号码的长度是否正确

案例目标：本例要判断身份证号码的长度是否正确，即身份证号码的长度是否为15位

或18位，如果是，则返回TRUE，否则返回FALSE，效果如图8-2所示。

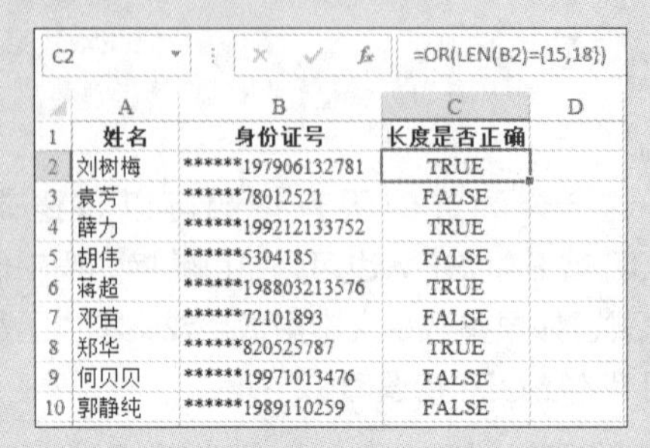

C2　=OR(LEN(B2)={15,18})

	A	B	C	D
1	姓名	身份证号	长度是否正确	
2	刘树梅	******197906132781	TRUE	
3	袁芳	******78012521	FALSE	
4	薛力	******199212133752	TRUE	
5	胡伟	******5304185	FALSE	
6	蒋超	******198803213576	TRUE	
7	邓苗	******72101893	FALSE	
8	郑华	******820525787	TRUE	
9	何贝贝	******19971013476	FALSE	
10	郭静纯	******1989110259	FALSE	

图8-2　判断身份证号码的长度是否正确

操作步骤如下。

在C2单元格中输入下面的公式并按【Enter】键，然后将公式向下复制到C10单元格。

=OR(LEN(B2)={15,18})

公式解析　LEN(B2)部分得到第一个身份证号码的字符长度，并将其与{15,18}常量数组进行比较，判断字符长度是否为15位或18位，得到包含两个逻辑值的数组。只要其中一个为TRUE，OR函数就返回TRUE，说明身份证号码不是15位就是18位的。

交叉参考　关于LEN函数的更多内容，请参考本书第10章。

8.1.2 IF函数

IF函数用于在公式中设置判断条件，并根据判断条件返回的TRUE或FALSE来得到不同的值。其语法格式如下。

```
IF(logical_test,[value_if_true],[value_if_false])
```

◉ logical_test（必选）：要测试的值或表达式，计算结果为TRUE或FALSE。例如，A1>10是一个表达式，如果单元格A1中的值为6，则该表达式的结果为FALSE（因为6不大于10），只有当A1中的值大于10才返回TRUE。如果logical_test参数是一个数字，则非0等价于TRUE，0等价于FALSE。

◉ value_if_true（可选）：当logical_test参数的结果为TRUE时函数返回的值。如果logical_test参数的结果为TRUE而value_if_true参数为空，IF函数将返回0。例如，IF(A1>10,,"小于10")，当A1>10为TRUE时，该公式将返回0，这是因为在省略value_if_true参数的值时，Excel默认将该参数的值设置为0。

◉ value_if_false（可选）：当logical_test参数的结果为FALSE时函数返回的值。如果logical_test参数的结果为FALSE且省略value_if_false参数，则IF函数将返回FALSE而不是0。如果在value_if_true参数之后输入一个逗号，但是不提供value_if_false参数的值，IF函数将返回0而不是FALSE，如IF(A1>10,"大于10",)。

通过IF函数的语法解析，可以了解到"省略参数"和"省略参数的值"是两个不同的概念。"省略参数"是针对可选参数来说的，当一个函数包含多个可选参数时，需要从右向左依次省略参数，即从最后一个可选参数开始进行省略，省略时需要同时除去参数的值及其左侧的逗号。

"省略参数的值"对必选参数和可选参数同时有效。与省略参数不同的是，在省略参数的值时，虽然不输入参数的值，但是需要保留该参数左侧的逗号以作为参数的占位符。省略参数的值主要用于代替逻辑值FALSE、0和空文本。

案例8-3
评定员工业绩

案例目标：本例要对员工的业绩进行评定，评定条件为业绩大于30000评为"优秀"，否则评为"一般"，效果如图8-3所示。

E2　=IF(D2>30000,"优秀","一般")

	A	B	C	D	E	F
1	姓名	部门	职位	业绩	业绩评定	
2	刘树梅	人力部	普通职员	14400	一般	
3	袁芳	销售部	高级职员	18000	一般	
4	薛力	人力部	高级职员	25200	一般	
5	胡伟	人力部	部门经理	32400	优秀	
6	蒋超	销售部	部门经理	32400	优秀	
7	邓苗	工程部	普通职员	32400	优秀	
8	郑华	工程部	普通职员	36000	优秀	
9	何贝贝	工程部	高级职员	37200	优秀	
10	郭静纯	销售部	高级职员	43200	优秀	

图8-3　评定员工业绩

操作步骤如下。

在E2单元格中输入下面的公式并按【Enter】键，然后将公式向下复制到E10单元格。

=IF(D2>30000," 优秀 "," 一般 ")

8.1.3 IFERROR 函数

IFERROR 函数用于检测公式的计算结果是否为错误值，如果不是错误值，则返回公式的计算结果，否则返回由用户指定的值。其语法格式如下。

IFERROR(value,value_if_error)

◉ value（必选）：检查是否存在错误的参数。如果没有错误，则返回该参数的值。

◉ value_if_error（必选）：当 value 参数的结果为错误值时返回的值，可被识别的错误类型就是本书第7章介绍的7种错误值，即#N/A、#VALUE!、#REF!、#DIV/0!、#NUM!、#NAME? 和 #NULL!。

注意

如果任意一个参数引用的是空单元格，则 IFERROR 函数会将其视为空文本（""）；如果 value 参数为数组公式，则 IFERROR 函数会为 value 中指定区域的每个单元格返回一个结果数组。

假设 A1 单元格包含一个除法算式，下面的公式根据 A1 单元格中是否包含错误值返回相应的信息。如果 A1 单元格中的公式使用 0 作为除数，则公式返回“除数不能为 0”，否则返回除法的运算结果，如图 8-4 所示。

=IFERROR(A1," 除数不能为 0")

B1 =IFERROR(A1,"除数不能为0")

	A	B	C	D	E	F
1	#DIV/0!	除数不能为0				

B2 =IFERROR(A2,"除数不能为0")

	A	B	C	D	E	F
1	#DIV/0!	除数不能为0				
2	1/2	0.5				

图 8-4　IFERROR 函数

8.2　使用信息函数获取信息

本节将介绍信息函数类别中的 INFO、CELL 和 IS 类函数。

8.2.1 INFO 函数

INFO 函数用于返回当前操作环境的相关信息，其语法格式如下。

INFO(type_text)

type_text 参数是必选参数，表示要返回的信息类型，必须使用双引号将该参数的值引起来。type_text 参数的取值范围如表 8-1 所示。

表 8-1　type_text 参数的取值范围

type_text 参数值	INFO 函数的返回值
directory	Excel 默认文件位置
numfile	所有打开工作簿中工作表的数量
osversion	以文本方式返回的当前操作系统的版本号
recalc	以文本方式返回的当前重新计算模式：“自动”或“手动”
release	以文本方式返回的当前 Excel 的版本号
system	以文本方式返回的当前操作系统的名称，mac 表示 Macintosh 操作系统，pcdos 表示 Windows 操作系统
origin	返回当前 Excel 窗口左上角可见单元格的绝对引用地址，如带前缀“$A:”的文本，主要是为了与 Lotus1-2-3 程序兼容

在图 8-5 所示的 B1、B2、B3 和 B4 这 4 个单元格中各输入一个公式并按【Enter】键，将获取当前操作系统的名称和版本，以及当前使用的 Excel 程序的版本和默认文件位置。

B1 单元格：=INFO("system")
B2 单元格：=INFO("osversion")
B3 单元格：=INFO("release")
B4 单元格：=INFO("directory")

B1 =INFO("system")

	A	B
1	操作系统名称	pcdos
2	操作系统版本	Windows (32-bit) NT 10.00
3	Excel程序版本	16.0
4	Excel默认文件位置	D:\Users\s\Documents\

图 8-5　获取当前操作环境的信息

8.2.2 CELL 函数

CELL 函数用于返回某一引用区域的左上角单元格的格式、位置或内容等信息，其语法格式如下。

CELL(info_type,[reference])

◉ info_type（必选）：表示一个文本值，指定要返回的单元格信息的类型，该参数的取值范围如表 8-2 所示。

表 8-2 info_type 参数的取值范围

<table>
<tr><th>info_type 参数值</th><th colspan="2">CELL 函数的返回值</th></tr>
<tr><td>address</td><td colspan="2">以文本方式返回引用单元格绝对引用地址</td></tr>
<tr><td>col</td><td colspan="2">返回引用单元格的列号</td></tr>
<tr><td>color</td><td colspan="2">如果单元格中的负值以非黑色的其他颜色显示，则返回 1，否则返回 0</td></tr>
<tr><td>contents</td><td colspan="2">返回引用单元格中的内容</td></tr>
<tr><td>filename</td><td colspan="2">以文本方式返回引用单元格所属工作簿的路径和名称。如果工作簿未保存，则返回空文本</td></tr>
<tr><td rowspan="23">format</td><td colspan="2">应用于引用单元格的 Excel 内置的数字格式对应的自定义格式代码。如果引用单元格中的负值以不同颜色显示，则在返回的文本值的结尾处加“-”</td></tr>
<tr><td>内置格式</td><td>CELL 函数的返回值</td></tr>
<tr><td>常规</td><td>G</td></tr>
<tr><td>0</td><td>F0</td></tr>
<tr><td>#,##0</td><td>,0</td></tr>
<tr><td>0.00</td><td>F2</td></tr>
<tr><td>#,##0.00</td><td>,2</td></tr>
<tr><td>$#,##0_);($#,##0)</td><td>C0</td></tr>
<tr><td>$#,##0_);[Red]($#,##0)</td><td>C0-</td></tr>
<tr><td>$#,##0.00_);($#,##0.00)</td><td>C2</td></tr>
<tr><td>$#,##0.00_);[Red]($#,##0.00)</td><td>C2-</td></tr>
<tr><td>0%</td><td>P0</td></tr>
<tr><td>0.00%</td><td>P2</td></tr>
<tr><td>0.00E+00</td><td>S2</td></tr>
<tr><td>#?/? 或 #??/??</td><td>G</td></tr>
<tr><td>d-mmm-yy 或 dd-mmm-yy</td><td>D1</td></tr>
<tr><td>d-mmm 或 dd-mmm</td><td>D2</td></tr>
<tr><td>mmm-yy</td><td>D3</td></tr>
<tr><td>yy-m-d 或 yy-m-dh:mm 或 dd-mm-yy</td><td>D4</td></tr>
<tr><td>dd-mm</td><td>D5</td></tr>
<tr><td>h:mm:ssAM/PM</td><td>D6</td></tr>
<tr><td>h:mmAM/PM</td><td>D7</td></tr>
<tr><td>h:mm:ss</td><td>D8</td></tr>
<tr><td></td><td>h:mm</td><td>D9</td></tr>
<tr><td>parentheses</td><td colspan="2">如果单元格中将正值或全部单元格中的内容用括号括起来，则返回 1，否则返回 0</td></tr>
<tr><td>prefix</td><td colspan="2">返回与单元格文本对齐方式对应的文本值。如果单元格文本左对齐，则返回单引号（'）；如果单元格文本右对齐，则返回双引号（"）；如果单元格文本居中对齐，则返回（^）；如果单元格文本两端对齐，则返回反斜线（\）；其他情况则返回空文本</td></tr>
<tr><td>protect</td><td colspan="2">如果锁定单元格则返回 1，否则返回 0</td></tr>
<tr><td>row</td><td colspan="2">返回引用单元格的行号</td></tr>
<tr><td>type</td><td colspan="2">返回与单元格数据类型对应的文本值。如果单元格为空，则返回“b”；如果单元格包含文本，则返回“l”；如果单元格包含其他内容，则返回“v”</td></tr>
<tr><td>width</td><td colspan="2">四舍五入取整后的单元格列宽，以默认字号的一个字符宽度为单位</td></tr>
</table>

◉ reference（可选）：表示要获取有关信息的单元格；如果忽略该参数，则在 info_type 参数中指定的信息将返回给最后更改的单元格。

如果 CELL 函数中的 info_type 参数为“format”，而以后又对单元格设置了自定义格式，则必须重新计算工作表以更新 CELL 函数公式。图 8-6 所示为在 A1 单元格中输入下面的公式并按【Enter】键，将获取当前工作簿的完整路径。

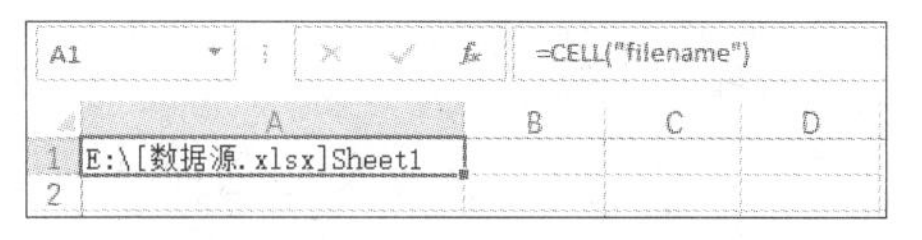

图 8-6　获取当前工作簿的完整路径

```
=CELL("filename")
```

提示

如果在一个新建的工作簿中输入上面的公式，由于该工作簿还未被保存到计算机磁盘中，因此公式的返回结果为空白。

8.2.3 IS 类函数

信息函数类别中有一些名称以 IS 开头的函数，这些函数的名称和功能如表 8-3 所示。这些函数都只包含一个参数，表示要检测的值。

表 8-3　IS 类函数

函数名称	功能
ISBLANK	判断单元格是否为空。如果为空，则返回 TRUE
ISLOGICAL	判断值是否为逻辑值。如果是逻辑值，则返回 TRUE
ISNUMBER	判断值是否为数字。如果是数字，则返回 TRUE
ISTEXT	判断值是否为文本。如果是文本，则返回 TRUE
ISNONTEXT	判断值是否为非文本。如果不是文本，则返回 TRUE
ISFORMULA	判断单元格是否包含公式。如果包含公式，则返回 TRUE
ISEVEN	判断数字是否为偶数。如果是偶数，则返回 TRUE
ISODD	判断数字是否为奇数。如果是奇数，则返回 TRUE
ISNA	判断值是否为 #N/A 错误值。如果是 #N/A 错误值，则返回 TRUE
ISREF	判断值是否为单元格引用。如果是一个单元格引用，则返回 TRUE
ISERR	判断值是否为除 #N/A 以外的其他错误值。如果是除 #N/A 以外的其他错误值，则返回 TRUE
ISERROR	判断值是否为错误值。如果是错误值，则返回 TRUE

案例 8-4
判断员工是否已签到

案例目标：本例要判断员工是否已签到，D 列中包含对钩的单元格表示已签到，空白单元格表示未签到，效果如图 8-7 所示。

E2　=IF(ISNONTEXT(D2),"未签到","已签到")

	A	B	C	D	E
1	姓名	部门	职位	签到	是否已签到
2	刘树梅	人力部	普通职员	√	已签到
3	袁芳	销售部	高级职员		未签到
4	薛力	人力部	高级职员	√	已签到
5	胡伟	人力部	部门经理	√	已签到
6	蒋超	销售部	部门经理		未签到
7	邓苗	工程部	普通职员	√	已签到
8	郑华	工程部	普通职员		未签到
9	何贝贝	工程部	高级职员	√	已签到
10	郭静纯	销售部	高级职员	√	已签到

图 8-7　判断员工是否已签到

操作步骤如下。

在 E2 单元格中输入下面的公式并按【Enter】键，然后将公式向下复制到 E10 单元格。

=IF(ISNONTEXT(D2)," 未签到 "," 已签到 ")

案例 8-5

统计公司男女员工的人数

案例目标：本例要根据 B 列中的身份证号码统计公司男女员工的人数，判断条件为 15 位身份证号码最后 1 位为奇数的是男性，为偶数的是女性，或者 18 位身份证号码的 15 ~ 17 位为奇数的是男性，为偶数的是女性，效果如图 8-8 所示。

操作步骤如下。

（1）在 E1 单元格中输入下面的公式并按【Ctrl+ Shift+Enter】快捷键，计算出男员工的人数。

=SUM(ISODD(MID(B2:B10,15,3))*1)

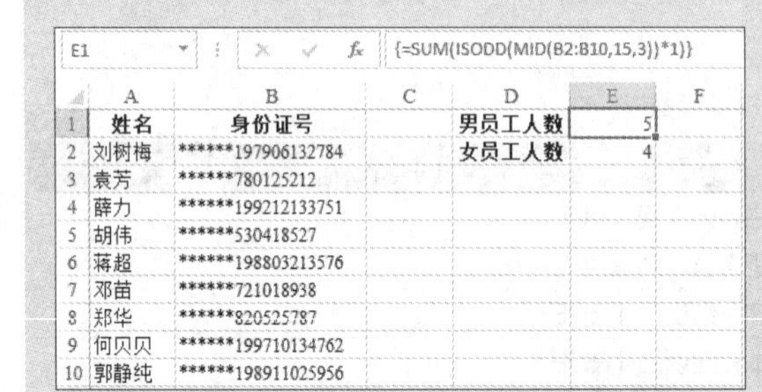

E1 {=SUM(ISODD(MID(B2:B10,15,3))*1)}

	A	B	C	D	E	F
1	姓名	身份证号		男员工人数	5	
2	刘树梅	******197906132784		女员工人数	4	
3	袁芳	******780125212				
4	薛力	******199212133751				
5	胡伟	******530418527				
6	蒋超	******198803213576				
7	邓苗	******721018938				
8	郑华	******820525787				
9	何贝贝	******199710134762				
10	郭静纯	******198911025956				

E2 {=SUM(ISEVEN(MID(B2:B10,15,3))*1)}

	A	B	C	D	E	F
1	姓名	身份证号		男员工人数	5	
2	刘树梅	******197906132784		女员工人数	4	
3	袁芳	******780125212				
4	薛力	******199212133751				
5	胡伟	******530418527				
6	蒋超	******198803213576				
7	邓苗	******721018938				
8	郑华	******820525787				
9	何贝贝	******199710134762				
10	郭静纯	******198911025956				

图 8-8　统计公司男女员工的人数

（2）在 E2 单元格中输入如下公式并按【Ctrl+Shift+Enter】快捷键，计算出女员工的人数。

=SUM(ISEVEN(MID(B2:B10,15,3))*1)

公式解析

由于 B 列中的身份证号有 15 位和 18 位两种，因此使用 MID 函数从第 15 位开始向右提取 3 位。这样可以保证对于 15 位身份证号提取的是最后一位，对于 18 位身份证号提取的是 15 ~ 17 位。使用 ISODD 函数判断提取出的数字是否为奇数，然后乘以 1 并使用 SUM 函数对数组进行求和，得到男员工人数。统计女员工人数的公式的原理与此类似，只需使用 ISEVEN 函数判断提取出的数字是否为偶数即可。

关于 MID 函数的更多内容，请参考本书第 10 章；关于 SUM 函数的更多内容，请参考本书第 12 章。

第9章 数学计算

Excel中的数学函数主要用于进行数学方面的计算，包括常规计算、舍入计算、指数和对数计算、阶乘和矩阵计算、获得随机数等。本章将介绍常用的数学函数的语法格式及其在实际中的应用。

9.1 常用数学函数

本节将介绍 Excel 中一些常用的数学函数，这些函数可以获得随机数、求商的余数、四舍五入和对数值取整等。

9.1.1 RANDBETWEEN 函数

RANDBETWEEN 函数用于返回指定的两个数字之间的一个随机整数，其语法格式如下。

RANDBETWEEN(bottom,top)

- bottom（必选）：要返回的最小整数的下限，可以是直接输入的数字或单元格引用。
- top（必选）：要返回的最大整数的上限，可以是直接输入的数字或单元格引用。

注意　所有参数都必须为数值类型或可转换为数值的数据，否则 RANDBETWEEN 函数将返回 #VALUE! 错误值。top 参数不能小于 bottom 参数，否则 RANDBETWEEN 函数将返回 #NUM! 错误值。如果参数中包含小数，RANDBETWEEN 函数会自动对小数进行截尾取整，只保留整数部分。只要工作簿被重新计算，单元格中的随机数就会发生改变。例如在工作表中按【F9】键，或者按【F2】键进入“编辑”模式后按【Enter】键，这些操作都会改变单元格内的随机数。

下面的公式会生成一个 1 ~ 10 的整数。

=RANDBETWEEN(1,10)

9.1.2 MOD 函数

MOD 函数用于返回两数相除的余数，其语法格式如下。

MOD(number,divisor)

- number（必选）：被除数。
- divisor（必选）：除数。如果该参数为 0，MOD 函数将返回 #DIV/0! 错误值。

注意　MOD 函数的两个参数都必须为数值类型或可转换为数值的数据，否则 MOD 函数将返回错误值 #VALUE!。MOD 函数计算结果的正负号与除数相同。

下面的公式计算 8 除以 5 的余数，返回 3。

=MOD(8,5)

9.1.3 ROUND 函数

ROUND 函数用于按指定的位数对数字进行四舍五入，其语法格式如下。

ROUND(number,num_digits)

- number（必选）：要四舍五入的数字，可以是直接输入的数字或单元格引用。
- num_digits（必选）：要进行四舍五入的位数。分为 3 种情况：如果 num_digits 大于 0，则四舍五入到指定的小数位；如果 num_digits 等于 0，则四舍五入到最接近的整数；如果 num_digits 小于 0，则在小数点左侧进行四舍五入。表 9-1 所示为 ROUND 函数在 num_digits 参数取不同值时的返回值。

表 9-1　num_digits 参数的取值对 ROUND 函数返回值的影响

要舍入的数字	num_digits 参数值	ROUND 函数的返回值
123.456	2	123.46
123.456	1	123.5
123.456	0	123
123.456	−1	120
123.456	−2	100

> **注意** 所有参数必须为数值类型或可转换为数值的数据，否则 ROUND 函数将返回 #VALUE! 错误值。可以省略 num_digits 参数，但是必须输入一个英文半角逗号来占位，此时 ROUND 函数将以 0 作为 num_digits 参数的值，如 ROUND(123.456,) 和 ROUND(123.456,0) 等效。

下面的公式将 10 除以 8 得到的计算结果四舍五入到一位小数，返回 1.3。

```
=ROUND(10/8,1)
```

9.1.4 INT 和 TRUNC 函数

INT 函数用于将数字向下舍入到最接近的整数，无论原来是正数还是负数，舍入后都将得到最接近但小于原数字的整数，其语法格式如下。

```
INT(number)
```

number 参数是必选参数，表示要向下舍入取整的数字，可以是直接输入的数字或单元格引用。

TRUNC 函数用于截去数字的小数部分而只返回整数部分，其语法格式如下。

```
TRUNC(number,[num_digits])
```

- number（必选）：要截尾取整的数字，可以是直接输入的数字或单元格引用。
- num_digits（可选）：取整精度的数字。忽略该参数表示其默认值为 0，即只保留数字的整数部分。当该参数大于 0 时，其值决定要保留的小数位数；当该参数小于 0 时，其值决定要保留的整数位数；例如，TRUNC(43.21,1) 返回的结果是 43.2，而 TRUNC(43.21,-1) 返回的结果是 40。

INT 和 TRUNC 两个函数的所有参数都必须为数值类型或可转换为数值的数据，否则函数将返回 #VALUE! 错误值。TRUNC 函数既可以截尾取整只保留整数部分，也可以保留指定位数的小数部分，这取决于 TRUNC 函数的 num_digits 参数的值。

TRUNC 函数和 INT 函数都可以返回整数，但是 TRUNC 函数是直接截去小数部分并返回整数，而 INT 函数则是根据原数字的小数部分的值，四舍五入到小于等于原数字最接近的整数，因此这两个函数在处理负数时有所不同。例如，TRUNC(−3.6) 返回 −3，而 INT(−3.6) 返回 −4，因为 −4 是小于原数字（−3.6）且最接近原数字的整数。

9.2 数学函数的实际应用

本节将介绍数学函数的一些典型应用，通过这些案例，读者可以更好地理解数学函数的具体用法。

9.2.1 生成 1 ~ 50 的随机偶数

案例 9-1

生成 1 ~ 50 的随机偶数

案例目标：在 B1 单元格中创建一个 1 ~ 50 的随机偶数，效果如图 9-1 所示。

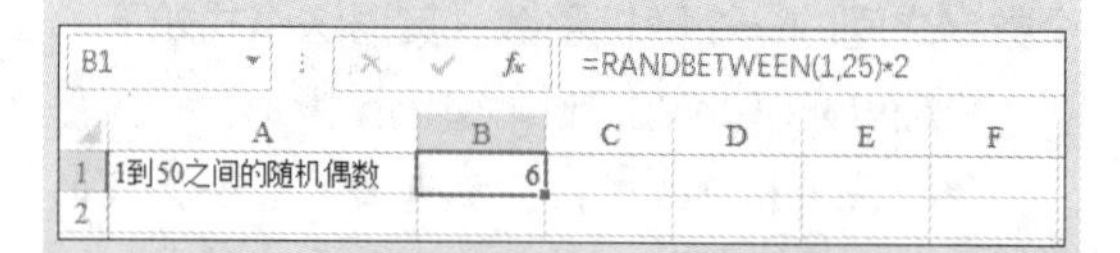

图 9-1 生成 1 ~ 50 的随机偶数

操作步骤如下。

在 B1 单元格中输入如下公式并按【Enter】键。

```
=RANDBETWEEN(1,25)*2
```

9.2.2 使用 MOD 函数判断是否是闰年

案例 9-2

使用 MOD 函数判断是否是闰年

案例目标：判断 A2 单元格中输入的年份是否是闰年，判定条件为年份能被 4 整除而不能被 100 整除，或者能被 400 整除，效果如图 9-2 所示。

B2　=IF(OR(AND(MOD(A2,4)=0,MOD(A2,100)<>0),MOD(A2,400)=0),"是闰年","不是闰年")

	A	B	C	D	E	F	G	H	I	J	K
1	当前年份	是否为闰年									
2	2021	不是闰年									

图 9-2　使用 MOD 函数判断是否是闰年

操作步骤如下。

在 B2 单元格中输入如下公式并按【Enter】键。

=IF(OR(AND(MOD(B1,4)=0,MOD(B1,100)<>0),MOD(B1,400)=0),"是闰年","不是闰年")

公式解析

公式OR(AND(MOD(B1,4)=0,MOD(B1,100)<>0),MOD(B1,400)=0)包括两部分，一部分使用AND函数判断“年份能被 4 整除而不能被 100 整除”条件是否成立，另一部分使用 OR 函数判断“年份能被 4 整除而不能被 100 整除”或“能被 400 整除”条件是否有一个成立。然后使用 IF 函数根据判断结果返回“是闰年”或“不是闰年”。

关于 IF、OR 和 AND 函数的更多内容，请参考本书第 8 章。

9.2.3 汇总奇数月和偶数月的销量

案例 9-3

汇总奇数月和偶数月的销量

案例目标：汇总奇数月和偶数月的销量，效果如图 9-3 所示。

E1　{=SUM(IF(MOD(ROW($B$2:$B$13),2)=ROW()-1,$B$2:$B$13,0))}

	A	B	C	D	E	F	G	H	I
1	销售日期	销量		奇数月销量	930				
2	2020年1月	139		偶数月销量	855				
3	2020年2月	191							
4	2020年3月	176							
5	2020年4月	128							
6	2020年5月	126							
7	2020年6月	117							
8	2020年7月	128							
9	2020年8月	114							
10	2020年9月	189							
11	2020年10月	151							
12	2020年11月	172							
13	2020年12月	154							

（a）

E2　{=SUM(IF(MOD(ROW($B$2:$B$13),2)=ROW()-1,$B$2:$B$13,0))}

	A	B	C	D	E	F	G	H	I
1	销售日期	销量		奇数月销量	930				
2	2020年1月	139		偶数月销量	855				
3	2020年2月	191							
4	2020年3月	176							
5	2020年4月	128							
6	2020年5月	126							
7	2020年6月	117							
8	2020年7月	128							
9	2020年8月	114							
10	2020年9月	189							
11	2020年10月	151							
12	2020年11月	172							
13	2020年12月	154							

（b）

图 9-3　汇总奇数月和偶数月的销量

操作步骤如下。

在 E1 单元格中输入如下公式并按【Ctrl+Shift+Enter】快捷键，然后将公式向下复制到 E2 单元格。

{=SUM(IF(MOD(ROW($B$2:$B$13),2)=ROW()-1,$B$2:$B$13,0))}

公式解析

首先使用公式 MOD(ROW($B$2:$B$13),2)=ROW()-1 判断 B2:B13 单元格区域中的每行是否是偶数行，其中 ROW() 为公式所在的行，即第 1 行，ROW()-1 返回 0。根据判断结果，如果为偶数行，则返回该行 B 列中的数据；如果为奇数行，则返回 0。本例偶数行中的数据为奇数月的销量。最后使用 SUM 函数对返回的奇数月的销量求和即可。同理，计算偶数月销量的公式与计算奇数月销量的公式相同，只是判断奇偶数时有细微变化，E1 单元格中的公式填充到 E2 后，原本的 ROW()-1 返回 0 变为返回 1，因为在 E2 单元格中 ROW() 返回 2。

交叉参考

关于 IF 函数的更多内容，请参考本书第 8 章；关于 SUM 函数的更多内容，请参考本书第 12 章；关于 ROW 函数的更多内容，请参考本书第 13 章。

处理文本

Excel 中的文本函数主要用于对文本进行各种处理，包括转换字符编码、提取文本内容、合并文本、转换文本格式、查找与替换文本和删除多余字符等。本章将介绍常用的文本函数的语法格式及其在实际中的应用。

10.1 常用文本函数

本节将介绍 Excel 中一些常用的文本函数。无论文本函数的参数是文本型数据还是数值型数据，文本函数返回的结果都是文本型数据。

10.1.1 LEN 和 LENB 函数

LEN 函数用于计算文本的字符数，其语法格式如下。

```
LEN(text)
```

LEN 函数只有一个必选参数 text，表示要计算其字符数的内容。下面的公式返回 5，因为"Excel"包含 5 个字符。

```
=LEN("Excel")
```

LENB 函数的功能与 LEN 函数相同，但它以"字节"为单位来计算字符长度。对于双字节字符（汉字和全角字符），LENB 函数计数为 2，LEN 函数计数为 1。对于单字节字符（英文字母、数字和半角字符），LENB 和 LEN 函数都计数为 1。

下面的公式返回 6，因为"ａｂｃ"为全角形式，每个字符的长度为 2。

```
=LENB("ａｂｃ")
```

下面的公式返回 3，即使参数中的字符是全角形式，LEN 函数对每个字符的长度也按 1 个字符计算。

```
=LEN("ａｂｃ")
```

10.1.2 LEFT、RIGHT 和 MID 函数

LEFT 函数用于从文本左侧的起始位置开始，提取指定数量的字符。LEFT 函数的语法格式如下。

```
LEFT(text,[num_chars])
```

RIGHT 函数用于从文本右侧的结尾位置开始，提取指定数量的字符。RIGHT 函数的语法格式如下。

```
RIGHT(text,[num_chars])
```

LEFT 和 RIGHT 函数包含以下两个参数。

- text（必选）：要从中提取字符的内容。
- num_chars（可选）：提取的字符数量，如果省略该参数，则其值默认为 1。

MID 函数用于从文本中的指定位置开始，提取指定数量的字符。MID 函数的语法格式如下。

```
MID(text,start_num,num_chars)
```

MID 函数包含 3 个参数，第 1 个参数和第 3 个参数与 LEFT 和 RIGHT 函数的两个参数的含义相同，MID 函数的第 2 个参数表示提取字符的起始位置。

下面的公式提取"Excel"中的前两个字符，返回"Ex"。

```
=LEFT("Excel",2)
```

下面的公式提取"Excel"中的后 3 个字符，返回"cel"。

```
=RIGHT("Excel",3)
```

下面的公式提取"Excel"中第 2 ~ 4 个字符，返回"xce"。

```
=MID("Excel",2,3)
```

10.1.3 FIND 和 SEARCH 函数

FIND 函数用于查找指定字符在文本中第 1

次出现的位置，其语法格式如下。

```
FIND(find_text,within_text,[start_num])
```

SEARCH 函数的功能与 FIND 函数类似，但在查找时不区分大小写，而 FIND 函数在查找时区分大小写。SEARCH 函数的语法格式如下。

```
SEARCH(find_text,within_text,[start_num])
```

FIND 函数和 SEARCH 函数包含以下 3 个参数。

- find_text（必选）：要查找的内容。
- within_text（必选）：在其中进行查找的内容。
- start_num（可选）：查找的起始位置。如果省略该参数，则其值默认为 1。

如果找不到特定的字符，FIND 和 SEARCH 函数都会返回 #VALUE! 错误值。

下面的公式返回 4，因为 FIND 函数区分大小写，因此查找的小写字母 e 在“Excel”中第 1 次出现的位置位于第 4 个字符。

```
=FIND("e","Excel")
```

如果将公式中的 FIND 函数改为 SEARCH 函数，则公式返回 1。因为 SEARCH 函数不区分英文字母的大小写，因此“Excel”中的第 1 个大写字母“E”与查找的小写字母“e”匹配。

```
=SEARCH("e","Excel")
```

10.1.4 REPLACE 和 SUBSTITUTE 函数

REPLACE 函数使用指定字符替换指定位置的内容，适用于知道要替换文本的位置和字符数，但是不知道要替换哪些内容的情况。其语法格式如下。

```
REPLACE(old_text,start_num,num_chars,new_text)
```

- old_text（必选）：要在其中替换字符的内容。
- start_num（必选）：替换的起始位置。
- num_chars（必选）：替换的字符数。如果省略该参数的值，即不为参数设置值，但保留该参数与前一个参数之间的逗号分隔符，则会在由 start_num 参数表示的位置上插入指定的内容。
- new_text（必选）：替换的内容。

下面的公式将“Excel”中的第 2 ~ 4 个字符替换为“???”，返回“E???l”。

```
=REPLACE("Excel",2,3,"???")
```

下面的公式在数字 2 的左侧插入一个空格，返回“Excel 2019”。

```
=REPLACE("Excel2019",6,," ")
```

也可以使用 FIND 函数自动查找数字 2 的位置。

```
=REPLACE("Excel2019",FIND(2,"Excel2019"),," ")
```

SUBSTITUTE 函数使用指定的文本替换原有文本，适用于知道替换前、后的内容，但是不知道替换的具体位置的情况。其语法格式如下。

```
SUBSTITUTE(text,old_text,new_text,[instance_num])
```

- text（必选）：要在其中替换字符的内容。
- old_text（必选）：要替换掉的内容。
- new_text（必选）：用于替换的内容。如果省略该参数的值，则删除由 old_text 参数指定的内容。
- instance_num（可选）：要替换掉第几次出现的 old_text。如果省略该参数，则替换所有符合条件的内容。

下面的公式将“Word 2019 和 Word 2019”中的第 2 个“Word”替换为“Excel”，返回“Word 2019 和 Excel 2019”。如果省略最后一个参数，则替换文本中的所有“Word”。

```
=SUBSTITUTE("Word 2019 和 Word 2019","Word","Excel",2)
```

10.1.5 LOWER 和 UPPER 函数

LOWER 函数用于将文本中的大写字母转换为小写字母。其语法格式如下。

```
LOWER(text)
```

UPPER 函数用于将文本中的小写字母转换为大写字母。其语法格式如下。

UPPER(text)

LOWER和UPPER两个函数只包含一个必选参数text，表示要转换为小写或大写字母的内容。

10.1.6 CHAR和CODE函数

CHAR函数用于返回指定编码在字符集中对应的字符，其语法格式如下。

CHAR(number)

CHAR函数只有一个必选参数number，表示1～255的ANSI字符编码。如果number参数包含小数，则只有整数部分参与计算。

下面的公式返回大写字母A。

=CHAR(65)

如果number参数的值超过255，也可以返回内容。下面的公式返回汉字“好”。

=CHAR(47811)

CODE函数用于返回文本中第1个字符在字符集中对应的编码，其语法格式如下。

CODE(text)

CODE函数只有一个必选参数text，表示要转换为ANSI字符编码的内容。

下面的公式返回66。

=CODE("B")

10.1.7 TEXT函数

TEXT函数用于设置文本的数字格式，它与在【设置单元格格式】对话框中自定义数字格式的功能类似，其语法格式如下。

TEXT(value,format_text)

- value（必选）：要设置格式的内容。
- format_text（必选）：自定义数字格式代码，需要将格式代码放到一对双引号中。

在【设置单元格格式】对话框中设置的大多数格式代码都适用于TEXT函数，但以下两种情况需要注意。

- TEXT函数不支持改变文本颜色的格式代码。
- TEXT函数不支持使用星号重复某个字符来填满单元格。

下面的公式将数字1000设置为中文货币格式“¥1,000.00”，将自动添加千位分隔符并保留两位小数。

=TEXT(1000,"¥#,##0.00;¥-#,##0.00")

与自定义数字格式代码类似，使用TEXT函数设置格式代码时也可以包含完整的4个部分，各部分之间以半角分号“;”分隔，各部分的含义与自定义数字格式代码中各部分的含义相同，具体内容请参考本书第5章。

10.2 空单元格、空文本和空格之间的区别

在使用公式和函数计算与处理数据时，经常会遇到空单元格、空文本与空格，了解它们之间的区别，有助于正确使用公式并返回所需的结果。

空单元格是指未输入任何内容的单元格，或在输入内容后按【Delete】键将内容删除后的单元格。使用ISBLANK函数检查空单元格会返回逻辑值TRUE，这种单元格被认为是“真空”。

空文本由不包含任何内容的一对双引号组成，其字符长度为0。空文本不会在单元格中显示出来，但是Excel会认为单元格中有内容而非“真空”。使用ISBLANK函数检测包含空文本的单元格时会返回逻辑值FALSE。

空格可由【Space】键或CHAR(32)产生。使用LEN函数检查每个空格的长度为1，使用LENB函数检查全角空格的长度为2，半角空格的长度为1。与空文本类似，空格也不会在单元格中显示出来，但使用ISBLANK函数检查包含空格的单元格时，也会返回逻辑值FALSE。

10.3 文本函数的实际应用

本节将介绍文本函数的一些典型应用，通过这些案例，读者以更好地理解文本函数的具体用法。

10.3.1 计算文本中包含的数字和汉字的个数

案例 10-1
计算文本中包含的数字和汉字的个数

案例目标： 计算 A 列各单元格中包含的数字与汉字的个数，效果如图 10-1 所示。

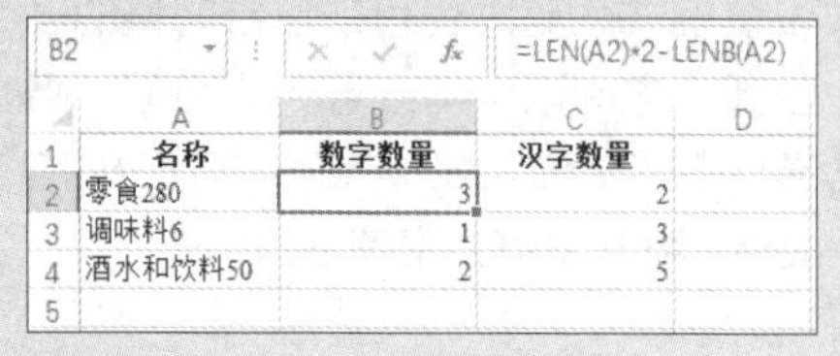

B2 =LEN(A2)*2-LENB(A2)

	A	B	C	D
1	名称	数字数量	汉字数量	
2	零食280	3	2	
3	调味料6	1	3	
4	酒水和饮料50	2	5	
5				

图 10-1　计算文本中包含的数字和汉字的个数

操作步骤如下。

（1）在 B2 单元格中输入如下公式并按【Enter】键，然后将公式向下复制到 B4 单元格，得到 A 列各单元格中包含的数字个数。

=LEN(A2)*2-LENB(A2)

（2）在 C2 单元格中输入如下公式并按【Enter】键，然后将公式向下复制到 C4 单元格，得到 A 列各单元格中包含的汉字个数。

=LENB(A2)-LEN(A2)

公式解析　使用 LENB 函数以“字节”为单位计算单元格中的字符总数，每个汉字的长度为 2，每个数字的长度为 1。然后使用 LEN 函数以“字符”为单位计算单元格中的字符总数，汉字和数字的长度都按 1 计算。最后将 LEN 函数返回的结果乘以 2，减去 LENB 函数返回的结果，得到的就是文本中包含的数字个数。将 LENB 函数返回的结果减去 LEN 函数返回的结果，得到的就是文本中包含的汉字个数。

10.3.2 将文本转换为句首字母大写其他字母小写的形式

案例 10-2
将文本转换为句首字母大写其他字母小写的形式

案例目标： A 列包含大小写混合的英文，本例要将 A 列各单元格中的英文转换为句首字母大写，其他字母小写的形式，效果如图 10-2 所示。

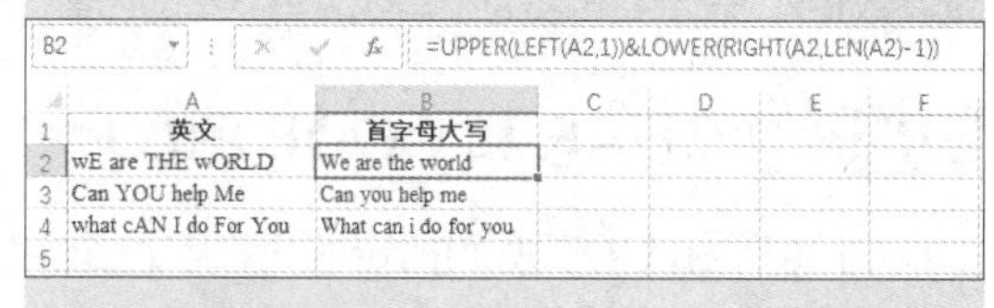

B2 =UPPER(LEFT(A2,1))&LOWER(RIGHT(A2,LEN(A2)-1))

	A	B	C	D	E	F
1	英文	首字母大写				
2	wE are THE wORLD	We are the world				
3	Can YOU help Me	Can you help me				
4	what cAN I do For You	What can i do for you				
5						

图 10-2　将文本转换为句首字母大写、其他字母小写的形式

操作步骤如下。

在 B2 单元格中输入如下公式并按【Enter】键，然后将公式向下复制到 B4 单元格。

=UPPER(LEFT(A2,1))&LOWER(RIGHT(A2,LEN(A2)-1))

公式解析　使用 UPPER 函数将单元格中的第 1 个字母转换为大写，然后使用 LOWER 函数将单元格中除了第 1 个字母外的其他字母转换为小写，最后将两部分合并在一起。

10.3.3 提取公司名称

案例 10-3
提取公司名称

案例目标： A 列包含的公司信息由地区名称、公司名称、人员姓名 3 部分组成，各部分之间使用“-”符号分隔。本例要提取位于两个“-”符号之间的公司名称，效果如图 10-3 所示。

B2 =MID(A2,FIND("-",A2)+1,FIND("-",A2,FIND("-",A2)+1)-1-FIND("-",A2))

	A	B	C	D	E	F	G	H
1	公司信息	公司名称						
2	北京-方晨金-黄菊霎	方晨金						
3	北京-耀辉-万杰	耀辉						
4	山东-天启琅勃-殷佳妮	天启琅勃						
5	广东-大发广业-刘继元	大发广业						
6	北京-锦泰伟业-董海峰	锦泰伟业						
7	广东-联重通-李骏	联重通						
8	山东-富源-王文燕	富源						
9								

图 10-3　提取公司名称

操作步骤如下。

在 B2 单元格中输入如下公式并按【Enter】键，然后将公式向下复制到 B8 单元格。

=MID(A2,FIND("-",A2)+1,FIND("-",A2,FIND("-",A2)+1)-1-FIND("-",A2))

公式解析 由于公司名称位于两个“-”符号之间，因此需要使用 FIND 函数查找每个“-”符号在文本中的位置，然后用 MID 函数提取位于两个“-”符号之间的文本。FIND("-",A2)+1 部分用于确定从第几个字符开始提取，第 1 个“-”符号的位置加 1 就是公司名称中第 1 个字符的位置。FIND("-",A2,FIND("-",A2)+1)-1-FIND("-",A2) 部分用于确定提取的字符数量，其中的 FIND("-",A2,FIND("-",A2)+1) 部分用于确定第 2 个“-”符号的位置，将此位置减去 1 再减去第 1 个“-”符号的位置，得到两个“-”符号之间的字符数量，最后使用 MID 函数提取两个“-”符号之间的字符。

10.3.4 格式化公司名称

案例 10-4

格式化公司名称

案例目标： A 列包含的公司信息由地区名称、公司名称、人员姓名 3 部分组成，各部分之间使用“-”符号分隔。本例要删除第 1 个“-”符号，并将第 2 个“-”符号改为“：”符号，效果如图 10-4 所示。

B2 =SUBSTITUTE(REPLACE(A2,3,1,""),"-","：")

	A	B	C	D	E
1	公司信息	公司名称			
2	北京-方晨金-黄菊雯	北京方晨金：黄菊雯			
3	北京-耀辉-万杰	北京耀辉：万杰			
4	山东-天启琅勃-殷佳妮	山东天启琅勃：殷佳妮			
5	广东-大发广业-刘继元	广东大发广业：刘继元			
6	北京-锦泰伟业-董海峰	北京锦泰伟业：董海峰			
7	广东-联重通-李骏	广东联重通：李骏			
8	山东-富源-王文燕	山东富源：王文燕			
9					

图 10-4 格式化公司名称

操作步骤如下。

在 B2 单元格中输入如下公式并按【Enter】键，然后将公式向下复制到 B8 单元格。

=SUBSTITUTE(REPLACE(A2,3,1,""),"-","：")

公式解析 先使用 REPLACE 函数将第 1 个“-”符号替换为空，然后使用 SUBSTITUTE 函数将剩下的“-”符号替换为“：”。

本例还可以使用下面的公式，内层的 SUBSTITUTE 函数用于删除第 1 个“-”符号，外层的 SUBSTITUTE 函数用于将第 2 个“-”符号改为“：”符号。如果第 1 个“-”符号左侧的字符数量不固定，则使用该公式具有更强的适应性。

=SUBSTITUTE(SUBSTITUTE(A2,"-","",1),"-","：")

10.3.5 从身份证号码中提取出生日期

案例 10-5

从身份证号码中提取出生日期

案例目标： A 列包含员工的姓名，B 列为员工对应的身份证号码，本例要从身份证号码中提取出生日期，效果如图 10-5 所示。

C2 =TEXT(IF(LEN(B2)=15,"19"&MID(B2,7,6),MID(B2,7,8)),"0000年00月00日")

	A	B	C	D	E	F	G	H
1	姓名	身份证号码	出生日期					
2	黄菊雯	******197906132781	1979年06月13日					
3	万杰	******780125261	1978年01月25日					
4	殷佳妮	******199212133752	1992年12月13日					
5	刘继元	******530411385	1953年04月11日					
6	董海峰	******198803213576	1988年03月21日					
7	李骏	******721018923	1972年10月18日					
8	王文燕	******820525787	1982年05月25日					
9								

图 10-5　从身份证号码中提取出生日期

操作步骤如下。

在 C2 单元格中输入如下公式并按【Enter】键，然后将公式向下复制到 C8 单元格。

=TEXT(IF(LEN(B2)=15,"19"&MID(B2,7,6),MID(B2,7,8)),"0000 年 00 月 00 日 ")

公式解析　首先判断身份证号码的位数是 15 位还是 18 位，如果是 15 位，则从第 7 位开始提取连续的 6 个数字，并在其前面加上“19”；如果是 18 位，则从第 7 位开始提取连续的 8 个数字，最后使用 TEXT 函数为提取出的出生日期设置日期格式。

10.3.6 从身份证号码中提取性别信息

案例 10-6

从身份证号码中提取性别信息

案例目标： B 列是身份证号码，本例要从身份证号码中提取性别信息，效果如图 10-6 所示。

C2 =IF(MOD(IF(LEN(B2)=15,RIGHT(B2,1),MID(B2,17,1)),2),"男","女")

	A	B	C	D	E	F	G	H
1	姓名	身份证号码	性别					
2	黄菊雯	******197906132781	女					
3	万杰	******780125261	男					
4	殷佳妮	******199212133752	男					
5	刘继元	******530411385	男					
6	董海峰	******198803213576	男					
7	李骏	******721018923	男					
8	王文燕	******820525787	男					
9								

图 10-6　从身份证号码中提取性别信息

操作步骤如下。

在 C2 单元格中输入如下公式并按【Enter】键，然后将公式向下复制到 C8 单元格。

=IF(MOD(IF(LEN(B2)=15,RIGHT(B2,1),MID(B2,17,1)),2)," 男 "," 女 ")

公式解析 身份证号码为15位或18位，15位身份证号码的最后一位数字和18位身份证号码的第17位数字为判断性别的依据。如果该数字为奇数，则为男性，否则为女性。在IF函数中使用LEN函数计算身份证号码的长度，如果长度为15位，则使用RIGHT函数提取最后1位；如果长度不是15位，则肯定是18位，此时使用MID函数提取第17位数字。最后使用MOD函数判断提取出的数字是否能被2整除。如果不能被整除，则返回的不是0，此时IF条件为TRUE（非0的数字等价于TRUE），说明当前身份证号码中的性别信息为男性，否则为女性。

本例还可以使用下面的公式，使用MID函数从身份证号码的第15位开始，提取连续的3位数字，通过判断该数字的奇偶性来返回“男”或“女”。使用该方法不需要检查身份证号码的位数，因为如果身份证号码是15位，MID(B2,15,3)部分的第3个参数为3，已经超过1位数，所以对提取15位身份证号码的最后一位没有任何影响。而对18位身份证号码而言，从第15位开始提取连续的3位数字的最后一位数字正好是第17位，因此可用于检测性别。

```
=IF(MOD(MID(B2,15,3),2),"男","女")
```

10.3.7 统计指定字符在文本中出现的次数

案例 10-7

统计指定字符在文本中出现的次数

案例目标：统计“Excel”在A列各单元格中出现的次数，效果如图10-7所示。

B2 =(LEN(A2)-LEN(SUBSTITUTE(A2,"Excel",""))/LEN("Excel")

	A	B	C	D	E
1	内容	Excel出现的次数			
2	Excel 2016	1			
3	Excel 2013和Excel 2016	2			
4	Excel 2010、Excel 2013和Excel 2016	3			
5					

图10-7 统计指定字符在文本中出现的次数

操作步骤如下。

在B2单元格中输入如下公式并按【Enter】键，然后将公式向下复制到B4单元格。

```
=(LEN(A2)-LEN(SUBSTITUTE(A2,"Excel","")))/LEN("Excel")
```

公式解析 先使用SUBSTITUTE函数将文本中的“Excel”替换为空文本，即将“Excel”删除。然后计算删除“Excel”前、后的文本字符总数之差，即计算原文本中所有“Excel”的字符数。最后使用该字符数除以单个“Excel”的字符数，得到的就是“Excel”的个数。

10.3.8 将普通数字转换为电话号码格式

案例 10-8

将普通数字转换为电话号码格式

案例目标：A列包含11位数的电话号码，本例要将其转换为正规的电话号码格式，效果如图10-8所示。

操作步骤如下。

在B2单元格输入如下公式并按【Enter】键，然后将公式向下复制到B6单元格。

```
=TEXT(A2,"(0000)0000-0000")
```

B2 =TEXT(A2,"(0000)0000-0000")

	A	B	C	D	E
1	转换前	转换后			
2	99887766554	(0998)8776-6554			
3	88776655443	(0887)7665-5443			
4	77665544332	(0776)6554-4332			
5	66554433221	(0665)5443-3221			
6	55443322110	(0554)4332-2110			
7					

图10-8 将普通数字转换为电话格式

10.3.9 评定员工考核成绩

案例 10-9

评定员工考核成绩

案例目标：B列为员工的业务考核分数，本例要根据该分数对员工成绩进行评定，评定标准为大于等于80分为“良好”，大于等于60分为“合格”，小于60分为“不合格”，效果如图10-9所示。

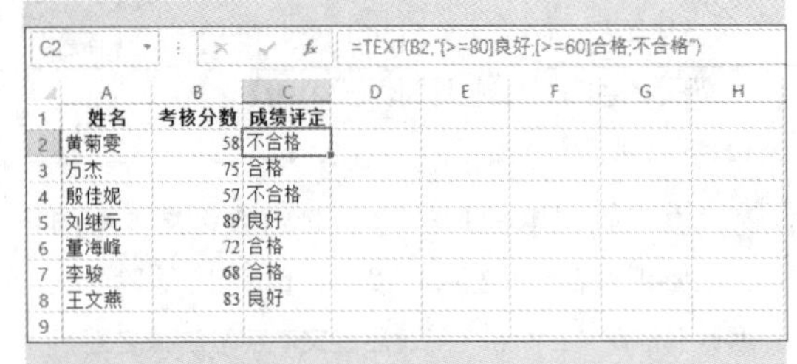

C2 =TEXT(B2,"[>=80]良好;[>=60]合格;不合格")

姓名	考核分数	成绩评定
黄菊雯	58	不合格
万杰	75	合格
殷佳妮	57	不合格
刘继元	89	良好
董海峰	72	合格
李骏	68	合格
王文燕	83	良好

图 10-9 评定员工考核成绩

操作步骤如下。

在C2单元格中输入如下公式并按【Enter】键，然后向下复制公式到C8单元格。

=TEXT(B2,"[>=80] 良好 ;[>=60] 合格 ; 不合格 ")

公式解析 使用 TEXT 函数指定包含 3 个部分的格式代码，即指定 3 个条件，格式代码的前两个部分 [>=80] 和 [>=60]，分别指定大于等于 80 分和大于等于 60 分这两个条件，最后一个部分虽然没有明确指定数值比较条件，但相当于表示“其他分数”。

10.3.10 将顺序错乱的字母按升序排列

案例 10-10 将顺序错乱的字母按升序排列

案例目标：A 列字母的排列顺序是错乱的，本例要将 A 列字母按 A、B、C、D 的顺序升序排列，效果如图 10-10 所示。

B2 {=CHAR(SMALL(CODE($A$2:$A$11),ROW(A1)))}

乱序字母	按顺序排列
D	A
A	B
G	C
B	D
F	E
E	F
K	G
L	H
H	K
C	L

图 10-10 将顺序错乱的字母按升序排列

操作步骤如下。

在 B2 单元格中输入如下公式并按【Ctrl+ Shift+Enter】快捷键，然后将公式向下复制到 B11 单元格。

{=CHAR(SMALL(CODE($A$2:$A$11),ROW(A1)))}

公式解析 首先使用 CODE 函数将 A2:A11 单元格区域中的每个字母转换为相应的字符编码，然后使用 SMALL 函数从小到大每次提取一个字符编码，最后使用 CHAR 函数将提取出的字符编码转换为相应的字母。ROW(A1) 部分返回 1，在将公式向下复制的过程中，该部分依次返回 2、3、4 等数字，这些数字将作为 SMALL 函数的第 2 个参数，以便从小到大依次提取数据。

本例还可以使用多个单元格数组公式，在输入公式前先选择 B2:B11 单元格区域，然后输入下面的公式并按【Ctrl+Shift+Enter】快捷键。ROW(1:10) 部分返回 {1,2,3,4,5,6,7,8,9,10} 常量数组，作为 SMALL 函数的第 2 个参数，从而在内存中对 A2:A11 单元格区域中的字母按升序进行排列，最后将排好顺序的字母列表一次性输入选择的单元格区域中。

{=CHAR(SMALL(CODE(A2:A11),ROW(1:10)))}

交叉参考 关于 SMALL 函数的更多内容，请参考本书第 12 章；关于 ROW 函数的更多内容，请参考本书第 13 章。

日期和时间计算

Excel中的日期和时间函数主要用于对日期和时间进行计算和推算，包括获取当前日期和时间、指定的日期和时间、提取日期和时间中的特定部分、文本与日期和时间格式之间的转换、计算两个日期之间相隔的时间长度、计算基于特定时间单位的过去或未来的日期或时间等。本章将介绍常用的日期和时间函数的语法格式及其在实际中的应用。

11.1 常用日期和时间函数

本节将介绍Excel中一些常用的日期和时间函数。只有被Excel正确识别为日期和时间的数据，才能使用日期和时间函数进行处理并返回正确的结果，否则可能无法处理或返回错误的结果。

11.1.1 TODAY和NOW函数

TODAY函数用于返回当前系统日期，NOW函数用于返回当前系统日期和时间。这两个函数不包含任何参数，在输入它们时，需要在函数名的右侧保留一对小括号，如下所示。

```
=TODAY()
=NOW()
```

TODAY函数和NOW函数返回的日期和时间会随着系统的日期和时间变化，每次打开包含这两个函数的工作簿，或在工作表中按【F9】键，这两个函数都会将返回的日期和时间更新为当前系统日期和时间。

11.1.2 DATE和TIME函数

DATE函数用于返回指定的日期，其语法格式如下。

```
DATE(year,month,day)
```

- year（必选）：指定日期中的年。
- month（必选）：指定日期中的月。
- day（必选）：指定日期中的日。

下面的公式返回“2018/10/1”，表示2018年10月1日。

```
=DATE(2018,10,1)
```

如果将day参数设置为0，则将返回由month参数指定的月份的上一个月最后一天的日期。下面的公式返回“2018/9/30”。

```
=DATE(2018,10,0)
```

如果将month参数设置为0，则将返回由year参数指定的年份的上一年最后一个月的日期。下面的公式返回“2017/12/1”。

```
=DATE(2018,0,1)
```

可以将month和day参数设置为负数，下面的公式返回“2018/9/27”。

```
=DATE(2018,10,-3)
```

TIME函数用于返回指定的时间，其语法格式如下。

```
TIME(hour,minute,second)
```

- hour（必选）：指定时间中的时。
- minute（必选）：指定时间中的分。
- second（必选）：指定时间中的秒。

下面的公式返回“5:30 PM”，表示下午5点30分15秒，默认情况下不显示秒数，但可以通过设置单元格数字格式将其显示出来。

```
=TIME(17,30,15)
```

11.1.3 YEAR、MONTH和DAY函数

YEAR函数用于返回日期中的年份，返回值为1900～9999，其语法格式如下。

```
YEAR(serial_number)
```

MONTH函数用于返回日期中的月份，返

回值为 1 ~ 12，其语法格式如下。

```
MONTH(serial_number)
```

DAY 函数用于返回日期中的天数，返回值为 1 ~ 31，其语法格式如下。

```
DAY(serial_number)
```

上述 3 个函数只包含一个必选参数 serial_number，表示要从中提取年、月、日的日期。

如果 A1 单元格包含日期“2018/10/1”，下面 3 个公式将分别返回 2018、10、1。

```
=YEAR(A1)
=MONTH(A1)
=DAY(A1)
```

下面 3 个公式同样返回 2018、10、1，其中将日期作为YEAR、MONTH和DAY函数的参数。

```
=YEAR("2018/10/1")
=MONTH("2018/10/1")
=DAY("2018/10/1")
```

11.1.4 HOUR、MINUTE 和 SECOND 函数

HOUR 函数用于返回时间中的小时数，返回值为 0 ~ 23，其语法格式如下。

```
HOUR(serial_number)
```

MINUTE 函数用于返回时间中的分钟数，返回值为 0 ~ 59，其语法格式如下。

```
MINUTE(serial_number)
```

SECOND 函数用于返回时间中的秒数，返回值为 0 ~ 59，其语法格式如下。

```
SECOND(serial_number)
```

上述 3 个函数只包含一个必选参数 serial_number，表示要从中提取时、分、秒的时间。如果 A1 单元格包含时间“17:30:15”，下面 3 个公式将分别返回 17、30、15。

```
=HOUR(A1)
=MINUTE(A1)
=SECOND(A1)
```

11.1.5 DATEVALUE 和 TIMEVALUE 函数

DATEVALUE 函数用于将文本格式的日期转换为 Excel 可以正确识别并进行计算的日期，其语法格式如下。

```
DATEVALUE(date_text)
```

DATEVALUE 函数只有一个必选参数 date_text，表示以文本格式输入的日期。

图 11-1 所示的公式将 A1:A3 单元格区域中的文本转换为 Excel 可以正确识别的日期，并使用 MONTH 函数从中提取月份。

```
=MONTH(DATEVALUE(A1&A2&A3))
```

B1 =MONTH(DATEVALUE(A1&A2&A3))

	A	B	C	D	E	F	G
1	2018年	10					
2	10月						
3	1日						
4							

图 11-1　将文本格式的日期转换为 Excel 可以识别的日期

TIMEVALUE 函数用于将文本格式的时间转换为 Excel 可以正确识别并进行计算的时间，其语法格式如下。

```
TIMEVALUE(time_text)
```

TIMEEVALUE 函数只有一个必选参数 time_text，表示以文本格式输入的时间。

图 11-2 所示的公式将 A1:A3 单元格区域中的文本转换为 Excel 可以正确识别的时间，并使用 HOUR 函数从中提取小时。

```
=HOUR(TIMEVALUE(A1&A2&A3))
```

B1 =HOUR(TIMEVALUE(A1&A2&A3))

	A	B	C	D	E	F	G
1	17时	17					
2	30分						
3	15秒						
4							

图 11-2　将文本格式的时间转换为 Excel 可以识别的时间

11.1.6 DAYS 函数

DAYS 函数用于计算两个日期之间相差的天数，其语法格式如下。

```
DAYS(end_date,start_date)
```

◉ end_date（必选）：指定结束日期。

◉ start_date（必选）：指定开始日期。

注意

DAYS函数是Excel 2013的新增函数，只能在Excel 2013或更高版本的Excel中使用。

下面的公式用于计算日期“2018/10/1”和“2018/9/25”之间相差的天数，返回6。

```
=DAYS("2018/10/1","2018/9/25")
```

如果两个日期位于A1和A2单元格，则可以使用下面的公式。

```
=DAYS(A1,A2)
```

11.1.7 DATEDIF函数

DATEDIF函数用于计算两个日期之间相差的年、月、天数，其语法格式如下。

```
DATEDIF(start_date,end_date,unit)
```

◉ start_date（必选）：指定开始日期。

◉ end_date（必选）：指定结束日期。

◉ unit（必选）：指定计算时的时间单位，该参数的取值范围如表11-1所示。

表11-1 unit参数的取值范围

unit参数值	说明
y	开始日期和结束日期之间的整年数
m	开始日期和结束日期之间的整月数
d	开始日期和结束日期之间的天数
ym	开始日期和结束日期之间的月数（日期中的年和日都被忽略）
yd	开始日期和结束日期之间的天数（日期中的年被忽略）
md	开始日期和结束日期之间的天数（日期中的年和月被忽略）

提示

DATEDIF函数是一个隐藏的工作表函数，在【插入函数】对话框中不会显示该函数，因此只能手动输入该函数。

下面的公式用于计算日期“2018/10/30”和“2018/9/25”之间相差的月数，返回1。

```
=DATEDIF("2018/9/25",
"2018/10/30","m")
```

下面的公式返回0，因为两个日期之间相差不足一个月。

```
=DATEDIF("2018/9/25",
"2018/10/1","m")
```

如果将DATEDIF函数的unit参数设置为“d”，则该函数与DAYS函数等效。下面的公式用于计算两个日期之间相差的天数，返回6，与上一小节使用DAYS函数的计算结果相同。

```
=DATEDIF("2018/9/25",
"2018/10/1","d")
```

11.1.8 WEEKDAY函数

WEEKDAY函数用于计算指定日期是星期几，其语法格式如下。

```
WEEKDAY(serial_number,[return_
type])
```

◉ serial_number（必选）：指定返回星期几的日期。

◉ return_type（可选）：该参数的取值范围为1～3和11～17，设置为不同的值时，WEEKDAY函数的返回值与星期的对应关系如表11-2所示；如果省略该参数，则其值默认为1。

表11-2 return_type参数的取值与WEEKDAY函数返回值的关系

return_type参数值	WEEKDAY函数的返回值
1或省略	数字1（星期日）到数字7（星期六），同Excel早期版本
2	数字1（星期一）到数字7（星期日）
3	数字0（星期一）到数字6（星期日）
11	数字1（星期一）到数字7（星期日）
12	数字1（星期二）到数字7（星期一）
13	数字1（星期三）到数字7（星期二）
14	数字1（星期四）到数字7（星期三）
15	数字1（星期五）到数字7（星期四）
16	数字1（星期六）到数字7（星期五）
17	数字1（星期日）到数字7（星期六）

如果A1单元格包含日期“2018/10/1”，下面的公式将返回1。由于将return_type参数设置为2，因此数字1对应于星期一，即2018年10月1日是星期一。

```
=WEEKDAY(A1,2)
```

11.1.9 WEEKNUM 函数

WEEKNUM 函数用于计算指定日期位于当年的第几周，其语法格式如下。

```
WEEKNUM(serial_num,[return_type])
```

- serial_num（必选）：指定要计算周数的日期。
- return_type（可选）：指定一周的第 1 天是星期几，该参数的取值范围如表 11-3 所示；如果省略该参数，则其值默认为 1。

表 11-3 return_type 参数的取值范围

return_type 参数值	一周的第一天为	机制
1 或省略	星期日	1
2	星期一	1
11	星期一	1
12	星期二	1
13	星期三	1
14	星期四	1
15	星期五	1
16	星期六	1
17	星期日	1
21	星期一	2

> **提示**
> 机制 1 是指包含 1 月 1 日的周为该年的第 1 周，机制 2 是指包含该年的第 1 个星期四的周为该年的第 1 周。

如果 A1 单元格包含日期“2018/10/1”，下面的公式将返回 40，表示 2018 年 10 月 1 日位于 2018 年的第 40 周。由于将 return_type 参数设置为 2，因此将一周的第 1 天指定为星期一。

```
=WEEKNUM(A1,2)
```

11.1.10 EDATE 和 EOMONTH 函数

EDATE 函数用于计算与指定日期相隔几个月之前或之后的月份中位于同一天的日期，其语法格式如下。

```
EDATE(start_date,months)
```

EOMONTH 函数用于计算与指定日期相隔几个月之前或之后的月份中最后一天的日期，其语法格式如下。

```
EOMONTH(start_date,months)
```

EDATE 和 EOMONTH 函数包含以下两个参数。

- start_date（必选）：指定开始日期。
- months（必选）：指定开始日期之前或之后的月数，正数表示未来几个月，负数表示过去几个月，0 表示与开始日期位于同一个月。

如果 A1 单元格包含日期“2018/10/1”，由于将 months 参数设置为 2，因此下面的公式返回的是 2 个月以后同一天的日期“2018/12/1”。

```
=EDATE(A1,2)
```

下面的公式返回“2019/2/1”，日期中的年份会自动调整，并返回第 2 年指定的月份。

```
=EDATE(A1,4)
```

如果 A1 单元格包含日期“2018/5/31”，下面的公式将返回“2018/6/30”，因为 6 月没有 31 天，因此返回第 30 天的日期。

```
=EDATE(A1,1)
```

如果 A1 单元格包含日期“2018/10/1”，下面的公式将返回“2018/12/31”，即 2 个月后的那个月份最后一天的日期。

```
=EOMONTH(A1,2)
```

如果将 months 参数设置为负数，则表示过去的几个月。如果 A1 单元格包含日期“2018/5/31”，下面的公式将返回“2018/3/31”，因为将 months 参数设置为 -2，表示距离指定日期的两个月前。

```
=EDATE(A1,-2)
```

11.1.11 WORKDAY.INTL 函数

WORKDAY.INTL 函数用于计算与指定日期相隔数个工作日之前或之后的日期，其语法格式如下。

```
WORKDAY.INTL(start_
date,days,[weekend],[holidays])
```

- start_date（必选）：指定开始日期。
- days（必选）：指定工作日的天数，不包括每周的周末和其他指定的节假日，正数表示未来数个工作日，负数表示过去数个工作日。
- weekend（可选）：指定一周中的哪几天是周末，以数值或字符串表示。数值型weekend参数的取值范围如表11-4所示。weekend参数也可以使用长度为7个字符的字符串，每个字符从左到右依次表示星期一、星期二、星期三、星期四、星期五、星期六、星期日。使用数字0和1表示是否将一周中的每一天指定为工作日，0代表指定为工作日，1代表不指定为工作日。例如，0000111表示将星期五、星期六和星期日作为周末，在计算工作日时会自动将这3天排除。

表11-4 weekend参数的取值范围

weekend参数值	周末
1或省略	星期六、星期日
2	星期日、星期一
3	星期一、星期二
4	星期二、星期三
5	星期三、星期四
6	星期四、星期五
7	星期五、星期六
11	仅星期日
12	仅星期一
13	仅星期二
14	仅星期三
15	仅星期四
16	仅星期五
17	仅星期六

- holidays（可选）：指定不作为工作日计算的节假日。

案例11-1

计算指定工作日之后的日期

案例目标：A2单元格包含日期“2018/10/1”，本例要计算30个工作日之后的日期，且要将国庆7天假期和每周末的双休日（周六和周日）排除在外，国庆7天假期位于D2:D8单元格区域，效果如图11-3所示。

B2 =WORKDAY.INTL(A2,30,1,D2:D8)

	A	B	C	D	E	F
1	开始日期	30个工作日之后		国庆假期		
2	2018/10/1	2018/11/16		2018/10/1		
3				2018/10/2		
4				2018/10/3		
5				2018/10/4		
6				2018/10/5		
7				2018/10/6		
8				2018/10/7		
9						

图11-3 使用WORKDAY.INTL函数计算指定工作日之后的日期

操作步骤如下。

在B2单元格中输入如下公式并按【Enter】键，将返回30个工作日之后的日期“2018/11/16”。

```
=WORKDAY.INTL(A2,30,1,D2:D8)
```

下面的公式可以返回相同的结果，但使用的是weekend参数的字符串形式。

```
=WORKDAY.INTL(A2,30,"0000011",
D2:D8)
```

11.1.12 NETWORKDAYS.INTL函数

NETWORKDAYS.INTL函数用于计算两个日期之间包含的工作日数，其语法格式如下。

```
NETWORKDAYS.INTL(start_
date,end_date,[weekend],[holidays])
```

- start_date（必选）：指定开始日期。
- end_date（必选）：指定结束日期。
- weekend（可选）：指定一周中的哪几天是周末日，以数值或字符串表示。该参数的含义和取值范围请参考上一小节介绍的WORKDAY.INTL函数及相关表格。
- holidays（可选）：指定不作为工作日计算的节假日。

案例11-2

计算两个日期之间包含的工作日数

案例目标：A2和B2单元格分别包含日期“2018/10/1”和“2018/11/16”，本例要计算这两个日期之间包含的工作日数，且要将每周末的双休日（周六和周日），以及国庆 7 天假期排除在外，效果如图 11-4 所示。

C2 =NETWORKDAYS.INTL(A2,B2,1,E2:E8)

	A	B	C	D	E	F	G
1	开始日期	结束日期	工作日数		国庆假期		
2	2018/10/1	2018/11/16	30		2018/10/1		
3					2018/10/2		
4					2018/10/3		
5					2018/10/4		
6					2018/10/5		
7					2018/10/6		
8					2018/10/7		
9							

图 11-4　使用 NETWORKDAYS.INTL 函数计算两个日期之间包含的工作日数

操作步骤如下。

在 C2 单元格中输入如下公式并按【Enter】键，将返回两个日期之间包含的工作日数。

=NETWORKDAYS.INTL(A2,B2,1,E2:E8)

11.2　日期和时间函数的实际应用

本节将介绍日期和时间函数的一些典型应用案例，通过这些案例，读者可以更好地理解日期和时间函数的具体用法。

11.2.1　提取日期和时间

案例 11-3

提取日期和时间

案例目标：在 A2 单元格中同时包含日期和时间，本例要将日期和时间分别提取出来，效果如图 11-5 所示。

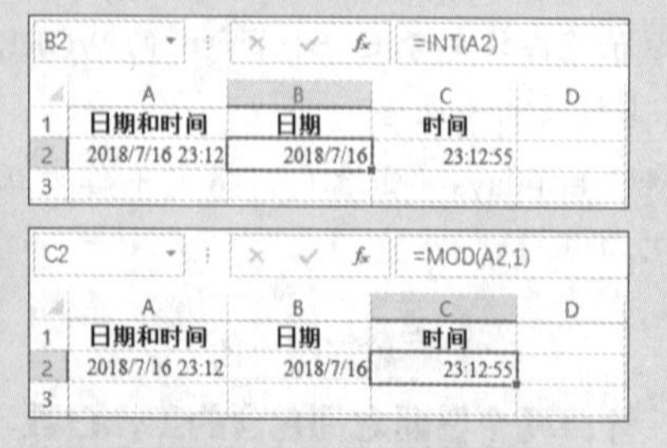

B2 =INT(A2)

	A	B	C	D
1	日期和时间	日期	时间	
2	2018/7/16 23:12	2018/7/16	23:12:55	
3				

C2 =MOD(A2,1)

	A	B	C	D
1	日期和时间	日期	时间	
2	2018/7/16 23:12	2018/7/16	23:12:55	
3				

图 11-5　提取日期和时间

操作步骤如下。

（1）在 B2 单元格中输入如下公式并按【Enter】键。

=INT(A2)

（2）在 C2 单元格中输入如下公式并按【Enter】键。

=MOD(A2,1)

公式解析　由于日期和时间是由整数和小数组成的数字，日期是数字的整数部分，时间是数字的小数部分，因此使用 INT 函数提取数字的整数部分，得到的整数部分就是日期；使用 MOD 函数计算日期除以 1 的余数，得到的小数部分就是时间。

如果 B2 和 C2 单元格显示的不是日期和时间，可以在功能区的【开始】选项卡的【数字】组中的【数字格式】下拉列表中选择日期和时间格式，如图 11-6 所示。

图 11-6　将单元格设置为日期和时间格式

11.2.2　计算本月的总天数

案例 11-4

计算本月的总天数

案例目标：计算当前系统日期所属月份的总天数，效果如图 11-7 所示。

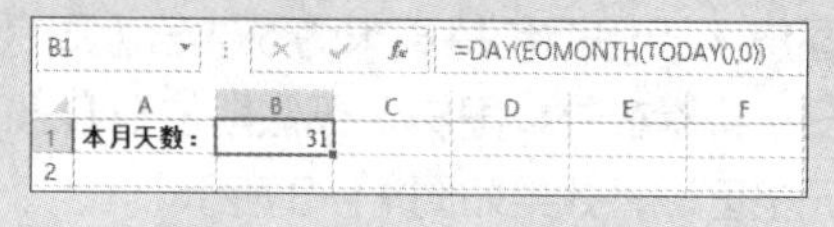

B1 =DAY(EOMONTH(TODAY(),0))

	A	B	C	D	E	F
1	本月天数：	31				
2						

图 11-7　计算本月的总天数

操作步骤如下。

在B1单元格中输入如下公式并按【Enter】键，返回本月的总天数。

=DAY(EOMONTH(TODAY(),0))

公式解析 首先使用TODAY函数返回当前日期，然后使用EOMONTH函数计算当前日期所属月份最后一天的日期，最后使用DAY函数返回该日期的“天数”部分，即该月份的总天数。

11.2.3 判断闰年

案例11-5

判断指定日期所属年份是否是闰年

案例目标： 根据A2单元格中指定的日期，判断该日期所属年份是否为闰年，效果如图11-8所示。

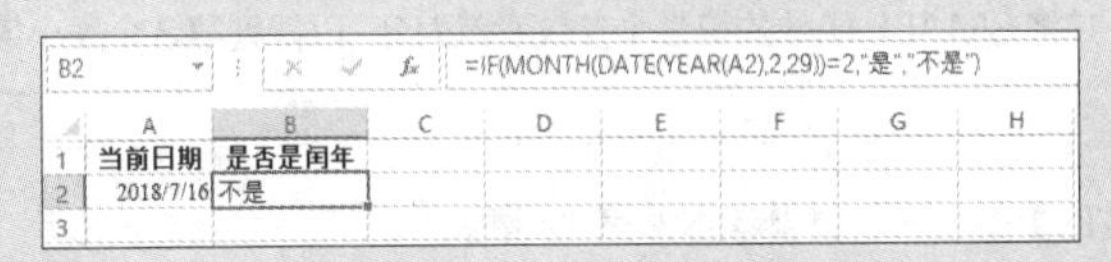

B2 =IF(MONTH(DATE(YEAR(A2),2,29))=2,"是","不是")

	A	B	C	D	E	F	G	H
1	当前日期	是否是闰年						
2	2018/7/16	不是						
3								

图11-8 判断闰年

操作步骤如下。

在B2单元格中输入如下公式并按【Enter】键，得到是否为闰年的判断结果。

=IF(MONTH(DATE(YEAR(A2),2,29))=2,"是","不是")

公式解析 首先使用YEAR函数提取日期的年份，然后使用DATE函数将该年份与2、29组合为一个日期，即当前年份的2月29日。因为闰年2月有29天，如果不是闰年，则2月只有28天，那么多出的一天就会自动计入下个月，即3月1日。因此可以使用MONTH函数提取DATE函数产生的日期中的月份。如果月份为2，说明2月有29天，即闰年；如果月份为3，则提取出的月份不等于2，说明2月只有28天，即不是闰年。最后使用IF函数根据判断条件返回不同的结果。

11.2.4 计算母亲节和父亲节的日期

案例11-6

计算母亲节和父亲节的日期

案例目标： 在A2单元格中输入一个日期，计算该日期所属年份中的母亲节和父亲节的日期，效果如图11-9所示。

B2 {=SMALL(IF(WEEKDAY(DATE(YEAR(A2),5,ROW(1:31)),2)=7,DATE(YEAR(A2),5,ROW(1:31))),2)}

	A	B	C	D	E	F	G	H	I	J	K	L
1	日期	母亲节	父亲节									
2	2018/10/1	2018/5/13	2018/6/17									
3												

图11-9 计算母亲节和父亲节的日期

操作步骤如下。

（1）在 B2 单元格中输入如下公式并按【Ctrl+Shift+Enter】快捷键，得到母亲节的日期。

{=SMALL(IF(WEEKDAY(DATE(YEAR(A2),5,ROW(1:31)),2)=7,DATE(YEAR(A2),5,ROW(1:31))),2)}

（2）在 C2 单元格中输入如下公式并按【Ctrl+Shift+Enter】快捷键，得到父亲节的日期。

{=SMALL(IF(WEEKDAY(DATE(YEAR(A2),6,ROW(1:31)),2)=7,DATE(YEAR(A2),6,ROW(1:31))),3)}

公式解析

母亲节是每年 5 月的第 2 个星期日，父亲节是每年 6 月的第 3 个星期日。首先使用 YEAR 函数从 A2 单元格的给定日期中提取出年份，然后使用 DATE 函数将该年份与 5 和 ROW(1:31) 组成 5 月份 1 ~ 31 日的所有日期。ROW(1:31) 返回包含数字 1 ~ 31 的常量数组，作为 DATE 函数的第 3 个参数，用于指定日期中的天数。接下来使用 WEEKDAY 函数判断 5 月份的每一天是星期几，如果 WEEKDAY 函数返回 7，说明该天是星期日，此时将返回这一天的日期。最后将返回的所有星期日对应的日期作为 SMALL 函数的参数，并将该函数的第二个参数设置为 2，表示从所有返回日期中提取第 2 个最小值，这个值就是 5 月的第 2 个星期日。计算父亲节的公式的原理与计算母亲节的公式基本类似，只需把月份改成 6，并将 SMALL 函数的第 2 个参数设置为 3，以得到第 3 个最小值，即 6 月的第 3 个星期日。

交叉参考

关于 SMALL 函数的更多内容，请参考本书第 12 章。

11.2.5 统计工资结算日期

案例 11-7
统计工资结算日期

案例目标：公司规定工资结算在每月 1 号进行，本例要统计辞职员工的工资结算日期，效果如图 11-10 所示。

操作步骤如下。

在 C2 单元格中输入如下公式并按【Enter】键，然后将公式向下复制到 C10 单元格。

=EOMONTH(B2,0)+1

C2 =EOMONTH(B2,0)+1

	A	B	C	D
1	姓名	辞职日期	工资结算日期	
2	黄菊雯	2018/11/13	2018/12/1	
3	万杰	2018/11/11	2018/12/1	
4	殷佳妮	2018/11/22	2018/12/1	
5	刘继元	2018/11/28	2018/12/1	
6	董海峰	2018/10/17	2018/11/1	
7	李骏	2018/10/26	2018/11/1	
8	王文燕	2018/12/10	2019/1/1	
9	尚照华	2018/12/18	2019/1/1	
10	田志	2018/12/23	2019/1/1	
11				

图 11-10　统计工资结算日期

公式解析

首先使用 EOMONTH 函数得到 B 列日期所属月份的最后一天的日期，然后将计算结果加 1 即可得到下个月第 1 天的日期。

11.2.6 计算员工工龄

案例 11-8
计算员工工龄

案例目标：B 列为每个员工参加工作的时间，本例要计算到日期“2018/10/1”为止，每个员工的工龄，效果如图 11-11 所示。

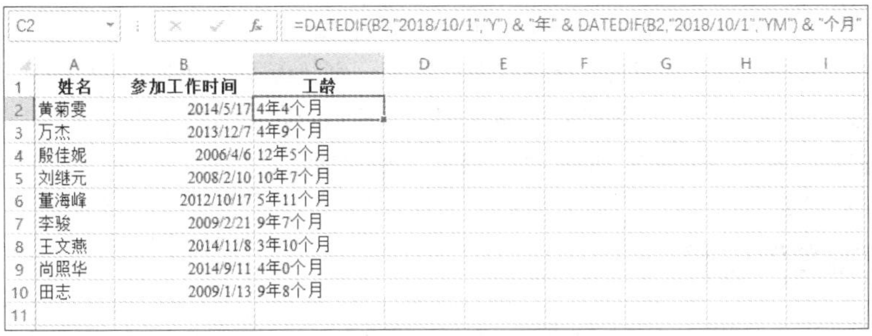

C2 =DATEDIF(B2,"2018/10/1","Y") & "年" & DATEDIF(B2,"2018/10/1","YM") & "个月"

	A	B	C
1	姓名	参加工作时间	工龄
2	黄菊雯	2014/5/17	4年4个月
3	万杰	2013/12/7	4年9个月
4	殷佳妮	2006/4/6	12年5个月
5	刘继元	2008/2/10	10年7个月
6	董海峰	2012/10/17	5年11个月
7	李骏	2009/2/21	9年7个月
8	王文燕	2014/11/8	3年10个月
9	尚照华	2014/9/11	4年0个月
10	田志	2009/1/13	9年8个月

图 11-11　计算员工工龄

操作步骤如下。

在C2单元格中输入如下公式并按【Enter】键，然后将公式向下复制到C10单元格。

=DATEDIF(B2,"2018/10/1","Y") & " 年 " & DATEDIF(B2,"2018/10/1","YM") & " 个月 "

公式解析　在第1个DATEDIF函数中将第3个参数设置为“Y”，以计算整年数。然后在第2个DATEDIF函数中将第3个参数设置为“YM”，在忽略年和日的情况下计算两个日期之间相差的月数。最后使用&符号将两个结果连接在一起。

11.2.7 计算还款日期

案例 11-9 计算还款日期

案例目标： B列为借款日期，C列为借款周期，以“月”为单位，本例要计算还款日期，效果如图11-12所示。

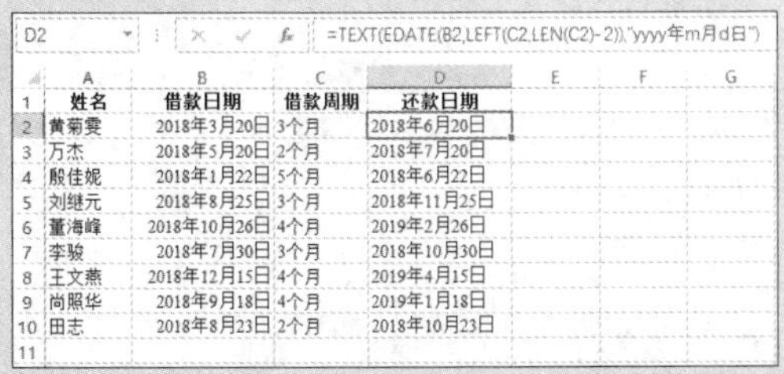

D2 =TEXT(EDATE(B2,LEFT(C2,LEN(C2)-2)),"yyyy年m月d日")

	A	B	C	D
1	姓名	借款日期	借款周期	还款日期
2	黄菊雯	2018年3月20日	3个月	2018年6月20日
3	万杰	2018年5月20日	2个月	2018年7月20日
4	殷佳妮	2018年1月22日	5个月	2018年6月22日
5	刘继元	2018年8月25日	3个月	2018年11月25日
6	董海峰	2018年10月26日	4个月	2019年2月26日
7	李骏	2018年7月30日	3个月	2018年10月30日
8	王文燕	2018年12月15日	4个月	2019年4月15日
9	尚照华	2018年9月18日	4个月	2019年1月18日
10	田志	2018年8月23日	2个月	2018年10月23日

图 11-12　计算还款日期

操作步骤如下。

在D2单元格中输入如下公式并按【Enter】键，然后将公式向下复制到D10单元格。

=TEXT(EDATE(B2,LEFT(C2,LEN(C2)-2)),"yyyy 年 m 月 d 日 ")

公式解析　首先使用EDATE函数计算还款日期，LEFT(C2,LEN(C2)-2)部分用于从C列的文本中提取借款周期的数字，然后将其作为EDATE函数的第2个参数，从而计算出指定的借款周期后的还款日期。为了保持计算出的还款日期格式与B列的日期格式相同，最后使用TEXT函数设置日期格式。

11.2.8 计算加班费用

案例 11-10 计算加班费用

案例目标： B列为每个员工的加班时长，公司规定加班费为每小时80元，本例要计算每个员工的加班费，效果如图11-13所示。

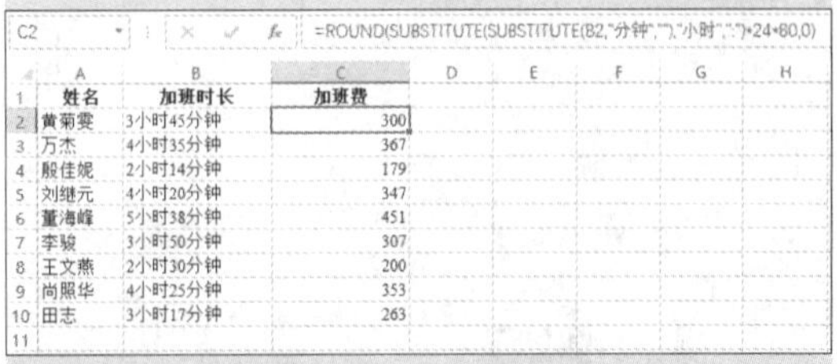

C2 =ROUND(SUBSTITUTE(SUBSTITUTE(B2,"分钟",""),"小时",":")*24*80,0)

	A	B	C
1	姓名	加班时长	加班费
2	黄菊雯	3小时45分钟	300
3	万杰	4小时35分钟	367
4	殷佳妮	2小时14分钟	179
5	刘继元	4小时20分钟	347
6	董海峰	5小时38分钟	451
7	李骏	3小时50分钟	307
8	王文燕	2小时30分钟	200
9	尚照华	4小时25分钟	353
10	田志	3小时17分钟	263

图 11-13　计算加班费用

操作步骤如下。

在C2单元格中输入如下公式并按【Enter】键，然后将公式向下复制到C10单元格。

=ROUND(SUBSTITUTE(SUBSTITUTE(B2," 分钟 ","")," 小时 ",":")*24*80,0)

公式解析 由于B列中的时间是文本型数据，无法直接参与计算，因此使用两次SUBSTITUTE函数分别将“分钟”替换为空，将“小时”替换为“：”，从而将B列数据转换为Excel可以识别的时间格式。然后将时间乘以24转换为小时数，最后乘以80并使用ROUND函数对计算结果进行取整。

11.2.9 安排会议时间

案例 11-11

安排会议时间

案例目标：计算从当前时间开始，2小时15分钟之后的会议时间，效果如图11-14所示。

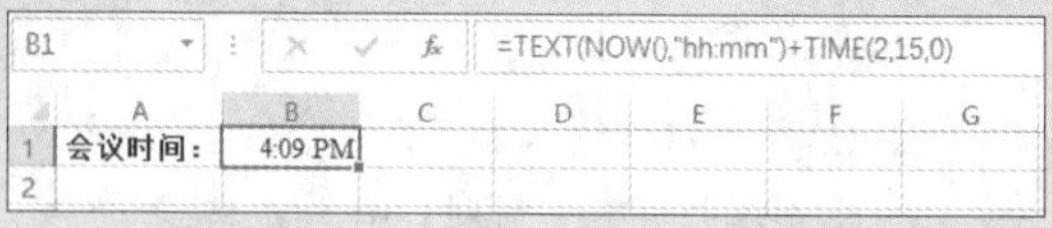

B1 =TEXT(NOW(),"hh:mm")+TIME(2,15,0)

	A	B	C	D	E	F	G
1	会议时间：	4:09 PM					
2							

图 11-14 安排会议时间

操作步骤如下。

在B1单元格中输入如下公式并按【Enter】键。

```
=TEXT(NOW(),"hh:mm")+TIME(2,15,0)
```

公式解析 首先使用TEXT函数对当前时间进行格式化，然后为其加上一个由TIME函数得到的时间间隔，计算出会议时间。

11.2.10 计算用餐时长

案例 11-12

计算用餐时长

案例目标：B列和C列分别是每位顾客用餐的开始时间和结束时间，本例要计算每位顾客的用餐时长，以“分钟”为单位，效果如图11-15所示。

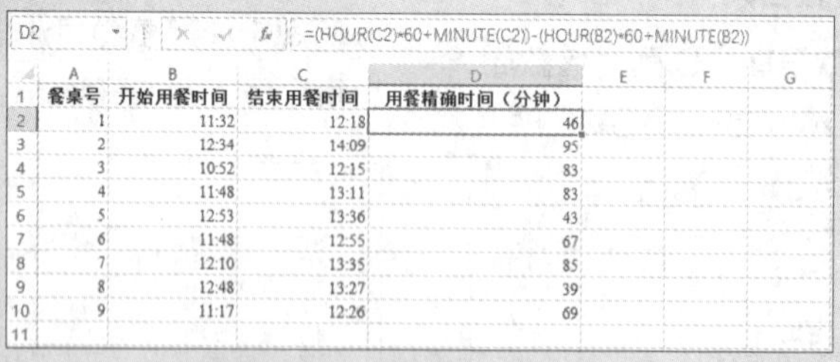

D2 =(HOUR(C2)*60+MINUTE(C2))-(HOUR(B2)*60+MINUTE(B2))

	A	B	C	D	E	F	G
1	餐桌号	开始用餐时间	结束用餐时间	用餐精确时间（分钟）			
2	1	11:32	12:18	46			
3	2	12:34	14:09	95			
4	3	10:52	12:15	83			
5	4	11:48	13:11	83			
6	5	12:53	13:36	43			
7	6	11:48	12:55	67			
8	7	12:10	13:35	85			
9	8	12:48	13:27	39			
10	9	11:17	12:26	69			
11							

图 11-15 计算用餐时长

操作步骤如下。

在D2单元格中输入如下公式并按【Enter】键，然后将公式向下复制到D10单元格。

```
=(HOUR(C2)*60+MINUTE(C2))-(HOUR(B2)*60+MINUTE(B2))
```

公式解析 首先使用HOUR和MINUTE函数分别提取B列和C列时间中的小时数和分钟数，然后将小时数乘以60转换为分钟数，再加上提取出的分钟数，得到以“分钟”为单位的用餐开始时间和结束时间。最后使用C列的总分钟数减去B列的总分钟数，计算出用餐时长。

第12章 数据求和与统计

Excel中的求和与统计函数主要用于对数据进行求和、统计与分析，其中的一部分函数是平时常用的统计工具，如统计数量、平均值、极值和频率等，而大部分函数用于专业领域中的统计分析。本章将介绍常用的求和与统计函数的语法格式及其在实际中的应用。

12.1 常用求和与统计函数

本节将介绍 Excel 中一些常用的求和与统计函数，这些函数可以计算数据的总和、数量、平均值、最大值、最小值、第*n*大或第*n*小的值、排位、出现频率等。

12.1.1 SUM 函数

SUM 函数用于计算数字的总和，其语法格式如下。

```
SUM(number1,[number2],...)
```

- number1（必选）：要进行求和的第1项，可以是直接输入的数字、单元格引用或数组。
- number2,...（可选）：要进行求和的第2～255项，可以是直接输入的数字、单元格引用或数组。

> **注意**
> 如果 SUM 函数的参数是单元格引用或数组，则只计算其中的数值，而忽略文本、逻辑值、空单元格等内容，但不会忽略错误值。如果 SUM 函数的参数是常量（即直接输入的实际值），则参数必须为数值类型或可转换为数值的数据（如文本型数字和逻辑值），否则 SUM 函数将返回 #VALUE! 错误值。

下面的公式用于计算 A1:A6 单元格区域中的数字之和，如图 12-1 所示。由于使用单元格引用作为 SUM 函数的参数，因此会忽略 A6 单元格中的文本型数字，只计算 A1:A5 单元格区域中的值。

```
=SUM(A1:A6)
```

图 12-1 使用单元格引用作为 SUM 函数的参数

下面的公式使用 SUM 函数对用户输入的几个数据求和，如图 12-2 所示。由于使用输入的数据作为 SUM 函数的参数，因此其中带有双引号的文本型数字会自动转换为数值并参与计算。

```
=SUM(1,2,3,4,5,"6")
```

图 12-2 使用输入的数据作为 SUM 函数的参数值

12.1.2 SUMIF 和 SUMIFS 函数

SUMIF 和 SUMIFS 函数都用于对指定区域中满足条件的单元格求和，它们之间的主要区别在于可设置的条件数量不同，SUMIF 函数只支持单个条件，而SUMIFS函数支持1～127个条件。

SUMIF 函数的语法格式如下。

```
SUMIF(range,criteria,[sum_range])
```

- range（必选）：要进行条件判断的区域，判断该区域中的数据是否满足 criteria 参数指定的条件。
- criteria（必选）：要进行判断的条件，可以是数字、文本、单元格引用或表达式，如 16、"16"、">16"、"技术部"或">"&A1。在该参数中可以使用通配符，问号（?）匹配任意单个字符，星号（*）匹配零个或多个字符。如果要查找问号或星号本身，需要在这两个字符前添加“~”符号。

◉ sum_range（可选）：根据条件判断的结果进行求和的区域。如果省略该参数，则对 range 参数中符合条件的单元格求和。如果 sum_range 参数与 range 参数的大小和形状不同，则将把 sum_range 参数中指定区域左上角的单元格作为起始单元格，然后从该单元格扩展到与 range 参数中的区域具有相同大小和形状的区域。

下面的公式用于计算 A1:A6 单元格区域中字母为 C 所对应的 B 列中的所有数字之和，如图 12-3 所示。

=SUMIF(A1:A6,"C",B1:B6)

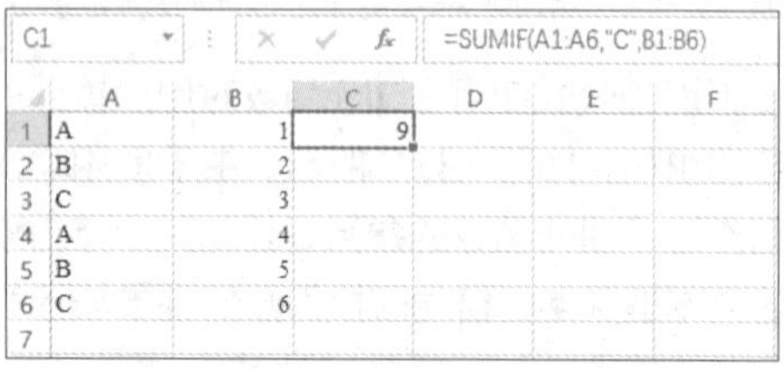

C1 =SUMIF(A1:A6,"C",B1:B6)

	A	B	C	D	E	F
1	A	1	9			
2	B	2				
3	C	3				
4	A	4				
5	B	5				
6	C	6				
7						

图 12-3　使用文本作为 SUMIF 函数的条件

根据前面对 sum_range 参数的说明，只要该公式中的 sum_range 参数指定的区域以 B1 单元格为起点，都可以得到正确的结果，如下面的公式。

=SUMIF(A1:A6,"C",B1:D1)

还可以将上面的公式简化为以下形式。

=SUMIF(A1:A6,"C",B1)

可以在条件中使用单元格引用。下面的公式将返回相同的结果，但使用单元格引用作为 SUMIF 函数的第 2 个参数。由于 A3 单元格包含字母 C，因此在公式中可以使用 A3 代替 "C"。

=SUMIF(A1:A6,A3,B1:B6)

也可以将使用比较运算符构建的表达式作为 SUMIF 函数的条件。下面的公式用于计算 A1:A6 单元格区域中不为 C 的其他字母所对应的 B 列中的所有数字之和，如图 12-4 所示。

=SUMIF(A1:A6,"<>C",B1:B6)

如果使用单元格引用，则需要使用 & 符号将比较运算符和单元格引用连接在一起，公式如下。

=SUMIF(A1:A6,"<>"&A3,B1:B6)

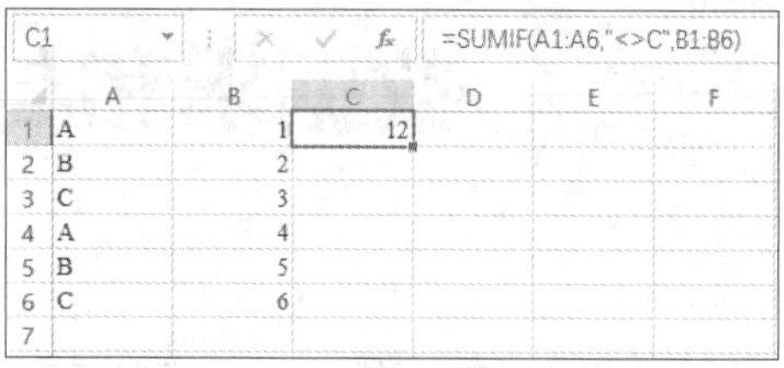

C1 =SUMIF(A1:A6,"<>C",B1:B6)

	A	B	C	D	E	F
1	A	1	12			
2	B	2				
3	C	3				
4	A	4				
5	B	5				
6	C	6				
7						

图 12-4　使用表达式作为 SUMIF 函数的条件

SUMIFS 函数的语法格式与 SUMIF 函数类似，其语法格式如下。

SUMIFS(sum_range,criteria_range1,criteria1,[criteria_range2],[criteria2],...)

◉ sum_range（必选）：根据条件判断的结果进行求和的区域。

◉ criteria_range1（必选）：要进行条件判断的第 1 个区域，判断该区域中的数据是否满足 criteria1 参数指定的条件。

◉ criteria1（必选）：要进行判断的第 1 个条件，可以是数字、文本、单元格引用或表达式，在该参数中可以使用通配符。

◉ criteria_range2,...（可选）：要进行条件判断的第 2 个区域，最多可以有 127 个区域。

◉ criteria2,...（可选）：要进行判断的第 2 个条件，最多可以有 127 个条件，条件和条件区域的顺序和数量必须一一对应。

注意

SUMIFS 函数中的每个条件区域（criteria_range）的大小和形状都必须与求和区域（sum_range）相同。

下面的公式用于计算 A1:A6 单元格区域中字母为 B 所对应的 B 列中大于 3 的数字之和，如图 12-5 所示。

=SUMIFS(B1:B6,A1:A6,"B",B1:B6,">3")

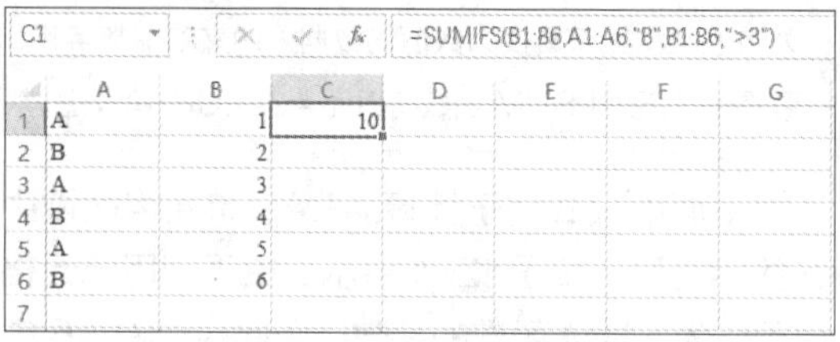

C1 =SUMIFS(B1:B6,A1:A6,"B",B1:B6,">3")

	A	B	C	D	E	F	G
1	A	1	10				
2	B	2					
3	A	3					
4	B	4					
5	A	5					
6	B	6					
7							

图 12-5　多条件求和

公式解析 SUMIFS 函数的第 1 个条件判断 A 列中包含字母 B 的单元格为 A2、A4 和 A6，B 列中与这 3 个单元格对应的数字为 2、4、6；第 2 个条件判断这 3 个数字中大于 3 的数字为 4 和 6，最后计算 4 和 6 之和，得到结果 10。

12.1.3 SUMPRODUCT 函数

SUMPRODUCT函数用于计算给定的几组数组中对应元素的乘积之和，即先将数组间对应的元素相乘，然后计算所有乘积之和。其语法格式如下。

```
SUMPRODUCT(array1,[array2],
[array3],...)
```

- array1（必选）：要参与计算的第 1 个数组，如果只为 SUMPRODUCT 函数提供了 1 个参数，则该函数将返回参数中各元素之和。
- array2,array3,...（可选）：要参与计算的第 2 ~ 255 个数组。

注意 参数中非数值型的数组元素会被 SUMPRODUCT 函数当作 0 处理；各数组的维数必须相同，否则SUMPRODUCT函数将返回#VALUE!错误值。

下面的公式用于计算 A1:A6 和 B1:B6 两个区域中对应元素的乘积之和，如图 12-6 所示。

```
=SUMPRODUCT(A1:A6,B1:B6)
```

C1 =SUMPRODUCT(A1:A6,B1:B6)

	A	B	C	D	E	F
1	1	10	910			
2	2	20				
3	3	30				
4	4	40				
5	5	50				
6	6	60				
7						

图 12-6　计算各组数据对应元素的乘积之和

公式解析 先计算 A1:A6 和 B1:B6 两个区域中对应位置上的单元格数据的乘积，然后将得到的所有乘积相加以计算总和，该公式的计算过程如下。

```
=A1*B1+A2*B2+A3*B3+A4*B4+
A5*B5+A6*B6
=1*10+2*20+3*30+4*40+5*50+
6*60
```

使用下面的数组公式可以返回相同的结果，输入公式时需要按【Ctrl+Shift+Enter】快捷键结束。

```
{=SUM(A1:A6*B1:B6)}
```

12.1.4 AVERAGE、AVERAGEIF 和 AVERAGEIFS 函数

AVERAGE 函数用于计算平均值，AVERAGEIF和AVERAGEIFS函数用于对区域中满足条件的单元格计算平均值。这 3 个函数的语法格式如下。

```
AVERAGE(number1,[number2],...)
AVERAGEIF(range,criteria,
[average_range])
AVERAGEIFS(average_range,
criteria_range1,criteria1,[criteria_
range2,criteria2],...)
```

这 3 个函数的语法格式分别与 SUM、SUMIF 和 SUMIFS 函数的语法格式类似，AVERAGE 函数最多可以包含 255 个参数，AVERAGEIFS 函数最多可以包含 127 组条件和条件区域，每个条件及其关联的条件区域为一组，一共可以有 127 组。

下面的公式用于计算 A1:A6 单元格区域中数字的平均值。

```
=AVERAGE(A1:A6)
```

下面的公式用于计算 A1:A6 单元格区域中为字母 C 所对应的 B 列中的所有数字的平均值，如图 12-7 所示。

```
=AVERAGEIF(A1:A6,"C",B1:B6)
```

C1 =AVERAGEIF(A1:A6,"C",B1:B6)

	A	B	C	D	E	F
1	A	1	4.5			
2	B	2				
3	C	3				
4	A	4				
5	B	5				
6	C	6				
7						

图 12-7　对符合条件的单元格计算平均值

12.1.5 COUNT 和 COUNTA 函数

COUNT 函数用于计算单元格区域中包含数字的单元格的数量，其语法格式如下。

COUNT(value1,[value2],...)

◉ value1（必选）：要计算数字个数的第 1 项，可以是直接输入的数字、单元格引用或数组。

◉ value2,...（可选）：要计算数字个数的第 2 ～ 255 项，可以是直接输入的数字、单元格引用或数组。

注意

如果 COUNT 函数的参数是单元格引用或数组，则只计算其中的数值，而忽略文本、逻辑值、空单元格等内容，还可以忽略错误值，而 SUM 函数在遇到错误值时会返回该错误值。如果 COUNT 函数的参数是常量（即直接输入的实际值），则计算其中的数值或可转换为数值的数据（如文本型数字和逻辑值），其他内容将被忽略。

下面的公式用于计算 A1:A6 单元格区域中包含数字的单元格的数量，如图 12-8 所示。

=COUNT(A1:A6)

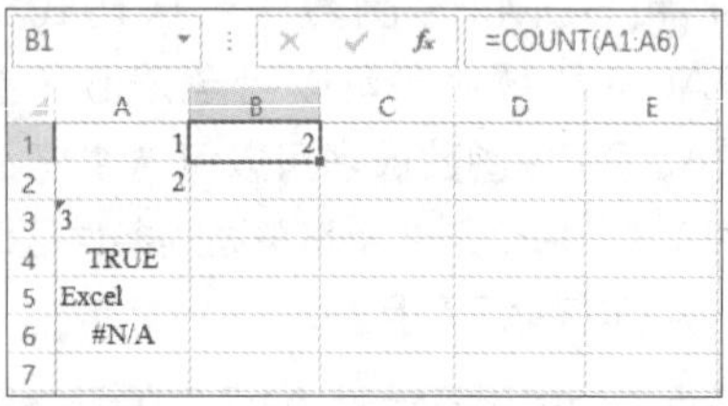

B1 =COUNT(A1:A6)

	A	B	C	D	E
1	1	2			
2	2				
3	3				
4	TRUE				
5	Excel				
6	#N/A				
7					

图 12-8　计算单元格区域中包含数字的单元格的数量

公式解析

虽然要计算的单元格区域包含 6 个单元格，但是只有 A1 和 A2 单元格被计算在内，这是因为 A3 单元格中是文本型数字，A4 单元格中是逻辑值，A5 单元格中是文本，A6 单元格中是错误值。由于公式中 COUNT 函数的参数是单元格引用的形式，因此 A3:A6 中的非数值数据不会被 COUNT 函数计算在内。

如果将公式改为下面的形式，则只有“Excel”和 #N/A 错误值不会被计算在内，因为这两项不能被转换为数值，而文本型的 "3" 可以转换为数值 3，逻辑值 TRUE 可以转换为数值 1。

=COUNT(1,2,"3",TRUE,"Excel",#N/A)

COUNTA 函数用于计算单元格区域中不为空的单元格的数量，其语法格式与 COUNT 函数相同。下面的公式用于计算 A1:A6 单元格区域中不为空的单元格的数量，如图 12-9 所示。

=COUNTA(A1:A6)

B1 =COUNTA(A1:A6)

	A	B	C	D	E
1	1	6			
2	2				
3	3				
4	TRUE				
5	Excel				
6	#N/A				
7					

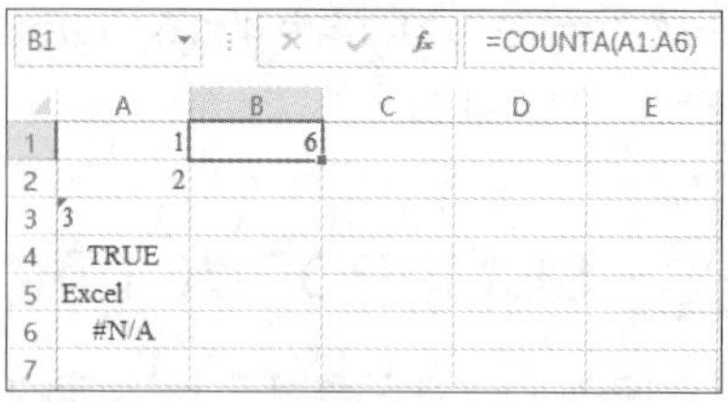

图 12-9　计算单元格区域中不为空的单元格的数量

12.1.6 COUNTIF 和 COUNTIFS 函数

COUNTIF 和 COUNTIFS 函数都用于计算单元格区域中满足条件的单元格的数量，它们之间的主要区别在于可设置的条件数量不同，COUNTIF 函数只支持单个条件，而 COUNTIFS 函数支持 1 ～ 127 个条件。

COUNTIF 函数的语法格式如下。

COUNTIF(range,criteria)

◉ range（必选）：根据条件判断的结果进行计数的区域。

◉ criteria（必选）：要进行判断的条件，可以是数字、文本、单元格引用或表达式，如 16、"16"、">16"、"技术部"或">"&A1，英文不区分大小写。在该参数中可以使用通配符，问号（?）匹配任意单个字符，星号（*）匹配零个或多个字符。如果要查找问号或星号本身，需要在这两个字符前添加～符号。

下面的公式用于计算 A1:A6 单元格区域中字母为 C 的单元格的数量，如图 12-10 所示。

=COUNTIF(A1:A6,"C")

C1 =COUNTIF(A1:A6,"C")

	A	B	C	D	E	F
1	A	1	2			
2	B	2				
3	C	3				
4	A	4				
5	B	5				
6	C	6				
7						

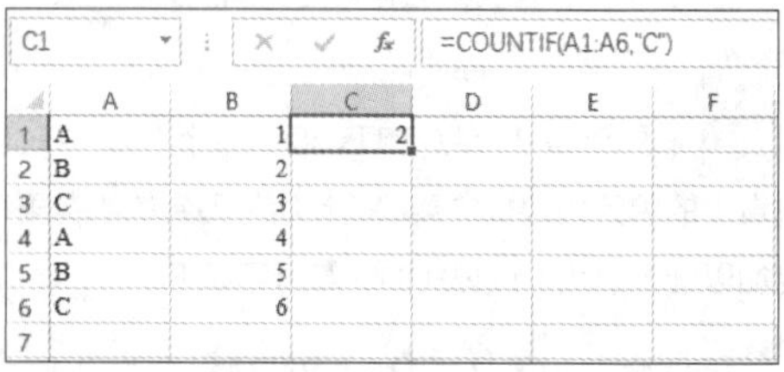

图 12-10　计算符合条件的单元格的数量

下面的公式用于计算 A1:A6 单元格区域中包含两个字母的单元格的数量，如图 12-11 所示。该公式中使用通配符作为条件，每个问号表示一个字符，两个问号就表示两个字符。

```
=COUNTIF(A1:A6,"??")
```

C1 =COUNTIF(A1:A6,"??")

	A	B	C	D	E	F
1	AA	1	3			
2	B	2				
3	ABC	3				
4	BC	4				
5	A	5				
6	AB	6				
7						

图 12-11　在条件中使用通配符

COUNTIFS函数的语法格式与COUNTIF函数类似，其语法格式如下。

```
COUNTIFS(criteria_range1,criteria1,
[criteria_range2,criteria2],...)
```

- criteria_range1（必选）：要进行条件判断的第 1 个区域，判断该区域中的数据是否满足 criteria1 参数指定的条件。
- criteria1（必选）：要进行判断的第 1 个条件，可以是数字、文本、单元格引用或表达式，在该参数中可以使用通配符。
- criteria_range2,...（可选）：要进行条件判断的第 2 个区域，最多可以有 127 个区域。
- criteria2,...（可选）：要进行判断的第 2 个条件，最多可以有 127 个条件。条件和条件区域的顺序和数量必须一一对应。

下面的公式用于计算 A1:A6 单元格区域中字母为 B，且对应的 B 列中大于 3 的数字的个数，如图 12-12 所示。

```
=COUNTIFS(A1:A6,"B",B1:B6,">3")
```

C1 =COUNTIFS(A1:A6,"B",B1:B6,">3")

	A	B	C	D	E	F	G
1	A	1	2				
2	B	2					
3	A	3					
4	B	4					
5	A	5					
6	B	6					
7							

图 12-12　多条件计数

12.1.7 MAX 和 MIN 函数

MAX 函数用于返回一组数字中的最大值，其语法格式如下。

```
MAX(number1,[number2],...)
```

MIN 函数用于返回一组数字中的最小值，其语法格式如下。

```
MIN(number1,[number2],...)
```

MAX 和 MIN 函数包含以下两个参数。

- number1（必选）：要返回最大值或最小值的第 1 项，可以是直接输入的数字、单元格引用或数组。
- number2,...（可选）：要返回最大值或最小值的第 2 ~ 255 项，可以是直接输入的数字、单元格引用或数组。

注意

如果参数是单元格引用或数组，则只计算其中的数值，而忽略文本、逻辑值、空单元格等内容，但不会忽略错误值。如果参数是常量（即直接输入的实际值），则参数必须为数值类型或可转换为数值的数据（如文本型数字和逻辑值），否则 MAX 和 MIN 函数将返回 #VALUE! 错误值。

下面两个公式分别返回 A1:A6 单元格区域中的最大值和最小值，如图 12-13 所示。

```
=MAX(A1:A6)
=MIN(A1:A6)
```

B1 =MAX(A1:A6)

	A	B	C	D	E
1	1	6	1		
2	2				
3	3				
4	4				
5	5				
6	6				
7					

C1 =MIN(A1:A6)

	A	B	C	D	E
1	1	6	1		
2	2				
3	3				
4	4				
5	5				
6	6				
7					

图 12-13　返回区域中的最大值和最小值

12.1.8 LARGE 和 SMALL 函数

LARGE 函数用于返回数据集中第 *k* 个最大值，其语法格式如下。

```
LARGE(array,k)
```

SMALL 函数用于返回数据集中第 *k* 个最小值，其语法格式如下。

```
SMALL(array,k)
```

LARGE 和 SMALL 函数包含以下两个参数。

◉ array（必选）：要返回第 k 个最大值或最小值的单元格区域或数组。

◉ k（必选）：要返回的数据在单元格区域或数组中的位置；如果数据区域包含 n 个数据，则 k 为 1 时返回最大值，k 为 2 时返回第 2 大的值，k 为 n 时返回最小值，k 为 n−1 时返回第 2 小的值，以此类推。当使用 LARGE 和 SMALL 函数返回最大值和最小值时，其效果等同于 MAX 和 MIN 函数。

下面两个公式分别返回 A1:A6 单元格区域中的第 2 大的值和第 2 小的值，如图 12-14 所示。

```
=LARGE(A1:A6,2)
=SMALL(A1:A6,2)
```

B1 =LARGE(A1:A6,2)

	A	B	C	D	E
1	1	5	2		
2	2				
3	3				
4	4				
5	5				
6	6				

⇩

=SMALL(A1:A6,2)

A	B	C	D	E
1	5	2		
2				
3				
4				
5				
6				

图 12-14　返回区域中第 2 大的值和第 2 小的值

12.1.9 RANK.EQ 函数

RANK.EQ 函数用于返回一个数字在数字列表中的排位，排位值的大小与列表中的其他值相关。如果多个值具有相同的排位，则返回该组数值的最高排位。其语法格式如下。

```
RANK.EQ(number,ref,[order])
```

◉ number（必选）：要进行排位的数字。

◉ ref（必选）：要在其中进行排位的数字列表，可以是单元格区域或数组。

◉ order（可选）：排位方式。如果为 0 或省略该参数，则按降序计算排位，即数字越大，排位越高，排位值越小；如果不为 0，则按升序计算排位，即数字越大，排位越低，排位值越大。

注意

RANK.EQ 函数对重复值的排位结果相同，但会影响后续数值的排位。例如，在一列按升序排列的数字列表中，如果数字 6 出现 3 次，其排位为 2，则数字 7 的排位为 5，因为出现 3 次的数字 6 分别占用了第 2、第 3、第 4 这 3 个位置。

下面的公式返回 A1:A6 单元格区域中的 6 个单元格在该区域中的排位，如图 12-15 所示。由于省略了第 3 个参数，因此按降序进行排位。例如，A1 单元格中的数字 100 是 6 个数字中最小的一个，因此其排位为 6，而 A6 单元格中的数字 105 是 6 个数字中最大的一个，因此其排位为 1。

```
=RANK.EQ(A1,$A$1:$A$6)
```

B1 =RANK.EQ(A1,$A$1:$A$6)

	A	B	C	D	E	F
1	100	6				
2	101	5				
3	102	4				
4	103	3				
5	104	2				
6	105	1				
7						

图 12-15　按降序进行排位

如果将第 3 个参数设置为一个非 0 值，则按升序排位，在这种情况下通常将第 3 个参数设置为 1，公式如下。

```
=RANK.EQ(A1,$A$1:$A$6,1)
```

12.1.10 FREQUENCY 函数

FREQUENCY 函数用于计算数值在区域中出现的频率并返回一个垂直数组，其语法格式如下。

```
FREQUENCY(data_array,bins_array)
```

◉ data_array（必选）：要统计其出现频率的一组数值，这组数值可以位于单元格区域或数组中。如果该参数不包含任何数值，

FREQUENCY 函数将返回一个零数组。

◉ bins_array（必选）：用于对 data_array 参数中的数值进行分组的单元格区域或数组，该参数用于设置多个区间的上、下限。如果该参数不包含任何数值，FREQUENCY 函数将返回与 data_array 参数中的元素个数相等的元素，否则 FREQUENCY 函数返回的元素个数比 bins_array 参数中的元素多一个。

下面的公式计算 A2:A11 单元格区域中的数字在由 C2:C4 单元格区域指定的多个区间中各有几个数字，如图 12-16 所示。输入公式前需要先选择一个单元格区域，所选区域的单元格数量需要比指定区间的单元格数量多一个，然后输入公式，最后按【Ctrl+Shift+Enter】快捷键结束。

```
{=FREQUENCY(A2:A11,C2:C4)}
```

D2 {=FREQUENCY(A2:A11,C2:C4)}

	A	B	C	D	E	F
1	数字		区间	数字个数		
2	8		3	2		
3	2		6	2		
4	2		9	5		
5	7			1		
6	10					
7	7					
8	8					
9	6					
10	8					
11	5					
12						

图 12-16　计算单元格区域中的数值在各个区间的出现频率

公式解析

FREQUENCY 函数的第 2 个参数 bins_array 指定的区间全部为“左开右闭”的区间。将 C2:C4 单元格区域设置为该函数的第 2 个参数，其中包含 3 个数字，但实际上指定了以下 4 个区间。

◉ 大于 0 且小于等于 3：有 2 个数字，位于 A3 和 A4 单元格。

◉ 大于 3 且小于等于 6：有 2 个数字，位于 A9 和 A11 单元格。

◉ 大于 6 且小于等于 9：有 5 个数字，位于 A2、A5、A7、A8 和 A10 单元格。

◉ 大于 9：有 1 个数字，位于 A6 单元格。

12.1.11 SUBTOTAL 函数

SUBTOTAL 函数用于以指定的方式对列表或数据库中的数据进行汇总，包括求和、计数、求平均值、求最大值、求最小值、求标准差等。其语法格式如下。

```
SUBTOTAL(function_num,ref1,[ref2],...)
```

◉ function_num（必选）：要对列表或数据库中的数据进行汇总的方式，该参数的取值范围为 1 ~ 11（包含隐藏值）和 101 ~ 111（忽略隐藏值），如表 12-1 所示。当 function_num 参数的值为 1 ~ 11 时，SUBTOTAL 函数将包含通过【隐藏行】命令所隐藏的行中的值。当 function_num 参数的值为 101 ~ 111 时，SUBTOTAL 函数将忽略通过【隐藏行】命令所隐藏的行中的值。无论将 function_num 参数设置为哪个值，SUBTOTAL 函数都会忽略通过筛选操作隐藏的行。

◉ ref1（必选）：要进行汇总的第 1 个区域。

◉ ref 2,...（可选）：要进行汇总的第 2 ~ 254 个区域。

表 12-1　function_num 参数的取值范围

function_num（包含隐藏值）	function_num（忽略隐藏值）	对应函数	功能
1	101	AVERAGE	计算平均值
2	102	COUNT	计算数值单元格的数量
3	103	COUNTA	计算非空单元格的数量
4	104	MAX	计算最大值
5	105	MIN	计算最小值
6	106	PRODUCT	计算乘积
7	107	STDEV	计算标准偏差
8	108	STDEVP	计算总体标准偏差
9	109	SUM	计算总和
10	110	VAR	计算方差
11	111	VARP	计算总体方差

SUBTOTAL 函数只适用于垂直区域或数据列，不适用于水平区域或数据行。

下面两个公式返回相同的结果，将 SUBTOTAL 函数的第 1 个参数设置为 9 或 109，都能计算 A1:A10 单元格区域的总和，如图 12-17 所示。

```
=SUBTOTAL(9,A1:A10)
=SUBTOTAL(109,A1:A10)
```

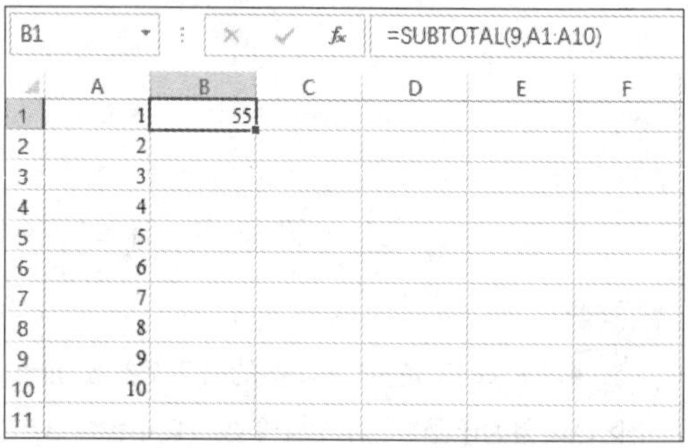

图 12-17　使用 SUBTOTAL 函数实现 SUM 函数的求和功能

如果要计算的区域包含手动隐藏的行，则 SUBTOTAL 函数第 1 个参数的值将会影响最后的计算结果。图 12-18 所示为通过【隐藏行】命令隐藏 A1:A10 单元格区域中的第 3 ~ 6 行，然后使用上面两个公式对该区域进行求和计算，将返回不同的结果。

- 将第 1 个参数设置为 9 时不会忽略隐藏行，计算 A1:A10 区域中的所有数据的和。
- 将第 1 个参数设置为 109 时会忽略隐藏行，只计算 A1:A10 区域中当前显示的数据的和。

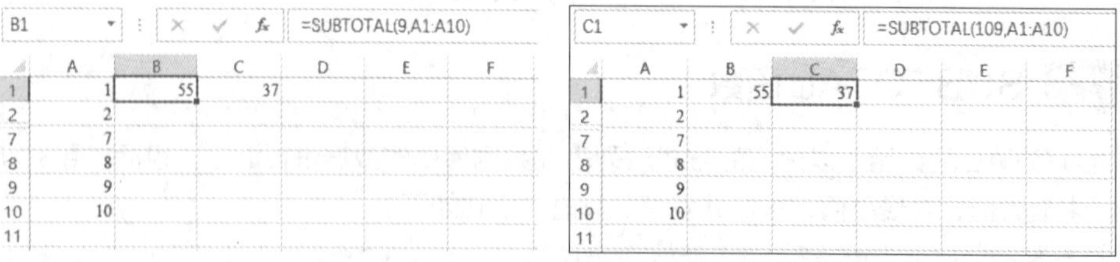

图 12-18　SUBTOTAL 函数第 1 个参数的值会影响计算结果

12.2　求和与统计函数的实际应用

本节将介绍求和与统计函数的一些典型应用案例，通过这些案例，读者可以更好地理解求和与统计函数的具体用法。

12.2.1 累计求和

案例 12-1
累计求和

案例目标： B 列为某商品的月销量，本例要计算商品在各月份的累计销量，效果如图 12-19 所示。

操作步骤如下。

在 C2 单元格中输入如下公式并按【Enter】键，然后将公式向下复制到 C7 单元格。

=SUM(B$2:B2)

C2 =SUM(B$2:B2)

	A	B	C	D	E
1	月份	月销量	累计求和		
2	1月	300	300		
3	2月	800	1100		
4	3月	600	1700		
5	4月	700	2400		
6	5月	900	3300		
7	6月	500	3800		
8					

图 12-19　累计求和

公式解析　由于 B$2:B2 的第 1 部分 B$2 使用了行绝对引用，因此在将公式向下复制时，B$2 中的行号始终保持不变，单元格区域的起始单元格始终为 B2 单元格，即 1 月份的销量。B$2:B2 的第 2 部分 B2 使用了相对引用，因此在将公式向下复制时，B2 会依次变为 B3、B4、B5 等，从而构建出一个逐渐变大的单元格区域，即 B2:B3、B2:B4、B2:B5 等。

12.2.2 计算某部门员工的年薪总和

案例 12-2
计算某部门员工的年薪总和

案例目标： B 列为部门名称，D 列为每个员工的年薪，本例要计算工程部所有员工的年薪总和，效果如图 12-20 所示。

G1 =SUMIF(B2:B14,"工程部",D2:D14)

	A	B	C	D	E	F	G	H
1	姓名	部门	职位	年薪		工程部年薪总和	1056000	
2	刘树梅	人力部	普通职员	144000				
3	袁芳	销售部	高级职员	180000				
4	薛力	人力部	高级职员	252000				
5	胡伟	人力部	部门经理	324000				
6	蒋超	销售部	部门经理	324000				
7	刘力平	后勤部	部门经理	324000				
8	朱红	后勤部	普通职员	324000				
9	邓苗	工程部	普通职员	324000				
10	姜然	财务部	部门经理	348000				
11	郑华	工程部	普通职员	360000				
12	何贝贝	工程部	高级职员	372000				
13	郭静纯	销售部	高级职员	432000				
14	陈义军	销售部	普通职员	468000				
15								

图 12-20　计算某部门员工的年薪总和

操作步骤如下。

在 G1 单元格中输入如下公式并按【Enter】键。

=SUMIF(B2:B14," 工程部 ",D2:D14)

使用 SUM 函数的数组公式也可以完成这类单条件的求和计算。输入如下公式后需要按【Ctrl+Shift+Enter】快捷键结束。

{=SUM((B2:B14=" 工程部 ")*D2:D14)}

12.2.3 计算前两名和后两名员工的销售额总和

案例 12-3

计算前两名和后两名员工的销售额总和

案例目标：B 列为每个员工完成的销售额，本例要计算销售额位于前两名和后两名的员工的销售额总和，效果如图 12-21 所示。

E1 =SUMIF(B2:B10,">"&LARGE(B2:B10,3))+SUMIF(B2:B10,"<"&SMALL(B2:B10,3))

	A	B	C	D	E	F	G	H
1	姓名	销售额		前两名和后两名销售额总和	62977			
2	刘树梅	17366						
3	袁芳	13666						
4	薛力	11357						
5	胡伟	13143						
6	蒋超	19897						
7	刘力平	13438						
8	朱红	18069						
9	邓苗	13006						
10	姜然	18717						
11								

图 12-21　计算前两名和后两名员工的销售额总和

操作步骤如下。

在 E1 单元格中输入如下公式并按【Enter】键。

=SUMIF(B2:B10,">"&LARGE(B2:B10,3))+SUMIF(B2:B10,"<"&SMALL(B2:B10,3))

公式解析　第 1 个 SUMIF 函数使用 ">"&LARGE(B2:B10,3) 作为条件，表示大于 B2:B10 单元格区域中第 3 大的数据，即销售额的前两名。第 2 个 SUMIF 函数使用 "<"&SMALL(B2: B10,3) 作为条件，表示小于 B2:B10 单元格区域中倒数第 3 小的数据，即销售额的最后两名。最后将两个 SUMIF 函数的计算结果相加，即可得到销售额位于前两名和后两名的员工的销售额总和。

12.2.4 汇总指定销售额范围内的销售总额

案例 12-4

汇总指定销售额范围内的销售总额

案例目标：B 列为每个员工完成的销售额，本例要计算销售额在 15000 到 25000 之间的员工的销售总额，效果如图 12-22 所示。

E1 =SUMIFS(B2:B10,B2:B10,">=15000",B2:B10,"<=25000")

	A	B	C	D	E	F	G
1	姓名	销售额		汇总15000~25000销售额	59198		
2	刘树梅	26746					
3	袁芳	10045					
4	薛力	12518					
5	胡伟	26365					
6	蒋超	14305					
7	刘力平	12361					
8	朱红	20752					
9	邓苗	19784					
10	姜然	18662					
11							

图 12-22　汇总指定销售额范围内的销售总额

操作步骤如下。

在 E1 单元格中输入如下公式并按【Enter】键。

=SUMIFS(B2:B10,B2:B10,">=15000",B2:B10,"<=25000")

使用 SUM 函数的数组公式也可以完成这类多条件的求和计算。输入如下公式后需要按【Ctrl+Shift+Enter】快捷键结束。

{=SUM((B2:B10>=15000)*(B2:B10<=25000)*B2:B10)}

12.2.5 计算商品打折后的总价格

案例 12-5

计算商品打折后的总价格

案例目标： B 列为商品单价，C 列为商品数量，D 列为商品折扣，本例要计算商品打折后的总价格，效果如图 12-23 所示。

G1 =ROUND(SUMPRODUCT(B2:B10,C2:C10,D2:D10/10),2)

	A	B	C	D	E	F	G	H
1	商品编号	单价	数量	折扣		所有商品打折后的总价格	1240.89	
2	1	9.89	18	5.3				
3	2	12.24	20	8.5				
4	3	12.58	16	5.9				
5	4	7.43	12	8.5				
6	5	11.81	17	5.5				
7	6	12.55	15	7.7				
8	7	12.33	17	7.9				
9	8	11.54	19	8.5				
10	9	13.55	18	5.6				
11								

图 12-23 计算商品打折后的总价格

操作步骤如下。

在 G1 单元格中输入如下公式并按【Enter】键。

=ROUND(SUMPRODUCT(B2:B10,C2:C10,D2:D10/10),2)

公式解析

本例需要计算的是 B、C、D 这 3 列对应位置上的单元格的乘积之和，因此非常适合使用 SUMPRODUCT 函数。D 列中的折扣不能直接参与计算，需要将其除以 10 后才能正确计算。最后使用 ROUND 函数将计算结果设置为保留两位小数。

12.2.6 统计不重复员工的人数

案例 12-6

统计不重复员工的人数

案例目标： A 列为员工姓名，但是有重复，本例要统计不重复的员工的人数，效果如图 12-24 所示。

F1 {=SUM(1/COUNTIF(C2:C10,C2:C10))}

	A	B	C	D	E	F	G
1	姓名	性别	销量		不重复员工人数	6	
2	关静	女	968				
3	苏洋	女	501				
4	时畅	男	758				
5	婧婷	女	809				
6	关静	女	968				
7	时畅	男	758				
8	刘飞	男	586				
9	郝丽娟	女	647				
10	苏洋	女	501				
11							

图 12-24 统计不重复员工的人数

操作步骤如下。

在 F1 单元格中输入如下数组公式并按【Ctrl+Shift+Enter】快捷键。

{=SUM(1/COUNTIF(C2:C10,C2:C10))}

公式解析 首先使用 COUNTIF 函数统计 C2:C10 单元格区域中的每个单元格中的数据在该区域中出现的次数，得到数组 {2;2;2;1;2;2;1;1;2}。使用 1 除以该数组中的每一个元素，数组中的 1 仍为 1，而数组中的其他数字都会转换为分数。当对这些分数求和时，它们都会转换为 1。例如，某个数字出现 3 次，在被 1 除后，它每次出现的位置上都会变为 1/3。对 3 次出现的 3 个位置上的 1/3 进行求和，结果为 1，从而将多次出现的同一个姓名按 1 次计算，最后统计出不重复的员工的人数。

12.2.7 统计迟到人数

案例 12-7

统计迟到人数

案例目标： A 列为员工姓名，B 列为迟到登记，本例要统计迟到人数，效果如图 12-25 所示。

E1 =COUNTA(B2:B10)

	A	B	C	D	E	F
1	姓名	迟到登记		迟到人数	4	
2	关静					
3	王平	迟到				
4	婧婷	迟到				
5	时畅					
6	刘飞					
7	郝丽娟					
8	苏洋	迟到				
9	王远强					
10	于波	迟到				
11						

图 12-25 统计迟到人数

操作步骤如下。

在 E1 单元格中输入如下公式并按【Enter】键。

=COUNTA(B2:B10)

公式解析 由于 COUNTA 函数不会将空白单元格计算在内，而本例中的所有迟到人员都被标记为“迟到”，因此包含“迟到”单元格的数量就是迟到的人数。

12.2.8 计算单日最高销量

案例 12-8

计算单日最高销量

案例目标： A 列为销售日期，B 列为销量，同一天的销售记录可能不止一条，本例要计算单日最高销量，效果如图 12-26 所示。

E1 {=MAX(SUMIF(A2:A10,A2:A10,B2:B10))}

	A	B	C	D	E	F	G
1	日期	销量		单日最高销量	2394		
2	9月6日	509					
3	9月6日	803					
4	9月6日	578					
5	9月7日	741					
6	9月7日	505					
7	9月7日	602					
8	9月8日	809					
9	9月8日	737					
10	9月8日	848					
11							

图 12-26 计算单日最高销量

操作步骤如下。

在 E1 单元格中输入如下数组公式并按【Ctrl+Shift+Enter】快捷键。

{=MAX(SUMIF(A2:A10,A2:A10,B2:B10))}

公式解析 首先使用 SUMIF 函数对每天的销量求和，然后使用 MAX 函数从中提取出最大值，即单日最高销量。SUMIF(A2:A10,A2:A10,B2:B10) 部分返回 {1890;1890;1890;1848;1848;1848;2394;2394;2394} 数组，即每日销量总和，数组中存在重复的元素说明同一天不止一条销售记录。

12.2.9 计算销量前 3 名的销量总和

案例 12-9

计算销量前 3 名的销量总和

案例目标： C 列为每个员工完成的销量，本例要计算销量前 3 名的销量总和，效果如图 12-27 所示。

操作步骤如下。

在 F1 单元格中输入如下数组公式并按【Ctrl+Shift+Enter】快捷键。

{=SUM(LARGE(C2:C10,{1,2,3}))}

F1 =SUM(LARGE(C2:C10,{1,2,3}))

	A	B	C	D	E	F	G
1	姓名	性别	销量		前3名销量总和	2931	
2	关静	女	968				
3	王平	男	994				
4	婧婷	女	809				
5	时畅	男	758				
6	刘飞	男	586				
7	郝丽娟	女	647				
8	苏洋	女	501				
9	王远强	男	969				
10	于波	男	691				
11							

图 12-27　计算销量前 3 名的销量总和

公式解析

使用常量数组 {1,2,3} 作为 LARGE 函数的第 2 个参数，依次提取区域中最大、第 2 大和第 3 大的值，然后使用 SUM 函数对提取出的前 3 名销量求和。

12.2.10 在筛选状态下生成连续编号

案例 12-10
在筛选状态下生成连续编号

案例目标：本例要让区域中的数据在进行筛选前和筛选后，A 列中的编号始终都是连续的，效果如图 12-28 所示。

A2 =SUBTOTAL(103,$B$2:B2)

	A	B	C	D	E	F
1	编号	姓名	部门	职位	年薪	
2	1	刘树梅	人力部	普通职员	144000	
3	2	袁芳	销售部	高级职员	180000	
4	3	薛力	人力部	高级职员	252000	
5	4	胡伟	人力部	部门经理	324000	
6	5	蒋超	销售部	部门经理	324000	
7	6	刘力平	后勤部	部门经理	324000	
8	7	朱红	后勤部	普通职员	324000	
9	8	邓苗	工程部	普通职员	324000	
10	9	姜然	财务部	部门经理	348000	
11	10	郑华	工程部	普通职员	360000	
12	11	何贝贝	工程部	高级职员	372000	
13	12	郭静纯	销售部	高级职员	432000	
14	13	陈义军	销售部	普通职员	468000	
15						

A2 =SUBTOTAL(103,$B$2:B2)

	A	B	C	D	E	F
1	编号	姓名	部门	职位	年薪	
2	1	刘树梅	人力部	普通职员	144000	
8	2	朱红	后勤部	普通职员	324000	
9	3	邓苗	工程部	普通职员	324000	
11	4	郑华	工程部	普通职员	360000	
14	5	陈义军	销售部	普通职员	468000	
15						

图 12-28　在筛选状态下生成连续编号

操作步骤如下。

筛选数据前，在原始数据的 A2 单元格中输入如下公式并按【Enter】键，然后将公式向下复制到 A14 单元格。此后对数据进行任意筛选，A 列中的编号始终都是连续的。

=SUBTOTAL(103,$B$2:B2)

第13章 查找和引用数据

Excel中的查找和引用函数主要用于对工作表中的数据进行查找和引用，包括查找数据本身或数据在区域中的位置，并返回单元格地址、行号和列号等信息。本章将介绍常用的查找和引用函数的语法格式及其在实际中的应用。

13.1 常用查找和引用函数

本节将介绍 Excel 中一些常用的查找和引用函数，这些函数在很多实际应用中发挥着重要的作用。

13.1.1 ROW 和 COLUMN 函数

ROW 函数用于返回单元格或单元格区域首行的行号，其语法格式如下。

```
ROW([reference])
```

COLUMN函数用于返回单元格或单元格区域首列的列号，其语法格式如下。

```
COLUMN([reference])
```

ROW 和 COLUMN 函数只包含一个可选参数 reference，表示要返回行号或列号的单元格或单元格区域。如果省略该参数，则返回公式所在的单元格的行号或列号。

在任意一个单元格中输入下面的公式，将返回该单元格所在的行号。图 13-1 所示为在 B3 单元格中输入该公式，返回 B3 单元格的行号 3。

```
=ROW()
```

图 13-1　使用 ROW 函数返回当前行号

如果想让任意单元格中输入的 ROW 函数返回 3，只需使用行号为 3 的单元格引用作为 ROW 函数的参数即可。单元格引用中的列标是什么无关紧要，如下面的公式。

```
=ROW(A3)
```

COLUMN 函数的用法与 ROW 函数类似，只不过 COLUMN 函数返回的是列号。下面的公式返回 C6 单元格的列标 C 对应的序号 3。

```
=COLUMN(C6)
```

使用 ROW 和 COLUMN 函数还能以数组的形式返回一组自然数序列，此时需要使用单元格区域作为 ROW 和 COLUMN 函数的参数。ROW 函数将返回一个垂直数组，COLUMN 函数将返回一个水平数组，数组的元素就是作为参数的单元格区域的行号序列或列号序列。

下面的公式返回一个包含自然数 1、2、3 的垂直数组 {1;2;3}。输入这个公式前需要先选择同一列中连续的 3 个单元格，然后输入公式，最后按【Ctrl+Shift+Enter】快捷键结束，如图 13-2 所示。

```
{=ROW(A1:A3)}
```

图 13-2　使用 ROW 函数返回一个垂直数组

下面的公式返回一个包含 6 个元素的水平数组 {1,2,3,4,5,6}，需要输入同一行连续的 6 个单元格中，并按【Ctrl+Shift+Enter】快捷键结束。

```
{=COLUMN(A2:F5)}
```

13.1.2 VLOOKUP 函数

VLOOKUP 函数用于在区域或数组的第 1

列查找指定的值，并返回该区域或数组其他列中与所查找的值位于同一行的数据。其语法格式如下。

```
VLOOKUP(lookup_value,table_array,col_index_num,[range_lookup])
```

- lookup_value（必选）：要在区域或数组的第 1 列中查找的值。
- table_array（必选）：要在其中进行查找的区域或数组。
- col_index_num（必选）：要返回区域或数组中第几列的值。该参数不是工作表的实际列号，而是以 table_array 参数所表示的区域或数组为基准，在其中某列的序号。例如，如果将该参数设置为 3，那么对 B1:D6 单元格区域而言，将返回 D 列中的数据，而不是 C 列。
- range_lookup（可选）：查找方式，包括精确查找和模糊查找两种，该参数的取值范围如表 13-1 所示。

表 13-1　range_lookup 参数的取值范围

range_lookup 参数值	说明
TRUE 或省略	模糊查找，返回查找区域第 1 列中小于等于查找值的最大值，查找区域必须按升序排列，否则可能会返回错误的结果
FALSE 或 0	精确查找，返回查找区域第 1 列中与查找值匹配的第 1 个值，查找区域无须排序。在该方式下查找文本时，可以使用通配符 ? 和 *

注意　如果区域或数组中包含多个符合条件的值，VLOOKUP 函数将只返回第 1 个匹配的值。如果在区域或数组中没有符合条件的值，VLOOKUP 函数将返回 #N/A 错误值。

案例 13-1

根据商品名称查找销量

案例目标： A 列为商品名称，B 列为商品单价，C 列为商品销量，本例要根据 E2 单元格中的商品名称，查找与其对应的销量，效果如图 13-3 所示。

F2　=VLOOKUP(E2,A1:C10,3,0)

	A	B	C	D	E	F	G
1	商品	单价	销量		商品	销量	
2	电视	2300	862		空调	883	
3	冰箱	1800	796				
4	洗衣机	2100	929				
5	空调	1500	883				
6	音响	1100	549				
7	电脑	5900	943				
8	手机	1200	541				
9	微波炉	680	726				
10	电暖气	370	964				
11							

图 13-3　根据商品名称查找销量

操作步骤如下。

在 E2 单元格中输入如下公式并按【Enter】键。

```
=VLOOKUP(E2,A1:C10,3,0)
```

公式解析　由于要查找商品的名称，因此需要将 A 列作为查找区域的第 1 列；要返回的销量位于 C 列，对于数据所在的 A1:C10 单元格区域而言，相对于位于该区域的第 3 列，因此需要将 VLOOKUP 函数的第 3 个参数设置为 3。为了精确匹配指定的商品，需要将 VLOOKUP 函数的第 4 个参数设置为 0。

如果找不到任何匹配的值，VLOOKUP 函数会返回 #N/A 错误值。如果希望返回特定的内容，可以使用 IFERROR 函数屏蔽错误值。该函数包含两个参数，第 1 个参数是要检测的表达式，第 2 个参数是在表达式返回错误值时希望返回的内容。如果表达式未出现错误，则返回表达式的值。可以将上面的公式改为下面的形式，当找不到指定商品时，返回“未找到此商品”文字。

```
=IFERROR(VLOOKUP(E2,A1:C10,3,0),"未找到此商品")
```

13.1.3 LOOKUP 函数

LOOKUP 函数具有向量形式和数组形式两种语法格式。向量形式的 LOOKUP 函数用于在单行或单列中查找指定的值，并返回另一行或另一列中对应位置的值，其语法格式如下。

```
LOOKUP(lookup_value,lookup_vector,[result_vector])
```

- lookup_value（必选）：要查找的值。

如果在查找区域中找不到该值，则返回区域中所有小于查找值中的最大值；如果要查找的值小于区域中的最小值，LOOKUP 函数将返回 #N/A 错误值。

◉ lookup_vector（必选）：要在其中进行查找的单行或单列，可以是只有一行或一列的单元格区域，也可以是一维数组。

◉ result_vector（可选）：要返回结果的单行或单列，可以是只有一行或一列的单元格区域，也可以是一维数组，其大小必须与查找区域相同。当查找区域和返回数据的结果区域相同时，可以省略该参数。

注意

如果要查找精确的值，则查找区域必须按升序排列，否则可能会返回错误的结果。如果查找区域中包含多个符合条件的值，则 LOOKUP 函数只返回最后一个匹配值。

下面的公式用于在 A1:A6 单元格区域中查找数字 3，并返回 B1:B6 单元格区域中对应位置上的值。由于 A3 单元格中包含 3，因此返回 B3 单元格中的值 300，如图 13-4 所示。

=LOOKUP(3,A1:A6,B1:B6)

C1 =LOOKUP(3,A1:A6,B1:B6)

	A	B	C	D	E	F
1	1	100	300			
2	2	200				
3	3	300				
4	4	400				
5	5	500				
6	6	600				
7						

图 13-4 查找精确的值

下面的公式仍然在 A1:A6 单元格区域中查找数字 3，但是由于该区域中不止一个单元格包含 3，因此返回最后一个包含 3 的单元格对应于 B 列中的值，即 A5 单元格与查找值匹配，并返回 B5 单元格中的值 500，如图 13-5 所示。

=LOOKUP(3,A1:A6,B1:B6)

C1 =LOOKUP(3,A1:A6,B1:B6)

	A	B	C	D	E	F
1	1	100	500			
2	2	200				
3	3	300				
4	3	400				
5	3	500				
6	6	600				
7						

图 13-5 有多个符合条件的值的情况

下面的公式查找 5.5，由于 A 列中没有该数字，而小于该数字的值有 5 个：1、2、3、4、5。LOOKUP 函数将使用所有小于该数字中的最大值进行匹配，即 A5 单元格中的数字 5，并返回 B5 单元格中的值 500，如图 13-6 所示。

=LOOKUP(5.5,A1:A6,B1:B6)

C1 =LOOKUP(5.5,A1:A6,B1:B6)

	A	B	C	D	E	F
1	1	100	500			
2	2	200				
3	3	300				
4	4	400				
5	5	500				
6	6	600				
7						

图 13-6 返回小于查找值的最大值

数组形式的 LOOKUP 函数用于在区域或数组的第 1 行或第 1 列中查找指定的值，并返回该区域或数组最后一行或最后一列中对应位置上的值，其语法格式如下。

LOOKUP(lookup_value,array)

◉ lookup_value（必选）：要查找的值。如果在查找区域中找不到该值，则返回区域中所有小于查找值中的最大值；如果要查找的值小于区域中的最小值，LOOKUP 函数将返回 #N/A 错误值。

◉ array（必选）：要在其中进行查找的区域或数组。

注意

如果要查找精确的值，查找区域必须按升序排列，否则可能会返回错误的结果。如果查找区域中包含多个符合条件的值，则 LOOKUP 函数只返回最后一个匹配值。

下面的公式使用数组形式的 LOOKUP 函数，在 A1:A6 单元格区域的第 1 列中查找数字 3，然后返回该区域最后一列，即 B 列对应位置的值 300，如图 13-7 所示。

=LOOKUP(3,A1:B6)

C1 =LOOKUP(3,A1:B6)

	A	B	C	D	E
1	1	100	300		
2	2	200			
3	3	300			
4	4	400			
5	5	500			
6	6	600			
7					

图 13-7 使用数组形式的 LOOKUP 函数查找数据

13.1.4 MATCH 函数

MATCH 函数用于在单行或单列中查找指定的值，并返回该值在行或列中的相对位置，其语法格式如下。

```
MATCH(lookup_value,lookup_array,[match_type])
```

- lookup_value（必选）：要查找的值。
- lookup_array（必选）：要在其中进行查找的单行或单列，可以是只有一行或一列的单元格区域，也可以是一维数组。
- match_type（可选）：查找方式，包括精确查找和模糊查找两种，match_type 参数的取值范围如表 13-2 所示。

表 13-2　match_type 参数的取值范围

match_type 参数值	说明
1 或省略	模糊查找，返回小于等于查找值的最大值的位置，查找区域必须按升序排列，否则可能会返回错误的结果
0	精确查找，返回查找区域中第 1 个与查找值匹配的值的位置，查找区域无须排序
-1	模糊查找，返回大于等于查找值的最小值的位置，查找区域必须按降序排列，否则可能会返回错误的结果

注意　查找文本时不区分文本的大小写，如果在查找文本时将 MATCH 函数的第 3 个参数设置为 0，则可以在第 1 个参数中使用通配符。如果在单元格区域或数组中没有符合条件的值，MATCH 函数将返回 #N/A 错误值。

下面的公式返回 3，表示数字 3 在 A2:A7 单元格区域中的相对位置，而不是在工作表中的位置，如图 13-8 所示。

```
=MATCH(3,A2:A7,0)
```

图 13-8　查找指定值的相对位置

13.1.5 INDEX 函数

INDEX 函数具有数组形式和引用形式两种语法格式。由于引用形式的 INDEX 函数没有数组形式的 INDEX 函数常用，因此本小节主要介绍数组形式的 INDEX 函数。数组形式的 INDEX 函数用于返回区域或数组中位于行、列交叉位置上的值，其语法格式如下。

```
INDEX(array,row_num,[column_num])
```

- array（必选）：要从中返回值的单元格区域或数组。
- row_num（必选）：要返回的值所在单元格区域或数组中的指定行。如果将该参数设置为 0，INDEX 函数将返回 array 参数中的指定列中的所有值。
- column_num（可选）：要返回的值所在单元格区域或数组中的指定列。如果将该参数设置为 0，INDEX 函数将返回 array 参数中的指定行中的所有值。

注意　如果 array 参数只有一行或一列，则可以省略 column_num 参数。如果 row_num 参数或 column_num 参数超出 array 参数中的单元格区域或数组的范围，INDEX 函数将返回 #REF! 错误值。

下面的公式返回 A1:A6 单元格区域中第 5 行的内容，如图 13-9 所示。

```
=INDEX(A1:A6,5)
```

图 13-9　从一列区域中返回指定的值

下面的公式返回 A1:F1 单元格区域中第 5 列的内容，如图 13-10 所示。

```
=INDEX(A1:F1,5)
```

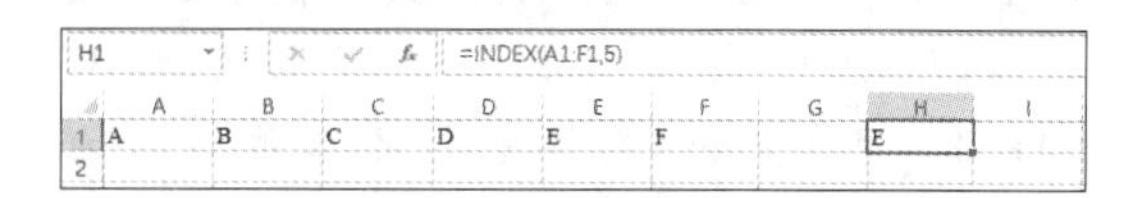

图 13-10　从一行区域中返回指定的值

下面的公式返回 A1:C6 单元格区域中第 3 行第 2 列的内容，如图 13-11 所示。

```
=INDEX(A1:C6,3,2)
```

E1 =INDEX(A1:C6,3,2)

	A	B	C	D	E	F
1	1	11	101		13	
2	2	12	102			
3	3	13	103			
4	4	14	104			
5	5	15	105			
6	6	16	106			
7						

图 13-11　从多行多列区域中返回指定的值

下面的公式计算 A1:C6 单元格区域中第 2 列的总和，如图 13-12 所示。此处将第 2 个参数设置为 0，将第 3 个参数设置为 2，表示引用的是单元格区域的第 2 列中的所有内容。

```
=SUM(INDEX(A1:C6,0,2))
```

E1 =SUM(INDEX(A1:C6,0,2))

	A	B	C	D	E	F
1	1	11	101		81	
2	2	12	102			
3	3	13	103			
4	4	14	104			
5	5	15	105			
6	6	16	106			
7						

图 13-12　引用单元格区域中指定的整列

下面的公式将 INDEX 函数的第 1 个参数设置为常量数组，返回该数组中的第 5 个元素。

```
=INDEX({"A";"B";"C";"D";"E";"F"},5)
```

13.1.6 INDIRECT 函数

INDIRECT 函数用于返回由文本字符串指定的单元格或单元格区域的引用，其语法格式如下。

```
INDIRECT(ref_text,[a1])
```

- ref_text（必选）：表示单元格地址的文本，可以是 A1 或 R1C1 引用样式的字符串。
- a1（可选）：一个逻辑值，表示 ref_text 参数中的单元格的引用样式；如果该参数为 TRUE 或省略，则 ref_text 参数中的文本被解释为 A1 样式的引用；如果该参数为 FALSE，则 ref_text 参数中的文本被解释为 R1C1 样式的引用。

注意　如果 ref_text 参数不能被正确转换为有效的单元格地址，或引用的单元格超出 Excel 支持的最大范围，或引用一个未打开的外部工作簿中的单元格或单元格区域，INDIRECT 函数都将返回 #REF! 错误值。

图 13-13 所示的 C1:H1 单元格区域中的每个公式分别引用 A1:A6 单元格区域中的内容。在 C1 单元格中输入下面的公式，然后将公式向右复制到 H1 单元格即可自动得到 A1:A6 单元格区域中的内容。在将公式向右复制的过程中，COLUMN(A1) 中的 A1 会自动变为 B1、C1、D1、E1 和 F1，因此会返回从 A 列开始的列号 1、2、3、4、5、6。最后将返回的数字与字母 A 组成单元格地址的文本，并使用 INDIRECT 函数将其转换为实际的单元格引用。

```
=INDIRECT("A"&COLUMN(A1))
```

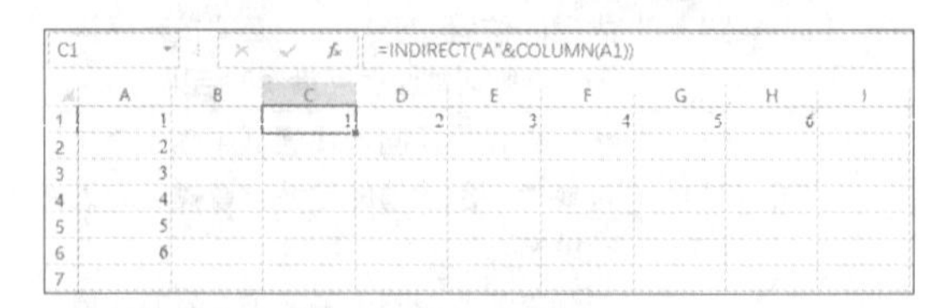

C1 =INDIRECT("A"&COLUMN(A1))

	A	B	C	D	E	F	G	H	I
1	1		1	2	3	4	5	6	
2	2								
3	3								
4	4								
5	5								
6	6								
7									

图 13-13　引用单元格中的内容

13.1.7 OFFSET 函数

OFFSET 函数用于以指定的引用为参照系，通过给定的偏移量返回一个对单元格或单元格区域的引用，并可以指定单元格区域包含的行数和列数。其语法格式如下。

```
OFFSET(reference,rows,cols,[height],[width])
```

- reference（必选）：作为偏移量参照系的起始引用区域，该参数必须是对单元格或连续单元格区域的引用，否则 OFFSET 函数将返回 #VALUE! 错误值。
- rows（必选）：相对于偏移量参照系的左上角单元格向上或向下偏移的行数。行数为正数时，表示向下偏移；行数为负数时，表示向上偏移。
- cols（必选）：相对于偏移量参照系的左上角单元格向左或向右偏移的列数。列数为正数时，表示向右偏移；列数为负数时，表示向左偏移。

- height（可选）：要返回的引用区域包含的行数。行数为正数时，表示向下扩展的行数；行数为负数时，表示向上扩展的行数。
- width（可选）：要返回的引用区域包含的列数。列数为正数时，表示向右扩展的列数；列数为负数时，表示向左扩展的列数。

注意 如果行数和列数的偏移量超出了工作表的范围，OFFSET函数将返回#REF!错误值。如果省略row和cols两个参数的值，则默认按0处理，此时偏移后的新区域的左上角单元格与原区域的左上角单元格相同，即OFFSET函数不执行任何偏移操作。如果省略height或width参数，则偏移后的新区域包含的行数或列数与原区域相同。

下面的公式用于返回D6:F10单元格区域，表示从B3单元格开始，向下偏移3行，向右偏移2列，此时新区域左上角的单元格为D6；然后从该单元格开始，向下扩展5行，向右扩展3列，最后引用的是D6:F10单元格区域。

=OFFSET(B3,3,2,5,3)

13.2 查找和引用函数的实际应用

本节将介绍查找和引用函数的一些典型应用案例，通过这些案例，读者可以更好地理解查找和引用函数的具体用法。

13.2.1 快速输入月份

案例 13-2

快速输入月份

案例目标：在任意一列中快速输入格式为“1月”“2月”“3月”的月份，效果如图13-14所示。

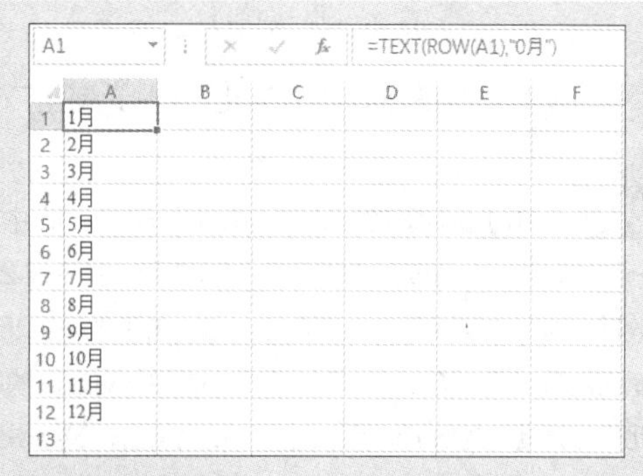

图13-14 在一列中快速输入月份

操作步骤如下。

在任意一个单元格中输入如下公式并按【Enter】键，然后将公式向下复制。

=TEXT(ROW(A1),"0月")

公式解析 无论将公式输入哪个单元格，ROW(A1)都会返回A1的行号1，A1也可以改成B1、C1、D1等，只要确保是任意一列的第1个单元格即可。然后使用TEXT函数为返回的数字设置格式，“0月”中的0为数字占位符，并在数字右侧显示“月”字。

如果要输入中文小写数字的月份，如“一月”“二月”“三月”，则可以使用下面的公式。

=TEXT(ROW(A1),"[DBNum1]")&"月"

13.2.2 汇总多个列中的销量

案例 13-3

汇总多个列中的销量

案例目标：3个区域的销量分别位于B、D、F列中，本例要计算3个区域的销量总和，效果如图13-15所示。

C9 {=SUM(IF(MOD(COLUMN(A2:F7),2)=0,A2:F7))}

	A	B	C	D	E	F	G	H
1	区域一		区域二		区域三			
2	姓名	销量	姓名	销量	姓名	销量		
3	黄菊雯	544	李骏	882	袁芳	675		
4	万杰	664	王文燕	851	薛力	590		
5	殷佳妮	712	尚照华	652	胡伟	766		
6	刘继元	795	田志	768	蒋超	640		
7	董海峰	841	刘树梅	739	刘力平	564		
8								
9	3个区域销量总和		10683					
10								

图13-15 汇总多个列中的销量

操作步骤如下。

在 C9 单元格中输入如下数组公式并按【Ctrl+Shift+Enter】快捷键。

{=SUM(IF(MOD(COLUMN(A2:F7),2)=0,A2:F7))}

公式解析　由于要计算的销量位于偶数列 B、D、F 中，因此需要使用 COLUMN 函数获得 A2:F7 单元格区域中每一列的列号，然后使用 MOD 函数检查列号能否被 2 整除。如果能被 2 整除，则说明该列为偶数列，再使用 IF 函数根据判断结果返回该列包含的数据。由于省略了 IF 函数的第 3 个参数，因此如果列号不能被 2 整除，IF 函数将返回逻辑值 FALSE。最后使用 SUM 函数对返回的所有列求和，由于使用单元格区域作为 SUM 函数的参数，因此只计算其中的数值，而忽略文本和逻辑值，最终得到 3 个区域的销量总和。

13.2.3 从多列数据中查找员工信息

案例 13-4

从多列数据中查找员工信息

案例目标： A 列为部门名称，B 列为员工姓名，C 列为员工的职位，D 列为员工的月薪，本例要根据 F2 和 G2 单元格中的值，提取指定部门和姓名的员工的月薪，效果如图 13-16 所示。

H2　{=INDEX(D2:D12,MATCH(F2&G2,A2:A12 & B2:B12,0))}

	A	B	C	D	E	F	G	H	I
1	部门	姓名	职位	月薪		部门	姓名	月薪	
2	人力部	黄菊雯	普通职员	1200		工程部	尚照华	2700	
3	销售部	万杰	高级职员	1500					
4	人力部	殷佳妮	高级职员	2100					
5	人力部	刘继元	部门经理	2700					
6	销售部	董海峰	部门经理	2700					
7	后勤部	李骏	部门经理	2700					
8	后勤部	王文燕	普通职员	2700					
9	工程部	尚照华	普通职员	2700					
10	财务部	田志	部门经理	2900					
11	工程部	刘树梅	普通职员	3000					
12	工程部	袁芳	高级职员	3100					
13									

图 13-16　从多列数据中查找员工信息

操作步骤如下。

在 H2 单元格中输入如下数组公式并按【Ctrl+Shift+Enter】快捷键。

{=INDEX(D2:D12,MATCH(F2&G2,A2:A12 & B2:B12,0))}

公式解析　本例中 MATCH 函数的查找数据和查找区域比较特殊。MATCH 函数的第 1 个参数使用了 G1&G2 的形式，返回文本字符串 "" 工程部尚照华 ""。MATCH 函数的第 2 个参数使用两个区域的联合引用，返回数组 {" 人力部黄菊雯 ";" 销售部万杰 ";" 人力部殷佳妮 ";" 人力部刘继元 ";" 销售部董海峰 ";" 后勤部李骏 ";" 后勤部王文燕 ";" 工程部尚照华 ";" 财务部田志 ";" 工程部刘树梅 ";" 工程部袁芳 "}，然后通过 MATCH 函数返回 G1&G2 在联合区域引用数组中的位置，最后使用 INDEX 函数提取指定位置上的值。

13.2.4 逆向查找

案例 13-5

逆向查找

案例目标： A 列为员工编号，B 列为员工姓名，本例要根据 D2 单元格中的姓名，查找对应的员工编号，效果如图 13-17 所示。

E2 =VLOOKUP(D2,IF({1,0},B1:B11,A1:A11),2,0)

	A	B	C	D	E	F	G
1	员工编号	姓名		姓名	员工编号		
2	LSSX-6	黄菊雯		田志	LSSX-14		
3	LSSX-8	万杰					
4	LSSX-5	殷佳妮					
5	LSSX-15	刘继元					
6	LSSX-1	董海峰					
7	LSSX-2	李骏					
8	LSSX-7	王文燕					
9	LSSX-4	尚照华					
10	LSSX-14	田志					
11	LSSX-10	刘树梅					
12							

图 13-17 逆向查找

操作步骤如下。

在 E2 单元格中输入如下公式并按【Enter】键。

=VLOOKUP(D2,IF({1,0},B1:B11,A1:A11), 2,0)

公式解析 默认情况下，VLOOKUP 函数只能在单元格区域或数组的第 1 列中进行查找，然后返回该单元格区域或数组右侧指定列中的数据。本例要查找的值位于单元格区域的第 2 列，所以 VLOOKUP 函数默认无法完成该任务。为了解决这个问题，使用一个包含 1 和 0 的常量数组作为 IF 函数的条件，数字 1 相当于逻辑值 TRUE，数字 0 相当于逻辑值 FALSE，当条件为 TRUE 时返回 B1:B11 单元格区域，条件为 FALSE 时返回 A1:A11 单元格区域，这样就可以通过 IF 函数互换 A 列和 B 列的位置并重新构建一个单元格区域，然后就可以使用 VLOOKUP 函数在新构建的单元格区域中进行查找。

13.2.5 提取商品最后一次进货日期

案例 13-6

提取商品最后一次进货日期

案例目标：A 列是进货日期，B 列是各日期的进货量，A 列中的各日期之间存在空白单元格，本例要提取最后一次进货的日期，效果如图 13-18 所示。

E1 {=TEXT(INDIRECT("A"&MATCH(1,0/(A:A<>""))),"m月d日")}

	A	B	C	D	E	F	G	H
1	日期	进货量		最后一次进货日期	9月12日			
2	9月8日	186						
3		277						
4	9月9日	100						
5		288						
6		225						
7	9月10日	131						
8	9月11日	181						
9		185						
10	9月12日	182						
11								

图 13-18 提取最后一次进货日期

操作步骤如下。

在 E1 单元格中输入如下数组公式并按【Ctrl+Shift+Enter】快捷键。

{=TEXT(INDIRECT("A"&MATCH(1,0/(A:A<>""))),"m 月 d 日 ")}

公式解析 “A:A<>" "”部分用于判断 A 列中不为空的单元格，返回一个包含逻辑值 TURE 和 FALSE 的数组。然后使用 0 除以该数组中的每个元素，进行除法运算时 TRUE 会自动转换为 1， FALSE 将转换为 0，返回一个包含 0 和错误值的数组，为 0 的位置说明是 A 列中不为空的单元格，即包含进货日期的单元格。使用 MATCH 函数在包含 0 和错误值的数组中查找 1，由于省略了 MATCH 函数的第 3 个参数，并且在数组中找不到 1，因此返回的是所有比 1 小的值中的最大值，即返回 0。数组中虽然包含多个 0，但是 MATCH 函数只返回最后一个 0 的位置。最后使用 INDIRECT 函数将字母 A 与返回的位置序号的文本转换为实际的单元格引用，并使用 TEXT 函数将结果设置为日期格式。

本例也可以使用下面的公式提取 A 列中的最大值，由于日期的本质是数值，因此相当于提取最后一次进货日期。9E+307 是接近 Excel 中允许输入的最大数值的科学记数形式的数字，使用该值作为查找值，LOOKUP 函数将返回比该值小的值中的最大值。无论是否对查找区域进行升序排列，LOOKUP 函数在找不到精确匹配的值时，都会返回查找区域中的最后一个值。

=TEXT(LOOKUP(9E+307,A:A),"m 月 d 日 ")

13.2.6 汇总最近 5 天的销量

案例 13-7

汇总最近 5 天的销量

案例目标： A 列为销售日期，B 列为与日期对应的销量，本例要汇总最近 5 天的销量，效果如图 13-19 所示。

E1 {=SUBTOTAL(9,OFFSET(INDIRECT("B"&MAX((A:A<>"")*ROW(1:1048576))),0,0,-5,1))}

	A	B	C	D	E	F	G	H	I	J
1	日期	销量		最近5天的销量总和	1625					
2	7月22日	219								
3	7月23日	397								
4	7月24日	206								
5	7月25日	402								
6	7月26日	467								
7	7月27日	140								
8	7月28日	418								
9	7月29日	186								
10	7月30日	355								
11	7月31日	348								
12	8月1日	180								
13	8月2日	339								
14	8月3日	498								
15	8月4日	260								
16										

图 13-19 汇总最近 5 天的销量

操作步骤如下。

在 E1 单元格中输入如下数组公式并按【Ctrl+Shift+Enter】快捷键。

{=SUBTOTAL(9,OFFSET(INDIRECT("B"&MAX((A:A<>"")*ROW(1:1048576))),0,0,–5,1))}

公式解析

“(A:A<>"")*ROW(1:1048576)”部分用于判断 A 列中不为空的单元格，并将得到的包含逻辑值 TRUE 和 FALSE 的数组乘以行号，得到一个包含 0 和非空单元格的行号的数组。使用 MAX 函数提取其中的最大值，即 A 列中最后一个非空单元格的行号，然后使用 INDIRECT 函数将字母 B 与该行号组合在一起并转换为实际的单元格引用。接着使用 OFFSET 函数以该单元格为起点，向上扩展到 5 行 1 列的区域，即最近 5 天的销量。最后使用 SUBTOTAL 函数对该区域求和，计算出最近 5 天的销量总和。

注意

本例必须使用 SUBTOTAL 函数对 OFFSET 函数返回的区域进行求和，而不能使用 SUM 函数，这是因为 SUM 函数只能对二维引用求和，而 OFFSET 函数返回的区域为三维引用。

13.2.7 统计销量小于 600 的员工人数

案例 13-8

统计销量小于 600 的员工人数

案例目标： 统计 C2:C7、F2:F7、I2:I7 单元格区域中销量小于 600 的员工人数，效果如图 13-20 所示。

D9 =SUM(COUNTIF(INDIRECT({"C3:C7","F3:F7","I3:I7"}),"<600"))

	A	B	C	D	E	F	G	H	I	J
1		区域一			区域二			区域三		
2	编号	姓名	销量	编号	姓名	销量	编号	姓名	销量	
3	1	黄菊雯	544	6	李骏	882	11	袁芳	675	
4	2	万杰	664	7	王文燕	851	12	薛力	590	
5	3	殷佳妮	712	8	尚照华	652	13	胡伟	766	
6	4	刘继元	795	9	田志	768	14	蒋超	640	
7	5	董海峰	841	10	刘树梅	739	15	刘力平	564	
8										
9		销量小于600的员工人数		3						
10										

图 13-20　统计销量小于 600 的员工人数

操作步骤如下。

在 D9 单元格中输入如下公式并按【Enter】键。

=SUM(COUNTIF(INDIRECT({"C3:C7","F3:F7","I3:I7"}),"<600"))

公式解析　COUNTIF 函数默认只能使用一个单元格区域作为其条件区域，为了解除这一限制，本例使用 INDIRECT 函数以文本的形式同时引用 3 个不相邻的区域，然后使用 COUNTIF 函数统计这 3 个区域中值小于 600 的单元格的数量，最后使用 SUM 函数对这些单元格的数量进行求和，即可得到 3 个区域中销量小于 600 的员工人数。

13.2.8 提取文本中的数字

案例 13-9

提取文本中的数字

案例目标：A 列中的值为包含金额的文本，本例要将其中的金额数字提取出来，效果如图 13-21 所示。

B2 =LOOKUP(9E+307,--LEFT(A2,ROW(INDIRECT("1:"&LEN(A2)))))

	A	B	C	D	E	F	G	H	I
1	文本	金额							
2	0.15元	0.15							
3	150元	150							
4	1500元	1500							
5	15000元	15000							
6	150.15元	150.15							
7									

图 13-21　提取文本中的数字

操作步骤如下。

在 B2 单元格中输入如下公式并按【Enter】键，然后将公式向下复制到 B6 单元格。

=LOOKUP(9E+307,--LEFT(A2,ROW(INDIRECT("1:"&LEN(A2)))))

公式解析　首先使用 LEN 函数获得 A2 单元格中的字符个数，然后使用 ROW 函数搭配 INDIRECT 函数，返回一个从 1 到 A2 单元格字符个数的常量数组 {1;2;3;4;5}。接着使用 LEFT 函数依次提取 A2 单元格左侧的 1、2、3、4、5 个字符，使用减负运算（--）将文本型数字转换为数值，纯文本则被转换为错误值，返回一个包含数字和错误值的数组。最后使用 LOOKUP 函数在该数组中查找小于等于 9E+307 的最大值，即 A2 单元格中的金额。

本例还可以使用下面的更简洁的公式，其原理与上面的公式类似，只是下面的公式直接使用“1:15”代替“INDIRECT("1:"&LEN(A2))”。在 LEFT 函数前添加一个负号，将数组中的每一个值转换为负数，然后在 LOOKUP 函数中查找 1。最后在 LOOKUP 函数前再添加一个负号，以将提取出的负数转换为正数。

```
=-LOOKUP(1,-LEFT(A2,ROW(1:15)))
```

13.2.9 提取不重复的员工姓名

案例 13-10

提取不重复的员工姓名

案例目标： A 列为销售日期，B 列为员工姓名，C 列为员工销量，A 列中的员工姓名有重复，本例要将不重复的员工姓名提取出来，效果如图 13-22 所示。

E2 {=INDEX($B:$B,SMALL(IF(MATCH($B$2:$B$15,$B:$B,0)=ROW($2:$15),ROW($2:$15),65536),ROW(A1)))&""}

	A	B	C	D	E
1	日期	姓名	销量		不重复姓名
2	9月6日	关静	556		关静
3	9月6日	凌婉婷	634		凌婉婷
4	9月7日	婧婷	677		婧婷
5	9月7日	关静	795		苏洋
6	9月7日	苏洋	551		郝丽娟
7	9月7日	郝丽娟	883		于波
8	9月8日	苏洋	872		张静
9	9月8日	凌婉婷	556		郭心冉
10	9月8日	于波	544		吕伟
11	9月8日	张静	917		
12	9月9日	凌婉婷	781		
13	9月9日	郭心冉	717		
14	9月9日	吕伟	688		
15	9月9日	郝丽娟	938		
16					

图 13-22 提取不重复的员工姓名

操作步骤如下。

在 E2 单元格中输入如下数组公式并按【Ctrl+Shift+Enter】快捷键，然后将公式向下复制到 E15 单元格。

```
{=INDEX($B:$B,SMALL(IF(MATCH($B$2:$B$15,$B:$B,0)=ROW($2:$15),
ROW($2: $15), 65536),ROW(A1)))&""}
```

公式解析

首先使用 MATCH 函数在 B 列中查找每个姓名的位置，如果查找到的位置序号与数据自身的行号相同，则说明该数据是第 1 次出现，否则说明该数据重复出现。在 IF 函数中判断数据是否是第 1 次出现。如果是第 1 次出现，则返回数据所在的行号，否则返回一个较大的值，如 65536。然后使用 SMALL 函数从小到大依次提取数据所在的行号，最后使用 INDEX 函数根据行号从 B2:B15 单元格区域中提取不重复的姓名。

13.2.10 创建可自动扩展的二级下拉列表

案例 13-11

创建可自动扩展的二级下拉列表

案例目标： A:E 列包含 5 个省份及相关城市的名称，本例要在 G 列单元格的下拉列表中选择省份名称后，在 H 列对应单元格的下拉列表中自动显示与省份名称对应的城市，从而实现联动输入，效果如图 13-23 所示。

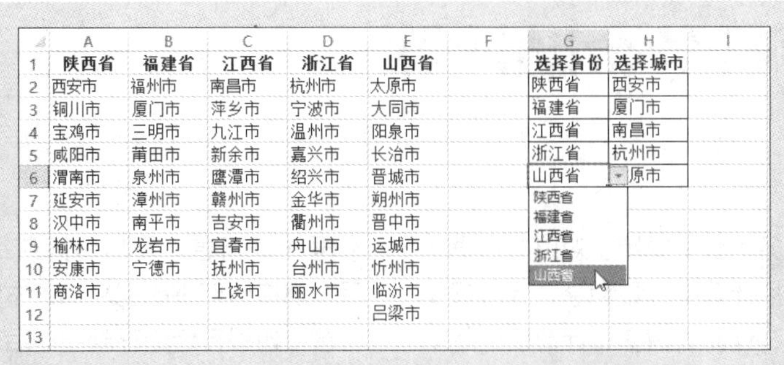

	A	B	C	D	E	F	G	H	I
1	陕西省	福建省	江西省	浙江省	山西省		选择省份	选择城市	
2	西安市	福州市	南昌市	杭州市	太原市		陕西省	西安市	
3	铜川市	厦门市	萍乡市	宁波市	大同市		福建省	厦门市	
4	宝鸡市	三明市	九江市	温州市	阳泉市		江西省	南昌市	
5	咸阳市	莆田市	新余市	嘉兴市	长治市		浙江省	杭州市	
6	渭南市	泉州市	鹰潭市	绍兴市	晋城市		山西省	原市	
7	延安市	漳州市	赣州市	金华市	朔州市		陕西省		
8	汉中市	南平市	吉安市	衢州市	晋中市		福建省		
9	榆林市	龙岩市	宜春市	舟山市	运城市		江西省		
10	安康市	宁德市	抚州市	台州市	忻州市		浙江省		
11	商洛市		上饶市	丽水市	临汾市		山西省		
12					吕梁市				
13									

图 13-23　使用二级下拉列表选择与省份对应的城市的名称

操作步骤如下。

（1）选择 G2:G6 单元格区域，然后在功能区的【数据】选项卡的【数据工具】组中单击【数据验证】按钮，打开【数据验证】对话框，在【设置】选项卡的【允许】下拉列表中选择【序列】，然后在【来源】文本框中输入如下公式，然后单击【确定】按钮，如图 13-24 所示。

=$A$1:$E$1

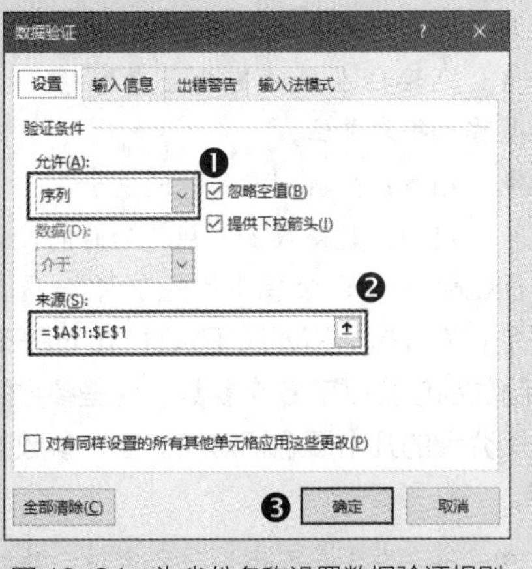

图 13-24　为省份名称设置数据验证规则

交叉参考　关于数据验证的更多内容，请参考本书第 4 章。

（2）与上一步操作类似，选择 H2:H6 单元格区域，然后打开【数据验证】对话框，在【来源】文本框中输入公式，然后单击【确定】按钮，如图 13-25 所示。

=OFFSET($A$2,,MATCH($G2,$1:$1,)-1,COUNTA(OFFSET($A$2,,MATCH($G2,$1:$1,)-1,99)))

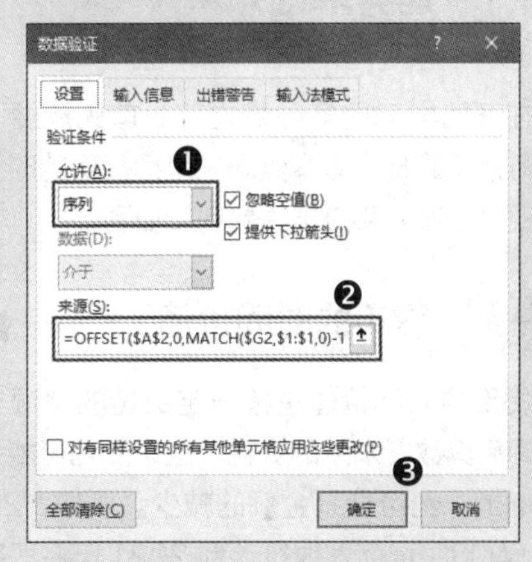

图 13-25　为城市名称设置数据验证规则

公式解析　以 H2 单元格中的公式为例，OFFSET 函数的第 1 个参数以 A2 单元格为起点，查找 G2 单元格中的省份名称在 A1:E1 单元格区域中的位置，将找到的位置序号减 1 作为以 A2 单元格为起点向右的偏移量，从而定位与 G2 单元格中的省份对应的城市名称列。然后使用 COUNTA 函数计算 G2 单元格中的省份名对应的城市名占据的行数，以作为 OFFSET 函数的第 4 个参数，从而得到一个包含 G2 单元格中的省份名对应的城市名的列表。公式中的 99 可以改为其他数字，只要这个数字可以包含最大的省市数量。

第14章 财务金融计算

Excel中的财务函数主要用于对财务数据进行计算与分析，包括计算本金和利息、计算投资预算、计算折旧值、计算收益率、计算证券等。本章将介绍使用财务函数进行借贷和投资，以及本金和利息方面的计算。

14.1 财务基础知识

在开始学习财务函数之前，首先需要了解与财务相关的几个基本概念，包括货币的时间价值、现金的流入和流出、单利和复利。

14.1.1 货币的时间价值

货币的时间价值是指一定数量的金额在一段时间后其数量发生的变化，这个变化可能是金额的增加，也可能是金额的减少。例如，2020年将50000元存入银行，到2021年将取出超过50000元的金额。有些风险投资在经过一段时间后可能会亏损，最后获得的金额少于最初的投资额。

14.1.2 现金的流入和流出

在财务计算中，所有的金额都分为现金流入和现金流出两种类型，即现金流。无论哪一种交易行为，都同时存在现金流入和现金流出两种情况。例如，对购买者来说，在花钱购入一件商品时发生了现金流出；而对这件商品的销售者来说，则发生了现金流入。在财务公式中，正数代表现金流入，负数代表现金流出。

14.1.3 单利和复利

在利息的计算中包括单利和复利两种方式。单利是指按照固定的本金计算利息，即本金固定，到期后一次性结算利息，而本金产生的利息不再计算利息。复利是指在每经过一个计息期后，都将所产生的利息加入本金，以计算下期的利息，如银行定期存款到期后转存。

14.2 借贷和投资计算

在借贷和投资、本金和利息的计算中，经常会遇到以下几个概念。

- 现值：也称为本金，是指当前拥有的金额，现值可以是正数也可以是负数。
- 未来值：现值和利息的总和，未来值可以是正数也可以是负数。
- 付款：现值或现值加利息。
- 利率：在现值基础上增加的一个百分比，通常以年为单位。
- 期数：生成利息的时间总量。
- 周期：获得或支付利息的时间段。

Excel中有5个基本的借贷和投资函数，它们是FV、PV、PMT、RATE和NPER。这5个函数都包含以下6个参数，这些参数的含义与上面介绍的几个概念相对应。各个参数的含义如下。

- fv（必选或可选）：未来值，省略该参数时默认其值为0。该参数在不同的函数中可能是必选参数，也可能是可选参数。
- pv（必选或可选）：现值。该参数在不同的函数中可能是必选参数，也可能是可选参数。
- pmt（必选）：在整个投资期间，每个周期的投资额。
- rate（必选）：贷款期间的固定利率。
- nper（必选）：付款的总期数。
- type（可选）：付款类型。如果在每个周期的期初付款则以1表示，如果在每个周期的期末付款则以0表示，省略该参数时默认其值为0。

注意

必须确保 rate 和 nper 参数的单位相同。例如，对于 10 年期、年利率为 6% 的贷款，如果按月支付，rate 参数应该使用 6% 除以 12，即月利率为 0.5%，而 nper 参数应该使用 10 乘以 12，即 120 个月。

14.2.1 FV 函数

FV 函数用于计算在固定利率及等额分期付款方式下的投资的未来值，其语法格式如下。

FV(rate,nper,pmt,[pv],[type])

案例 14-1

计算投资的未来值

案例目标：将 6 万元存入银行，年利率为 5%，每月再存入 1500 元，本例要计算 5 年后的本利合计值，效果如图 14-1 所示。

B5 =FV(B3/12,B2*12,-B4,-B1)

	A	B	C	D	E
1	初期存款额	60000			
2	存款期限（年）	5			
3	年利率	5%			
4	每月存款额	1500			
5	5年后的金额	¥179,010.64			

图 14-1 使用 FV 函数计算投资的未来值

操作步骤如下。

由于初期存款额和每月存款额都属于现金流出，因此在公式中应将它们转换为负数，然后在 B5 单元格中输入如下公式。

=FV(B3/12,B2*12,-B4,-B1)

14.2.2 PV 函数

PV 函数用于计算投资的现值，其语法格式如下。

PV(rate,nper,pmt,[fv],[type])

案例 14-2

计算投资的现值

案例目标：如果银行存款的年利率为 5%，希望在 10 年后存款额可以达到 20 万元，本例要计算最开始需要一次性存入的金额，效果如图 14-2 所示。

B4 =PV(B2,B1,0,B3)

	A	B	C	D
1	存款期限（年）	10		
2	年利率	5%		
3	本息合计	200000		
4	存款额	¥-122,782.65		

图 14-2 使用 PV 函数计算投资的现值

操作步骤如下。

在 B4 单元格中输入下面的公式。

=PV(B2,B1,0,B3)

14.2.3 PMT 函数

PMT 函数用于计算在固定利率及等额分期付款方式下的贷款的每期付款额，其语法格式如下。

PMT(rate,nper,pv,fv,[type])

案例 14-3

计算贷款的每期付款额

案例目标：从银行贷款 30 万元，年利率为 5%，共贷款 15 年，本例要计算在采用等额还款方式的情况下，每月需要向银行支付的还款额，效果如图 14-3 所示。

B4 =PMT(B3/12,B2*12,B1)

	A	B	C	D	E
1	贷款额	300000			
2	存款期限（年）	15			
3	年利率	5%			
4	每月存款额	¥-2,372.38			

图 14-3 使用 PMT 函数计算贷款的每期付款额

操作步骤如下。

在 B4 单元格中输入如下公式。

=PMT(B3/12,B2*12,B1)

14.2.4 RATE 函数

RATE 函数用于计算年金的各期利率，其语法格式如下。

RATE(nper,pmt,pv,[fv],[type],[guess])

与其他几个函数相比，RATE 函数多了一个 guess 参数，它是一个可选参数，表示预期利率。该参数是一个百分比值，省略该参数时默认其值为 10%。

案例 14-4

计算贷款的年利率

案例目标：从银行贷款 50 万元，每月还款 5000 元，15 年还清，本例要计算该项贷款的年利率，效果如图 14-4 所示。

B4 =RATE(B2*12,-B3,B1)*12

	A	B	C	D	E
1	贷款额	500000			
2	存款期限（年）	15			
3	每月还款额	5000			
4	年利率	9%			

图 14-4　使用 RATE 函数计算贷款的年利率

操作步骤如下。

在 B4 单元格中输入如下公式。

=RATE(B2*12,−B3,B1)*12

14.2.5 NPER 函数

NPER 函数用于计算在固定利率及等额分期付款方式下的投资的总期数，其语法格式如下。

NPER(rate,pmt,pv,[fv],[type])

案例 14-5

计算投资的总期数

案例目标：现有存款 6 万元，每月向银行存款 5000 元，年利率为 5%，本例要计算存款总额达到 30 万元时所需的存款月数，效果如图 14-5 所示。

B5 =ROUND(NPER(B4/12,-B3,-B2,B1),0)

	A	B	C	D	E	F
1	目标存款额	300000				
2	现有存款	60000				
3	每月存款额	5000				
4	年利率	5%				
5	存款期限（月）	42				

图 14-5　计算投资的总期数

操作步骤如下。

在 B5 单元格中输入如下公式。

=ROUND(NPER(B4/12,−B3,−B2,B1),0)

14.3　计算本金和利息

财务函数类别中的一些函数可以计算在借贷和投资过程中某个时间点的本金和利息，或两个特定时间段之间的本金和利息的累计值。本节将介绍 4 个计算本金和利息的函数：PPMT、IPMT、CUMPRINC 和 CUMIPMT。

14.3.1 PPMT 和 IPMT 函数

PPMT 函数用于计算在固定利率及等额分期付款方式下，投资在某一给定期间内的本金偿还额，语法格式如下。

PPMT(rate,per,nper,pv,[fv],[type])

IPMT 函数用于计算在固定利率及等额分期付款方式下，给定期数内的投资的利息偿还额，其语法格式如下。

IPMT(rate,per,nper,pv,[fv],[type])

PPMT 和 IPMT 函数的参数与 14.2 节介绍的借贷和投资函数的参数相同。

案例 14-6

计算贷款每期的还款本金和利息

案例目标：从银行贷款 30 万元，年利率为 5%，共贷款 20 年，本例要计算在等额还款方式下，第 30 个月需要向银行支付的还款本金和利息，效果如图 14-6 所示。

B5 =PPMT(B3/12,B4,B2*12,B1)

	A	B	C	D	E
1	贷款额	300000			
2	贷款期限（年）	20			
3	年利率	5%			
4	第n期（月）	30			
5	第n期还款本金	¥-823.40			
6	第n期还款利息	¥-1,156.46			
7	每月还款额	¥-1,979.87			

B6 =IPMT(B3/12,B4,B2*12,B1)

	A	B	C	D	E
1	贷款额	300000			
2	贷款期限（年）	20			
3	年利率	5%			
4	第n期（月）	30			
5	第n期还款本金	¥-823.40			
6	第n期还款利息	¥-1,156.46			
7	每月还款额	¥-1,979.87			

图 14-6　使用 PPMT 和 IPMT 函数计算贷款每期的还款本金和利息

操作步骤如下。

（1）在 B5 单元格中输入如下公式。

=PPMT(B3/12,B4,B2*12,B1)

（2）在B6单元格中输入如下公式。

=IPMT(B3/12,B4,B2*12,B1)

（3）在B7单元格中使用PMT函数计算每月的还款额，计算结果等于B5和B6两个单元格中值的和。

=PMT(B3/12,B2*12,B1)

14.3.2 CUMPRINC和CUMIPMT函数

CUMPRINC函数用于计算一笔贷款在给定的start_period到end_period期间累计偿还的本金额，其语法格式如下。

```
CUMPRINC(rate,nper,pv,start_period,end_period,type)
```

CUMIPMT函数用于计算一笔贷款在给定的start_period到end_period期间累计偿还的利息额，语法格式如下。

```
CUMIPMT(rate,nper,pv,start_period,end_period,type)
```

CUMPRINC和CUMIPMT函数的前3个参数和最后一个参数与借贷和投资函数的参数相同。这两个函数还包含两个特别的参数start_period和end_period，start_period表示计算中的第一个周期，end_period表示计算中的最后一个周期，这两个参数都是必选参数。

案例14-7

计算贷款累计的还款本金和利息

案例目标：从银行贷款30万元，年利率为5%，共贷款20年，本例要计算在等额还款方式下，第6年需要向银行支付的还款本金总和与利息总和，效果如图14-7所示。

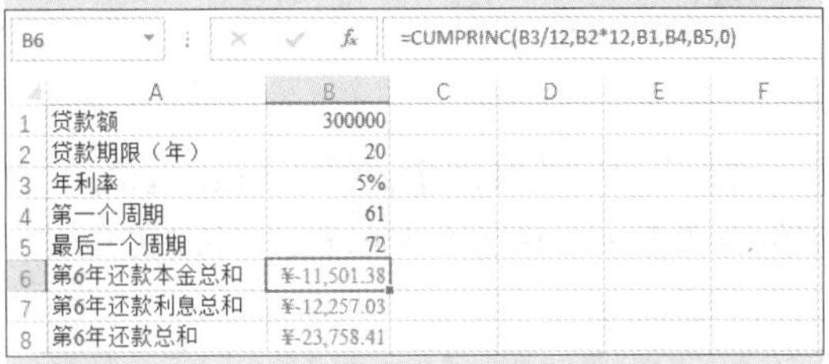

B6 =CUMPRINC(B3/12,B2*12,B1,B4,B5,0)

	A	B	C	D	E	F
1	贷款额	300000				
2	贷款期限（年）	20				
3	年利率	5%				
4	第一个周期	61				
5	最后一个周期	72				
6	第6年还款本金总和	¥-11,501.38				
7	第6年还款利息总和	¥-12,257.03				
8	第6年还款总和	¥-23,758.41				

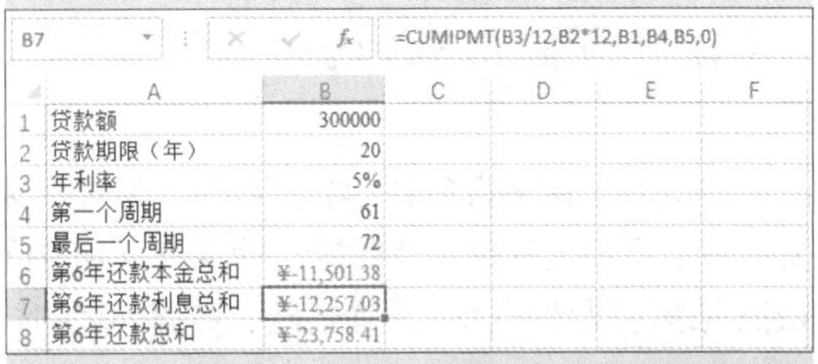

B7 =CUMIPMT(B3/12,B2*12,B1,B4,B5,0)

	A	B	C	D	E	F
1	贷款额	300000				
2	贷款期限（年）	20				
3	年利率	5%				
4	第一个周期	61				
5	最后一个周期	72				
6	第6年还款本金总和	¥-11,501.38				
7	第6年还款利息总和	¥-12,257.03				
8	第6年还款总和	¥-23,758.41				

图14-7 使用CUMPRINC和CUMIPMT函数计算贷款累计的还款本金和利息

操作步骤如下。

（1）在B6单元格中输入如下公式。

=CUMPRINC(B3/12,B2*12,B1,B4,B5,0)

（2）在B7单元格中输入如下公式。

=CUMIPMT(B3/12,B2*12,B1,B4,B5,0)

（3）在B8单元格中输入如下公式，使用PMT函数计算第6年的还款总和，计算结果等于B6和B7两个单元格中值的和。

=PMT(B3/12,B2*12,B1)*(B5-B4+1)

如果在工作表中只给出第6年的数字6，而没有直接给出第1个周期61和最后一个周期72，则可以使用下面的公式计算这两个周期的值，假设表示第6年的数字6位于B4单元格。

```
第1个周期：=(B4-1)*12+1
最后一个周期：=B4*12
```

排序、筛选和分类汇总

排序、筛选和分类汇总是 Excel 提供的几个简单又常用的数据分析工具，使用它们可以快速完成数据的排序、筛选和分类统计。本章将介绍这几种工具的使用方法。

15.1 了解数据列表

数据列表由多行多列的数据构成，数据列表的顶部包含一行字段标题，用于描述每列数据的含义，其他行包含的是具体数据。使用 Excel 中的分析工具分析的数据通常都是数据列表。为了确保数据列表可以被 Excel 正确处理，数据列表的结构应该符合以下几个条件。

- 数据列表的第 1 行包含标题，且不能存在重复的标题。
- 每列数据必须属于同一类信息，且具有相同的数据类型。
- 数据列表中的最大行数不能超过 1048576，最大列数不能超过 16384。
- 如果工作表中包含多个数据列表，则各个数据列表之间需要以空行或空列分隔。

图 15-1 所示为一个数据列表的示例，该数据列表包含 5 列，A、B、D 这 3 列中的数据是文本类型，C、E 两列中的数据是数值类型。各列顶部的标题说明了该列数据的含义，数据列表中的其他行包含具体的数据。每一行是一条记录，每条记录都包含姓名、性别、年龄、部门、工资 5 类信息。

	A	B	C	D	E
1	姓名	性别	年龄	部门	工资
2	盖佳太	男	39	人力部	5300
3	溥素涵	女	43	人力部	4100
4	娄填	男	34	技术部	3900
5	元侧	女	26	技术部	7200
6	秦峤	男	21	销售部	5500
7	谷余	男	23	人力部	6500
8	霍人	男	41	财务部	7300
9	程凡晴	女	46	销售部	6800
10	丰停	女	47	技术部	6900
11	杜润菁	男	34	销售部	5900
12	祁付	女	32	财务部	4600
13	贡庆恩	女	39	销售部	7900
14	牛严	男	33	技术部	7200
15	全桐亮	男	42	人力部	6700
16	富易珂	女	40	技术部	4800
17	黄宛云	女	39	销售部	4000
18	胡千	女	38	人力部	5400
19	滕坎	男	45	财务部	4700
20	寇鑫麟	男	40	技术部	7600

图 15-1　数据列表

15.2 排序数据

数值有大小之分，文本也有拼音首字母不同的区别，使用 Excel 中的“排序”功能，可以快速对数值和文本进行升序或降序排列，升序或降序是指数据排序时的分布规律。例如，数值的升序排列是指将数值从小到大依次排列，数值的降序排列是指将数值从大到小依次排列。逻辑顺序是除了数值大小顺序和文本首字母顺序之外的另一种顺序，这种顺序由逻辑概念或用户主观决定，在 Excel 中也可以按照逻辑顺序来排列数据。本节将介绍排序数据的3种方法：单条件排序、多条件排序和自定义排序。

15.2.1 单条件排序

单条件排序是指使用一个条件对数据进行排序，执行单条件排序有以下几种方法。

◉ 在功能区的【数据】选项卡的【排序和筛选】组中单击【升序】或【降序】按钮，如图15-2所示。

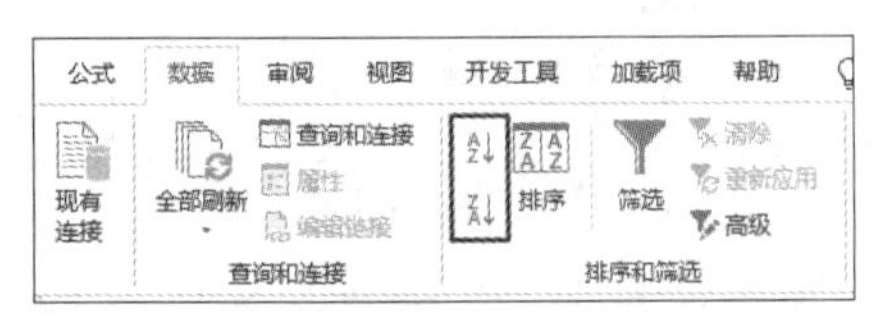

图15-2 功能区中的【排序】命令

◉ 在功能区的【开始】选项卡的【编辑】组中单击【排序和筛选】按钮，然后在弹出的菜单中选择【升序】或【降序】命令。

◉ 右击作为排序条件的列中的任意一个包含数据的单元格，在弹出的菜单中选择【排序】命令，然后在其子菜单中选择【升序】或【降序】命令，如图15-3所示。

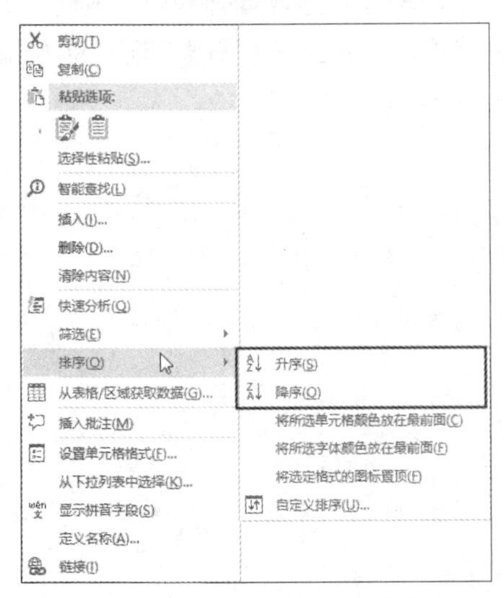

图15-3 右键快捷菜单中的【排序】命令

案例15-1

按照销量从高到低排列销售记录

案例目标：将商品的销售记录按照销量从高到低排列，效果如图15-4所示。

	A	B	C	D
1	销售日期	商品名称	类别	销量
2	2020/7/6	蓝莓	果蔬	19
3	2020/7/6	果汁	饮料	25
4	2020/7/7	蓝莓	果蔬	9
5	2020/7/8	苹果	果蔬	11
6	2020/7/8	猕猴桃	果蔬	25
7	2020/7/6	可乐	饮料	10
8	2020/7/7	猕猴桃	果蔬	28
9	2020/7/6	冰红茶	饮料	15
10	2020/7/8	果汁	饮料	11
11	2020/7/6	猕猴桃	果蔬	17

⇩

	A	B	C	D
1	销售日期	商品名称	类别	销量
2	2020/7/7	猕猴桃	果蔬	28
3	2020/7/6	果汁	饮料	25
4	2020/7/8	猕猴桃	果蔬	25
5	2020/7/6	蓝莓	果蔬	19
6	2020/7/6	猕猴桃	果蔬	17
7	2020/7/6	冰红茶	饮料	15
8	2020/7/8	苹果	果蔬	11
9	2020/7/8	果汁	饮料	11
10	2020/7/6	可乐	饮料	10
11	2020/7/7	蓝莓	果蔬	9

图15-4 按照销量从高到低排列销售记录

操作步骤如下。

在数据区域中选择D列中的任意一个单元格，然后在功能区的【数据】选项卡的【排序和筛选】组中单击【降序】按钮。

15.2.2 多条件排序

复杂数据的排序通常需要使用多个条件，Excel支持最多64个排序条件，使用【排序】对话框可以设置多个排序条件。

案例15-2

同时按照销售日期和销量排列销售记录

案例目标：本例的原始数据与案例15-1相同，本例要同时按照销售日期和销量对销售记录进行排序，即先按日期的先后排序，在日期相同的情况下，再按销量的高低排序，效果如图15-5所示。

	A	B	C	D
1	销售日期	商品名称	类别	销量
2	2020/7/6	果汁	饮料	25
3	2020/7/6	蓝莓	果蔬	19
4	2020/7/6	猕猴桃	果蔬	17
5	2020/7/6	冰红茶	饮料	15
6	2020/7/6	可乐	饮料	10
7	2020/7/7	猕猴桃	果蔬	28
8	2020/7/7	蓝莓	果蔬	9
9	2020/7/8	猕猴桃	果蔬	25
10	2020/7/8	苹果	果蔬	11
11	2020/7/8	果汁	饮料	11

图15-5 同时按照销售日期和销量排列销售记录

操作步骤如下。

(1) 选择数据区域中的任意一个单元格，然后在功能区的【数据】选项卡的【排序和筛选】组中单击【排序】按钮，如图 15-6 所示。

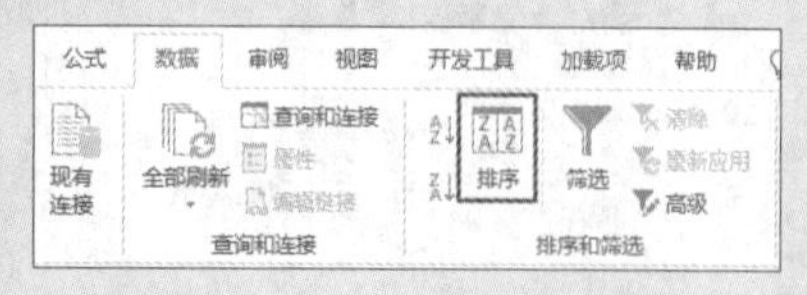

图 15-6　单击【排序】按钮

(2) 打开【排序】对话框，在【主要关键字】下拉列表中选择【销售日期】，然后将【排序依据】设置为【单元格值】，将【次序】设置为【升序】，如图 15-7 所示。

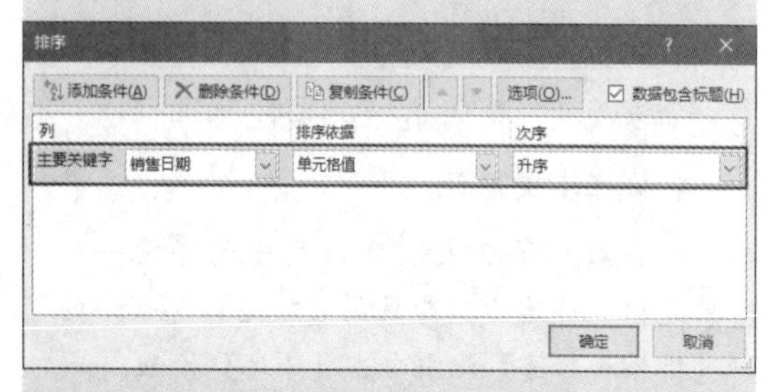

图 15-7　设置第 1 个排序条件

(3) 单击【添加条件】按钮添加第 2 个条件，在【次要关键字】下拉列表中选择【销量】，然后将【排序依据】设置为【单元格值】，将【次序】设置为【降序】，如图 15-8 所示。设置完成后单击【确定】按钮，关闭【排序】对话框。

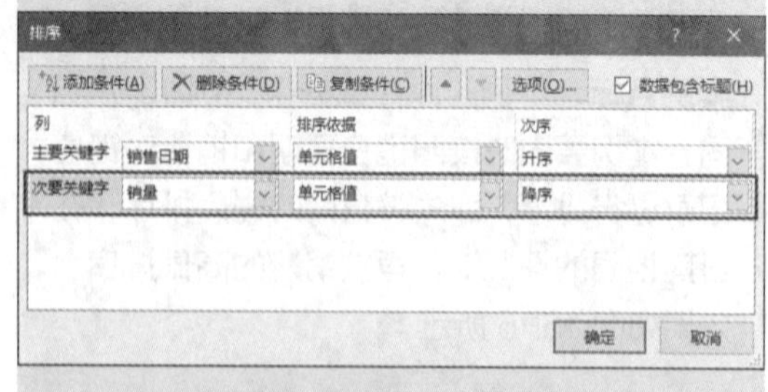

图 15-8　设置第 2 个排序条件

提示

如果在【排序】对话框中添加了错误的条件，则可以选择该条件，然后单击【删除条件】按钮将其删除；如果要调整条件的主次，则可以在选择条件后单击【上移】按钮▲或【下移】按钮▼。

无论是单条件排序还是多条件排序，排序结果默认作用于整个数据区域。如果想让排序结果作用于特定的列，则要在排序前先选中要排序的列，然后再对其执行【排序】命令，此时将打开图 15-9 所示的对话框，选中【以当前选定区域排序】单选按钮，最后单击【排序】按钮。

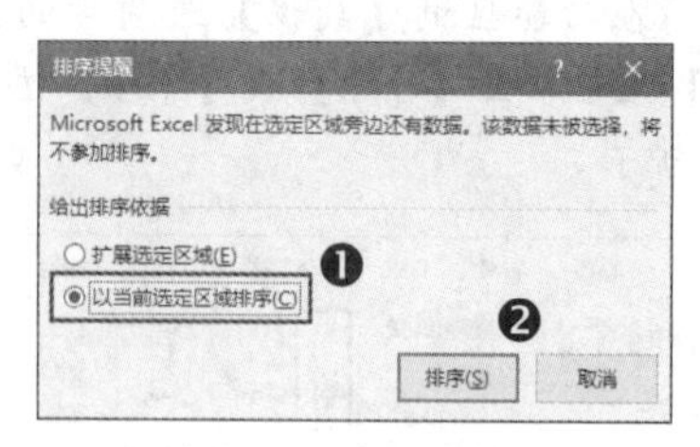

图 15-9　只对选中的列排序

15.2.3 自定义排序

如果想要按照特定的逻辑顺序对数据进行排序，则需要先创建包含这些数据的自定义序列，然后在设置排序选项时将这个序列指定为排序的次序。

案例 15-3
按照学历从高到低排列员工信息

案例目标：将员工信息按照学历从高到低排列，效果如图 15-10 所示。

	A	B	C	D
1	姓名	性别	年龄	学历
2	蓝臻嘉	女	38	大专
3	司乐圣	男	27	大专
4	武弘	男	27	初中
5	戴晓蓝	女	22	硕士
6	支春泠	女	29	初中
7	段悬	女	23	大本
8	储亦桐	男	38	硕士
9	楚依和	女	21	高中
10	封始	男	37	硕士

⇩

	A	B	C	D
1	姓名	性别	年龄	学历
2	戴晓蓝	女	22	硕士
3	储亦桐	男	38	硕士
4	封始	男	37	硕士
5	段悬	女	23	大本
6	蓝臻嘉	女	38	大专
7	司乐圣	男	27	大专
8	楚依和	女	21	高中
9	武弘	男	27	初中
10	支春泠	女	29	初中

图 15-10　按照学历从高到低排列员工信息

操作步骤如下。

(1) 选择数据区域中的任意一个单元格，

然后在功能区的【数据】选项卡的【排序和筛选】组中单击【排序】按钮。

(2) 打开【排序】对话框，将【主要关键字】设置为【学历】，然后在【次序】下拉列表中选择【自定义序列】，如图15-11所示。

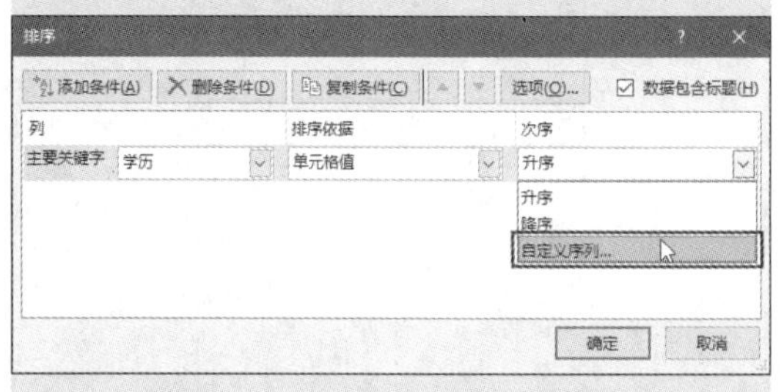

图15-11 将【次序】设置为【自定义序列】

(3) 打开【自定义序列】对话框，在【输入序列】文本框中按照学历从高到低的顺序，依次输入每一个学历，每输入一个学历需要按一次【Enter】键，让所有学历纵向排列在一列中，如图15-12所示。

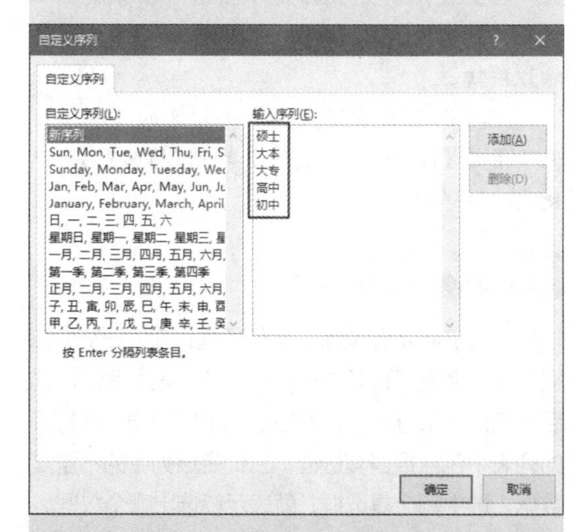

图15-12 输入自定义序列的内容

(4) 单击【添加】按钮，将输入好的序列添加到左侧的列表框中，该序列将自动被选中，然后单击【确定】按钮，如图15-13所示。

(5) 返回【排序】对话框，【次序】被设置为上一步创建的文本序列，单击【确定】按钮即可，如图15-14所示。

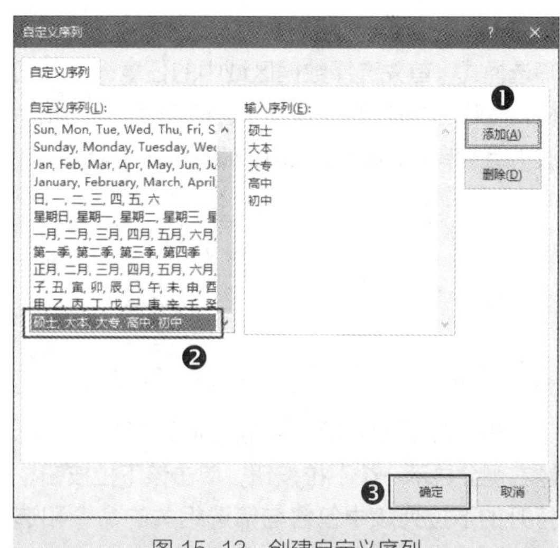

图15-13 创建自定义序列

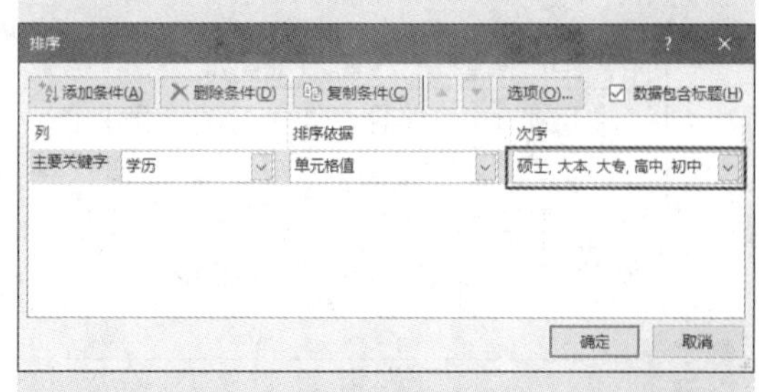

图15-14 【次序】被设置为用户创建的学历序列

15.3 筛选数据

使用Excel中的“筛选”功能可以让数据区域只显示符合条件的数据。Excel提供了两种筛选方式。

◉ 普通筛选：进入筛选模式，从字段标题的下拉列表中选择特定项，或者根据数据类型选择特定的筛选命令，即可完成筛选。

◉ 高级筛选：在数据区域外的一个特定区域中输入筛选条件，在筛选时将该区域指定为筛选条件，即可完成高级筛选。与自动筛选相比，高级筛选还有很多优点，如可以将筛选结果自动提取到工作表的指定位置、删除重复记录等。

15.3.1 进入和退出筛选模式

在使用自动筛选的方式筛选数据时，需要先进入筛选模式，然后才能对各列数据执行筛选操作，而高级筛选则不需要进入筛选模式。要进入筛选模式，首先选择数据区域中的任意一个单元格，然后在功能区的【数据】选项卡的【排序和筛选】组中单击【筛选】按钮，如图 15-15 所示。

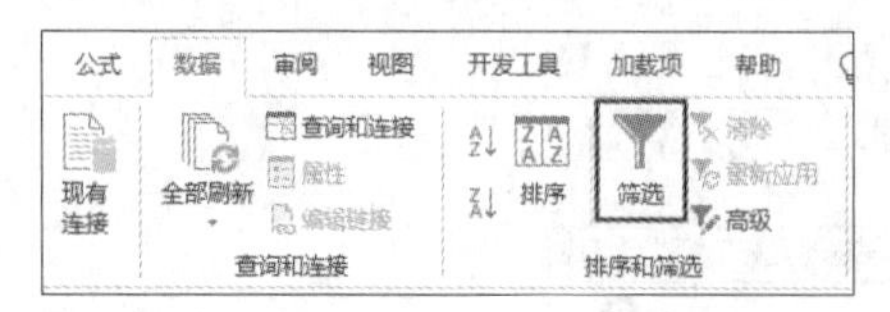

图 15-15　单击【筛选】按钮进入筛选模式

进入筛选模式后，数据区域顶部的每个标题右侧会显示一个下拉按钮，单击该下拉按钮，打开的下拉列表中包含与筛选相关的命令和选项，如图 15-16 所示。

	A	B	C	D	E
1	销售日期	商品名	类别	销量	
2	2020/7/6	蓝莓	果蔬	19	
3	2020/7/6	果汁	饮料	25	
4	2020/7/7	蓝莓	果蔬	9	
5	2020/7/8	苹果	果蔬	11	
6	2020/7/8	猕猴桃	果蔬	25	

图 15-16　进入筛选模式后的数据区域

注意

一个工作表中只能有一个数据区域进入筛选模式，如果一个数据区域已经进入筛选模式，则同一个工作表中的另一个数据区域将不能进入筛选模式。

提示

右击数据区域中的某个单元格，在弹出的菜单中选择【筛选】命令，可看到几个基于当前活动单元格中的值或格式进行筛选的命令，使用这些命令可以直接筛选当前数据区域，而不需要进入筛选模式，如图 15-17 所示。

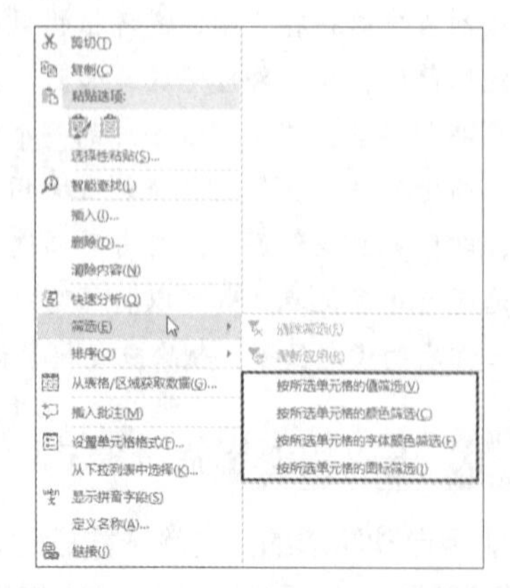

图 15-17　右键快捷菜单中的【筛选】命令

恢复数据的原始显示状态有以下几种方法。

◉ 使某列数据全部显示：打开正处于筛选状态的列的下拉列表，然后选中【全选】复选框，或者选择【从“……”中清除筛选】命令，省略号表示列标题的名称，如图 15-18 所示。

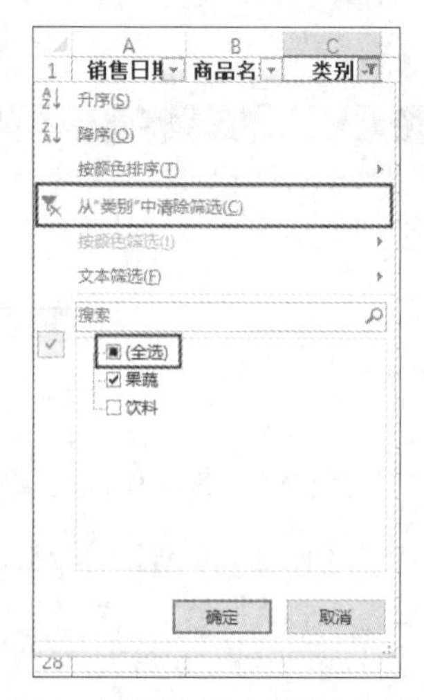

图 15-18　在列数据的下拉列表中清除筛选

◉ 使所有列数据全部显示：在功能区的【数据】选项卡的【排序和筛选】组中单击【清除】按钮。

◉ 退出筛选模式：在功能区的【数据】选项卡的【排序和筛选】组中单击【筛选】按钮，使该按钮弹起。

15.3.2 筛选数据

无论筛选的是文本、数值还是日期，Excel 都提供了一种通用的数据筛选方法。进入筛选模式后，单击要筛选的列标题右侧的下拉按钮，在打开的列表中包含很多复选框，它们是该列中的不重复数据，选中哪个复选框，就表示筛选出哪个数据。

图 15-19 所示为选中了【蓝莓】、【猕猴桃】和【苹果】3 个复选框，在单击【确定】按钮后，数据表中将只显示与它们有关的数据，而隐藏其他数据，如图 15-20 所示。

技巧

当列表中包含很多项时，如果只想选择其中的一项或很少的几项，则可以先取消选中【全选】复选框，然后再选中所需项的复选框。

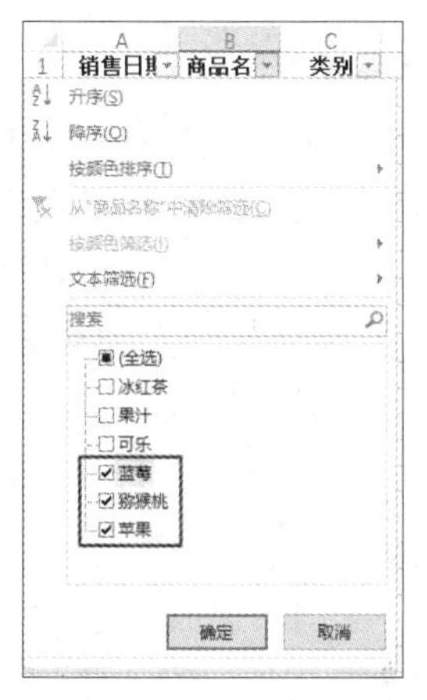

图 15-19　选中要筛选出的项

	销售日期	商品名	类别	销量
2	2020/7/6	蓝莓	果蔬	19
4	2020/7/7	蓝莓	果蔬	9
5	2020/7/8	苹果	果蔬	11
6	2020/7/8	猕猴桃	果蔬	25
8	2020/7/7	猕猴桃	果蔬	28
11	2020/7/6	猕猴桃	果蔬	17

图 15-20　筛选结果

提示

复制筛选后的数据时，只会复制当前显示的数据，而不会复制处于隐藏状态的数据。

除了前面介绍的筛选数据的通用方法外，Excel 还为不同类型的数据提供了特定的筛选命令。单击列标题右侧的下拉按钮，在打开的列表中将显示【文本筛选】、【数字筛选】或【日期筛选】三者之一，显示哪个取决于列中数据的类型，如果列中包含的是数字，则显示【数字筛选】命令，选择该命令后将显示适用于数字筛选的相关命令，如图 15-21 所示。

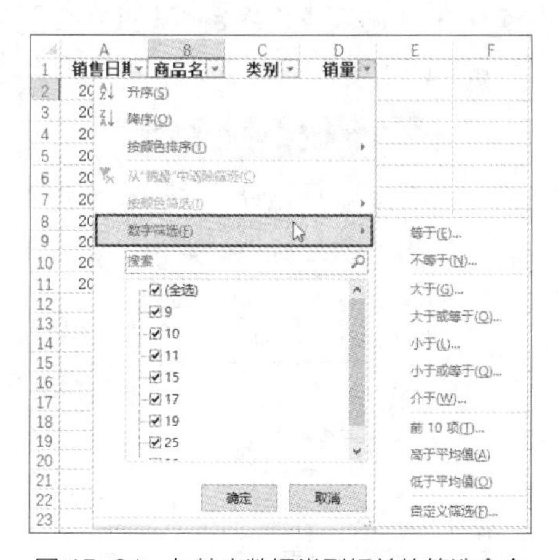

图 15-21　与特定数据类型相关的筛选命令

案例 15-4

筛选出符合单个条件的员工记录

案例目标：本例的原始数据与案例 15-3 相同，本例要从数据表中筛选出年龄小于 25 岁或大于 35 岁的员工记录，效果如图 15-22 所示。

	姓名	性别	年龄	学历
2	蓝臻嘉	女	38	大专
5	戴晓蓝	女	22	硕士
7	段悬	女	23	大本
8	储亦桐	男	38	硕士
9	楚依和	女	21	高中
10	封始	男	37	硕士

图 15-22　筛选出符合条件的员工记录

操作步骤如下。

（1）选择数据区域中的任意一个单元格，然后在功能区的【数据】选项卡的【排序和筛选】组中单击【筛选】按钮，进入筛选模式。

（2）单击【年龄】列标题右侧的下拉按钮，在打开的列表中选择【数字筛选】命令，然后选择【小于】命令，如图 15-23 所示。

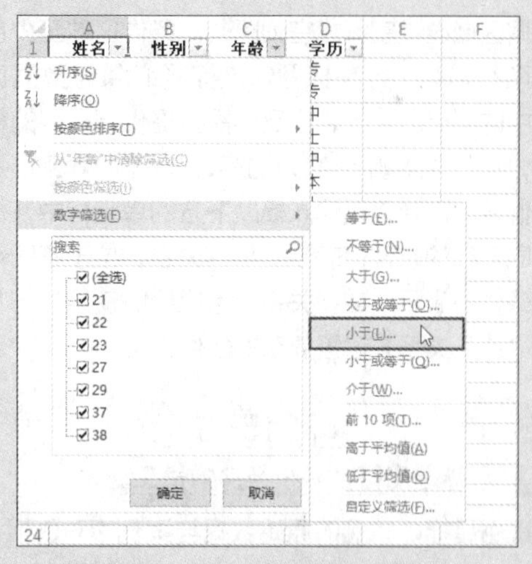

图 15-23　选择【小于】命令

（3）打开【自定义自动筛选方式】对话框，第 1 行左侧的选项被自动设置为【小于】，在右侧输入“25”，如图 15-24 所示。

（4）选中【或】单选按钮，然后在第 2 行左侧的下拉列表中选择【大于】，在其右侧输入“35”，再单击【确定】按钮，如图 15-25 所示。

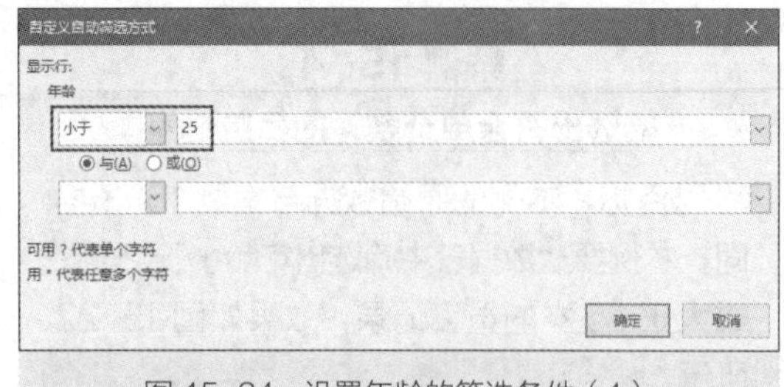

图 15-24 设置年龄的筛选条件（1）

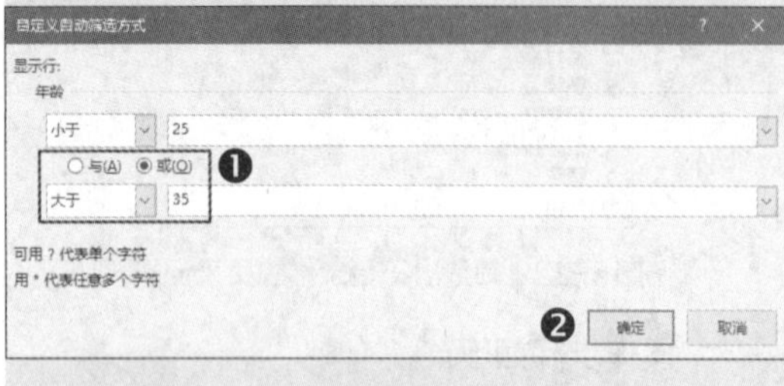

图 15-25 设置年龄的筛选条件（2）

15.3.3 高级筛选

如果在筛选数据时想以更灵活的方式设置条件，则可以使用高级筛选。用作高级筛选的条件必须位于工作表中的一个特定区域中，并且与数据区域通过空行或空列隔开。条件区域至少包含两行，第 1 行是标题，该标题必须与数据区域中的列标题一致，但是不需要提供所有列的标题，只提供要筛选的列的标题即可。第 2 行是条件值，需要将其输入标题下方的单元格中，位于同一行的条件值表示“与”关系，位于不同行的条件值表示“或”关系，可以同时使用“与”和“或”关系来设置复杂的条件。

案例 15-5

筛选出符合多个条件的员工记录

案例目标：本例的原始数据与案例 15-3 相同，本例要从数据表中筛选出年龄小于 25 岁或学历为硕士的员工记录，效果如图 15-26 所示。

	A	B	C	D
1	姓名	性别	年龄	学历
5	戴晓蓝	女	22	硕士
7	段悬	女	23	大本
8	储亦桐	男	38	硕士
9	楚依和	女	21	高中
10	封始	男	37	硕士

图 15-26 筛选出符合多个条件的员工记录

操作步骤如下。

（1）在与数据区域不相邻的位置设置筛选条件，本例将筛选条件设置在 A12:B14 单元格区域中，如图 15-27 所示。由于本例中的两个条件之间是“或”的关系，因此将两个条件分别输入不同行中。

	A	B	C	D
1	姓名	性别	年龄	学历
2	蓝臻熹	女	38	大专
3	司乐圣	男	27	大专
4	武弘	男	27	初中
5	戴晓蓝	女	22	硕士
6	支春泠	女	29	初中
7	段悬	女	23	大本
8	储亦桐	男	38	硕士
9	楚依和	女	21	高中
10	封始	男	37	硕士
11				
12	年龄	学历		
13	<25			
14		硕士		
15				

图 15-27 设置筛选条件

（2）选择数据区域中的任意一个单元格，然后在功能区的【数据】选项卡的【排序和筛选】组中单击【高级】按钮，如图 15-28 所示。

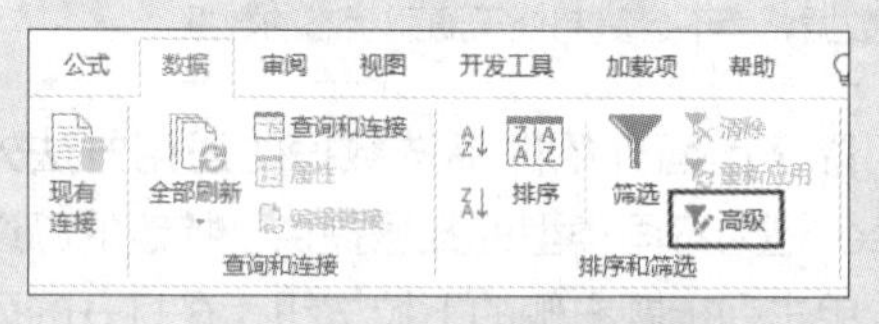

图 15-28 单击【高级】按钮

（3）打开【高级筛选】对话框，【列表区域】文本框中将自动填入数据区域的单元格地址。在【条件区域】文本框中输入条件区域的单元格地址【A12:B14】，或者直接在工作表中选择该区域，然后单击【确定】按钮，如图 15-29 所示。

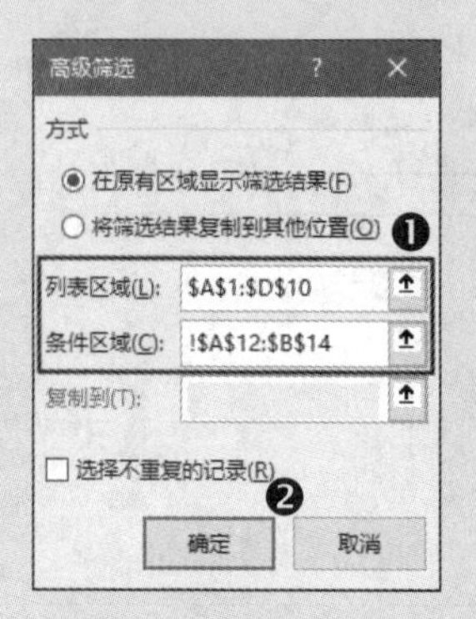

图 15-29 设置【列表区域】和【条件区域】

> **提示**
>
> 筛选文本时可以在设置的筛选条件中使用？和 * 两种通配符，？代表任意一个字符，* 代表零个或多个字符。如果要筛选通配符本身，则需要在每个通配符左侧添加 ~ 符号，如“~？”和“~ *”。

15.4 分类汇总数据

分类汇总是指按照数据的类别对数据进行划分，并对同类数据进行求和或其他计算，如计数、求平均值、求最大值和最小值等。使用“分类汇总”功能可以汇总一类或多类数据。

15.4.1 汇总一类数据

最简单的分类汇总只针对一类数据进行分类统计。在分类汇总数据之前，需要先对将作为分类依据的数据进行排序。

案例 15-6

统计每天所有商品的总销量

案例目标：本例的原始数据与案例 15-1 相同，本例要统计每天所有商品的总销量，效果如图 15-30 所示。

	A	B	C	D
1	销售日期	商品名称	类别	销量
2	2020/7/6	蓝莓	果蔬	19
3	2020/7/6	果汁	饮料	25
4	2020/7/6	可乐	饮料	10
5	2020/7/6	冰红茶	饮料	15
6	2020/7/6	猕猴桃	果蔬	17
7	2020/7/6 汇总			86
8	2020/7/7	蓝莓	果蔬	9
9	2020/7/7	猕猴桃	果蔬	28
10	2020/7/7 汇总			37
11	2020/7/8	苹果	果蔬	11
12	2020/7/8	猕猴桃	果蔬	25
13	2020/7/8	果汁	饮料	11
14	2020/7/8 汇总			47
15	总计			170

图 15-30 统计每天所有商品的总销量

操作步骤如下。

(1) 选择【销售日期】列中的任意一个包含数据的单元格，然后在功能区的【数据】选项卡的【排序和筛选】组中单击【升序】按钮，对日期进行升序排列，如图 15-31 所示。

	A	B	C	D
1	销售日期	商品名称	类别	销量
2	2020/7/6	蓝莓	果蔬	19
3	2020/7/6	果汁	饮料	25
4	2020/7/6	可乐	饮料	10
5	2020/7/6	冰红茶	饮料	15
6	2020/7/6	猕猴桃	果蔬	17
7	2020/7/7	蓝莓	果蔬	9
8	2020/7/7	猕猴桃	果蔬	28
9	2020/7/8	苹果	果蔬	11
10	2020/7/8	猕猴桃	果蔬	25
11	2020/7/8	果汁	饮料	11

图 15-31 将销售日期升序排列

(2) 在功能区的【数据】选项卡的【分组显示】组中单击【分类汇总】按钮，如图 15-32 所示。

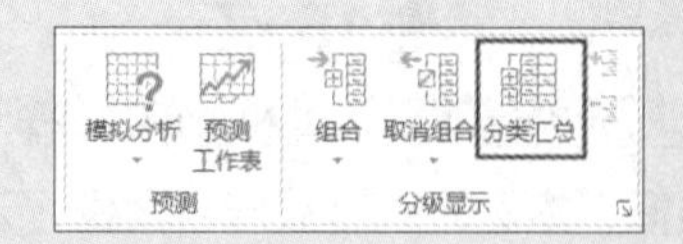

图 15-32 单击【分类汇总】按钮

(3) 打开【分类汇总】对话框，进行以下设置，如图 15-33 所示。

- 将【分类字段】设置为【销售日期】。
- 将【汇总方式】设置为【求和】。
- 在【选定汇总项】列表框中选中【销量】复选框。
- 选中【替换当前分类汇总】和【汇总结果显示在数据下方】两个复选框。

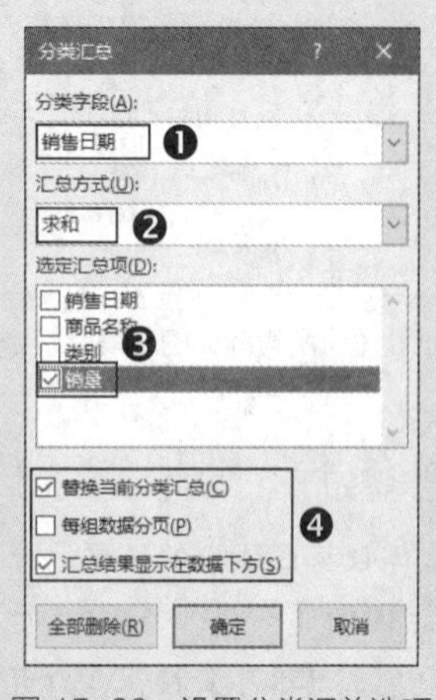

图 15-33 设置分类汇总选项

(4) 设置完成后单击【确定】按钮，Excel 将按销售日期对数据分类，并对相同日期下的所有商品的销量进行求和。单击数据区域左侧的【-】按钮，可以隐藏明细数据，而只显示汇总数据，如图 15-34 所示。

	A	B	C	D
1	销售日期	商品名称	类别	销量
7	2020/7/6	汇总		86
10	2020/7/7	汇总		37
14	2020/7/8	汇总		47
15	总计			170

图 15-34　显示汇总数据而隐藏明细数据

15.4.2 汇总多类数据

如果要统计的数据类别较多，则可以创建多级分类汇总。在汇总多类数据前，需要先对将作为汇总类别的数据进行多条件排序。

案例 15-7

统计每天所有商品的总销量及各商品类别的销量

案例目标：本例的原始数据与案例 15-1 相同，本例要统计每天所有商品的总销量，还要统计每一天中各商品类别的销量，效果如图 15-35 所示。

	A	B	C	D
1	销售日期	商品名称	类别	销量
2	2020/7/6	蓝莓	果蔬	19
3	2020/7/6	猕猴桃	果蔬	17
4			果蔬 汇总	36
5	2020/7/6	果汁	饮料	25
6	2020/7/6	可乐	饮料	10
7	2020/7/6	冰红茶	饮料	15
8			饮料 汇总	50
9	2020/7/6 汇总			86
10	2020/7/7	蓝莓	果蔬	9
11	2020/7/7	猕猴桃	果蔬	28
12			果蔬 汇总	37
13	2020/7/7 汇总			37
14	2020/7/8	苹果	果蔬	11
15	2020/7/8	猕猴桃	果蔬	25
16			果蔬 汇总	36
17	2020/7/8	果汁	饮料	11
18			饮料 汇总	11
19	2020/7/8 汇总			47
20	总计			170

图 15-35　统计每天所有商品的总销量及各商品类别的销量

操作步骤如下。

(1) 选择数据区域中的任意一个单元格，然后在功能区的【数据】选项卡的【排序和筛选】组中单击【排序】按钮，打开【排序】对话框，进行以下设置，如图 15-36 所示。

◉ 将【主要关键字】设置为【销售日期】，将【排序依据】设置为【单元格值】，将【次序】设置为【升序】。

◉ 单击【添加条件】按钮添加第 2 个条件，将【次要关键字】设置为【类别】，将【排序依据】设置为【单元格值】，将【次序】设置为【升序】。

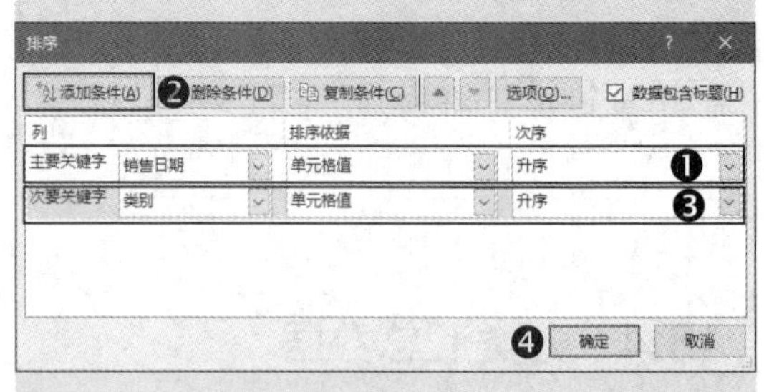

图 15-36　设置多条件排序

(2) 设置完成后单击【确定】按钮，Excel 将同时按【销售日期】和【类别】对数据进行排序，如图 15-37 所示。

	A	B	C	D
1	销售日期	商品名称	类别	销量
2	2020/7/6	蓝莓	果蔬	19
3	2020/7/6	猕猴桃	果蔬	17
4	2020/7/6	果汁	饮料	25
5	2020/7/6	可乐	饮料	10
6	2020/7/6	冰红茶	饮料	15
7	2020/7/7	蓝莓	果蔬	9
8	2020/7/7	猕猴桃	果蔬	28
9	2020/7/8	苹果	果蔬	11
10	2020/7/8	猕猴桃	果蔬	25
11	2020/7/8	果汁	饮料	11

图 15-37　按【销售日期】和【类别】对数据进行排序

(3) 在功能区的【数据】选项卡的【分级显示】组中单击【分类汇总】按钮，打开【分类汇总】对话框，进行以下设置，然后单击【确定】按钮，对数据执行第 1 次分类汇总，结果如图 15-38 所示。

◉ 将【分类字段】设置为【销售日期】。

◉ 将【汇总方式】设置为【求和】。

◉ 在【选定汇总项】列表框中选中【销量】复选框。

◉ 选中【替换当前分类汇总】复选框和【汇总结果显示在数据下方】复选框。

	A	B	C	D
1	销售日期	商品名称	类别	销量
2	2020/7/6	蓝莓	果蔬	19
3	2020/7/6	猕猴桃	果蔬	17
4	2020/7/6	果汁	饮料	25
5	2020/7/6	可乐	饮料	10
6	2020/7/6	冰红茶	饮料	15
7	2020/7/6 汇总			86
8	2020/7/7	蓝莓	果蔬	9
9	2020/7/7	猕猴桃	果蔬	28
10	2020/7/7 汇总			37
11	2020/7/8	苹果	果蔬	11
12	2020/7/8	猕猴桃	果蔬	25
13	2020/7/8	果汁	饮料	11
14	2020/7/8 汇总			47
15	总计			170

图 15-38　第 1 次分类汇总结果

（4）打开【分类汇总】对话框，进行以下设置，如图 15-39 所示。

- 将【分类字段】设置为【类别】。
- 将【汇总方式】设置为【求和】。
- 在【选定汇总项】列表框中选中【销量】复选框。
- 取消选中【替换当前分类汇总】复选框。

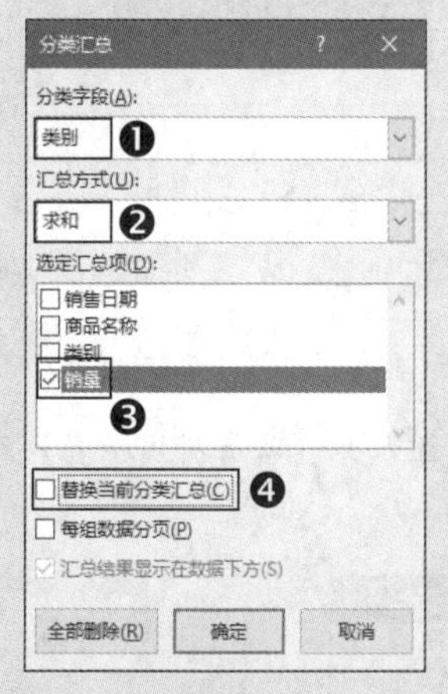

图 15-39　设置第 2 次分类汇总条件

（5）设置完成后单击【确定】按钮，Excel 将对每一天中的商品按照类别进行划分，不仅统计出每一天所有商品的总销量，还统计出同一天中各商品类别的销量。

15.4.3 删除分类汇总

如果要删除分类汇总数据和分级显示符号，则需要选择包含分类汇总的数据区域中的任意一个单元格，然后在功能区的【数据】选项卡的【分级显示】组中单击【分类汇总】按钮，打开【分类汇总】对话框，单击【全部删除】按钮。

如果只想删除分级显示符号，则可以在功能区的【数据】选项卡的【分级显示】组中单击【取消组合】按钮上的下拉按钮，然后在弹出的菜单中选择【清除分级显示】命令，如图15-40所示。

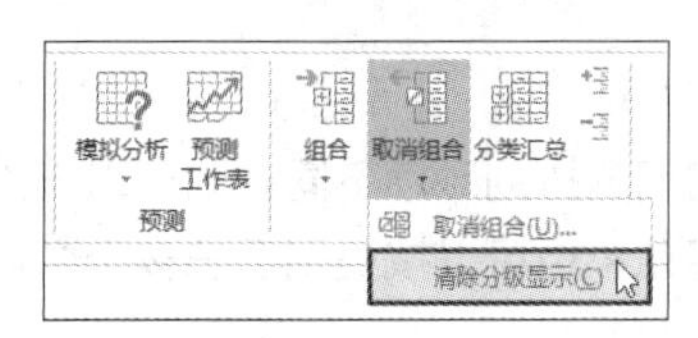

图 15-40　选择【清除分级显示】命令

15.5 合并计算

如果要汇总的数据位于多个独立的区域中，则可以使用“合并计算”功能将这些数据汇总到一起。合并计算有“按位置合并”和“按类别合并”两种。

15.5.1 按位置汇总多个表中的数据

如果多个数据区域的结构完全相同，即它们包含相同的行标题和列标题，且具有相同的排列顺序，则可以按位置汇总这些区域中的数据。

案例 15-8

按位置汇总多个表中的销售数据

案例目标：将两个地区的销售数据汇总到一起，并计算同类商品的总销量，效果如图 15-41 所示。

	A	B	C	D	E	F	G	H
1	汇总结果			北京			天津	
2				商品名称	销量		商品名称	销量
3				蓝莓	1000		蓝莓	1000
4				苹果	2000		苹果	2000
5				猕猴桃	3000		猕猴桃	3000

⇩

	A	B	C	D	E	F	G	H
1	汇总结果			北京			天津	
2	商品名称	销量		商品名称	销量		商品名称	销量
3	蓝莓	2000		蓝莓	1000		蓝莓	1000
4	苹果	4000		苹果	2000		苹果	2000
5	猕猴桃	6000		猕猴桃	3000		猕猴桃	3000

图 15-41　按位置汇总多个表中的销售数据

操作步骤如下。

（1）选择 A2 单元格，将其作为放置汇总结果的左上角单元格，然后在功能区的【数据】选项卡的【数据工具】组中单击【合并计算】按钮，如图 15-42 所示。

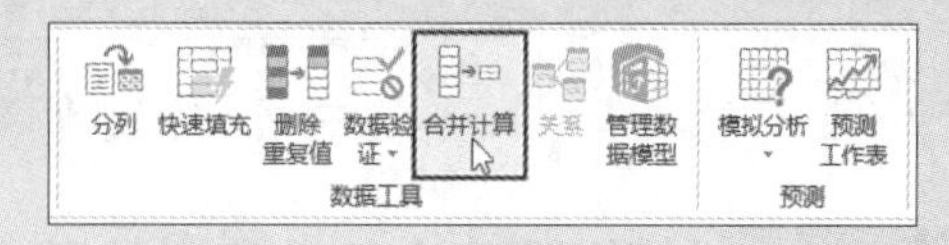

图 15-42　单击【合并计算】按钮

（2）打开【合并计算】对话框，在【函数】下拉列表中选择【求和】，如图 15-43 所示。

（3）单击【引用位置】文本框右侧的折

叠按钮[↑]，在工作表中选择第 1 个数据区域 D2:E5，然后单击展开按钮[▣]返回【合并计算】对话框，再单击【添加】按钮，将第 1 个数据区域添加到【所有引用位置】列表框中，如图 15-44 所示。

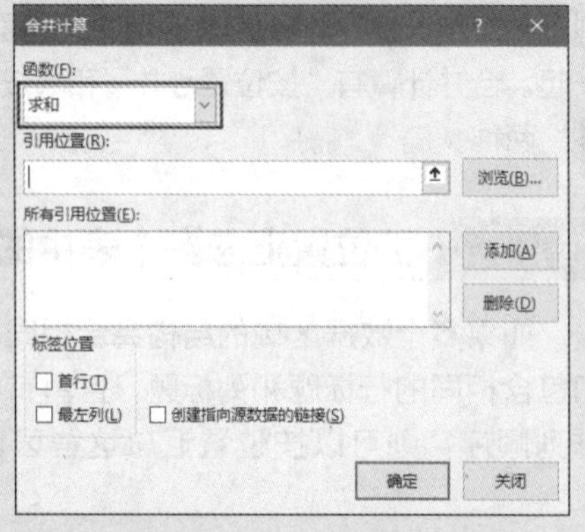

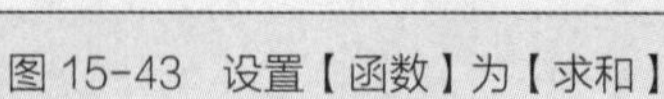
图 15-43　设置【函数】为【求和】

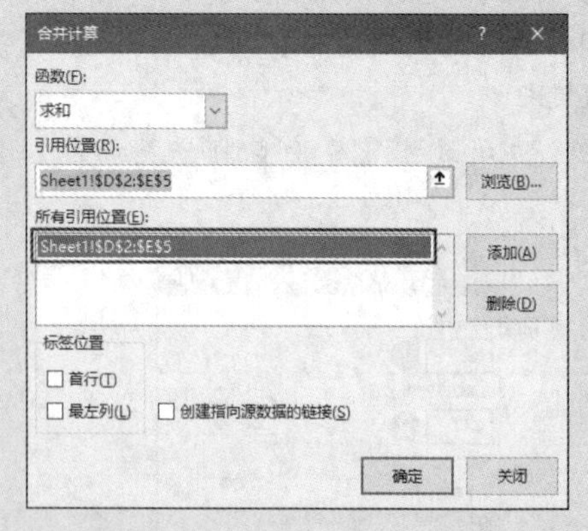

图 15-44　添加第 1 个数据区域

（4）使用与上一步类似的方法，将第 2 个数据区域 G2:H5 添加到【所有引用位置】列表框中，如图 15-45 所示。

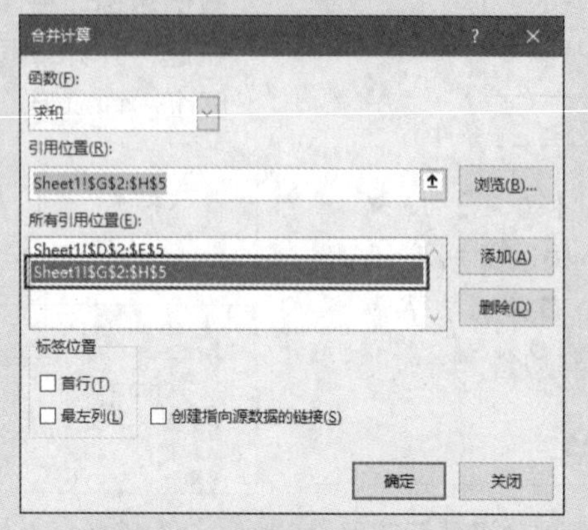

图 15-45　添加第 2 个数据区域

（5）单击【确定】按钮，Excel 将自动汇总相同位置的数据，如图 15-46 所示，然后在汇总结果中手动输入行、列标题即可。

	A	B	C	D	E	F	G	H
1	汇总结果			北京			天津	
2				商品名称	销量		商品名称	销量
3		2000		蓝莓	1000		蓝莓	1000
4		4000		苹果	2000		苹果	2000
5		6000		猕猴桃	3000		猕猴桃	3000

图 15-46　按位置汇总后添加行、列标题

15.5.2 按类别汇总多个表中的数据

如果多个数据区域包含相同的行标题和列标题，但是它们的排列顺序不同，则可以按类别汇总这些区域中的数据。即使数据区域包含不同的行标题和列标题，也可以按类别汇总多个数据区域中的数据，只需要将不同的标题添加到汇总结果中。

案例 15-9

按类别汇总多个表中的销售数据

案例目标：将两个地区的销售数据汇总到一起，并计算同类商品的总销量，效果如图15-47所示。

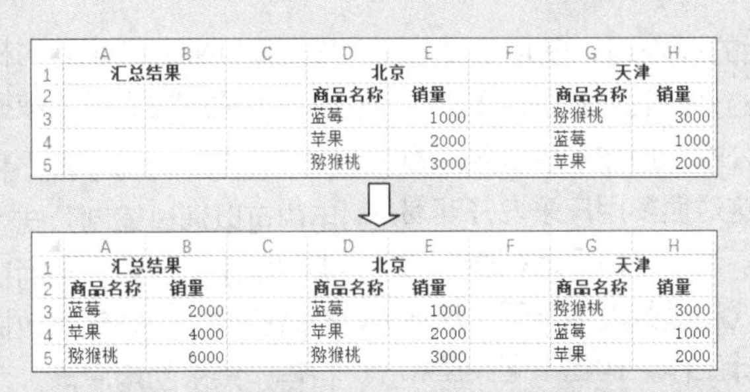

	A	B	C	D	E	F	G	H
1	汇总结果			北京			天津	
2				商品名称	销量		商品名称	销量
3				蓝莓	1000		猕猴桃	3000
4				苹果	2000		蓝莓	1000
5				猕猴桃	3000		苹果	2000

	A	B	C	D	E	F	G	H
1	汇总结果			北京			天津	
2	商品名称	销量		商品名称	销量		商品名称	销量
3	蓝莓	2000		蓝莓	1000		猕猴桃	3000
4	苹果	4000		苹果	2000		蓝莓	1000
5	猕猴桃	6000		猕猴桃	3000		苹果	2000

图15-47 按类别汇总多个表中的销售数据

操作步骤如下。

(1) 本例的前几步操作与案例15-8中的步骤(1)～(4)完全相同。

(2) 将两个数据区域添加到【所有引用位置】列表框中之后，在【合并计算】对话框中选中【首行】和【最左列】两个复选框，如图15-48所示。

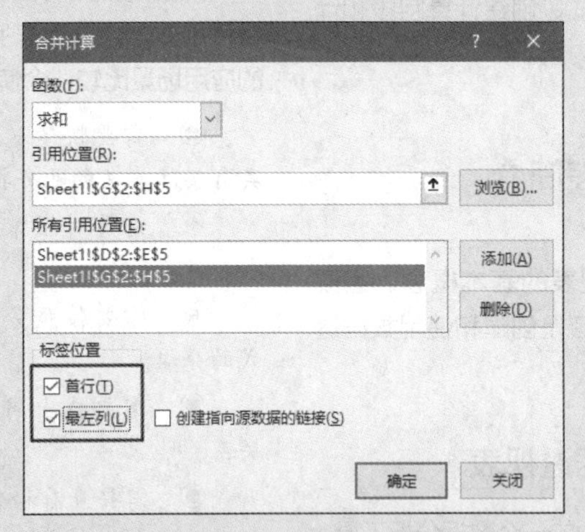

图15-48 选中【首行】和【最左列】两个复选框

(3) 单击【确定】按钮，Excel将自动对标题相同的数据进行汇总，如图15-49所示，然后在A2单元格中输入"商品名称"即可。

	A	B	C	D	E	F	G	H
1	汇总结果			北京			天津	
2		销量		商品名称	销量		商品名称	销量
3	蓝莓	2000		蓝莓	1000		猕猴桃	3000
4	苹果	4000		苹果	2000		蓝莓	1000
5	猕猴桃	6000		猕猴桃	3000		苹果	2000

图15-49 按类别汇总后添加第1列的标题

第16章 使用数据透视表多角度透视分析

在处理数据量庞大的表格时，使用公式和函数虽然可以完成数据的分类汇总和统计工作，但是需要用户掌握多个公式与函数的用法并拥有较强的综合应用能力，这对很多用户来说并非易事，而且还很容易出错。使用“数据透视表”功能可以在不使用任何公式和函数的情况下，快速完成大量数据的汇总统计工作，构建不同类型和应用需求的报表，提高数据处理与分析的效率。本章将介绍使用数据透视表对数据进行多角度透视分析的方法，包括创建数据透视表、刷新数据透视表、布局和重命名字段、更改数据透视表的整体布局、为数据分组、使用切片器筛选数据、设置数据的汇总和计算方式、创建计算字段和计算项、创建数据透视图等内容。

16.1 数据透视表简介

本节将介绍数据透视表的基本概念、组成结构和常用术语，这些内容是创建和使用数据透视表的基础。

16.1.1 什么是数据透视表

数据透视表是Excel中的一个数据分析工具，它简单易用、功能强大。使用该工具，用户可以在不使用公式和函数的情况下，通过简单地单击和拖曳，就能基于大量数据快速创建出具有实际意义的业务报表。即使是对公式和函数不熟悉的用户，使用数据透视表也可以轻松制作专业报表，提高数据处理和分析的效率。“报表”是指向上级领导报告情况的表格，报表中的数据经过汇总统计，以特定的格式展示出来，供人阅读和分析。

对于已经创建好的数据透视表，只需将其中的“字段”拖动到数据透视表的不同区域，即可快速改变数据透视表的整体布局，从而以不同的视角查看数据。利用“组合”功能，用户可以根据实际业务需求，对相关数据进行灵活分组，以获得适应性更强的数据汇总结果。

使用“计算字段”和“计算项”两个功能，用户可以通过编制公式，对数据透视表中的数据进行自定义计算，从而在数据透视表中添加新的汇总数据，以满足对数据透视表的统计汇总结果有特定需求的用户。

数据透视表为数据提供了行、列方向上的汇总信息，用户还可以使用“数据透视图”功能，以图形化的方式呈现数据，让数据的含义更直观、更易理解。

只要对数据有汇总和统计方面的需求，都适合使用数据透视表来完成。具体而言，下面列举的应用场景比较适合使用数据透视表来进行处理。

- 需要快速从大量的数据中整理出一份具有实际意义的业务报表。
- 需要对经常更新的原始数据进行统计和分析。
- 需要按照分析需求对数据进行特定方式的分组。
- 需要找出同类数据在不同时期的特定关系。
- 需要查看和分析数据的变化趋势。

16.1.2 数据透视表的整体结构

数据透视表包含4个部分：行区域、列区域、值区域、报表筛选区域。了解它们在数据透视表中的位置和作用是学习本章后续内容的基础，也是顺利操作数据透视表的前提。

1. 行区域

图16-1所示的由黑色方框包围的区域是数据透视表的行区域，它位于数据透视表的左侧。行区域中通常放置一些可用于进行分类或分组的内容，如地区、部门、日期等。本例的行区域中显示的是销售地区的名称。

	A	B	C	D	E	F	G	H
1	类别	(全部)						
2								
3	求和项:日销量	商品名称						
4	销售地区	饼干	果汁	面包	牛奶	啤酒	酸奶	总计
5	北京		10		86	42	78	216
6	广东		75		116	130	42	363
7	河北		26		26	87	98	237
8	江苏	74	157	58		160	105	554
9	山西	29	27		73	52	40	221
10	上海	45	49		82		67	243
11	天津	122				49	67	238
12	浙江	71	96	12	168	99	145	591
13	总计	341	440	70	551	619	642	2663

图 16-1 行区域

2. 列区域

图 16-2 所示的由黑色方框包围的区域是数据透视表的列区域，它位于数据透视表的顶部。列区域的作用与行区域类似，但是很多用户习惯将项目较少的内容放置到列区域，而将项目较多的内容放置到行区域。本例的列区域中显示的是商品的名称。

	A	B	C	D	E	F	G	H
1	类别	(全部)						
2								
3	求和项:日销量	商品名称						
4	销售地区	饼干	果汁	面包	牛奶	啤酒	酸奶	总计
5	北京		10		86	42	78	216
6	广东		75		116	130	42	363
7	河北		26		26	87	98	237
8	江苏	74	157	58		160	105	554
9	山西	29	27		73	52	40	221
10	上海	45	49		82		67	243
11	天津	122				49	67	238
12	浙江	71	96	12	168	99	145	591
13	总计	341	440	70	551	619	642	2663

图 16-2 列区域

3. 值区域

图 16-3 所示的由黑色方框包围的区域是数据透视表的值区域，它是以行区域和列区域为边界，包围起来的面积最大的区域。值区域中的数据是对行区域和列区域中的字段对应的数据进行汇总和统计后的结果，可以为求和、计数、求平均值、求最大值或最小值等计算结果。默认情况下，Excel 对值区域中的数值型数据进行求和，对文本型数据进行计数。本例的值区域中显示的是每个商品在各个销售地区的累计日销量。

	A	B	C	D	E	F	G	H
1	类别	(全部)						
2								
3	求和项:日销量	商品名称						
4	销售地区	饼干	果汁	面包	牛奶	啤酒	酸奶	总计
5	北京		10		86	42	78	216
6	广东		75		116	130	42	363
7	河北		26		26	87	98	237
8	江苏	74	157	58		160	105	554
9	山西	29	27		73	52	40	221
10	上海	45	49		82		67	243
11	天津	122				49	67	238
12	浙江	71	96	12	168	99	145	591
13	总计	341	440	70	551	619	642	2663

图 16-3 值区域

4. 报表筛选区域

图 16-4 所示的由黑色方框包围的区域是数据透视表的报表筛选区域，它位于数据透视表的最上方。报表筛选区域由一个或多个下拉列表组成，在下拉列表中选择所需的选项后，Excel 将对整个数据透视表中的数据进行筛选，如图 16-5 所示。

类别	(全部)						
求和项:日销量	商品名称						
销售地区	饼干	果汁	面包	牛奶	啤酒	酸奶	总计
北京		10		86	42	78	216
广东		75		116	130	42	363
河北		26		26	87	98	237
江苏	74	157	58		160	105	554
山西	29	27		73	52	40	221
上海	45	49		82		67	243
天津	122				49	67	238
浙江	71	96	12	168	99	145	591
总计	341	440	70	551	619	642	2663

图 16-4　报表筛选区域

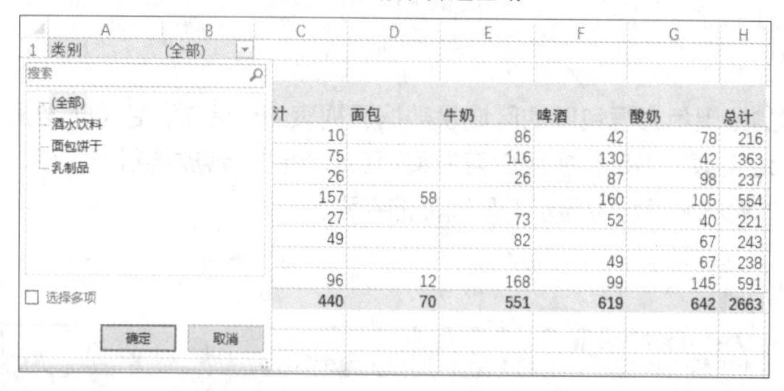
类别 (全部)

搜索

(全部)
酒水饮料
面包饼干
乳制品

选择多项

确定 取消

汁	面包	牛奶	啤酒	酸奶	总计
10		86	42	78	216
75		116	130	42	363
26		26	87	98	237
157	58		160	105	554
27		73	52	40	221
49		82		67	243
			49	67	238
96	12	168	99	145	591
440	70	551	619	642	2663

图 16-5　报表筛选区域中的下拉列表

16.1.3 数据透视表的常用术语

掌握数据透视表的一些常用术语，不仅可以更好地理解本章内容，还可以更容易地与其他数据透视表用户进行交流。

1. 数据源

数据源是创建数据透视表时所使用的原始数据。数据源可以是多种形式的，如 Excel 中的单个单元格区域、多个单元格区域、定义的名称、另一个数据透视表等。数据源还可以是其他程序中的数据，如文本文件、Access 数据库、SQL Server 数据库等。

Excel 对创建数据透视表的数据源的格式有一定的要求，但是这种要求并非想象中的那么苛刻。

2. 字段

图 16-6 所示的由黑色方框包围的几个部分是数据透视表中的字段。如果用户使用过微软 Office 中的 Access，则对“字段”的概念可能会比较熟悉。数据透视表中的字段对应于数据源中的每一列，每个字段代表一列数据。字段标题是字段的名称，与数据源中每列数据顶部的标题相对应，如“商品名称”“类别”“销售地区”。默认情况下，Excel 会自动为值区域中的字段标题添加“求和项”或“计数项”文字，如“求和项 : 日销量”。

类别	(全部)						
求和项:日销量	商品名称						
销售地区	饼干	果汁	面包	牛奶	啤酒	酸奶	总计
北京		10		86	42	78	216
广东		75		116	130	42	363
河北		26		26	87	98	237
江苏	74	157	58		160	105	554
山西	29	27		73	52	40	221
上海	45	49		82		67	243
天津	122				49	67	238
浙江	71	96	12	168	99	145	591
总计	341	440	70	551	619	642	2663

图 16-6　数据透视表中的字段

按照字段所在的不同区域，可以将字段分为行字段、列字段、值字段、报表筛选字段，它们的说明如下。

◉ 行字段：位于行区域中的字段。如果数据透视表包含多个行字段，那么它们默认以树状结构排列，类似于文件夹和文件的排列方式，用户可以改变数据透视表的报表布局，以表格的形式让多个行字段从左到右横向排列。调整行字段在行区域中的排列顺序，可以得到不同嵌套形式的汇总结果。

◉ 列字段：位于列区域中的字段，功能和用法与行字段类似。

◉ 值字段：位于行字段与列字段交叉处的字段。值字段中的数据是通过汇总函数计算得到的。Excel 默认对数值型数据进行求和，对文本型数据进行计数。

◉ 报表筛选字段：位于报表筛选区域中的字段，该类字段用于对整个数据透视表中的数据进行分页筛选。

3. 项

图 16-7 所示的由黑色方框包围的区域是数据透视表中的项。项是组成字段的成员，是字段中包含的数据，也可将其称为“字段项”。例如，“北京”“天津”“上海”是“销售地区”字段中的项，“饼干”“果汁”“面包”是“商品名称”字段中的项。

	A	B	C	D	E	F	G	H
1	类别	(全部)						
2								
3	求和项:日销量	商品名称						
4	销售地区	饼干	果汁	面包	牛奶	啤酒	酸奶	总计
5	北京		10		86	42	78	216
6	广东		75		116	130	42	363
7	河北		26		26	87	98	237
8	江苏	74	157	58		160	105	554
9	山西	29	27		73	52	40	221
10	上海	45	49		82		67	243
11	天津	122				49	67	238
12	浙江	71	96	12	168	99	145	591
13	总计	341	440	70	551	619	642	2663

图 16-7 数据透视表中的项

4. 组

利用“组合”功能，用户可以将字段中的项按照特定的逻辑需求进行归类分组，从而得到具有不同意义的汇总结果。图 16-8 所示的由黑色方框包围的区域是对数据透视表中的项进行组合后的效果，此处是对各个销售地区按照地理位置进行分组，如将“北京”“河北”“山西”“天津”划分为一组，并将该组命名为“华北地区”。

	A	B	C	D	E	F	G	H	I
1	类别	(全部)							
2									
3	求和项:日销量		商品名称						
4	销售地区2	销售地区	饼干	果汁	面包	牛奶	啤酒	酸奶	总计
5	⊟华北地区	北京		10		86	42	78	216
6		河北		26		26	87	98	237
7		山西	29	27		73	52	40	221
8		天津	122				49	67	238
9	⊟广东	广东		75		116	130	42	363
10	⊟江苏	江苏	74	157	58		160	105	554
11	⊟上海	上海	45	49		82		67	243
12	⊟浙江	浙江	71	96	12	168	99	145	591
13	总计		341	440	70	551	619	642	2663

图 16-8 组合数据透视表中的项

5. 分类汇总和汇总函数

分类汇总用于对数据透视表中的一行或一列单元格进行汇总计算。图 16-9 所示的由黑色方框包围的区域是对名为“华北地区”的分组中的数据进行汇总计算的结果，该汇总结果显示了每种商品在华北地区的总销量。

	A	B	C	D	E	F	G	H	I
1	类别	(全部)							
2									
3	求和项:日销量		商品名称						
4	销售地区2	销售地区	饼干	果汁	面包	牛奶	啤酒	酸奶	总计
5	⊟华北地区	北京		10		86	42	78	216
6		河北		26		26	87	98	237
7		山西	29	27		73	52	40	221
8		天津	122				49	67	238
9	华北地区 汇总		151	63		185	230	283	912
10	⊟广东	广东		75		116	130	42	363
11	广东 汇总			75		116	130	42	363
12	⊟江苏	江苏	74	157	58		160	105	554
13	江苏 汇总		74	157	58		160	105	554
14	⊟上海	上海	45	49		82		67	243
15	上海 汇总		45	49		82		67	243
16	⊟浙江	浙江	71	96	12	168	99	145	591
17	浙江 汇总		71	96	12	168	99	145	591
18	总计		341	440	70	551	619	642	2663

图 16-9　数据透视表中的分类汇总

汇总函数是对数据透视表中的数据进行分类汇总时使用的函数。例如，Excel 对数值型数据默认使用 SUM 函数进行求和，对文本型数据默认使用 COUNTA 函数进行计数。

6. 透视

透视是指通过改变字段在数据透视表中的位置，从而快速改变数据透视表的布局，得到具有不同意义和汇总结果的报表，以便从不同的角度浏览和分析数据。图 16-10 所示的“类别”和“商品名称”字段放置在行区域，将“销售地区”字段放置在报表筛选区域，得到一个统计了各类商品的总销量，以及每个类别下具体商品销量的报表。如果对报表筛选区域中的“销售地区”字段进行筛选，则可以得到特定地区的商品销量情况。

	A	B	C
1	销售地区	(全部)	
2			
3	类别	商品名称	求和项:日销量
4	⊟酒水饮料	果汁	440
5		啤酒	619
6	酒水饮料 汇总		1059
7	⊟面包饼干	饼干	341
8		面包	70
9	面包饼干 汇总		411
10	⊟乳制品	牛奶	551
11		酸奶	642
12	乳制品 汇总		1193
13	总计		2663

图 16-10　对数据透视表进行透视

7. 刷新

修改数据源的内容后，为了让数据透视表反映数据源的最新变化，用户需要执行“刷新”操作。刷新的目的是让 Excel 使用数据源的最新数据进行重新计算，以得到最新的计算结果。

16.2　创建数据透视表

本节将介绍使用不同结构和来源的数据源创建数据透视表的方法，如使用位于独立区域的数据源、位于多个区域的数据源、外部数据源创建数据透视表。由于数据透视表无法自动捕获数据源范围的改变，因此，本节还将介绍通过为数据源定义名称来创建动态数据透视表的方法。

16.2.1　数据透视表的数据源类型

创建数据透视表需要原始数据，原始数据可以有多种类型，如下所示。

- 一个或多个 Excel 工作表中的数据：最常见的数据源是位于一个工作表的单元格区域中的数据，但是也可以使用位于多个工作表中的数据来创建数据透视表。
- 现有的数据透视表：可以使用已经创建好的数据透视表来作为创建另一个数据透视表的数据源。
- 位于 Excel 之外的数据：Excel 支持使用其他程序中的数据来创建数据透视表，如文本文件、Access 中的数据文件、SQL Server 中的数据文件、Analysis Services 中的数据文件等。

用于创建数据透视表的数据源的格式应该符合以下几个要求。

- 数据源中的每一列都有标题。
- 数据源中的每个单元格都有数据。
- 数据源中的数据是连续的，没有空行和空列。
- 数据源是一维表，同类信息位于同一列中。

16.2.2 使用位于独立区域的数据源创建数据透视表

在 Excel 中，数据源分布方式的最简单情况是数据源位于一个独立的单元格区域中。

案例 16-1
为员工信息创建数据透视表

案例目标：图 16-11 所示为员工信息中的部分数据，本例要为该员工信息中的所有数据创建一个数据透视表。

	A	B	C	D	E
1	姓名	性别	年龄	部门	工资
2	盖佳太	男	39	人力部	5300
3	溥素涵	女	43	人力部	4100
4	娄填	男	34	技术部	3900
5	元侧	女	26	技术部	7200
6	秦峤	男	21	销售部	5500
7	谷余	男	23	人力部	6500
8	霍人	男	41	财务部	7300
9	程凡晴	女	46	销售部	6800
10	丰停	女	47	技术部	6900
11	杜润菁	男	34	销售部	5900
12	祁付	女	32	财务部	4600
13	贡庆恩	女	39	销售部	7900
14	牛严	男	33	技术部	7200
15	全桐亮	男	42	人力部	6700
16	富易珂	女	40	技术部	4800

图 16-11 员工信息

操作步骤如下。

(1) 单击数据源区域中的任意一个单元格，然后在功能区的【插入】选项卡的【表格】组中单击【数据透视表】按钮，如图 16-12 所示。

(2) 打开【创建数据透视表】对话框，【表/区域】文本框中会自动填入本例的数据区域 A1:E61，如图 16-13 所示。

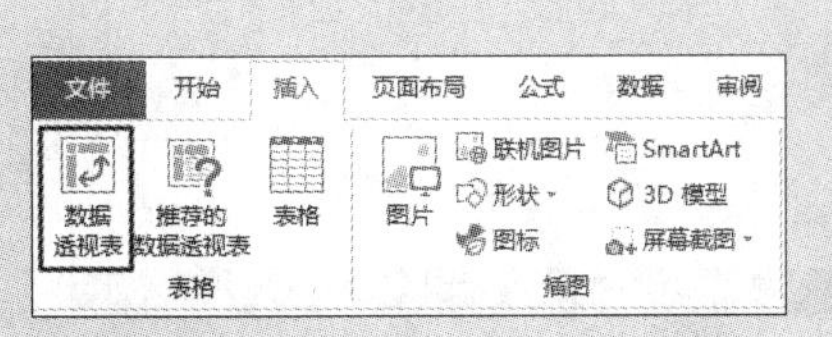

图 16-12 单击【数据透视表】按钮

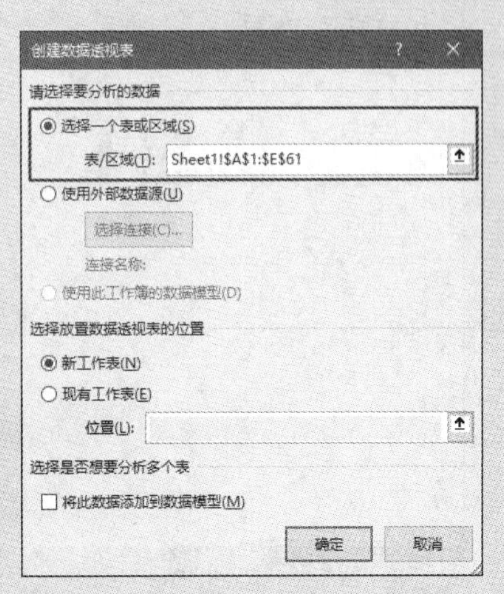

图 16-13 【创建数据透视表】对话框

（3）不做任何修改，直接单击【确定】按钮，Excel 将在一个新建的工作表中创建一个空白的数据透视表，并自动打开【数据透视表字段】窗格，如图 16-14 所示。

图 16-14　创建的空白数据透视表

（4）从【数据透视表字段】窗格中，将【部门】字段拖动到【行】区域，将【性别】字段拖动到【列】区域，将【工资】字段拖动到【值】区域，完成后的数据透视表对各部门男、女员工的工资进行了汇总，如图 16-15 所示。

图 16-15　布局字段以构建报表

16.2.3 使用位于多个区域的数据源创建数据透视表

Excel允许用户同时使用位于多个区域中的数据来创建数据透视表，前提是这些区域具有完全相同的结构。在使用位于多个区域的数据源创建的数据透视表中，每个数据源区域将作为报表筛选字段中的一项，用户可以通过在报表筛选字段中选择特定的项，来查看各个数据源区域的汇总结果。

案例 16-2

为来自多家分公司的销售数据创建数据透视表

案例目标：图16-16所示的工作簿中包含3个工作表，分别对应于3个分公司的产品销售情况，3个工作表的数据结构完全相同。为了对3个分公司的产品销量进行汇总分析，本例要使用这3个工作表中的数据创建数据透视表。

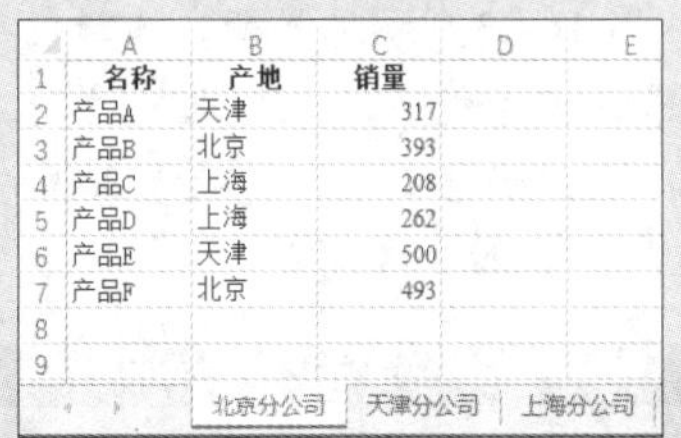

名称	产地	销量
产品A	天津	317
产品B	北京	393
产品C	上海	208
产品D	上海	262
产品E	天津	500
产品F	北京	493

北京分公司 | 天津分公司 | 上海分公司

名称	产地	销量
产品A	天津	415
产品B	北京	142
产品C	上海	491
产品D	上海	221
产品E	天津	206
产品F	北京	377

北京分公司 | 天津分公司 | 上海分公司

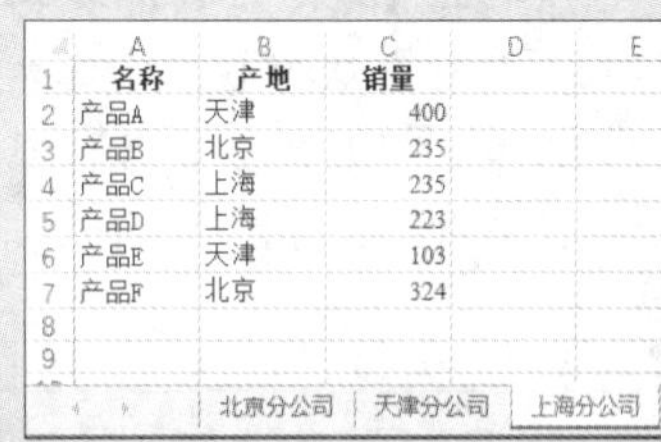

名称	产地	销量
产品A	天津	400
产品B	北京	235
产品C	上海	235
产品D	上海	223
产品E	天津	103
产品F	北京	324

北京分公司 | 天津分公司 | 上海分公司

图16-16 要汇总的3个工作表中的数据

操作步骤如下。

（1）依次按【Alt】、【D】、【P】键，打开【数据透视表和数据透视图向导】对话框，选中【多重合并计算数据区域】和【数据透视表】单选按钮，然后单击【下一步】按钮，如图16-17所示。

（2）进入图16-18所示的界面，选中【创建单页字段】单选按钮，然后单击【下一步】按钮。

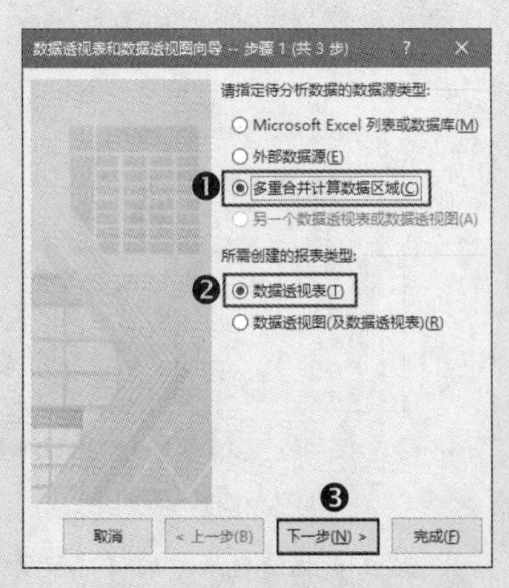

图16-17 【数据透视表和数据透视图向导】对话框

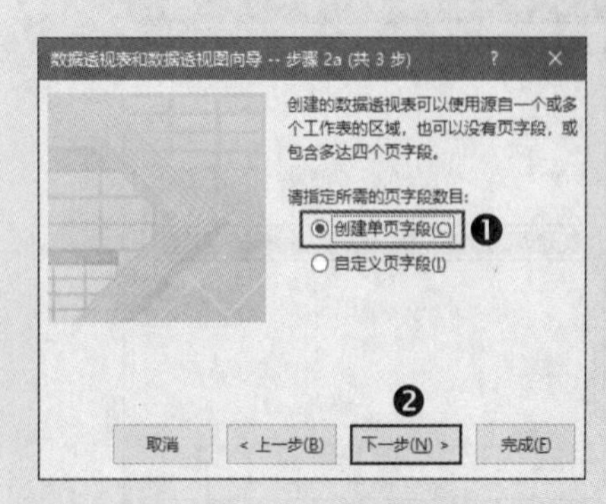

图16-18 选中【创建单页字段】单选按钮

依次按【Alt】、【D】、【P】这3个键时，按下一个键之前，需要先松开上一个键。

（3）进入图16-19所示的界面，在该界面中将3个工作表中的数据区域添加到【所有区域】列表框中。

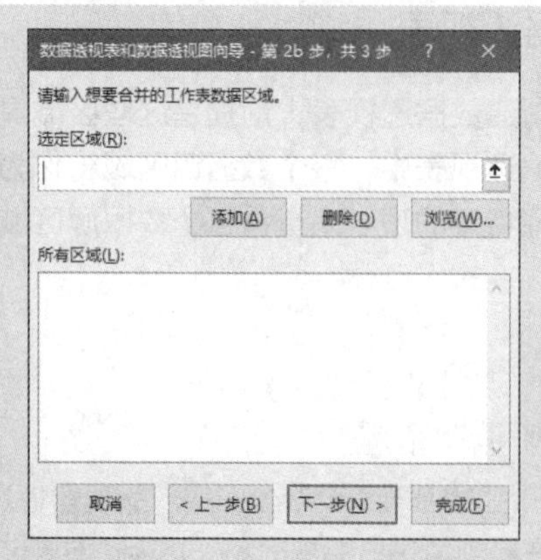

图 16-19　合并多个数据区域的界面

（4）单击【选定区域】文本框右侧的折叠按钮将对话框折叠，折叠按钮变为展开按钮。单击【北京分公司】工作表标签，然后选择其中的数据区域 A1:C7，如图 16-20 所示。

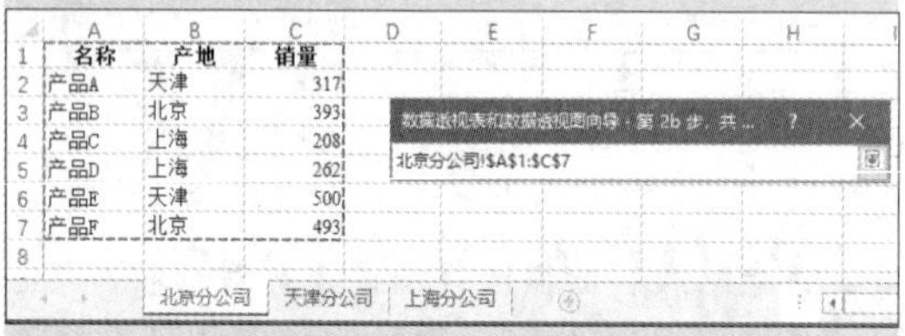

	A	B	C
1	名称	产地	销量
2	产品A	天津	317
3	产品B	北京	393
4	产品C	上海	208
5	产品D	上海	262
6	产品E	天津	500
7	产品F	北京	493

图 16-20　选择第 1 个工作表中的数据区域

（5）单击展开按钮展开对话框，然后单击【添加】按钮，将所选区域添加到【所有区域】列表框中，如图 16-21 所示。

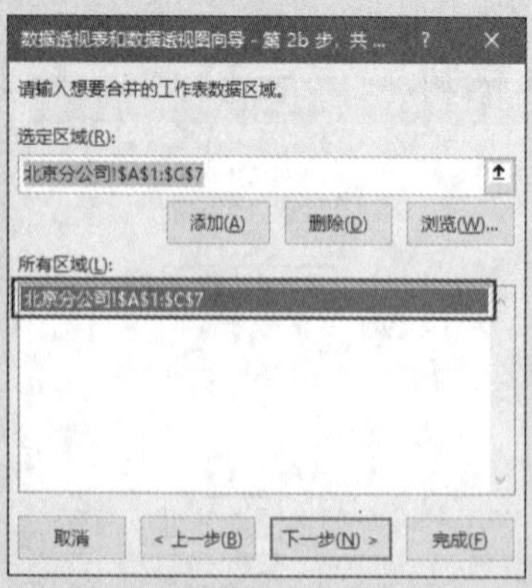

图 16-21　添加第 1 个工作表中的数据区域

（6）重复步骤（4）和（5）的操作，将其他两个工作表中的数据区域添加到【所有区域】列表框中，然后单击【下一步】按钮，如图 16-22 所示。

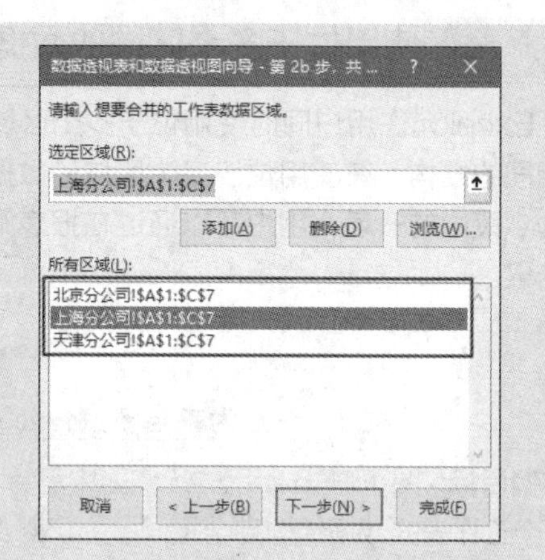

图 16-22　添加其他两个工作表中的数据区域

（7）进入图 16-23 所示的界面，选择要在哪个位置创建数据透视表，此处选中【新工作表】单选按钮，然后单击【完成】按钮，创建图 16-24 所示的数据透视表。

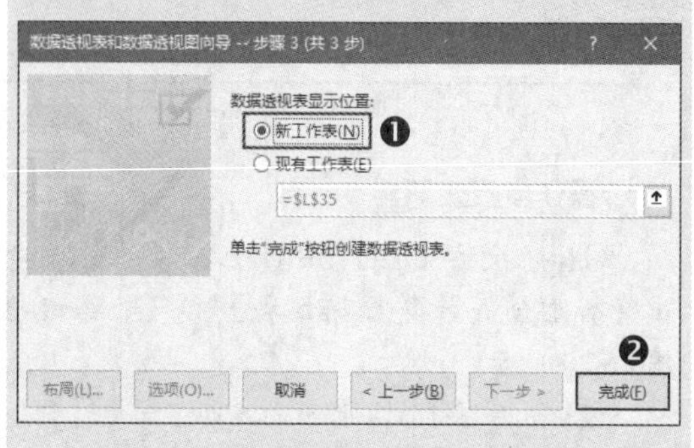

图 16-23　选择创建数据透视表的位置

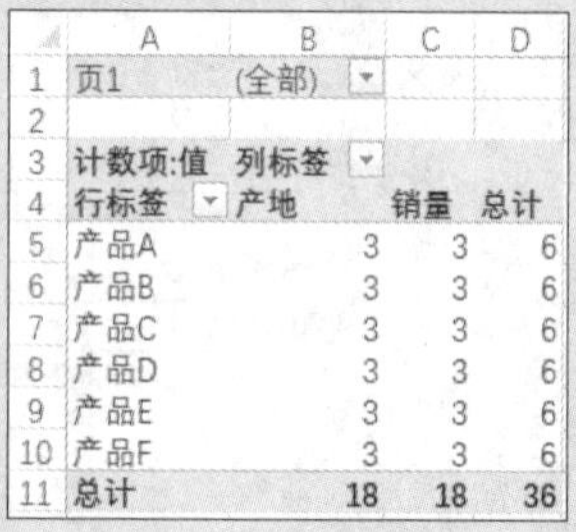

	A	B	C	D
1	页1	(全部)		
2				
3	计数项:值	列标签		
4	行标签	产地	销量	总计
5	产品A	3	3	6
6	产品B	3	3	6
7	产品C	3	3	6
8	产品D	3	3	6
9	产品E	3	3	6
10	产品F	3	3	6
11	总计	18	18	36

图 16-24　使用位于多个区域的数据源创建的默认数据透视表

（8）右击数据透视表中的【计数项 : 值】字段，在弹出的菜单中选择【值汇总依据】⇨【求和】命令，将值的汇总方式改为求和，如图 16-25 所示。

（9）单击数据透视表中的【列标签】字段右侧的下拉按钮，在打开的列表中取消选中【产地】复选框，然后单击【确定】按钮，如图 16-26 所示。最终完成的数据透视表如图 16-27 所示。

图 16-25　将值的汇总方式改为求和

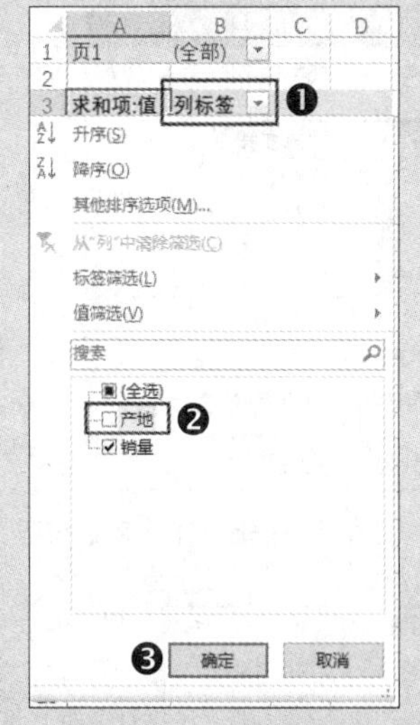

图 16-26　取消选中【产地】复选框

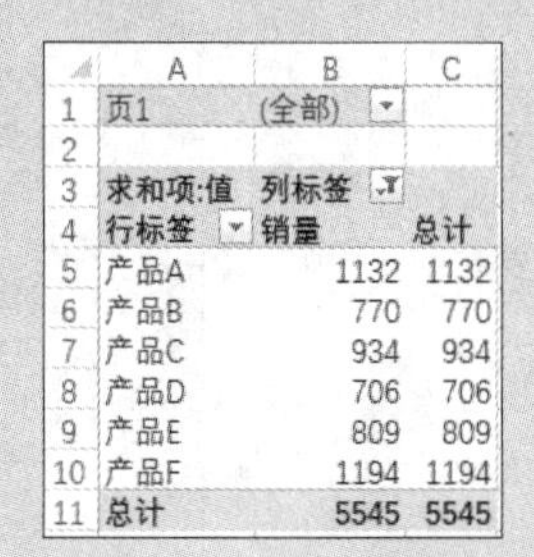

页1	(全部)	
求和项:值	列标签	
行标签	销量	总计
产品A	1132	1132
产品B	770	770
产品C	934	934
产品D	706	706
产品E	809	809
产品F	1194	1194
总计	5545	5545

图 16-27　最终完成的数据透视表

交叉参考　为了让数据透视表中的数据含义更容易理解，可以修改字段的名称，具体方法请参考 16.3.2 小节。

16.2.4　使用外部数据源创建数据透视表

第 4 章介绍了将由其他程序创建的数据导入 Excel 的方法。实际上，用户可以直接使用其他程序创建的数据来创建数据透视表，而无须先将这些数据导入 Excel 再创建数据透视表。

案例 16-3

使用文本文件中的员工信息创建数据透视表

案例目标：图 16-28 所示为要用来创建数据透视表的文本文件中的数据，本例要在不将其导入 Excel 的情况下直接为其创建数据透视表。

员工信息 - 记事本

文件(F)　编辑(E)　格式(O)　查看(V)　帮助(H)

姓名	性别	年龄	部门	工资
盖佳太	男	39	人力部	5300
溥素涵	女	43	人力部	4100
娄填	男	34	技术部	3900
元侧	女	26	技术部	7200
秦峤	男	21	销售部	5500
谷余	男	23	人力部	6500
霍人	男	41	财务部	7300
程凡晴	女	46	销售部	6800
丰停	女	47	技术部	6900
杜润菁	男	34	销售部	5900
祁付	女	32	财务部	4600
贡庆恩	女	39	销售部	7900
牛严	男	33	技术部	7200

图 16-28　文本文件中的数据

本例操作过程中的前两步与案例 4-11 中的前两步相同，为了避免内容重复，下面只介绍后面不同的操作步骤，选择本例中的文本文件后，将打开图 16-29 所示的对话框，由于本例的文本文件中的各列数据也是使用制表符分隔，因此该对话框中的设置与案例 4-11 相同。

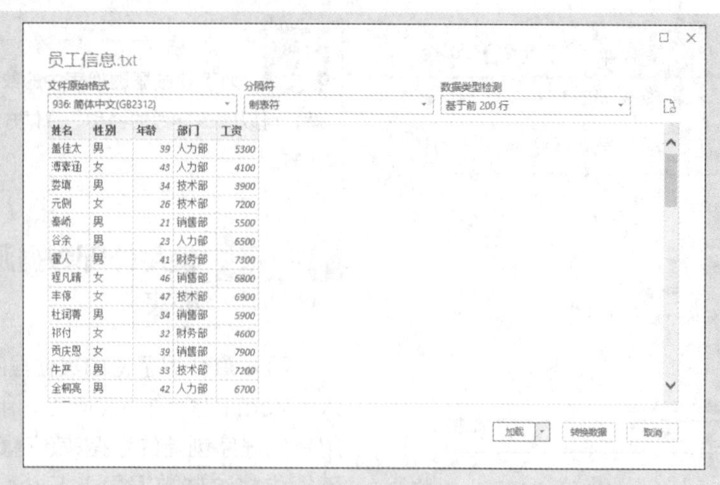

图 16-29　为文本文件设置适合的选项

接下来的操作将有所不同，需要单击【加载】按钮右侧的下拉按钮，在弹出的菜单中选择【加载到】命令，如图 16-30 所示。打开【导入数据】对话框，选中【数据透视表】单选按钮，如图 16-31 所示，然后单击【确定】按钮，Excel 将使用所选择的文本文件中的数据创建数据透视表。最后将字段拖动到所需的区域中来构建报表，如图 16-32 所示。

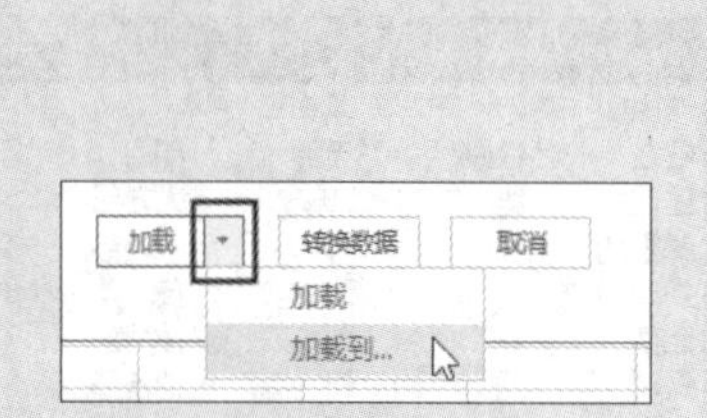

图 16-30　选择【加载到】命令

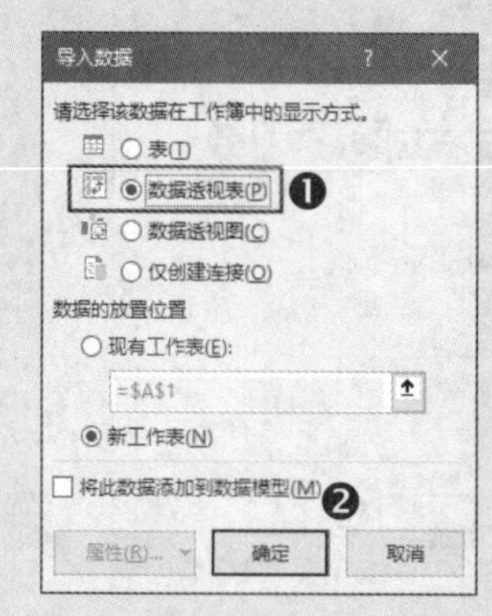

图 16-31　选中【数据透视表】单选按钮

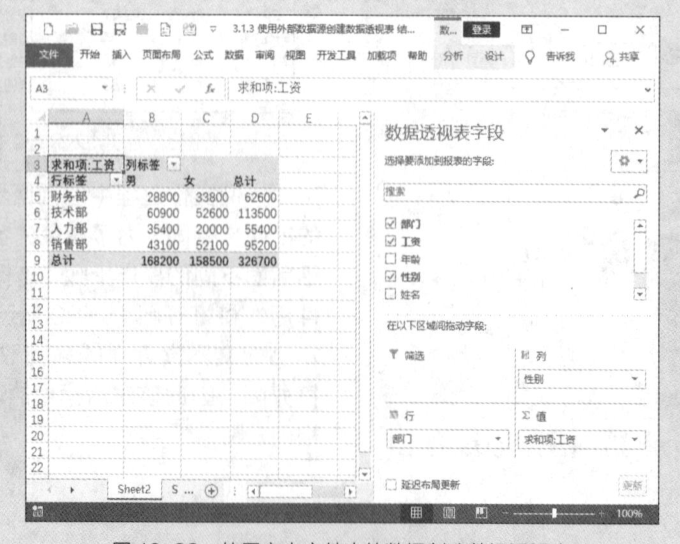

图 16-32　使用文本文件中的数据创建数据透视表

16.2.5 创建动态的数据透视表

创建数据透视表之后，如果数据源的范围发生改变，为了在数据透视表中反映新增范围内的数据，用户必须重新选择数据源的范围。如果要让 Excel 自动监测数据源范围的变化，并使该变化及时被数据透视表捕获，则需要将数据源定义为一个名称，在名称中创建一个可以动态捕获数据源范围变化的公式。

案例 16-4

创建动态的数据透视表

案例目标：图 16-33 所示为数据源，本例要创建一个可以自动捕获数据源范围变化的数据透视表。

	A	B	C	D	E
1	姓名	性别	年龄	部门	工资
2	盖佳太	男	39	人力部	5300
3	溥素涵	女	43	人力部	4100
4	娄填	男	34	技术部	3900
5	元侧	女	26	技术部	7200
6	秦峤	男	21	销售部	5500
7	谷余	男	23	人力部	6500
8	霍人	男	41	财务部	7300
9	程凡晴	女	46	销售部	6800
10	丰停	女	47	技术部	6900
11	杜润菁	男	34	销售部	5900
12	祁付	女	32	财务部	4600
13	贡庆恩	女	39	销售部	7900
14	牛严	男	33	技术部	7200
15	全桐亮	男	42	人力部	6700
16	富易珂	女	40	技术部	4800

图 16-33　要创建动态名称的数据源

操作步骤如下。

（1）在功能区的【公式】选项卡的【定义的名称】组中单击【定义名称】按钮，打开【新建名称】对话框，在【名称】文本框中输入一个名称（如 Data），在【引用位置】文本框中输入如下公式，如图 16-34 所示。

=OFFSET(Sheet1!$A$1,,,COUNTA($A:$A),COUNTA($1:$1))

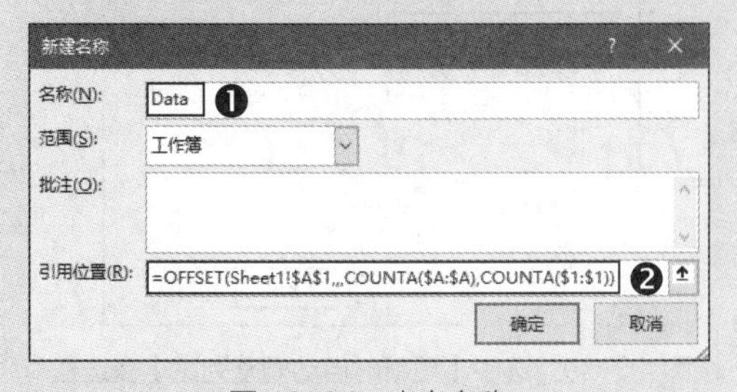

图 16-34　定义名称

公式解析　COUNTA($A:$A) 用于统计 A 列中非空单元格的个数，即判断在添加或减少数据行后，区域内当前包含数据的总行数；公式 COUNTA($1:$1) 用于统计第 1 行中非空单元格的个数，即判断当添加或减少数据列后，区域内当前包含数据的总列数。

（2）单击【确定】按钮，创建名为 Data 的动态名称。

（3）在功能区的【插入】选项卡的【表格】组中单击【数据透视表】按钮，打开【创建数据透视表】对话框，在【表/区域】文本框中输入前面定义的动态名称 Data，如图 16-35 所示。单击【确定】按钮，将创建动态的数据透视表。

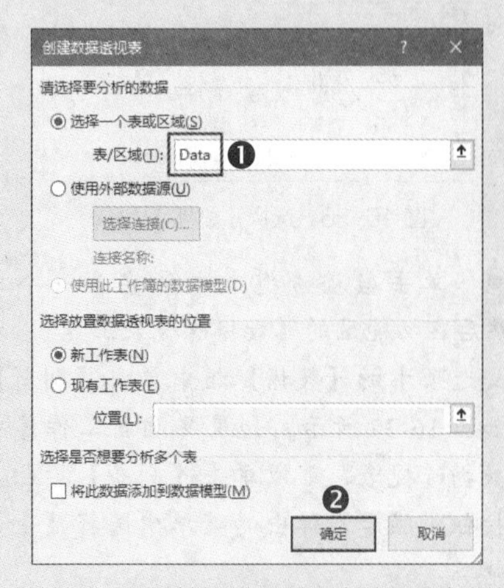

图 16-35　将数据源指定为已创建的动态名称

使用动态名称作为数据源创建数据透视表后，如果改变数据源的范围，用户不再需要在功能区的【数据透视表工具 | 分析】上下文选项卡的【数据】组中单击【更改数据源】按钮来重新指定数据源的范围，因为数据透视表可以自动捕获数据源范围的最新变化，并将新增数据反映到数据透视表中。用户只需在功能区的【数据透视表工具 | 分析】上下文选项卡的【数据】组中单击【刷新】按钮，获得数据的最新修改，而不再需要担心数据源范围的变化。

16.2.6 刷新数据透视表

如果修改了数据源中的数据，为了让数据透视表与数据源中的数据保持同步，可以对数据透视表执行刷新操作，以反映数据源中数据的最新修改结果。刷新数据透视表有以下几种方法。

◉ 右击数据透视表中的任意一个单元格，在弹出的菜单中选择【刷新】命令，如图 16-36 所示。

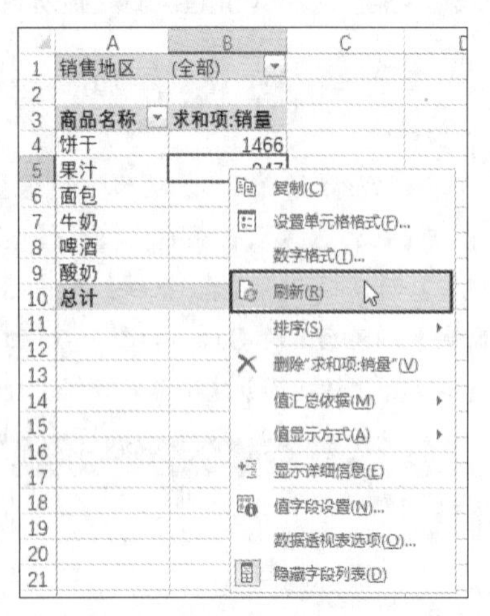

图 16-36 选择【刷新】命令

◉ 单击数据透视表中的任意一个单元格，然后在功能区的【数据透视表工具 | 分析】上下文选项卡的【数据】组中单击【刷新】按钮，如图 16-37 所示。如果要刷新工作簿中的多个数据透视表，可以单击【刷新】按钮上的下拉按钮，然后在弹出的菜单中选择【全部刷新】命令。

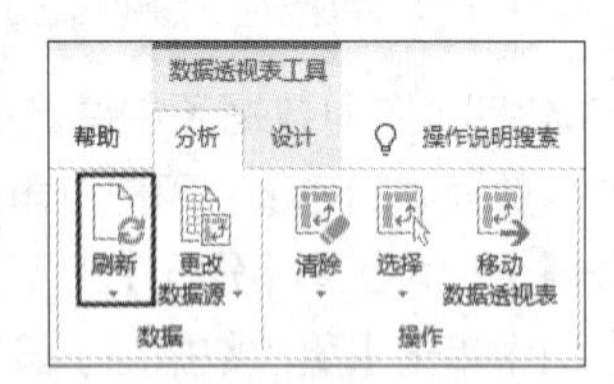

图 16-37 单击【刷新】按钮

◉ 单击数据透视表中的任意一个单元格，然后按【Alt+F5】快捷键。

除了可以手动刷新数据透视表外，还可以在每次打开包含数据透视表的工作簿时，自动刷新数据透视表。右击数据透视表中的任意一个单元格，在弹出的菜单中选择【数据透视表选项】命令，打开【数据透视表选项】对话框，在【数据】选项卡中选中【打开文件时刷新数据】复选框，然后单击【确定】按钮，如图 16-38 所示。

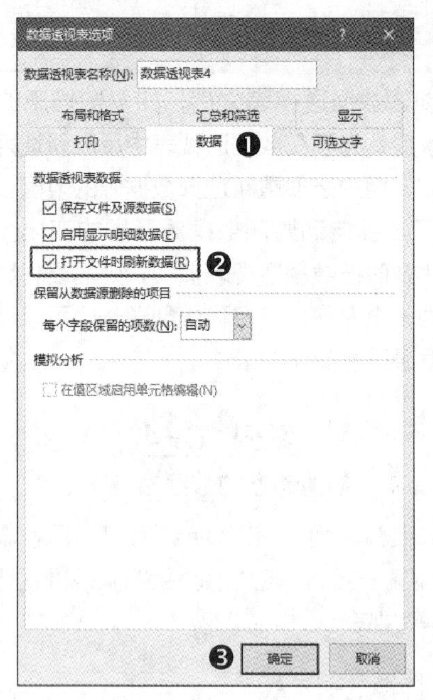

图 16-38 选中【打开文件时刷新数据】复选框

提示

刷新数据透视表时，可以自动调整数据透视表中单元格的宽度，使其正好与其中的内容的宽度相匹配，只需在【数据透视表选项】对话框的【布局和格式】选项卡中选中【更新时自动调整列宽】复选框，如图 16-39 所示。

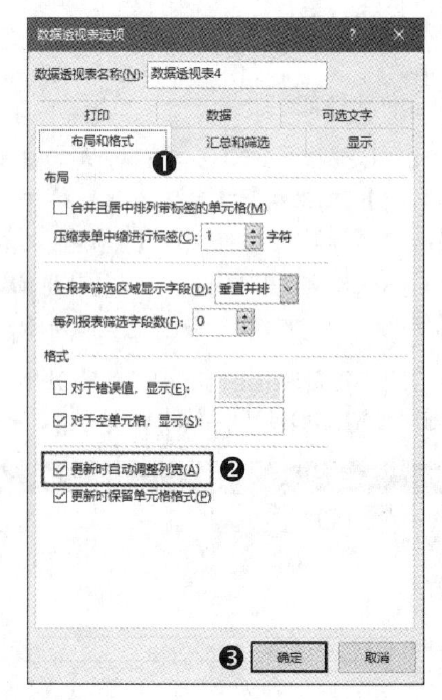

图 16-39 选中【更新时自动调整列宽】复选框

如果基于同一个数据源创建了多个数据透视表，在进行以上设置时，将显示图 16-40 所示的提示信息，说明“打开工作簿时自动刷新”功能同时作用于这些数据透视表。

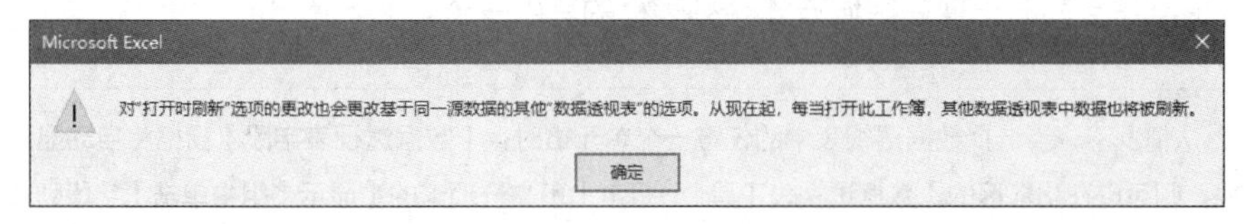

图 16-40 “打开时自动刷新”功能同时作用于使用同一个数据源创建的多个数据透视表

注意

如果修改数据源时改变了其范围，为了让数据透视表能够捕获数据源的最新范围变化，需要在功能区的【数据透视表工具 | 分析】上下文选项卡的【数据】组中单击【更改数据源】按钮，如图 16-41 所示。打开【更改数据透视表数据源】对话框，单击【表 / 区域】文本框右侧的折叠按钮，然后在工作表中重新指定数据源的范围，最后单击【确定】按钮，如图 16-42 所示。如果创建的是动态的数据透视表，则无须执行该操作。

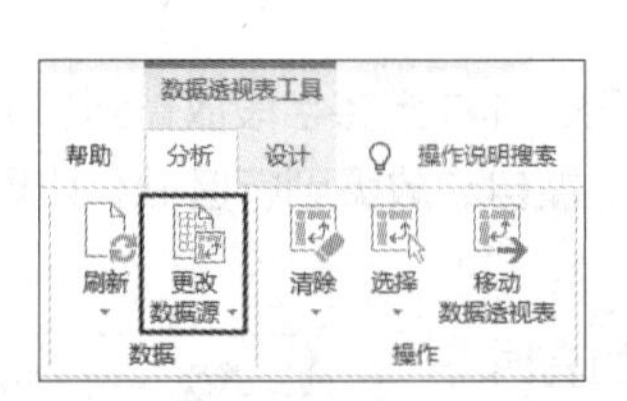

图 16-41 单击【更改数据源】按钮

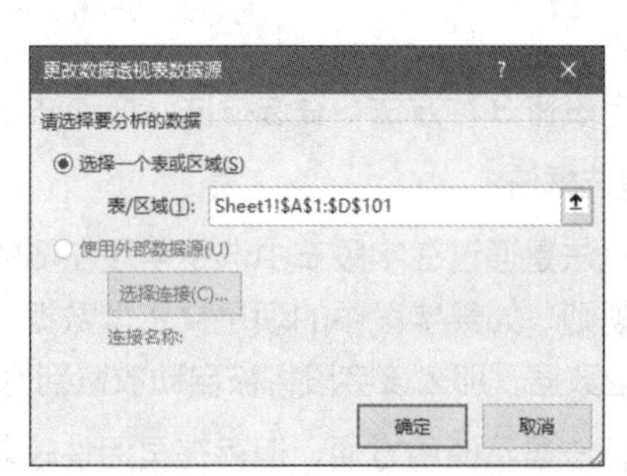

图 16-42 重新指定数据源的范围

16.3 设置数据透视表的布局和数据显示方式

在创建数据透视表后，首要任务是对字段进行布局。除此之外，为了增强数据透视表的可读性，让数据易于查看和理解，还需要调整数据透视表的结构和数据显示方式，包括重命名字段、更改数据透视表的整体布局、为数据分组、设置总计的显示方式等。

16.3.1 布局字段

布局字段是指将不同的字段放置在数据透视表的各个区域中，从而构建具有不同观察角度和含义的报表，即“透视”。Excel 提供了灵活的字段布局方式和相关选项，使布局字段变得简单和智能。

【数据透视表字段】窗格是布局字段的主要工具，创建一个数据透视表后，Excel 窗口右侧将自动显示【数据透视表字段】窗格。该窗格默认显示为上、下两个部分，上半部分包含一个或多个带有复选框的字段，该部分称为“字段节”；下半部分包含 4 个列表框，该部分称为“区域节”，如图 16-43 所示。

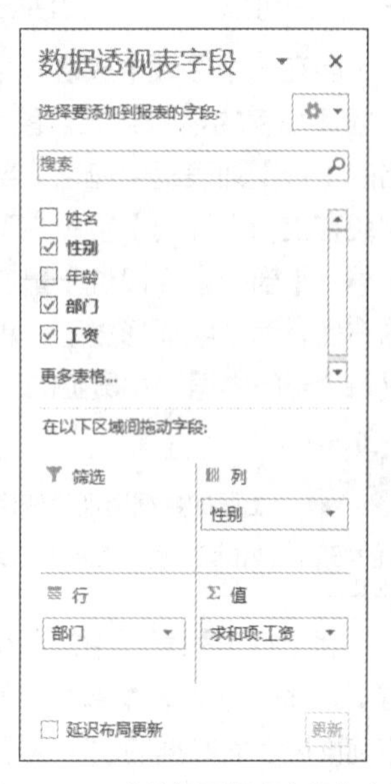

图 16-43 【数据透视表字段】窗格

字段节的列表框中显示了所有可用的字段，这些字段对应于数据源中的各列。如果字段左侧的复选框显示了勾选标记，说明该字段已被添加到数据透视表的某个区域中。区域节中的 4 个列表框对应于数据透视表的 4 个区域。字段节中的某个字段复选框处于选中状态时，该字段会同时出现在区域节 4 个列表框的其中一个。

提示

默认情况下，当选择数据透视表中的任意一个单元格时，【数据透视表字段】窗格将自动显示。如果未显示该窗格，则可以在功能区的【数据透视表工具 | 分析】上下文选项卡的【显示】组中单击【字段列表】按钮，如图 16-44 所示。

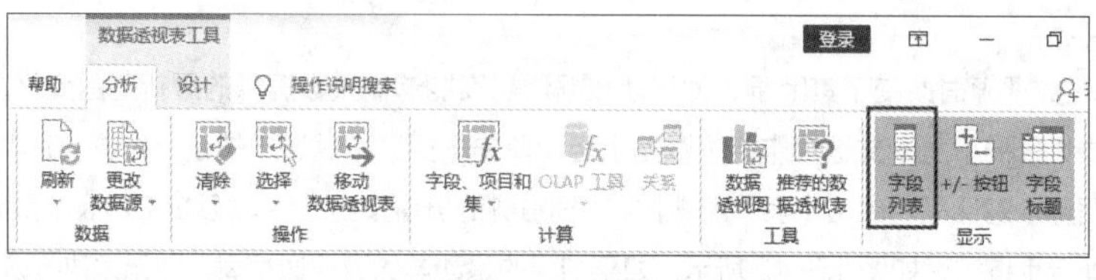

图 16-44　单击【字段列表】按钮

布局字段有 3 种方法：复选框法、拖动法和菜单命令法。

1. 复选框法

复选框法是通过在字段节中选中字段左侧的复选框，由 Excel 决定将字段放置到哪个区域。一个普遍的规则：如果字段中的项是文本型数据，那么该字段将被自动放置到行区域；如果字段中的项是数值型数据，那么该字段将被自动放置到值区域。

复选框法虽然使用方便，但存在灵活性较差的缺点，因为有时 Excel 自动将字段放置到的位置并非用户想放置的位置。

2. 拖动法

拖动法是使用鼠标指针将字段从字段节拖动到区域节的 4 个列表框中，拖动过程中会显示一条粗线，当列表框中包含多个字段时，这条线将指示当前移动到的位置，如图 16-45 所示。使用这种方法，用户可以根据需求灵活安排字段在数据透视表中的位置。

当在一个区域中放置多个字段时，这些字段的排列顺序将影响数据透视表的显示结果。图 16-46 所示的【数据透视表字段】窗格的【行】列表框中包含【部门】和【性别】两个字段，【部门】字段在上，【性别】字段在下。数据透视表中会同时反映出字段的布局，【部门】字段位于最左侧，【性别】字段位于【部门】字段的右侧，两个字段形成了一种内外层嵌套的结构关系，此时展示的是每个部门中男、女员工的工资汇总结果。

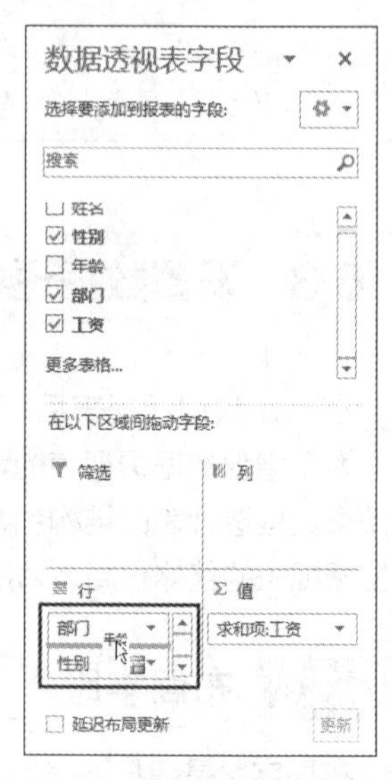

图 16-45　将字段拖动到列表框中

提示

上面的数据透视表使用的是“表格”布局，对数据的显示而言该布局最直观，本章中的大多数示例使用的都是这种布局。更改数据透视表整体布局的方法将在 16.3.3 小节进行介绍。

将【行】列表框中的两个字段的位置对换，变成【性别】字段在上，【部门】字段在下的排列方式，此时的数据透视表如图 16-47 所示，展示的是男、女员工所在的各个部门的工资汇总结果，与前面展示的数据的逻辑是不同的。

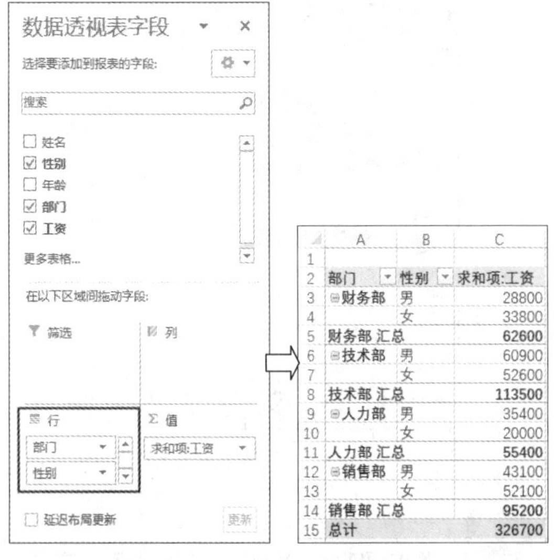

图 16-46　对字段进行布局

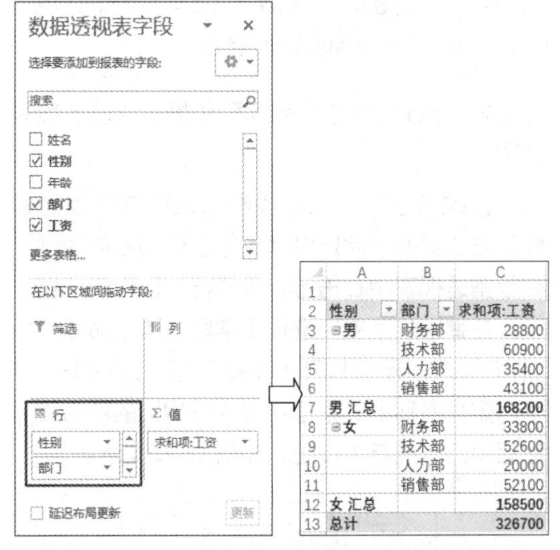

图 16-47　改变字段的布局将影响数据透视表的显示

通过对比【行】列表框中的字段排列顺序与数据透视表行区域中的字段排列顺序可以发现，位于【行】列表框中最上方的字段，其在数据透视表的行区域中位于最左侧；位于【行】列表框中最下方的字段，其在数据透视表的行区域中位于最右侧。也就是说，【数据透视表字段】窗格区域节的【行】列表框中从上到下排列的每个字段，与数据透视表的行区域中从左到右排列的每个字段一一对应。

【列】列表框中的字段排列顺序对数据透视表布局的影响与此类似。

3. 菜单命令法

除了前面介绍的两种方法之外，还可以使用菜单命令来布局字段。该方法的效果与拖动法的效果相同。在字段节中右击任意一个字段，在弹出的菜单中选择要将该字段移动到哪个区域，如图 16-48 所示。

图 16-48　使用快捷菜单命令布局字段

对已经添加到区域节中的字段而言，可以单击相应的字段，然后在弹出的菜单中选择要将该字段移动到哪个区域，如图 16-49 所示。可以使用【上移】或【下移】命令调整字段在当前区域中的位置。

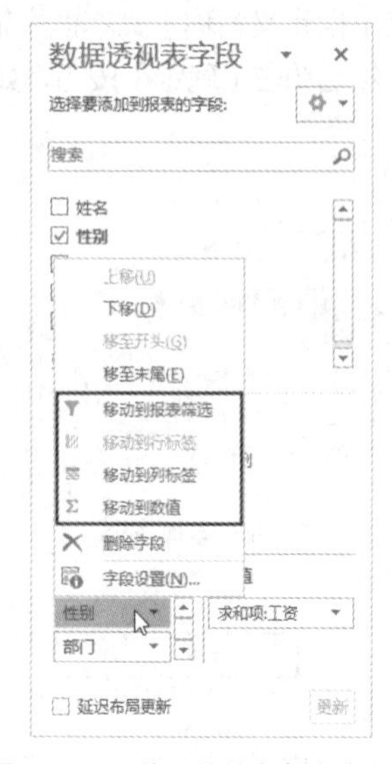

图 16-49　使用菜单命令移动字段

16.3.2 重命名字段

创建数据透视表后，数据透视表上显示的一些字段标题的含义可能并不直观。例如，数据透视表的值区域中的字段名称默认以“求和项：”或“计数项：”开头，如图 16-50 所示。

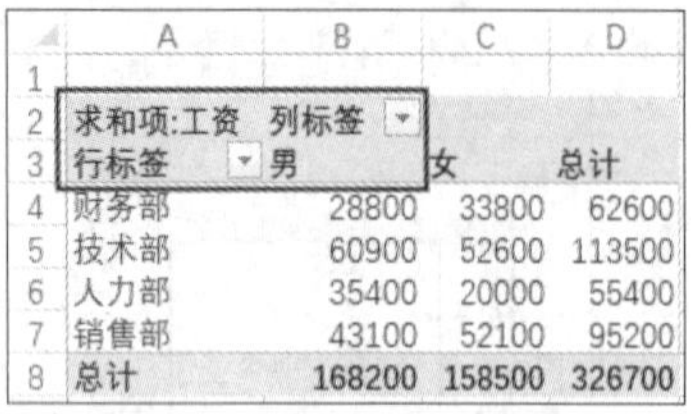

	A	B	C	D
1				
2	求和项:工资	列标签		
3	行标签	男	女	总计
4	财务部	28800	33800	62600
5	技术部	60900	52600	113500
6	人力部	35400	20000	55400
7	销售部	43100	52100	95200
8	总计	168200	158500	326700

图 16-50 字段名称的含义不直观

为了让数据透视表的含义清晰直观，可以将字段标题修改为更有意义的名称。最简单的方法是在数据透视表中单击字段所在的单元格，输入新的名称，然后按【Enter】键。

另一种方法是在对话框中修改字段的名称，不同类型的字段的修改方法略有不同，下面将分别进行介绍。

1. 修改值字段的名称

在数据透视表中右击值字段或值字段中的任意一项数据，在弹出的菜单中选择【值字段设置】命令，如图 16-51 所示。打开【值字段设置】对话框，在【自定义名称】文本框中输入值字段的新名称，然后单击【确定】按钮，如图 16-52 所示。

图 16-51 选择【值字段设置】命令

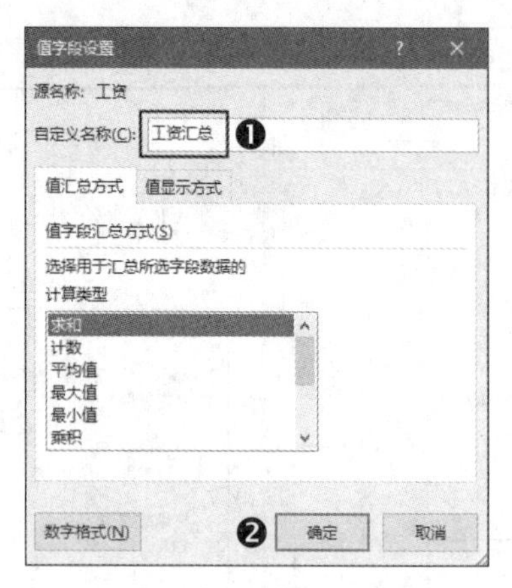

图 16-52 修改值字段的名称

注意

修改值字段的名称后，该字段在【数据透视表字段】窗格中仍然以修改前的名称显示。如果将值字段从数据透视表中删除，以后再次添加该字段时，其名称将恢复为修改前的状态。

2. 修改行字段、列字段和报表筛选字段的名称

修改行字段、列字段和报表筛选字段的名称的方法类似，此处以修改行字段的名称为例。在数据透视表中右击行字段或行字段中的任意一项，在弹出的菜单中选择【字段设置】命令，如图 16-53 所示。打开【字段设置】对话框，在【自定义名称】文本框中输入行字段的新名称，然后单击【确定】按钮，如图 16-54 所示。

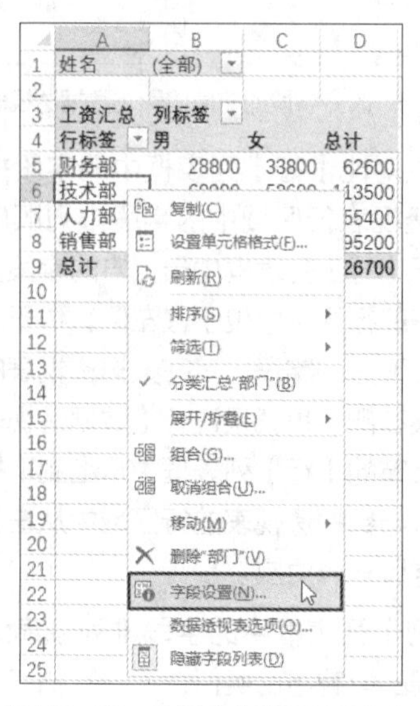

图 16-53 选择【字段设置】命令

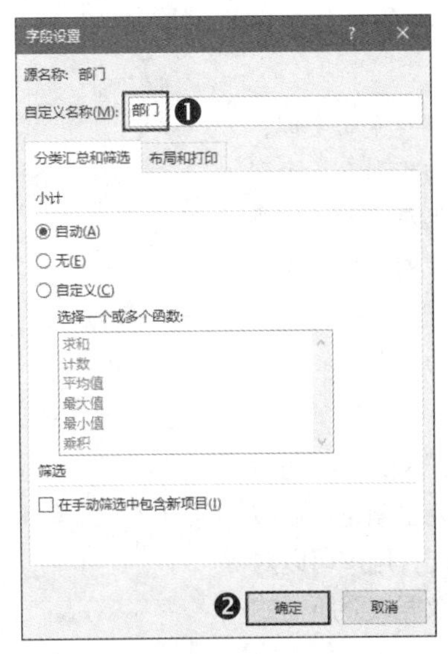

图 16-54 修改行字段的名称

> **注意**
> 只有数据透视表的布局是“大纲”和“表格”时，右击行字段的方式才有效。如果数据透视表是“压缩”布局，则只有右击行字段中的任意一项才有效。

修改行字段、列字段和报表筛选字段的名称后，这些字段在【数据透视表字段】窗格中将以修改后的名称显示。在数据透视表中添加或删除这些字段时，它们都始终以修改后的名称显示。

16.3.3 更改数据透视表的整体布局

数据透视表的布局决定了字段和字段项在数据透视表中的显示和排列方式。Excel 为数据透视表提供了“压缩”“大纲”“表格”3 种布局，创建数据透视表时默认使用“压缩”布局。要更改数据透视表的布局，可以在功能区的【数据透视表工具 | 设计】上下文选项卡的【布局】组中单击【报表布局】按钮，然后在弹出的菜单中选择一种布局，如图 16-55 所示。

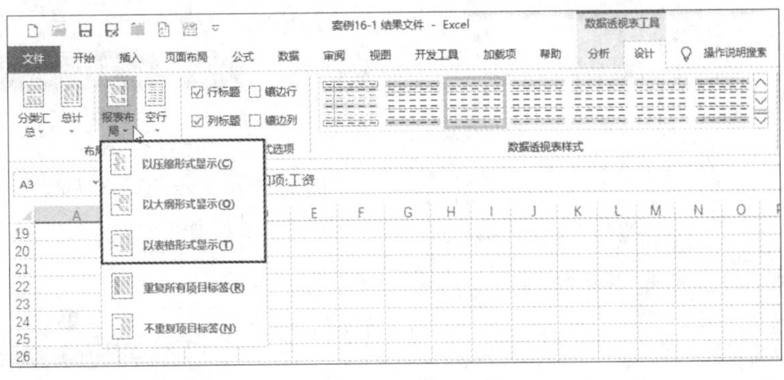

图 16-55 选择数据透视表的布局

◉ “压缩”布局：创建数据透视表时默认使用的布局，该布局将所有行字段堆叠显示在一列中，并根据字段的级别呈缩进排列。

◉ “大纲”布局：与“压缩”布局类似，“大纲”布局也使用缩进格式排列多个行字段，不同的是“大纲”布局将所有行字段横向排列在多个列中，并显示每个行字段的名称，而非堆叠在一列。

外部行字段中的每一项与其下属的内部行字段中的第 1 项并非排列在同一行。

◉ “表格”布局：与“大纲”布局类似，“表格”布局也将所有行字段横向排列在多个列中，并显示每个行字段的名称，但是“表格”布局外部行字段中的每一项与其下属的内部行字段中的第 1 项排列在同一行。

16.3.4 为数据分组

虽然 Excel 能够自动对数据透视表中的数据进行分类汇总，但是仍然无法完全满足灵活多变的业务需求。使用“组合”功能，用户可以对日期、数值、文本等不同类型的数据按照所需的方式进行分组。

Excel 为数据透视表中的日期型数据提供了多种分组方式，用户可以按年、季度、月等方式对日期进行分组。默认情况下，将包含日期的字段添加到行区域时，Excel 会自动对该字段中的日期按“月”分组。

案例 16–5 将日期按月分组显示销售汇总数据

案例目标： 将每日销售数据汇总明细以“月”为单位显示，效果如图 16-56 所示。

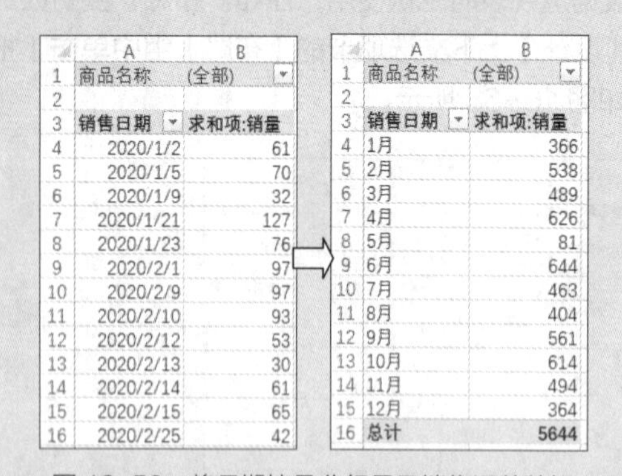

	A	B
1	商品名称	(全部)
2		
3	销售日期	求和项:销量
4	2020/1/2	61
5	2020/1/5	70
6	2020/1/9	32
7	2020/1/21	127
8	2020/1/23	76
9	2020/2/1	97
10	2020/2/9	97
11	2020/2/10	93
12	2020/2/12	53
13	2020/2/13	30
14	2020/2/14	61
15	2020/2/15	65
16	2020/2/25	42

	A	B
1	商品名称	(全部)
2		
3	销售日期	求和项:销量
4	1月	366
5	2月	538
6	3月	489
7	4月	626
8	5月	81
9	6月	644
10	7月	463
11	8月	404
12	9月	561
13	10月	614
14	11月	494
15	12月	364
16	总计	5644

图 16-56　将日期按月分组显示销售汇总数据

操作步骤如下。

(1) 右击【销售日期】字段中的任意一项，在弹出的菜单中选择【组合】命令，或者在功能区的【数据透视表工具 | 分析】上下文选项卡的【组合】组中单击【分组字段】按钮，如图 16-57 所示。

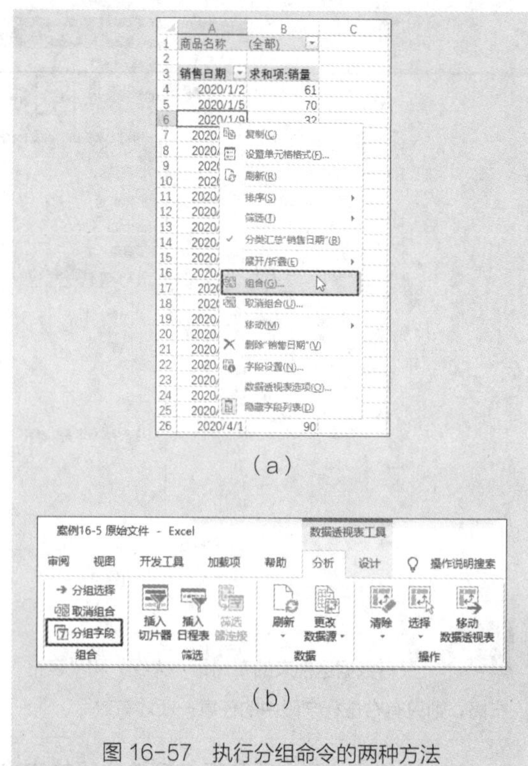

图 16-57　执行分组命令的两种方法

> **提示**
> 有的 Excel 版本中的右键快捷菜单中的分组命令为【创建组】而非【组合】。

(2) 打开【组合】对话框，Excel 会自动检查日期字段中的开始日期和结束日期，并填入【起始于】和【终止于】两个文本框，在【步长】列表框中选择【月】，然后单击【确定】按钮，如图 16-58 所示。

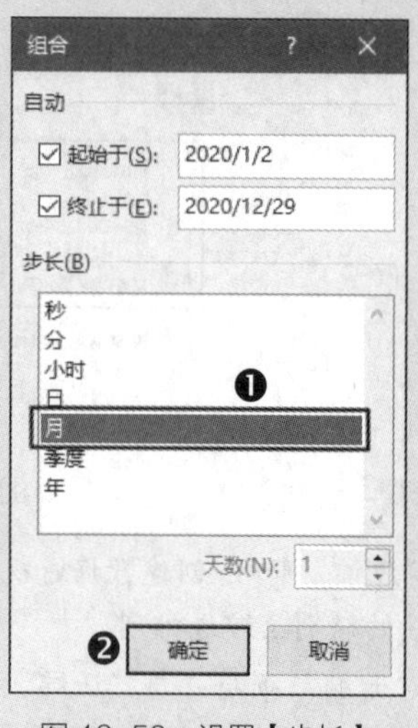

图 16-58　设置【步长】

注意

如果数据源中的日期跨越多个年份，在对日期按“季度”或按“月”分组后，每个季度或每个月将包含该季度或该月在所有年份中的汇总数据。例如，如果数据源中包含 2018—2020 年每个月的数据，在按“月”分组后，每个月的汇总数据实际上会包含该月在这 3 年中的所有数据，如 6 月的汇总数据会同时包含 2018 年 6 月、2019 年 6 月和 2020 年 6 月的数据，而不是某一年 6 月的数据。为了解决这个问题，需要在分组时同时按“月”和“年”进行分组。对季度的分组与此类似。

对数值进行分组的方法与对日期进行分组的方法类似，也需要指定起始值、终止值和步长值，不同之处在于步长值是一个由用户指定的数字。对文本进行分组时无法像对日期和数值进行分组那样由 Excel 自动指定起始值、终止值和步长值，而需要用户手动指定。

案例 16-6

按照地区所属的地理区域显示销售汇总数据

案例目标：为了以更大范围的地理区域来统计商品的销量，将各个地区按照地理位置进行划分。本例将“北京”“河北”“山西”“天津”4 个地区划分为华北地区，将“黑龙江”“吉林”“辽宁”3 个地区划分为东北地区，将“江苏”“山东”“上海”划分为华东地区，效果如图 16-59 所示。

	A	B
1	商品名称	(全部)
2		
3	销售地区	求和项:销量
4	北京	763
5	河北	362
6	黑龙江	591
7	吉林	721
8	江苏	455
9	辽宁	819
10	山东	557
11	山西	342
12	上海	641
13	天津	393
14	总计	5644

	A	B	C
1	商品名称	(全部)	
2			
3	销售区域	销售地区	求和项:销量
4	⊟华北地区	北京	763
5		河北	362
6		山西	342
7		天津	393
8	⊟东北地区	黑龙江	591
9		吉林	721
10		辽宁	819
11	⊟华东地区	江苏	455
12		山东	557
13		上海	641
14	总计		5644

图 16-59 按照地区所属的地理区域显示销售汇总数据

操作步骤如下。

（1）选择【北京】、【河北】、【天津】和【山西】中的任意一项，按住【Ctrl】键，然后逐个单击其他 3 项，即可同时选中这 4 项，如图 16-60 所示。

	A	B
1	商品名称	(全部)
2		
3	销售地区	求和项:销量
4	北京	763
5	河北	362
6	黑龙江	591
7	吉林	721
8	江苏	455
9	辽宁	819
10	山东	557
11	山西	342
12	上海	641
13	天津	393
14	总计	5644

图 16-60 选择要分组的字段项

（2）右击选中的任意一项，在弹出的菜单中选择【组合】命令，创建第 1 个组，选择该组名称所在的单元格，输入“华北地区”并按【Enter】键，如图 16-61 所示。

	A	B	C
1	商品名称	(全部)	
2			
3	销售地区2	销售地区	求和项:销量
4	⊟华北地区	北京	763
5		河北	362
6		山西	342
7		天津	393
8	华北地区 汇总		1860
9	⊟黑龙江	黑龙江	591
10	黑龙江 汇总		591
11	⊟吉林	吉林	721
12	吉林 汇总		721
13	⊟江苏	江苏	455
14	江苏 汇总		455
15	⊟辽宁	辽宁	819
16	辽宁 汇总		819
17	⊟山东	山东	557
18	山东 汇总		557
19	⊟上海	上海	641
20	上海 汇总		641
21	总计		5644

图 16-61 创建新组并设置组的名称

注意

使用单击的方式选择单元格时，需要当鼠标指针变为✚形状时单击，才能选中单元格。

（3）使用类似的方法创建其他两个组，为“黑龙江”“吉林”“辽宁”3 个地区创建名为“东北地区”的组，为“江苏”“山东”“上海”3 个地区创建名为“华东地区”的组。创建好的数据透视表如图 16-62 所示。

	A	B	C
1	商品名称	(全部)	
2			
3	销售地区2	销售地区	求和项:销量
4	⊟华北地区	北京	763
5		河北	362
6		山西	342
7		天津	393
8	华北地区 汇总		1860
9	⊟东北地区	黑龙江	591
10		吉林	721
11		辽宁	819
12	东北地区 汇总		2131
13	⊟华东地区	江苏	455
14		山东	557
15		上海	641
16	华东地区 汇总		1653
17	总计		5644

图 16-62 分组后的数据

（4）将A3单元格中的名称改为“销售区域”，然后右击该单元格，在弹出的菜单中取消选中【分类汇总“销售区域”】，如图16-63所示。

图16-63 取消选中【分类汇总“销售区域”】

取消数据的分组有以下两种方法。

◉ 右击已分组的字段中的任意一项，然后在弹出的菜单中选择【取消组合】命令，如图16-64所示。

图16-64 选择【取消组合】命令

◉ 单击已分组的字段中的任意一项，然后在功能区的【数据透视表工具|分析】上下文选项卡的【组合】组中单击【取消组合】按钮，如图16-65所示。

图16-65 单击【取消组合】按钮

16.3.5 设置总计的显示方式

在创建的数据透视表中，根据行字段和列字段的数量，Excel将同时显示行的总计值和列的总计值，或只显示其中之一。图16-66所示的数据透视表中同时显示了行总计和列总计。每行数据的总计值显示在数据透视表的最右侧，每列数据的总计值显示在数据透视表的底部。

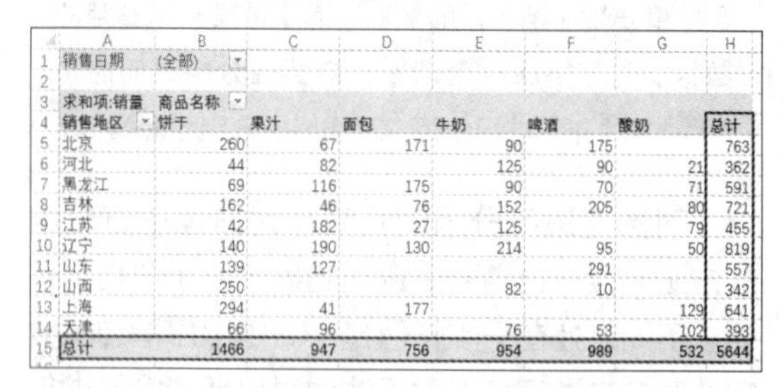

销售日期	(全部)						
求和项:销量	商品名称						
销售地区	饼干	果汁	面包	牛奶	啤酒	酸奶	总计
北京	260	67	171	90	175		763
河北	44	82		125	90	21	362
黑龙江	69	116	175	90	70	71	591
吉林	162	46	76	152	205	80	721
江苏	42	182	27	125		79	455
辽宁	140	190	130	214	95	50	819
山东	139	127			291		557
山西	250			82	10		342
上海	294	41	177			129	641
天津	66	96		76	53	102	393
总计	1466	947	756	954	989	532	5644

图16-66 同时显示了行总计和列总计的数据透视表

用户可以根据需要分别控制行总计和列总计的显示状态。单击数据透视表中的任意一个单元格，在功能区的【数据透视表工具|设计】上下文选项卡的【布局】组中单击【总计】按钮，然后在弹出的菜单中选择总计的显示方式，如图16-67所示。4个总计显示方式的作用如下。

◉ 对行和列禁用：不显示行总计和列总计。

◉ 对行和列启用：同时显示行总计和列总计。

◉ 仅对行启用：只显示行总计，不显示列总计。

◉ 仅对列启用：只显示列总计，不显示行总计。

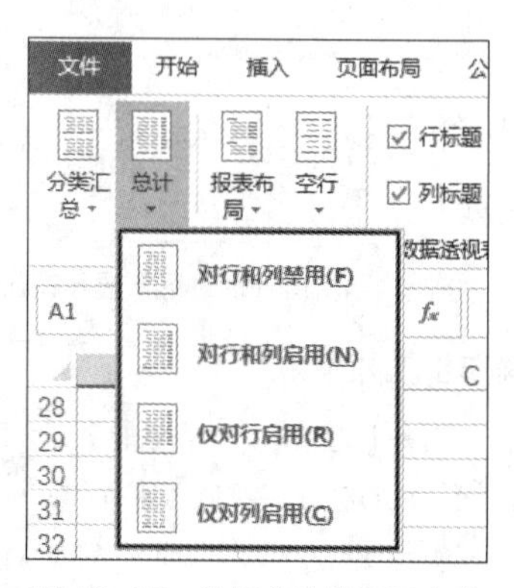

图16-67 选择总计的显示方式

16.4 使用切片器筛选数据

“切片器”功能可以让数据透视表中的数据筛选操作变得更加简单和直观。每一个切片器对应于数据透视表中的一个特定字段，切片器中包含特定字段中的所有项，通过在切片器中选择或取消选择一个或多个项来完成对数据的筛选。实际上，切片器为用户对字段项的筛选提供了一种易于操作的图形化界面。除了可为一个数据透视表创建切片器外，还可以在多个数据透视表之间共享同一个切片器，从而实现多个数据透视表之间的筛选联动。

16.4.1 创建切片器

只需简单的几步即可为数据透视表创建切片器。选择数据透视表中的任意一个单元格，然后从以下两个位置执行切片器命令。

◉ 在功能区的【数据透视表工具|分析】上下文选项卡的【筛选】组中单击【插入切片器】按钮，如图16-68所示。

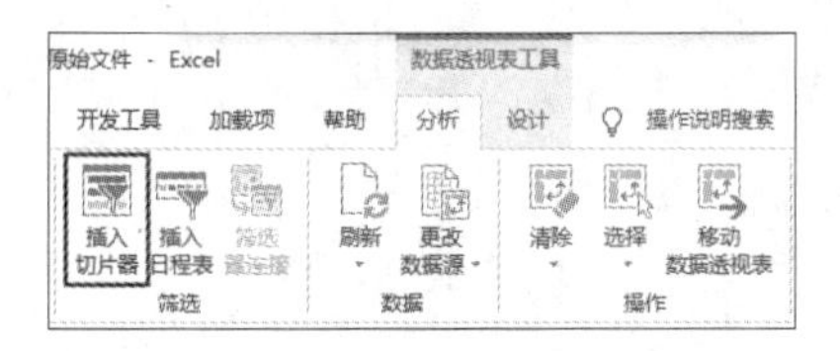

图16-68 单击【插入切片器】按钮

◉ 在功能区的【插入】选项卡的【筛选器】组中单击【切片器】按钮，如图16-69所示。

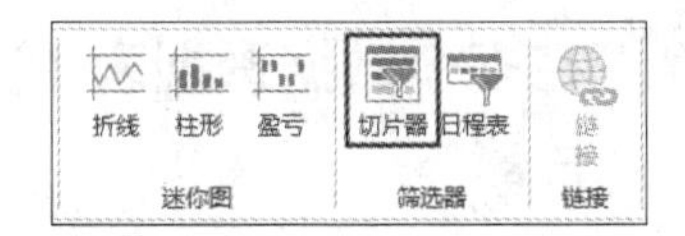

图16-69 单击【切片器】按钮

使用以上任意一种方法将打开【插入切换器】对话框，其中列出了当前数据透视表中的所有字段，即使没有添加到数据透视表的字段也会显示出来，如图16-70所示。选中要创建切片器的字段左侧的复选框，然后单击【确定】按钮，Excel将根据用户选择的字段创建对应的切片器。由于此处选中了【商品名称】字段的复选框，因此为其创建了一个切片器，切片器顶部的标题为该字段的名称，如图16-71所示。

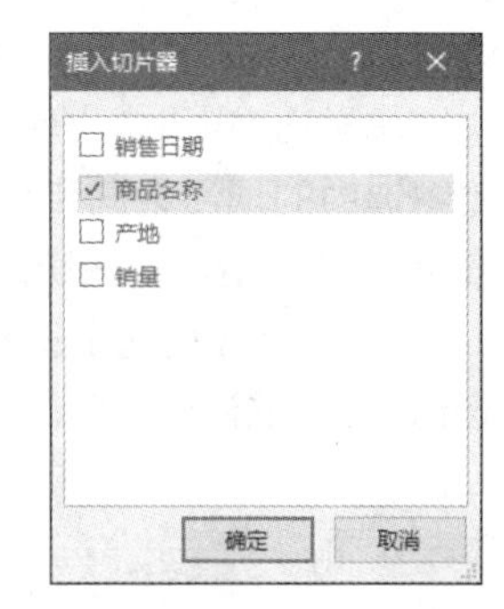

图16-70 选择要创建切片器的字段

切片器中所有项目的选中状态与创建切片器之前该字段的筛选状态相对应。选中的项目呈蓝色背景，表示其当前正显示在数据透视表中，相当于筛选出的数据；未选中的项目呈白色背景，表示其当前没有显示在数据透视表中，相当于筛选掉的数据。

图16-71 为数据透视表创建的切片器

无论当前选中哪些项目，单击任意一个项目都会自动取消其他项目的选中状态。如果想要同时选中多个项目，可以单击切片器顶部的【多选】按钮，开启多选模式，如图16-72所示。

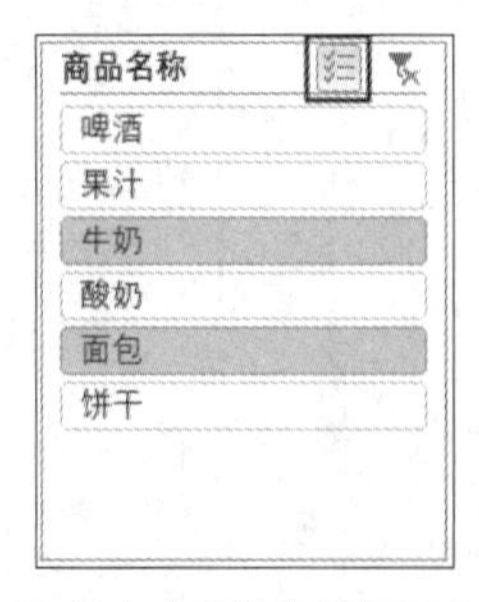

图16-72 单击【多选】按钮开启多选模式

开启多选模式后，选择项目有以下几种方法。

◉ 要选择多个项目，可以逐个单击这些项目，每次单击一个项目都会将其选中。

◉ 如果单击已选中的项目，将取消其选中状态。

◉ 如果当前在切片器中只选中了一个项目，单击该项目时，将自动选中切片器中的所有项目。

在切片器中选中的项目会同步反映到数据透视表中，如图 16-73 所示，在切片器中选中了【果汁】、【牛奶】和【面包】3 项，数据透视表中就会显示这 3 项的汇总数据。

	A	B
1	产地	(全部)
2		
3	商品名称	求和项:销量
4	果汁	947
5	面包	756
6	牛奶	954
7	总计	2657

商品名称：啤酒、果汁、牛奶、酸奶、面包、饼干

图 16-73　使用切片器筛选数据透视表中的数据

提示

用户可以拖动切片器将其移动到工作表中适当的位置。如果创建了多个切片器，可以按住【Shift】键，然后单击每一个切片器，从而将它们同时选中，再一起移动。还可以在功能区的【切片器工具 | 选项】上下文选项卡的【排列】组中单击【对齐】按钮，然后在弹出的菜单中选择自动对齐多个切片器的方式，如图 16-74 所示。

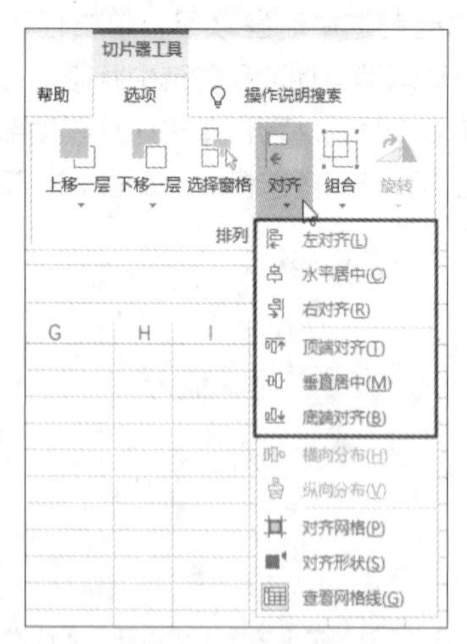

图 16-74　选择自动对齐多个切片器的方式

16.4.2 清除切片器的筛选状态

用户可以随时清除切片器的筛选状态，有以下两种方法。

◉ 单击切片器右上角的【清除筛选器】按钮，如图 16-75 所示。

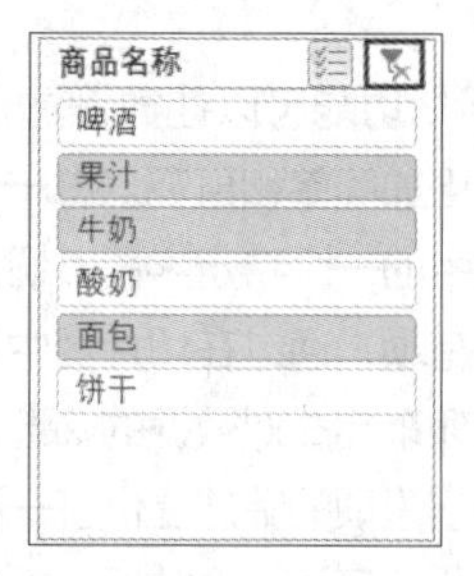

图 16-75　单击【清除筛选器】按钮

◉ 右击切片器，在弹出的菜单中选择【从"……"中清除筛选器】命令，省略号表示字段的名称，如图 16-76 所示。

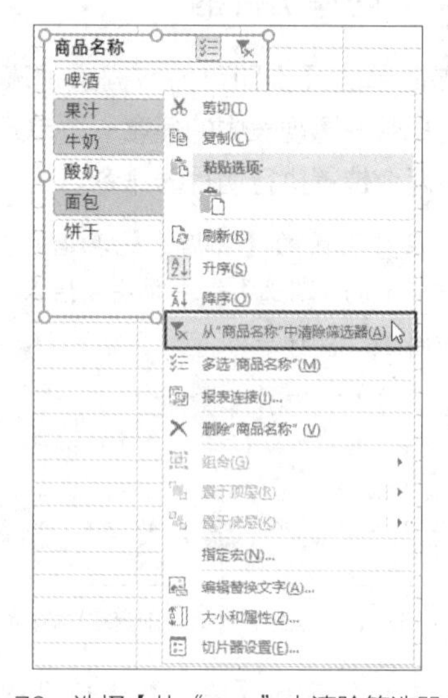

图 16-76　选择【从"……"中清除筛选器】命令

16.4.3 在多个数据透视表中共享切片器

为一个数据透视表创建切片器之后，可以将该切片器共享给其他数据透视表，在这个切片器中进行筛选操作时，筛选操作将同时作用于其他数据透视表。在多个数据透视表中共享切片器的操作步骤如下。

(1) 在同一个工作簿中创建多个数据透视表，然后为其中一个数据透视表创建切片器。

(2) 右击要共享的切片器，在弹出的菜单中选择【报表连接】命令，如图 16-77 所示。

(3) 打开图 16-78 所示的对话框，选中要连

接到当前切片器的数据透视表名称左侧的复选框。由此可见，为数据透视表设置一个易于识别的名称很重要。

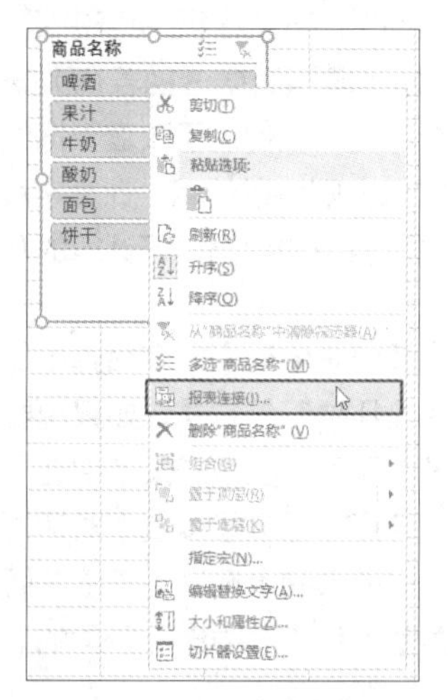

图 16-77　选择【报表连接】命令

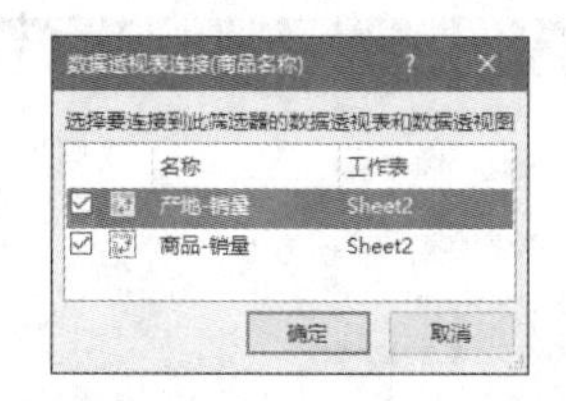

图 16-78　选择要连接到切片器的数据透视表

注意

每次只能为一个切片器设置共享模式，如果同时选择多个切片器，右键快捷菜单中的【报表连接】命令将处于禁用状态。

图 16-79 所示的两个数据透视表共享名为“商品名称”的切片器，在该切片器中选择不同的项目时，将同时筛选两个数据透视表中的数据。

	A	B
1	商品名称	求和项:销量
2	面包	756
3	牛奶	954
4	总计	1710
5		
6		
7		
8		
9		
10	产地	求和项:销量
11	北京	261
12	河北	125
13	黑龙江	265
14	吉林	228
15	江苏	152
16	辽宁	344
17	山西	82
18	上海	177
19	天津	76
20	总计	1710

商品名称
啤酒
果汁
牛奶
酸奶
面包
饼干

图 16-79　共享的切片器同时筛选两个数据透视表中的数据

如果为数据透视表创建了多个切片器，那么还可以决定数据透视表与哪些切片器连接。单击数据透视表中的任意一个单元格，在功能区的【数据透视表工具 | 分析】上下文选项卡的【筛选】组中单击【筛选器连接】按钮，如图 16-80 所示，然后在打开的对话框中选择与哪些切片器连接，如图 16-81 所示。

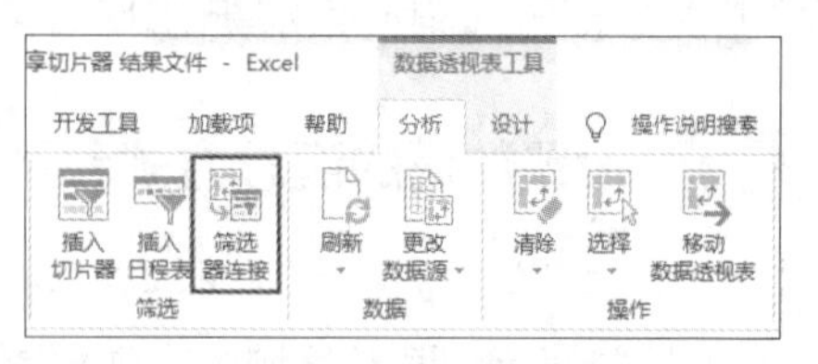

图 16-80　单击【筛选器连接】按钮

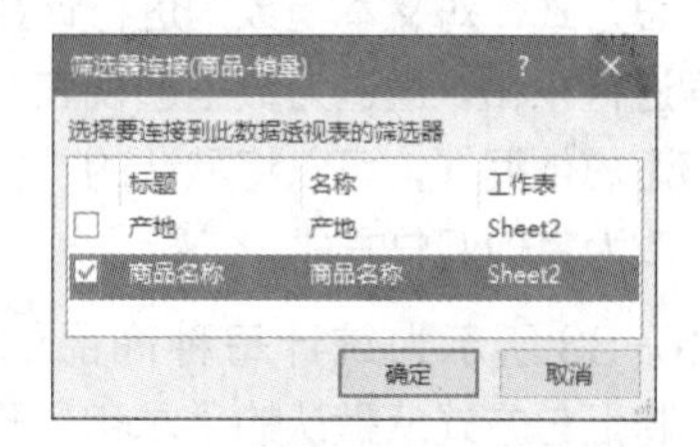

图 16-81　为数据透视表选择连接到的切片器

16.4.4　删除切片器

如果不再需要某个切片器，可以使用以下两种方法将其删除。

- 选择要删除的切片器，然后按【Delete】键。
- 右击要删除的切片器，然后在弹出的菜单中选择【删除“……”】命令，省略号表示切片器顶部的标题名称，即字段的名称，如图 16-82 所示。

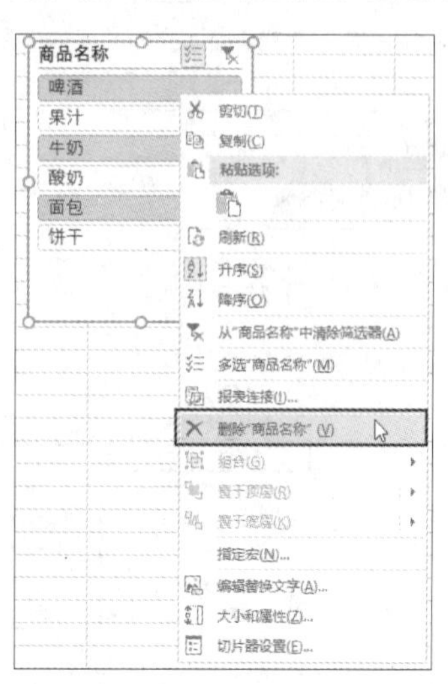

图 16-82　使用右键快捷菜单中的命令删除切片器

16.5 计算数据透视表中的数据

Excel 对数据透视表的结构和计算方式有严格的限制，不允许用户在数据透视表中插入单元格、行和列，也不允许用户在数据透视表中的单元格内输入公式。为了增强数据透视表在数据计算方面的灵活性，Excel 提供了“值汇总依据”和“值显示方式”两个功能，它们用于改变数据的汇总方式和计算方式。如果这两个功能仍然无法满足用户对数据的计算需求，则可以使用“计算字段”和“计算项”功能在数据透视表中添加新的计算。本节将介绍对数据透视表中的数据执行计算的几种方法。

16.5.1 设置数据的汇总方式和计算方式

Excel 对数据透视表值区域中的数据提供了默认的汇总方式：对文本型数据进行计数，对数值型数据进行求和。通过为数据透视表中的数据设置“值汇总依据”，可以将默认的“求和”或“计数”改为其他汇总方式。

图 16-83 所示为统计每种商品的平均销量，此处将汇总方式从默认的“求和”改为“平均值”。只需右击值字段中的任意一项，在弹出的菜单中选择【值汇总依据】命令，然后在其子菜单中选择【平均值】即可，如图 16-84 所示。

	A	B
1	销售日期	(全部)
2		
3	商品名称	平均值项:销量
4	啤酒	58
5	果汁	50
6	牛奶	64
7	酸奶	48
8	面包	50
9	饼干	64
10	总计	56

图 16-83　将“求和”改为“平均值”

图 16-84　更改数据的汇总方式

选择【值汇总依据】命令后弹出的子菜单中只显示了少数几种汇总方式，如果想要选择更多的汇总方式，则可以在该子菜单中选择【其他选项】命令，打开【值字段设置】对话框，在【值汇总方式】选项卡的【选择用于汇总所选字段数据的计算类型】列表框中选择所需的汇总方式，如图 16-85 所示。

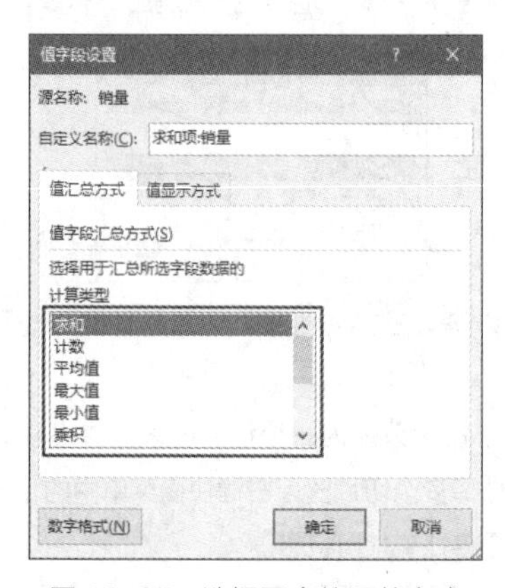

图 16-85　选择更多的汇总方式

> **提示**
>
> 打开【值字段设置】对话框的另一种方法是右击值字段中的任意一项，在弹出的菜单中选择【值字段设置】命令。

数据透视表值区域中的数据的计算方式默认为“无计算”，Excel 将根据数据的类型对数据进行求和或计数。如果对数据有更多的计算需求，如计算每种商品在各个地区的销售额占比，则可以为值区域中的数据设置“值显示方式”来改变其默认的计算方式。

在数据透视表中右击要改变计算方式的值字段中的任意一项，在弹出的菜单中选择【值显示方式】命令，然后在其子菜单中选择一种计算方式，如图 16-86 所示。

设置数据计算方式的另一种方法是右击值字段中的任意一项，在弹出的菜单中选择【值字段设置】命令，打开【值字段设置】对话框，在【值显示方式】选项卡的【值显示方式】下拉列表中选择一种计算方式，如图16-87所示。

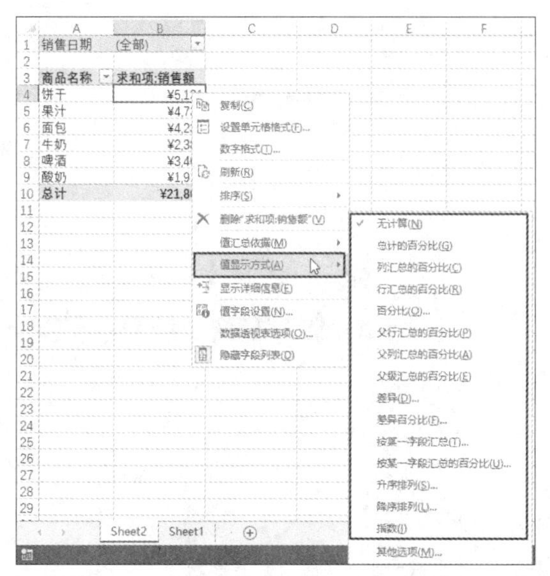

图16-86 为值区域中的数据选择计算方式

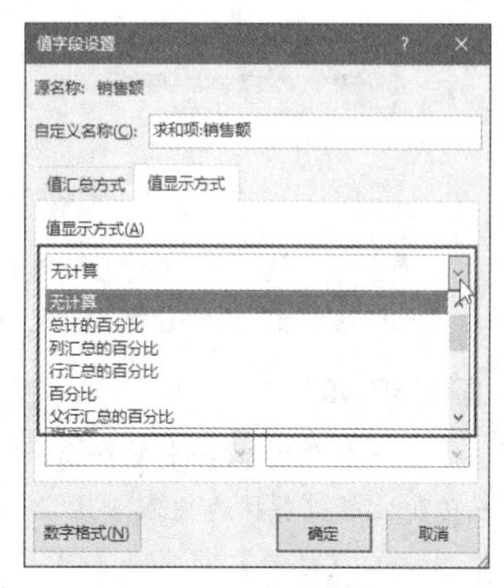

图16-87 在【值显示方式】下拉列表中选择计算方式

表16-1所示为值显示方式包含的选项及其说明。

表16-1 值显示方式包含的选项及其说明

值显示方式选项	说明
无计算	值字段中的数据按原始状态显示，不进行任何特殊计算
总计的百分比	值字段中的数据显示为每个数值占其所在行和所在列的值的总和的百分比
列汇总的百分比	值字段中的数据显示为每个数值占其所在列的值的总和的百分比
行汇总的百分比	值字段中的数据显示为每个数值占其所在行的值的总和的百分比
百分比	以选择的参照项作为100%，其他项基于该项的百分比
父行汇总的百分比	数据透视表包含多个行字段时，以父行汇总为100%，计算每个值的百分比
父列汇总的百分比	数据透视表包含多个列字段时，以父列汇总为100%，计算每个值的百分比
父级汇总的百分比	某项数据占父级总和的百分比
差异	值字段与指定的基本字段和基本项之间的差值
差异百分比	值字段显示为与指定的基本字段之间的差值百分比
按某一字段汇总	基于选择的某个字段进行汇总
按某一字段汇总的百分比	值字段显示为指定的基本字段的汇总百分比
升序排列	值字段显示为按升序排列的序号
降序排列	值字段显示为按降序排列的序号
指数	使用以下公式进行计算：[(单元格的值)×(总体汇总之和)]/[(行汇总)×(列汇总)]

16.5.2 创建计算字段

计算字段是对数据透视表中现有字段进行自定义计算后产生的新字段。计算字段显示在【数据透视表字段】窗格中，但是不会出现在数据源中，因此对数据源没有任何影响。数据透视表中原有字段的大多数操作都适用于计算字段，但是只能将计算字段添加到值区域。

案例 16-7

使用计算字段根据商品的销量和销售额计算单价

案例目标： 图 16-88 所示为每种商品的销量和销售额，本例要根据销量和销售额来计算每种商品的单价。

	A	B	C
1	销售日期	(全部)	
2			
3	商品名称	求和项:销量	求和项:销售额
4	饼干	1466	¥5,131
5	果汁	947	¥4,735
6	面包	756	¥4,234
7	牛奶	954	¥2,385
8	啤酒	989	¥3,462
9	酸奶	532	¥1,915
10	总计	5644	¥21,861

图 16-88　汇总的销量和销售额

操作步骤如下。

（1）单击数据透视表中的任意一个单元格，在功能区的【数据透视表工具 | 分析】上下文选项卡的【计算】组中单击【字段、项目和集】按钮，然后在弹出的菜单中选择【计算字段】命令，如图 16-89 所示。

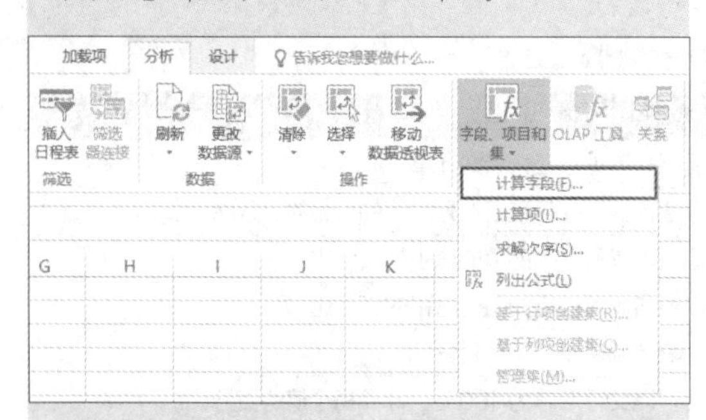

图 16-89　选择【计算字段】命令

（2）打开【插入计算字段】对话框，进行以下几项设置，如图 16-90 所示。

◉ 在【名称】文本框中输入计算字段的名称，如“单价”。

◉ 删除【公式】文本框中的 0。

◉ 单击【公式】文本框内部，然后双击【字段】列表框中的【销售额】，将其添加到【公式】文本框中的等号的右侧。然后输入 Excel 中的除号“/”，再双击【字段】列表框中的【销量】，将其添加到除号的右侧。

（3）单击【添加】按钮，将创建的计算字段添加到【字段】列表框，如图 16-91 所示。

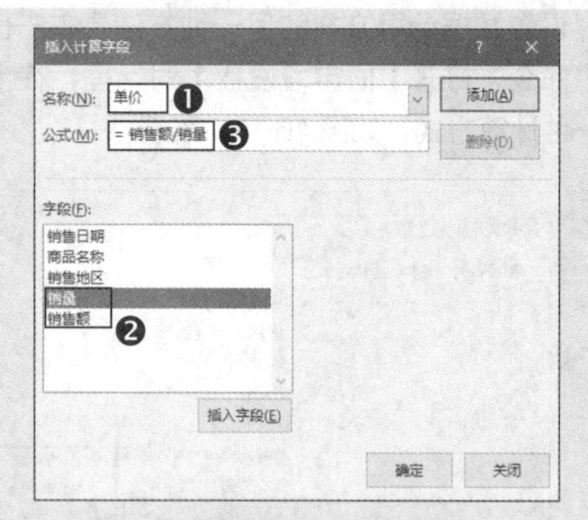

图 16-90　设置计算字段

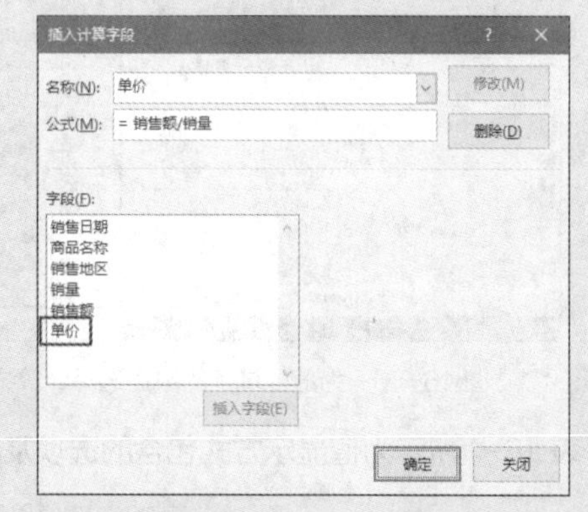

图 16-91　将创建的计算字段添加到【字段】列表框

注意

不能在计算字段的公式中使用单元格引用和定义的名称。

（4）单击【确定】按钮，数据透视表中将添加【单价】字段，并显示在【数据透视表列表】窗格中，该字段用于计算每种商品的单价，如图 16-92 所示。

	A	B	C	D
1	销售日期	(全部)		
2				
3	商品名称	求和项:销量	求和项:销售额	求和项:单价
4	饼干	1466	¥5,131	3.5
5	果汁	947	¥4,735	5
6	面包	756	¥4,234	5.6
7	牛奶	954	¥2,385	2.5
8	啤酒	989	¥3,462	3.5
9	酸奶	532	¥1,915	3.6
10	总计	5644	¥21,861	3.87336995

图 16-92　创建用于计算单价的计算字段

可以随时修改或删除现有的计算字段。首先打开【插入计算字段】对话框，在【名称】下拉列表中选择要修改或删除的计算字段，如图 16-93 所示。此时【添加】按钮变为【修改】按钮，对计算字段的名称和公式进行所需的修改，然后单击【修改】按钮即可保存修改内容。单击【删除】按钮将删除所选字段。

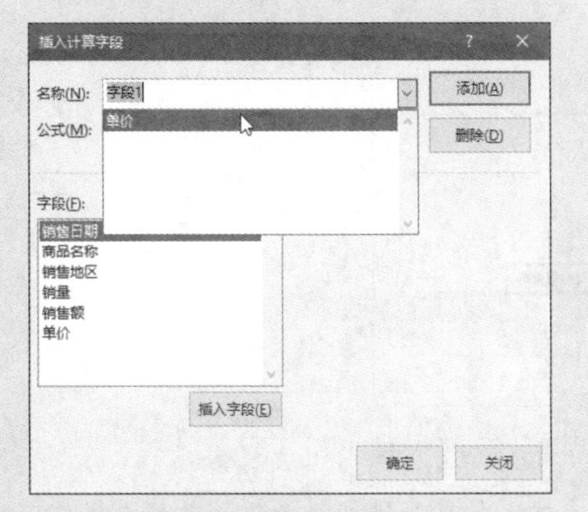

图 16-93 选择要修改或删除的计算字段

16.5.3 创建计算项

计算项是对数据透视表中的字段项进行自定义计算后产生的新字段项。数据透视表中原有字段项的大多数操作都适用于计算项。计算项不会出现在【数据透视表字段】窗格和数据源中。

案例 16-8

使用计算项计算两个地区的销量差异

案例目标：图 16-94 所示为所有商品在各个地区的销量，本例要计算北京和上海两个地区的销量差异。

	A	B
1	销售日期	(全部)
2		
3	销售地区	求和项:销量
4	北京	763
5	河北	362
6	黑龙江	591
7	吉林	721
8	江苏	455
9	辽宁	819
10	山东	557
11	山西	342
12	上海	641
13	天津	393
14	总计	5644

图 16-94 各个地区的销量

操作步骤如下。

(1) 单击【销售地区】字段中的任意一项，在功能区的【数据透视表工具 | 分析】上下文选项卡的【计算】组中单击【字段、项目和集】按钮，然后在弹出的菜单中选择【计算项】命令，如图 16-95 所示。

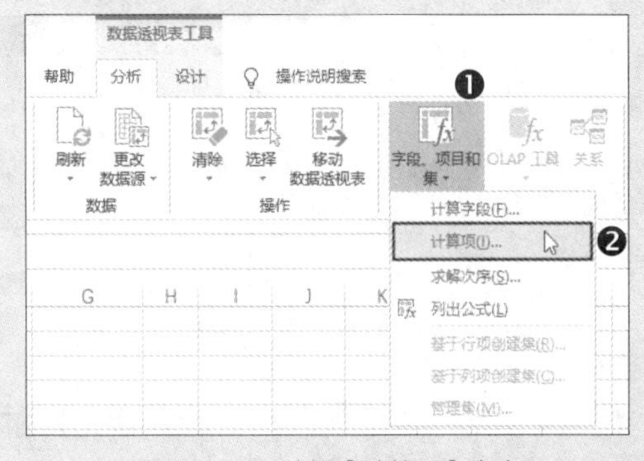

图 16-95 选择【计算项】命令

(2) 打开【在“销售地区”中插入计算字段】对话框，进行以下几项设置，如图 16-96 所示。

◉ 在【名称】文本框中输入计算项的名称，如“北京 - 上海销量差异”。

◉ 删除【公式】文本框中的 0。

◉ 单击【公式】文本框内部，在【字段】列表框中选择【销售地区】，然后在右侧的【项】列表框中双击【北京】，将其添加到【公式】文本框的等号的右侧。输入一个减号，然后使用相同的方法将【销售地区】中的【上海】添加到减号的右侧。

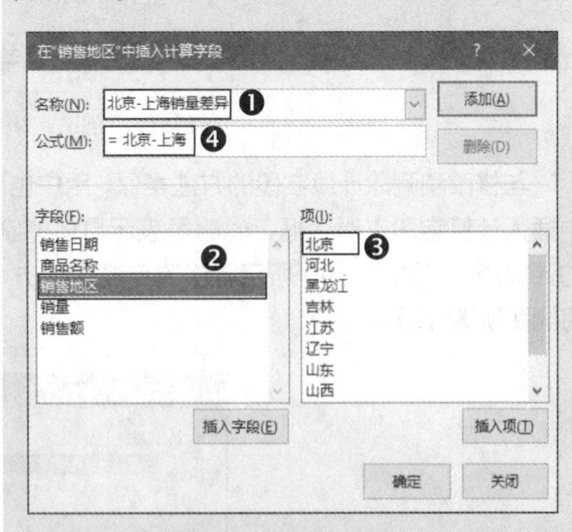

图 16-96 设置计算项

(3) 单击【添加】按钮，将创建的计算项添加到【项】列表框，如图 16-97 所示。

提示

上述对话框的名称实际上应该是【在“……”中插入计算项】，这是 Excel 简体中文版存在的一个问题。

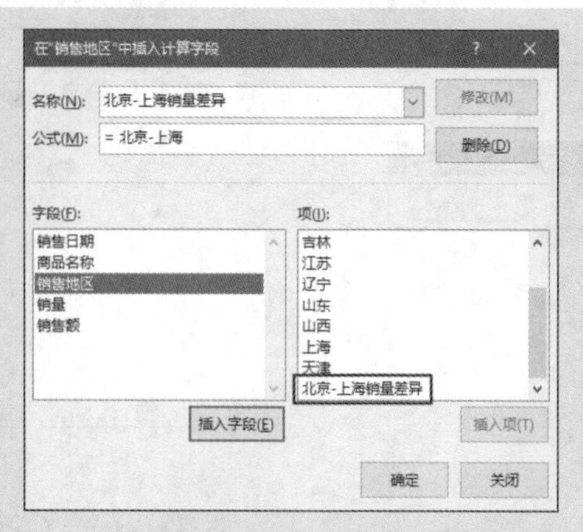

图 16-97　将创建的计算项添加到【项】列表框

（4）单击【确定】按钮，关闭【在“销售地区”中插入计算字段】对话框。数据透视表中将添加【北京 - 上海销量差异】计算项，并自动计算出北京和上海两个地区的销量差异，如图 16-98 所示。

	A	B
1	销售日期	(全部)
2		
3	销售地区	求和项:销量
4	北京	763
5	河北	362
6	黑龙江	591
7	吉林	721
8	江苏	455
9	辽宁	819
10	山东	557
11	山西	342
12	上海	641
13	天津	393
14	北京-上海销量差异	122
15	总计	5766

图 16-98　创建计算两个地区销量差异的计算项

与修改和删除计算字段的方法类似，用户也可以随时修改和删除现有的计算项。打开【在“……”中插入计算字段】对话框，省略号表示具体的字段名称。在【名称】下拉列表中选择要修改或删除的计算项，如图 16-99 所示，修改完成后单击【修改】按钮即可保存修改内容。单击【删除】按钮将删除所选计算项。

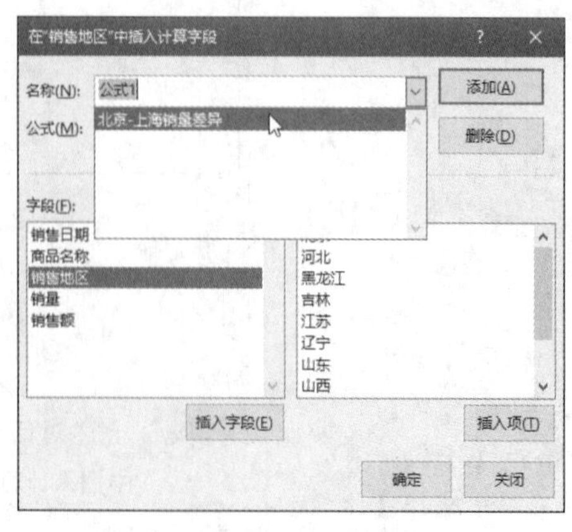

图 16-99　选择要修改或删除的计算项

> **注意**
>
> 打开【在“……”中插入计算字段】对话框之前，需要确保选择的是所要修改或删除的计算项所在字段中的任意一项。如果选择的位置有误，那么在打开对话框的【名称】下拉列表中不会显示所需的计算项。

16.6 创建数据透视图

数据透视图将数据以图形化的方式呈现出来，使用数据透视图中的控件可以控制数据的显示方式，还可以改变数据透视图各个部分的外观格式。数据透视图的很多特性都与普通图表相同，但是它们也存在以下几个区别。

◉ 数据源类型：普通图表的数据源是工作表中的单元格区域；数据透视图的数据源有多种类型，除了支持工作表中的单元格区域之外，还支持外部数据，如文本文件、Access 数据库或 SQL Server 数据库。

◉ 图表类型：数据透视图不支持 XY 散点图、气泡图和股价图。

◉ 交互性：普通图表默认不具备任何交互性，除非用户在图表中添加控件并设置控件属性；数据透视图具有良好的交互性，不但可以随时通过调整字段的位置来获得新的图表布局，还可以使用数据透视图中的控件直接筛选数据。

◉ 格式设置的稳定性：为普通图表设置格式之后，只要不更改或删除这些格式，它们就不会发生变化；为数据透视图设置格式之后，当刷新数据时，数据透视图中的数据标签、趋势线、误差线和对数据系列的一些更改可能会丢失；此外，无法调整数据透视图中的图表标题、坐标轴标题和数据标签的大小。

如果创建了一个数据透视表并完成了字段的布局，然后基于该数据透视表创建了一个数据透视图，则数据透视图的默认布局与数据透视表相同。图 16-100 所示为数据透视图与数据透视表各个元素之间的对应关系。

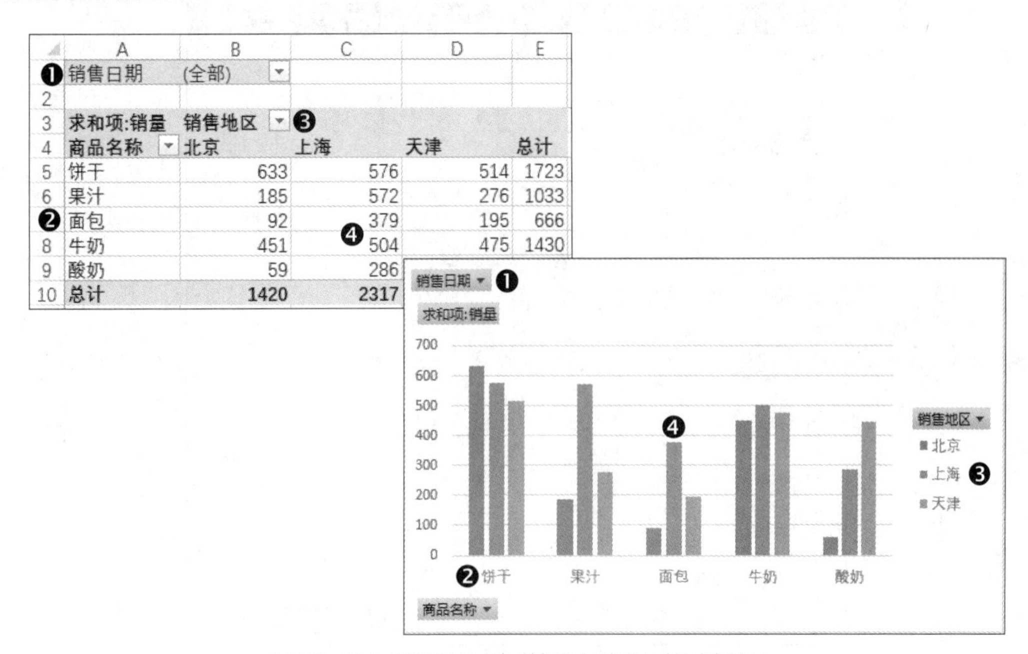

	A	B	C	D	E
1	❶销售日期	(全部)			
2					
3	求和项:销量	销售地区 ❸			
4	商品名称	北京	上海	天津	总计
5	饼干	633	576	514	1723
6	果汁	185	572	276	1033
7	❷面包	92	379	195	666
8	牛奶	451	❹504	475	1430
9	酸奶	59	286		
10	总计	1420	2317		

图 16-100　数据透视图与数据透视表之间的对应关系

◉ 数据透视图左上角的控件对应于数据透视表中的报表筛选字段，如图中的❶。

◉ 数据透视图中的水平坐标轴对应于数据透视表中的行字段，如图中的❷。

◉ 数据透视图中的数据系列的类别对应于数据透视表中的列字段，如图中的❸。

◉ 数据透视图中的数据系列的大小对应于数据透视表中的值字段，如图中的❹。

创建数据透视图有以下两种方法。

◉ 基于数据透视表创建：如果已经创建好数据透视表，则可以基于该数据透视表创建数据透视图，创建后的数据透视图与数据透视表具有相同的字段布局结构。

◉ 基于数据源创建：如果当前未创建数据透视表，则可以直接基于数据源创建数据透视图，创建后需要对数据透视图进行字段布局。实际上使用这种方法在创建数据透视图的同时也会创建数据透视表。

以上两种方法本质上并没有太大区别，下面以第 1 种方法为例来介绍创建数据透视图的方法，操作步骤如下。

(1) 单击已创建好的数据透视表中的任意一个单元格，然后在功能区的【数据透视表工具 | 分析】上下文选项卡的【工具】组中单击【数据透视图】按钮，如图 16-101 所示。

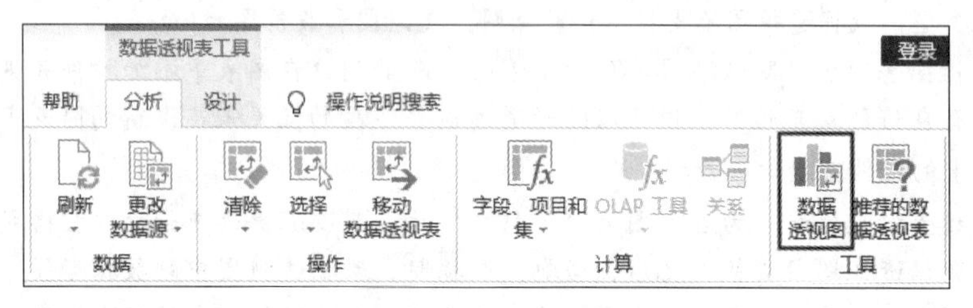

图 16-101 单击【数据透视图】按钮

(2) 打开【插入图表】对话框，如图 16-102 所示，在左侧选择一个图表类型，然后在右侧选择一个图表子类型，如【簇状柱形图】，再单击【确定】按钮，数据透视表所在的工作表中将创建一个数据透视图，如图 16-103 所示。

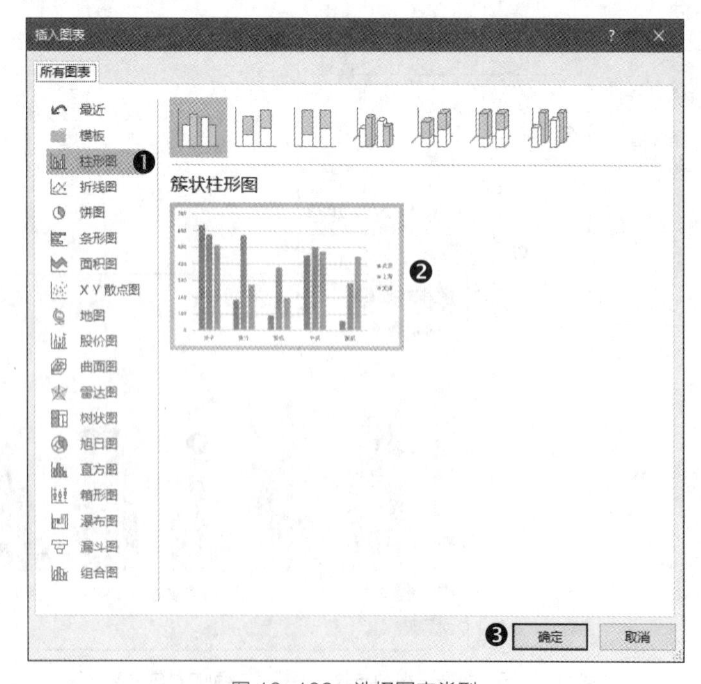

图 16-102 选择图表类型

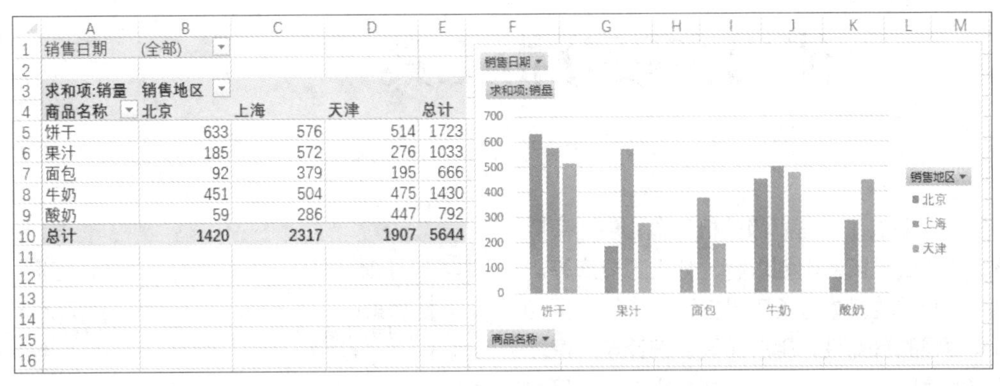

图 16-103 基于数据透视表创建的数据透视图

数据透视图与数据透视表共用【数据透视表字段】窗格，Excel 将根据用户当前选中的对象自动改变窗格中的部分标题。当选中数据透视图时，【数据透视表字段】窗格中原来的【行】和【列】将自动变为【轴（类别）】和【图例（系列）】，如图 16-104 所示，其他部分没有变化。

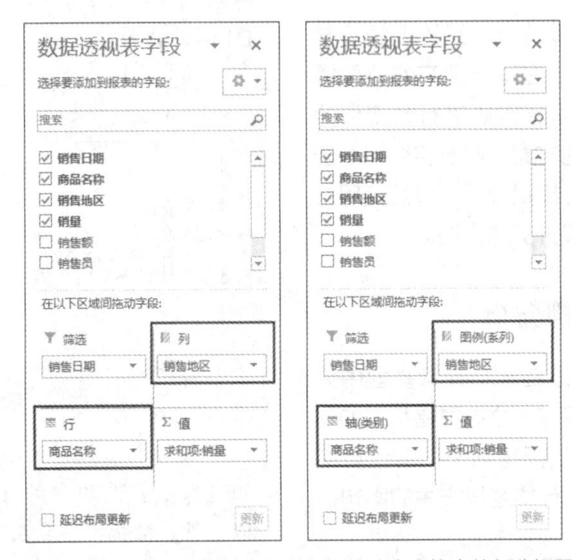

图 16-104 根据当前选中的对象自动改变窗格中的部分标题

数据透视表和数据透视图之间的数据相互关联，对其中任意一个对象进行的操作将自动反映到另一个对象上。

在工作表中选中数据透视图，功能区中将显示【分析】、【设计】和【格式】3 个上下文选项卡，这些选项卡中的命令用于设置数据透视图的外观格式，操作方法与普通图表类似，如图 16-105 所示。

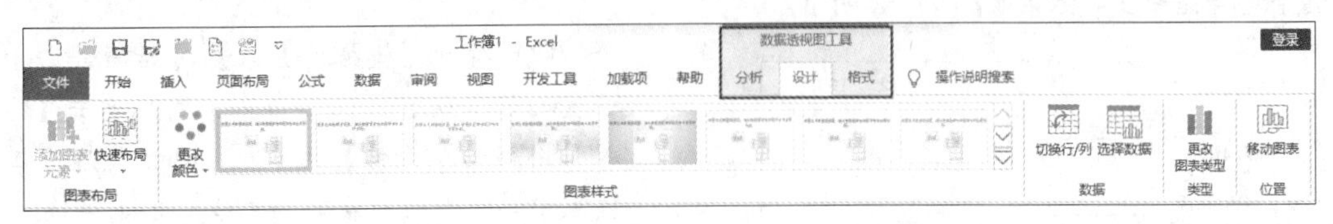

图 16-105 数据透视图的 3 个专用上下文选项卡

第17章 使用高级分析工具

Excel提供了一些高级分析工具，包括模拟分析、单变量求解、规划求解、分析工具库等。与前两章介绍的基本分析工具相比，高级分析工具具有更强的针对性，用户需具备统计学知识才能更好地使用这些工具。本章将介绍这些工具的使用方法。

17.1 模拟分析

模拟分析又称为假设分析，是管理经济学中一种重要的分析方式。它基于现有的计算模型，对影响最终结果的多种因素进行预测和分析，以得到最接近目标的方案。本节将介绍基于一个变量和两个变量进行模拟分析，以及使用方案在多组条件下进行模拟分析的方法。

17.1.1 单变量模拟分析

单变量模拟分析是指在一个计算模型中无论包含几个参数，其中只有一个参数是可变的，通过不断调整该参数的值而得到不同的计算结果，以此来分析该参数对计算结果产生的影响。

案例 17-1

计算不同贷款期限下的每月还款额

案例目标：图 17-1 所示为 5% 年利率的 30 万贷款分 10 年还清时的每月还款额，B4 单元格包含用于计算每月还款额的公式；本例要计算贷款期限在 10 ~ 15 年的每月还款额各是多少，效果如图 17-2 所示。

B4 =PMT(B1/12,B2*12,B3)

	A	B	C	D	E
1	年利率	5%			
2	期数（年）	10			
3	贷款总额	300000			
4	每月还款额	¥-3,181.97			

图 17-1　基础数据

	A	B	C	D	E
1	年利率	5%			每月还款额
2	期数（年）	10		期数	¥-3,181.97
3	贷款总额	300000		10	¥-3,181.97
4	每月还款额	¥-3,181.97		11	¥-2,959.35
5				12	¥-2,774.67
6				13	¥-2,619.18
7				14	¥-2,486.61
8				15	¥-2,372.38

图 17-2　计算不同贷款期限下的每月还款额

操作步骤如下。

（1）在 D1:E8 单元格区域中输入图 17-3 所示的基础数据，E2 单元格包含如下公式，D1 单元格为空。

=B4

E2 =B4

	A	B	C	D	E
1	年利率	5%			每月还款额
2	期数（年）	10		期数	¥-3,181.97
3	贷款总额	300000		10	
4	每月还款额	¥-3,181.97		11	
5				12	
6				13	
7				14	
8				15	

图 17-3　输入基础数据

（2）选择 D2:E8 单元格区域，在功能区的【数据】选项卡的【预测】组中单击【模拟分析】按钮，然后在弹出的菜单中选择【模拟运算表】命令，如图 17-4 所示。

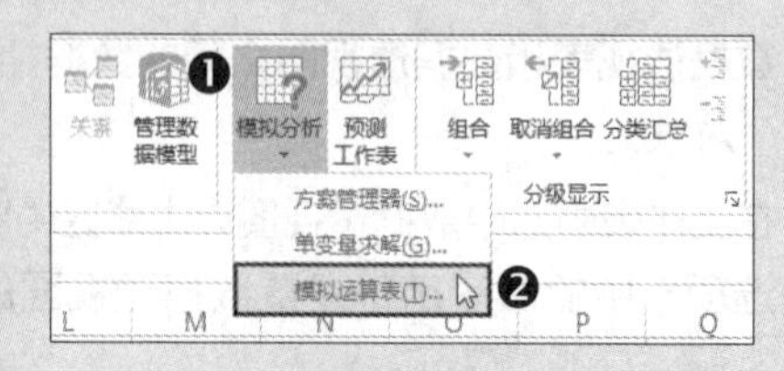

图 17-4　选择【模拟运算表】命令

（3）打开【模拟运算表】对话框，由于可变的值（期数）位于 D 列，因此单击【输入引用列的单元格】文本框内部，然后在工作表中单击期数所在的单元格，此处为 B2，如图 17-5 所示。单击【确定】按钮，即可自动计算出不同还款期限下的每月还款额。

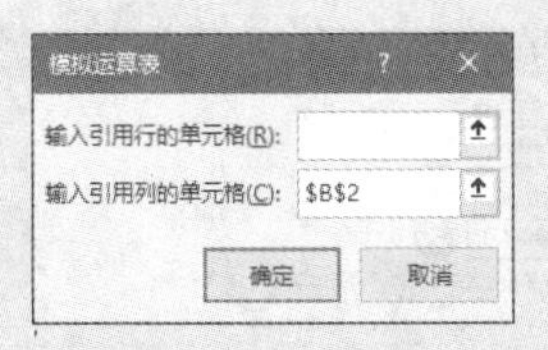

图 17-5 选择引用的单元格

17.1.2 双变量模拟分析

在实际应用中，可能需要分析两个可变的参数对计算结果产生的影响，此时可以进行双变量模拟分析。

案例 17-2

计算不同利率和贷款期限下的每月还款额

案例目标： 本例的原始数据与案例 17-1 相同，本例要计算在不同利率（3% ~ 7%）和不同贷款期限（10 ~ 15 年）下的每月还款额，效果如图 17-6 所示。

D	E	F	G	H	I
¥-3,181.97	3%	4%	5%	6%	7%
10	¥-2,896.82	¥-3,037.35	¥-3,181.97	¥-3,330.62	¥-3,483.25
11	¥-2,671.13	¥-2,813.00	¥-2,959.35	¥-3,110.11	¥-3,265.23
12	¥-2,483.36	¥-2,626.59	¥-2,774.67	¥-2,927.55	¥-3,085.14
13	¥-2,324.76	¥-2,469.35	¥-2,619.18	¥-2,774.17	¥-2,934.22
14	¥-2,189.09	¥-2,335.04	¥-2,486.61	¥-2,643.71	¥-2,806.20
15	¥-2,071.74	¥-2,219.06	¥-2,372.38	¥-2,531.57	¥-2,696.48

图 17-6 计算不同利率和不同贷款期限下的每月还款额

操作步骤如下。

（1）在一个单元格区域中输入基础数据，如图 17-7 所示，E1:I1 单元格区域中包含不同的利率，D2:D7 单元格区域包含不同的贷款期限（即期数），D1 单元格包含如下公式。

=B4

D1 =B4

	A	B	C	D	E	F	G	H	I
1	年利率	5%		¥-3,181.97	3%	4%	5%	6%	7%
2	期数（年）	10		10					
3	贷款总额	300000		11					
4	每月还款额	¥-3,181.97		12					
5				13					
6				14					
7				15					

图 17-7 输入基础数据

（2）选择各个利率和贷款期限所在的整个区域，此处为 D1:I7。然后在功能区的【数据】选项卡的【预测】组中单击【模拟分析】按钮，在弹出的菜单中选择【模拟运算表】命令。

（3）打开【模拟运算表】对话框，由于要计算的各个利率位于 D1:I7 区域的第 1 行，因此将【输入引用行的单元格】设置为 B1；由于要计算的各个贷款期限位于 D1:I7 区域的第 1 列，因此将【输入引用列的单元格】设置为 B2，如图 17-8 所示。单击【确定】按钮，即可计算出不同利率和不同贷款期限下的每月还款额。

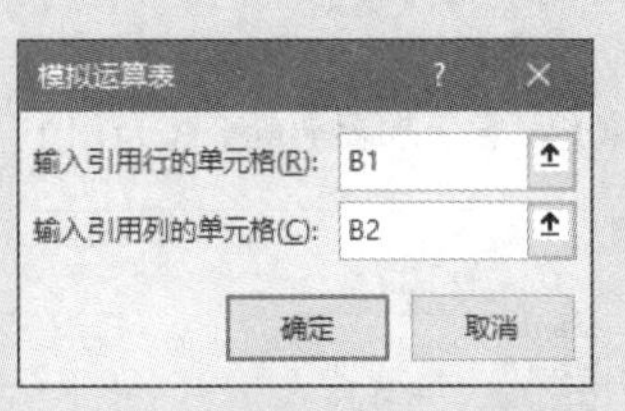

图 17-8 选择引用的单元格

17.1.3 在多组条件下进行模拟分析

使用模拟运算表对数据进行模拟分析虽然简单方便，但是存在如下一些不足之处。

- 最多只能控制两个变量。
- 如果要对比分析由多组变量返回的不同结果，使用模拟运算表则不太方便。

使用“方案”功能可以为要分析的数据创建多组条件，每一组条件就是一个方案，其中可以包含多个变量。为多个方案设置不同的名称，通过方案的名称可以快速在不同的变量值之间切换并显示计算结果。

案例 17-3

计算在多组贷款方案下的每月还款额

案例目标： 仍以前两个案例中介绍的每月还款额为例，假设现在有以下 3 种贷款方案，贷款总额都是 30 万元，但是每种方案的贷款期限和年利率不同，方案的名称以贷款年数和年利率命名。本例要计算 3 种贷款方案下的每月还款额。

- 10 年 5%：贷款总额 300000 元，贷款期限 10 年，年利率 5%。
- 20 年 7%：贷款总额 300000 元，贷款期限 20 年，年利率 7%。
- 30 年 9%：贷款总额 300000 元，贷款期限 30 年，年利率 9%。

操作步骤如下。

(1) 在 A1:B4 单元格区域中输入相关数据和公式。本例方案中涉及的 3 个数据位于 B1、B2 和 B3 单元格中，先以其中一种方案的数据为准进行输入，并在 B4 单元格中输入用于计算每月还款额的公式，如图 17-9 所示。

(2) 在功能区的【数据】选项卡的【预测】组中单击【模拟分析】按钮，然后在弹出的菜单中选择【方案管理器】命令，如图 17-10 所示。

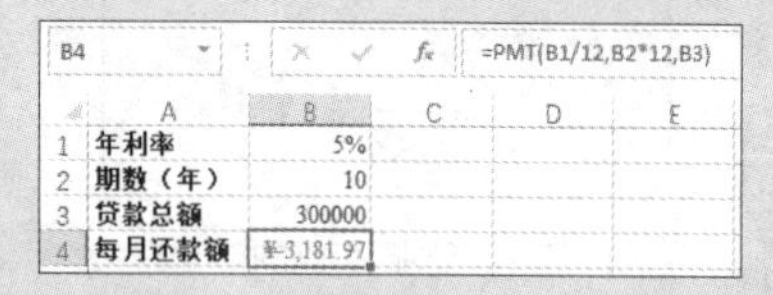

图 17-9 输入原始数据和公式

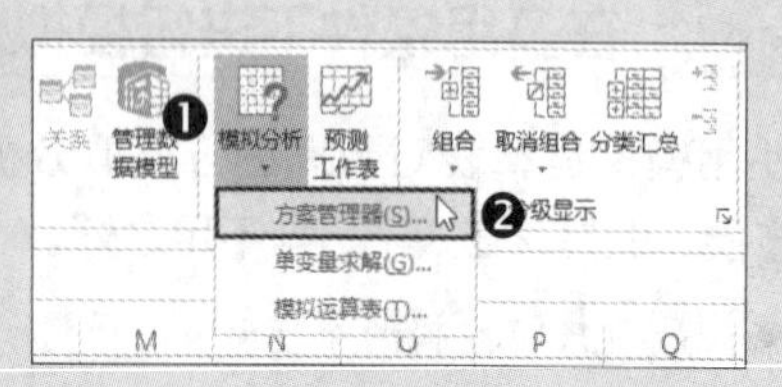

图 17-10 选择【方案管理器】命令

(3) 打开【方案管理器】对话框，单击【添加】按钮，如图 17-11 所示。

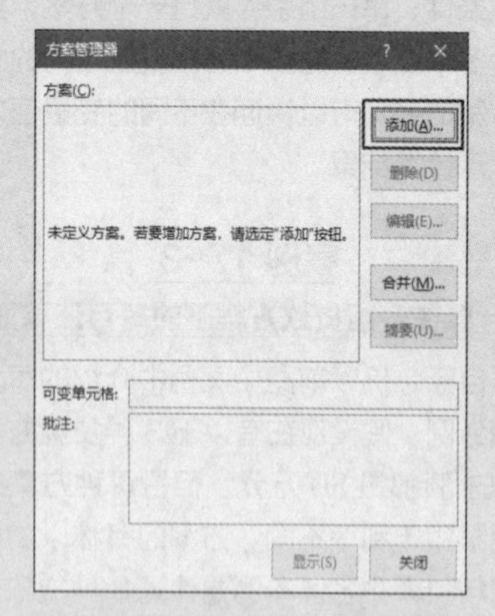

图 17-11 单击【添加】按钮

(4) 打开【编辑方案】对话框，在【方案名】文本框中输入第 1 个方案的名称"10 年 5%"，然后将【可变单元格】设置为 B1:B3。这 3 个单元格对应于年利率、期数和贷款总额，它们是在不同方案下需要改变的值，如图 17-12 所示。设置完成后单击【确定】按钮。

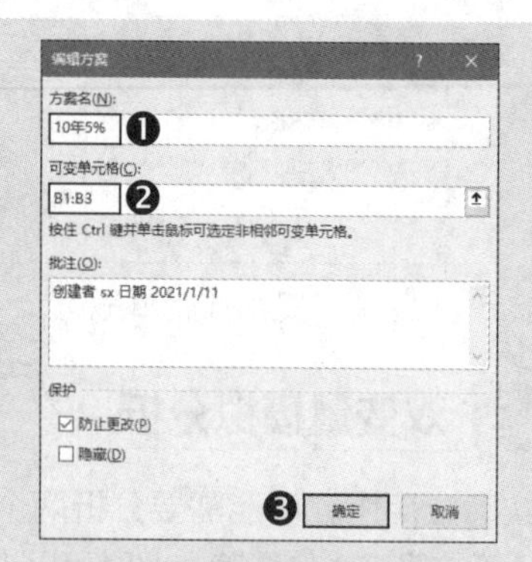

图 17-12 设置第 1 个方案

(5) 打开【方案变量值】对话框，输入方案中各个变量的值，然后单击【添加】按钮，如图 17-13 所示。

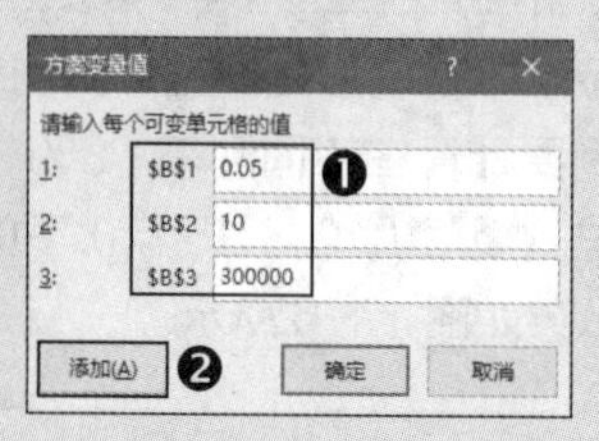

图 17-13 输入方案中各个变量的值

提示

如果使用【可变单元格】文本框右侧的按钮在工作表中选择单元格，则对话框的名称将变为【编辑方案】。

(6) 创建第 1 个方案后重新打开【添加方案】对话框，重复第 4 步和第 5 步操作，创建其他两个方案。图 17-14 所示为其他两个方案在【方案变量值】对话框中的设置情况。

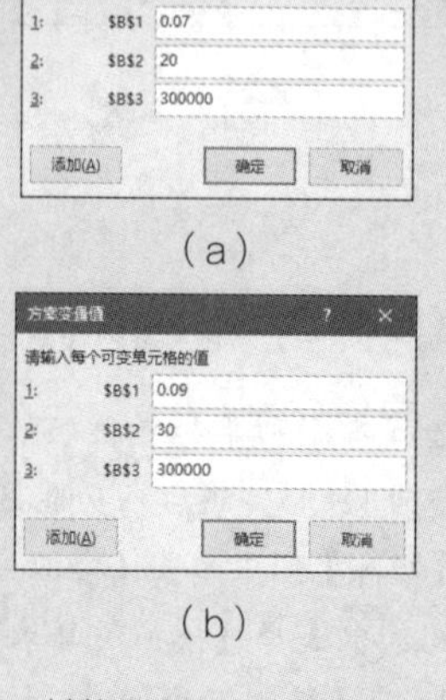

(a)

(b)

图 17-14 其他两个方案的变量值的设置情况

（7）在【方案变量值】对话框中设置好最后一个方案后，单击【确定】按钮，返回【方案管理器】对话框，将显示创建好的3个方案，如图17-15所示。

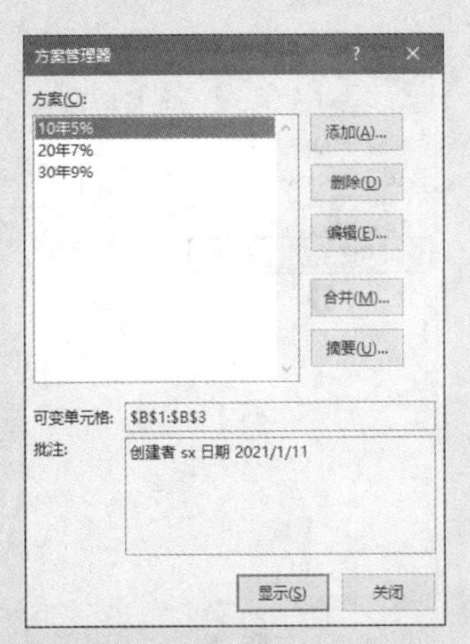

图17-15 创建完成的3个方案

（8）选择想要查看的方案，单击【显示】按钮，将所选方案中各个变量的值代入公式中进行计算，在数据区域中将使用新结果替换原来的结果。图17-16所示为使用名为【30年9%】的方案计算出的每月还款额。

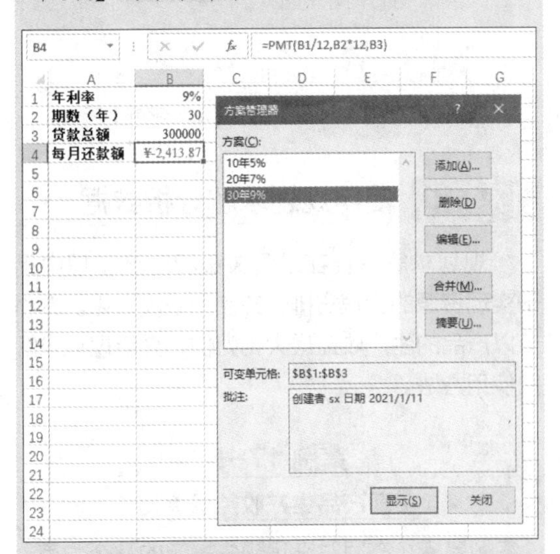

图17-16 显示方案的计算结果

17.2 单变量求解

如果要对数据进行与模拟分析方向相反的分析，则可以使用“单变量求解”功能，如求解方程的根。

案例17-4

求解非线性方程的根

案例目标：使用“单变量求解”功能求解 $5x^3-3x^2+6x=68$ 方程的根。

操作步骤如下。

（1）假设在B1单元格中存储了方程的解，则可以将上面的公式以Excel可以识别的形式输入另一个单元格中，如A1单元格。由于当前B1单元格中没有内容，因此以0进行计算，公式的计算结果为0，如图17-17所示。

=5*B1^3-3*B1^2+6*B1

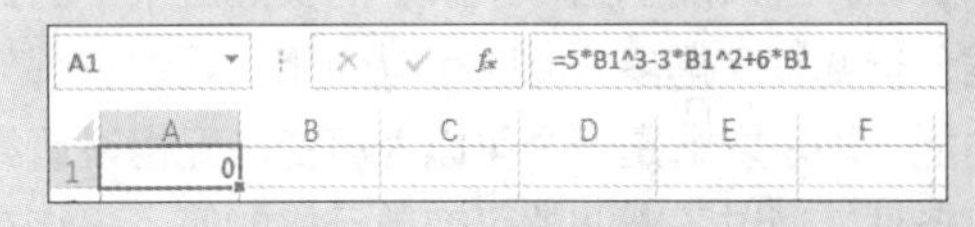

图17-17 输入公式

（2）在功能区的【数据】选项卡的【预测】组中单击【模拟分析】按钮，然后在弹出的菜单中选择【单变量求解】命令，打开【单变量求解】对话框，并进行以下设置，如图17-18所示。

◉ 将【目标单元格】设置为公式所在的单元格，此处为A1。

◉ 将【目标值】设置为希望的计算结果，此处为68。

◉ 将【可变单元格】设置为存储方程的根的单元格，此处为B1。

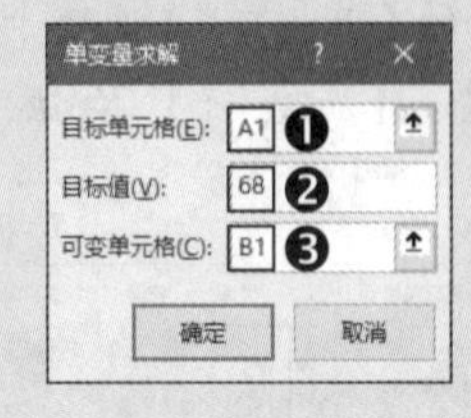

图17-18 设置单变量求解

（3）设置完成后单击【确定】按钮，【单变量求解状态】对话框中将显示方程的解，B1单元格中将显示求得的方程的根，如图17-19所示。单击【确定】按钮，保存计算结果。

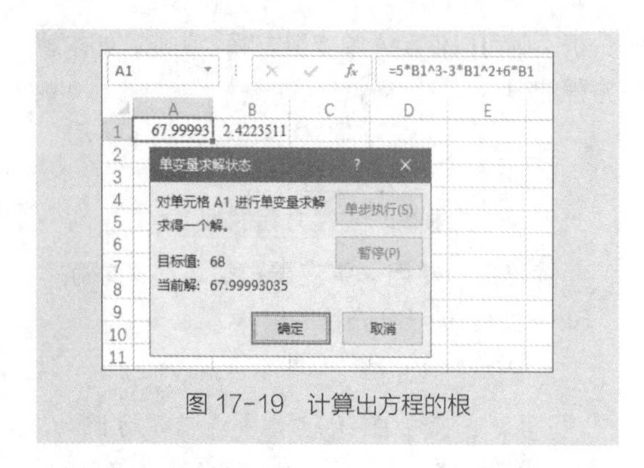

图 17-19 计算出方程的根

17.3 规划求解

单变量求解只能针对一个可变单元格进行求解，并且只能返回一个解，而实际应用中的数据分析要复杂得多，此时可以使用“规划求解”功能。规划求解是一个可以为可变单元格设置约束条件，通过不断调整可变单元格的值，最终在目标单元格中找到想要的结果的功能。规划求解有以下几个特点。

- 可以指定多个可变单元格。
- 可以对可变单元格的值设置约束条件。
- 可以求得解的最大值或最小值。
- 可以针对一个问题求出多个解。

17.3.1 加载规划求解

在使用规划求解前，需要先在 Excel 中启用该功能，操作步骤如下。

(1) 将【开发工具】选项卡添加到功能区中，然后在功能区的【开发工具】选项卡的【加载项】组中单击【Excel 加载项】按钮，如图 17-20 所示。

图 17-20 单击【Excel 加载项】按钮

添加【开发工具】选项卡的方法请参考本书第 1 章。

(2) 打开【加载项】对话框，选中【规划求解加载项】复选框，然后单击【确定】按钮，如图 17-21 所示。Excel 将在功能区的【数据】选项卡的【分析】组中添加【规划求解】按钮，如图 17-22 所示。

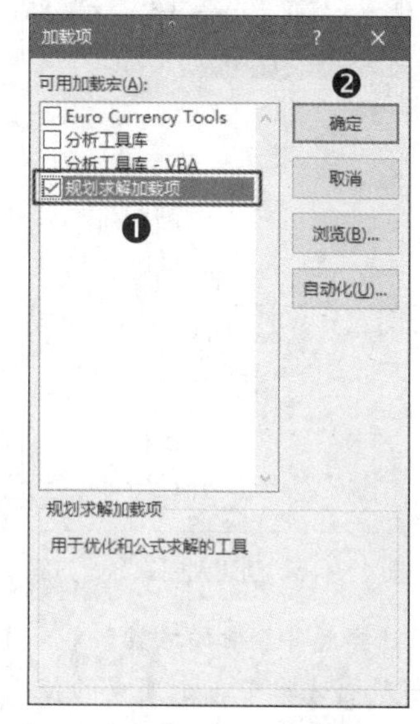

图 17-21 选中【规划求解加载项】复选框

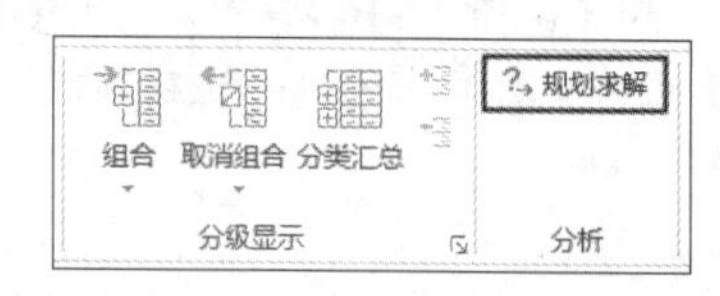

图 17-22 在功能区中显示【规划求解】按钮

17.3.2 使用规划求解分析数据

规划求解主要在经营决策和生产管理中用于实现资源的合理安排，并使利益最大化。本小节以产品的生产收益最大化为例，介绍规划求解的使用方法。

案例 17-5

实现产品生产收益最大化

案例目标：在同时满足预先指定的几个约束条件的情况下，让所有产品的生产总收益达到最大化。

图 17-23 所示的 A 列为每种产品的名称，B 列为每种产品的产量，C 列为每种产品的单价，D 列为每种产品的收益，收益 =

产量 × 单价。“总计”用于统计 3 种产品的总产量和总收益。各个单元格中的公式如下。

D2 单元格：=B2*C2
D3 单元格：=B3*C3
D4 单元格：=B4*C4
B5 单元格：=SUM(B2:B4)
D5 单元格：=SUM(D2:D4)

	A	B	C	D
1	产品名称	产量	单价	收益
2	A	100	50	5000
3	B	100	60	6000
4	C	100	70	7000
5	总计	300		18000

图 17-23　原始数据

由于 C 产品的单价最高，因此在产量相同的情况下，C 产品的收益是最多的。如果希望收益最大化，最理想的情况是只生产 C 产品。但是在实际情况下，通常会对不同的产品制定一些限制和规定，本例对产品的生产有以下几个约束条件。

- 3 种产品每天的总产量是 300 单位。
- 为了满足每天的订单需求量，A 产品每天的产量至少要达到 80 单位。
- 为了满足预计的订单需求量，B 产品每天的产量至少要达到 60 单位。
- 由于市场对 C 产品的需求量有限，因此 C 产品每天的产量不能超过 50 单位。

使用“规划求解”功能可以在同时满足以上几个约束条件的情况下，让所有产品的生产总收益达到最大化，操作步骤如下。

(1) 在功能区的【数据】选项卡的【分析】组中单击【规划求解】按钮，打开【规划求解参数】对话框，进行如图 17-24 所示的设置。

- 将【设置目标】设置为 D5 单元格，并选中【最大值】单选按钮，这是因为本例的目的是让收益最大化，而 3 种产品的总收益位于 D5 单元格。
- 将【通过更改可变单元格】设置为 B2:B4 单元格区域，这 3 个单元格包含 3 种产品的产量，本例要求解的就是如何分配这 3 个产品的产量，以使收益最大化。

(2) 添加约束条件。单击【添加】按钮，打开【添加约束】对话框。第 1 个约束条件是 3 种产品的总产量为 300，因此将【单元格引用】设置为包含总产量的单元格 B5，然后从中间的下拉列表中选择【=】，在右侧的【约束】文本框中输入“300”，如图 17-25 所示。

图 17-24　设置目标单元格和可变单元格

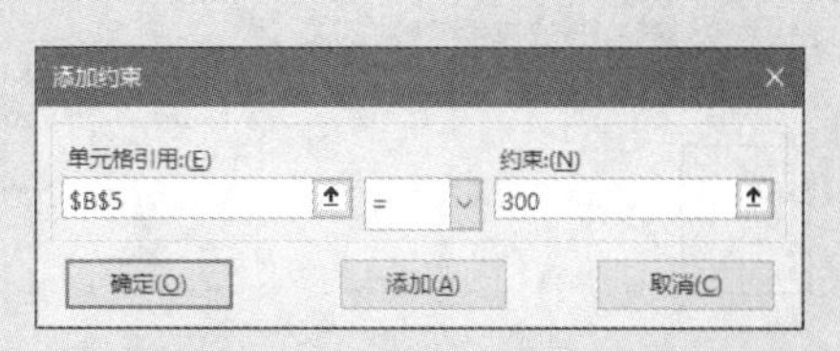

图 17-25　添加第 1 个约束条件

(3) 设置好第 1 个约束条件后，单击【添加】按钮，使用类似第 2 步的方法添加其他 3 个约束条件。表 17-1 所示为这些约束条件的参数设置，表中的各列依次对应于【添加约束】对话框中的 3 个选项。每个约束条件的设置如图 17-26 所示。

表 17-1　其他 3 个约束条件的设置参数

单元格引用	运算符	约束
B2	>=	80
B3	>=	60
B4	<=	50

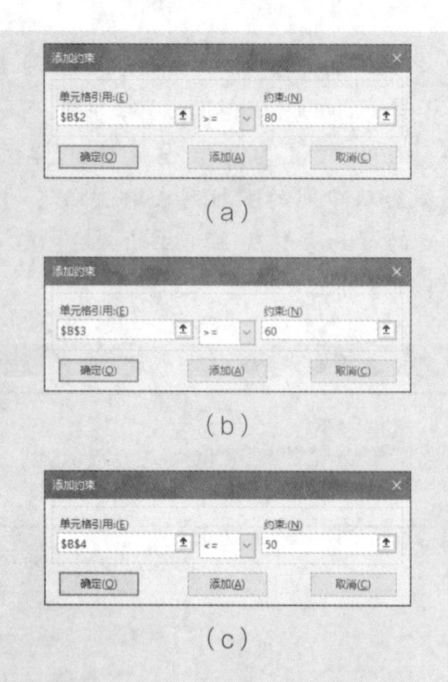

图 17-26　设置其他 3 个约束条件

(4) 设置好最后一个约束条件后，单击【确定】按钮，返回【规划求解参数】对话框，在【遵守约束】列表框中显示了设置好的所有约束条件，如图 17-27 所示。

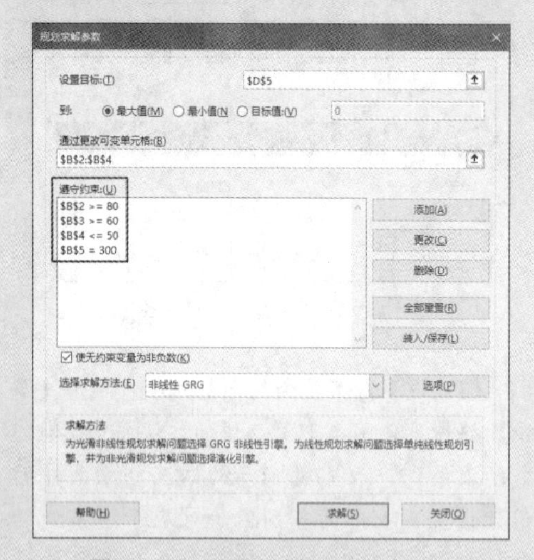

图 17-27　设置完成的所有约束条件

(5) 单击【求解】按钮，Excel 将根据设置的目标和约束条件对数据进行求解。找到一个解时将显示图 17-28 所示的对话框，选中【保留规划求解的解】单选按钮，然后单击【确定】按钮，将使用找到的解替换数据区域中的相关数据，如图 17-29 所示。

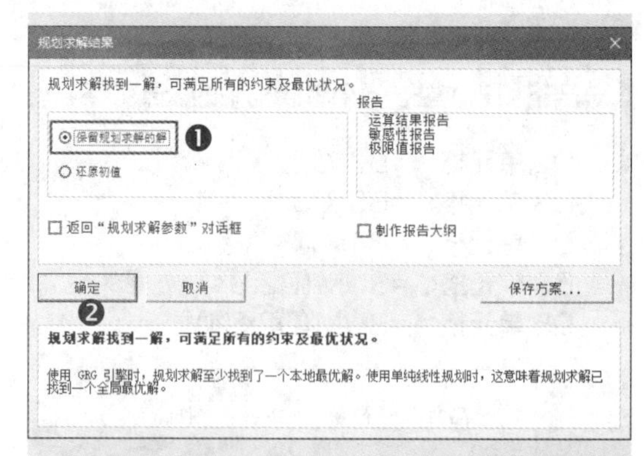

图 17-28　选中【保留规划求解的解】单选按钮

	A	B	C	D
1	产品名称	产量	单价	收益
2	A	80	50	4000
3	B	170	60	10200
4	C	50	70	3500
5	总计	300		17700

图 17-29　规划求解结果

如果以后改变了约束条件，则可以打开【规划求解参数】对话框，在【遵守约束】列表框中选择要修改的约束条件，然后单击【更改】按钮对其进行修改，如图 17-30 所示。

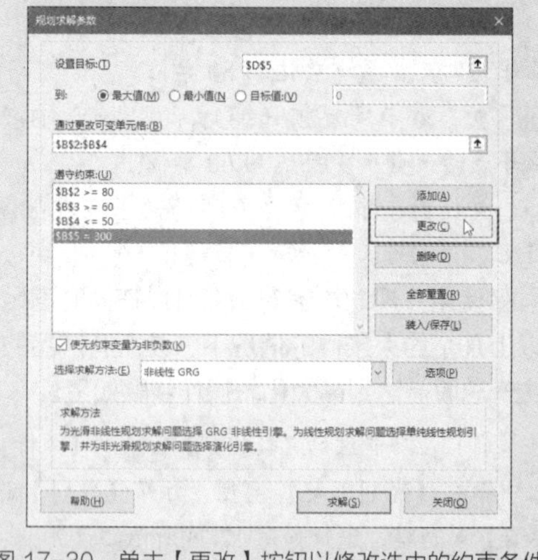

图 17-30　单击【更改】按钮以修改选中的约束条件

17.4　分析工具库

分析工具库为用户提供了用于统计分析、工程计算等的工具，这些工具本质上使用的是 Excel 内置的统计和工程函数。这些工具中为用户提供的图形化的参数设置界面，大大简化了相关函数的使用难度。分析工具库中的工具会将最终分析结果显示在输出的表中，一些工具还会创建图表。

17.4.1 加载分析工具库

与规划求解类似，在使用分析工具库中的工具之前，需要先启用该功能。在功能区的【开发工具】选项卡的【加载项】组中单击【Excel 加载项】按钮，打开【加载项】对话框，选中【分析工具库】复选框，然后单击【确定】按钮，如图 17-31 所示，即可启用【分析工具库】功能。【数据】选项卡的【分析】组中将显示【数据分析】按钮，如图 17-32 所示。

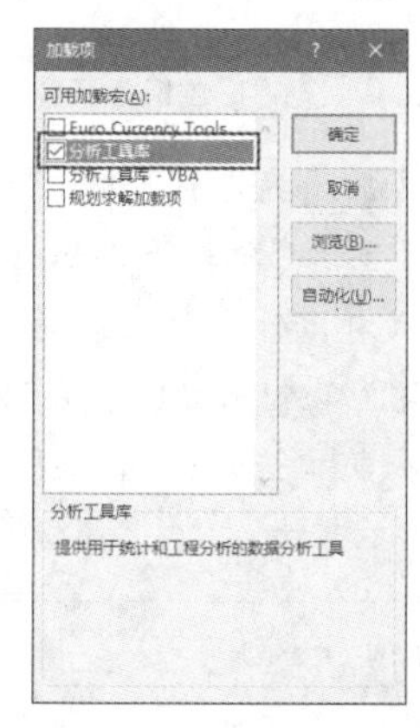

图 17-31 选中【分析工具库】复选框

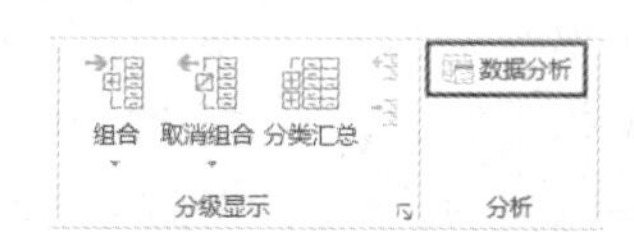

图 17-32 在功能区中显示【数据分析】按钮

17.4.2 分析工具库中包含的分析工具

分析工具库中包含大量的分析工具，使用这些工具需要用户具备相应的统计学知识。表 17-2 所示为分析工具库中包含的分析工具及其说明。

表 17-2 分析工具库中包含的分析工具及其说明

工具名称	说明
方差分析	分析两组或两组以上的样本均值是否有显著差异，包括 3 个工具：单因素方差分析、无重复双因素方差分析和可重复双因素方差分析
相关系数	分析两组数据之间的相关性，以确定两个测量变量是否趋向于同时变动
协方差	与相关系数类似，也用于分析两个变量之间的关联变化程度
描述统计	分析数据的趋中性和易变性
指数平滑	根据前期预测值导出新的预测值，并修正前期预测值的误差。以平滑常数 a 的大小决定本次预测对前期预测误差的修正程度
F- 检验 双样本方差	比较两个样本总体的方差
傅里叶分析	解决线性系统问题，并可以通过快速傅里叶变换分析周期性数据
直方图	计算数据的单个和累计频率，用于统计某个数值在数据集中出现的次数
移动平均	基于特定的过去某段时期中变量的平均值来预测未来值
随机数发生器	以指定的分布类型生成一系列独立的随机数字，通过概率分布来表示样本总体中的主体特征
排位与百分比排位	“排位与百分比排位”分析工具可以产生一个数据表，其中包含数据集中各个数值的顺序排位和百分比排位。该工具用来分析数据集中各数值间的相对位置关系
回归	通过对一组观察值使用“最小二乘法”直线拟合来进行线性回归分析，用于分析单个因变量是如何受一个或多个自变量影响的
抽样	以数据源区域为样本总体来创建一个样本，当总体太大以至于不能进行处理或绘制时，可以选用具有代表性的样本。如果确定数据源区域中的数据是周期性的，则可以仅对一个周期中特定时间段的数值进行采样
t- 检验	基于每个样本检验样本总体平均值的等同性，包括 3 个工具：双样本等方差假设 t- 检验、双样本异方差假设 t- 检验、平均值的成对二样本分析 t- 检验
z- 检验	以指定的显著水平检验两个样本均值是否相等

17.4.3 使用分析工具库分析数据

本小节以分析工具库中的“相关系数”工具为例，介绍分析工具库的使用方法。

案例 17-6

微信公众号的阅读量与相应广告收入的相关性分析

案例目标：图 17-33 所示为某个微信公众号的阅读量及相应的广告收入数据，本例要分析阅读量和广告收入的相关性。

	A	B	C
1	日期	阅读量	广告收入
2	12月1日	31783	6408
3	12月2日	45001	7516
4	12月3日	34995	7211
5	12月4日	21275	6286
6	12月5日	27699	7940
7	12月6日	27501	6779
8	12月7日	18773	7302
9	12月8日	25738	6190
10	12月9日	21569	7938
11	12月10日	10505	5416

图 17-33　基础数据

操作步骤如下。

(1) 在功能区的【数据】选项卡的【分析】组中单击【数据分析】按钮，打开【数据分析】对话框，在【分析工具】列表框中选择【相关系数】，然后单击【确定】按钮，如图 17-34 所示。

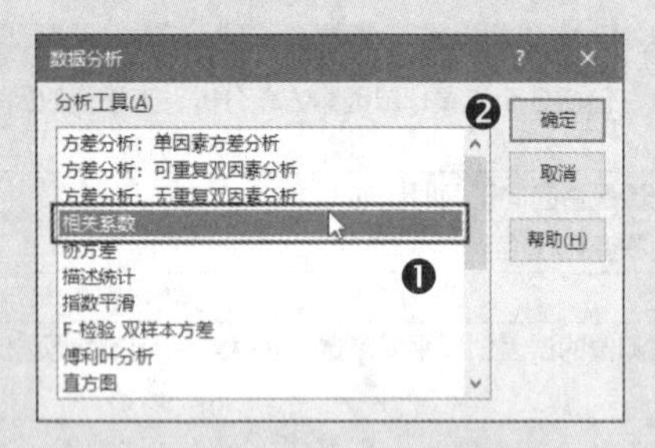

图 17-34　选择【相关系数】

(2) 打开【相关系数】对话框，进行以下设置，如图 17-35 所示。

◉ 将【输入区域】设置为阅读量和广告收入所在的单元格区域，本例为 B1:C11。

◉ 将【分组方式】设置为【逐列】。

◉ 选中【标志位于第一行】复选框。

◉ 在【输出选项】中选中【输出区域】单选按钮，然后将其右侧的文本框设置为 E1 单元格，以指定放置分析结果的区域的左上角位置。

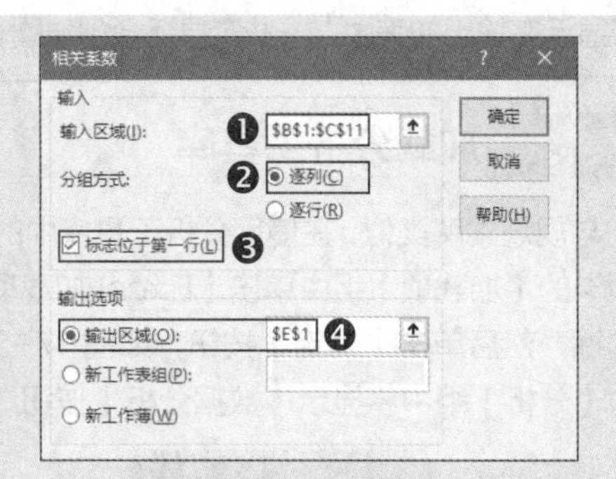

图 17-35　设置相关系数的选项

(3) 单击【确定】按钮，将在工作表中的指定位置显示分析结果，如图 17-36 所示。从结果可以看出，由于阅读量和广告收入的相关系数约为 0.45，趋向于 0.5，因此阅读量和广告收入的相关性较高，说明广告收入受阅读量的影响较大。

	A	B	C	D	E	F	G
1	日期	阅读量	广告收入			阅读量	广告收入
2	12月1日	31783	6408		阅读量	1	
3	12月2日	45001	7516		广告收入	0.450699	1
4	12月3日	34995	7211				
5	12月4日	21275	6286				
6	12月5日	27699	7940				
7	12月6日	27501	6779				
8	12月7日	18773	7302				
9	12月8日	25738	6190				
10	12月9日	21569	7938				
11	12月10日	10505	5416				

图 17-36　相关系数的分析结果

提示

相关系数是比例值，其值与两个测量变量的单位无关。

17.5 预测工作表

使用“预测工作表”功能，可以通过历史数据以图表的形式呈现事物的未来发展趋势。使用该功能时，需要在两列中输入相应的数据，一列数据表示日期或时间，各个时间点的间隔应该保持相对恒定；另一列数据是与时间线对应的历史数据。

注意

“预测工作表”是从 Excel 2016 开始支持的功能，只有 Excel 2016 或更高版本的 Excel 才能使用该功能。

案例 17-7

根据历史数据预测未来一段时间的销售情况

案例目标：图 17-37 所示为某商品在 2021 年上半年的销售情况，根据这些历史数据，预测该商品 2021 年下半年的销售情况。

	A	B
1	日期	销量
2	2021年1月	918
3	2021年2月	897
4	2021年3月	987
5	2021年4月	555
6	2021年5月	529
7	2021年6月	835

图 17-37 历史数据

操作步骤如下。

(1) 单击数据区域中的任意一个单元格，本例数据区域为 A1:B7。然后在功能区的【数据】选项卡的【预测】组中单击【预测工作表】按钮，如图 17-38 所示。

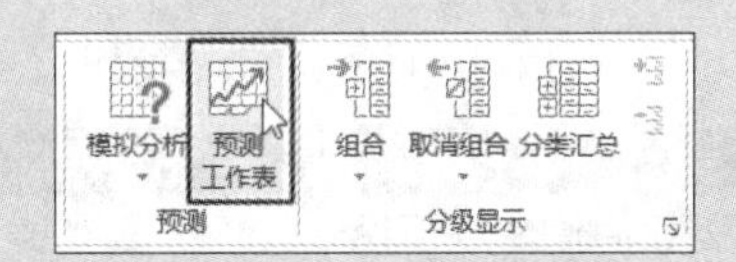

图 17-38 单击【预测工作表】按钮

(2) 打开【创建预测工作表】对话框，在右上角选择一种用于展示预测分析结果的图表类型，有【折线图】和【柱形图】两种，图 17-39 所示为折线图。在左下角的【预测结束】文本框中输入预测的结束日期，或者单击其右侧的按钮选择一个结束日期，这里将结束日期指定为 2021 年 12 月 1 日。

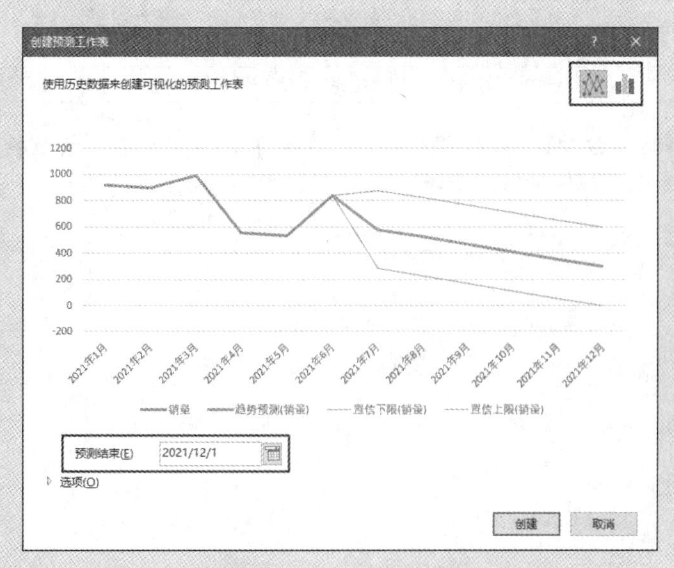

图 17-39 设置预测选项

(3) 如果要对预测选项进行更多的设置，则可以单击【选项】按钮，展开【创建预测工作表】对话框并显示更多选项，如图 17-40 所示。这些选项的作用如表 17-3 所示。

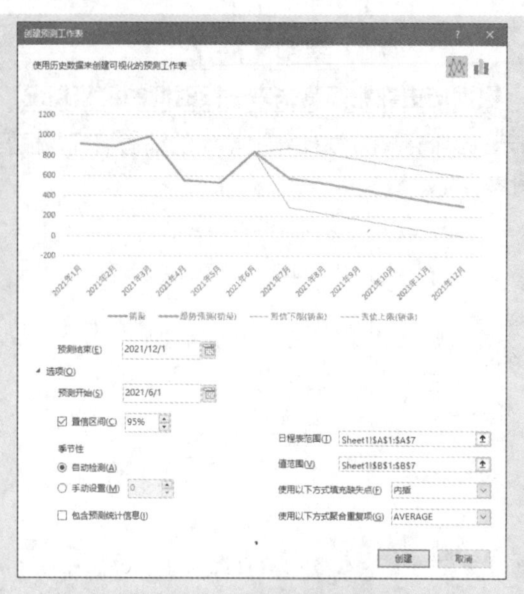

图 17-40　设置预测的更多选项

表 17-3　预测选项的作用

预测选项	说明
预测开始	设置包含预测值的开始日期
置信区间	置信区间越大，置信水平越高
季节性	表示季节模式的长度（点数）的数字，默认由 Excel 自动检测
日程表范围	日期或时间所在的单元格区域
值范围	与日期或时间对应的历史数据所在的单元格区域
使用以下方式填充缺失点	只要缺点的值不到 30%，Excel 就会使用相邻点的权重平均值来补足。如果将该项设置为 0，则可将缺少的点视为 0
使用以下方式聚合重复项	如果数据中包含日期或时间相同的多个值，则 Excel 默认计算这些重复值的平均值。用户可以根据需要使用其他方式进行计算，如求和、求最大值等
包含预测统计信息	选中该复选框，输出表中将包含有关预测的其他统计信息，如平滑系数、错误度量值等

（4）单击【创建】按钮，Excel 将新建一个工作表，其中包含历史数据和预测值，以及展示预测结果的图表，如图 17-41 所示。

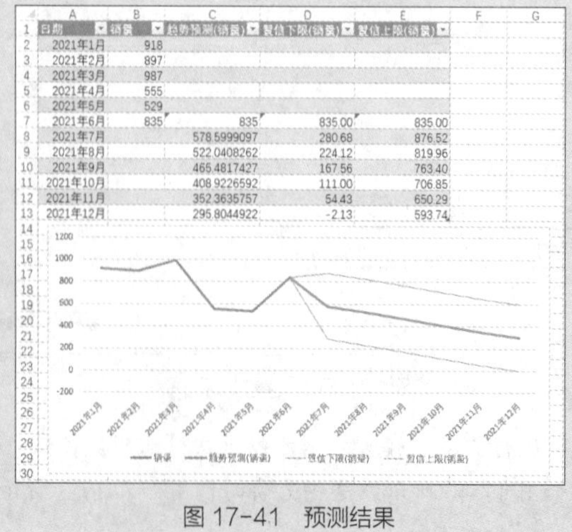

日期	销量	趋势预测(销量)	置信下限(销量)	置信上限(销量)
2021年1月	918			
2021年2月	897			
2021年3月	987			
2021年4月	555			
2021年5月	529			
2021年6月	835	835	835.00	835.00
2021年7月		578.5999097	280.68	876.52
2021年8月		522.0408262	224.12	819.96
2021年9月		465.4817427	167.56	763.40
2021年10月		408.9226592	111.00	706.85
2021年11月		352.3635757	54.43	650.29
2021年12月		295.8044922	-2.13	593.74

图 17-41　预测结果

使用图表和图形展示数据

展示数据是指将数据的分析结果以易于理解的方式呈现出来，而图表正是展示数据的利器。Excel 提供了不同类型的图表，用于展示不同结构的数据。用户还可以在单元格中创建迷你图，以简单的图形快速对比数据或查看数据的变化趋势。本章将介绍图表的基本概念、创建和编辑图表、创建和编辑迷你图，以及使用图片、形状、文本框、艺术字和 SmartArt 等图形对象来增强图表显示效果的方法。

18.1 创建和编辑图表

图表以特定尺寸的图表元素呈现数据，其可以直观反映数据的含义。例如，将两个商品的销量数据绘制到图表上，通过对比对应形状的不同，可以很容易看出商品销量的差异和变化趋势；但是面对单元格区域中的数字，则很难快速了解这些信息。本节将介绍创建和编辑图表的常用方法，在此之前先介绍 Excel 中的图表类型和图表的组成，它们是学习图表的其他知识和操作的基础。

18.1.1 Excel 中的图表类型

Excel 提供了不到 20 种图表类型，每种图表类型还包含一个或多个子类型，并提供了不同的数据展示方式，不同类型的图表适用于展示不同布局结构的数据。表 18-1 中列出了 Excel 中常用的图表类型及其说明。

表 18-1　Excel 中常用的图表类型及其说明

图表类型	说明	图示
柱形图	显示一段时间内的数据变化情况，或对比数据之间的差异，通常用横轴表示数据类别，纵轴表示数据的值	
条形图	显示各个数据之间的比较情况，适用于时间连续的数据或横轴文本过长的情况	
折线图	显示随时间变化的连续数据，通常用横轴表示数据类别，纵轴表示数据的值	
XY 散点图	显示若干数据系列中各数值之间的关系，或将两组数绘制为 *x*、*y* 坐标的一个系列。散点图有两个数值轴，数值会合并为单一数据点并显示为不均匀间隔或簇	
气泡图	气泡图只有数值坐标轴，没有分类坐标轴。它使用 *x* 轴和 *y* 轴的数据绘制气泡的位置，然后使用第 3 列数据表示气泡的大小，用于描绘 3 类数据之间的关系	
饼图	显示一个数据系列中各项的大小与各项总和的百分比值	
圆环图	与饼图类似，但是可以包含多个数据系列	
面积图	显示所绘制的值的总和，或部分与整体之间的关系，用于强调数量随时间变化的程度	
曲面图	找到两组数据之间的最佳组合，与地形图类似，颜色和图案表示同数值范围区域	

续表

图表类型	说明	图示
股价图	显示股价的波动，也可用于科学数据，需要根据股价图的子类型来选择合适的数据区域	
雷达图	显示数据系列相对于中心点和各数据分类间的变化，每一个分类都有自己的坐标轴	
树状图	比较层级结构不同级别的值，以矩形显示层次结构级别中的比例，适用于按层次结构组织并具有较少类别的数据	
旭日图	比较层级结构不同级别的值，以环形显示层次结构级别中的比例，适用于按层次结构组织并具有较多类别的数据	
直方图	由一系列高度不等的纵向条纹或线段表示数据分布的情况，通常用横轴表示数据类型，纵轴表示分布情况。直方图类型包括直方图和排列图两种子类型	
箱形图	显示一组数据的分散情况，适用于以某种方式关联在一起的数据，常见于品质管理	
瀑布图	显示数据的多少和各部分数据之间的差异，适用于包含正、负值的数据，如财务数据	

18.1.2 图表的组成

一个图表由多个部分组成，这些部分称为图表元素，不同的图表可以包含不同的图表元素。图 18-1 所示的图表包含以下几个图表元素。

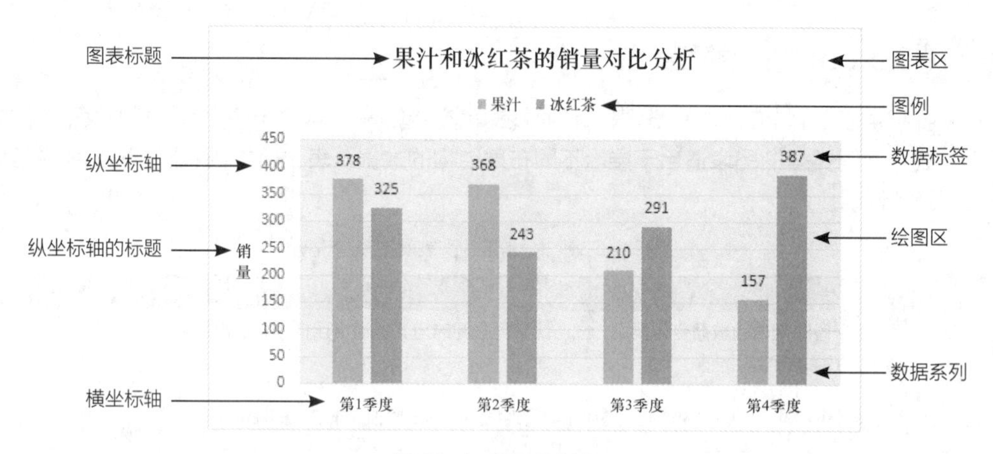

图 18-1 图表的组成

◉ 图表区。图表区与整个图表等大，其他图表元素都位于图表区中。选择图表区相当于选中了整个图表，选中的图表四周会显示边框及其上的 8 个控制点，使用鼠标指针拖动控制点可以调整图表的大小。

◉ 图表标题。图表顶部的文字，用于描述图表的含义。

◉ 图例。图表标题下方带有颜色块的文字，用于标识不同的数据系列。

◉ 绘图区。图中的浅灰色部分，作为数据系列的背景，数据系列、数据标签、网格线等图表元素位于绘图区中。

◉ 数据系列。它是位于绘图区中的矩形，同一种颜色的所有矩形构成一个数据系列，每个数据系列对应于数据源中的一行数据或一列数据。数据系列中的每个矩形代表一个数据点，它对应于数据源中特定单元格的值。不同类型的图表的数据系列具有不同的形状。数据源就是用于创建图表的数据。

◉ 数据标签。数据系列顶部的数字，用于标识数据点的值。

◉ 坐标轴及其标题。坐标轴包括主要横坐标轴、主要纵坐标轴、次要横坐标轴、次要纵坐标轴4种，图18-1中只显示了主要横坐标轴和主要纵坐标轴。横坐标轴位于绘图区的下方，图18-1所示的横坐标轴表示季度。主要纵坐标轴位于绘图区的左侧，图18-1所示的纵坐标轴表示销量。坐标轴标题用于描述坐标轴的含义，图18-1所示的"销量"是纵坐标轴的标题。

18.1.3 嵌入式图表和图表工作表

根据图表在工作表中的位置，可以将图表分为嵌入式图表和图表工作表两类。位于工作表中的图表是嵌入式图表，嵌入式图表通常与其数据源位于同一个工作表中，但是它们也可以位于不同的工作表中，如图18–2所示。用户可以在一个工作表中放置多个嵌入式图表、移动嵌入式图表、调整嵌入式图表的大小、排列和对齐多个嵌入式图表。

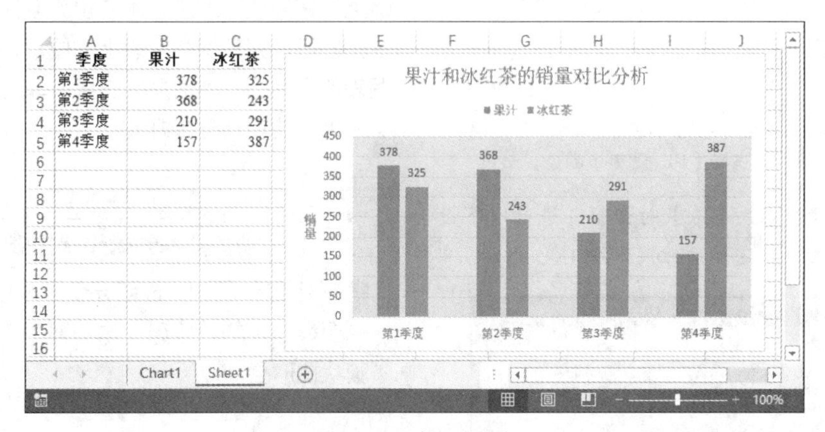

图18–2 嵌入式图表

与嵌入式图表不同，图表工作表本身是一个独立的工作表，拥有自己的工作表标签，如图18–3所示。图表工作表中没有单元格区域，图表占满整个工作表。用户无法调整图表工作表的大小，其大小只能随Excel窗口的大小而改变。

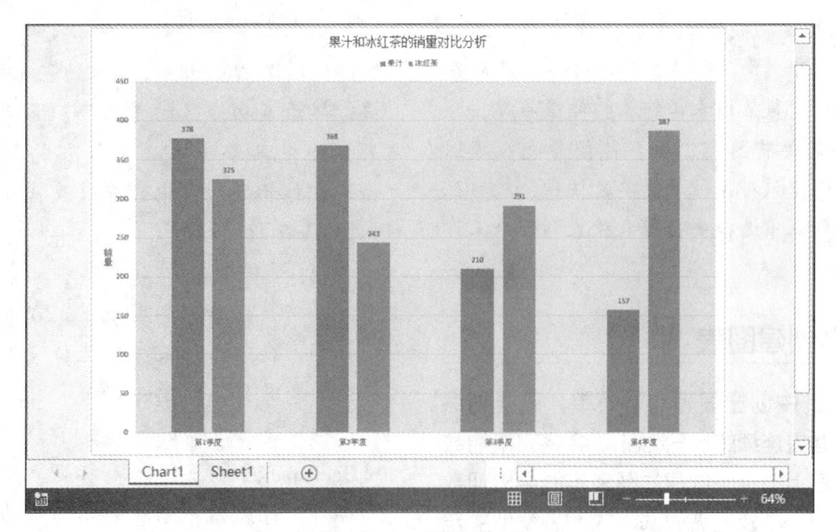

图18–3 图表工作表

可以让一个图表在嵌入式图表和图表工作表之间转换，操作步骤如下。

（1）右击嵌入式图表或图表工作表的图表区，在弹出的菜单中选择【移动图表】命令，如图 18-4 所示。

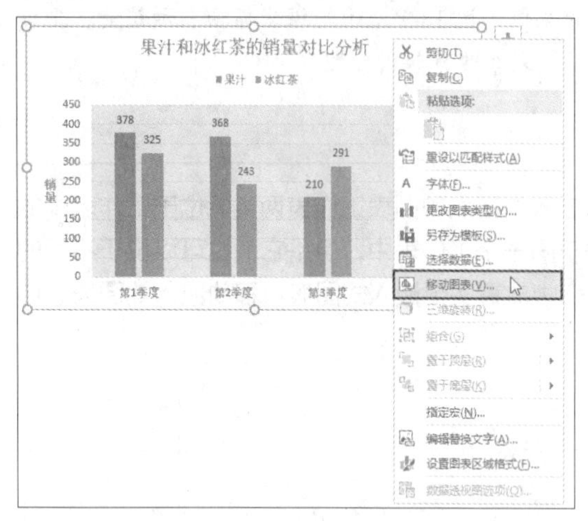

图 18-4 选择【移动图表】命令

（2）打开【移动图表】对话框，进行以下设置，然后单击【确定】按钮，如图 18-5 所示。

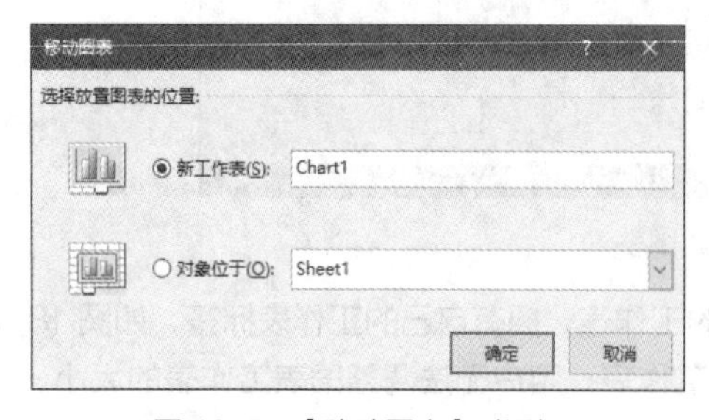

图 18-5 【移动图表】对话框

◉ 如果要将嵌入式图表转换为图表工作表，则需要选中【新工作表】单选按钮，然后在右侧的文本框中设置图表工作表的标签名称。

◉ 如果要将图表工作表转换为嵌入式图表，则需要选中【对象位于】单选按钮，然后在右侧的下拉列表中选择要将图表放置到哪个工作表中。

18.1.4 创建图表

在 Excel 中创建图表非常简单，只要确保区域中的数据是连续的，Excel 就会将完整的数据绘制到图表上，否则创建的图表可能会出现数据丢失的问题。创建图表时选择的图表类型决定了数据在图表上的显示方式。此外，Excel 将根据数据区域包含的行、列数，来决定在创建图表时数据区域中的行和列与图表上的数据系列和横坐标轴之间的对应关系，规则如下。

◉ 如果数据区域包含的行数大于列数，则将数据区域的第 1 列设置为图表的横坐标轴，将其他列设置为图表的数据系列。

◉ 如果数据区域包含的列数大于行数，则将数据区域的第 1 行设置为图表的横坐标轴，将其他行设置为图表的数据系列。

根据这个规则，用户可以在创建图表前，预先规划好数据在行、列方向上的布局方式。实际上，在创建图表后，用户也可以使用特定的命令交换行、列数据在图表上的位置，因此在创建图表前规划行、列数据的布局并非必须的，但是了解相关的规则总是好的。

案例 18-1

为销售数据创建簇状柱形图

案例目标：图 18-6 所示为 18.1.2 小节中的图表使用的数据源，本例要为该数据创建簇状柱形图。

	A	B	C
1	季度	果汁	冰红茶
2	第1季度	378	325
3	第2季度	368	243
4	第3季度	210	291
5	第4季度	157	387

图 18-6 要创建图表的数据

操作步骤如下。

（1）单击数据区域中的任意一个单元格，然后在功能区的【插入】选项卡的【图表】组中单击【插入柱形图或条形图】按钮，在打开的列表中选择【簇状柱形图】，如图 18-7 所示。

（2）在当前工作表中插入一个簇状柱形图，并将数据绘制到图表上。右击图表顶部的标题，在弹出的菜单中选择【编辑文字】命令，如图 18-8 所示。

（3）进入编辑状态，使用【Delete】键或【Backspace】键删除原有标题，然后输入新的标题，此处为“果汁和冰红茶的销量对比分析”，如图 18-9 所示。

图 18-7　选择【簇状柱形图】

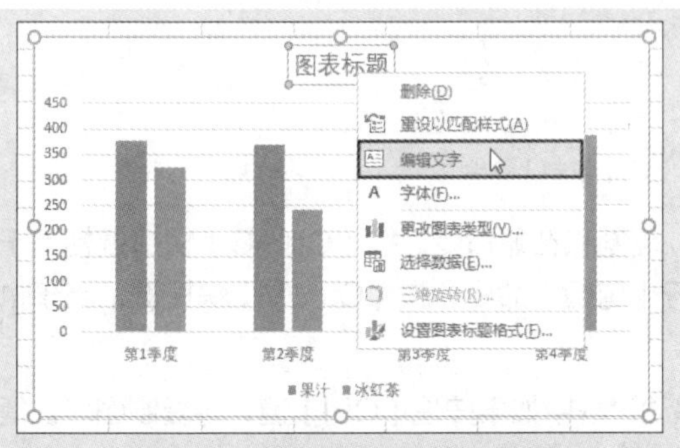
图 18-8　选择【编辑文字】命令

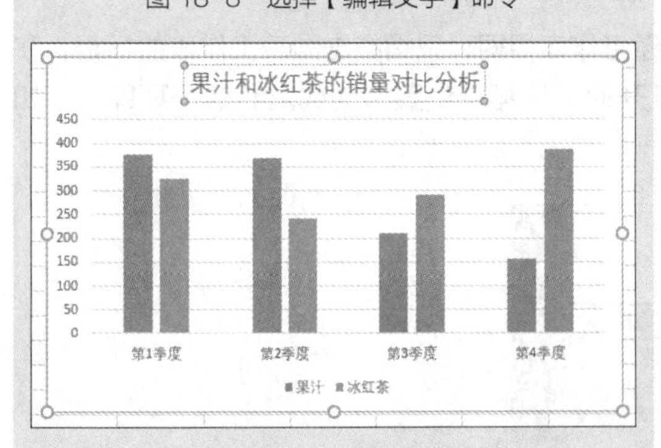
图 18-9　修改图表标题

（4）单击图表标题以外的位置，完成对标题的修改。

在Excel中创建的图表默认为嵌入式图表，如果想要创建图表工作表，则可以单击数据区域中的任意一个单元格，然后按【F11】键。

如果无法确定应为数据选择哪种类型的图表，则可以使用Excel中的“快速分析”功能。选择要创建图表的数据区域，选区的右下角将自动显示【快速分析】按钮。单击该按钮，在打开的界面中切换到【图表】选项卡，然后选择一种推荐的图表类型，如图 18-10 所示。

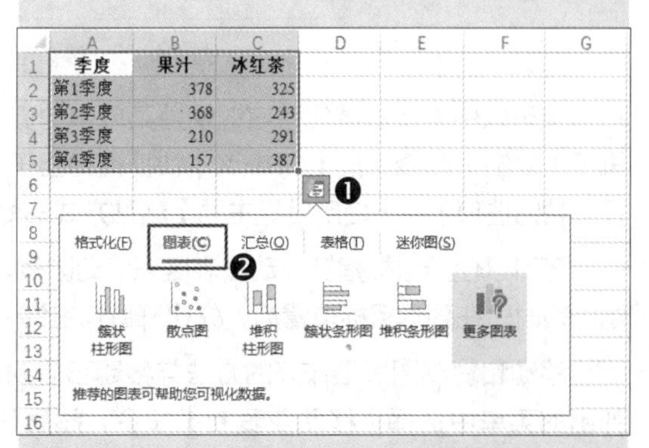
图 18-10　使用“快速分析”功能创建图表

提示　如果在选择数据区域后，选区右下角没有显示【快速分析】按钮，则需要打开【Excel选项】对话框，在【常规】选项卡中选中【选择时显示快速分析选项】复选框，单击【确定】按钮，如图18-11所示。

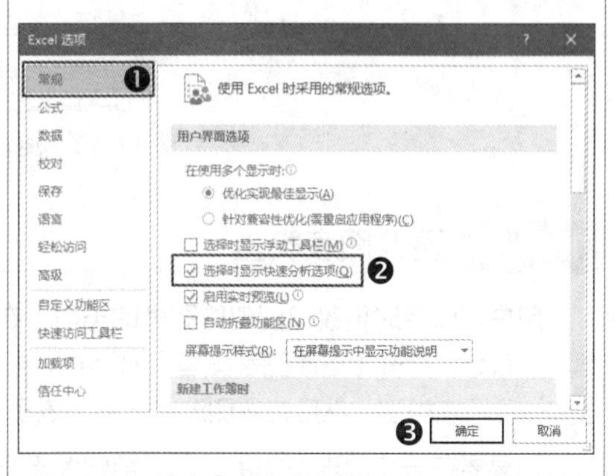
图 18-11　选中【选择时显示快速分析选项】复选框

18.1.5 移动和复制图表

由于嵌入式图表位于工作表中，因此移动和复制嵌入式图表的方法与在工作表中移动和复制图片、图形等对象的方法类似。右击要移动或复制的嵌入式图表的图表区，在弹出的菜单中选择【剪切】或【复制】命令，如图 18-12 所示。然后在当前工作表或其他工作表中右击某个单元格，在弹出菜单的【粘贴选项】中选择一种粘贴方式，将图表粘贴到以该单元格为左上角的区域中。

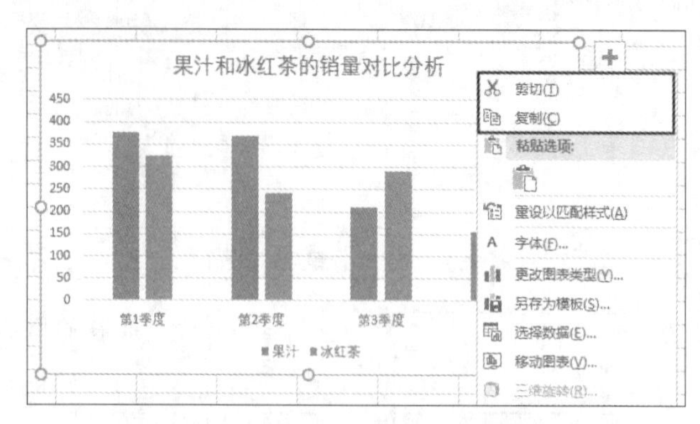

图 18-12　选择【剪切】或【复制】命令

也可以使用快捷键代替右键快捷菜单中的剪切、复制和粘贴命令。按【Ctrl+C】快捷键相当于执行【复制】命令，按【Ctrl+X】快捷键相当于执行【剪切】命令，按【Ctrl+V】快捷键相当于执行【粘贴选项】⇨【使用目标主题】粘贴方式命令。

还可以使用鼠标指针拖动图表区来移动图表，移动过程中如果按住【Ctrl】键，将复制图表。复制图表时，在到达目标位置后，先松开鼠标左键，再松开【Ctrl】键。

移动和复制图表工作表的方法与移动和复制普通工作表相同，只需右击图表工作表的标签，在弹出的菜单中选择【移动或复制】命令，然后在打开的对话框中设置移动或复制的选项即可，如图 18-13 所示。

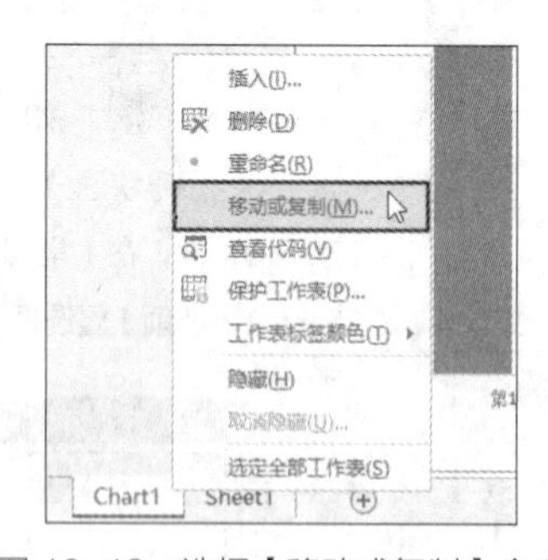

图 18-13　选择【移动或复制】命令

18.1.6 更改图表类型

用户可以随时更改已创建的图表的类型。右击图表的图表区，在弹出的菜单中选择【更改图表类型】命令，打开【更改图表类型】对话框，如图 18-14 所示。在【所有图表】选项卡左侧列表中选择一种图表类型，然后在右侧选择一种图表子类型，最后单击【确定】按钮。

如果要在一个图表中使用不同类型的图表来展示不同的数据系列，则可以在【更改图表类型】对话框的【所有图表】选项卡中选择【组合图】，然后在右侧为不同的数据系列设置不同的图表类型。

图 18-15 所示为同时包含柱形图和折线图的图表，将“果汁”数据系列的图表类型设置为【簇状柱形图】，将“冰红茶”数据系列的图表类型设置为【折线图】。

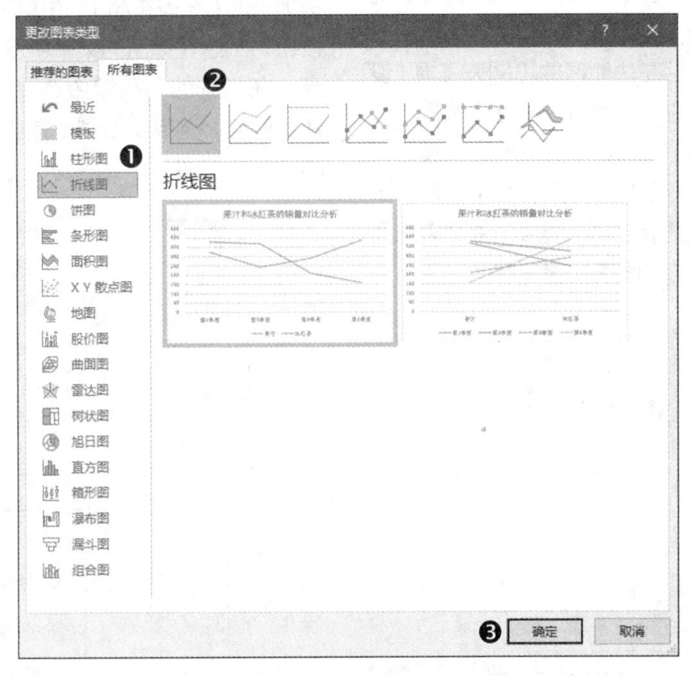

图 18-14 更改图表类型

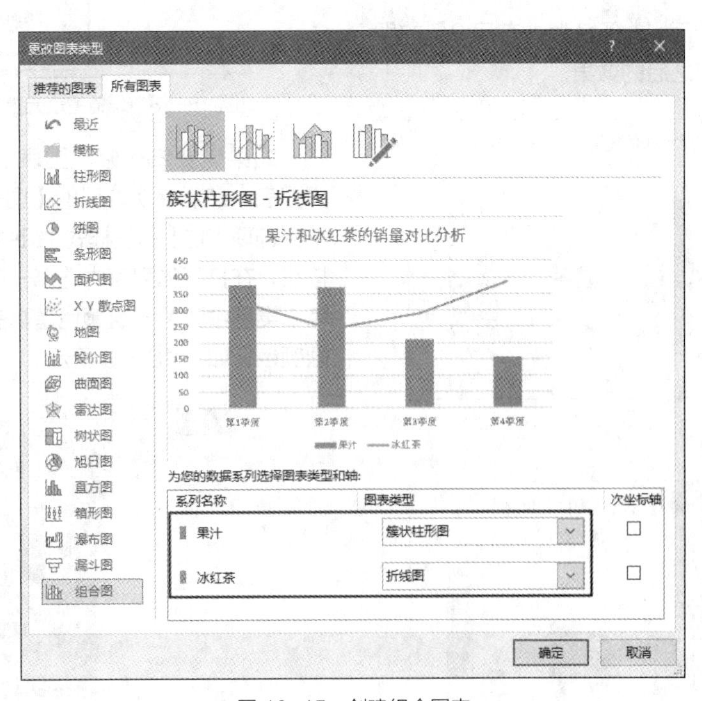

图 18-15 创建组合图表

提示

如果各个数据系列的数值单位不同，为了避免无法正常显示某些数据系列，可以选中【次坐标轴】复选框，从而使用不同的坐标轴标识不同数据系列的值。

18.1.7 设置图表的整体布局和配色

Excel 提供了一些图表布局方案，使用它们可以快速改变图表包含的图表元素及其显示方式。选择图表，然后在功能区的【图表工具 | 设计】上下文选项卡的【图表布局】组中单击【快速布局】按钮，打开图 18-16 所示的列表，每个缩略图代表一种图表布局方案，其中显示了图表元素在图表上的显示方式，选择一种图表布局方案即可改变当前选择图表的整体布局。

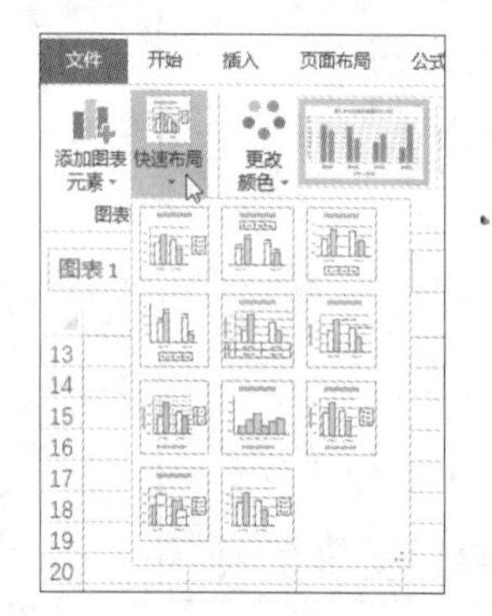

图 18-16　选择图表布局方案

图 18-17 所示为选择名为“布局 2”的图表布局方案之前和之后的效果。

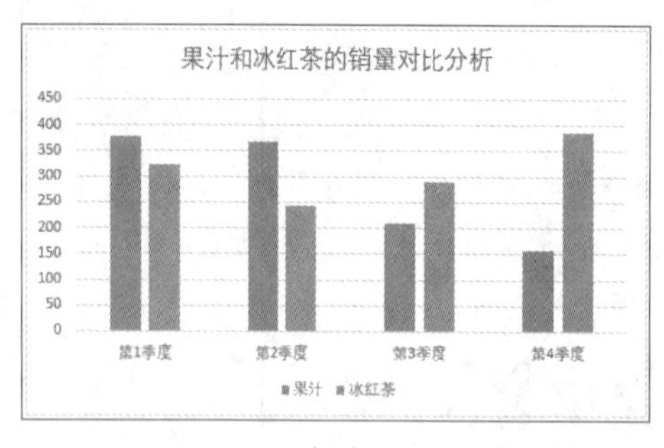

（a）

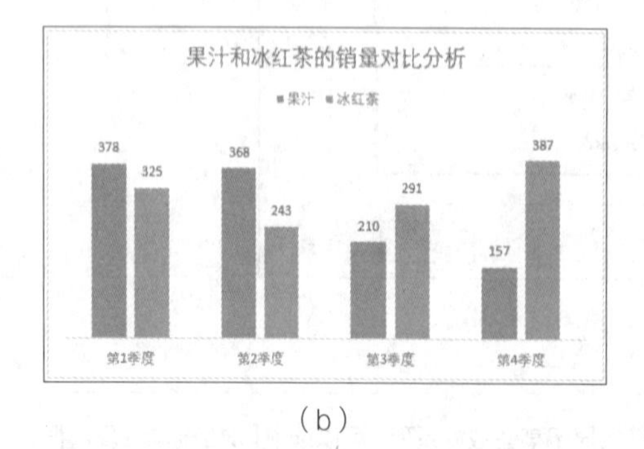

（b）

图 18-17　选择图表布局方案之前和之后的效果

如果要单独设置某个图表元素，则可以选择图表，在功能区的【图表工具 | 设计】上下文选项卡的【图表布局】组中单击【添加图表元素】按钮，然后在弹出的菜单中选择要设置的图表元素，在打开的子菜单中选择图表元素的显示方式。例如，选择【图例】并在子菜单中选择所需的选项，如图 18-18 所示。

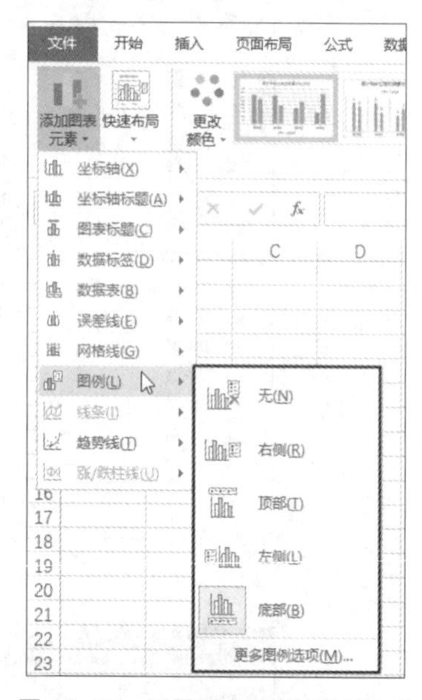

图 18-18　设置图表元素的显示方式

如果想要统一修改图表的颜色，则可以选择图表，然后在功能区的【图表工具 | 设计】上下文选项卡的【图表样式】组中单击【更改颜色】按钮，在打开的列表中选择一种配色方案。【彩色】类别中的第一组颜色是当前工作簿使用的主题颜色，如图 18-19 所示。

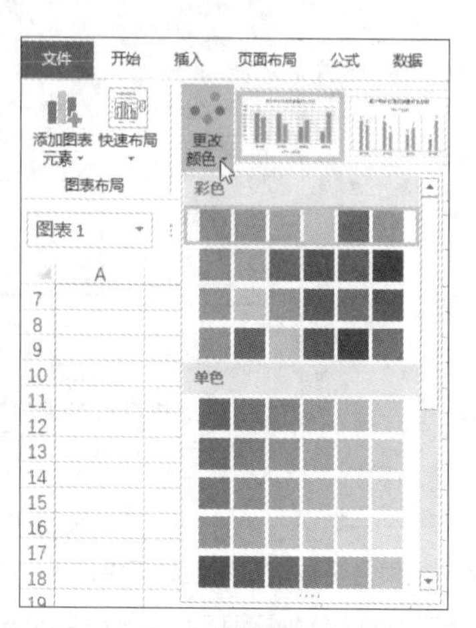

图 18-19　更改图表的配色方案

> **提示**
> 如果要更改主题颜色，则可以在功能区的【页面布局】选项卡的【主题】组中单击【颜色】按钮，然后在打开的列表中进行选择。

使用“图表样式”功能可以从整体上对图表中的所有元素的外观进行设置。选择要设置的图表，然后在功能区的【图表工具｜设计】上下文选项卡中打开【图表样式】库，从中选择一种图表样式，如图18-20所示。

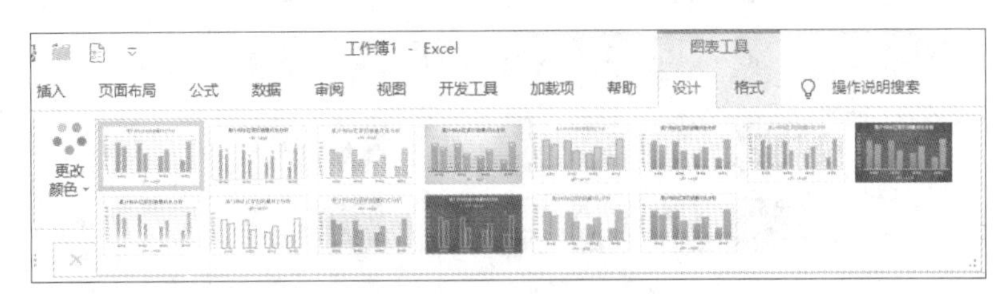

图18-20 选择图表样式

图18-21所示为选择名为“样式2”的图表样式后的图表效果。

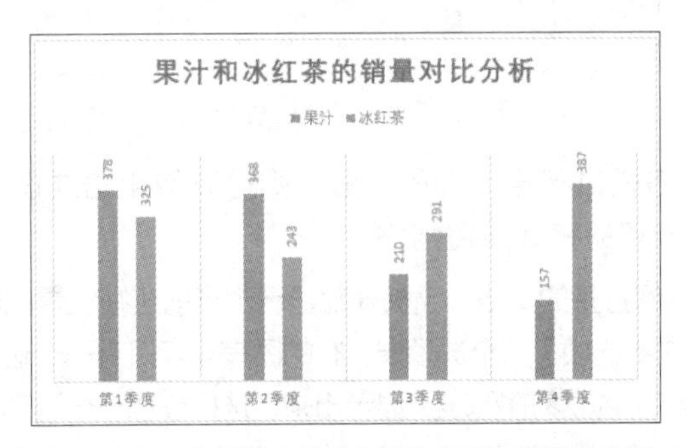

图18-21 使用图表样式快速改变图表的整体外观

18.1.8 设置图表元素的格式

虽然可以使用“图表样式”功能改变图表的整体外观，但是有时可能需要单独设置特定图表元素的格式，此时可以在功能区的【图表工具｜格式】上下文选项卡的【形状样式】组中进行以下设置，如图18-22所示。

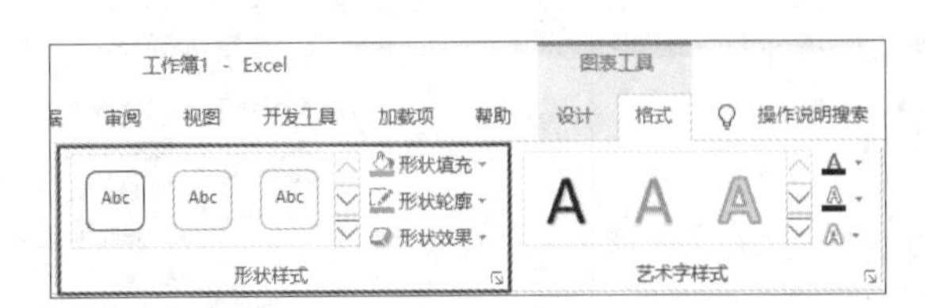

图18-22 使用【形状样式】组中的命令设置图表元素的格式

- 形状样式：打开【形状样式】库，其中包含多种预置的格式，可以快速为形状设置填充色、边框和效果，如图18-23所示。
- 形状填充：单击【形状填充】按钮，在打开的列表中选择一种填充色或填充效果。
- 形状轮廓：单击【形状轮廓】按钮，在打开的列表中选择形状是否包含轮廓，如果包含轮廓，则可以设置轮廓的线型、粗细和颜色。
- 形状效果：单击【形状效果】按钮，在打开的列表中选择阴影、发光、棱台等效果。

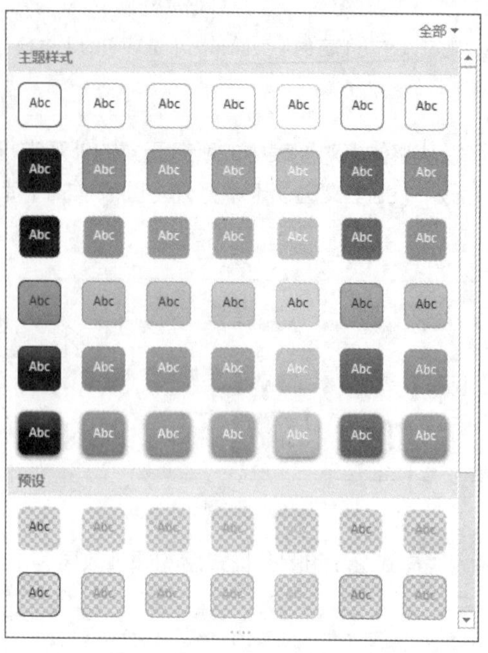

图 18-23 【形状样式】库

如果要对图表元素的格式进行更详细的设置，则可以使用格式设置窗格。双击要设置的图表元素，即可打开该图表元素的格式设置窗格。

图 18-24 所示为双击图例打开的窗格，窗格顶部显示了当前正在设置的图表元素的名称，下方并排显示了【图例项选项】和【文本选项】两个选项卡，有的图表元素只有一个选项卡。在格式设置窗格中设置图表元素的格式时，设置结果会立刻在图表上显示出来。选择任意一个选项卡，其下方会显示几个只有图标没有文字的选项卡，单击某个图标，下方将显示该图标选项卡中包含的选项。

可以在不关闭窗格的情况下设置不同的图表元素，有以下两种方法。

◉ 单击【图例项选项】右侧的下拉按钮，在弹出的菜单中选择要设置的图表元素，如图 18-25 所示。

◉ 在图表中选择图表元素，窗格中的选项卡及其包含的选项会自动更新，以匹配当前选中的图表元素。

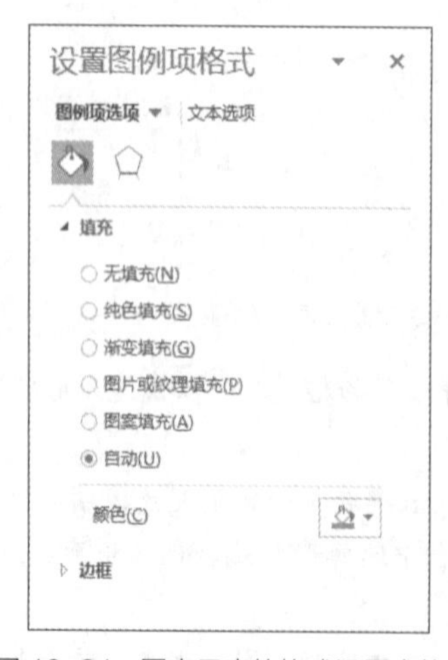

图 18-24 图表元素的格式设置窗格

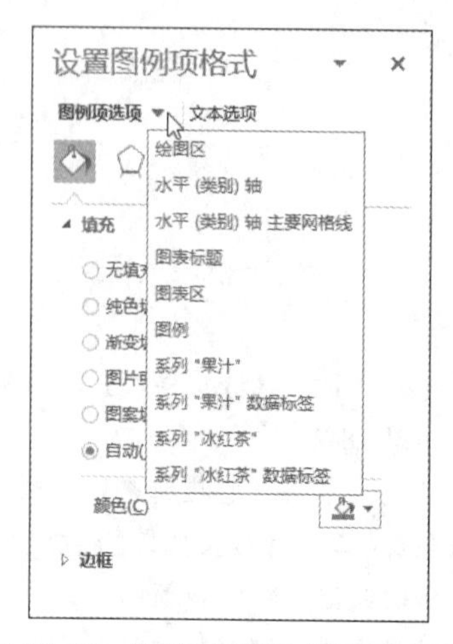

图 18-25 选择要设置格式的图表元素

18.1.9 编辑数据系列

数据系列是单元格中的数值在图表中的图形化表示，它是图表中最重要的图表元素。图表的很多操作都与数据系列有关，如在图表中添加或删除数据、为数据系列添加数据标签、添加趋势线和误差线等。

案例 18-2
在图表中添加数据

案例目标：图 18-26 所示为已将 A1:C5 单元格区域中的数据绘制到图表中，本例要将 D1:D5 单元格区域中的数据添加到图表中。

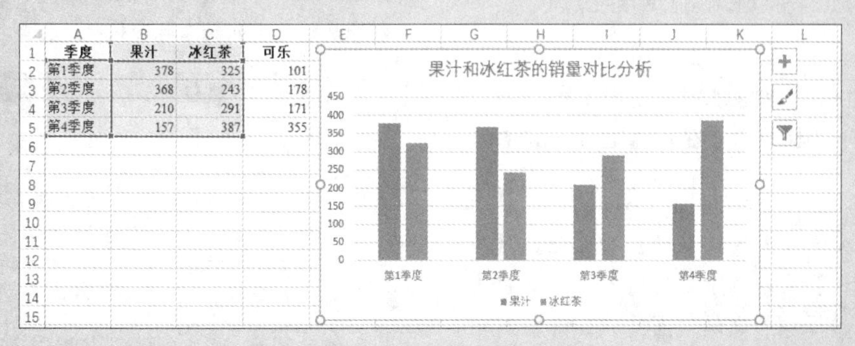

季度	果汁	冰红茶	可乐
第1季度	378	325	101
第2季度	368	243	178
第3季度	210	291	171
第4季度	157	387	355

图 18-26　未包含完整数据的图表

操作步骤如下。

（1）在图表中右击任意一个图表元素，然后在弹出的菜单中选择【选择数据】命令，如图 18-27 所示。

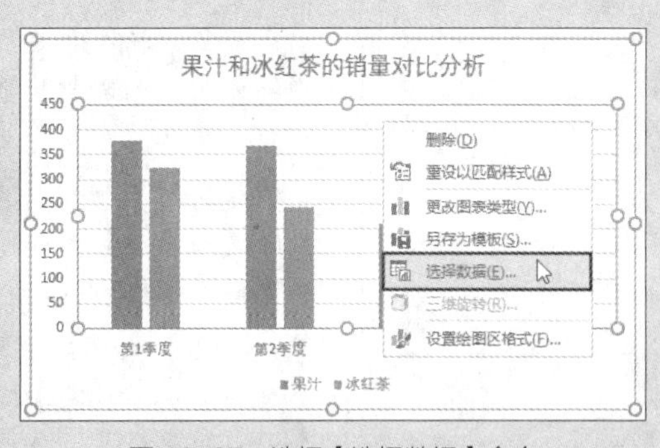

图 18-27　选择【选择数据】命令

（2）打开【选择数据源】对话框，【图表数据区域】文本框中显示的是当前绘制到图表中的数据区域。要更改数据区域，可以单击【图表数据区域】文本框右侧的按钮，如图 18-28 所示。

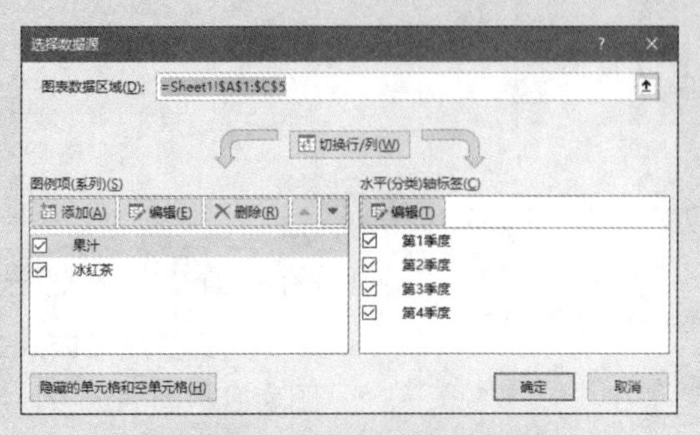

图 18-28　【选择数据源】对话框

（3）在工作表中选择要绘制到图表中的数据区域，本例为 A1:D5，然后单击按钮，如图 18-29 所示。

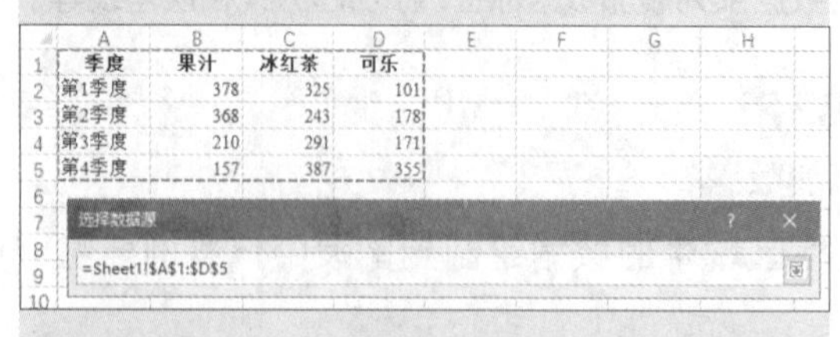

季度	果汁	冰红茶	可乐
第1季度	378	325	101
第2季度	368	243	178
第3季度	210	291	171
第4季度	157	387	355

图 18-29　选择要绘制到图表中的数据区域

注意

在选择数据区域之前，必须确保文本框中的内容处于选中状态，以便在选择新区域后自动替换原有内容。

（4）展开【选择数据源】对话框，【图表数据区域】文本框中自动填入了上一步选择的单元格区域的地址，同时数据也绘制到图表中了，然后根据添加后的数据修改图表的标题，如图 18-30 所示。

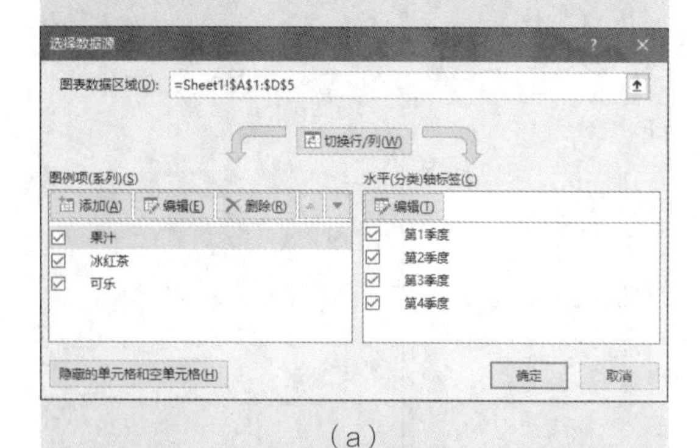

（a）

（b）

图 18-30　将选择的数据绘制到图表中

（5）单击【确定】按钮，关闭【选择数据源】对话框。

在【选择数据源】对话框中还可以对数据系列进行以下几种操作。

◉　调整数据系列的位置：在【图例项（系列）】列表框中选择一项，然后单击按钮或按钮，可以调整该数据系列在所有数据系列中的位置。

◉　编辑单独的数据系列：在【图例项（系列）】列表框中选择一项，然后单击【编辑】按钮，在打开的【编辑数据系列】对话框中可以修改数据系列的名称和值，如图 18-31 所示。

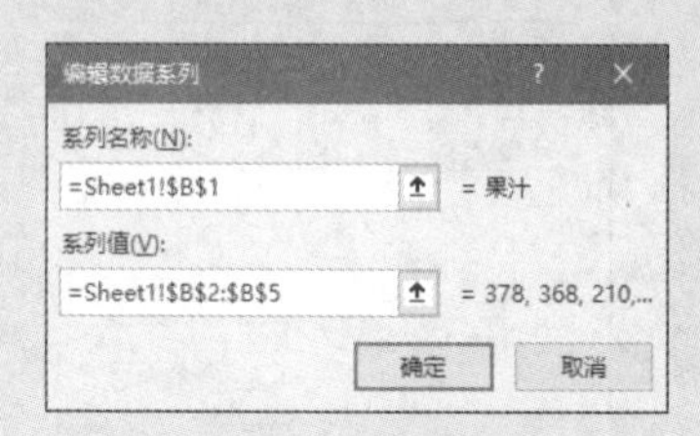

图 18-31　修改数据系列

◉　添加或删除数据系列：在【图例项（系列）】列表框中单击【添加】按钮，可以添加新的数据系列，单击【删除】按钮将删除当前所选的数据系列。

◉　编辑横坐标轴：可以在【水平（分类）轴标签】列表框中取消选中某些复选框来隐藏相应的标签；也可以在【水平（分类）轴标签】列表框中单击【编辑】按钮，在打开的【轴标签】对话框中修改横坐标轴所在的区域，如图 18-32 所示。

◉　交换数据系列与横坐标轴的位置：单击【切换行/列】按钮，将对调图表中的行、列数据的位置，即将原来的数据系列改为横坐标轴，将原来的横坐标轴改为数据系列。

图 18-32 修改横坐标轴

18.1.10 删除图表

如果要删除嵌入式图表，可以单击图表的图表区将图表选中，然后按【Delete】键。或者右击图表的图表区，然后在弹出的菜单中选择

【剪切】命令，但是不进行粘贴操作。

删除图表工作表的方法类似于删除普通工作表，右击图表工作表的工作表标签，在弹出的菜单中选择【删除】命令，然后在弹出的确认删除对话框中单击【删除】按钮。

18.1.11 图表制作实例

本小节将介绍几个图表实例的制作方法，使读者可以更好地了解图表元素的设置方法和技巧。

案例 18-3
制作任务进度甘特图

案例目标： A 列为任务名称，B 列为任务开始的日期，C 列为任务进行的天数，A1 单元格留空，本例要使用 A1:C11 单元格区域中的数据制作一个类似于 Microsoft Project 程序中的甘特图，以表示任务的进度，效果如图 18-33 所示。

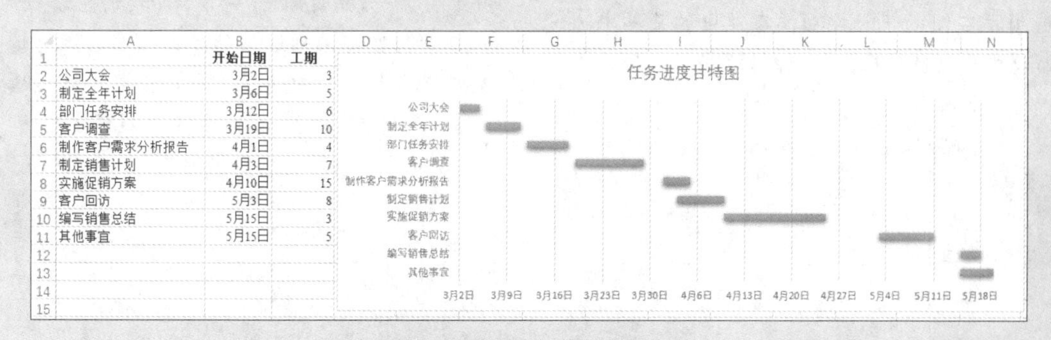

图 18-33 任务进度甘特图

操作步骤如下。

(1) 单击 A1:C11 单元格区域中任意一个包含数据的单元格，然后在功能区的【插入】选项卡的【图表】组中单击【插入柱形图或条形图】按钮，在打开的列表中选择【堆积条形图】，如图 18-34 所示。

(2) 在当前工作表中插入一个默认的堆积条形图。双击图表的纵坐标轴，打开【设置坐标轴格式】窗格，在【坐标轴选项】选项卡的【坐标轴选项】类别中选中【最大分类】单选按钮和【逆序类别】复选框，如图 18-35 所示。

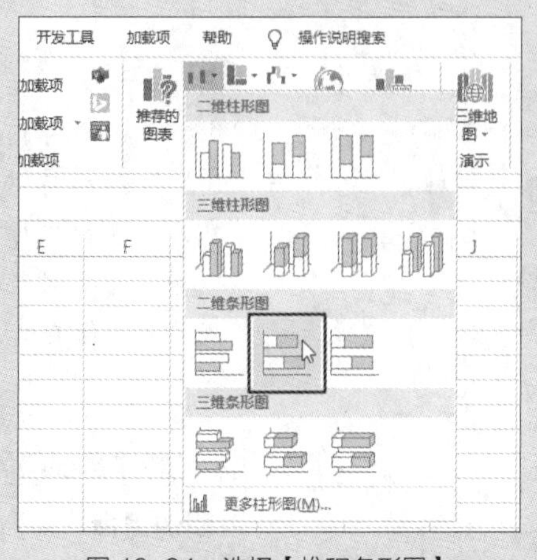

图 18-34 选择【堆积条形图】

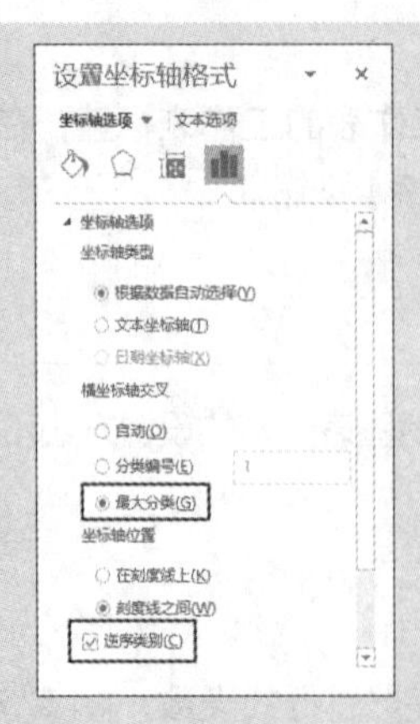

图 18-35　设置横坐标轴

(3) 不关闭窗格，单击【坐标轴选项】选项卡右侧的下拉按钮，在弹出的菜单中选择【水平（值）轴】命令，如图 18-36 所示。

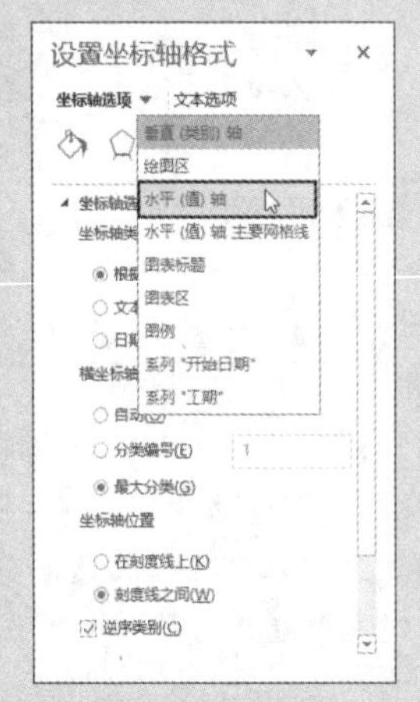

图 18-36　选择【水平（值）轴】命令

(4) 窗格将切换到包含横坐标轴选项的界面，进行以下几项设置，如图 18-37 所示。

图 18-37　设置纵坐标轴

◉　最小值：在【最小值】文本框中输入本例第 1 个日期对应的序列值，即 3 月 2 日的序列值 39874。

◉　最大值：在【最大值】文本框中输入本例最后一个日期对应的序列值，即 5 月 15 日的序列值 39948，但由于这个日期还有 5 天的工期，因此需要将该序列值再加 5，即输入 39953。

◉　刻度单位：在【大】文本框中输入 7，表示横坐标轴的日期刻度以周为单位。

(5) 不关闭窗格，单击【坐标轴选项】选项卡右侧的下拉按钮，在弹出的菜单中选择【系列“开始日期”】命令，切换到包含“开始日期”数据系列选项的界面，然后在【填充与线条】类别中将【填充】设置为【无填充】，将【边框】设置为【无线条】，如图 18-38 所示。

图 18-38　设置“开始日期”数据系列

(6) 将图表标题设置为“任务进度甘特图”，然后将图例删除，并调整整个图表的宽度，使横坐标轴中的日期完整显示，还可以根据需要对数据系列和其他图表元素的外观格式进行美化设置。

案例 18-4

制作各部门男女员工人数对比条形图

案例目标：A 列为部门名称，B、C 两列为各部门的男、女员工人数，为了便于对比各部门的男女员工人数，本例要制作一个对比条形图，效果如图 18-39 所示。为了实现本例的效果，B、C 两列表示人数的数字中有一列必须是负值。

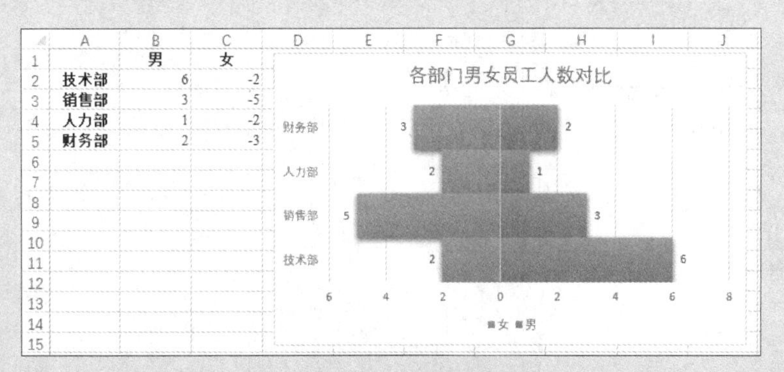

图 18-39　各部门男女员工人数对比条形图

操作步骤如下。

(1) 单击 A1:C5 单元格区域中任意一个包含数据的单元格，然后在功能区的【插入】选项卡的【图表】组中单击【插入柱形图或条形图】按钮，在打开的列表中选择【簇状条形图】，如图 18-40 所示。

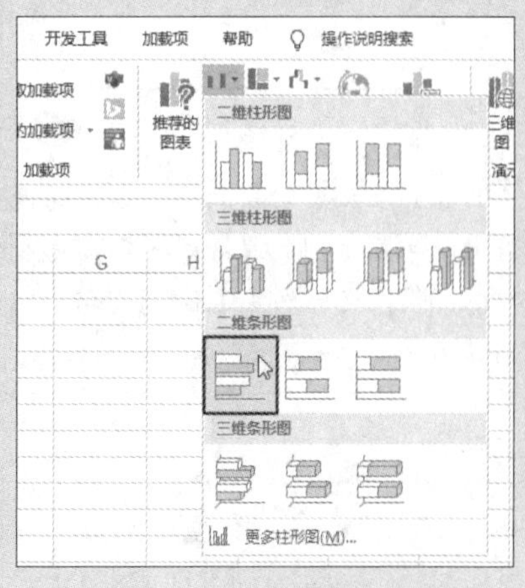

图 18-40　选择【簇状条形图】

(2) 在当前工作表中插入一个簇状条形图。双击图表的纵坐标轴，打开【设置坐标轴格式】窗格，如图 18-41 所示，在【坐标轴选项】选项卡的【坐标轴选项】类别中，将【刻度线】中的【主刻度线类型】设置为【无】，将【标签】中的【标签位置】设置为【低】。此时的条形图如图 18-42 所示。

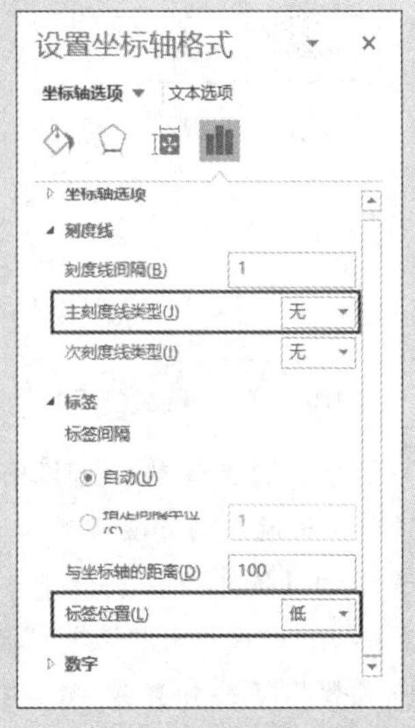

图 18-41　设置纵坐标轴

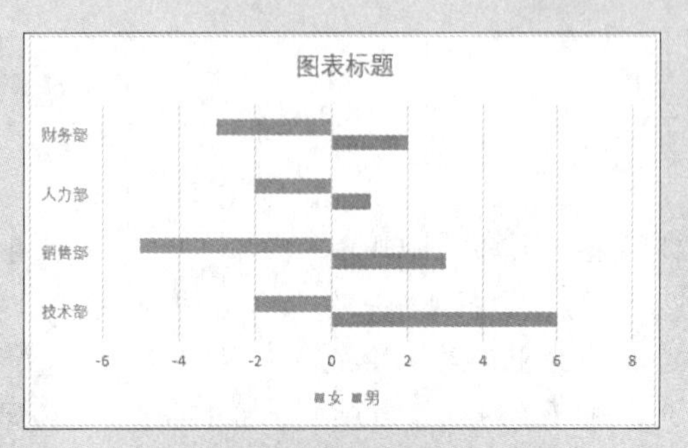

图 18-42　设置纵坐标轴后的条形图

(3) 单击【坐标轴选项】选项卡右侧的下拉按钮，在弹出的菜单中选择【水平（值）轴】命令，如图 18-43 所示。

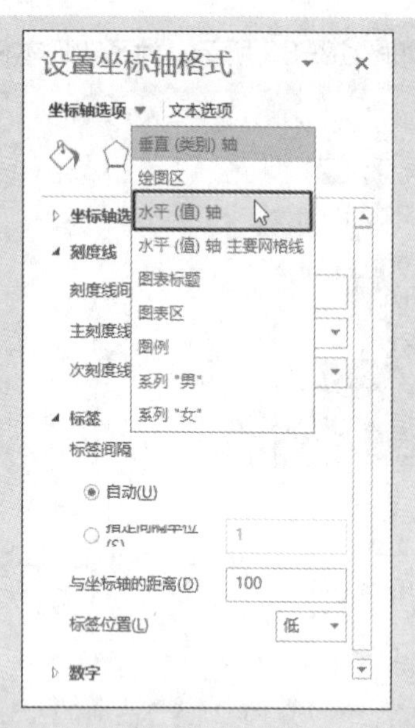

图 18-43 选择【水平（值）轴】命令

(4) 窗格将切换到横坐标轴的设置界面，在【数字】类别的【格式代码】文本框中输入“0;0;0”，然后单击【添加】按钮，如图 18-44 所示。

图 18-44 设置横坐标轴的数字格式

(5) 单击【坐标轴选项】选项卡右侧的下拉按钮，在弹出的菜单中选择任意一个数据系列，如【系列“男”】，如图 18-45 所示。

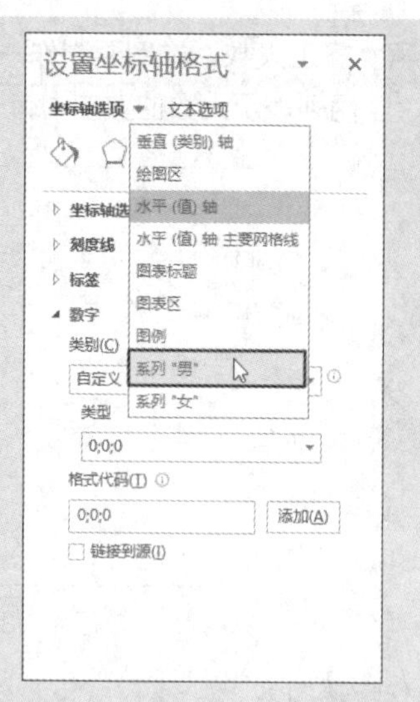

图 18-45 选择任意一个数据系列

(6) 窗格将切换到数据系列的设置界面，在【系列选项】类别中将【系列重叠】设置为【100%】，将【间隙宽度】设置为【0%】，如图 18-46 所示。

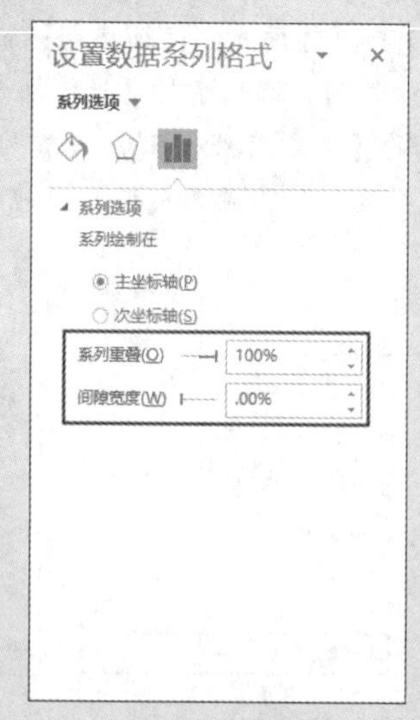

图 18-46 设置数据系列

(7) 关闭格式设置窗格，选择条形图的图表区，然后在功能区的【图表工具 | 设计】上下文选项卡的【图表布局】组中单击【添加图表元素】按钮，在弹出的菜单中选择【数据标签】⇨【数据标签外】命令，为数据系列添加数据标签，如图 18-47 所示。

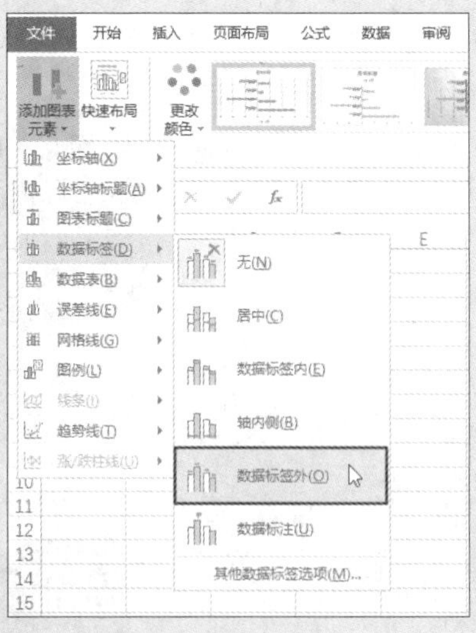

图 18-47　为数据系列添加数据标签

提示

为了让负数的数据标签显示为正数，可以使用第 4 步中的方法，将负数标签的数字格式设置为“0;0;0”。只需右击图表中显示为负数的数据标签，在弹出的菜单中选择【设置数据标签格式】命令，然后在打开的窗格中进行设置，如图 18-48 所示。

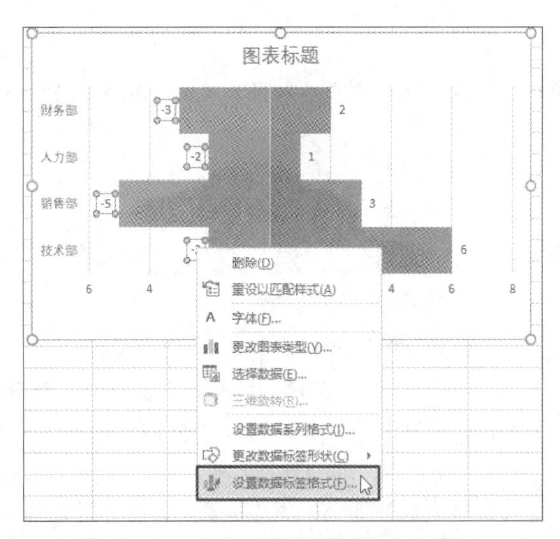

图 18-48　选择【设置数据标签格式】命令

（8）将图表标题设置为“各部门男女员工人数对比”，然后为两个数据系列设置形状样式，以增强显示效果。

案例 18-5

在饼图中切换显示不同季度的销售额

案例目标：饼图每次只能显示一组数据系列，但本例创建的饼图包含多组数据系列，为了便于在饼图中切换显示各组数据系列，需要在饼图中添加一个下拉列表，其中包含各组数据系列的名称，用户可以从下拉列表中选择要在饼图中显示的数据系列，效果如图 18-49 所示。

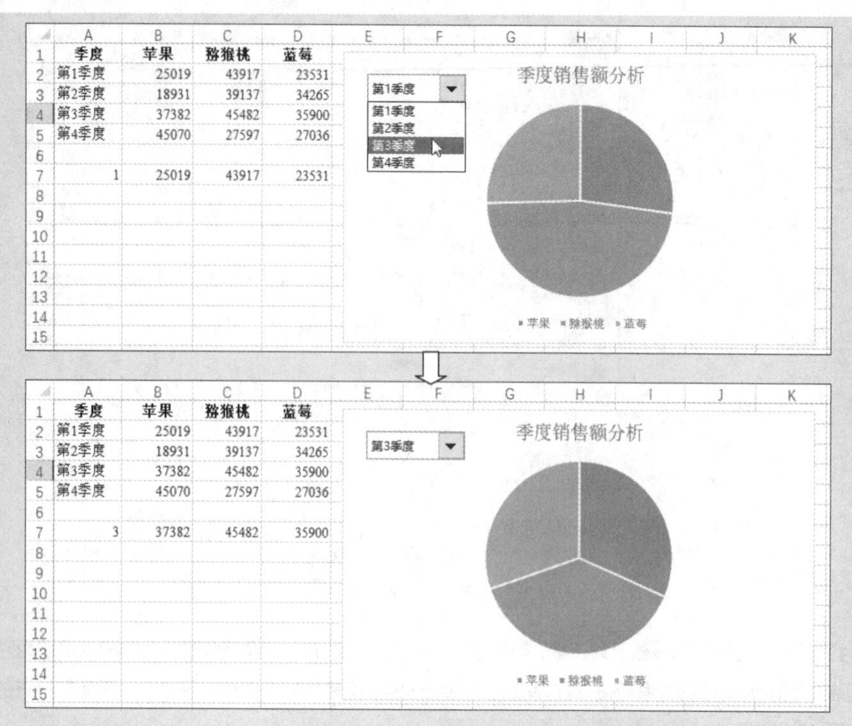

	A	B	C	D
1	季度	苹果	猕猴桃	蓝莓
2	第1季度	25019	43917	23531
3	第2季度	18931	39137	34265
4	第3季度	37382	45482	35900
5	第4季度	45070	27597	27036
6				
7	1	25019	43917	23531

	A	B	C	D
1	季度	苹果	猕猴桃	蓝莓
2	第1季度	25019	43917	23531
3	第2季度	18931	39137	34265
4	第3季度	37382	45482	35900
5	第4季度	45070	27597	27036
6				
7	3	37382	45482	35900

图 18-49　在饼图中快速切换显示不同季度的销售额

操作步骤如下。

（1）新建一个工作簿，在 Sheet1 工作表中输入用于制作饼图的数据，如图 18-50 所示。

=INDEX(B2:B5,$A$7)

	A	B	C	D
1	季度	苹果	猕猴桃	蓝莓
2	第1季度	25019	43917	23531
3	第2季度	18931	39137	34265
4	第3季度	37382	45482	35900
5	第4季度	45070	27597	27036

图 18-50　输入基础数据

（2）根据数据区域中除去标题行以外的其他行的总数，在数据区域外的一个单元格中输入 1 到该总数范围的任意一个数字。本例中的数据区域位于 A1:D5，该区域共 5 行，除标题行外还剩 4 行，因此输入的数字应该为 1 ～ 4。此处在 A7 单元格中输入 2，然后在 B7 单元格中输入如下公式，使用 INDEX 函数在 B 列提取由 A7 单元格表示的行号对应的数据，如图 18-51 所示。

B7　=INDEX(B2:B5,$A$7)

	A	B	C	D	E
1	季度	苹果	猕猴桃	蓝莓	
2	第1季度	25019	43917	23531	
3	第2季度	18931	39137	34265	
4	第3季度	37382	45482	35900	
5	第4季度	45070	27597	27036	
6					
7	2	18931			

图 18-51　使用 INDEX 函数提取数据

提示

为了在公式复制到右侧单元格时可以得到正确的结果，需要将 INDEX 函数的第 2 个参数的单元格引用设置为绝对引用。

（3）拖动B7单元格右下角的填充柄，将B7单元格中的公式向右复制到D7单元格，提取出由A7单元格表示的行中的其他列数据，如图18-52所示。

（4）选择B1:D1单元格区域，按住【Ctrl】键再选择B7:D7单元格区域，将这两个单元格区域同时选中，如图18-53所示。

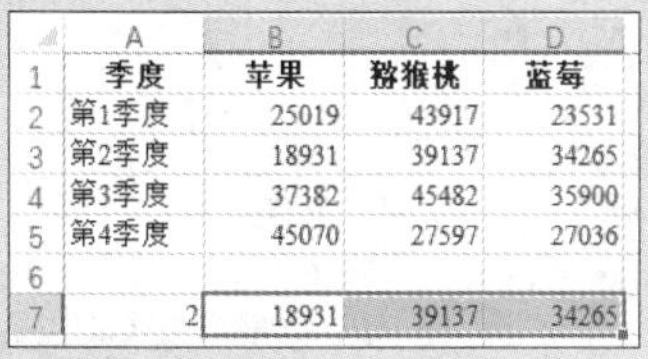

	A	B	C	D
1	季度	苹果	猕猴桃	蓝莓
2	第1季度	25019	43917	23531
3	第2季度	18931	39137	34265
4	第3季度	37382	45482	35900
5	第4季度	45070	27597	27036
6				
7	2	18931	39137	34265

图 18-52　复制公式以提取其他数据

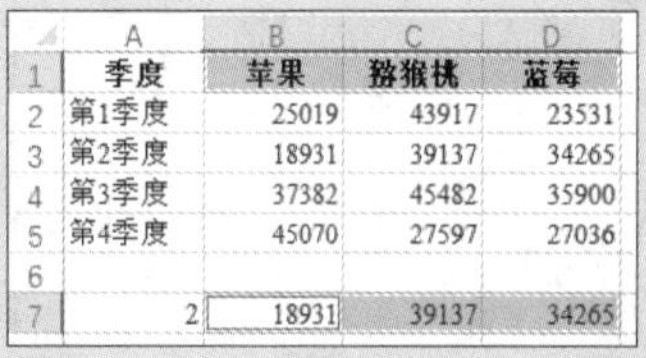

	A	B	C	D
1	季度	苹果	猕猴桃	蓝莓
2	第1季度	25019	43917	23531
3	第2季度	18931	39137	34265
4	第3季度	37382	45482	35900
5	第4季度	45070	27597	27036
6				
7	2	18931	39137	34265

图 18-53　同时选中两个单元格区域

（5）在功能区的【插入】选项卡中单击【插入饼图或圆环图】按钮，在打开的下拉列表中选择【饼图】，当前工作表中将插入一个饼图，其数据源就是在第4步中选中的两个单元格区域，如图18-54所示。

（6）在功能区的【开发工具】选项卡的【控件】组中单击【插入】按钮，然后在打开的下拉列表中从【表单控件】类别中选择【组合框（窗体控件）】，如图18-55所示。

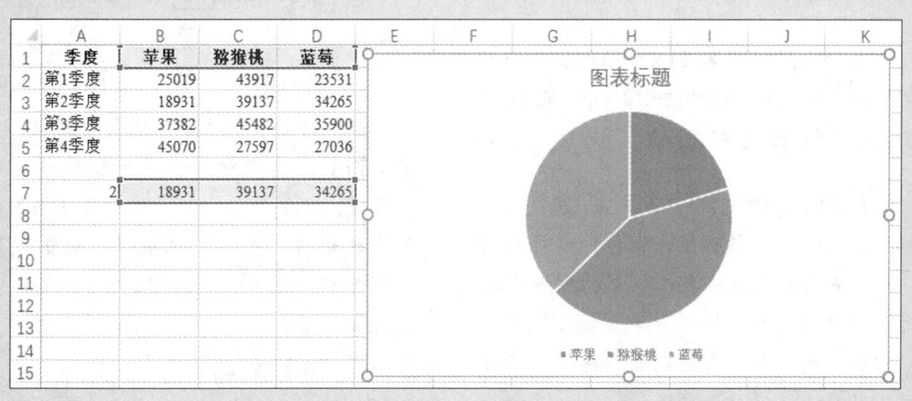

图 18-54　基于两个单元格区域中的数据创建饼图

提示

如果功能区中没有显示【开发工具】选项卡，则可以参考1.4.1小节中的方法将其显示出来。

（7）在图表上的适当位置拖动鼠标指针插入一个组合框控件，然后右击该控件，在弹出的菜单中选择【设置控件格式】命令，如图18-56所示。

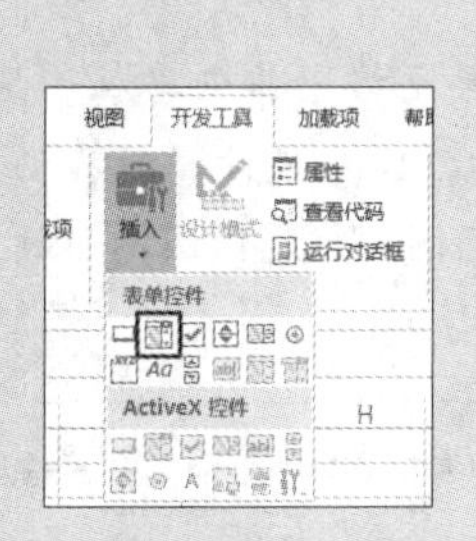

图 18-55　选择【组合框（窗体控件）】

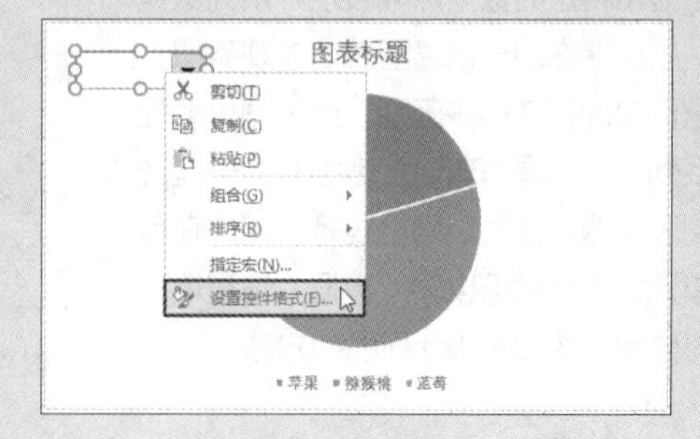

图 18-56　选择【设置控件格式】命令

（8）打开【设置控件格式】对话框，在【控制】选项卡中进行以下设置，如图18-57所示。

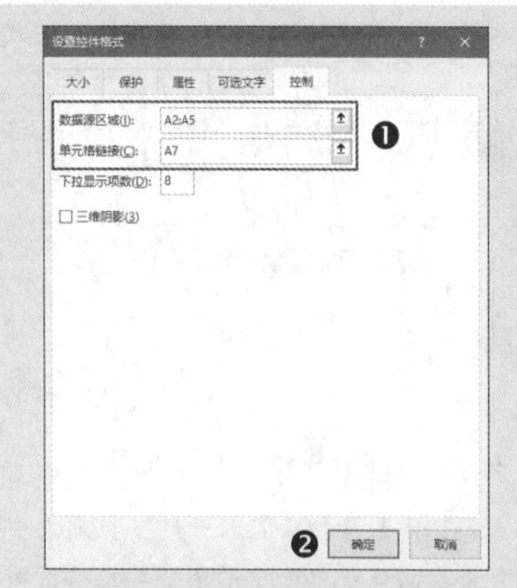

图 18-57　设置组合框控件的选项

- 将【数据源区域】设置为【A2:A5】。
- 将【单元格链接】设置为【A7】。

提示

如果使用【数据源区域】或【单元格链接】文本框右侧的按钮在工作表中选择单元格，则对话框的标题将变为【设置对象格式】。

(9) 设置完成后单击【确定】按钮，关闭【设置控件格式】对话框。单击组合框控件以外的其他位置，取消组合框的选中状态。最后将图表标题设置为“季度销售额分析”。单击组合框控件上的下拉按钮，在打开的下拉列表中选择任意一项，饼图上就会显示对应数据了。

18.2　使用迷你图

使用“迷你图”功能可以在单元格中创建微型图表，用于显示特定的数据点或表示一系列数据的变化趋势。虽然迷你图与普通图表的外观类似，但是实际上它们之间存在很多区别。迷你图只能显示一个数据系列，且不具有普通图表拥有的一些图表元素，如图表标题、图例、网格线等。用户在包含迷你图的单元格中仍然可以输入数据、设置填充色等。本节将介绍创建和编辑迷你图的方法。

18.2.1　创建迷你图

用户可以为一行数据或一列数据创建迷你图。

案例 18-6

创建柱形迷你图

案例目标：为 A1:E4 单元格区域中的数据创建柱形迷你图，效果如图 18-58 所示。

	A	B	C	D	E	F
1		第1季度	第2季度	第3季度	第4季度	
2	果汁	378	368	210	157	
3	冰红茶	325	243	291	387	
4	可乐	101	178	171	355	

图 18-58　创建柱形迷你图

操作步骤如下。

(1) 选择放置迷你图的单元格，本例为 F2 单元格，然后在功能区的【插入】选项卡的【迷你图】组中单击【柱形】按钮，如图 18-59 所示。

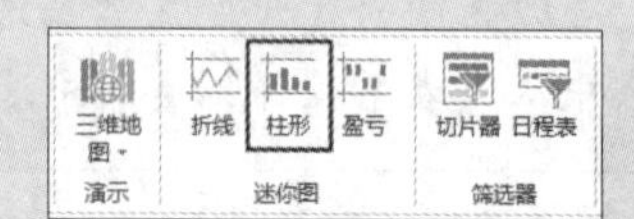

图 18-59　单击【柱形】按钮

(2) 打开【创建迷你图】对话框，在【数据范围】文本框中输入用于创建迷你图的数据区域，本例为 B2:E2。可以直接输入所需的单元格地址，也可以单击【数据范围】文本框右侧的按钮，然后在工作表中拖动鼠标指针进行选择，如图 18-60 所示。设置完成后单击【确定】按钮。

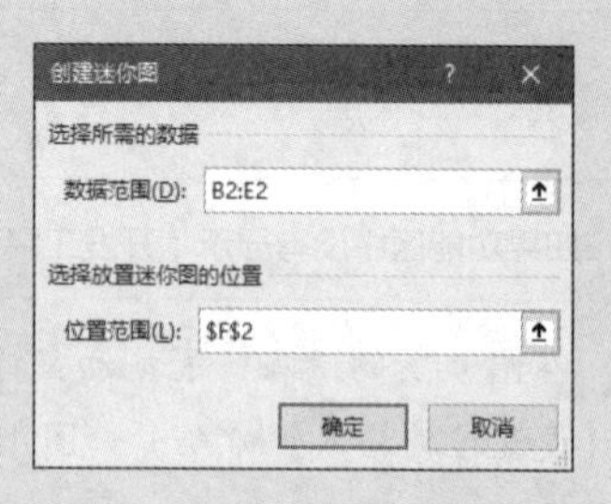

图 18-60　选择迷你图使用的数据范围

(3) F2 单元格中将创建柱形迷你图，如图 18-61 所示。使用鼠标指针拖动 F2 单元格右下角的填充柄，将迷你图向下填充到 F3 和 F4 两个单元格。

	A	B	C	D	E	F
1		第1季度	第2季度	第3季度	第4季度	
2	果汁	378	368	210	157	
3	冰红茶	325	243	291	387	
4	可乐	101	178	171	355	

图 18-61　创建单个迷你图

提示

如果要一次性创建多个迷你图，则可以选择要放置迷你图的单元格区域，然后打开【创建迷你图】对话框并设置【位置范围】，如图 18-62 所示。

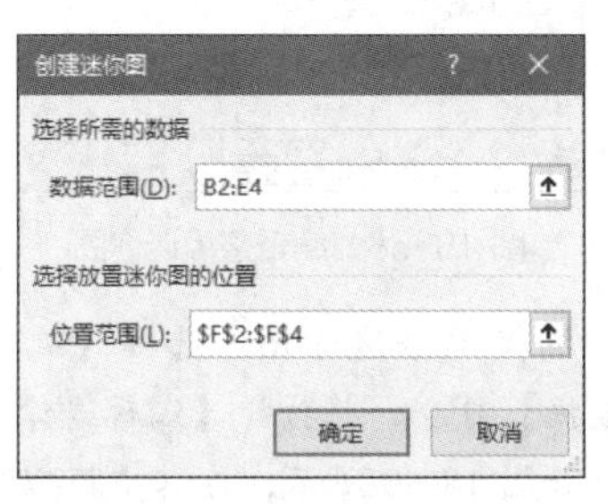

图 18-62　同时创建多个迷你图

18.2.2 迷你图组合

如果在一个单元格区域中创建了多个迷你图，则它们会自动成为迷你图组合，选中其中的任意一个迷你图时，整个迷你图组合的外侧将显示蓝色的边框，以表明这些迷你图是一个整体。对迷你图组合中的任意一个迷你图进行编辑时，编辑结果会同时作用于迷你图组合中的每一个迷你图。

用户可以将独立的迷你图组合在一起。选择要组合的多个迷你图，如果迷你图位于不相邻的位置，则可以按住【Ctrl】键后逐一选择各个位置的迷你图。然后在功能区的【迷你图工具 | 设计】上下文选项卡的【组合】组中单击【组合】按钮，或者右击选区后在弹出的菜单中选择【迷你图】⇨【组合】命令，将选中的迷你图组合在一起，如图 18-63 所示。

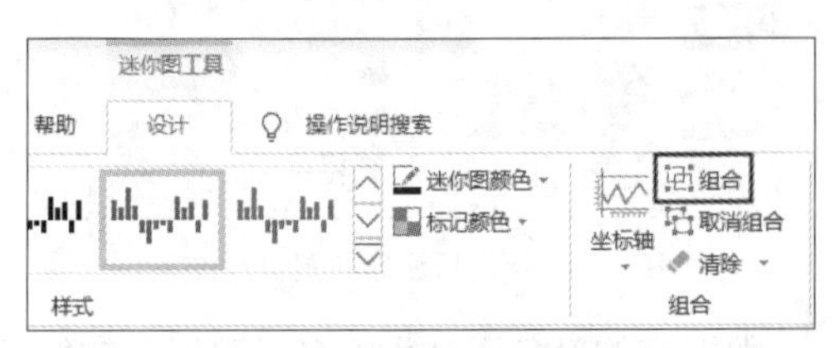

图 18-63　单击【组合】按钮

组合后的迷你图的类型由活动单元格中的迷你图的类型决定。图 18-64 所示为将 F2、F3 和 F4 单元格中的迷你图组合在一起，如果使用鼠标指针从 F2 单元格向下拖动到 F4 单元格来选择这 3 个单元格，此时 F2 单元格为活动单元格，则组合后的迷你图的类型就是 F2 单元格中的柱形图。

	A	B	C	D	E	F
1		第1季度	第2季度	第3季度	第4季度	
2	果汁	378	368	210	157	
3	冰红茶	325	243	291	387	
4	可乐	101	178	171	355	

（a）

	A	B	C	D	E	F
1		第1季度	第2季度	第3季度	第4季度	
2	果汁	378	368	210	157	
3	冰红茶	325	243	291	387	
4	可乐	101	178	171	355	

（b）

图 18-64　组合后的迷你图类型由活动单元格中的迷你图类型决定（1）

如果使用鼠标指针从 F4 单元格向上拖动到 F2 单元格来选择这 3 个单元格，此时 F4 单元格为活动单元格，则组合后的迷你图的类型就是 F4 单元格中的折线图，如图 18-65 所示。

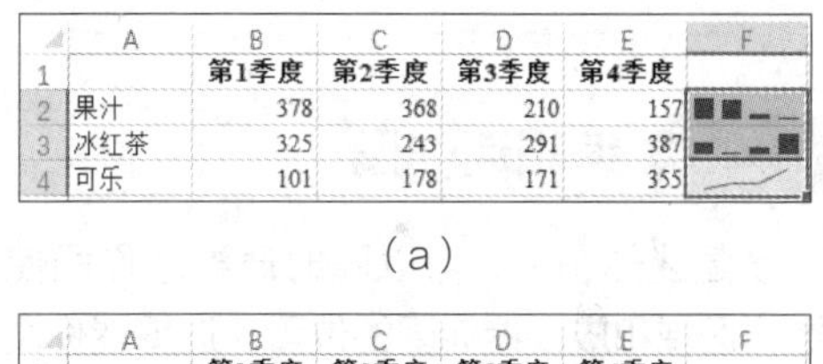

	A	B	C	D	E	F
1		第1季度	第2季度	第3季度	第4季度	
2	果汁	378	368	210	157	
3	冰红茶	325	243	291	387	
4	可乐	101	178	171	355	

（a）

	A	B	C	D	E	F
1		第1季度	第2季度	第3季度	第4季度	
2	果汁	378	368	210	157	
3	冰红茶	325	243	291	387	
4	可乐	101	178	171	355	

（b）

图 18-65　组合后的迷你图类型由活动单元格中的迷你图类型决定（2）

如果要取消迷你图的组合状态，则可以选择迷你图组合所在的完整单元格区域，然后在功能区的【迷你图工具 | 设计】上下文选项卡的【组合】组中单击【取消组合】按钮。

18.2.3 更改迷你图类型

Excel 为迷你图提供了折线、柱形、盈亏 3 种图表类型。

◉ 折线迷你图：与普通图表中的折线图类似，用于展示数据的变化趋势。

◉ 柱形迷你图：与普通图表中的柱形图类似，用于展示数据之间的对比。

◉ 盈亏迷你图：将正数和负数分别绘制到水平轴的上、下两侧，用于展示数据的盈亏，正数表示盈利、负数表示亏损。

如果要更改迷你图的类型，则需要先选择一个或多个迷你图，然后在功能区的【迷你图工具 | 设计】上下文选项卡中选择所需的迷你图类型，如图 18-66 所示。

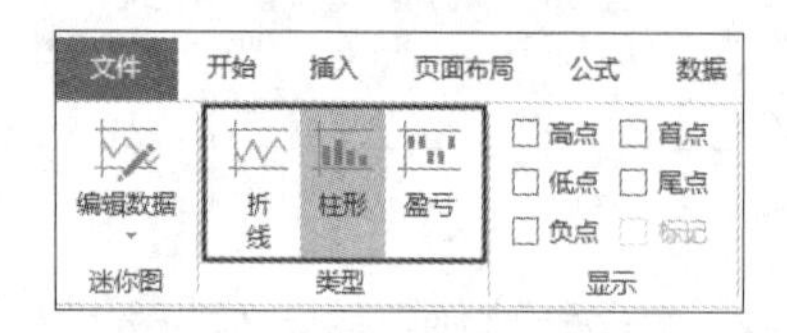

图 18-66 更改迷你图的类型

提示

如果选择的迷你图是迷你图组合中的一个，则在更改迷你图类型时将同时改变整组迷你图的类型。如果只想改变特定的迷你图的类型，则需要先取消迷你图组合再进行操作。

18.2.4 编辑迷你图

创建迷你图后，可以随时调整迷你图使用的数据区域和放置迷你图的位置。选择迷你图所在的单元格，然后在功能区的【迷你图工具 | 设计】上下文选项卡的【迷你图】组中单击【编辑数据】按钮上的下拉按钮，在弹出的菜单中选择是编辑整组迷你图还是单个迷你图，如图 18-67 所示。

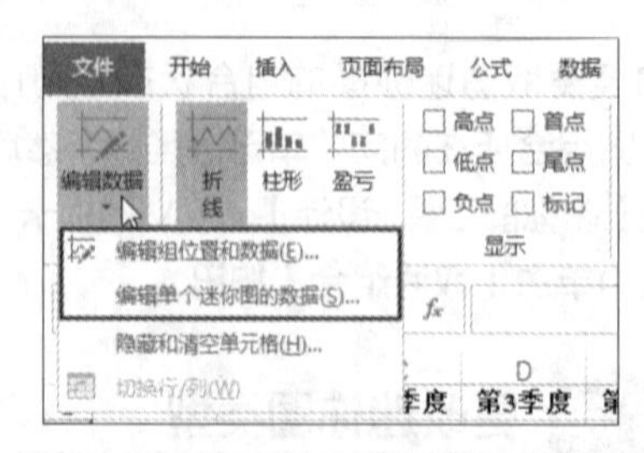

图 18-67 编辑整组迷你图或单个迷你图

◉ 编辑整组迷你图：选择【编辑组位置和数据】命令，将打开【编辑迷你图】对话框，如图 18-68 所示，在其中可以对包含当前所选单元格在内的整组迷你图进行编辑。

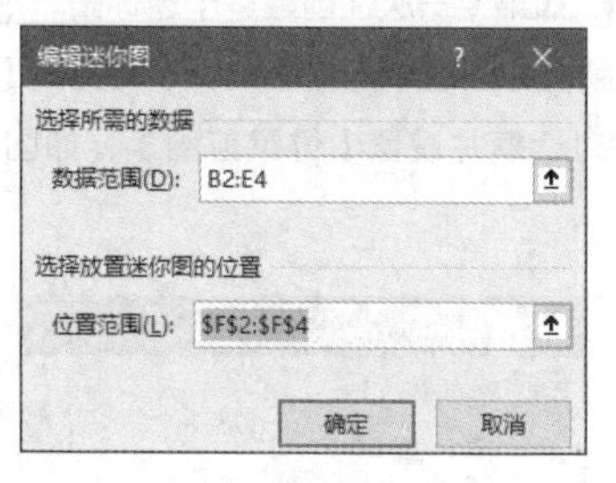

图 18-68 编辑整组迷你图

◉ 编辑单个迷你图：选择【编辑单个迷你图的数据】命令，将打开【编辑迷你图数据】对话框，如图 18-69 所示，在其中可以只编辑当前所选单元格中的迷你图。

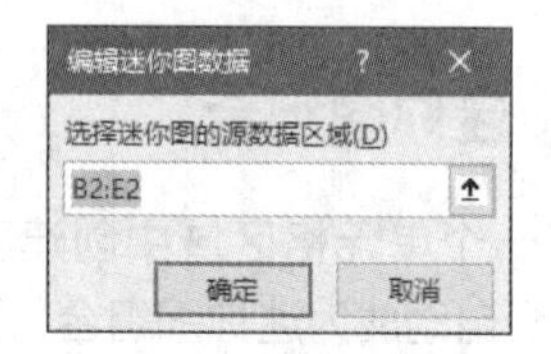

图 18-69 编辑单个迷你图

18.2.5 设置迷你图格式

Excel 为迷你图提供了一些格式选项，包括设置迷你图样式、迷你图颜色、数据点高亮显示、横坐标轴等。选择要设置格式的迷你图，在功能区的【迷你图工具 | 设计】上下文选项卡中的【显示】、【样式】和【组合】3 个组中可以找到这些格式选项。例如，对折线迷你图来说，可以在【显示】组中选中【标记】复选框，标记出折线迷你图中的数据点，如图 18-70 所示。

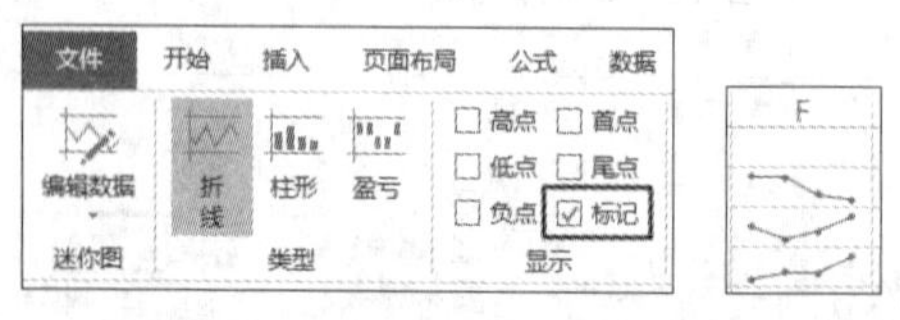

图 18-70 标记折线迷你图中的数据点

数据点的颜色默认为红色，可以在功能区的【迷你图工具 | 设计】上下文选项卡的【样式】组中单击【标记颜色】按钮，然后在弹出的菜单中选择相应的标记类型，再在打开的颜色列表中选择所需颜色，如图 18-71 所示。

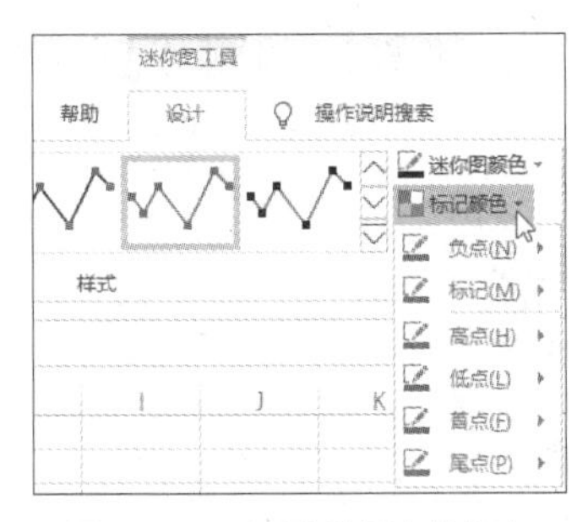

图 18-71 更改数据点的颜色

18.2.6 删除迷你图

与删除单元格中的其他内容不同，选择包含迷你图的单元格，按【Delete】键无法删除单元格中的迷你图。想要删除迷你图可以使用以下几种方法。

◉ 选择包含迷你图的单元格，在功能区的【迷你图工具 | 设计】上下文选项卡的【组合】组中单击【清除】按钮上的下拉按钮，然后在弹出的菜单中选择【清除所选的迷你图】或【清除所选的迷你图组】命令，如图 18-72 所示。

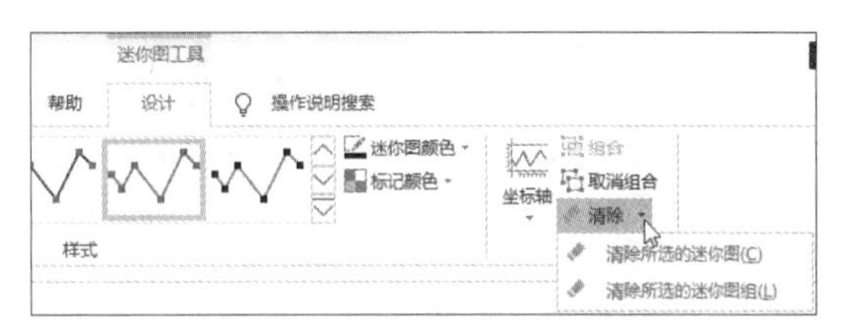

图 18-72 删除迷你图

◉ 右击包含迷你图的单元格，在弹出的菜单中选择【迷你图】⇨【清除所选的迷你图】或【迷你图】⇨【清除所选的迷你图组】命令。

◉ 选择包含迷你图的单元格，然后在功能区的【开始】选项卡的【编辑】组中单击【清除】按钮，在弹出的菜单中选择【全部清除】命令。

◉ 右击包含迷你图的单元格，在弹出的菜单中选择【删除】命令，将同时删除单元格及其中的迷你图。

18.3 使用图形对象增强显示效果

除了图表和迷你图外，用户还可以在工作表中插入图片、形状、文本框、艺术字、SmartArt 等图形对象来增强工作表的显示效果。

18.3.1 使用图片

Excel 支持多种图片文件格式，如表 18-2 所示，用户可以在工作表中插入这些格式的图片。

表 18-2 Excel 支持的图片文件格式

图片格式	扩展名
Windows 位图	.bmp、.dib、.rle
Windows 图元文件	.wmf
Windows 增强型图元文件	.emf
压缩式 Windows 图元文件	.wmz
压缩式 Windows 增强型图元文件	.emz
JPEG 文件交换格式	.jpg、.jpeg、.jfif、.jpe
可移植网络图形	.png
图形交换格式	.gif
Tag 图像文件格式	.tif、.tiff
CorelDraw	.cdr
计算机图形元文件	.cgm
Macintosh PICT	.pct、.pict

用户可以在工作表中插入计算机中存储的图片或 Internet 中的图片，操作步骤如下。

（1）在工作表中单击要作为插入后的图片的左上角的单元格，然后在功能区的【插入】选项卡的【插图】组中单击【图片】按钮，如图 18-73 所示。

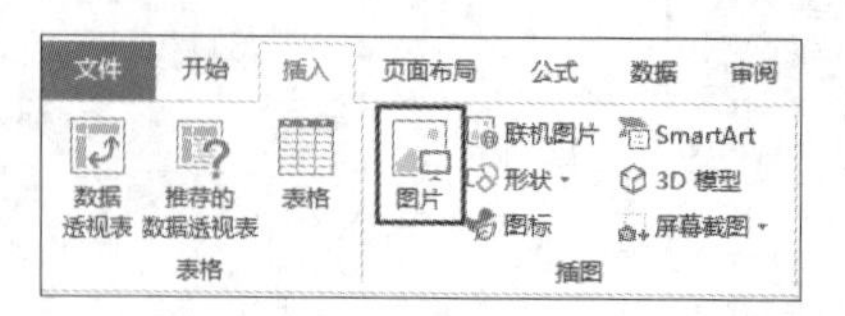

图 18-73　单击【图片】按钮

（2）打开【插入图片】对话框，如图 18-74 所示，双击要插入的图片，即可将其插入当前工作表中，图片的左上角位于上一步单击的单元格。

图 18-74　选择要插入的图片

（3）如果要插入 Internet 中的图片，则可以在功能区的【插入】选项卡的【插图】组中单击【联机图片】按钮，打开【联机图片】对话框，如图 18-75 所示，通过单击图片类别或者在文本框中输入关键字来查找所需的图片。

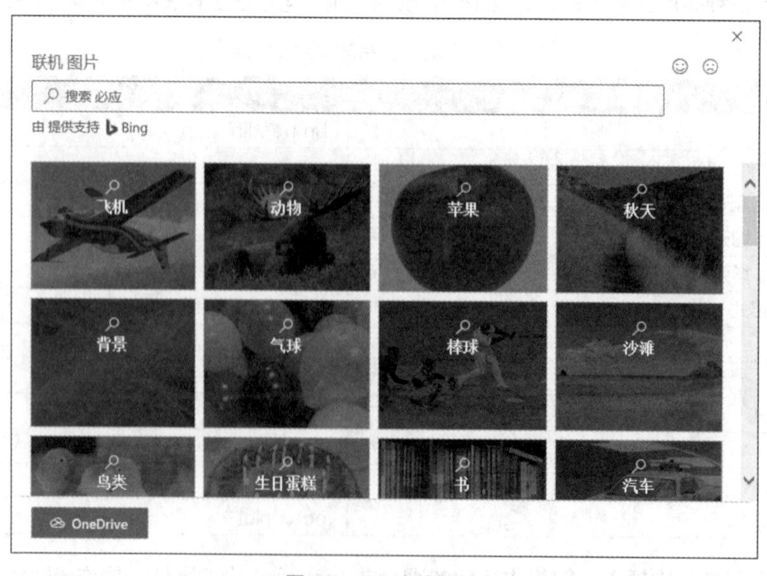

图 18-75　查找图片

(4)【联机图片】对话框中将显示匹配的图片，选择所需的图片，然后单击【插入】按钮，即可将其插入当前工作表中，如图 18-76 所示。

图 18-76　选择图片后单击【插入】按钮

将图片插入工作表后，功能区中将显示【图片工具 | 格式】上下文选项卡，其中的命令用于设置图片的外观格式，如图 18-77 所示。

图 18-77　【图片工具 | 格式】上下文选项卡

18.3.2 使用形状、文本框和艺术字

Excel 中的形状、文本框和艺术字虽然是不同类型的对象，但是它们在外观和操作方式等多个方面具有很多相似之处。实际上这 3 类对象只是在初始创建它们时有些区别，后期经过一些设置可以让它们实现完全相同的功能。初始创建的形状和文本框都带有边框和填充色，但是不包含文字；而初始创建的艺术字不带有边框和填充色，但是包含预置的文字并具有特殊的文字效果。

如果要创建形状，则可以在功能区的【插入】选项卡的【插图】组中单击【形状】按钮，打开图 18-78 所示的形状列表，其中的形状按类别进行了划分。选择某个形状后，在工作表中拖动鼠标指针绘制形状，如图 18-79 所示。

提示　如果要创建正方形，则可以在绘制矩形时按住【Shift】键；如果要创建圆形，则可以在绘制椭圆形时按住【Shift】键。

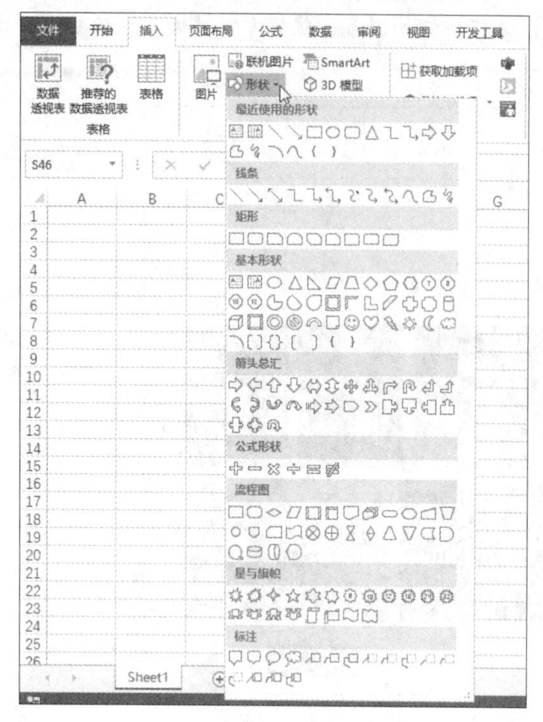

图 18-78　形状列表

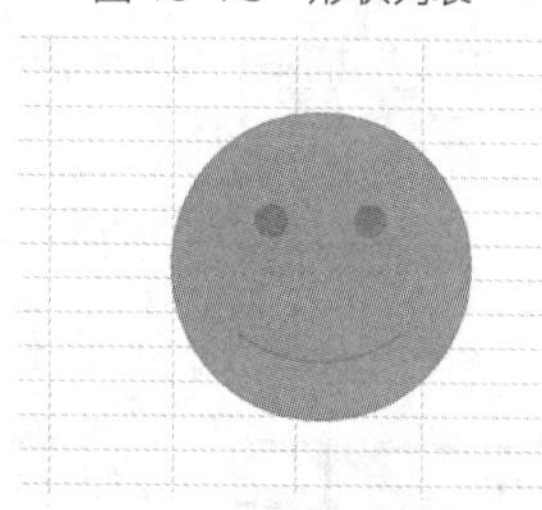

图 18-79　在工作表中绘制的形状

创建文本框和艺术字的命令位于功能区的【插入】选项卡的【文本】组中。如果要插入文本框，需要在该组中单击【文本框】按钮上的下拉按钮，在打开的列表中选择文本框的类型，如图 18-80 所示。

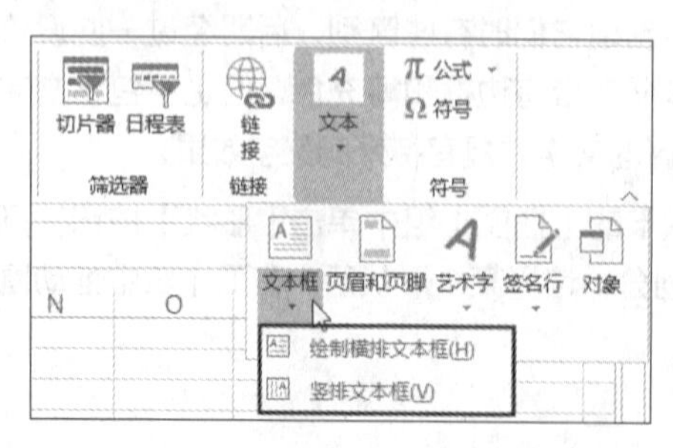

图 18-80　选择要创建的文本框的类型

【绘制横排文本框】命令用于创建横排文本框，【竖排文本框】命令用于创建竖排文本框。横、竖是指文字在文本框中的方向，横排文本框中的文字方向为先从左到右再从上到下、竖排文本框中的文字方向为先从上到下再从右到左。在工作表中拖动鼠标指针绘制出一个文本框，然后在其中输入所需的内容，如图 18-81 所示。选中文本框后，可以使用功能区的【开始】选项卡的【字体】组中的命令设置文本框中字体的格式。

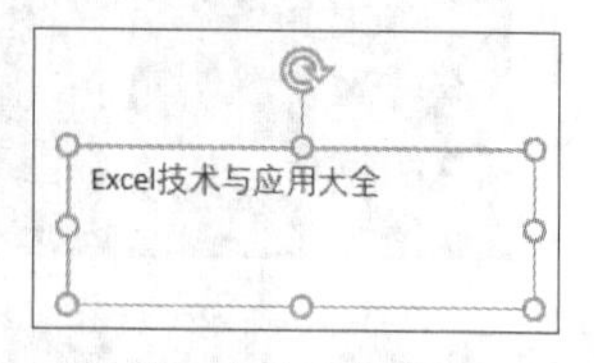

图 18-81　在文本框中输入文字

如果要创建艺术字，则可以在功能区的【插入】选项卡的【文本】组中单击【艺术字】按钮，打开图 18-82 所示的艺术字列表，从中选择一种预置的艺术字样式，当前工作表中将插入包含预置内容的艺术字，将预置内容修改为所需的内容即可，如图 18-83 所示。

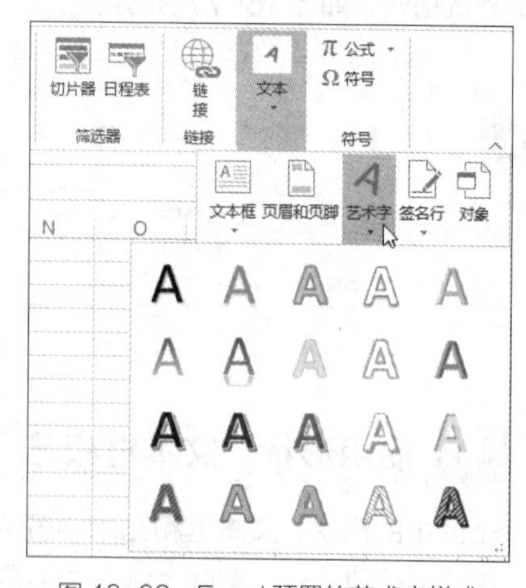

图 18-82　Excel 预置的艺术字样式

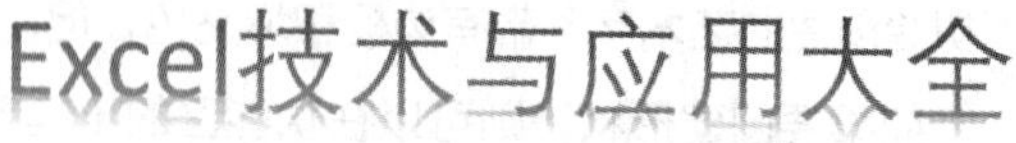

Excel技术与应用大全

图 18-83　在工作表中插入艺术字

无论创建的是形状、文本框还是艺术字，在选择这些对象后，功能区中将显示【绘图工具 | 格式】上下文选项卡，其中的命令用于设置形状、文本框、艺术字的外观格式，如图 18-84 所示。

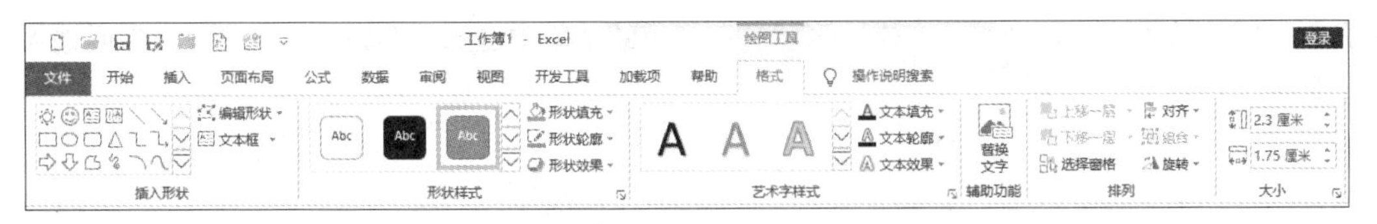

图 18-84 【绘图工具 | 格式】上下文选项卡

18.3.3 使用 SmartArt

使用 SmartArt 可以创建表示不同逻辑关系的示意图，如并列图、流程图、循环图、层次图等。创建 SmartArt 的操作步骤如下。

（1）激活要放置 SmartArt 的工作表，在功能区的【插入】选项卡的【插图】组中单击【SmartArt】按钮，如图 18-85 所示。

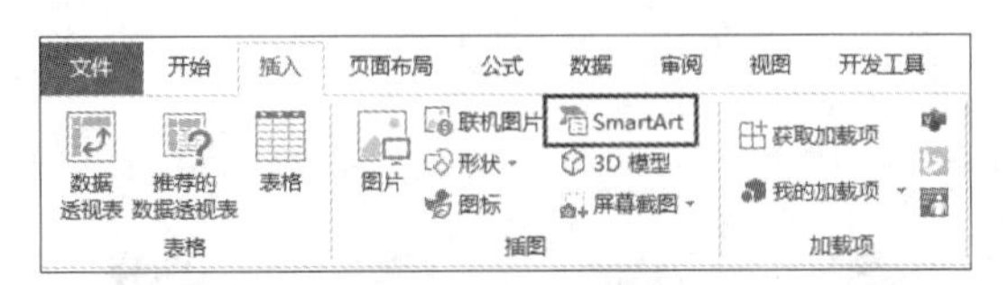

图 18-85 单击【SmartArt】按钮

（2）打开【选择 SmartArt 图形】对话框，左侧列表中显示了 SmartArt 的类别，共有以下 8 种：列表、流程、循环、层次结构、关系、矩阵、棱锥图、图片。选择任意一个类别，中间的列表框中将显示该类别包含的 SmartArt。在中间的列表框中选择一种 SmartArt，右侧将显示该 SmartArt 的说明信息，如图 18-86 所示。

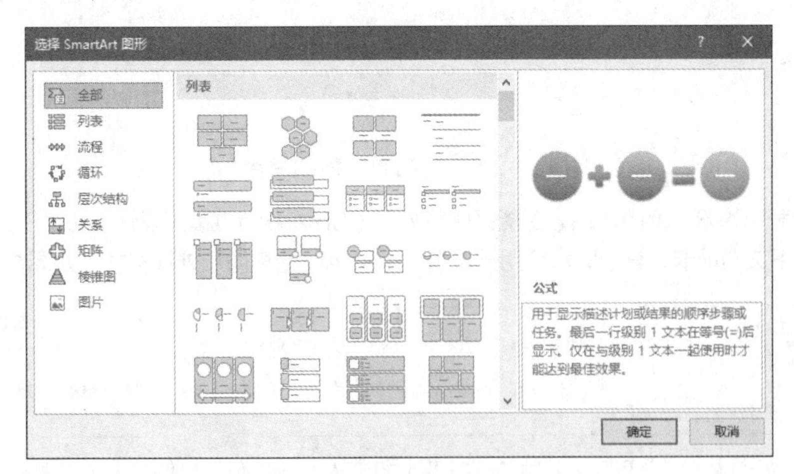

图 18-86 【选择 SmartArt 图形】对话框

（3）选择所需的 SmartArt，然后单击【确定】按钮，当前工作表中将创建 SmartArt。图 18-87 所示为【流程】类别中名为“公式”的 SmartArt。

在工作表中创建 SmartArt 后，接下来需要为 SmartArt 添加内容。一个 SmartArt 由不定数量的矩形、圆形等形状组成。在初始创建的 SmartArt 中，每个形状内部都包含占位符文字“[文本]”。当单击这类形状的内部时，“[文本]”文字会自动消失并显示一个闪烁的插入点，此时输入所需的文字即可。

如果在初始创建的 SmartArt 中添加了新的形状，则新形状中不会显示占位符文字。此时如果要在新形状中输入文字，则需要右击该形状并在弹出的菜单中选择【编辑文字】命令，然后输入所需的文字，如图 18-88 所示。

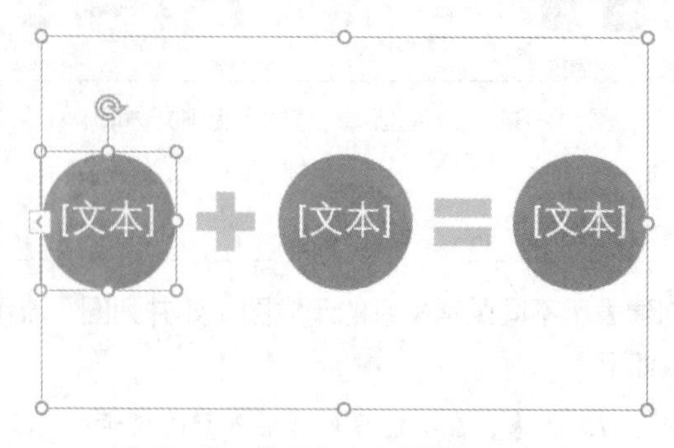

图 18-87　在工作表中创建 SmartArt

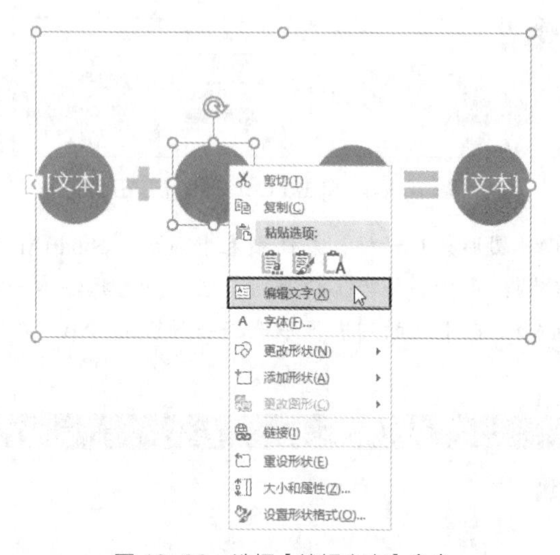

图 18-88　选择【编辑文字】命令

选择工作表中的 SmartArt 后，功能区中将显示【SmartArt 工具 | 设计】和【SmartArt 工具 | 格式】两个上下文选项卡，其中的命令用于设置 SmartArt 的布局和外观格式，如图 18-89 所示。

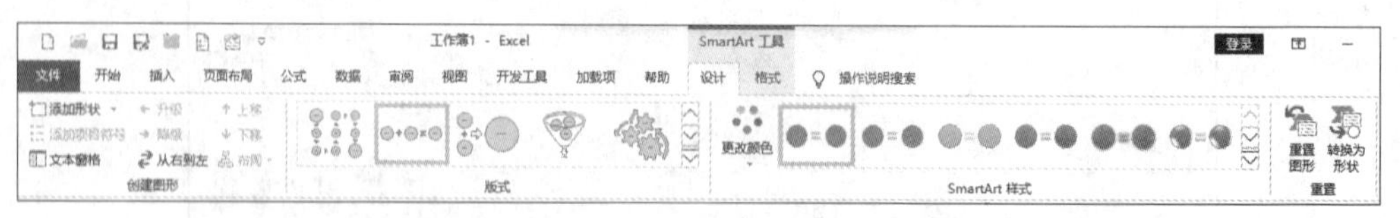

图 18-89　【SmartArt 工具 | 设计】和【SmartArt 工具 | 格式】两个上下文选项卡

第19章 使用 Power BI 分析数据

微软公司开发的 Power BI Desktop 程序用于对商业数据进行智能分析，包括连接不同类型的数据；将获取到的数据整理和转换为符合要求的格式；为多个相关表建立关系以构建数据模型，并在此基础上创建可视化报表。在 Excel 中可以使用名称以 Power 开头的几个加载项实现与 Power BI Desktop 几乎相同的功能，即 Power Query、Power Pivot、Power View 和 Power Map，其中的 Power Query 已经内置到 Excel 2016 及更高版本的 Excel 中。本书将在 Excel 中使用的这些功能统称为 Power BI for Excel。本章将介绍在 Excel 中使用 Power Query、Power Pivot 和 Power View 这 3 个加载项导入和整理数据、为数据建模、可视化呈现数据的方法。

19.1 在 Excel 中安装 Power 加载项

Excel 2016 及更高版本的 Excel 中内置了几个名称以 Power 开头的加载项，安装这些加载项就可以在 Excel 中实现类似于 Power BI Desktop 的功能。如果要在 Excel 2013 及更低版本的 Excel 中实现类似于 Power BI Desktop 的功能，则需要在微软官网下载相应的文件并进行安装。下面以 Excel 2019 为例，在 Excel 中安装 Power 加载项的操作步骤如下。

（1）启动 Excel 2019，默认显示 Excel 开始屏幕，在该界面的左下方选择【选项】命令，如图 19-1 所示。

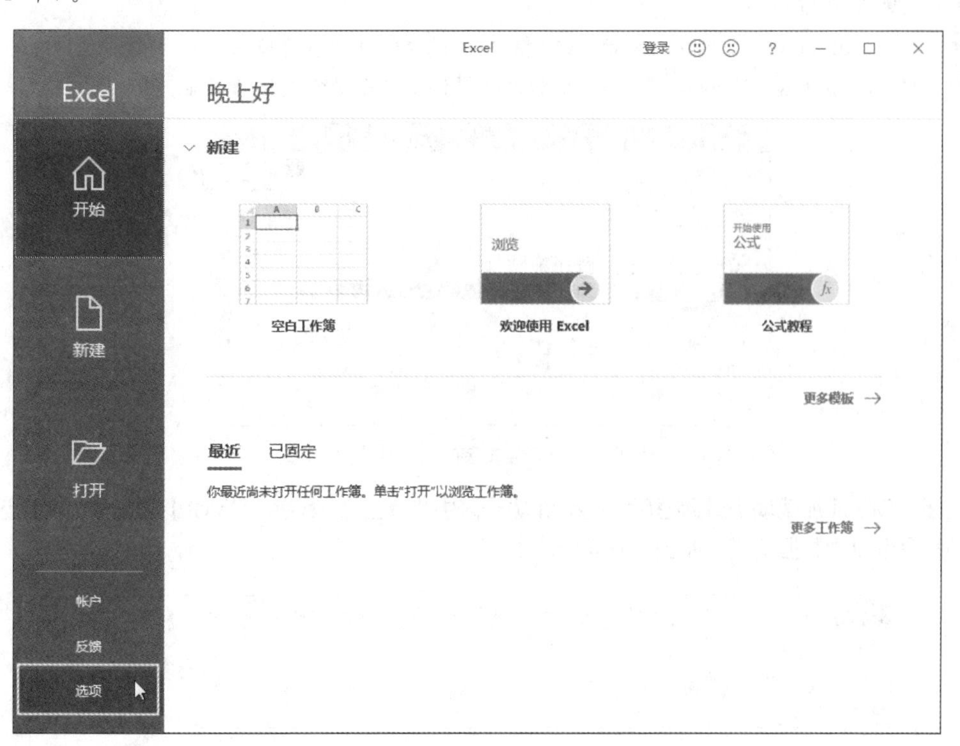

图 19-1　选择【选项】命令

提示

如果取消了开始屏幕的显示，则Excel在启动后会自动创建一个空白工作簿，此时需要单击【文件】按钮，然后在进入的界面中选择【选项】命令。

(2) 打开【Excel选项】对话框，在【加载项】选项卡的【管理】下拉列表中选择【COM加载项】，然后单击【转到】按钮，如图 19-2 所示。

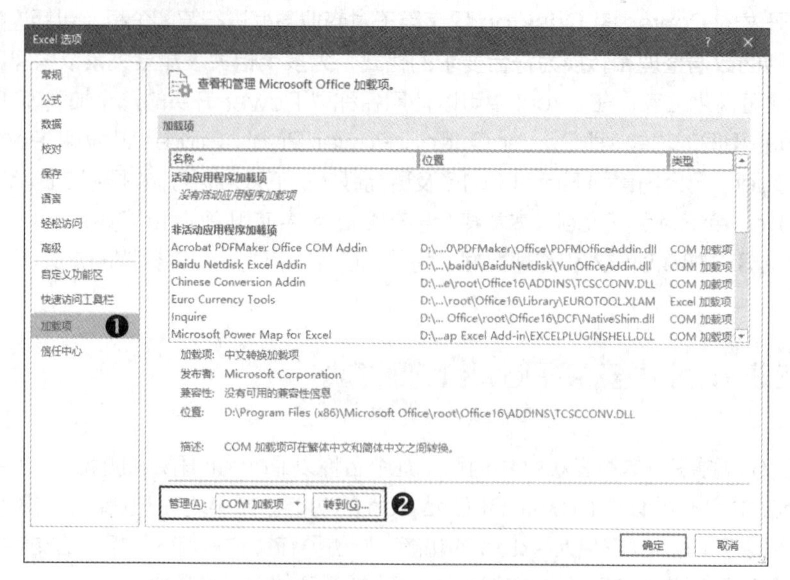

图 19-2　选择【COM 加载项】并单击【转到】按钮

(3) 打开【COM加载项】对话框，在【可用加载项】列表框中选中以下两个复选框，然后单击【确定】按钮，如图 19-3 所示。

- Microsoft Power Pivot for Excel：该加载项提供为数据建模的功能。
- Microsoft Power View for Excel：该加载项提供创建可视化效果的功能。

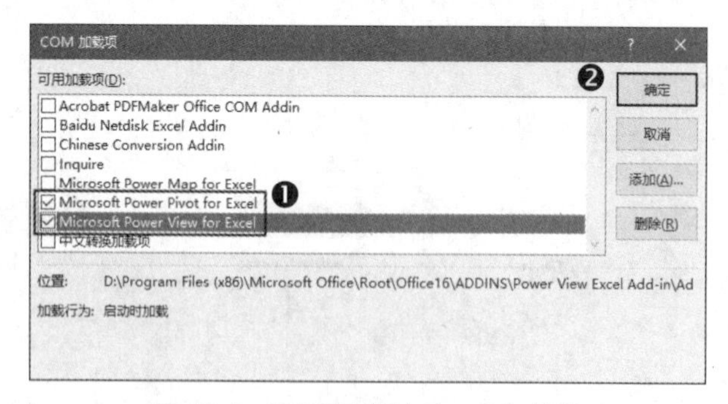

图 19-3　选择要安装的 Power 加载项

关闭【COM 加载项】对话框后，Excel 功能区中将添加【Power Pivot】选项卡，使用该选项卡中的命令可以为数据建模，如图 19-4 所示。

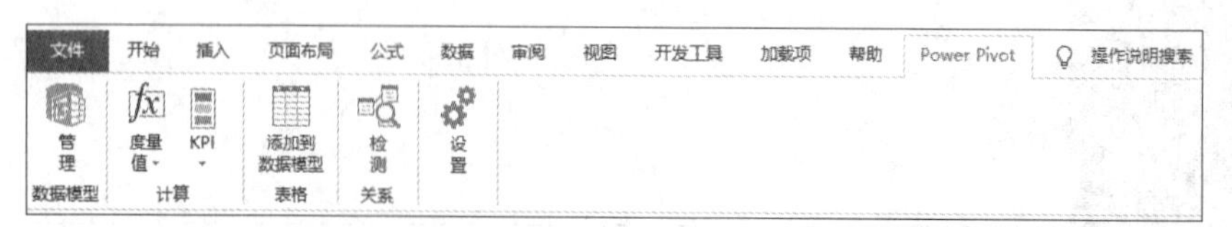

图 19-4　在功能区中添加【Power Pivot】选项卡

与Power View加载项相关的命令默认没有显示在功能区中，用户需要自己添加。右击快速访问工具栏，在弹出的菜单中选择【自定义快速访问工具栏】命令，打开【Excel选项】对话框的【快速访问工具栏】选项卡，然后执行以下操作。

(1) 在【从下列位置选择命令】下拉列表中选择【不在功能区中的命令】，然后在下方的列表框中选择【插入Power View报表】。

(2) 单击【添加】按钮，将【插入Power View报表】添加到右侧的列表框中，如图19-5所示。

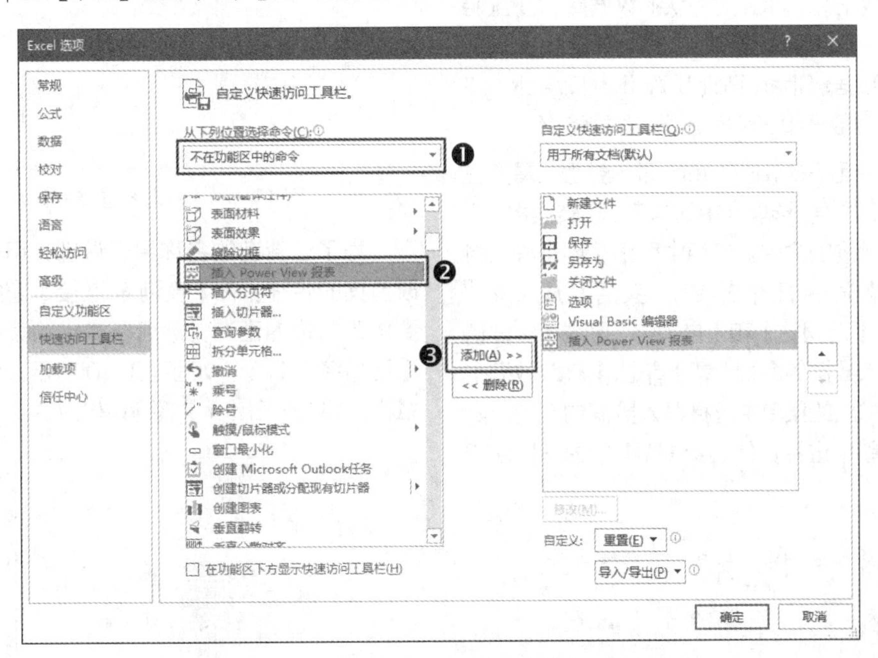

图19-5 添加【插入Power View报表】的操作过程

(3) 单击【确定】按钮，关闭【Excel选项】对话框，快速访问工具栏中将显示【插入Power View报表】按钮，如图19-6所示。可以使用类似的方法将【插入Power View报表】命令添加到功能区中。

如果使用的是Excel 2016或更高版本的Excel，则Power Query功能已被内置到Excel功能区中，与该功能相关的命令位于功能区的【数据】选项卡中，如图19-7所示。

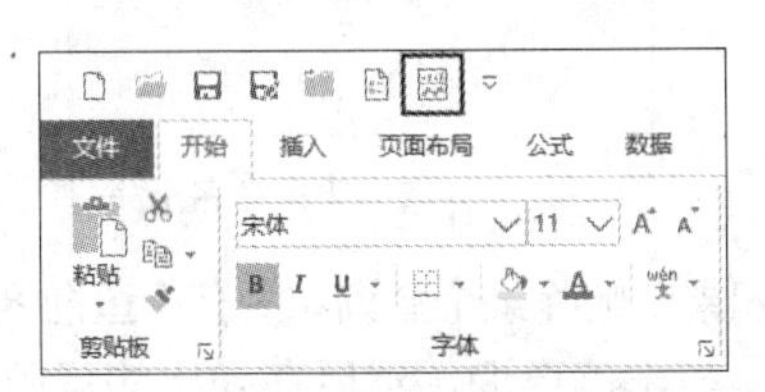

图19-6 在快速访问工具栏中添加【插入Power View报表】命令

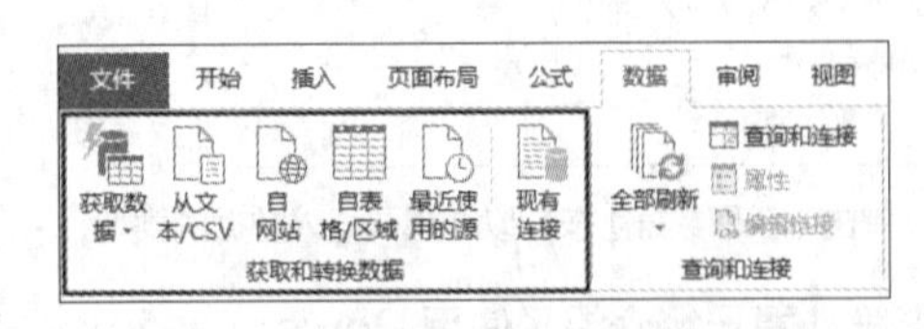

图19-7 与Power Query功能相关的命令位于【数据】选项卡中

19.2 使用Power Query导入和刷新数据

本节将介绍在Excel中使用Power Query导入和刷新数据的方法，包括导入不同来源的数据、重命名和删除查询、将导入的数据加载到Excel工作表中、刷新数据和更改数据源。

19.2.1 导入不同来源的数据

使用 Power Query 加载项可以在 Excel 中导入多种来源的数据，共有文件、数据库、云数据、在线服务等几个类别，具体包括 Excel 工作簿、文本文件、XML 文件、JSON 文件、Access 数据库、SQL Server 数据库、Oracle 数据库、MySQL 数据库、IBM Db2 数据库、Azure 云数据、SharePoint、Active Directory、Odata 开源数据和 Hadoop 分布式系统等。

若要使用 Power Query 导入数据，需要在功能区的【数据】选项卡中的【获取和转换数据】组中选择所需的命令。该组中列出了用于导入特定类型数据的几个按钮，包括【从文本/CSV】、【自网站】和【自表格/区域】。要访问所有导入数据的命令，需要单击【获取数据】按钮，在弹出的菜单中选择导入数据的类别，然后在子菜单中选择具体的数据类型，如图 19-8 所示。

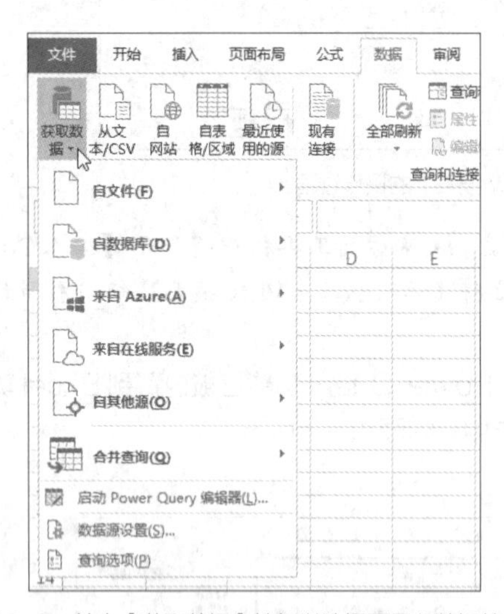

图 19-8 单击【获取数据】按钮以选择要导入数据的类型

本书第 4 章已经介绍了使用 Power Query 导入文本文件和 Access 数据库的方法，因此这里就不再重复介绍使用 Power Query 导入数据的方法了。

19.2.2 重命名和删除查询

外部数据导入 Excel 中的每一个表都被称为“查询”。数据导入 Excel 后会自动打开【查询 & 连接】窗格，并在其中显示成功导入的每一个查询，如图 19-9 所示。

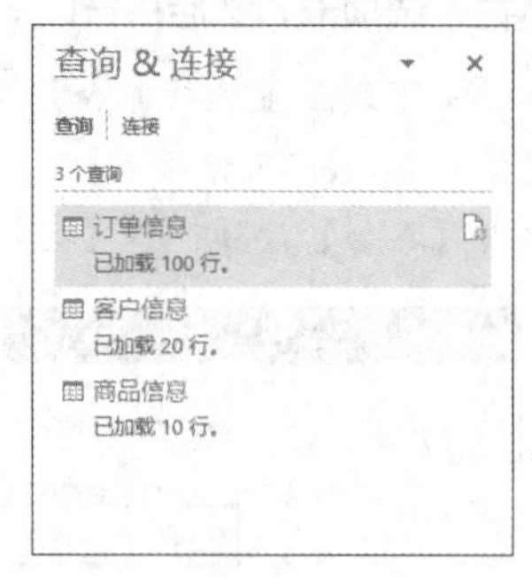

图 19-9 【查询 & 连接】窗格

为了让查询的名称易于识别，用户可以修改查询的名称。在【查询 & 连接】窗格中右击要修改名称的查询，然后在弹出的菜单中选择【重命名】命令，如图 19-10 所示。输入新的名称，并按【Enter】键确认修改。

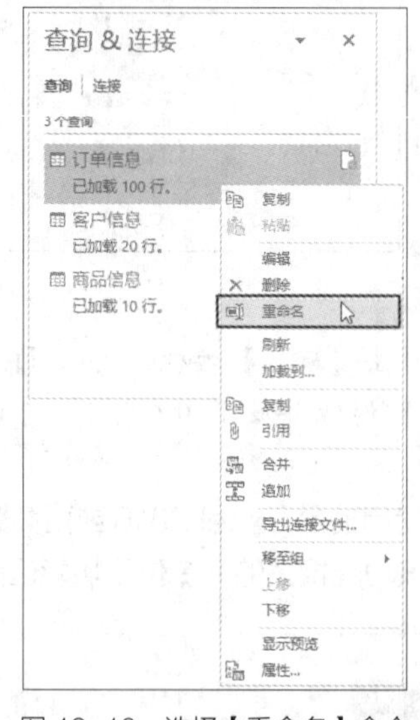

图 19-10 选择【重命名】命令

如果要删除某个查询，则在【查询 & 连接】窗格中右击该查询，然后在弹出的菜单中选择【删除】命令，将显示图 19-11 所示的确认信息，单击【删除】按钮即可删除该查询。

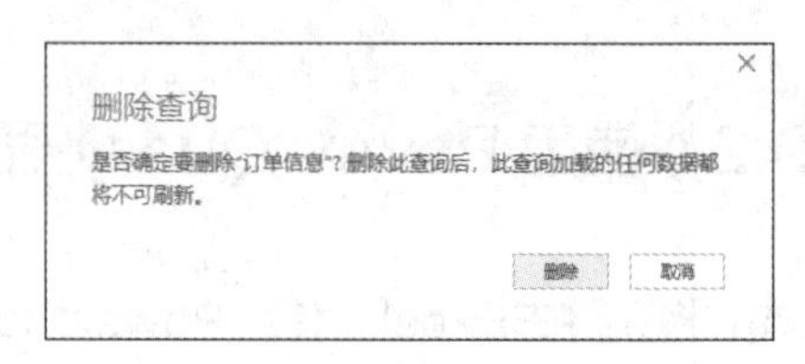

图 19-11 删除查询前的确认信息

19.2.3 将导入的数据加载到 Excel 工作表中

默认情况下，如果导入的是一个表中的数据，则数据在导入后会自动加载到一个新的工作表中，如图 19-12 所示。如果导入的是多个表中的数据，则它们会被添加到 Power Pivot 中，但是不会加载到 Excel 工作表中。

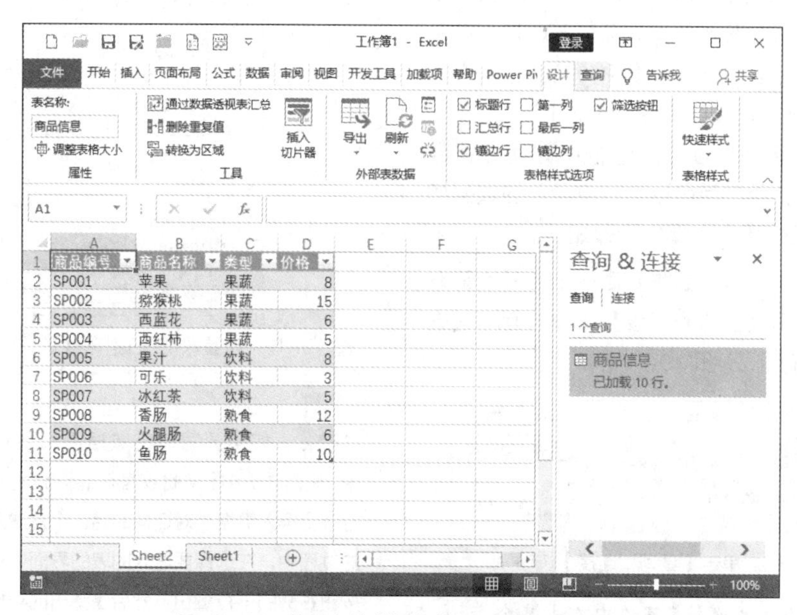

图 19-12　将导入的数据加载到 Excel 工作表中

以上这些加载方式是由 Power Query 的默认设置决定的。用户可以更改默认设置，以便在导入数据时控制数据的加载方式。在功能区的【数据】选项卡的【获取和转换数据】组中单击【获取数据】按钮，然后在弹出的菜单中选择【查询选项】命令，打开【查询选项】对话框，在【全局】类别的【数据加载】选项卡中可以设置数据的加载方式，如图 19-13 所示。

查询选项
全局
数据加载
Power Query 编辑器
安全性
隐私
区域设置
诊断
当前工作簿
数据加载
区域设置
隐私
默认查询加载设置
使用标准加载设置
指定自定义默认加载设置:
加载到工作表
加载到数据模型
快速加载数据
数据缓存管理选项
当前已使用: 594 KB
清除缓存
允许的最大值(MB): 4096
还原默认值
确定
取消

图 19-13　设置数据的加载方式

◉ 使用标准加载设置：该项是默认设置。

◉ 指定自定义默认加载设置：该项包含两项设置，如果选中【加载到工作表】复选框，则无论导入的是一个表还是多个表中的数据，每个表中的数据都会分别被加载到单独的工作表中；如果选中【加载到数据模型】复选框，则无论导入的是一个表还是多个表中的数据，每个表中的数据都会被添加到 Power Pivot 中。

无论在【查询选项】对话框中如何设置数据的加载方式，用户都可以随时将导入的数据加载到 Excel 工作表中，操作步骤如下。

(1) 在功能区的【数据】选项卡的【查询和连接】组中单击【查询和连接】按钮，打开【查询 & 连接】窗格，如图 19-14 所示。

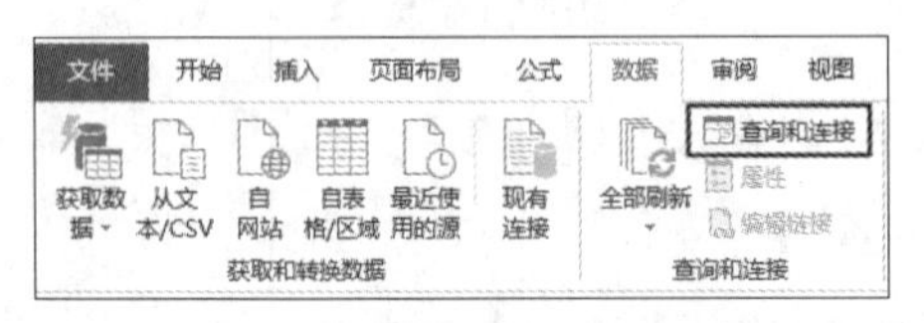

图 19-14 单击【查询和连接】按钮

(2) 在【查询&连接】窗格中右击某个查询，然后在弹出的菜单中选择【加载到】命令，如图 19-15 所示。

图 19-15 选择【加载到】命令

(3) 打开【导入数据】对话框，设置数据在工作表中的显示方式和放置位置，然后单击【确定】按钮，将查询中的数据以指定的显示方式和位置加载到工作表中，如图 19-16 所示。

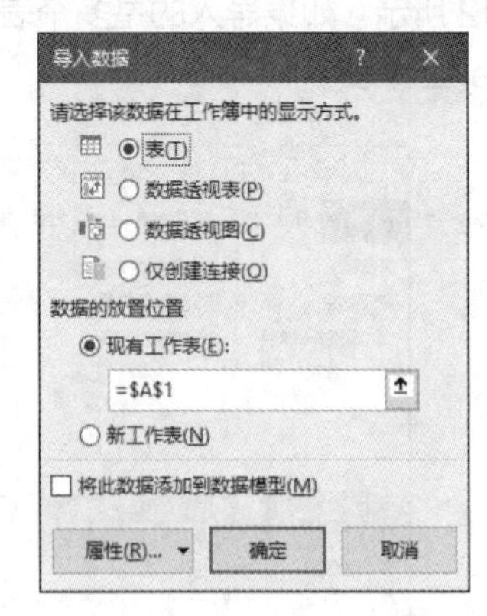

图 19-16 设置数据在工作表中的显示方式和位置

提示

如果要同时将数据添加到 Power Pivot 中，则需要选中【将此数据添加到数据模型】复选框。打开【导入数据】对话框的另一个方法是在导入数据的过程中，在选择要导入的表的界面中单击【加载】按钮右侧的下拉按钮，然后在弹出的菜单中选择【加载到】命令，如图 19-17 所示。

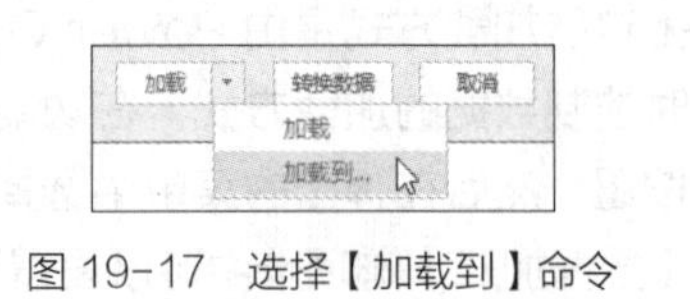

图 19-17 选择【加载到】命令

19.2.4 刷新数据

当外部数据发生变化时，为了让导入 Excel 中的数据与外部数据保持同步，需要刷新 Excel 中的数据。在功能区的【数据】选项卡的【查询和连接】组中单击【全部刷新】按钮，将对当前已导入 Excel 中的所有数据进行刷新，如图 19-18 所示。

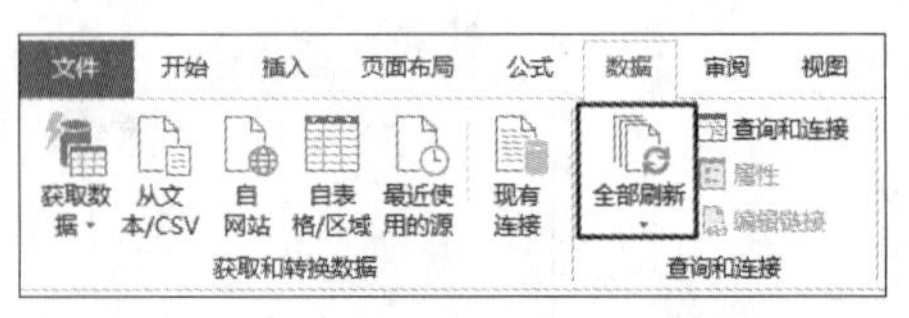

图 19-18 单击【全部刷新】按钮刷新已导入 Excel 中的所有数据

如果只想刷新指定的数据，则可以打开【查

询 & 连接】窗格，在其中右击要刷新的查询，然后在弹出的菜单中选择【刷新】命令，如图 19-19 所示。

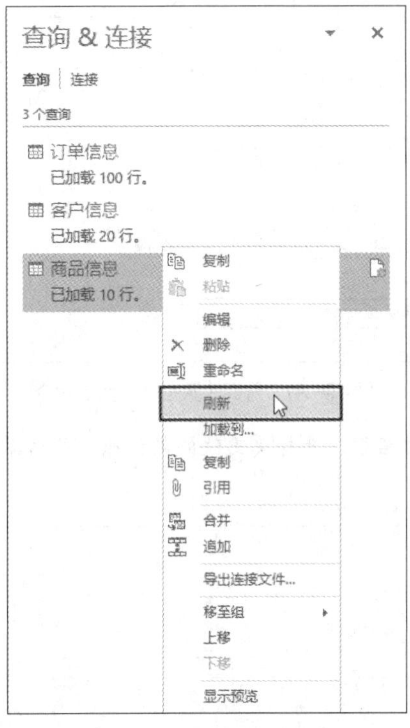

图 19-19　刷新指定的查询

如果已将数据加载到 Excel 工作表中，则可以右击数据区域中的任意一个单元格，在弹出的菜单中选择【刷新】命令，刷新该数据区域中的所有数据，如图 19-20 所示。

	A	B	C	D	E
1	商品编号	商品名称	类型	价格	
2	SP001	苹果	果蔬	8	
3	SP002	猕猴桃	果蔬	15	
4	SP003	西蓝花	果蔬	6	
5	SP004	西红柿			
6	SP005	果汁			
7	SP006	可乐			
8	SP007	冰红茶			
9	SP008	香肠			
10	SP009	火腿肠			
11	SP010	鱼肠			
12					
13					
14					
15					
16					

剪切(T)
复制(C)
粘贴选项:
选择性粘贴(S)...
智能查找(L)
刷新(R)
插入(I)
删除(D)

图 19-20　刷新已加载到工作表中的所有数据

19.2.5 更改数据源

如果改变了数据源的位置或名称，则在 Excel 中刷新导入的外部数据时，由于无法找到数据源因此刷新会失败，此时需要重新指定数据源的位置或名称，操作步骤如下。

(1) 在功能区的【数据】选项卡的【获取和转换数据】组中单击【获取数据】按钮，然后在弹出的菜单中选择【数据源设置】命令，如图 19-21 所示。

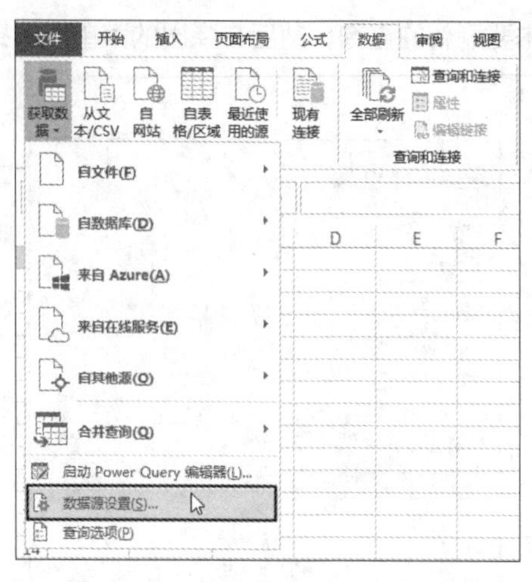

图 19-21 选择【数据源设置】命令

（2）打开【数据源设置】对话框，选择要更改的数据源，然后单击【更改源】按钮，如图 19-22 所示。

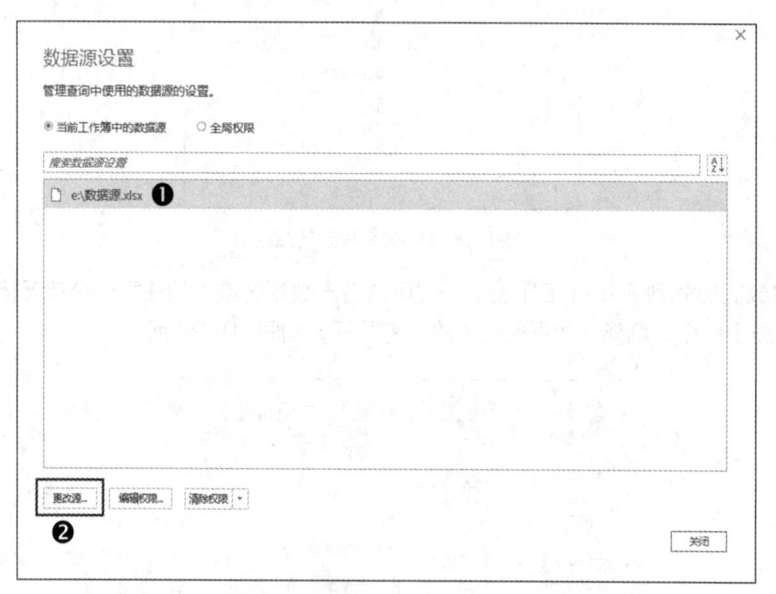

图 19-22 选择数据源后单击【更改源】按钮

（3）打开图 19-23 所示的对话框，单击【浏览】按钮，找到并双击所需的数据源，返回该对话框后，单击【确定】按钮，再单击【关闭】按钮。

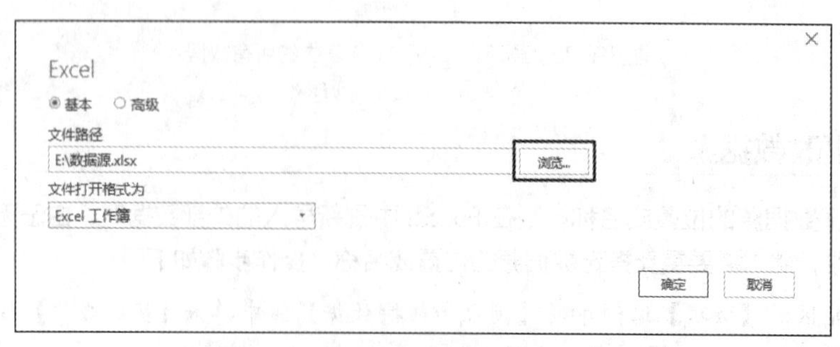

图 19-23 单击【浏览】按钮以重新选择数据源

19.3 在 Power Query 编辑器中整理数据

导入数据后，可以使用 Power Query 编辑器对数据进行一些必要的整理和转换，使数据在内容和格式方面符合使用要求。本节将介绍整理数据的常用方法，包括将第 1 行数据设置为列标题、转换数据类型和文本格式、提取字符和日期元素、拆分列、将二维表转换为一维表、合并多个表中的数据等。

19.3.1 打开 Power Query 编辑器

除了可以使用 Power Query 导入数据外，还可以使用 Power Query 编辑器对导入的数据进行整理，打开 Power Query 编辑器有以下 3 种方法。

1. 导入数据时打开 Power Query 编辑器

在导入数据时打开 Power Query 编辑器，只需在选择要导入的表的界面中单击【转换数据】按钮，即可打开 Power Query 编辑器，如图 19-24 所示。

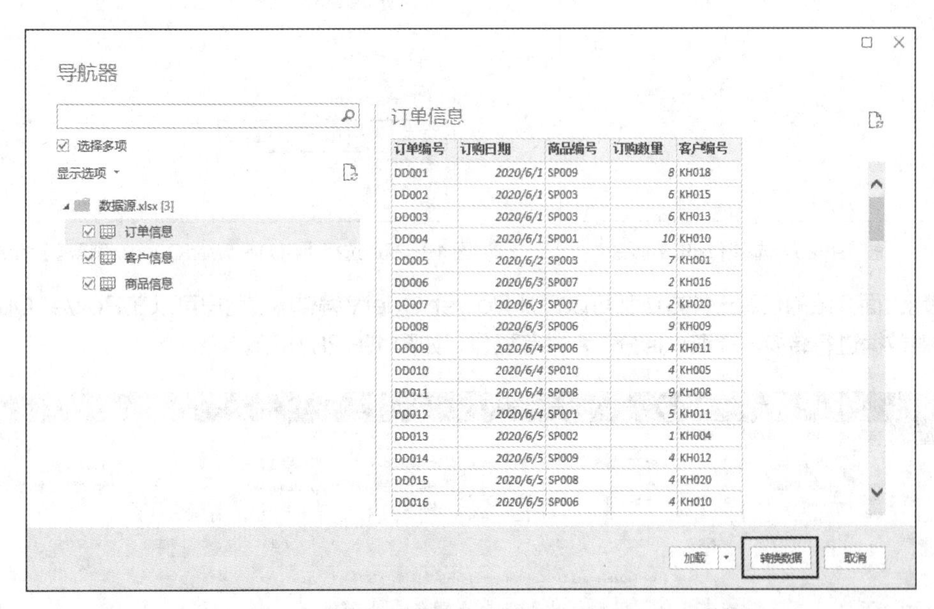

订单编号	订购日期	商品编号	订购数量	客户编号
DD001	2020/6/1	SP009	8	KH018
DD002	2020/6/1	SP003	6	KH015
DD003	2020/6/1	SP003	6	KH013
DD004	2020/6/1	SP001	10	KH010
DD005	2020/6/2	SP003	7	KH001
DD006	2020/6/3	SP007	2	KH016
DD007	2020/6/3	SP007	2	KH020
DD008	2020/6/3	SP006	9	KH009
DD009	2020/6/4	SP006	4	KH011
DD010	2020/6/4	SP010	4	KH005
DD011	2020/6/4	SP008	9	KH008
DD012	2020/6/4	SP001	5	KH011
DD013	2020/6/5	SP002	1	KH004
DD014	2020/6/5	SP009	4	KH012
DD015	2020/6/5	SP008	4	KH020
DD016	2020/6/5	SP006	4	KH010

图 19-24 单击【转换数据】按钮将打开 Power Query 编辑器

2. 导入数据后打开 Power Query 编辑器

导入数据后，可以在【查询 & 连接】窗格中选择要编辑的查询，并在 Power Query 编辑器中打开该查询。如果没有显示【查询 & 连接】窗格，则可以在功能区的【数据】选项卡的【查询和连接】组中单击【查询和连接】按钮来显示该窗格，如图 19-25 所示。

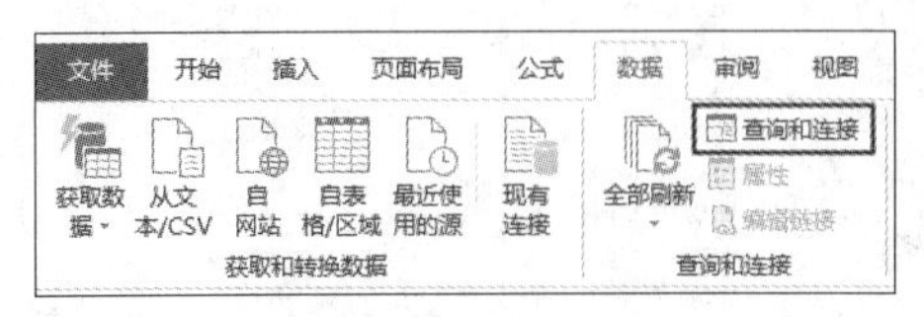

图 19-25 单击【查询和连接】按钮

打开【查询 & 连接】窗格后，右击要编辑的查询，在弹出的菜单中选择【编辑】命令，将在

Power Query 编辑器中打开该查询，如图 19-26 所示。

3. 无论是否导入数据都打开 Power Query 编辑器

实际上，无论是否在 Excel 中导入数据，都可以打开 Power Query 编辑器，只需在功能区的【数据】选项卡的【获取和转换数据】组中单击【获取数据】按钮，然后在弹出的菜单中选择【启动 Power Query 编辑器】命令，如图 19-27 所示。

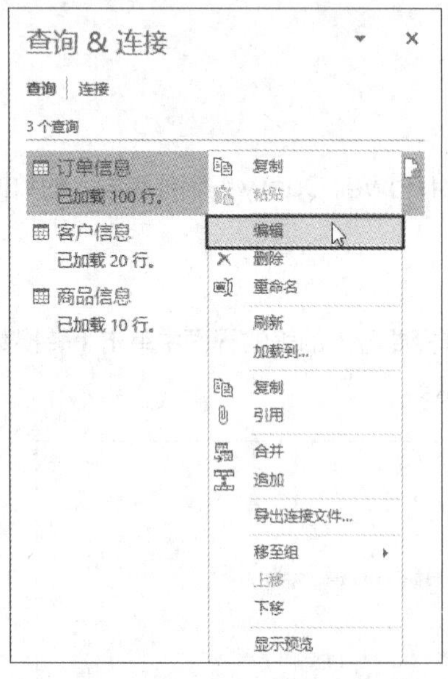

图 19-26　选择【编辑】命令

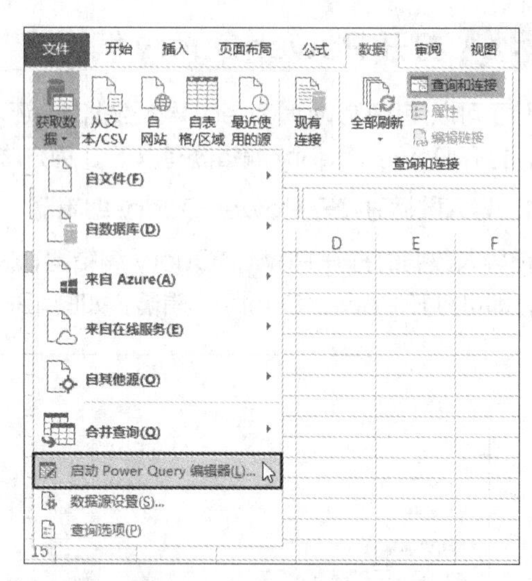

图 19-27　选择【启动 Power Query 编辑器】命令

使用上面介绍的任意一种方法都可以打开 Power Query 编辑器，用户可以在 Power Query 编辑器中对数据进行转换、提取、拆分、合并等操作，如图 19-28 所示。

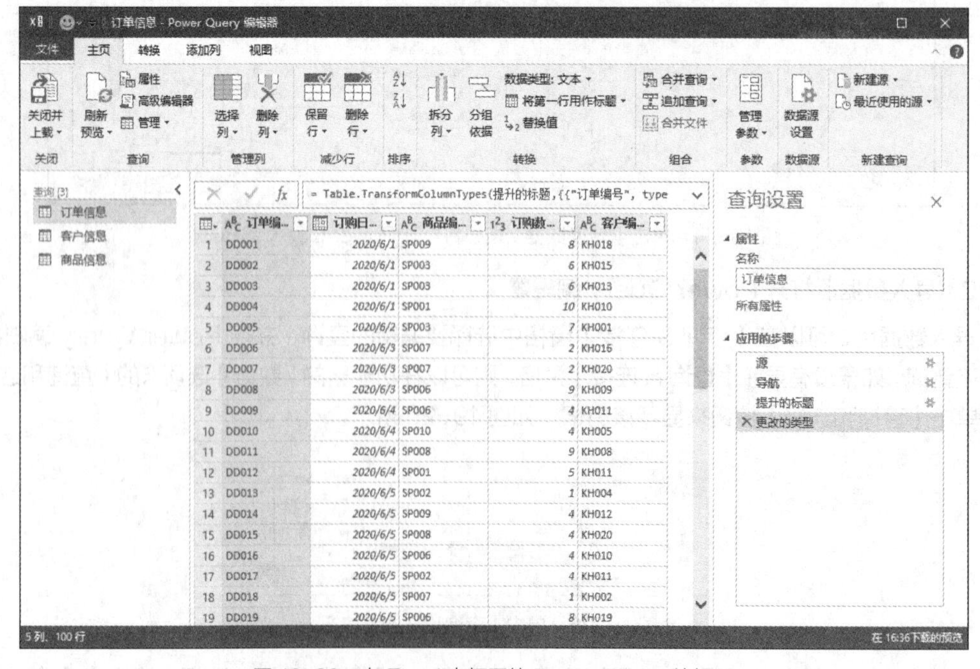

图 19-28　在 Excel 中打开的 Power Query 编辑器

如果在Power Query编辑器中执行了任何编辑操作，在关闭Power Query编辑器时，将显示图19-29所示的提示信息，单击【保留】按钮将保存所做的修改，单击【放弃】按钮将不保存所做的修改。

图19-29 选择是否保存在Power Query编辑器中做的修改

19.3.2 将第一行数据设置为列标题

图19-30所示的各列数据顶部的标题由Column和数字组成，而真正的标题位于数据区域的第一行。

	Column1	Column2	Column3	Column4
1	商品编号	商品名称	类型	价格
2	SP001	苹果	果蔬	8
3	SP002	猕猴桃	果蔬	15
4	SP003	西蓝花	果蔬	6
5	SP004	西红柿	果蔬	5
6	SP005	果汁	饮料	8
7	SP006	可乐	饮料	3
8	SP007	冰红茶	饮料	5
9	SP008	香肠	熟食	12
10	SP009	火腿肠	熟食	6
11	SP010	鱼肠	熟食	10

图19-30 列标题有误

如果要将第一行数据设置为列标题，则可以在功能区的【主页】选项卡的【转换】组中单击【将第一行用作标题】按钮，如图19-31所示。

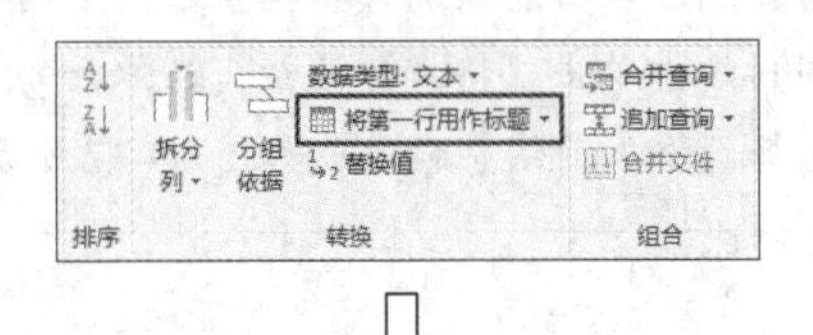

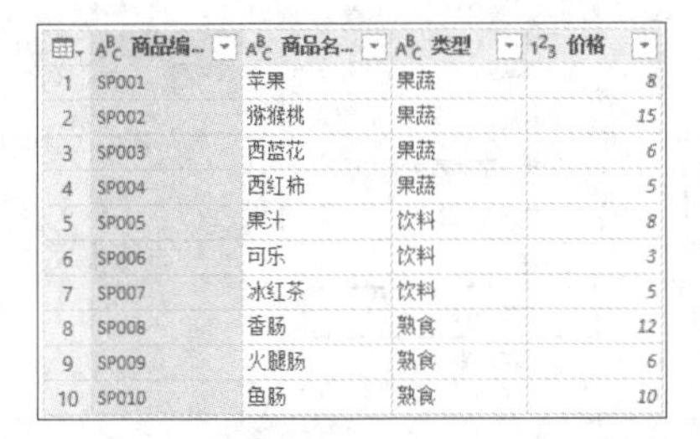

	商品编...	商品名...	类型	价格
1	SP001	苹果	果蔬	8
2	SP002	猕猴桃	果蔬	15
3	SP003	西蓝花	果蔬	6
4	SP004	西红柿	果蔬	5
5	SP005	果汁	饮料	8
6	SP006	可乐	饮料	3
7	SP007	冰红茶	饮料	5
8	SP008	香肠	熟食	12
9	SP009	火腿肠	熟食	6
10	SP010	鱼肠	熟食	10

图19-31 将第一行数据设置为列标题

19.3.3 更改字段的数据类型

Excel中的数据分为文本、数值、日期和时间、逻辑值、错误值5种类型，Power BI for Excel支持的数据类型与Excel类似，包括数字、日期/时间、文本、逻辑值、二进制等，但是Power BI for Excel对数据的类型有着非常严格的要求。

数字类型主要用于计算，应该将可能参与计算的数据设置为数字类型，否则这些数据可能无法正常参与计算。日期/时间类型支持多种显示方式，可以只显示日期或时间，也可以同时显示日期和时间，还可以从日期中提取相应的信息，如提取年、月、日等。文本类型是包容性最强的数据类型，因为可以将数字、日期和时间都设置为文本类型，但是如果将文本设置为数字类型或日期/时间类型，则会出错。

在Power Query编辑器中打开导入的数据后，每列数据顶部的标题左侧都有一个图标，图标的不同外观表示不同的数据类型。显示为ABC的图标表示文本类型，显示为123的图标表示数字类型，显示为日历形状的图标表示日期/时间类型，同时显示ABC和123的图标表示任意类型，如图19-32所示。

	订单编...	订购日...	商品编...	订购数...	客户编...
1	DD001	2020/6/1	SP009	8	KH018
2	DD002	2020/6/1	SP003	6	KH015

图19-32 列标题左侧标识数据类型的图标

用户可以根据需要更改数据的类型，有以下几种方法。

- 单击列标题左侧的图标，在弹出的菜单中选择所需的数据类型，如图19-33所示。
- 右击要更改数据类型的列标题，在弹出的菜单中选择【更改类型】命令，然后在子菜单中选择所需的数据类型，如图19-34所示。
- 单击要更改数据类型的列中的任意一个单元格，然后在功能区的【主页】选项卡的【转换】组中单击更改数据类型的按钮，在弹出的菜单中选择所需的数据类型，如图19-35所示。

图 19-33 使用列标题上的图标更改数据类型

图 19-34 使用右键快捷菜单更改数据类型

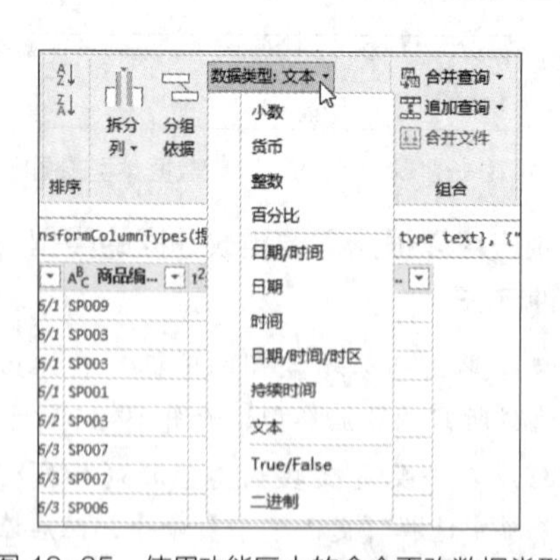

图 19-35 使用功能区中的命令更改数据类型

技巧

如果多个列中的数据的类型都有错误，则可以在功能区的【转换】选项卡的【任意列】组中单击【检测数据类型】按钮，让 Power Query 自动为各列数据设置合适的数据类型。

19.3.4 转换文本格式

Power Query 编辑器为文本提供了几种格式转换功能，包括转换英文字母大小写、删除前导空格和尾随空格、删除非打印字符、添加前缀和后缀。

案例 19-1

在所有商品名称的开头添加“SP-”

案例目标：在“商品名称”列中的每个商品名称的开头添加“SP-”，效果如图 19-36 所示。

	商品编号	商品名称	类型	价格
1	SP001	苹果	果蔬	8
2	SP002	猕猴桃	果蔬	15
3	SP003	西蓝花	果蔬	6
4	SP004	西红柿	果蔬	5
5	SP005	果汁	饮料	8
6	SP006	可乐	饮料	3
7	SP007	冰红茶	饮料	5
8	SP008	香肠	熟食	12
9	SP009	火腿肠	熟食	6
10	SP010	鱼肠	熟食	10

	商品编号	商品名称	类型	价格
1	SP001	SP-苹果	果蔬	8
2	SP002	SP-猕猴桃	果蔬	15
3	SP003	SP-西蓝花	果蔬	6
4	SP004	SP-西红柿	果蔬	5
5	SP005	SP-果汁	饮料	8
6	SP006	SP-可乐	饮料	3
7	SP007	SP-冰红茶	饮料	5
8	SP008	SP-香肠	熟食	12
9	SP009	SP-火腿肠	熟食	6
10	SP010	SP-鱼肠	熟食	10

图 19-36 在所有商品名称的开头添加“SP-”

操作步骤如下。

（1）单击“商品名称”列中的任意一个单元格，然后在功能区的【转换】选项卡的【文本列】组中单击【格式】按钮，在弹出的菜单中选择【添加前缀】命令，如图 19-37 所示。

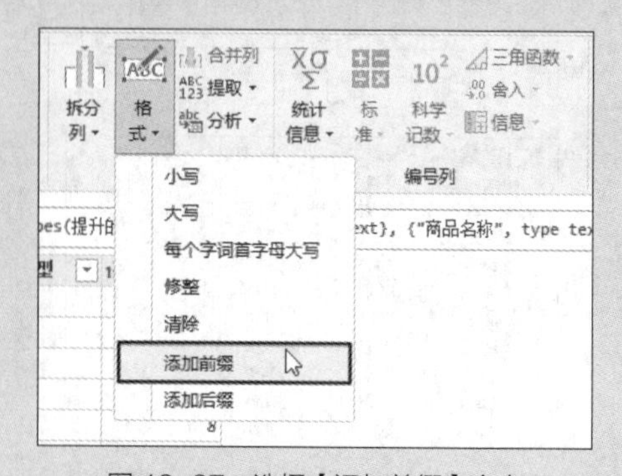

图 19-37 选择【添加前缀】命令

（2）打开【前缀】对话框，在【值】文本框中输入“SP-”，然后单击【确定】按钮，如图 19-38 所示。

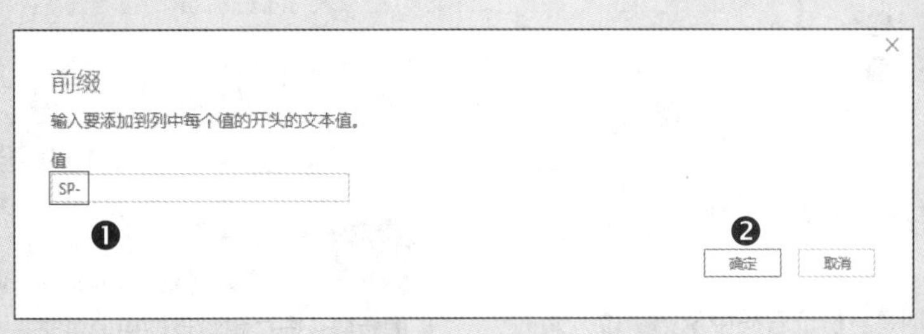

图 19-38　在【值】文本框中输入“SP-”

19.3.5 提取字符

当数据中包含复杂信息时，通常需要从中提取出所需的内容。Power Query 编辑器为提取数据提供了多种方式，如从文本开头或结尾提取字符、提取指定范围内的字符等。

案例 19-2

不使用公式从身份证号码中提取出生日期

案例目标：从每个身份证号码中提取出生日期，效果如图 19-39 所示。

	客户编...	客户姓...	性别	年龄	身份证号码
1	KH001	华尔	男	17	******197604144694
2	KH002	雀哄	女	38	******197007081381
3	KH003	萧飞鸾	男	39	******197805073059
4	KH004	蔡盼松	女	34	******198204056965
5	KH005	章妍	男	39	******197003098280
6	KH006	储沐羟	男	18	******198207215491
7	KH007	康功	女	27	******196603129698
8	KH008	柴家朔	男	37	******197610111903
9	KH009	越光	女	15	******196604163971
10	KH010	许幻巧	女	31	******196703051592

	客户编...	客户姓...	性别	年龄	出生日期
1	KH001	华尔	男	17	19760414
2	KH002	雀哄	女	38	19700708
3	KH003	萧飞鸾	男	39	19780507
4	KH004	蔡盼松	女	34	19820405
5	KH005	章妍	男	39	19700309
6	KH006	储沐羟	男	18	19820721
7	KH007	康功	女	27	19660312
8	KH008	柴家朔	男	37	19761011
9	KH009	越光	女	15	19660416
10	KH010	许幻巧	女	31	19670305

图 19-39　从身份证号码中提取出生日期

操作步骤如下。

（1）单击“身份证号码”列中的任意一个单元格，然后在功能区的【转换】选项卡的【文本列】组中单击【提取】按钮，在弹出的菜单中选择【范围】命令，如图 19-40 所示。

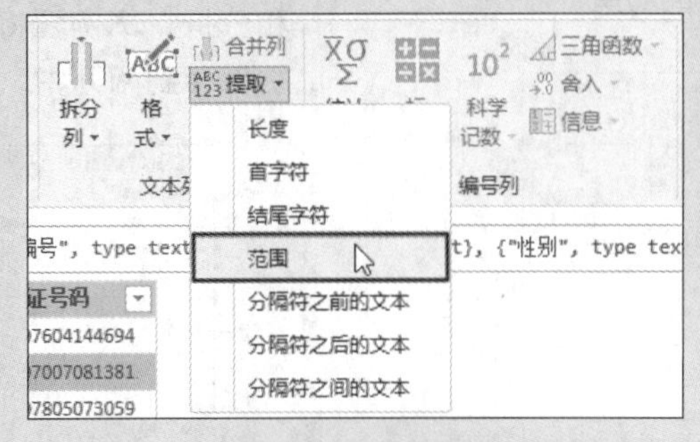

图 19-40　选择【范围】命令

（2）打开【提取文本范围】对话框，在【起始索引】文本框中输入“6”，在【字符数】文本框中输入“8”，然后单击【确定】按钮，如图 19-41 所示。

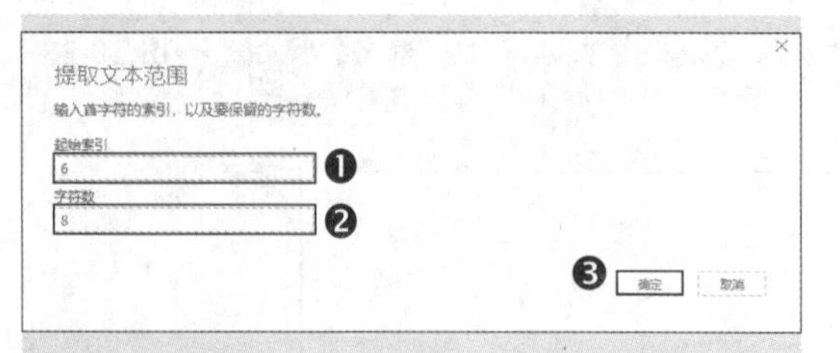

图 19-41　设置提取文本的范围

提示

出生日期是身份证号码中从第 7 位开始的连续 8 位数字，因此将【字符数】设置为 8；由于索引值从 0 开始，因此第 7 位数字的索引值为 6，即将【起始索引】设置为 6。

（3）提取出身份证号码中的第 7 ~ 14 位数字，双击该列的标题，输入“出生日期”，然后按【Enter】键，如图 19-42 所示。

年龄	出生日期
17	19760414
38	19700708

图 19-42　修改列标题的名称

19.3.6 提取日期元素

用户在 Power Query 编辑器中可以从日期/时间类型的数据中提取出不同的信息，如从日期中提取年份、月份、所属季度、当月天数等，还可以将日期转换为星期。

单击日期数据列中的任意一个单元格，然后在功能区的【转换】选项卡的【日期 & 时间列】组中单击【日期】按钮，在弹出的菜单中选择要提取的日期元素，如图 19-43 所示。图 19-44 所示为将日期转换为星期后的效果。

图 19-43　选择要提取的日期元素

	订单编号	订购日期
1	DD001	星期一
2	DD002	星期一
3	DD003	星期一
4	DD004	星期一
5	DD005	星期二
6	DD006	星期三

图 19-44　将日期转换为星期

提示

在实际应用中，可能并不想改变原有的日期数据，而只想将提取出的日期元素显示在一个单独的列中。此时可以使用功能区的【添加列】选项卡的【从日期和时间】组中的【日期】按钮，该按钮中的命令与【转换】选项卡的【日期 & 时间列】组中的【日期】按钮中的命令相同，它们之间的主要区别在于提取出的日期元素的放置位置，前者是用提取结果直接覆盖原始列数据，后者是将提取结果保存到新的列中，不影响原始列。这两个选项卡中的其他相同的命令都是如此。

19.3.7 拆分列

使用“拆分列”功能可以将包含复杂数据的列拆分为多个列，每一列包含复杂数据的一部分，可以按分隔符、字符数、位置等多种方式对列进行拆分。

案例 19-3

将混合在一起的商品类型和名称拆分为两列

案例目标：“商品类型和名称”列中同时包含商品的类型和商品的名称，它们之间用“<”符号分隔；为了便于数据的统计和分析，本例要将商品类型和商品名称分别保存到两列中，效果如图 19-45 所示。

	商品编号	商品类型和名称	价格
1	SP001	果蔬<苹果	8
2	SP002	果蔬<猕猴桃	15
3	SP003	果蔬<西蓝花	6
4	SP004	果蔬<西红柿	5
5	SP005	饮料<果汁	8
6	SP006	饮料<可乐	3
7	SP007	饮料<冰红茶	5
8	SP008	熟食<香肠	12
9	SP009	熟食<火腿肠	6
10	SP010	熟食<鱼肠	10

图 19-45　将混合在一列的商品类型和名称拆分为两列

	商品编号	商品类型	名称	价格
1	SP001	果蔬	苹果	8
2	SP002	果蔬	猕猴桃	15
3	SP003	果蔬	西蓝花	6
4	SP004	果蔬	西红柿	5
5	SP005	饮料	果汁	8
6	SP006	饮料	可乐	3
7	SP007	饮料	冰红茶	5
8	SP008	熟食	香肠	12
9	SP009	熟食	火腿肠	6
10	SP010	熟食	鱼肠	10

图 19-45　将混合在一列的商品类型和名称拆分为两列（续）

操作步骤如下。

（1）单击“商品类型和名称”列中的任意一个单元格，然后在功能区的【转换】选项卡的【文本列】组中单击【拆分列】按钮，在弹出的菜单中选择【按分隔符】命令，如图 19-46 所示。

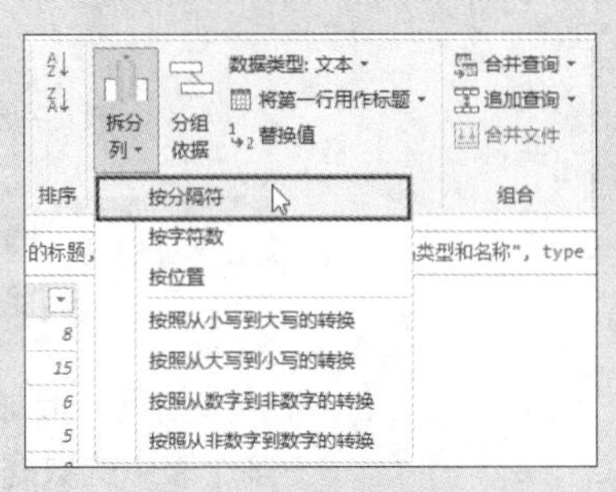

图 19-46　选择【按分隔符】命令

（2）打开【按分隔符拆分列】对话框，在【选择或输入分隔符】下拉列表中选择【-- 自定义 --】，然后在下方的文本框中输入“<”，最后单击【确定】按钮，如图 19-47 所示。

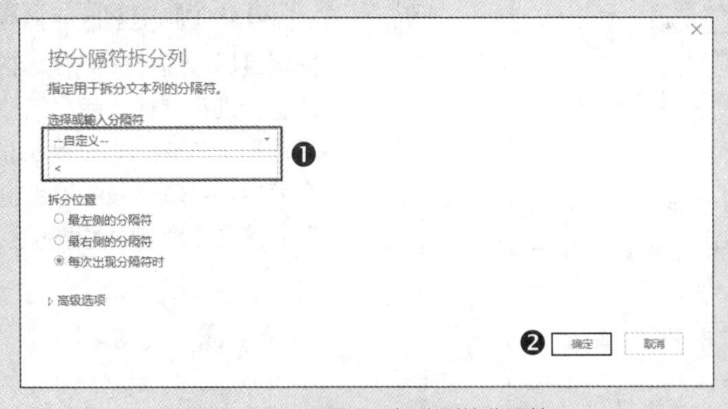

图 19-47　设置用于拆分列的分隔符

提示

由于“商品类型和名称”列中只包含一个“<”符号，因此在【拆分位置】中选择哪一项均可。如果包含多个“<”符号，则需要选择在该符号出现的哪些位置进行拆分。

（3）将商品类型和商品名称拆分为两列后，将这两列的标题修改为合适的文字即可。

19.3.8 将二维表转换为一维表

适合用于分析的数据通常是一维表，即第 15 章介绍的数据列表；而二维表通常是分析结果的展示形式。使用 Power Query 编辑器中的“逆透视列”功能可以快速将二维表转换为一维表。

案例 19-4

将二维表转换为一维表

案例目标：二维表中的每行显示的是 3 种水果每天的销量，第 1 列显示的是销售日期，后 3 列显示的是每种水果的销量，本例要将这个二维表转换为一维表，效果如图 19-48 所示。

	销售日期	苹果	猕猴桃	蓝莓
1	2020/6/1	50	50	26
2	2020/6/2	44	15	39
3	2020/6/3	49	46	19
4	2020/6/4	28	23	27
5	2020/6/5	29	40	41
6	2020/6/6	31	16	34

	销售日期	商品名称	销量
1	2020/6/1	苹果	50
2	2020/6/1	猕猴桃	50
3	2020/6/1	蓝莓	26
4	2020/6/2	苹果	44
5	2020/6/2	猕猴桃	15
6	2020/6/2	蓝莓	39
7	2020/6/3	苹果	49
8	2020/6/3	猕猴桃	46
9	2020/6/3	蓝莓	19
10	2020/6/4	苹果	28
11	2020/6/4	猕猴桃	23
12	2020/6/4	蓝莓	27
13	2020/6/5	苹果	29
14	2020/6/5	猕猴桃	40
15	2020/6/5	蓝莓	41
16	2020/6/6	苹果	31
17	2020/6/6	猕猴桃	16
18	2020/6/6	蓝莓	34

图 19-48　将二维表转换为一维表

操作步骤如下。

(1) 在数据区域中选择要转换为一维表的一列或多列，本例中要转换的列是“苹果”“猕猴桃”“蓝莓”，因此需要同时选中这 3 列，单击“苹果”列顶部的标题，然后按住【Shift】键，再单击“蓝莓”列顶部的标题，即可选中这 3 列。

(2) 在功能区的【转换】选项卡的【任意列】组中单击【逆透视列】按钮，如图 19-49 所示。

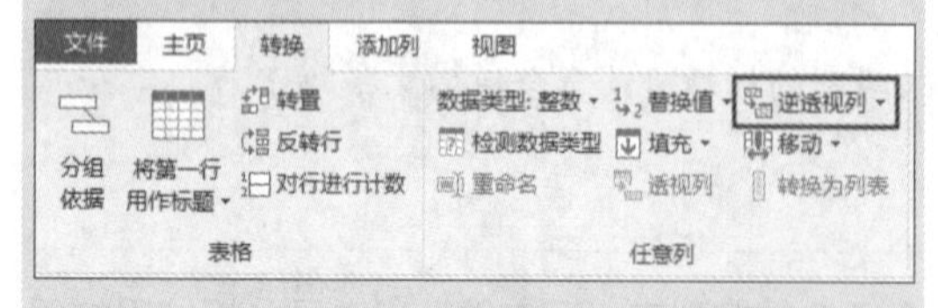

图 19-49　单击【逆透视列】按钮

提示

选择列有两种方法，一种方法是单击第 1 列，然后按住【Shift】键单击最后一列，将选中相邻的多列；另一种方法是按住【Ctrl】键，然后逐一单击每一列，将选中不相邻的多列。

(3) 转换后的数据如图 19-50 所示，再分别将“属性”和“值”两列的标题修改为“商品名称”和“销量”即可。

	销售日期	属性	值
1	2020/6/1	苹果	50
2	2020/6/1	猕猴桃	50
3	2020/6/1	蓝莓	26
4	2020/6/2	苹果	44
5	2020/6/2	猕猴桃	15
6	2020/6/2	蓝莓	39

图 19-50　将二维表转换为一维表

19.3.9 将结构相同的多个表中的数据合并到一起

使用“追加查询”功能可以将结构相同的多个表中的数据合并到一起，即对数据进行纵向合并，类似于在 Excel 中添加整行的数据记录。

案例 19-5

将 3 个表中的商品信息合并到一起

案例目标：图 19-51 所示的不同类型的商品信息分别存储在“商品信息（果蔬）”“商品信息（饮料）”“商品信息（熟食）”3 个表中，且每个表中都包含相同的字段，本例要将这 3 个表中的数据合并到一起。

	商品编...	商品名...	类型	价格
1	SP001	苹果	果蔬	8
2	SP002	猕猴桃	果蔬	15
3	SP003	西蓝花	果蔬	6
4	SP004	西红柿	果蔬	5

（a）

	商品编...	商品名...	类型	价格
1	SP005	果汁	饮料	8
2	SP006	可乐	饮料	3
3	SP007	冰红茶	饮料	5

（b）

	商品编...	商品名...	类型	价格
1	SP008	香肠	熟食	12
2	SP009	火腿肠	熟食	6
3	SP010	鱼肠	熟食	10

（c）

图 19-51　不同类型的商品信息分别存储在 3 个表中

操作步骤如下。

（1）在Power Query编辑器的【查询】窗格中选择任意一个查询，然后在功能区的【主页】选项卡的【组合】组中单击【追加查询】按钮上的下拉按钮，在弹出的菜单中选择【将查询追加为新查询】命令，如图19-52所示。

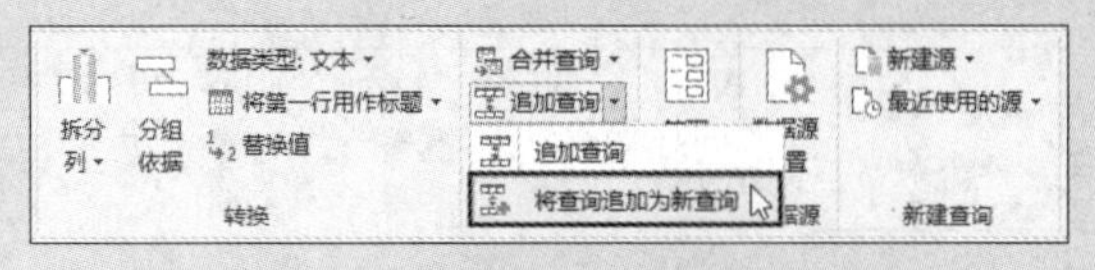

图19-52 选择【将查询追加为新查询】命令

提示

选择【将查询追加为新查询】命令是为了将合并后的数据保存到一个新表中，而不会破坏原表中的数据。

（2）打开【追加】对话框，选中【三个或更多表】单选按钮，如图19-53所示。左侧的【可用表】列表框中列出了当前可用的所有表，在右侧的【要追加的表】列表框中默认自动添加了【商品信息（果蔬）】表，这是因为打开该对话框之前在【查询】窗格中选择的是该查询。

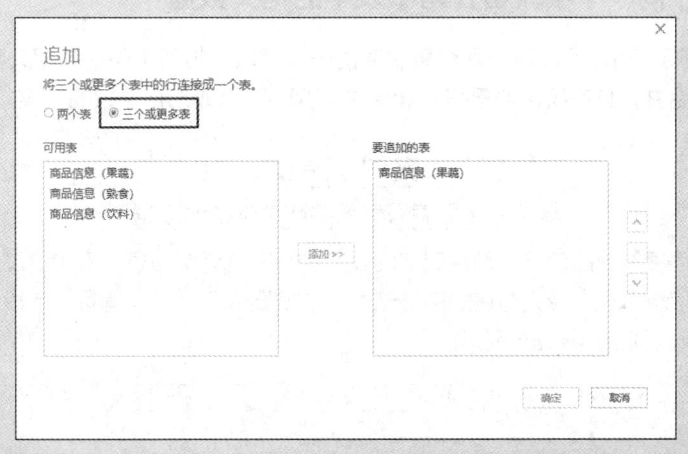

图19-53 选中【三个或更多表】单选按钮

（3）在【可用表】列表框中选择其他两个表，然后单击【添加】按钮，将它们添加到【要追加的表】列表框中，如图19-54所示。

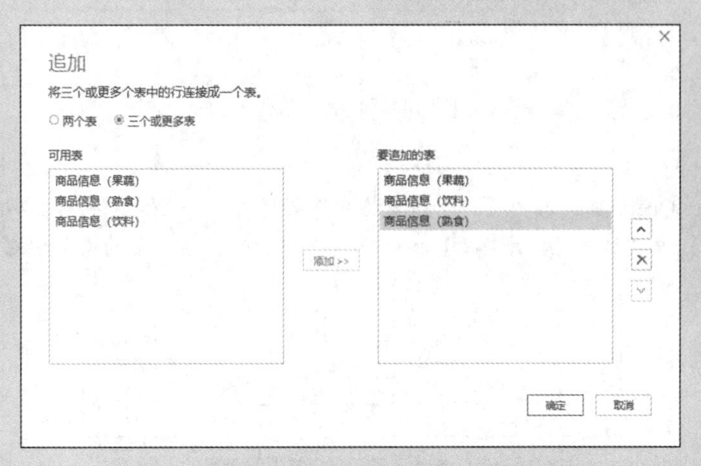

图19-54 将要合并的表添加到【要追加的表】列表框中

> **提示**
>
> 可以使用⌃或⌄按钮在【要追加的表】列表框中调整表的位置，表的位置决定了合并数据的先后次序。如果添加了错误的表，则可以单击✕按钮将其删除。

（4）单击【确定】按钮，将创建一个新的查询，并在该查询中将 3 个表中的数据依次合并到一起，如图 19-55 所示。

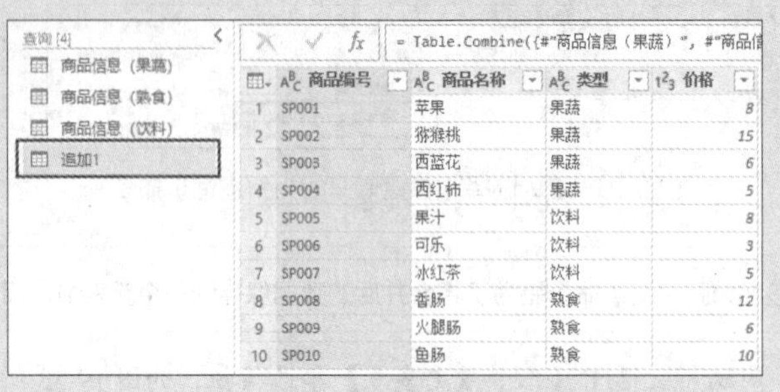

	商品编号	商品名称	类型	价格
1	SP001	苹果	果蔬	8
2	SP002	猕猴桃	果蔬	15
3	SP003	西蓝花	果蔬	6
4	SP004	西红柿	果蔬	5
5	SP005	果汁	饮料	8
6	SP006	可乐	饮料	3
7	SP007	冰红茶	饮料	5
8	SP008	香肠	熟食	12
9	SP009	火腿肠	熟食	6
10	SP010	鱼肠	熟食	10

图 19-55　将 3 个表中的数据合并到一起

19.3.10 基于同一个字段合并两个表中的相关数据

使用“合并查询”功能可以基于两个表中的同一个字段，将两个表中的相关数据合并到一起，即对数据进行横向合并，其效果类似于在 Excel 中使用 VLOOKUP 函数的效果。

案例 19-6

基于“商品编号”合并两个表中的数据

案例目标：订单信息和商品信息分别存储在两个表中，在“订单信息”表中通过“商品编号”字段可以从“商品信息”表中找到对应的商品信息。本例要基于“商品编号”字段将两个表中的数据合并到一起，效果如图 19-56 所示。

	订单编号	订购日期	商品编号	订购数量
1	DD001	2020/6/1	SP009	8
2	DD002	2020/6/1	SP003	6
3	DD003	2020/6/1	SP003	6
4	DD004	2020/6/1	SP001	10
5	DD005	2020/6/2	SP003	7
6	DD006	2020/6/3	SP007	2

	商品编号	商品名称	类型	价格
1	SP001	苹果	果蔬	8
2	SP002	猕猴桃	果蔬	15
3	SP003	西蓝花	果蔬	6

图 19-56　订单信息和商品信息存储在两个表中

操作步骤如下。

（1）在 Power Query 编辑器的【查询】窗格中选择任意一个查询，然后在功能区的【主页】选项卡的【组合】组中单击【合并查询】按钮上的下拉按钮，在弹出的菜单中选择【将查询合并为新查询】命令，如图 19-57 所示。

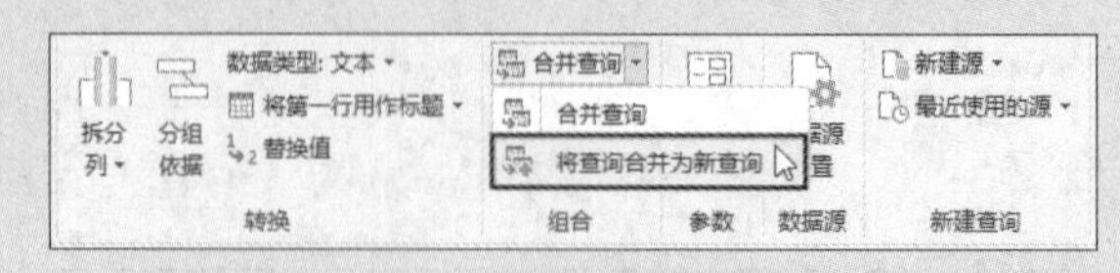

图 19-57　选择【将查询合并为新查询】命令

（2）打开【合并】对话框，上方列出的表是在打开该对话框之前选择的查询；在该表下方的下拉列表中选择要合并的另一个表，本例为“商品信息”，如图19-58所示。

图19-58 选择要合并的第二个表

（3）由于要让两个表通过“商品编号”列建立关联，因此需要在两个表中分别单击“商品编号”列，如图19-59所示。

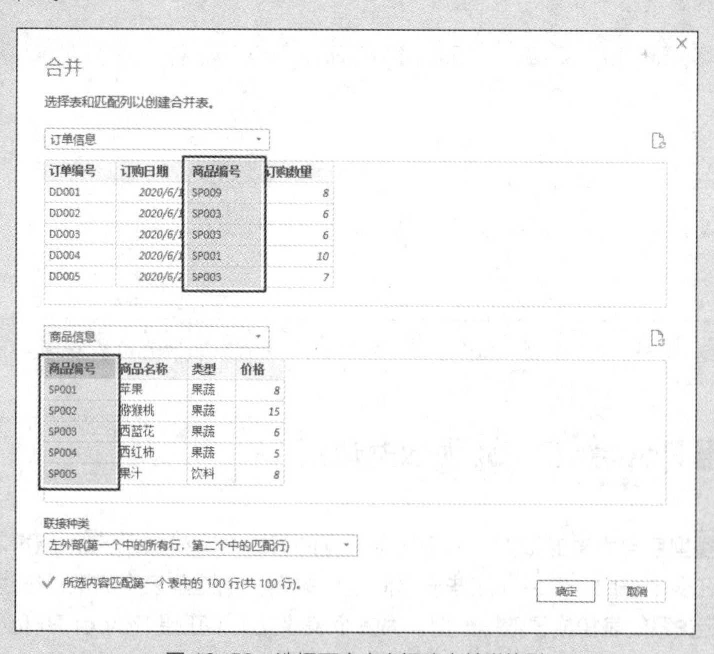

图19-59 选择两个表之间建立关联的列

（4）在【联接种类】下拉列表中选择两个表中数据的匹配方式。由于“订单信息”表中的每个订单是唯一的，但是多个订单可能包含同一种商品，因此应该将【联接种类】设置为【左外部（第一个中的所有行，第二个中的匹配行）】，然后单击【确定】按钮，如图19-60所示。

（5）此时将创建一个新的查询，并将“订单信息”和“商品信息”两个表中的数据通过“商品编号”列合并到一起，此时“商品信息”表中的数据显示为Table，如图19-61所示。

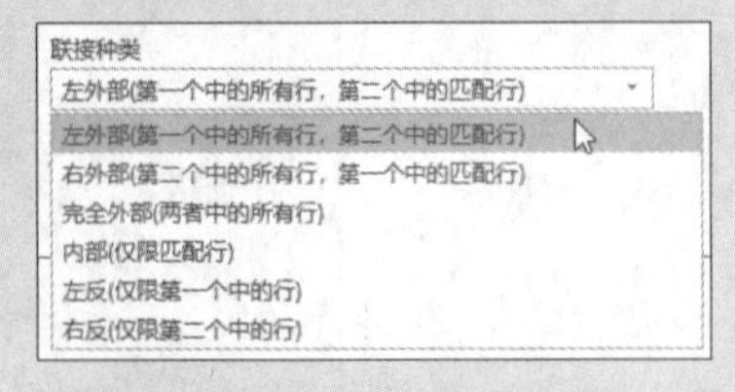

图19-60　选择表的联接种类

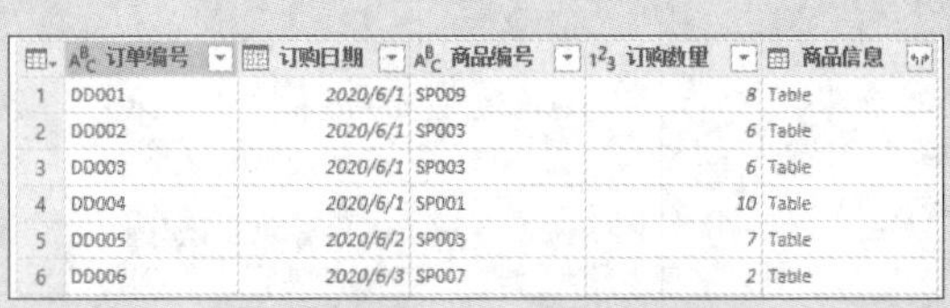

	订单编号	订购日期	商品编号	订购数量	商品信息
1	DD001	2020/6/1	SP009	8	Table
2	DD002	2020/6/1	SP003	6	Table
3	DD003	2020/6/1	SP003	6	Table
4	DD004	2020/6/1	SP001	10	Table
5	DD005	2020/6/2	SP003	7	Table
6	DD006	2020/6/3	SP007	2	Table

图19-61　“商品信息”表中的数据显示为Table

（6）单击“商品信息”列标题右侧的展开按钮，在打开的列表中选择要显示的来自“商品信息”表中的列，如图19-62所示。

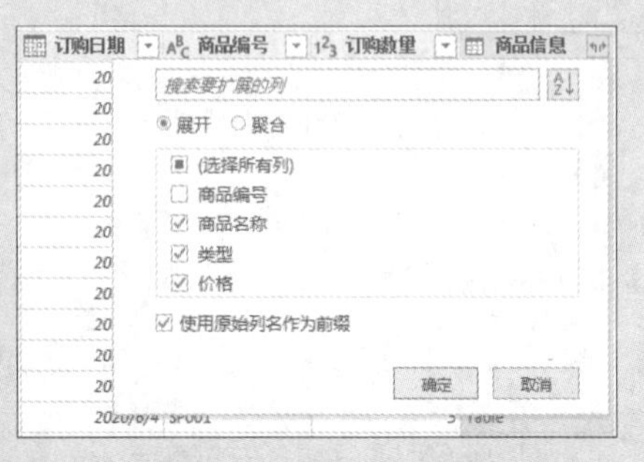

图19-62　选择要显示的列

（7）单击【确定】按钮，将在查询中显示所选列中的数据，然后将列标题修改为合适的文字即可，如图19-63所示。

	订单编号	订购日期	商品编号	订购数量	商品名称	类型	价格
1	DD001	2020/6/1	SP009	8	火腿肠	熟食	6
2	DD004	2020/6/1	SP001	10	苹果	果蔬	8
3	DD002	2020/6/1	SP003	6	西蓝花	果蔬	6
4	DD003	2020/6/1	SP003	6	西蓝花	果蔬	6
5	DD005	2020/6/2	SP003	7	西蓝花	果蔬	6
6	DD006	2020/6/3	SP007	2	冰红茶	饮料	5
7	DD007	2020/6/3	SP007	2	冰红茶	饮料	5
8	DD008	2020/6/3	SP006	9	可乐	饮料	3
9	DD009	2020/6/4	SP006	4	可乐	饮料	3
10	DD011	2020/6/4	SP008	9	香肠	熟食	12

图19-63　将“订单信息”和“商品信息”两个表中的数据合并到一起

19.4　使用Power Pivot为数据建模

复杂的业务模型包含大量的数据，为了便于数据的管理及减少数据冗余，通常将数据按照不同的主题分别存储在多个表中，然后在这些表之间建立关系，让这些表中的数据在逻辑上构成一个整体，这些具有特定关系的表构成了数据模型。为多个表建立关系正是Power BI for Excel的一大优势。本节将介绍创建关系、创建计算列和创建度量值的方法。

19.4.1　将数据添加到Power Pivot中

要为导入的多个表创建数据模型，需要先将这些表添加到Power Pivot中，有以下3种方法。

1. 将工作表中的数据添加到 Power Pivot 中

如果已将要导入的数据加载到工作表中，那么可以单击数据区域中的任意一个单元格，然后在功能区的【Power Pivot】选项卡的【表格】组中单击【添加到数据模型】按钮，将区域中的数据添加到 Power Pivot 中，如图 19-64 所示。

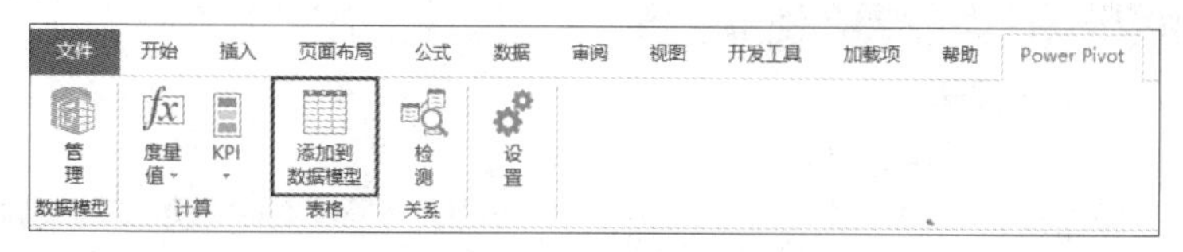

图 19-64　单击【添加到数据模型】按钮

2. 在工作表中加载数据时将数据添加到 Power Pivot 中

如果已经将数据导入 Excel 中，那么可以在将数据加载到工作表时，将这些数据添加到 Power Pivot 中。打开【查询 & 连接】窗格，右击要将数据加载到工作表的查询，在弹出的菜单中选择【加载到】命令，然后在打开的对话框中选中【将此数据添加到数据模型】复选框，如图 19-65 所示。

3. 在 Power Pivot 中导入数据

除了前面介绍的两种方法外，用户也可以直接在 Power Pivot 中导入数据，操作步骤如下。

(1) 在 Excel 功能区的【Power Pivot】选项卡的【数据模型】组中单击【管理】按钮，如图 19-66 所示。

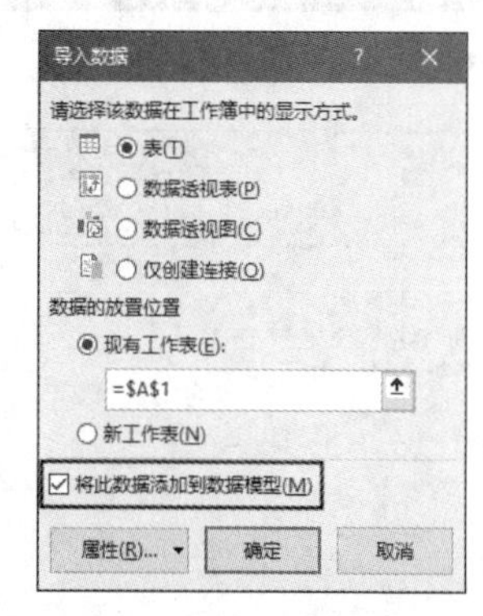

图 19-65　选中【将此数据添加到数据模型】复选框

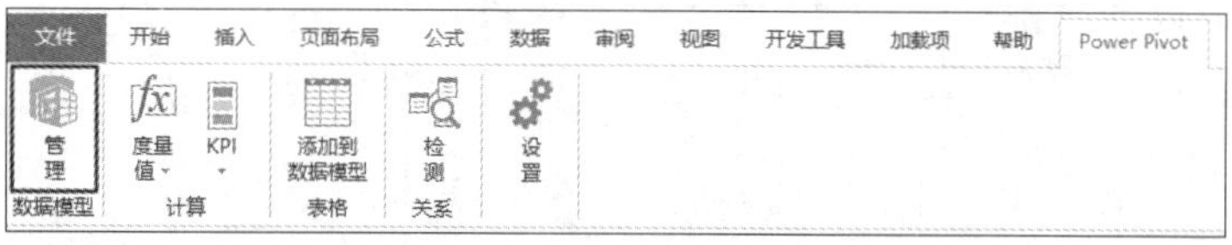

图 19-66　单击【管理】按钮

(2) 打开 Power Pivot 窗口，该窗口功能区的【主页】选项卡的【获取外部数据】组中的命令用于导入数据，如图 19-67 所示。例如，如果要导入 Excel 工作簿中的数据，则需要单击该组中的【从其他源】按钮。

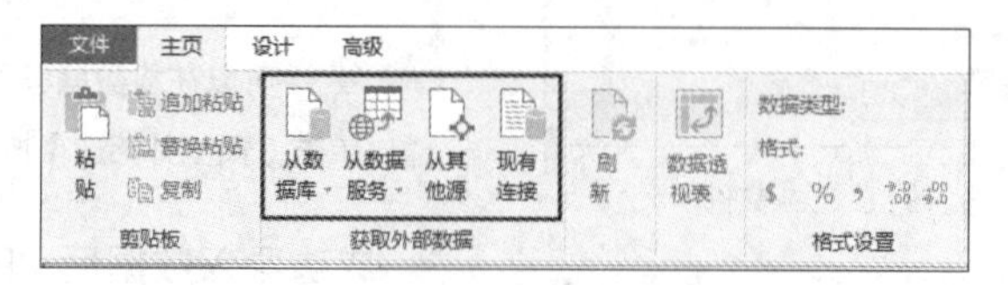

图 19-67　【获取外部数据】组中的命令用于导入数据

(3) 打开【表导入向导】对话框，选择【Excel 文件】，然后单击【下一步】按钮，如图 19-68 所示。

(4) 显示图 19-69 所示的选项，单击【浏览】按钮，然后选择要导入的 Excel 文件，所选文件的完整路径将被自动填入【Excel 文件路径】文本框中。如果要导入的表的第一行是各列数据的标题，则需要选中【使用第一行作为列标题】复选框。设置完成后单击【下一步】按钮。

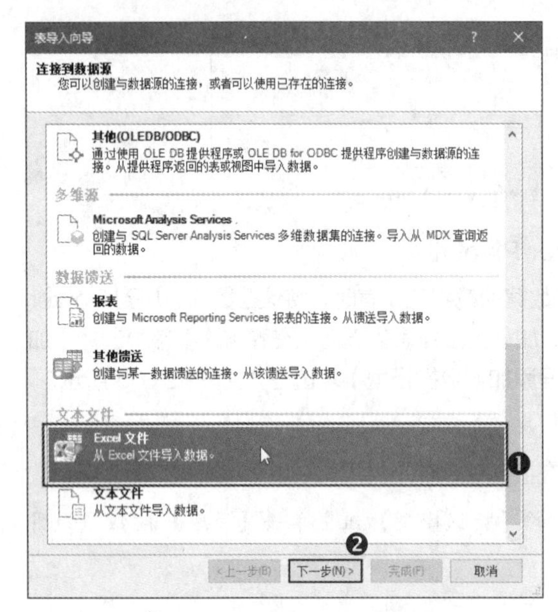

图 19-68　选择【Excel 文件】

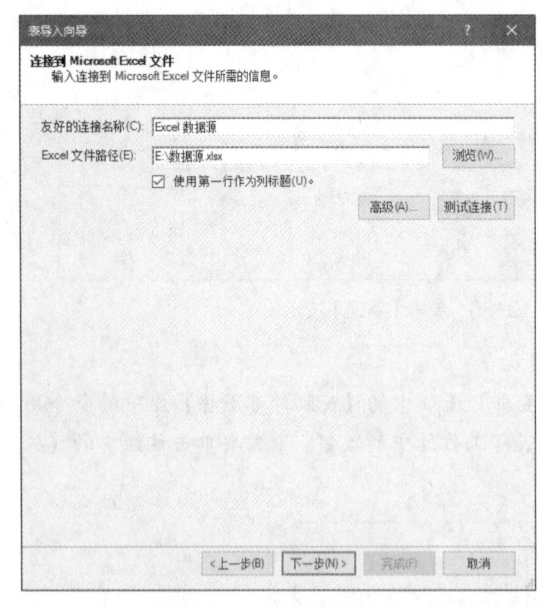

图 19-69　选择要导入的 Excel 文件

（5）显示图 19-70 所示的选项，选中要导入 Power Piovt 中的表，可以同时选中多个表。选择完成后单击【完成】按钮。

（6）Excel 将用户在上一步选中的表导入 Power Pivot 中，并显示导入成功的提示信息，如图 19-71 所示。单击【关闭】按钮，关闭【表导入向导】对话框。

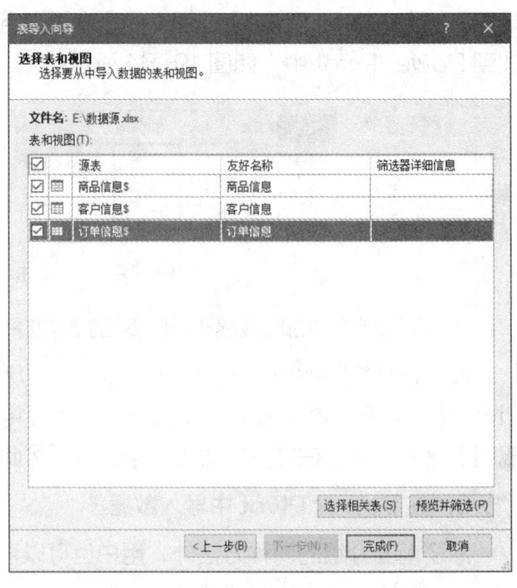

图 19-70　选择要导入的表

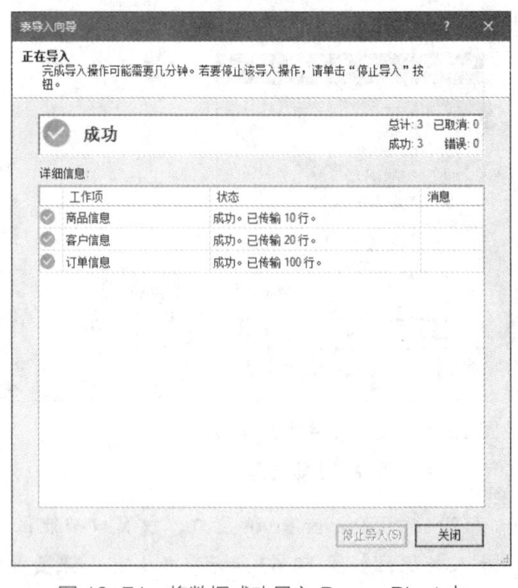

图 19-71　将数据成功导入 Power Pivot 中

提示

可以在将数据导入 Power Pivot 中之前，通过单击【预览并筛选】按钮来筛选要导入的数据。

成功导入数据后，Power Pivot 窗口中将显示导入的一个或多个表，表的名称显示在窗口的下方，单击不同的标签即可切换到相应的表，其显示和操作方法类似于 Excel 工作表标签，如图 19-72 所示。

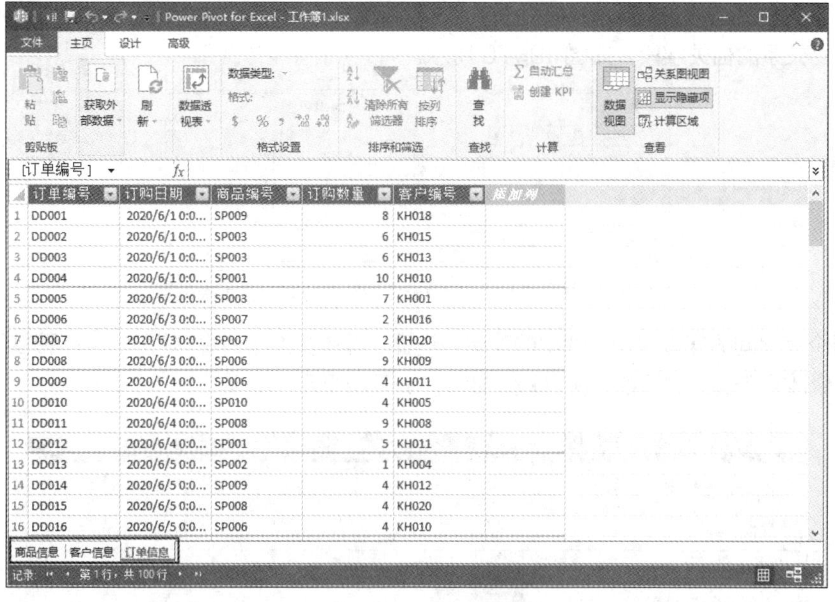

图 19-72 使用标签显示和切换导入 Power Pivot 中的表

19.4.2 创建关系

如果已将多个相关的表添加到 Power Pivot 中，则需要为这些表创建关系，才能构建数据模型。创建关系的前提是两个表中必须包含一个相关的列，通过该列为两个表建立逻辑连接。关系的类型分为一对一、一对多、多对一和多对多。一对多和多对一实际上是意义相同的关系，只是创建关系的两个表的位置不同。

Power Pivot 中需要在关系视图中创建关系，打开该视图有以下两种方法。

- 在 Power Pivot 窗口功能区的【主页】选项卡的【查看】组中单击【关系图视图】按钮，如图 19-73 所示。
- 在 Power Pivot 窗口底部状态栏的右侧单击【关系图】按钮，如图 19-74 所示。

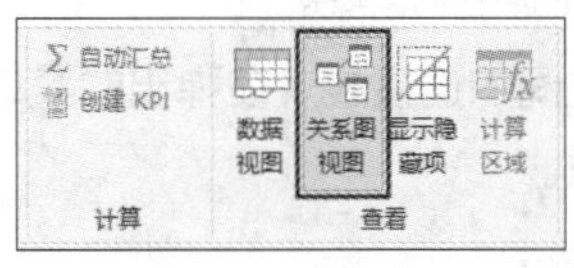

图 19-73 使用功能区中的命令切换视图

图 19-74 使用状态栏中的按钮切换视图

使用以上任意一种方法都将打开关系视图，其中显示了添加到 Power Pivot 中的所有表及其包含的字段。使用鼠标指针将一个表中的字段拖动到另一个表中的相关字段上，即可为这两个表创建关系，如图 19-75 所示。

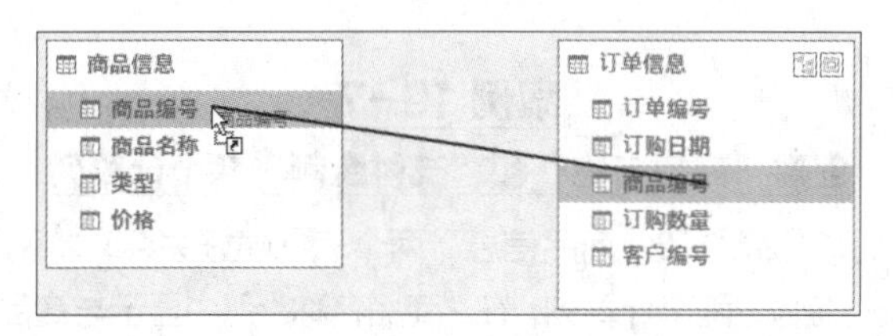

图 19-75 为两个表创建关系

创建关系后的两个表之间会自动添加连接线，当鼠标指针指向或单击连接线时，将突出显示两个表之间建立关系的相关字段，如图 19-76 所示。

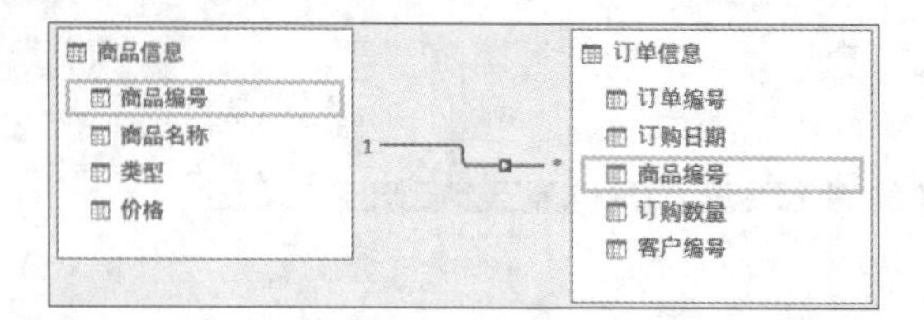

图 19-76　鼠标指针指向或单击连接线时将突出显示相关字段

右击两个表之间的连接线，在弹出的菜单中选择【编辑关系】命令，打开【编辑关系】对话框，可以在其中修改用于建立关系的相关字段，如图 19-77 所示。

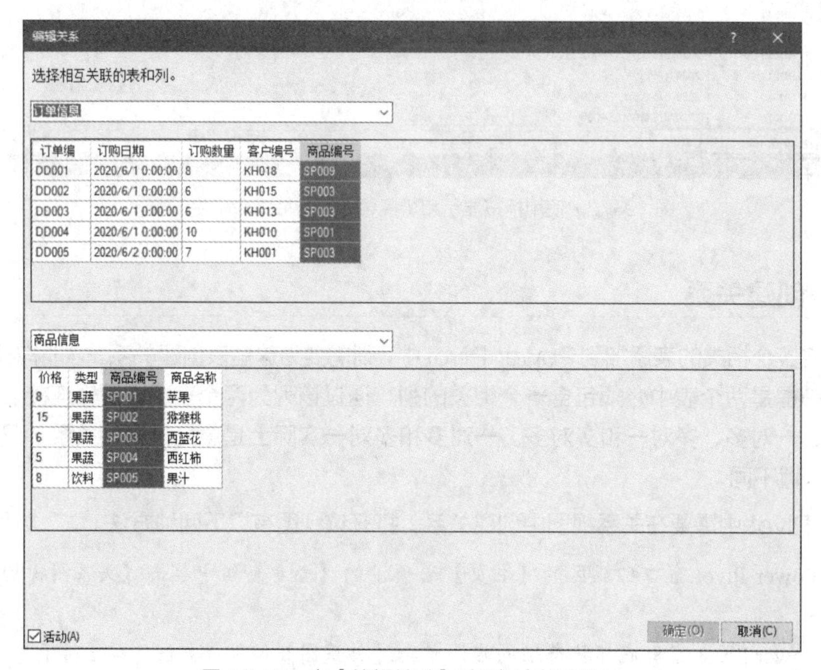

订单编	订购日期	订购数量	客户编号	商品编号
DD001	2020/6/1 0:00:00	8	KH018	SP009
DD002	2020/6/1 0:00:00	6	KH015	SP003
DD003	2020/6/1 0:00:00	6	KH013	SP003
DD004	2020/6/1 0:00:00	10	KH010	SP001
DD005	2020/6/2 0:00:00	7	KH001	SP003

价格	类型	商品编号	商品名称
8	果蔬	SP001	苹果
15	果蔬	SP002	猕猴桃
6	果蔬	SP003	西蓝花
5	果蔬	SP004	西红柿
8	饮料	SP005	果汁

图 19-77　在【编辑关系】对话框中修改关系

如果要删除两个表之间的关系，则可以右击两个表之间的连接线，在弹出的菜单中选择【删除】命令，然后在打开的对话框中单击【从模型中删除】按钮。

19.4.3 创建计算列

用户可以在数据模型中创建计算列和度量值，以便对每行数据进行计算或对特定指标进行分析。在创建计算列时输入的公式将自动作用于每一行数据，创建的计算列中的值由对每行数据进行计算后得到的结果组成。

案例 19-7

创建“商品名称”和“支付金额”两个计算列

案例目标：假设已为“订单信息”和“商品信息”两个表创建好关系，本例要在“订单信息”表中创建“商品名称”和“支付金额”两个计算列，在“商品名称”列中显示与商品编号对应的商品名称，在“支付金额”列中显示每个订单中的订购数量与商品价格的乘积，效果如图 19-78 所示。

	订单编号	订购日期	商品编号	订购数量	客户编号	商品名称	支付金额	添加列
1	DD001	2020/6/1 0:0...	SP009	8	KH018	火腿肠	48	
2	DD002	2020/6/1 0:0...	SP003	6	KH015	西蓝花	36	
3	DD003	2020/6/1 0:0...	SP003	6	KH013	西蓝花	36	
4	DD004	2020/6/1 0:0...	SP001	10	KH010	苹果	80	
5	DD005	2020/6/2 0:0...	SP003	7	KH001	西蓝花	42	
6	DD006	2020/6/3 0:0...	SP007	2	KH016	冰红茶	10	
7	DD007	2020/6/3 0:0...	SP007	2	KH020	冰红茶	10	
8	DD008	2020/6/3 0:0...	SP006	9	KH009	可乐	27	
9	DD009	2020/6/4 0:0...	SP006	4	KH011	可乐	12	
10	DD010	2020/6/4 0:0...	SP010	4	KH005	鱼肠	40	

图 19-78　创建“商品名称”和“支付金额”两个计算列

操作步骤如下。

（1）在 Excel 功能区的【Power Pivot】选项卡的【数据模型】组中单击【管理】按钮，打开 Power Pivot 窗口，默认进入数据视图。

（2）切换到“订单信息”表，然后在功能区的【设计】选项卡的【列】组中单击【添加】按钮，如图 19-79 所示。

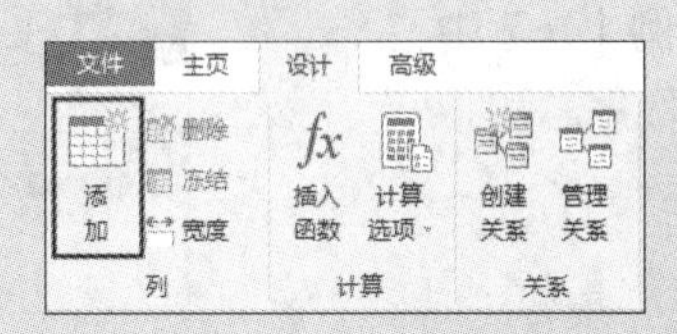

图 19-79　单击【添加】按钮

（3）在公式栏中输入以下公式，然后按【Enter】键，将自动添加一个新的列，并在其中显示该公式的计算结果，即与该表中的“商品编号”列中的商品编号对应的商品名称，如图 19-80 所示。

=RELATED('商品信息'[商品名称])

[计算列 1]　=RELATED('商品信息'[商品名称])

	订单编号	订购日期	商品编号	订购数量	客户编号	计算列 1	添加列
1	DD001	2020/6/1 0:0...	SP009	8	KH018	火腿肠	
2	DD002	2020/6/1 0:0...	SP003	6	KH015	西蓝花	

图 19-80　在公式栏中输入公式

（4）双击上一步创建的新列的标题，或者右击该列并在弹出的菜单中选择【重命名列】命令，输入“商品名称”并按【Enter】键，如图 19-81 所示。

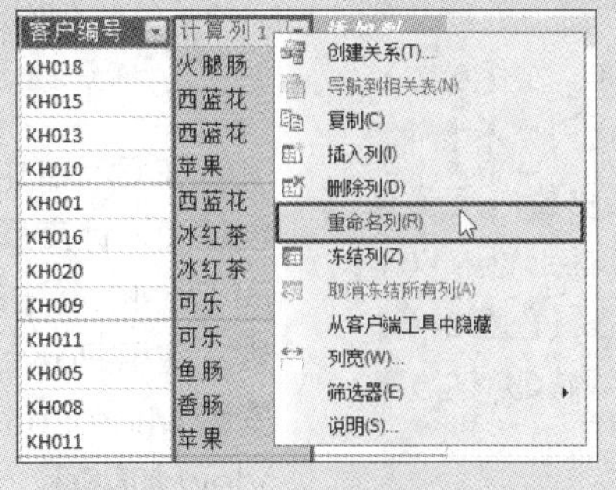

图 19-81　选择【重命名列】命令

（5）创建“支付金额”列的方法与此类似，只需输入以下公式，然后将列标题设置为“支付金额”。

=[订购数量]*RELATED('商品信息'[价格])

19.4.4 创建度量值

在进行数据分析时，通常需要了解数据的一些特定指标，如数据的总和、平均值、计数值、最小值、最大值或其他更复杂的指标，此时可以为数据创建度量值。与计算列相比，度量值表示的是单个值而非一列值。创建的度量值显示在【字段】窗格中，但是其只有添加到图表中才会被计算。度量值的计算结果随用户与报表的交互而改变。

案例 19-8

创建“所有订单总额”度量值

案例目标：本例要创建一个名为“所有订单总额”的度量值，用于计算在案例 19-7 中创建的“支付金额”计算列中的数据总和，即所有订单的支付总金额。

操作步骤如下。

(1) 使用 Excel 中的 Power Pivot 加载项创建度量值时，无须打开 Power Pivot 窗口，只需在 Excel 功能区的【Power Pivot】选项卡的【计算】组中单击【度量值】按钮，然后在弹出的菜单中选择【新建度量值】命令，如图 19-82 所示。

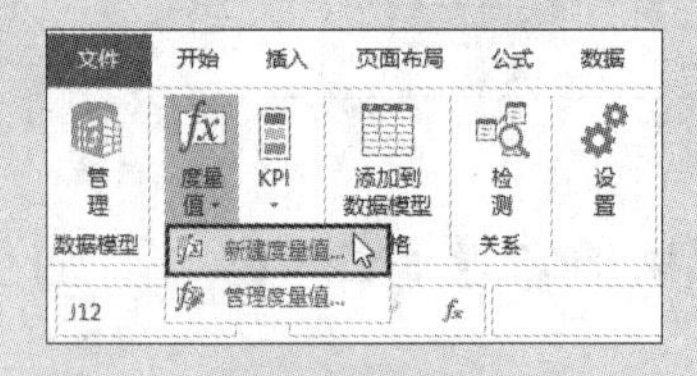

图 19-82 选择【新建度量值】命令

(2) 打开【度量值】对话框，在【表名】下拉列表中选择要将度量值创建到哪个表中，然后在【度量值名称】文本框中输入度量值的名称，最后在【公式】文本框中输入以下公式，如图 19-83 所示。可以单击【检查公式】按钮检查公式是否存在错误。确认无误后单击【确定】按钮创建度量值。

=SUM('订单信息'[支付金额])

以后可以在 Excel 功能区的【Power Pivot】选项卡的【计算】组中单击【度量值】按钮，然后在弹出的菜单中选择【管理度量值】命令，在打开的【管理度量值】对话框中修改或删除现有的度量值，如图 19-84 所示。

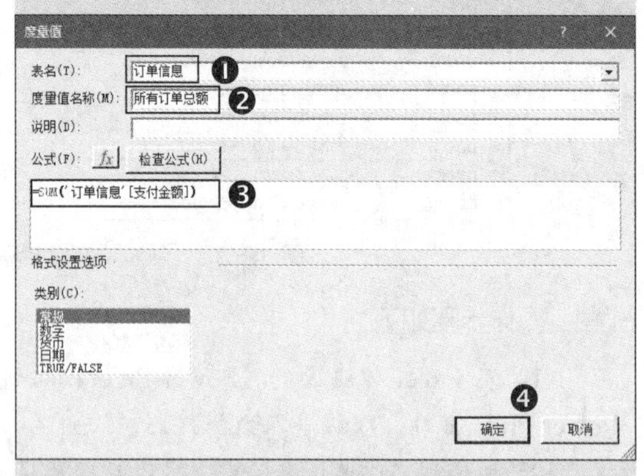

图 19-83 创建度量值

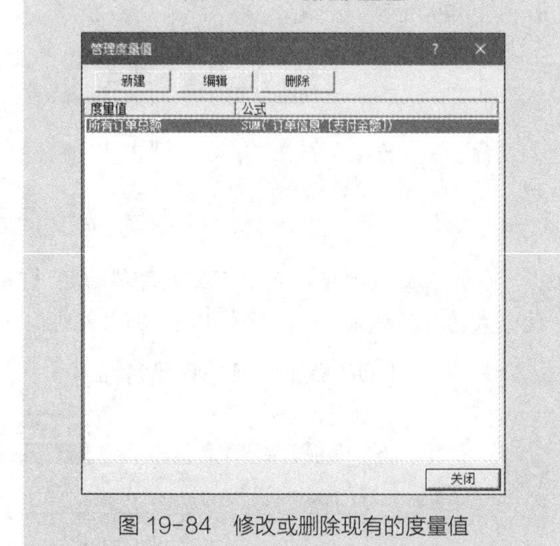

图 19-84 修改或删除现有的度量值

19.5 使用 Power View 展示数据

在 Excel 中使用 Power View 加载项可以创建和设计交互式报表，其功能类似于 Power BI Desktop 中的视觉对象、筛选器等可视化元素。使用 Power View 之前需要先在计算机中安装 Microsoft Silverlight，然后启动 Power View 加载项。

在将数据添加到 Power Pivot 中并创建数据模型后，在 Excel 功能区或快速访问工具栏中单击【插入 Power View 报表】按钮，将显示图19-85所示的打开Power View的进度提示。

图 19-85 打开 Power View 的进度提示

提示

单击【插入 Power View 报表】按钮时，可能会显示图 19-86 所示的提示信息，此时需要在浏览器中打开提示信息中的网址，然后下载名为 EnableControls 的压缩包。其中的 EnableSilverLight.reg 文件可以自动修改注册表，以解决无法使用 Power View 的问题。

图 19-86 无法使用 Power View 时显示的提示信息

稍后将自动新建一个名为“Power View1”的工作表，其中显示了一个空白的报表，同时功能区中显示了【Power View】选项卡，如图 19-87 所示。

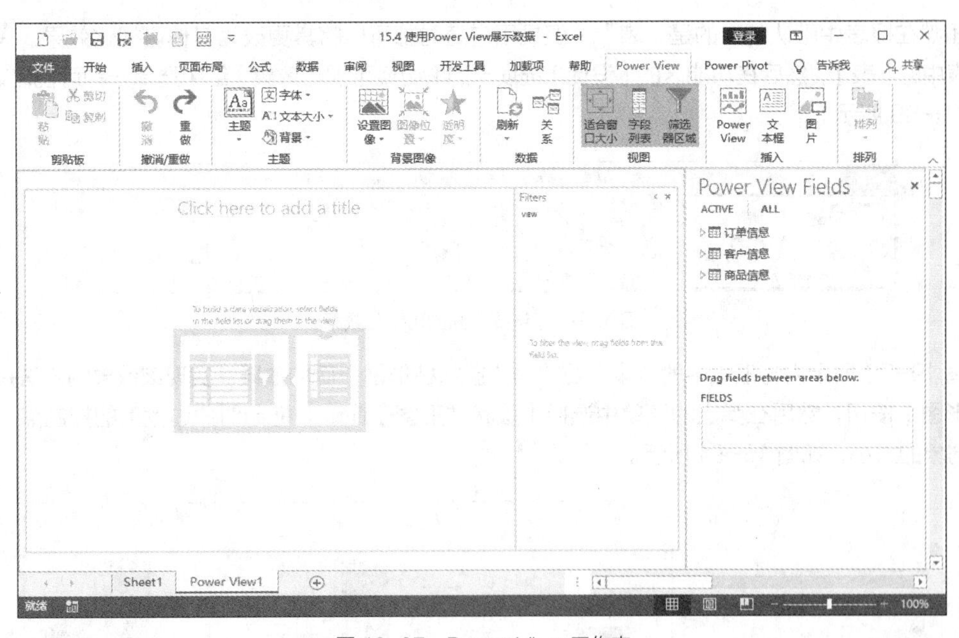

图 19-87 Power View 工作表

提示

如果新建 Power View 工作表之前，Excel 工作表中包含数据，且该数据区域中的某个单元格是活动单元格，则在创建 Power View 工作表后，该数据区域会被添加到报表中。

Power View 工作表中包含以下 3 个部分。

◉ 报表区。报表区类似于 Power BI Desktop 中的画布，用户可以在报表区中为数据添加多种可视化效果。报表区的顶部显示了“Click here to add a title”提示文字，单击该文字可以输入报表的标题。

◉ 【Filters】窗格。将字段添加到该窗格中，可以筛选在报表上显示的内容。

◉ 【Power View Fields】窗格。该窗格中列出了数据模型中的各个表，以及 Excel 工作表中的数据区域，展开每个表或区域，将显示其中包含的字段。在【Power View Fields】窗格中选中所需的一个或多个字段，或者将字段拖动到该窗格下方的【FIELDS】列表框中，这些字段中的数据将以可视化的形式显示在报表中。

例如，在【Power View Fields】窗格中选中“订单信息”表中的“商品名称”和“所有订单总额”两个字段后，报表中将自动创建一个“表”，如图 19-88 所示。

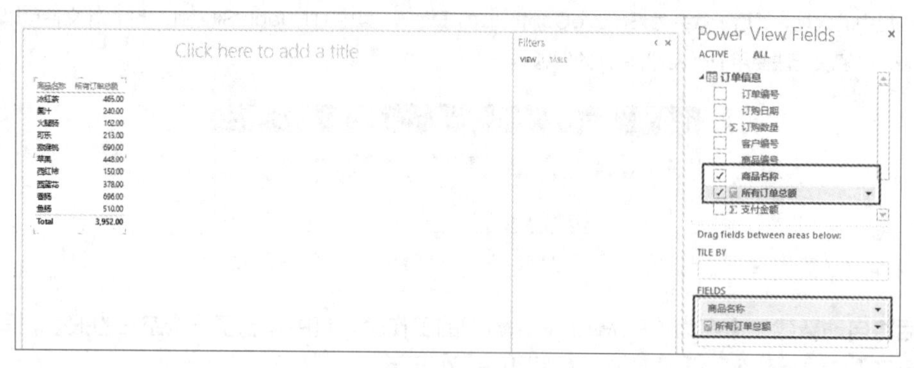

图 19-88 选中字段以构建报表

虽然在报表中默认创建的是“表”，但是用户随时都可以将其更改为其他可视化效果。只需单击报表中的【表】，然后在功能区的【设计】选项卡的【切换可视化效果】组中选择一种可视化效果，如图 19-89 所示。

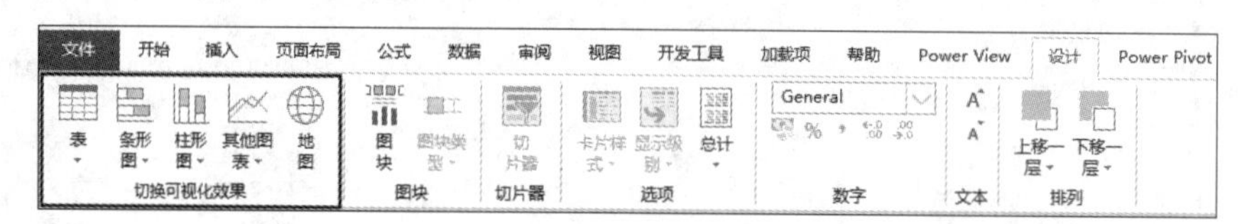

图 19-89 选择不同的可视化效果

图 19-90 所示为将报表中的“表”更改为“簇状柱形图”后的效果。实现该效果的方法是单击【柱形图】按钮，然后在弹出的菜单中选择【簇状柱形图】命令。拖动对象边框上的控制点，可以调整对象的大小，如图 19-91 所示。

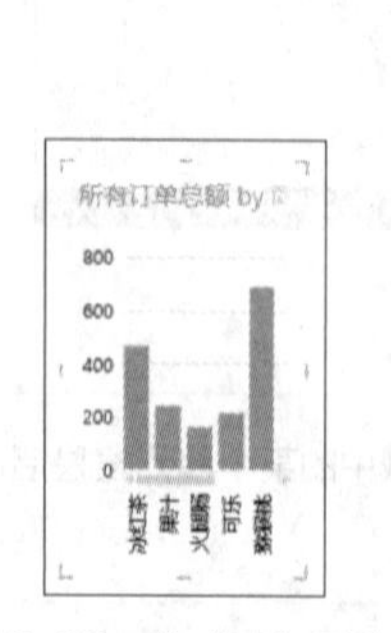

图 19-90 将“表”更改为“簇状柱形图”

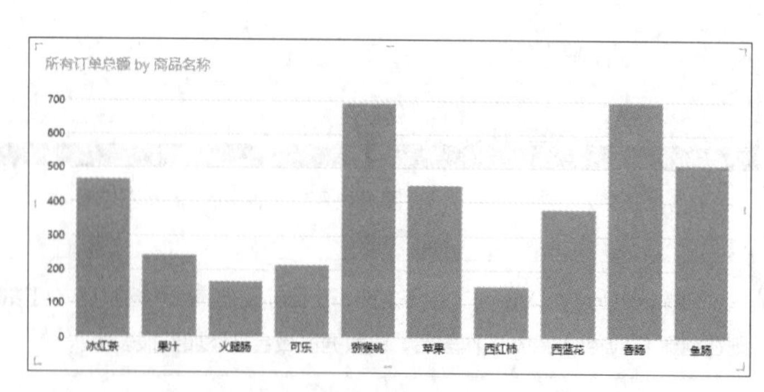

图 19-91 调整“簇状柱形图”的大小

将报表中的“表”更改为“簇状柱形图”后，【Power View Fields】窗格中的字段区域会随之调整，如图 19-92 所示。

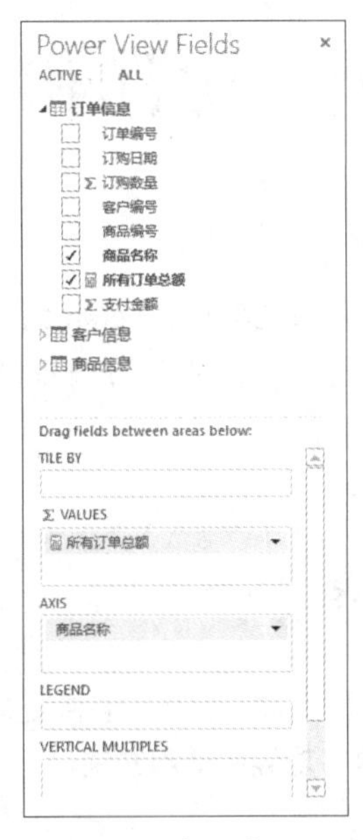

图 19-92 适用于“簇状柱形图”的【Power View Fields】窗格

如果只想在报表上显示部分数据，则需要将相关字段拖动到【Filters】窗格中。例如，将【商品名称】字段拖动到【Filters】窗格中，该窗格中将以复选框的形式显示“商品名称”字段中的每一项；选中其中的部分选项，报表中将只显示这些选中选项的数据，如图 19-93 所示。

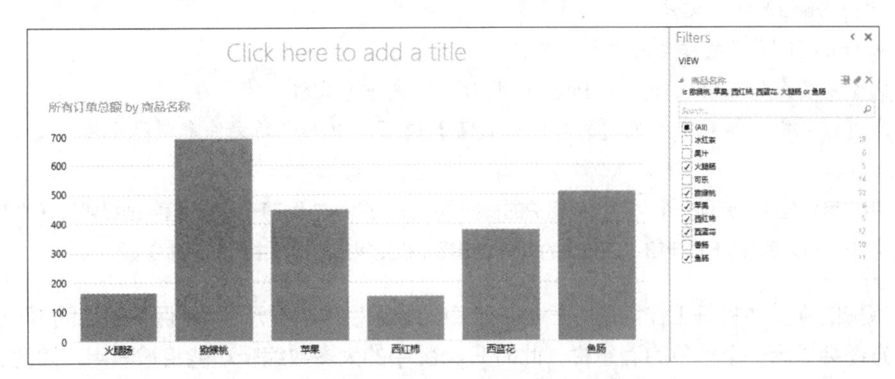

图 19-93 通过筛选字段在报表中显示指定的数据

单击报表顶部的“Click here to add a title”，为报表输入一个标题，如图 19-94 所示。

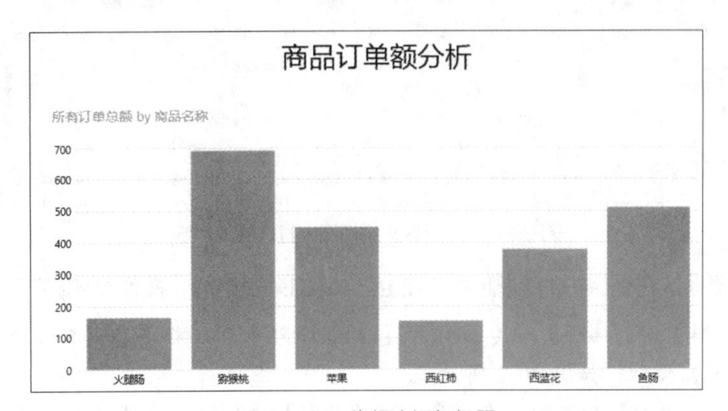

图 19-94 为报表添加标题

第20章 数据安全、协作和共享

本章将介绍 Excel 在数据安全、协作和共享方面提供的一些功能。使用这些功能，既可以让 Excel 文件中的数据得到有效的保护，也可以让多个用户协同处理一个工作簿，还可以轻松在 Excel 与其他程序之间共享数据。

20.1 保护工作簿和工作表

当 Excel 文件中包含敏感数据时，该文件的安全将变得至关重要。Excel 提供了一些增强 Excel 数据安全的功能，本节将介绍这些功能的使用方法。

20.1.1 受保护的视图

“受保护的视图”是在 Excel 2010 中首次加入的功能，用于为打开的任何可能存在安全隐患的文件提供一种保护性措施。以下来源的文件将自动在受保护的视图中打开。

- 从 Internet 下载的文件。
- 从 Outlook 下载的作为附件的文件。
- 位于不安全位置的文件，如 Internet 临时文件夹中的文件。
- 在【信任中心】对话框的【文件阻止设置】选项卡中选中的文件类型的文件。

提示

用户可以强制将任何一个文件在受保护的视图中打开，只需在【打开】对话框中选择要打开的工作簿，然后单击【打开】按钮上的下拉按钮，在弹出的菜单中选择【在受保护的视图中打开】命令。

在受保护的视图中打开工作簿时，Excel 窗口的标题栏中将显示“[受保护的视图]”文字，功能区的下方还会显示一个黄色的消息栏，此时 Excel 中的大多数编辑功能将被禁用，如图 20-1 所示。如果工作簿是安全的，则可以单击消息栏中的【启用编辑】按钮恢复编辑功能。

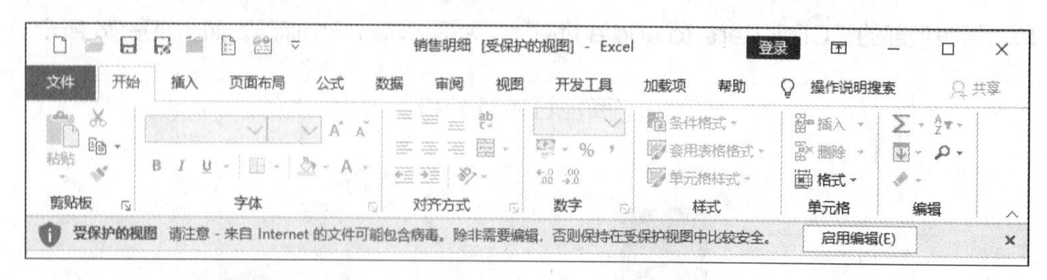

图 20-1　在受保护的视图中打开的工作簿

用户可以选择默认在受保护的视图中打开的工作簿的来源类型，操作步骤如下。

(1) 选择【文件】⇨【选项】命令，打开【Excel 选项】对话框，在【信任中心】选项卡中单击【信任中心设置】按钮，如图 20-2 所示。

(2) 打开【信任中心】对话框，在【受保护的视图】选项卡中选中或取消选中文件来源类型的复选框，然后单击【确定】按钮，如图 20-3 所示。

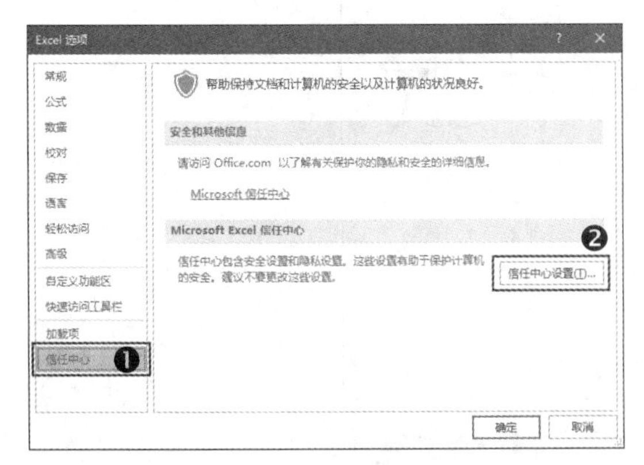

图 20-2 单击【信任中心设置】按钮

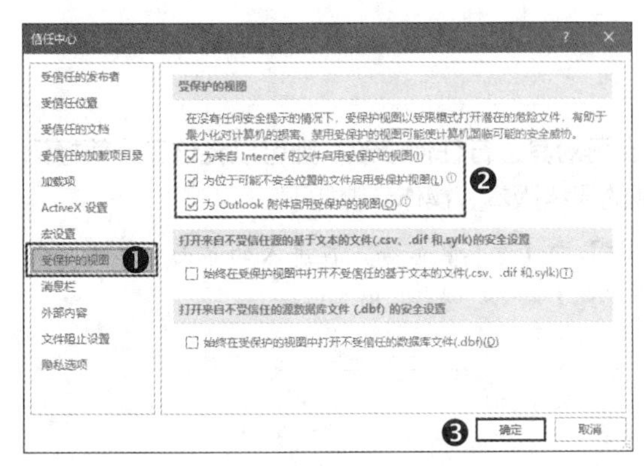

图 20-3 选择默认在受保护的视图中打开的文件的来源类型

20.1.2 删除工作簿中的隐私信息

在工作簿的使用过程中，Excel 会将一些与用户相关的信息附加到工作簿中，如用户名、批注等。工作簿中可能还包含由用户已隐藏的内容，如隐藏的工作表、隐藏的行和列等。如果要将工作簿分发给其他用户，则可以在分发前检查工作簿中是否包含隐私信息，并根据需要进行删除，操作步骤如下。

（1）在 Excel 中打开要检查的工作簿，选择【文件】⇨【信息】命令，在进入的界面中单击【检查问题】按钮，然后在弹出的菜单中选择【检查文档】命令，如图 20-4 所示。

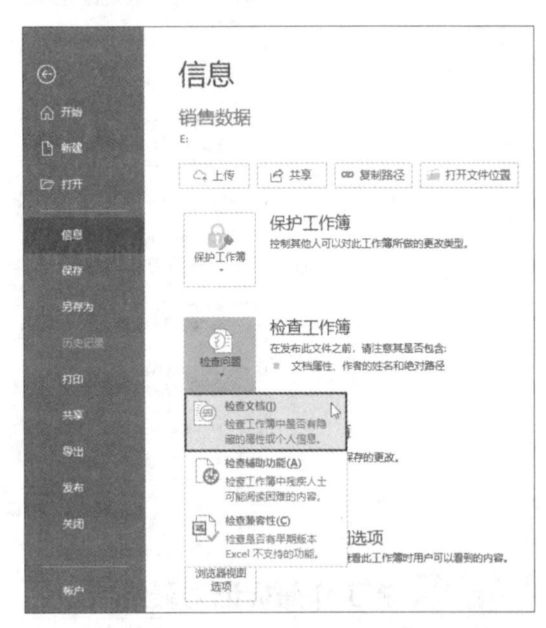

图 20-4 选择【检查文档】命令

（2）打开【文档检查器】对话框，选中要检查的信息类型左侧的复选框，然后单击【检查】按钮，如图 20-5 所示。

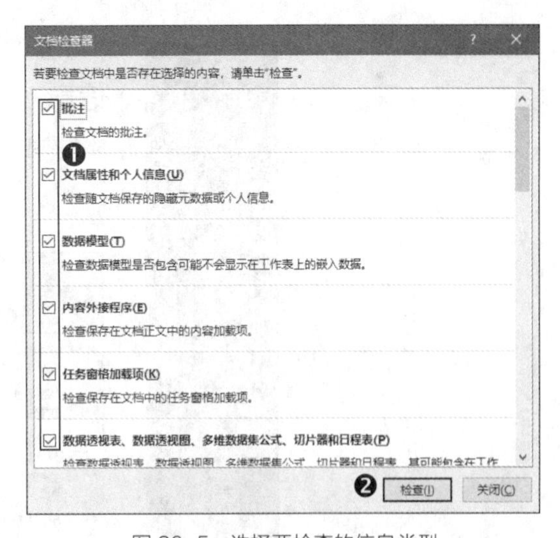

图 20-5 选择要检查的信息类型

（3）如果项目右侧出现【全部删除】按钮，则说明该项目包含需要用户确认的隐私信息，如图 20-6 所示。单击【全部删除】按钮，即可删除对应项目的隐私信息。

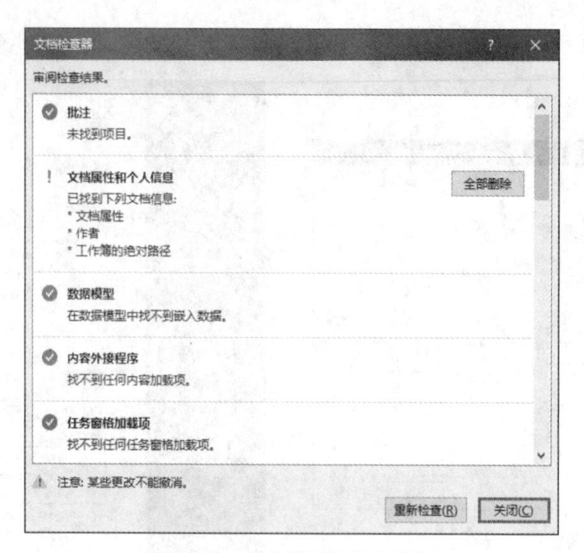

图 20-6　确认并删除隐私信息

20.1.3 将工作簿标记为最终状态

如果已经编辑完成工作簿的所有内容，并且不会再对其进行任何修改，则可以将该工作簿标记为最终状态，以此来告诉其他用户该工作簿是已完成的最终版本，操作步骤如下。

(1) 在 Excel 中打开已完成的工作簿，选择【文件】⇨【信息】命令，在进入的界面中单击【保护工作簿】按钮，然后在弹出的菜单中选择【标记为最终】命令，如图 20-7 所示。

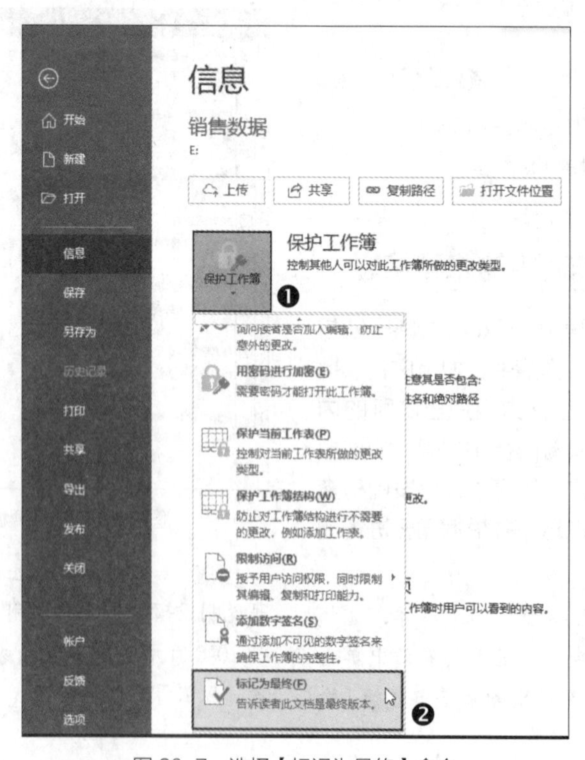

图 20-7　选择【标记为最终】命令

（2）在显示的对话框中单击【确定】按钮，将显示图20-8所示的提示信息，单击【确定】按钮，即可将工作簿标记为最终状态。

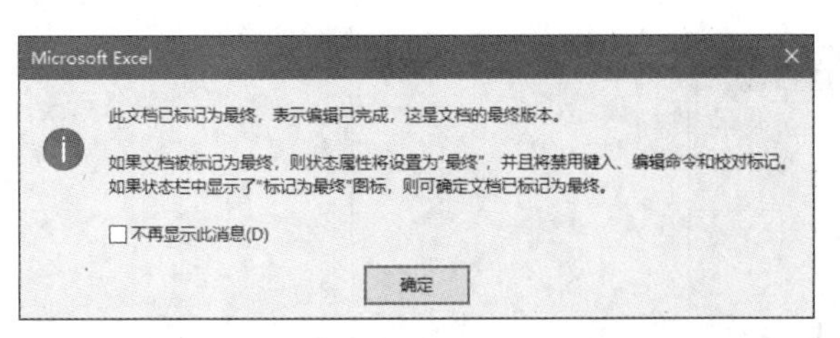

图20-8　将工作簿标记为最终状态之前的提示信息

将工作簿标记为最终状态后，Excel窗口底部状态栏的左侧将显示标记，同时功能区下方会显示一个消息栏，如图20-9所示。此时工作簿处于只读模式，大多数编辑功能被禁用，用户可以随时单击消息栏中的【仍然编辑】按钮恢复编辑功能并取消最终状态。

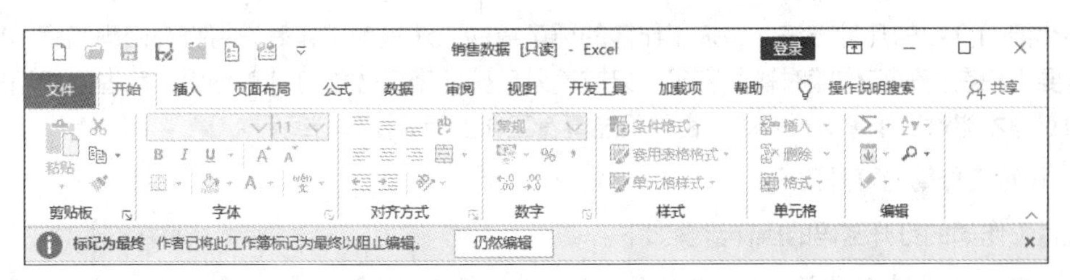

图20-9　将工作簿标记为最终状态的效果

提示

实际上，将工作簿标记为最终状态主要是起到一个提醒作用，并不能真正阻止用户对工作簿的修改。

20.1.4 禁止更改工作簿的结构

默认情况下，用户可以在工作簿中添加和删除工作表、设置工作表标签的名称和颜色、移动和复制工作表、隐藏工作表、删除工作表等。如果要禁止这些操作，则可以对工作簿设置保护结构，操作步骤如下。

（1）在Excel中打开要设置结构保护的工作簿，然后在功能区的【审阅】选项卡的【保护】组中单击【保护工作簿】按钮，如图20-10所示。

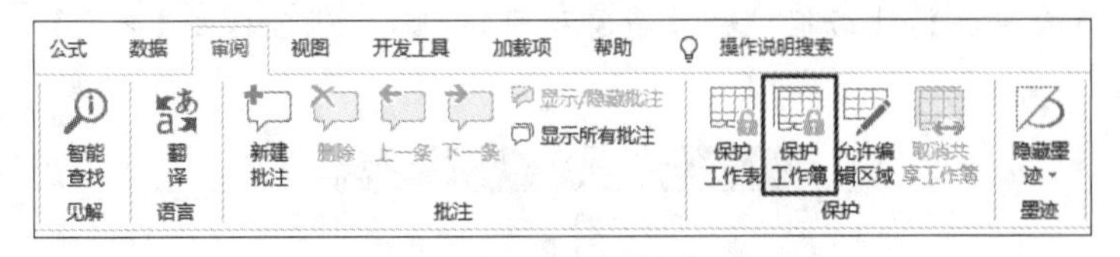

图20-10　单击【保护工作簿】按钮

（2）打开【保护结构和窗口】对话框，在【密码（可选）】文本框中输入密码，并选中【结构】复选框，然后单击【确定】按钮，如图20-11所示。

（3）输入一遍相同的密码并单击【确定】按钮，将对工作簿的结构实施保护。右击工作簿中的任意一个工作表标签，在弹出的菜单中的大部分命令都已处于禁用状态，如图20-12所示。

取消工作簿保护结构的方法与此类似，只需在功能区的【审阅】选项卡的【保护】组中单击【保护工作簿】按钮，在打开的对话框中输入密码，然后单击【确定】按钮。

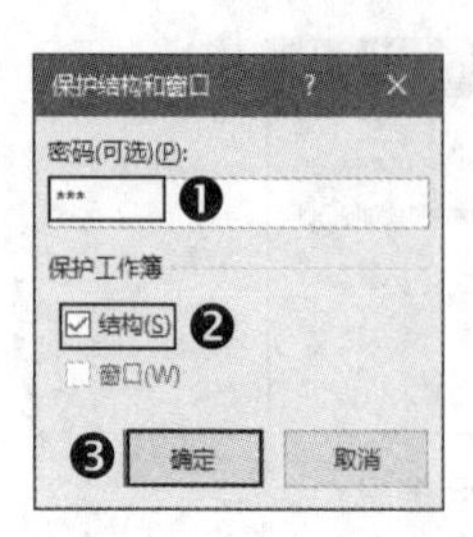

图 20-11 【保护结构和窗口】对话框

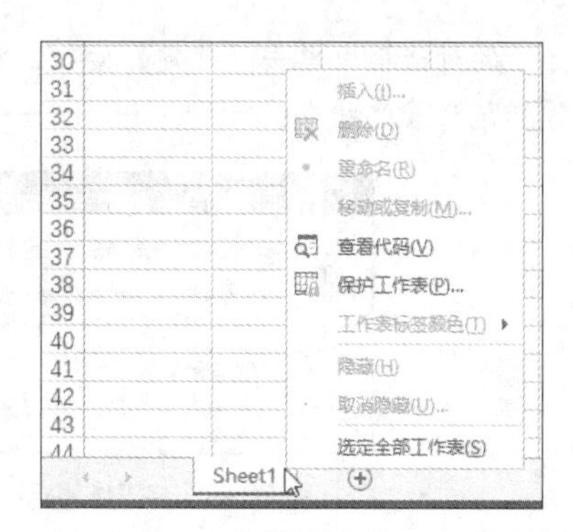

图 20-12 保护了工作簿结构时的工作表快捷菜单

20.1.5 使用密码打开和编辑工作簿

相比前面介绍的几种方法，保护工作簿的更可靠的方法是为工作簿设置打开密码和编辑密码。前者需要用户在打开工作簿时输入密码，只有输入正确的密码才能打开工作簿；后者需要用户输入正确的密码才能对工作簿进行修改，否则只能查看工作簿而无法进行编辑。

1. 设置工作簿的打开密码

设置工作簿的打开密码的操作步骤如下。

(1) 在 Excel 中打开要设置打开密码的工作簿，选择【文件】⇨【信息】命令，在进入的界面中单击【保护工作簿】按钮，然后在弹出的菜单中选择【用密码进行加密】命令。

(2) 打开【加密文档】对话框，在【密码】文本框中输入密码，然后单击【确定】按钮，如图 20-13 所示。

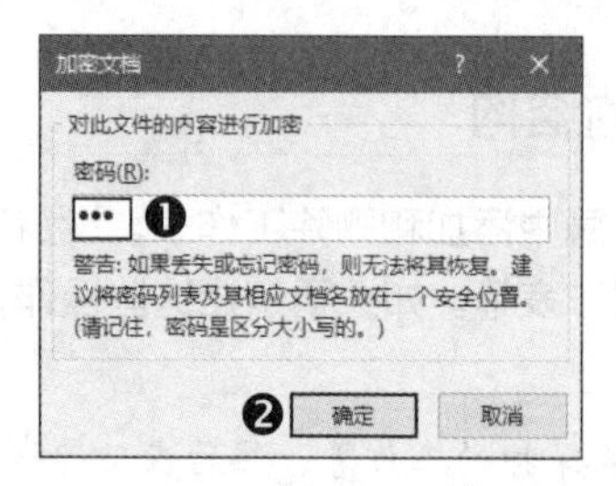

图 20-13 输入密码

(3) 打开【确认密码】对话框，输入一遍相同的密码，然后单击【确定】按钮，如图 20-14 所示。

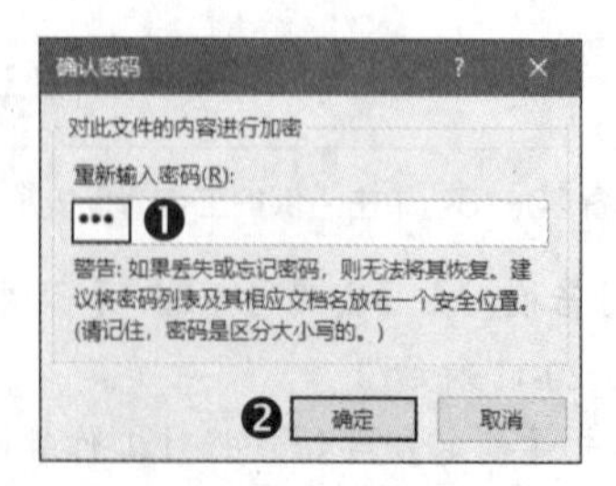

图 20-14 再次输入相同的密码

(4) 按【Ctrl+S】快捷键，将设置的密码保存到工作簿中。以后打开这个工作簿时，将显示图 20-15 所示的对话框，只有输入正确的密码才能打开这个工作簿。

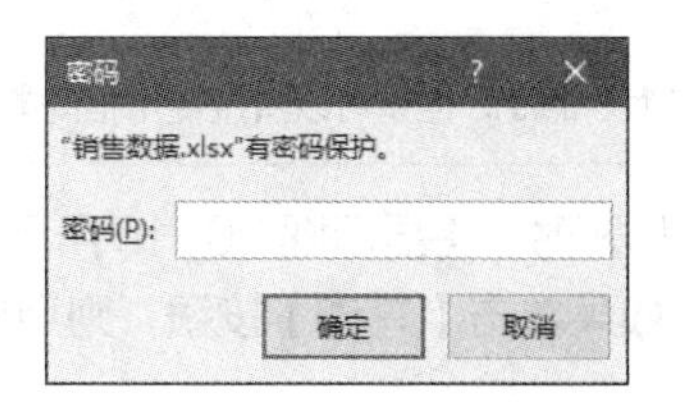

图 20-15 打开工作簿时需要输入密码

如果要删除工作簿的打开密码，则可以按照上述步骤再次打开【加密文档】对话框，然后删除其中的密码并保存工作簿。

2. 设置工作簿的编辑密码

设置工作簿的编辑密码的操作步骤如下。

(1) 在Excel中打开要设置编辑密码的工作簿，按【F12】键打开【另存为】对话框，然后单击【工具】按钮，在弹出的菜单中选择【常规选项】命令，如图20-16所示。

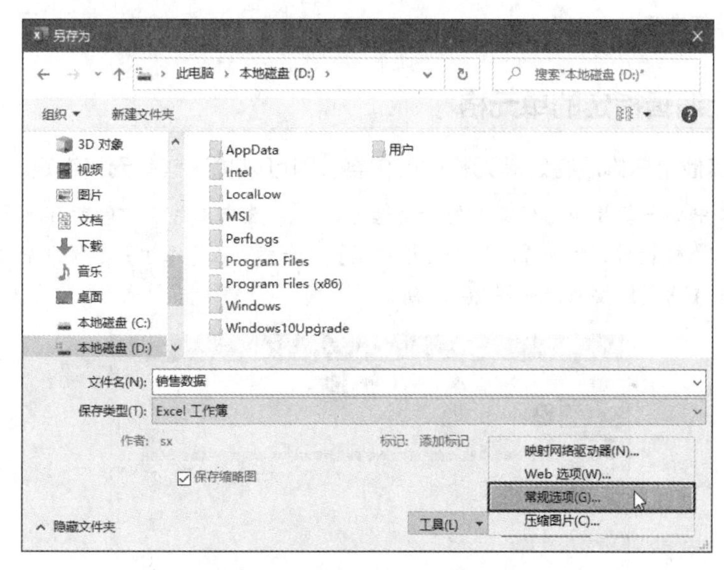

图 20-16 选择【常规选项】命令

(2) 打开【常规选项】对话框，在【修改权限密码】文本框中输入工作簿的编辑密码，然后单击【确定】按钮，如图20-17所示。再次输入相同的密码，并单击【确定】按钮。

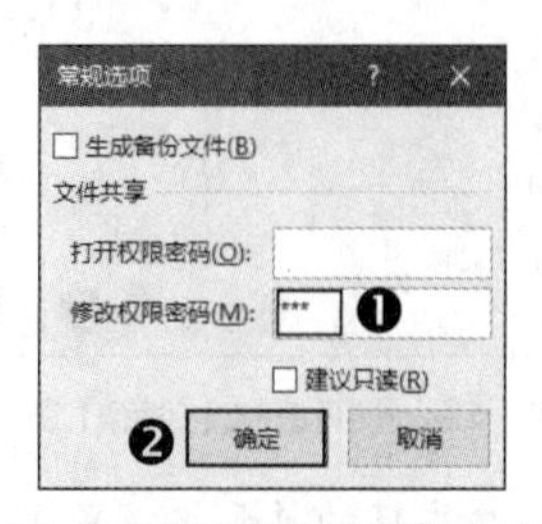

图 20-17 设置工作簿的编辑密码

> **提示**
>
> 在【打开权限密码】文本框中可以设置工作簿的打开密码。

(3) 单击【保存】按钮，将设置的编辑密码保存到工作簿中，并将工作簿保存到指定的位置。

虽然对工作簿执行的是“另存为”命令，但是可以直接使用相同的名称覆盖原有工作簿。

以后打开设置了编辑密码的工作簿时，将显示图 20-18 所示的对话框，只有输入正确的密码，用户才能拥有编辑工作簿的权限。如果单击【只读】按钮，则用户只能查看工作簿中的内容而无法进行编辑。

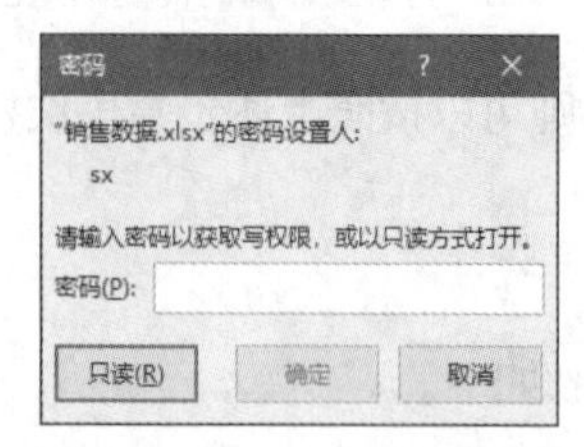

图 20-18　输入正确的密码以获得工作簿的编辑权限

如果要删除工作簿的编辑密码，则可以按照上述步骤再次打开【常规选项】对话框，然后删除其中的密码并保存工作簿。

20.1.6 禁止编辑指定的单元格

如果不想让其他用户修改特定单元格中的内容，则可以将这些单元格锁定，操作步骤如下。

(1) 在工作表中单击行号和列标交叉处的全选标记，选中工作表中的所有单元格。

(2) 按【Ctrl+1】快捷键，打开【设置单元格格式】对话框，在【保护】选项卡中取消选中【锁定】复选框，然后单击【确定】按钮，如图 20-19 所示。

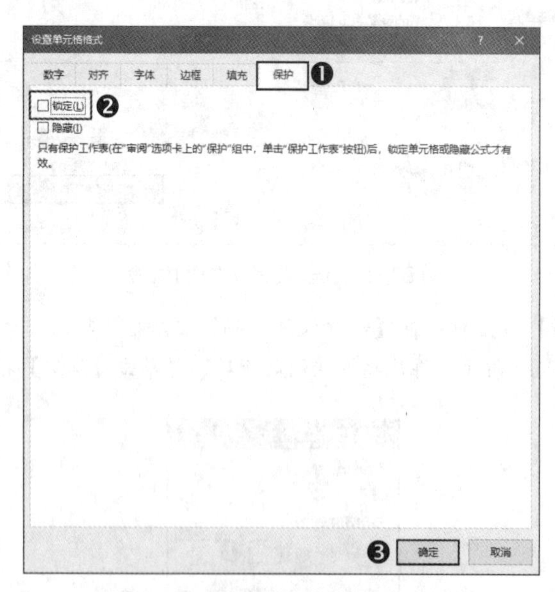

图 20-19　取消选中【锁定】复选框

(3) 在工作表中选择要禁止其他用户编辑的单元格或单元格区域，如 A1:D11。打开【设置单元格格式】对话框，在【保护】选项卡中选中【锁定】复选框，然后单击【确定】按钮。

(4) 在功能区的【审阅】选项卡的【保护】组中单击【保护工作表】按钮，打开【保护工作表】对话框，在【取消工作表保护时使用的密码】文本框中输入密码，确保【保护工作表及锁定的单元格内容】复选框处于选中状态。在下方的列表框中可以选择保护工作表后允许其他用户执行的操作，然后单击【确定】按钮，如图 20-20 所示。

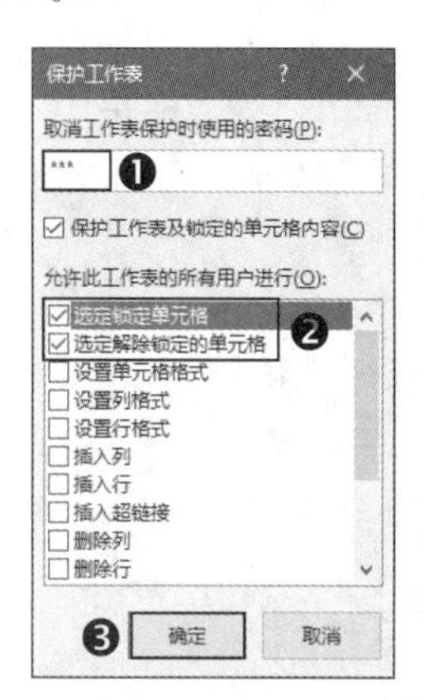

图 20-20 设置工作表的保护选项

(5) 在显示的【确认密码】对话框中输入一遍相同的密码，然后单击【确定】按钮，工作表将进入保护状态。此时双击 A1:D11 单元格区域中的任意一个单元格，将显示图 20-21 所示的提示信息，用户无法编辑选中单元格中的数据。

图 20-21 禁止用户编辑单元格的提示信息

如果要解除工作表的保护状态，则可以在功能区的【审阅】选项卡的【保护】组中单击【撤销工作表保护】按钮，如图 20-22 所示，在打开的对话框中输入密码并单击【确定】按钮。

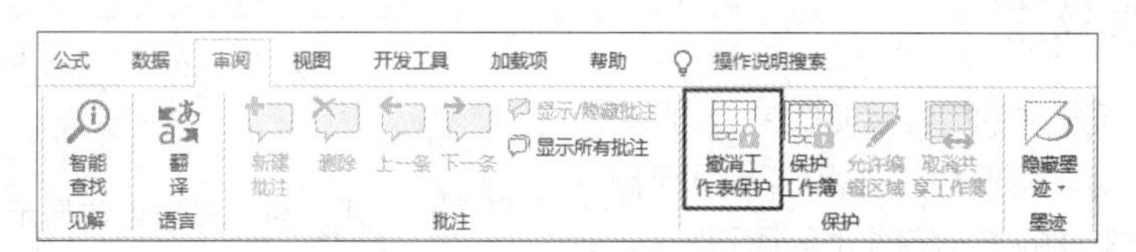

图 20-22 单击【撤销工作表保护】按钮撤销对工作表的保护

20.1.7 禁止在编辑栏中显示公式

默认情况下，在单元格中输入公式后，单元格中将显示计算结果，而在编辑栏中将显示活动单元格包含的公式。图 20-23 所示为选中 F2 单元格时编辑栏中显示的公式。

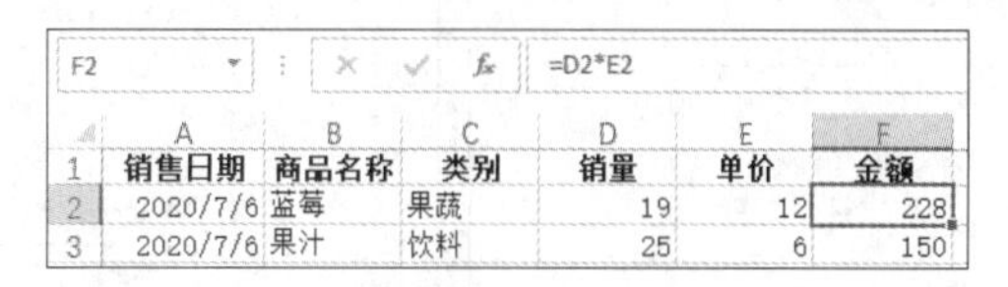

	A	B	C	D	E	F
1	销售日期	商品名称	类别	销量	单价	金额
2	2020/7/6	蓝莓	果蔬	19	12	228
3	2020/7/6	果汁	饮料	25	6	150

图 20-23 编辑栏中显示活动单元格包含的公式

如果不想让其他用户通过编辑栏查看单元格包含的公式，则可以将公式隐藏起来，操作步骤如下。

(1) 选择包含公式的单元格或区域，使用“定位条件”功能快速选择多个包含公式的单元格。

(2) 按【Ctrl+1】快捷键，打开【设置单元格格式】对话框，在【保护】选项卡中选中【隐藏】复选框，然后单击【确定】按钮，如图 20-24 所示。

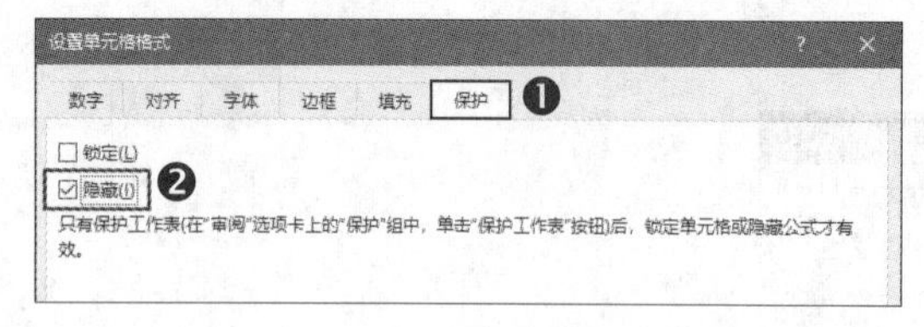

图 20-24 选中【隐藏】复选框

(3) 后续操作与上一小节介绍的锁定单元格的方法相同，即为工作表设置密码保护。以后选择包含公式的单元格时，编辑栏中将不再显示单元格包含的公式，如图 20-25 所示。

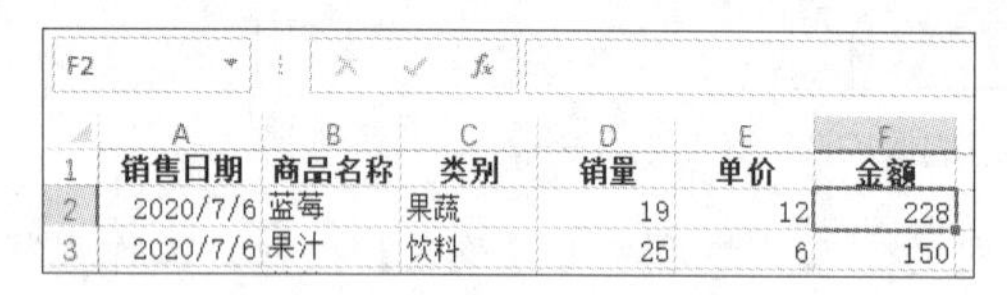

	A	B	C	D	E	F
1	销售日期	商品名称	类别	销量	单价	金额
2	2020/7/6	蓝莓	果蔬	19	12	228
3	2020/7/6	果汁	饮料	25	6	150

图 20-25 隐藏编辑栏中的公式

20.2 数据协作

本节将介绍添加批注和将工作簿共享给其他用户的方法，使用这些功能可以增强多用户的团队协作能力。

20.2.1 添加批注

用户可以为单元格中的内容添加批注，以此来对内容进行补充说明。添加的批注默认不会显示出来，只有选择包含批注的单元格时才会显示批注，所以完全无须担心批注会影响工作表的显示效果。

为单元格添加批注有以下几种方法。

◉ 选择要添加批注的单元格，然后在功能区的【审阅】选项卡的【批注】组中单击【新建批注】按钮，如图 20-26 所示。

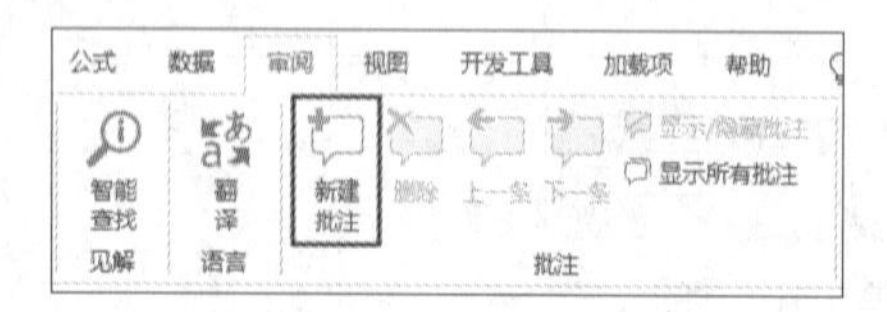

图 20-26 单击【新建批注】按钮

◉ 右击要添加批注的单元格，然后在弹出的菜单中选择【插入批注】命令，如图 20-27 所示。

使用以上任意一种方法，单元格的右侧都会显示批注框，可以在其中输入批注的内容，添加批注的用户名以粗体显示，如图 20-28 所示。

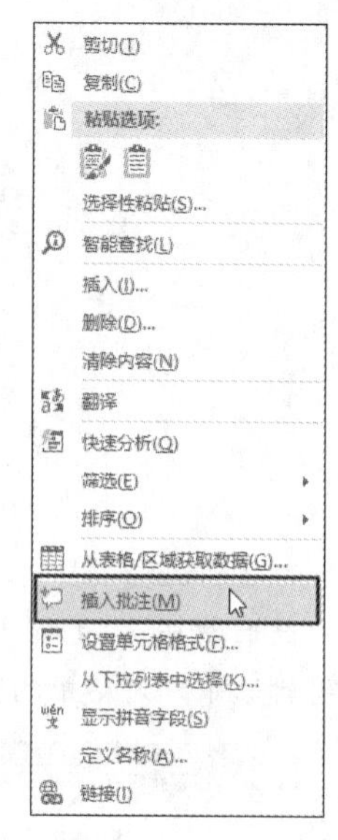

图 20-27 选择【插入批注】命令

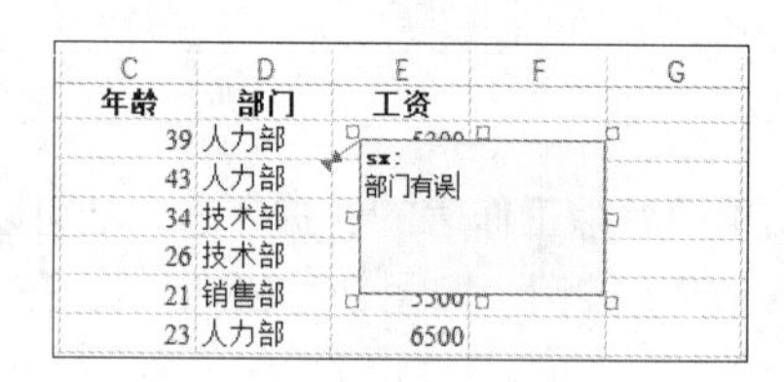

C	D	E	F	G
年龄	部门	工资		
39	人力部			
43	人力部			
34	技术部			
26	技术部			
21	销售部			
23	人力部	6500		

图 20-28 输入批注内容

提示

用户可以随时修改显示在批注中的用户名，只需在【Excel 选项】对话框的【常规】选项卡中修改【用户名】文本框中的名称，如图 20-29 所示。

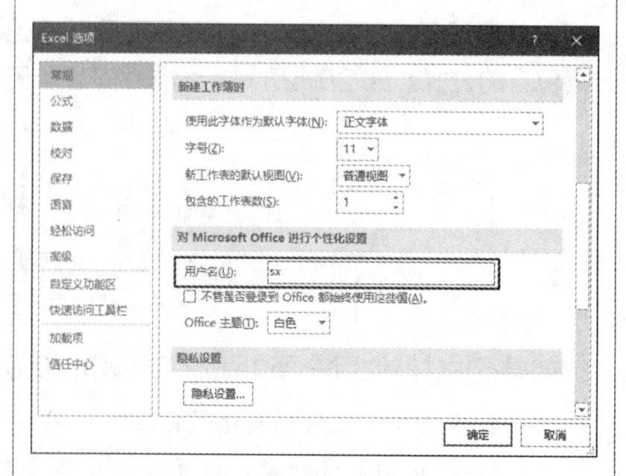

图 20-29 设置显示在批注中的用户名

输入好批注内容后，单击其他单元格即可完成添加批注的操作。此时批注将自动隐藏起来，单元格的右上角将显示红色三角形标记。以后如果要查看批注内容，选择该单元格或将鼠标指针移动到该单元格上，即可显示该单元格包含的批注内容。

右键快捷菜单和功能区的【审阅】选项卡中提供了一些与批注有关的命令，如图 20-30 所示。各个命令的功能如下。

- 编辑批注：对当前选中的单元格中的批注进行编辑。
- 删除批注 / 删除：右键快捷菜单中的【删除批注】命令和功能区中的【删除】按钮都可以删除当前选中的单元格中的批注；如果要删除工作表中的所有批注，则可以选中工作表中的所有单元格，然后单击功能区中的【删除】按钮。
- 显示 / 隐藏批注：显示或隐藏当前选中的单元格中的批注。
- 上一条 / 下一条：依次显示工作表中的每一条批注的内容。
- 显示所有批注：同时显示工作表中所有批注的内容。

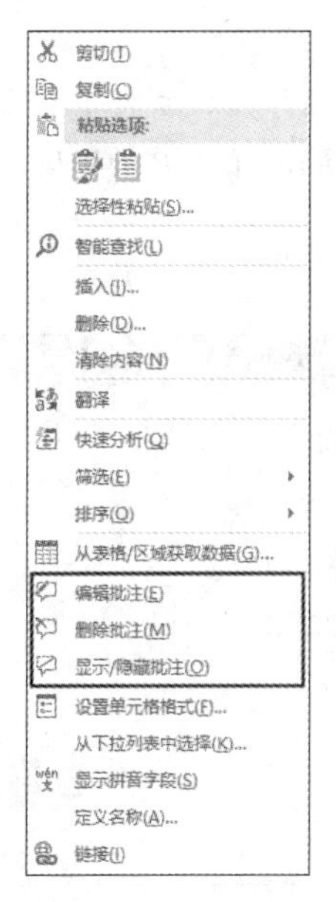

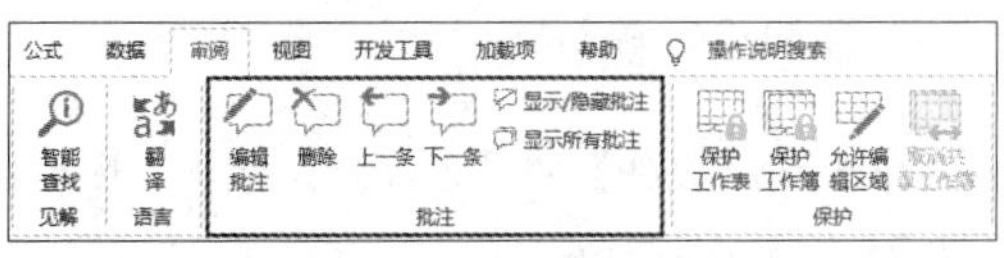

图 20-30　与批注有关的命令

20.2.2 将工作簿共享给其他用户

如果要将编辑完成的工作簿发给其他用户查阅或修改，则可以使用以下几种方法。

1. 设置共享文件

将工作簿放置到局域网的共享文件夹中，并设置该文件夹的权限，以便让局域网中的每个用户都可以查看或编辑该工作簿。

> **提示**
>
> Excel 早期版本中有一个共享工作簿的功能，支持多个用户同时编辑同一个工作簿。在 Excel 2019 中已经将该功能的相关命令从功能区中删除，虽然可以通过自定义 Excel 界面的方式将其添加到快速访问工具栏或功能区中，但是很明显微软公司并不建议用户继续使用该功能，因为它只能在局域网环境中使用。微软公司更多地鼓励用户使用 OneDrive 来存储和在线编辑 Excel 工作簿和其他 Office 文档，并将其共享给其他用户。

2. 发送邮件

在 Excel 中打开要发送给其他用户的工作簿，然后选择【文件】⇨【共享】命令，在显示的界面中选择【电子邮件】⇨【作为附件发送】命令，如图 20-31 所示。

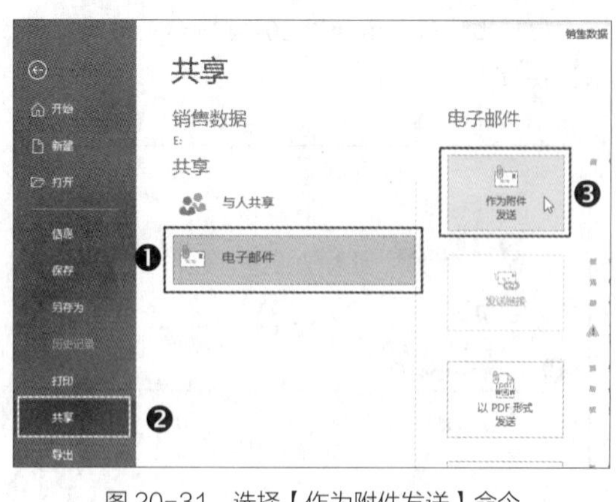

图 20-31　选择【作为附件发送】命令

操作系统中默认的电子邮件客户端程序将被自动启动，并将创建一封将当前工作簿作为附件的邮件，用户只需填写好邮件的收件人地址、邮件主题和内容，即可将包含该工作簿的电子邮件发送给目标用户。

3. 使用 OneDrive

为了不受局域网环境的限制，用户将工作簿保存到 OneDrive，并为工作簿创建共享链接，然后将该链接发送给其他用户，这些用户单击链接后即可在网页浏览器中打开共享的工作簿并进行查看或编辑。使用这种方式共享工作簿的前提是用户需要使用 Microsoft 账户登录 OneDrive，OneDrive 是一个与 Microsoft 账户关联的网络存储空间。

使用 OneDrive 共享工作簿的操作步骤如下。

（1）在 Excel 中打开要发送给其他用户的工作簿，然后选择【文件】⇨【另存为】命令，在显示的界面中选择【OneDrive】⇨【登录】命令，如图 20-32 所示。

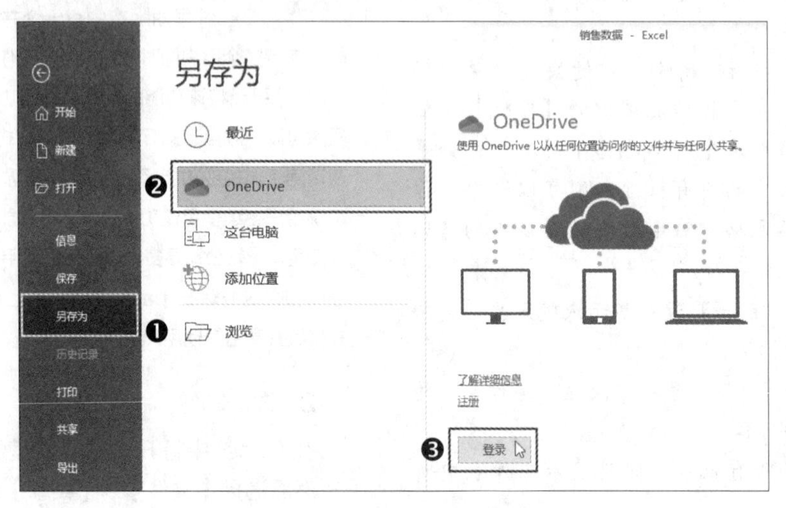

图 20-32　选择【登录】命令

（2）此时将显示图 20-33 所示的界面，输入 Microsoft 账户的名称，然后单击【下一步】按钮。

（3）此时将显示如图 20-34 所示的界面，输入上一步输入的 Microsoft 账户的密码，然后单击【登录】按钮。

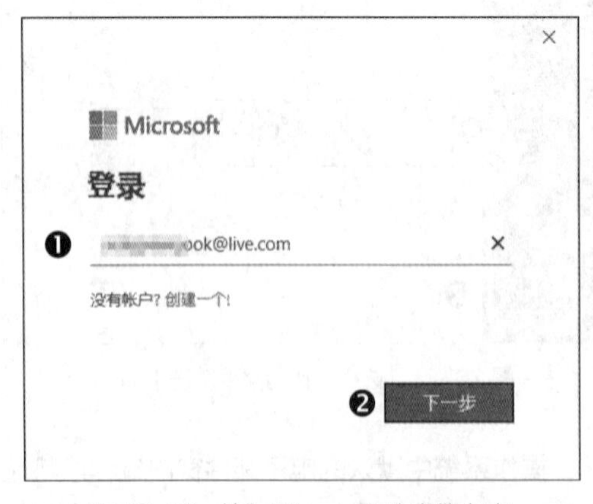

图 20-33　输入 Microsoft 账户的名称

图 20-34　输入 Microsoft 账户的密码

（4）使用 Microsoft 账户登录到 OneDrive 后，在 Excel 中选择【文件】⇨【另存为】命令，然后在显示的界面中选择将文件保存到 OneDrive 位置，如图 20-35 所示。

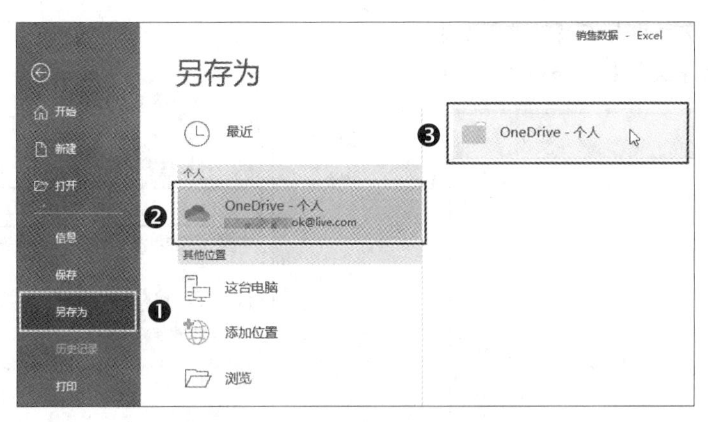

图 20-35　选择保存到的 OneDrive 位置

(5) 打开图 20-36 所示的【另存为】对话框，保存位置已经自动定位到 OneDrive 中，输入文件名后单击【保存】按钮，即可将指定的工作簿保存到 OneDrive 中。

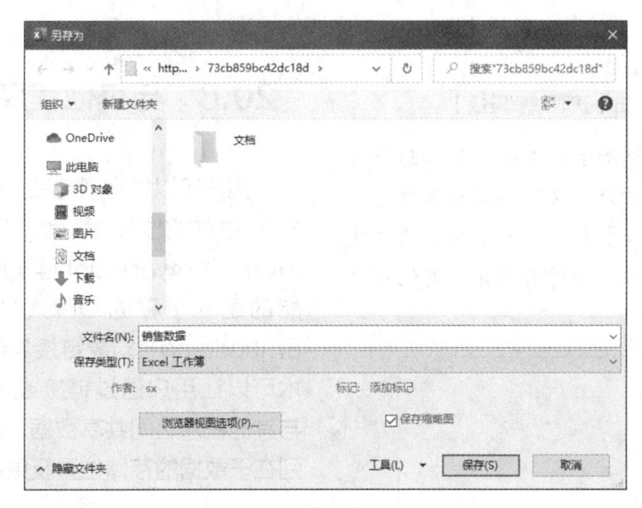

图 20-36　将工作簿保存到 OneDrive 中

(6) 在 Excel 中选择【文件】⇨【共享】命令，然后在显示的界面中选择【与人共享】⇨【与人共享】命令，如图 20-37 所示。

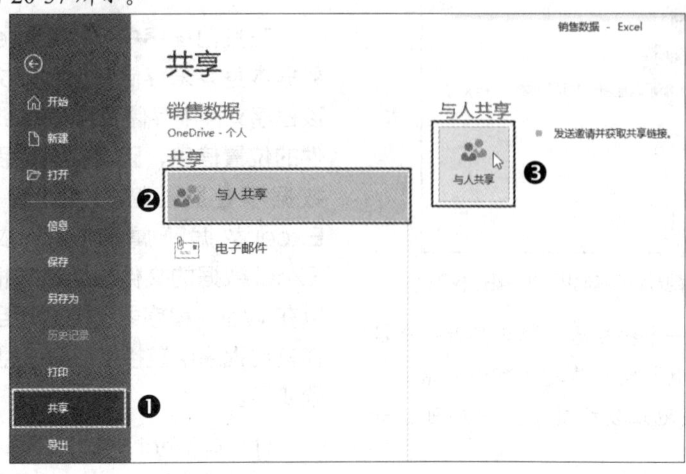

图 20-37　选择【与人共享】命令

（7）在 Excel 窗口中打开【共享】窗格，单击底部的【获取共享链接】，如图 20-38 所示。

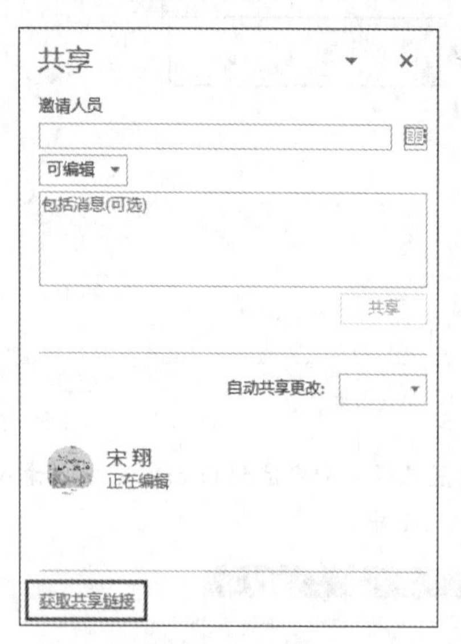

图 20-38　单击【获取共享链接】

（8）进入图 20-39 所示的界面，如果想让其他用户既可以查看工作簿，又可以编辑工作簿，则单击【创建编辑链接】按钮；否则单击【创建仅供查看的链接】按钮，此时将只允许其他用户查看工作簿。

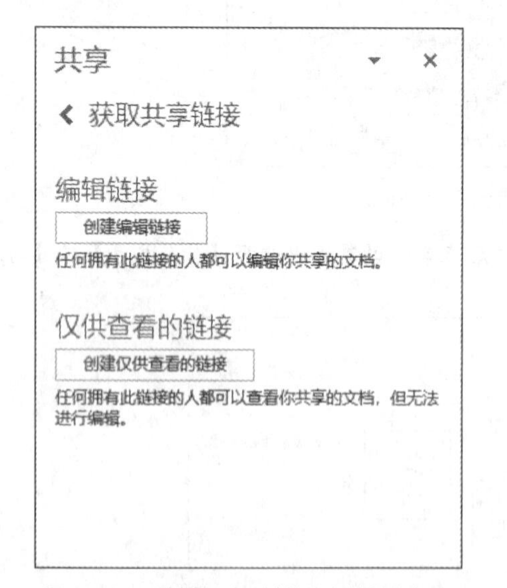

图 20-39　选择要赋予其他用户的操作权限

（9）单击任意一个按钮后，都会显示一个链接地址，单击【复制】按钮将其复制到剪贴板，然后将该共享链接地址发给其他用户即可，如图 20-40 所示。

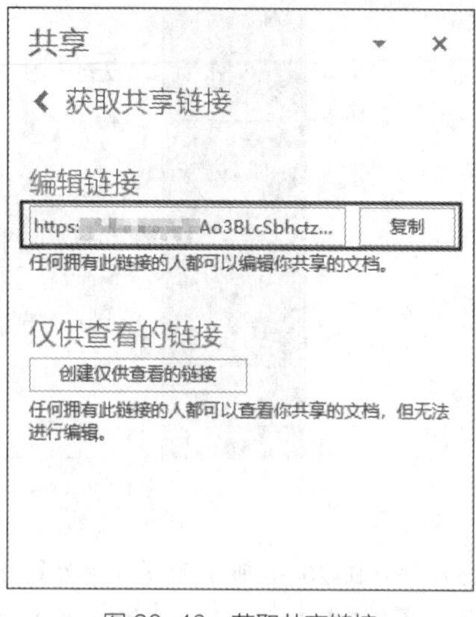

图 20-40　获取共享链接

20.3　与其他程序共享数据

用户可以很容易地在其他程序中使用 Excel 文件中的数据，尤其是同为 Office 组件的 Word、PowerPoint 等程序。提供这种便捷功能的是一个称为 OLE（Object Linking and Embedding，对象链接与嵌入）的技术，该技术可以让用户通过链接或嵌入的方式在 Excel 与其他程序之间共享数据。链接和嵌入的主要区别在于数据的存储位置及更新方式。

20.3.1　在其他程序中链接 Excel 数据

在其他程序中链接 Excel 数据时，Excel 数据本身并未存储在该程序文件中，而只是在该程序文件中存储包含 Excel 数据的 Excel 文件的位置信息，因此在其他程序中链接 Excel 数据不会显著增加文件的大小。如果修改 Excel 数据所属的 Excel 文件，则链接该 Excel 数据的文件也会进行相应的更新。下面以在 Word 程序中链接 Excel 数据为例，介绍在其他程序中链接 Excel 数据的方法，操作步骤如下。

（1）在 Word 中打开要链接 Excel 数据的文档，然后在 Word 功能区的【插入】选项卡的

【文本】组中单击【对象】按钮，如图 20-41 所示。

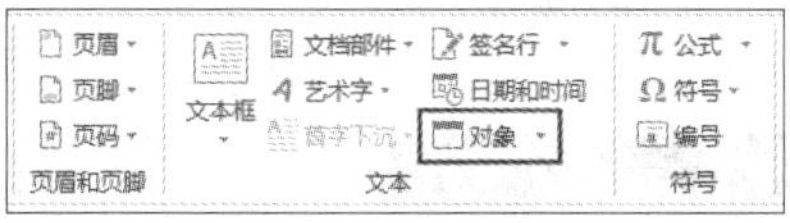

图 20-41　单击【对象】按钮

(2) 打开【对象】对话框，在【由文件创建】选项卡中单击【浏览】按钮，如图 20-42 所示。

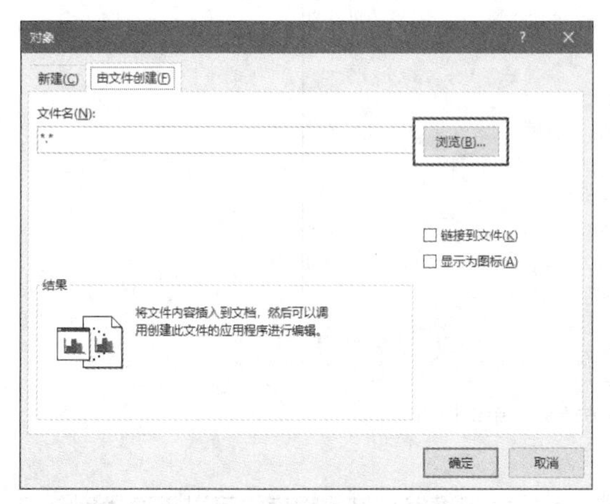

图 20-42　单击【浏览】按钮

(3) 打开【浏览】对话框，找到并双击要插入 Word 文档中的 Excel 工作簿，返回【对象】对话框，该工作簿的完整路径将自动填入【文件名】文本框中；选中【链接到文件】复选框，然后单击【确定】按钮，如图 20-43 所示。Word 文档中将以链接的形式插入指定的 Excel 工作簿，如图 20-44 所示。

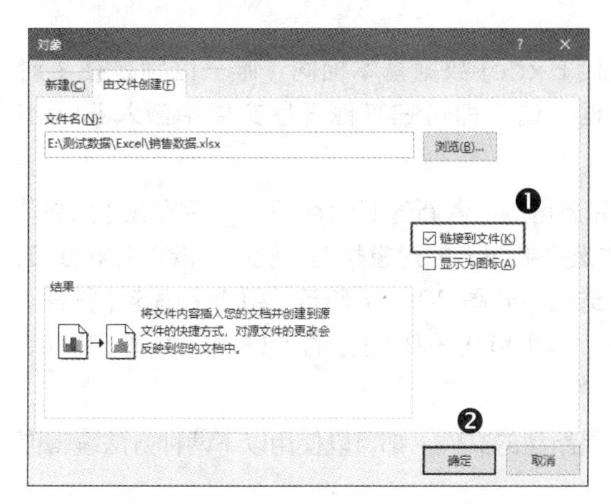

图 20-43　选中【链接到文件】复选框

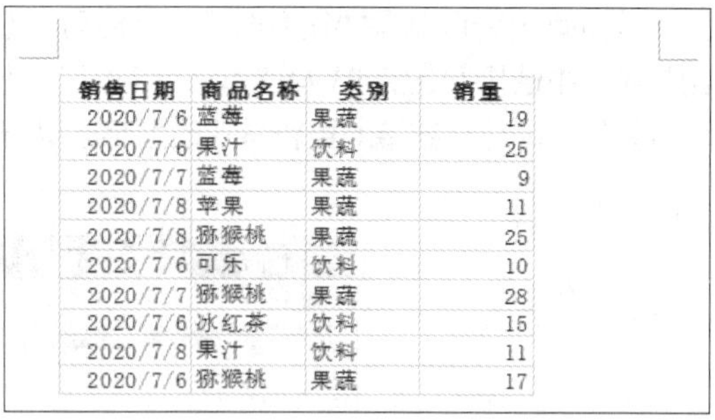

销售日期	商品名称	类别	销量
2020/7/6	蓝莓	果蔬	19
2020/7/6	果汁	饮料	25
2020/7/7	蓝莓	果蔬	9
2020/7/8	苹果	果蔬	11
2020/7/8	猕猴桃	果蔬	25
2020/7/6	可乐	饮料	10
2020/7/7	猕猴桃	果蔬	28
2020/7/6	冰红茶	饮料	15
2020/7/8	果汁	饮料	11
2020/7/6	猕猴桃	果蔬	17

图 20-44　在 Word 中链接到的 Excel 工作簿

20.3.2 编辑和更新链接对象

由于在其他程序中链接的 Excel 数据仍然位于 Excel 文件中，因此在其他程序中编辑链接的 Excel 数据，实际上是在编辑该数据所属的 Excel 文件。在其他程序中（如 Word）编辑链接的 Excel 数据有以下两种方法。

- 双击文档中链接的 Excel 数据。
- 右击文档中链接的 Excel 数据，然后在弹出的菜单中选择【链接的 Worksheet 对象】⇨【编辑链接】命令，如图 20-45 所示。

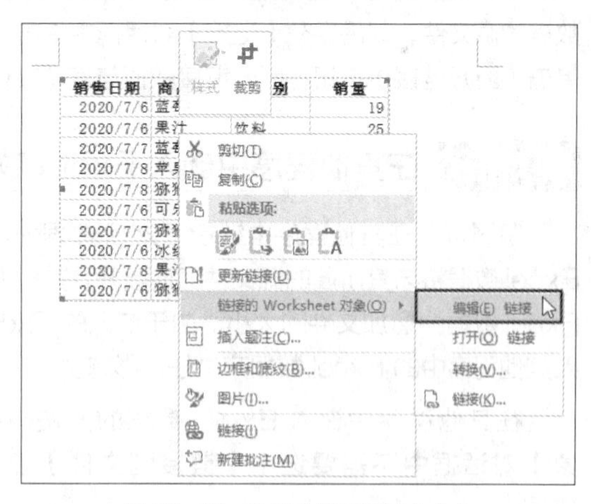

图 20-45　选择【编辑链接】命令

使用以上任意一种方法，将自动在 Excel 程序中打开链接的 Excel 数据所属的文件，此时即可在 Excel 中修改数据，操作完成后关闭 Excel 程序。对 Excel 数据进行的修改会在打开或保存包含链接的 Excel 数据的文档时自动同步更新，以反映内容的最新变化。

如果文档中包含多个链接的 Excel 数据，

则完成所有更新可能需要很多时间，此时可以改为手动更新。右击文档中链接的 Excel 数据，在弹出的菜单中选择【链接的Worksheet对象】⇨【链接】命令，打开【链接】对话框，选中【手动更新】单选按钮，即可将链接的更新方式改为手动更新，如图 20-46 所示。

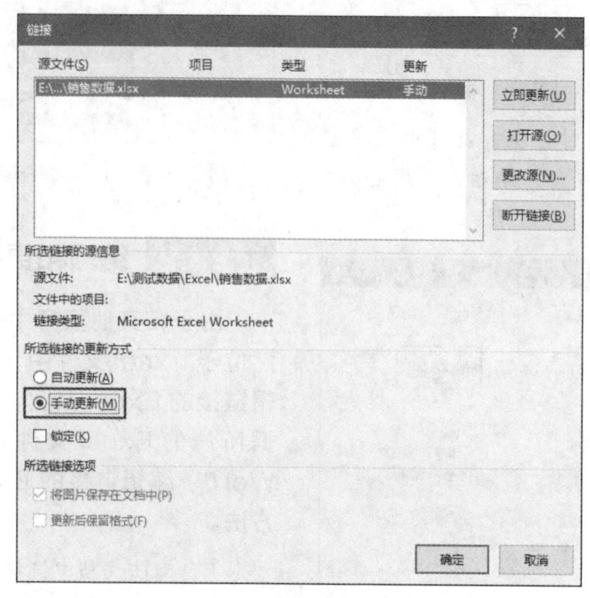

图 20-46　选中【手动更新】单选按钮

如果链接的 Excel 数据的源文件更改了名称或位置，为了确保在其他程序中可以正确找到链接数据的源文件，则需要在【链接】对话框中单击【更改源】按钮，然后选择链接数据所属的源文件。单击【断开链接】按钮将断开链接数据与其源文件之间的关联。

20.3.3 在其他程序中嵌入 Excel 数据

除了可以在其他程序中链接 Excel 数据外，还可以将 Excel 数据嵌入其他程序中。嵌入后的 Excel 数据将与其所属的源文件彻底断开，并成为其他程序文件中的一部分，因此在其他程序中嵌入 Excel 数据会增加文件的大小。由于嵌入的 Excel 数据与其源文件已经断开，修改源文件不会对嵌入其他程序中的 Excel 数据产生任何影响。

在其他程序中嵌入 Excel 数据的方法与链接 Excel 数据基本相同，唯一区别是在【对象】对话框中不需要选中【链接到文件】复选框，这样即可在其他程序文件中嵌入 Excel 数据。

除了可以嵌入已有的 Excel 文件中的数据外，还可以嵌入新的 Excel 文件，只需在【对象】对话框的【新建】选项卡的【对象类型】列表框中选择要嵌入的对象类型。例如，嵌入 Excel 工作簿需要选择【Microsoft Excel Worksheet】选项，如图 20-47 所示。单击【确定】按钮，将在其他程序中嵌入一个新建的 Excel 工作簿，其中包含一张空白的工作表，如图 20-48 所示。

无论在其他程序中嵌入的是已有文件的数据还是新建的文件，都可以使用以下两种方法编辑嵌入的 Excel 对象。

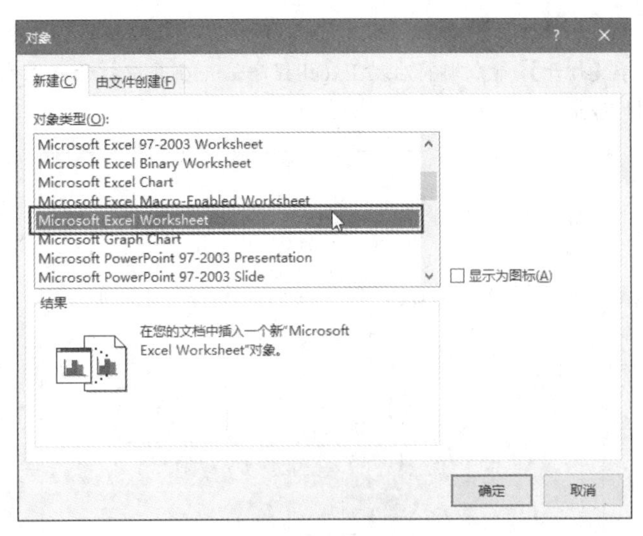

图 20-47 选择嵌入的对象类型

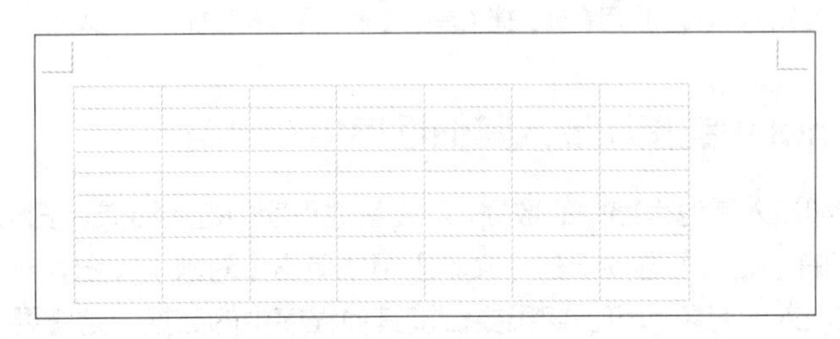

图 20-48 在文档中嵌入新建的 Excel 工作簿

◉ 双击文档中的嵌入对象，将使用 Excel 界面代替文档本身的程序界面（如 Word），如图 20-49 所示。编辑完成后，单击嵌入的 Excel 数据以外的区域，即可退出编辑状态，界面会自动恢复为原程序界面。

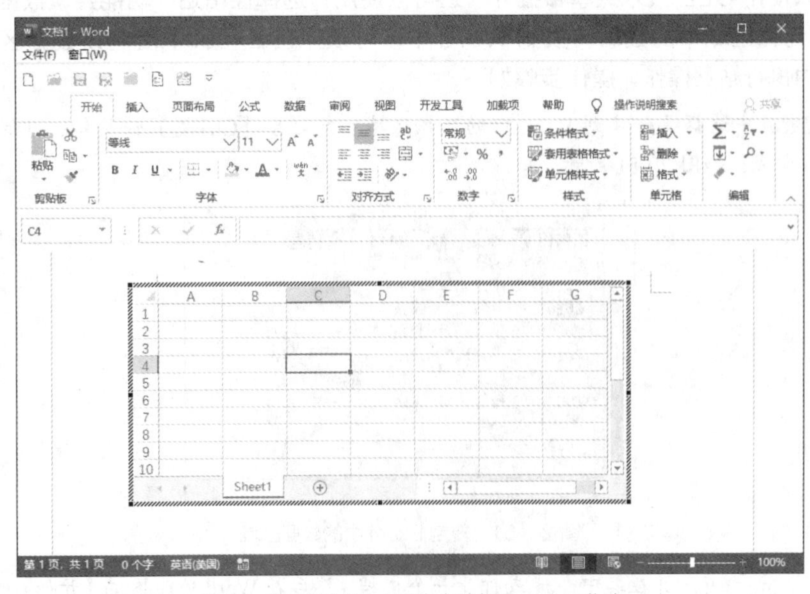

图 20-49 在 Word 程序中编辑 Excel 工作表

◉ 右击文档中嵌入的 Excel 数据，在弹出的菜单中选择【“Worksheet”对象】命令，然后在其子菜单中选择【编辑】或【打开】命令，如图 20-50 所示。选择【编辑】命令的效果与第一种方法实现的效果相同；选择【打开】命令则将启动 Excel 程序，并在其中打开嵌入的 Excel 数据，这相当于在 Excel 程序中编辑 Excel 数据。

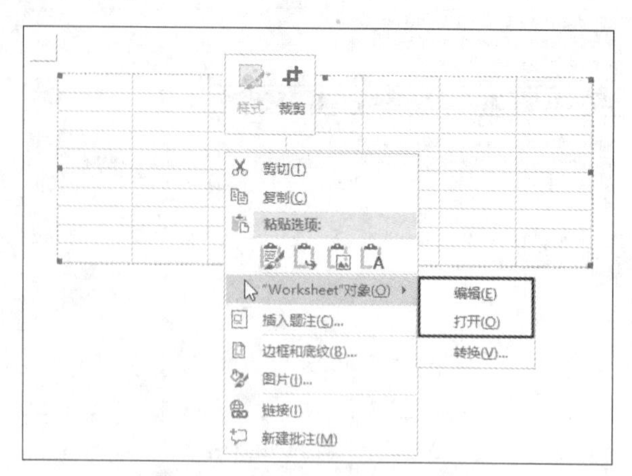

图 20-50　使用右键快捷菜单中的命令编辑嵌入的 Excel 数据

20.3.4 在 Excel 中链接和嵌入其他程序中的数据

在 Excel 中链接和嵌入其他程序中的数据，与在其他程序中链接和嵌入 Excel 数据的方法类似，只需在 Excel 功能区的【插入】选项卡的【文本】组中单击【对象】按钮，然后在打开的【对象】对话框中选择链接或嵌入的对象即可。如果要链接其他程序中的数据，则需要在该对话框中的【由文件创建】选项卡中选中【链接到文件】复选框。

20.3.5 使用“选择性粘贴”在程序之间共享数据

除了可以使用 OLE 技术共享数据外，还可以使用“选择性粘贴”功能共享数据。例如，要将 Excel 单元格区域中的数据转换到 Word 中，可以先在 Excel 中复制该数据区域，然后在 Word 文档中执行粘贴操作，操作步骤如下。

(1) 在 Excel 中选择要转换到 Word 中的数据区域，然后按【Ctrl+C】快捷键，此时在数据区域的四周将显示虚线，如图 20-51 所示。

	A	B	C	D	E
1	销售日期	商品名称	类别	销量	
2	2020/7/6	蓝莓	果蔬	19	
3	2020/7/6	果汁	饮料	25	
4	2020/7/7	蓝莓	果蔬	9	
5	2020/7/8	苹果	果蔬	11	
6	2020/7/8	猕猴桃	果蔬	25	
7	2020/7/6	可乐	饮料	10	
8	2020/7/7	猕猴桃	果蔬	28	
9	2020/7/6	冰红茶	饮料	15	
10	2020/7/8	果汁	饮料	11	
11	2020/7/6	猕猴桃	果蔬	17	
12					

图 20-51　复制 Excel 中的数据区域

(2) 启动 Word 程序，并在其中新建或打开一个文档，然后在 Word 功能区的【开始】选项卡的【剪贴板】组中单击【粘贴】按钮上的下拉按钮，然后在弹出的菜单中选择【选择性粘贴】命令，如图 20-52 所示。

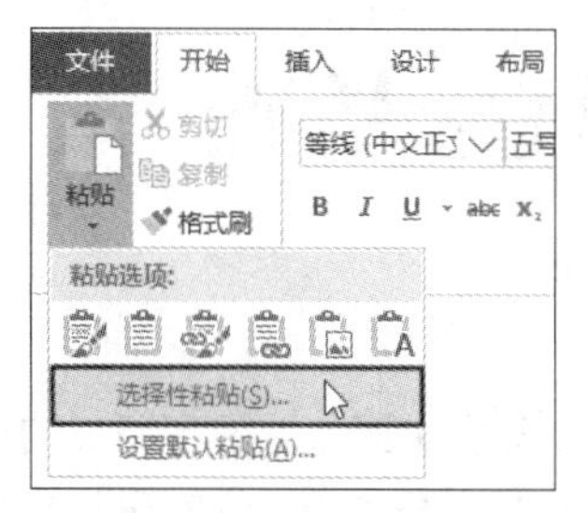

图 20-52 选择【选择性粘贴】命令

（3）打开【选择性粘贴】对话框，在【形式】列表框中选择要将 Excel 数据以哪种形式粘贴到 Word 文档中，如图 20-53 所示。如果要将数据粘贴为静态的，则选中【粘贴】单选按钮；如果选中【粘贴链接】单选按钮，则会将数据以链接的形式粘贴到 Word 中。

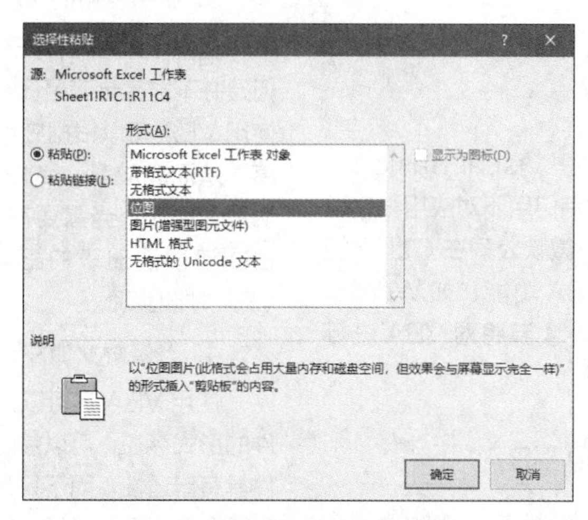

图 20-53 选择粘贴数据的方式

（4）设置完成后，单击【确定】按钮，将复制的 Excel 数据以指定的方式粘贴到 Word 中。图 20-54 所示为以位图的形式将 Excel 数据粘贴到 Word 文档中。

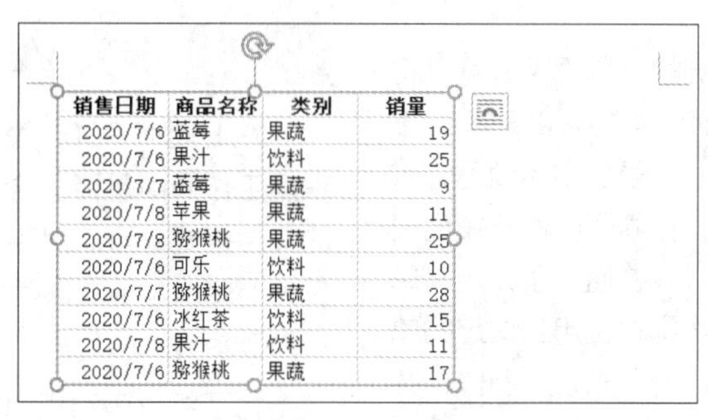

销售日期	商品名称	类别	销量
2020/7/6	蓝莓	果蔬	19
2020/7/6	果汁	饮料	25
2020/7/7	蓝莓	果蔬	9
2020/7/8	苹果	果蔬	11
2020/7/8	猕猴桃	果蔬	25
2020/7/6	可乐	饮料	10
2020/7/7	猕猴桃	果蔬	28
2020/7/6	冰红茶	饮料	15
2020/7/8	果汁	饮料	11
2020/7/6	猕猴桃	果蔬	17

图 20-54 以位图形式将 Excel 数据粘贴到 Word 文档中

第21章 宏和VBA基础

从本章开始，将介绍在Excel中编写VBA代码实现操作自动化的相关内容。本章首先对VBA进行简要介绍，然后介绍录制和使用宏的方法，最后介绍VBA语言元素和语法知识，它们是顺利编写VBA代码的基础。

21.1 VBA简介

VBA的全称是Visual Basic for Applications，它是一种专门用于对应用程序进行二次开发的编程工具。微软公司在Office的很多组件中都提供了VBA功能，如Word、Excel、PowerPoint等。本节将对VBA进行简要介绍。

21.1.1 为什么使用VBA

虽然Excel已经提供了极其丰富的功能，可以满足很多应用需求，但是仍然有很多理由和场合需要使用VBA。

1. 批量完成任务

使用VBA或者录制宏的一个原因是可以将多步操作简化为一步。例如，可能需要对单元格设置多种格式，包括字体、字号、字体颜色、数字格式等。常规方法是在操作界面中逐一找到设置项并依次设置这些格式，或者通过预先定义单元格样式，然后再一次性将样式应用到指定的单元格中。使用VBA可以瞬间完成以上操作，并可重复使用，便捷高效。

对于需要输入复杂公式的情况，可以通过使用VBA编写自定义函数来简化公式的输入，即使是对函数语法不熟悉的用户，也可以轻松使用自定义函数完成数据的计算任务。

2. 轻松处理专业数据

很多普通用户可能很难使用Excel处理自己不擅长的专业领域中的数据。通过使用VBA预先编制数据处理和分析程序，或者更复杂的人事管理系统、财务管理系统等专业化程序，非专业人员即可轻松地处理专业数据，而无须浪费时间学习专业知识。

3. 扩展程序的功能

虽然Excel自身已经提供了丰富的功能，但是并不能完全满足日新月异的应用需求。用户使用VBA可以根据应用需求编写量身定制的程序，从而完成Excel内置功能无法实现的特定功能。例如，当需要在Excel中操作Word文档或读取注册表的配置信息时，就必须借助VBA才能实现。

4. 开发专业插件

使用VBA还可以开发专业插件。插件以文件的形式存在，可以被多个用户安装和使用。插件具有普适性，而不只是针对某个特定用户。由于需要考虑插件通用性的问题，因此开发插件比编写针对单一用户或单一功能的VBA程序要复杂得多。

21.1.2 支持VBA的文件格式

在Excel 2007及更高版本的Excel中，根据工作簿中是否包含VBA代码而使用了不同的文件格式：可以保存VBA代码的文件的扩展名为.xlsm，不能保存VBA代码的文件的扩展名为.xlsx。

为了将VBA代码保存在工作簿中，需要在保存工作簿时选择支持VBA代码的文件格式。如果在已经保存为不支持VBA代码的工作簿中存储了VBA代码，在保存该工作簿时将显示图21-1所示的对话框，此时必须单击【否】按钮，然后选择名称中带有“启用宏”3个字的文件类型，或选择Excel 97-2003格式的文件，才能将VBA代码保存在工作簿中。

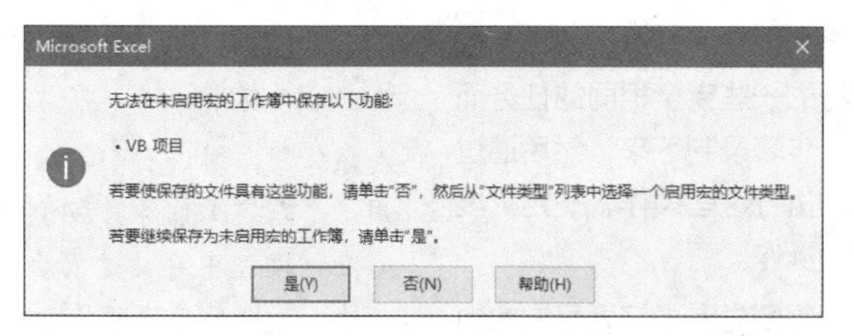

图 21-1 保存不支持 VBA 代码的工作簿时显示的提示信息

21.1.3 允许或禁止运行 VBA 代码

为了避免工作簿受到安全威胁，Excel 默认禁止用户运行工作簿中包含的 VBA 代码，但是为用户提供了运行 VBA 代码的控制选项。为了便于访问 VBA 相关的设置选项和编写 VBA 代码，需要在功能区中添加【开发工具】选项卡，自定义功能区的方法请参考本书第 1 章。添加到功能区中的【开发工具】选项卡如图 21-2 所示。

图 21-2 【开发工具】选项卡

如果始终都允许运行任何工作簿中的 VBA 代码，则需要对"宏安全性"进行设置。在功能区的【开发工具】选项卡的【代码】组中单击【宏安全性】按钮，打开【信任中心】对话框中的【宏设置】选项卡，在右侧选中【启用所有宏（不推荐；可能会运行有潜在危险的代码）】单选按钮，然后单击【确定】按钮，如图 21-3 所示。

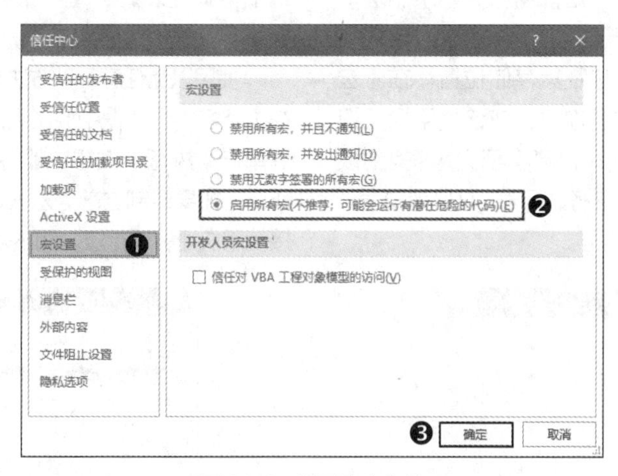

图 21-3 设置宏安全性

21.2 录制和使用宏

宏是指在 Excel 工作簿中通过录制用户的操作步骤而自动生成的一组 VBA 代码。由于录制的是完成特定任务的操作步骤，因此宏通常只适用于特定的某个任务，不具有通用性。宏还包含一些不必要的冗余代码，会降低程序的运行效率。但是对每天需要重复执行的一些完全相同的任务而言，可以将相同的操作步骤录制下来，然后通过播放录制后的宏来自动执行这些操作，一定程度上减少了重复性的手动操作。

在开始录制之前，需要先考虑好要录制的内容及操作次序，并完成整个操作过程。如果在录制过程中出现错误，错误的操作将被记录到宏中，以后播放宏时就会包含误操作而影响宏的执行效率。

录制宏的操作从【录制宏】对话框开始，在该对话框中需要为宏设置相关信息，包括宏的名称、运行宏时的快捷键、宏的存储位置、宏的说明信息等，其中的一些信息是可选的。打开【录制宏】对话框有以下几种方法。

◉ 单击 Excel 窗口底部状态栏左侧的【录制宏】按钮。如果没有显示该按钮，可以右击状态栏并从弹出的菜单中选择【宏录制】命令。

◉ 在功能区的【开发工具】选项卡的【代码】组中单击【录制宏】按钮。

◉ 在功能区的【视图】选项卡的【宏】组中单击【宏】按钮上的下拉按钮，然后在弹出的菜单中选择【录制宏】命令。

使用以上任意一种方法都将打开【录制宏】对话框，如图 21-4 所示。【录制宏】对话框中最主要的设置是宏的名称及其存储位置。在【宏名】文本框中输入宏的名称时，应该使用易于识别的名称，以便当存在多个宏时可以快速找到该宏。其名称中不能包含空格、问号、叹号等符号，而且不能超过 255 个字符。

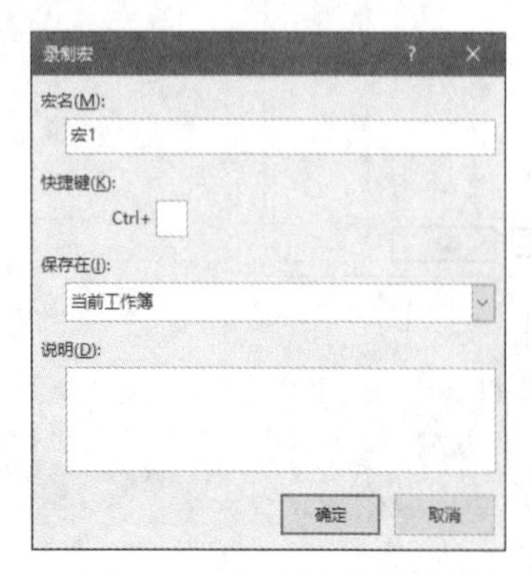

图 21-4 【录制宏】对话框

在【保存在】下拉列表中可以选择保存宏的 3 个位置。

◉ 个人宏工作簿：如果将录制的宏存储在该位置，则该宏可以在任何打开的工作簿中使用。个人宏工作簿对应于 Personal.xlsb 文件，只有在该文件中存储过宏后，该文件才会被 Excel 创建，否则处于隐藏状态。

◉ 当前工作簿：如果将录制的宏存储在该位置，则只能在当前工作簿中使用该宏。

◉ 新工作簿：如果选择该位置，将新建一个工作簿并将录制的宏存储在其中。

【录制宏】对话框中的快捷键和说明信息是可选项，可以根据需要进行设置。完成所有设置后，单击【确定】按钮开始录制宏。Excel 窗口状态栏左侧的【录制宏】按钮变为【停止录制】按钮，功能区的【开发工具】选项卡的【代码】组中的【录制宏】按钮也变为【停止录制】按钮。录制完成后，单击【停止录制】按钮停止并结束录制。

在 Excel 中需要使用【宏】对话框来运行录制好的宏，打开该对话框有以下几种方法。

◉ 在功能区的【开发工具】选项卡的【代码】组中单击【宏】按钮。

◉ 在功能区的【视图】选项卡的【宏】组中单击【宏】⇨【查看宏】按钮。

◉ 按【Alt+F8】快捷键。

使用以上任意一种方法都将打开【宏】对话框，在【宏名】列表框中双击要运行的宏，或者选择宏后单击【执行】按钮，都将运行该宏，如图 21-5 所示。如果录制之前为宏设置了快捷键，则可以直接使用快捷键运行宏，而不必打开【宏】对话框。

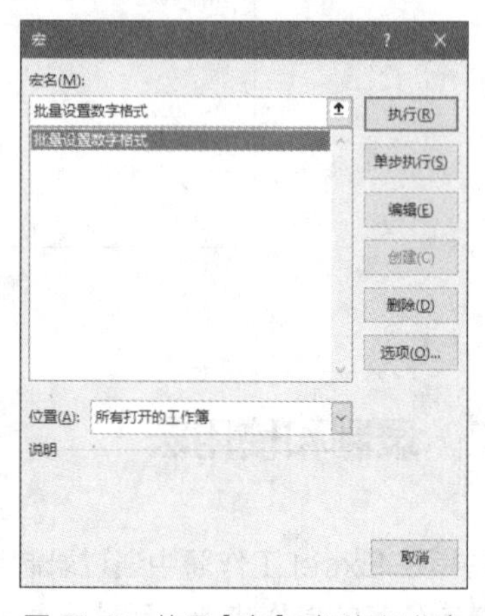

图 21-5 使用【宏】对话框运行宏

21.3 VBA 编程基础

本节将介绍 VBA 编程的语言元素和语法，以及对象模型和编程操作对象的基本方法，它们是编写出正确的 VBA 代码的基础。

21.3.1 编写 VBA 代码的界面环境

VBE 是 Visual Basic Editor 的简称，也可以将其称为 Visual Basic 集成开发环境（VBIDE，Visual Basic Integrated Design Environment），VBE 为 VBA 代码的编写、修改、调试等操作提供了专门的界面环境和工具。打开 VBE 窗口有以下两种方法。

- 在功能区的【开发工具】选项卡的【代码】组中单击【Visual Basic】按钮。
- 按【Alt+F11】快捷键。

打开的 VBE 窗口如图 21-6 所示，VBE 窗口由工程资源管理器、【属性】窗口和代码窗口等部分组成。根据用户个人设置的不同，某些部分可能并未显示在 VBE 窗口中，可以使用【视图】菜单中的命令设置各个部分的显示状态。

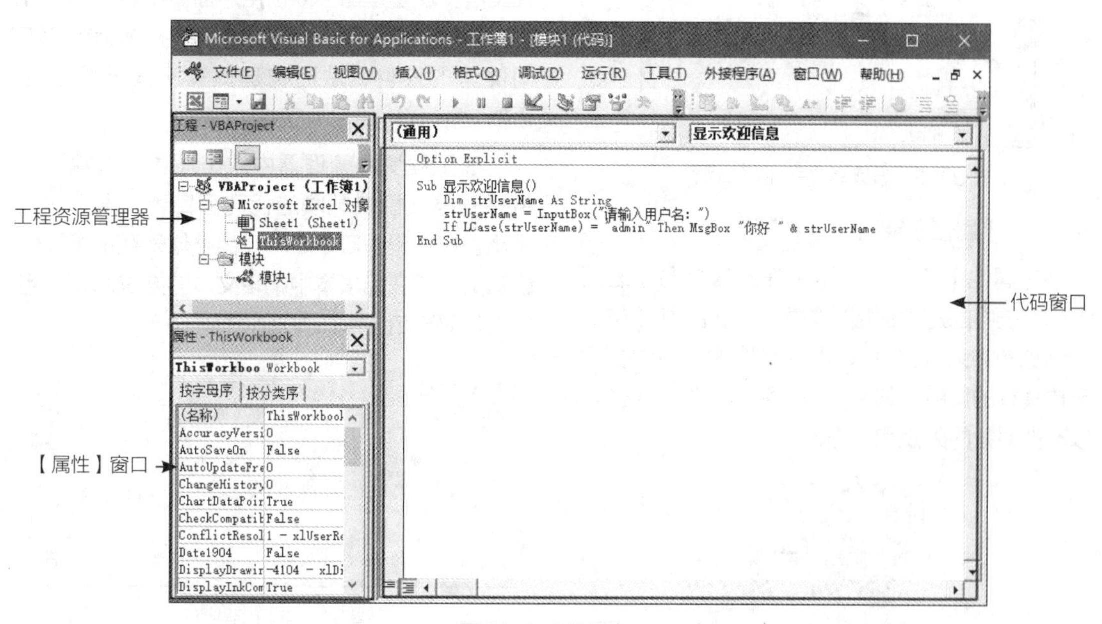

图 21-6　VBE 窗口

1. 工程资源管理器

工程资源管理器是 VBE 窗口中的导航工具，其中列出了在 Excel 中打开的所有工作簿及其包含的组件，如图 21-7 所示。当前打开的每一个工作簿都有一个对应的工程，每个工程由一个或多个同类型或不同类型的模块组成，每个模块包含一个或多个 Sub 或 Function 过程，每个过程由行数不等的 VBA 代码组成。

录制的宏会自动在工程中创建名为“模块 1”的模块，其中包含录制宏后生成的 VBA 代码。用户可以在工程中添加不同类型的模块，包括标准模块、类模块和用户窗体模块。右击工程中的某个模块，在弹出的菜单中可以执行与该模块相关的操作命令，包括添加新模块、导出 / 导入模块、删除模块等，如图 21-8 所示。

图 21-7　工程资源管理器

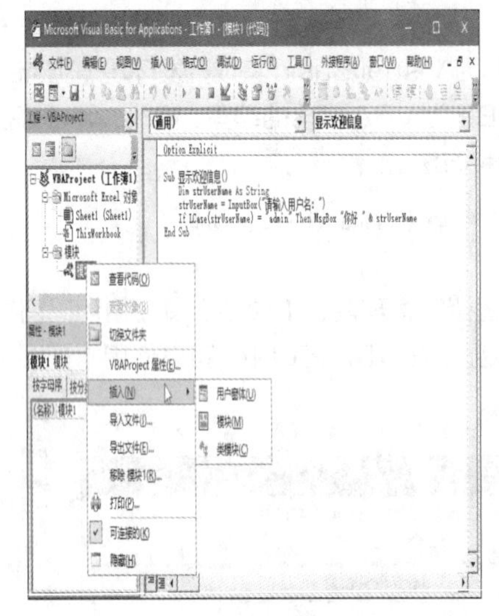

图 21-8　与模块有关的操作命令

2. 【属性】窗口

【属性】窗口中显示了在工程资源管理器中当前选中的对象的相关属性。例如，如果选择 ThisWorkbook 模块，则【属性】窗口中会显示该模块的属性，如图 21-9 所示。设置属性可以改变对象的外观和状态。

图 21-9　【属性】窗口

3. 代码窗口

录制的宏和编写的 VBA 代码都位于代码模块中。VBA 包含标准模块和类模块两种类型的代码模块，如图 21-10 所示。标准模块中的代码可以在 Excel 中的任何地方运行，类模块主要用于创建对象和捕获应用程序级事件。

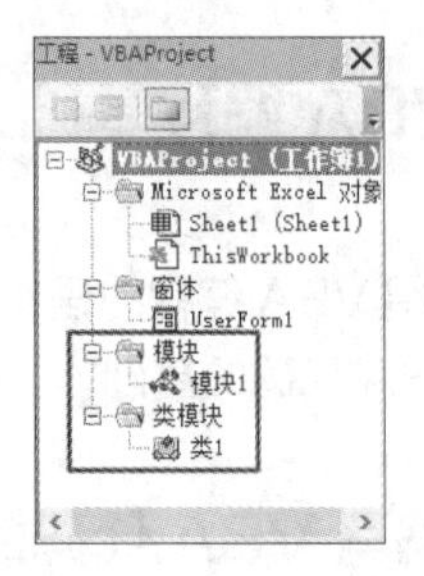

图 21-10　VBA 中的代码模块

工程中默认包含一个或多个与工作簿和工作表有关的类模块。例如，Sheet 模块对应于工作簿中的工作表，可能有 Sheet1、Sheet2 等，ThisWorkBook 模块对应于工作簿。

除了标准模块和类模块外，工程中还可以包含用户窗体模块。与只包含代码的标准模块和类模块不同，用户窗体模块具有图形设计界面。在工程资源管理器中双击用户窗体模块，将打开用户窗体的设计窗口，可以在用户窗体上放置不同类型的控件，从而构建具有不同外观的对话框。

在工程资源管理器中双击任意一个模块，将打开与该模块关联的代码窗口，如图 21-11 所示。在代码窗口中编写代码类似于在记事本中编辑文本，在记事本中编辑文本的方法同样适用于在代码窗口中编辑 VBA 代码。

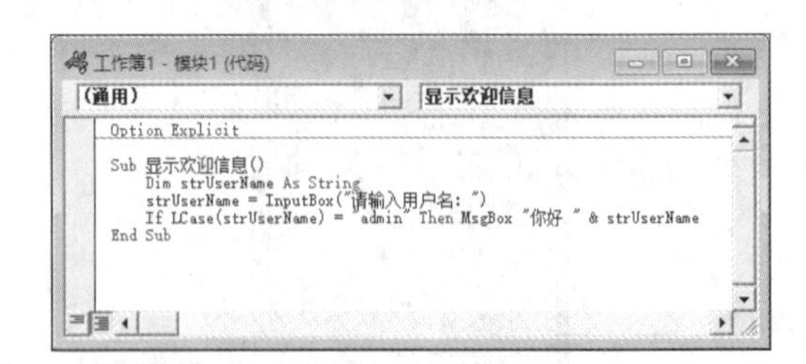

图 21-11　代码窗口

过程是一组 VBA 代码的逻辑组织单元，一个代码模块可以包含任意数量的过程，每个过程用于完成特定的任务。在 VBA 中运行程序是指运行过程中的 VBA 代码，模块只是存储和组织过程的容器，模块是不能被运行的。

VBA 中的过程主要有 3 种：Sub 过程（子过程）、Function 过程（函数过程）、事件过程。录制宏时 Excel 会自动创建不包含参数的 Sub 过程。如果想要创建包含参数的 Sub 过程和其他过程，则用户需要手动编写 VBA 代码。

要运行代码窗口中的某个过程，需要单击过程代码的区域，然后单击 VBE 窗口的【标准】工具栏中的【运行子过程 / 用户窗体】按钮，或按【F5】键，如图 21-12 所示。

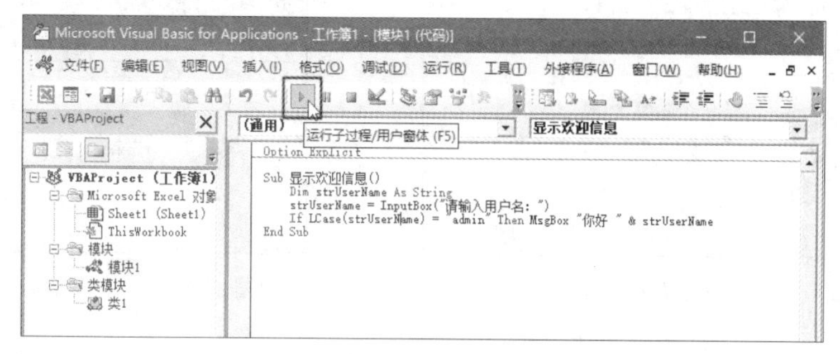

图 21-12　单击【运行子过程 / 用户窗体】按钮

21.3.2 VBA 程序的基本结构

一个可以正常运行的 VBA 程序由一个或多个过程组成，过程可以是 Sub 过程、Function 过程或事件过程。可以直接运行的过程不能包含参数，包含参数的过程只能被其他过程调用。

一个 VBA 程序由过程框架和主代码组成。过程框架定义了过程的类型、名称和作用范围，由过程的第一条语句和最后一条语句组成，不同类型的过程具有不同的过程框架。下面是 Sub 过程的过程框架，它以 Sub 关键字开头，其后跟过程的名称，过程的最后以 End Sub 结尾。

```
Sub 过程名 ()

End Sub
```

使用 Function 关键字替换上面的 Sub 关键字，将得到 Function 过程的框架，如下所示。

```
Function 过程名 ()

End Function
```

交叉参考 关于 Sub 过程和 Function 过程语法结构的更多内容，请参考 21.3.5 小节。

用于实现程序具体功能的 VBA 代码位于过程框架中。下面的 Sub 过程包含 3 行代码，除了作为程序框架的第 1 行代码和最后一行代码外，第 2 行代码是实现程序功能的主代码。

```
Sub 测试 ()
    MsgBox "这是一个测试！ "
End Sub
```

除了程序框架和主代码外，一个 VBA 程序可能还包含以下几种元素。

◉ 注释。注释是说明性信息，代码运行时会自动忽略注释部分。要添加注释，可以先输入一个单引号，再输入注释内容。也可以选中要转换为注释的内容，然后单击【编辑】工具栏中的【设置注释块】按钮。注释的默认字体颜色是绿色。删除注释开头的单引号，或者单击【编辑】工具栏中的【解除注释块】按钮，可以取消注释。

◉ 缩进格式。在编写代码时使用适当的缩进格式，可以使代码结构清晰、易于理解。上面的代码就是一个包含简单缩进格式的例子，第 2 行代码与其他两行相比，向右侧缩进了 4 个空格的距离。可以设置每次按【Tab】键向右缩进的距离，选择菜单栏中的【工具】⇨【选项】命令，打开【选项】对话框，在【编辑器】选项卡中设置【Tab 宽度】的值，如图 21-13 所示。

◉ 长代码换行。当一行代码太长而无法完整显示在窗口的可见区域内时，可以使用续行符将长代码换行显示。在一行代码的某个位置输入一个空格和一条下划线，按【Enter】键后将自动插入一个不可见的续行标记，该标记之后的代码会被移入下一行，如图 21-14 所示。

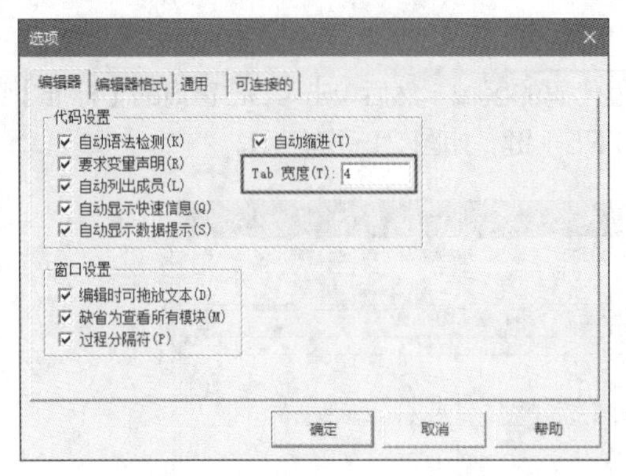

图 21-13　设置缩进的默认距离

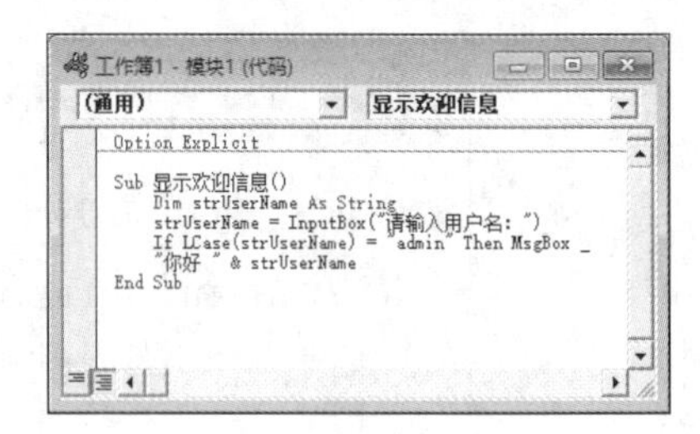

图 21-14　将长代码换行显示

21.3.3 变量、常量和数据类型

在 VBA 程序中可以使用变量和常量存储数据，程序运行期间存储在变量中的数据可以改变，但是存储在常量中的数据不能改变。数据有多种不同的类型，如整数“100”、小数“1.6”、中文字符“技术大全”、英文字符“VBA”、日期“2020 年 6 月”、逻辑值“True”和“False”等。计算机以不同的方式存储不同类型的数据，不同类型的数据占用不同大小的内存空间。表 21-1 所示为 VBA 支持的数据类型、取值范围和占用的内存空间。

表 21-1　VBA 支持的数据类型、取值范围和占用的内存空间

数据类型	取值范围	占用的内存空间
Boolean	True 或 False	2 字节
Byte	0 ~ 255	1 字节
Currency	-922337203685477.5808 ~ 922337203685477.5807	8 字节
Date	100 年 1 月 1 日 ~ 9999 年 12 月 31 日	8 字节
Integer	-32768 ~ 32767	2 字节
Long	-2147483648 ~ 2147483647	4 字节
Single	负数：-3.402823E38 ~ -1.401298E-45 正数：1.401298E-45 ~ 3.402823E38	4 字节
Double	负数：-1.79769313486232E308 ~ -4.49065645841247E-324 正数：4.49065645841247E-324 ~ 1.79769313486232E308	8 字节
String（定长）	1 ~ 65400 个字符	字符串的长度
String（变长）	0 ~ 20 亿个字符	10 字节 + 字符串长度
Object	任何对象的引用	4 字节
Variant（字符型）	与变长字符串的范围相同	22 字节 + 字符串长度
Variant（数字型）	与 Double 的范围相同	16 字节
用户自定义类型	各组成部分的取值范围	各部分空间总和

由于可以将数据存储在变量和常量中，因此变量和常量也具有相应的数据类型。上表中的第 1 列是数据类型的名称，它们是 VBA 中的关键字，如果要将变量和常量声明为特定的数据类型，可以使用这些关键字。关键字用于标识 VBA 中的特定语言元素，如语句名、函数名、运算符等。

使用常量前必须先使用 Const 关键字进行声明并为常量赋值。下面的代码声明了一个名为的 AppName 常量，并将“人事管理系统”字符串赋值给该常量。

```
Const AppName As String = "人事管理系统"
```

与常量不同，变量在使用前可以不声明而直接使用，也可以先声明再使用。如果不声明变量而直接在程序中使用，变量的数据类型默认为Variant。具有这种数据类型的变量可以存储任何类型的数据，但是会占用更多的内存空间，从而降低程序的运行效率。

如果预先知道要在变量中存储的数据的类型，应该在使用该变量前先将其声明为相应的数据类型，从而让数据存储在与其匹配的具有适当内存大小的变量中，而不浪费额外的内存空间，并提高程序的运行效率。

可以使用以下两种方法强制在使用变量前对其进行声明。第一种方法对工程中已存在的模块无效，此时必须手动将 Option Explicit 语句添加到已存在的每个模块顶部的声明区域。模块中的声明区域位于模块中所有过程的最上方。

◉ 在VBE窗口中选择菜单栏中的【工具】⇨【选项】命令，打开【选项】对话框，在【编辑器】选项卡中选中【要求变量声明】复选框，如图21-15所示。

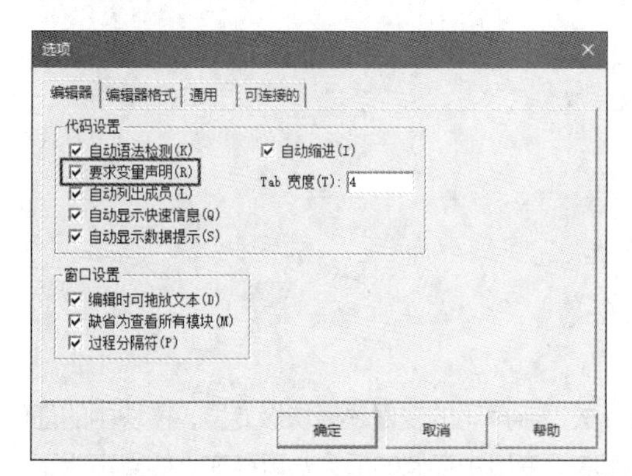

图21-15 选中【要求变量声明】复选框

◉ 将 Option Explicit 语句放置在模块顶部的声明区域。

通常使用 Dim 关键字声明变量。下面的代码声明了一个名为 strUserName 的变量，该变量的数据类型是 String，用于存储用户名。

```
Dim strUserName As String
```

可以在一行中声明多个变量，各变量之间使用英文半角逗号分隔，并为每个变量分别指定数据类型。下面的代码在一行中声明了两个 String 数据类型的变量。

```
Dim strUserName As String, strFileName As String
```

如果在声明变量时没有使用 As 关键字指明数据类型，则变量的数据类型默认为 Vaiant。除了可以使用 Dim 关键字声明变量外，还可以使用 Public、Private 和 Static 关键字声明变量，它们之间的主要区别在于所声明的变量具有不同的作用域和生存期。关于作用域和生存期的更多内容请参考 21.3.4 小节。

声明变量后，只有将数据存储到变量中，变量才具有实际意义。将数据存储到变量的过程称为“赋值”。在为变量赋值时，需要先输入这个变量的名称，然后输入一个等号，再在等号右侧输入要赋值的数据。下面的代码将“第一季度”赋值给 strFileName 变量。

```
strFileName = "第一季度"
```

声明变量和常量时需要为它们指定名称。为了便于通过名称快速了解变量和常量的用途，应该使用有意义的名称为变量和常量命名。并不是所有内容都可以作为变量和常量的名称，在命名时需要遵守以下规则。

◉ 变量名和常量名不能与 VBA 中的关键字相同。

◉ 变量名和常量名的第一个字符必须使用英文字母或汉字。

◉ 可以在变量名和常量名中使用数字和下划线，但是不能使用空格、句点、叹号等。

◉ 变量名和常量名的长度不能超过 255 个字符。

为了让变量的数据类型清晰明了，可以在声明变量时使用表示数据类型的字符作为变量名的前缀。这样用户在代码中可以通过前缀快速了解变量的数据类型。表21-2所示为常用的前缀及其对应的数据类型。

表21-2 表示数据类型的前缀

前缀	数据类型	前缀	数据类型
str	String	byt	Byte
int	Integer	dat	Date
lng	Long	cur	Currency
sng	Single	dec	Decimal
dbl	Double	var	Variant
bln	Boolean	udf	用户自定义类型

21.3.4 变量的作用域和生存期

声明变量的位置和方式决定了变量的使用范围，以及其中存储的值的保存期限。变量的使用范围称为变量的作用域，变量中的值的保存期限称为变量的生存期。变量的作用域分为过程级、模块级、工程级 3 种，变量的生存期与作用域紧密相关。

1. 过程级变量

过程级变量是指在过程内部声明的变量，这些变量只能在它们所在的过程内部使用。可以使用 Dim 或 Static 关键字声明过程级变量。在不同的过程中可以声明名称相同的过程级变量，各个过程中的同名变量彼此互不影响。过程运行结束后，过程级变量中存储的值会被清空并恢复为变量的初始值。

下面的代码说明了过程级变量的声明方式，以及在过程运行期间变量中存储的数据的变化情况。代码中的两个过程都包含名为 intSum 的变量，运行第一个过程时，对话框中显示 intSum 变量的值为 1，运行第二个过程时，对话框中显示 intSum 变量的值为 10。这两个过程无论运行多少次，两个变量的值始终都是 1 和 10。这是因为过程级变量中的值仅在过程运行期间有效，一旦过程运行结束，过程级变量中的值就会消失。每次重新运行过程时都会将过程级变量的值设置为与其数据类型对应的初始值。本例中变量的数据类型是 Integer，其初始值为 0，所以两个过程每次的运行结果都是 1 和 10。

```
Sub 过程级变量 ()
    Dim intSum As Integer
    intSum = intSum + 1
    MsgBox intSum
End Sub

Sub 过程级变量 2()
    Dim intSum As Integer
    intSum = intSum + 10
    MsgBox intSum
End Sub
```

2. 模块级变量

在模块顶部的声明区域使用 Dim、Static 或 Private 关键字声明的变量是模块级变量，模块中的任何一个过程都可以使用模块级变量。只要不关闭工作簿，模块级变量中存储的值会一直存在。如果声明了一个模块级变量，同时在该模块中的某个过程内还声明了一个同名的过程级变量，该过程只会使用过程级变量，而忽略同名的模块级变量。

下面的代码声明了一个模块级变量 intSum，模块中的两个过程都可以使用该变量。运行第一个过程后，intSum 变量的值为 1。由于 intSum 变量是模块级的，因此在运行第二个过程时将使用该变量的当前值 1 作为初始值，而不是 0。第二个过程运行结束时，intSum 变量的值变为 11。

```
Option Explicit
Dim intSum As Integer

Sub 模块级变量 ()
    intSum = intSum + 1
```

```
    MsgBox intSum
End Sub

Sub 模块级变量2()
    intSum = intSum + 10
    MsgBox intSum
End Sub
```

如果希望让过程级变量具有模块级变量的生存期，需要在过程内部使用 Static 关键字声明过程级变量。

3. 工程级变量

如果想让变量可以被当前工程的所有模块中的所有过程使用，则需要在模块顶部的声明区域使用 Public 关键字声明变量。工程级变量中存储的值在工作簿打开期间始终可用。

通常应该在 VBA 的标准模块中声明工程级变量。如果在工作簿模块或工作表模块顶部的声明区域使用 Public 关键字声明工程级变量，在其他模块中使用该变量时，需要在变量前添加工作簿或工作表对象名称的限定信息。下面的代码在 ThisWorkbook 模块顶部的声明区域声明了一个工程级变量。

```
Public strAppName As String
```

当在其他模块中使用该变量时，需要为其添加 ThisWorkbook 的限定信息，如下所示。

```
ThisWorkbook.strAppName = "人事管理系统"
```

21.3.5 Sub 过程和 Function 过程

过程是 VBA 程序的最小组织单元，使用过程主要是为了简化代码的复杂程度。当需要在一个程序中完成多个任务时，将用于完成不同单一任务的代码分别组织到多个独立的过程中，比在一个过程中包含完成所有任务的代码更容易编写、调试和修改。

除了要在过程中放置用于完成具体任务的 VBA 代码外，还有一些代码需要放置到模块顶部的声明区域，如模块级变量的声明、Option Base 语句等。

1. 创建过程

过程可以是 Sub 过程、Function 过程或事件过程，无论哪种类型的过程，都由以下两部分组成。

- 过程框架：过程框架由过程的开始语句和结束语句组成，开始语句中定义了过程的类型、名称、参数、作用域，结束语句作为一个过程结束的边界限定信息。
- 实现具体功能的代码：用于完成特定任务或实现特定功能的 VBA 代码。

下面列出了创建 Sub 过程和 Function 过程的语法结构，这两种过程的语法结构类似，主要体现在声明方式、调用方式、过程包含的参数声明和传递方式等方面，但是它们之间存在以下两个区别。

- 由于 Function 过程可以有返回值，因此可以在 Function 过程框架的开始语句中使用 As 关键字指定返回值的数据类型，而在创建 Sub 过程时不需要为其指定数据类型。
- 为了通过 Function 过程名返回过程的运行结果，必须在 Function 过程中包含将运行结果赋值给 Function 过程名的代码，而在 Sub 过程中则不需要这样的代码。如果没有为 Function 过程名使用赋值语句进行赋值，则 Function 过程没有返回值。

Sub 过程的语法结构如下。

```
[Private | Public] [Static] Sub name [(arglist)]
    [statements]
    [Exit Sub]
    [statements]
End Sub
```

Function 过程的语法结构如下。

```
[Public | Private] [Static] Function name [(arglist)] [As type]
    [statements]
    [name = expression]
    [Exit Function]
    [statements]
    [name = expression]
End Function
```

Sub 过程和 Function 过程的语法结构中包含的各部分的说明如下。

- Private：可选，表示声明的是一个私有的 Sub 过程或 Function 过程，只有在该过程所在的模块中的其他过程可以访问该过程，其他模块中的过程无法访问该过程。
- Public：可选，表示声明的是一个公共的 Sub 过程或 Function 过程，所有模块中的所有其他过程都可以访问该过程。如果在包含 Option Private Module 语句的模块中声明了该过程，即使该过程使用了 Public 关键字，也仍然会变为私有过程。
- Static：可选，在 Sub 过程或 Function 过程运行结束后，过程中变量所具有的值会被保留下来。
- Sub：必选，表示 Sub 过程的开始。
- Function：必选，表示 Function 过程的开始。
- name：必选，Sub 过程或 Function 过程的名称，与变量的命名规则相同。
- arglist：可选，在一对圆括号中可以包含一个或多个参数，这些参数用于向 Sub 过程或 Function 过程传递数据以供过程处理，多个参数之间以英文半角逗号分隔。如果过程不包含任何参数，则必须保留一对空括号。
- type：可选，Function 过程返回值的数据类型。
- statements：可选，Sub 过程中包含的 VBA 代码。
- expression：可选，Function 过程的返回值。
- Exit Sub：可选，中途退出 Sub 过程。
- Exit Function：可选，中途退出 Function 过程。
- End Sub：必选，表示 Sub 过程的结束。
- End Function：必选，表示 Function 过程的结束。

下面是一个 Sub 过程的示例，除了过程框架外，该过程只有一行代码，运行该过程后对话框中将显示 Excel 程序的用户名。

```
Sub 显示用户名 ()
    MsgBox Application.UserName
End Sub
```

下面是一个 Function 过程的示例，用于计算数字的平方根。该过程包含一个参数 number，表示要计算平方根的数字。在 Function 过程的第一行代码中，使用 As 关键字将该过程的返回值指定为 Double 数据类型。

```
Function Sqr(number) As Double
    Sqr = number ^ (1 / 2)
End Function
```

注意

由于上面创建的 Function 过程与 VBA 内置的 Sqr 函数同名，在代码中使用 VBA 内置的 Sqr 函数时，需要在函数名前添加类型库的限定符，如 VBA.Sqr。这种用法适用于所有由用户创建的 Function 过程与 VBA 内置函数同名的情况。

2. 过程的作用域

与变量的作用域类似，过程也有作用域，但是只有模块级和工程级两种。以 Private 关键字开头的过程是模块级过程（或称为私有过程），以 Public 关键字开头的过程是工程级过程（或称为公有过程）。如果过程开头既没有 Private 关键字也没有 Public 关键字，则该过程默认为公有过程。公有过程可被其所在工程中的任何模块中的任何过程调用，而私有过程只能被其所在模块中的过程调用。在标准模块中创建的过程通常都是公有过程，录制的宏也是公有过程。在 ThisWorkbook、Sheet、用户窗体等模块中的事件过程都是私有过程。

3. 调用 Sub 过程和 Function 过程

除了复杂的编程问题外，用户在平时会经常遇到一些需要重复执行的操作，如判断文件是否存在、打开指定名称的文件等。虽然这些操作每次要处理的对象不同，但是处理方式完全相同。为了避免在不同的过程中重复编写功能相同或相似的代码，应该将这类代码放置在单独的过程中，然后在其他过程中调用。可以将调用其他过程的过程称为主调过程，将被调用的过程称为被调过程。调用 Sub 过程和 Function 过程有以下两种方法。

- 只输入过程名进行调用。如果过程包含参数，则需要输入过程名及其参数；如果过程包含多个参数，则各个参数之间使用英文半角逗号分隔。
- 输入 Call 关键字和过程名进行调用。如果过程包含参数，则需要输入过程名及其参数，并将所有参数放置到一对圆括号中，参数之间使用英文半角逗号分隔。

下面的代码使用第一种方法调用名为“退出提示”的 Sub 过程，名为“主过程”的 Sub 过程是主调过程，名为“退出提示”的 Sub 过程是被调过程。

```
Sub 主过程 ()
    退出提示
End Sub

Sub 退出提示 ()
    MsgBox " 退出程序吗？ ", vbYesNo + vbQuestion, " 退出 "
End Sub
```

也可以使用 Call 语句调用过程，如下所示。

```
Call 退出提示
```

如果过程包含参数，则在调用过程时还需提供参数的值。下面的“退出提示”过程包含两个参数，用于指定对话框的标题和内容。在直接使用过程名调用该过程时，需要将过程的参数输入在过程名的右侧，两个参数之间使用英文半角逗号分隔。在使用 Call 关键字调用该过程时，要将过程的两个参数放置在一对圆括号中。

```
Sub 主过程 ()
    退出提示 " 是否退出？ ", " 退出程序 "
End Sub

Sub 主过程 2()
    Call 退出提示 (" 是否退出？ ", " 退出程序 ")
End Sub

Sub 退出提示 (prompt, title)
    MsgBox prompt, vbYesNo + vbQuestion, title
End Sub
```

如果同名的被调过程不止一个，或者被调过程与主调过程具有相同的名称，为了可以正确调用被调过程，需要在被调过程前添加其所在模块的名称以指明被调过程的来源。假设工程中包含“模块 1”和“模块 2”两个模块，“模块 1”和“模块 2”中都有一个名为“退出提示”的过程，“模块 1”中还有一个名为“主过程”的过程。如果需要在“主过程”中调用“模块 2”中的“退出提示”过程，可以使用下面的代码。

```
Sub 主过程 ()
    模块 2. 退出提示
End Sub
```

前面的示例以调用 Sub 过程为主来介绍调用过程的方法。调用 Function 过程的方法与调用 Sub 过程类似，但是如果需要在后面的代码中使用 Function 过程的返回值，则在调用 Function 过程时需要使用等号连接变量和 Function 过程名，以便将 Function 过程的返回值赋值给变量。

关于创建 Function 过程的更多内容，请参考第 25 章。

4. 向过程传递参数

可以将变量、常量、对象等不同类型的内容作为参数传递给过程。一个过程可以包含一个或多个参数，这些参数可以是必选参数，也可以是可选参数。必选参数是指在调用过程时必须提供值的参数，可选参数是指在调用过程时不是必须为参数提供的值。

向过程传递参数时可以采用传址和传值两种方式。传址是指传递到过程内部的是变量本身，过程中的代码对变量的修改不只局限于过程内，还会影响过程外的代码，相当于过程内、外共享这个变量。传值是指传递到过程内部的是变量的副本，过程中的代码对变量的修改只限于过程内，而不会对过程外的其他过程有任何影响。参数的传递方式由 ByRef 关键字和 ByVal 关键字指定，使用 ByRef 关键字表示参数为传址方式，使用 ByVal 关键字表示参数为传值方式。如果省略这两个关键字，默认为传址方式。

21.3.6 分支结构

录制的宏只能按照录制过程中用户的操作步骤，从宏的第一行代码逐行运行到最后一行代码。录制宏虽然方便且无须手动编写任何代码，但是缺乏灵活性，因为它不能根据特定的条件有选择地运行不同部分的代码。用户不仅可以使用 If Then 和 Select Case 两种分支结构在 VBA 程序中设置条件来控制程序的运行流程，还可以避免程序出现某些错误。

1. If Then 分支结构

If Then 分支结构根据条件是否成立来选择执行不同的代码。如果条件的判断结果为 True，则说明条件成立；如果条件的判断结果为 False，则说明条件不成立。If Then 分支结构有以下 3 种形式。

- If Then 语句：只在条件成立时执行操作。
- If Then Else 结构：在条件成立和不成立时分别执行不同的操作。
- If Then ElseIf 结构：处理多个条件。

If Then 语句用于在条件成立时执行指定的代码。如果条件不成立，则不执行任何代码。要判断的条件位于 If 关键字与 Then 关键字之间，要执行的代码位于 Then 关键字之后，其语法格式如下。

```
If 要判断的条件 Then 条件成立时执行的代码
```

下面的代码用于判断用户在对话框中输入的用户名是否为 admin。如果是 admin，则显示欢迎信息，如图 21-16 所示；否则什么也不显示。

```
Sub 显示欢迎信息 ()
    Dim strUserName As String
    strUserName = InputBox(" 请输入用户名：")
    If LCase(strUserName) = "admin" Then MsgBox " 你好 " & strUserName
End Sub
```

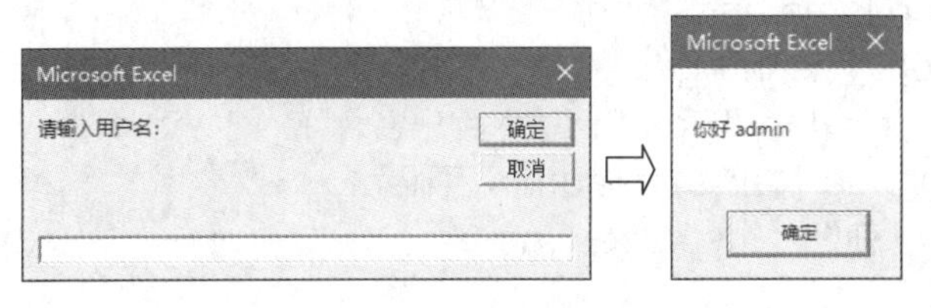

图 21-16　输入正确的用户名后显示欢迎信息

如果要在条件成立时执行多行代码，则可以使用块状的 If Then 分支结构，此时将要执行的代码放在 If 语句下方的一行或多行中，还要使用 End If 语句明确表示 If Then 分支结构的结束。不需要手动输入 End If 语句，只需先输入 If Then 语句，按【Enter】键后会自动添加 End If 语句。每一个块状的 If Then 分支结构都必须有一组配对的 If 和 End If 语句。

下面的代码用于判断用户在对话框中输入的用户名是否是 admin。如果是 admin，则显示欢迎信息和登录次数，如图 21-17 所示；否则什么也不显示。使用 Static 关键字声明记录登录次数的变量，是为了在工作簿打开期间每次执行过程后都能保留该变量中的值。

```
Sub 显示欢迎信息和登录次数 ()
    Dim strUserName As String, strMsg As String
    Static intLogin As Integer
    strUserName = InputBox(" 请输入用户名：")
    If LCase(strUserName) = "admin" Then
        intLogin = intLogin + 1
        strMsg = " 你好 " & strUserName & vbCrLf
        strMsg = strMsg & " 这是第 " & intLogin & " 次登录 "
        MsgBox strMsg
    End If
End Sub
```

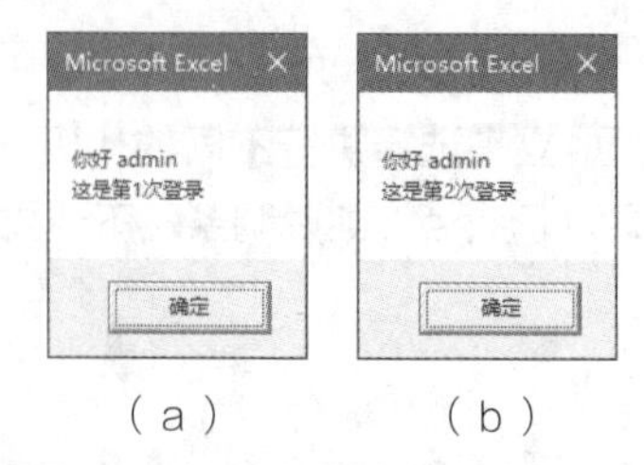

（a）　　　　（b）

图 21-17　条件成立时执行多行代码

如果希望在条件成立和不成立时分别执行不同的代码，可以在 If Then 分支结构中使用 Else 子句，其语法格式如下。

```
If 要判断的条件 Then
   条件成立时执行的代码
Else
   条件不成立时执行的代码
End If
```

下面的代码用于判断用户在对话框中输入的用户名是否为 admin。如果是 admin，则显示欢迎信息，否则显示登录失败的次数。

```
Sub 显示欢迎信息或登录失败的次数 ()
    Dim strUserName As String
    Static intLogin As Integer
    strUserName = InputBox(" 请输入用户名：")
    If LCase(strUserName) = "admin" Then
       MsgBox " 你好 " & strUserName
    Else
       intLogin = intLogin + 1
       MsgBox " 这是第 " & intLogin & " 次登录失败 "
    End If
End Sub
```

如果要对多个条件进行判断，并根据判断结果执行不同的代码，则可以使用多层嵌套的 If Then 分支结构。下面的代码用于判断是否同时满足输入的用户名是 admin，以及登录次数未超过 3 次这两个条件。如果满足这两个条件，则显示欢迎信息，否则什么也不显示。

```
Sub 显示欢迎信息 ()
    Dim strUserName As String
    Static intLogin As Integer
    strUserName = InputBox(" 请输入用户名：")
    intLogin = intLogin + 1
    If LCase(strUserName) = "admin" Then
       If intLogin <= 3 Then
          MsgBox " 你好 " & strUserName
       End If
    End If
End Sub
```

如果要判断的条件在两个以上，则可以使用 If Then ElseIf 结构，根据条件的数量可以包含多个 ElseIf 子句。下面的代码用于根据用户输入的内容显示不同的欢迎信息。

```
Sub 显示欢迎信息 ()
    Dim strUserName As String
    Static intLogin As Integer
    strUserName = InputBox(" 请输入用户名：")
    If LCase(strUserName) = "admin" Then
      MsgBox " 你好 管理员 "
    ElseIf LCase(strUserName) = "user" Then
      MsgBox " 你好 普通用户 "
    ElseIf LCase(strUserName) = "anonymous" Then
      MsgBox " 你好 匿名用户 "
    Else
      MsgBox " 无效的用户名 "
    End If
End Sub
```

2. Select Case 分支结构

当要判断一个表达式的多个不同值时，使用 Select Case 分支结构可以让代码更清晰。Select Case 分支结构也可以嵌套使用，还可以和 If Then 分支结构嵌套使用。Select Case 分支结构的语法格式如下。

```
Select Case 要判断的表达式
    Case 表达式的第 1 个值
        满足第 1 个值时执行的代码
    Case 表达式的第 2 个值
        满足第 2 个值时执行的代码
    Case 表达式的第 n 个值
        满足第 n 个值时执行的代码
    Case Else
        不满足前面列出的所有值时执行的代码
End Select
```

下面的代码使用 Select Case 分支结构对上一个示例进行了修改，用于根据用户输入的内容显示不同的欢迎信息。

```
Sub 显示欢迎信息 ()
    Dim strUserName As String
    Static intLogin As Integer
    strUserName = InputBox(" 请输入用户名：")
    Select Case LCase(strUserName)
        Case "admin"
            MsgBox " 你好 管理员 "
        Case "user"
            MsgBox " 你好 普通用户 "
        Case "anonymous"
            MsgBox " 你好 匿名用户 "
        Case Else
            MsgBox " 无效的用户名 "
    End Select
End Sub
```

可以在 Case 语句中使用 To 关键字指定值的范围，或使用 Is 关键字将 Select Case 分支结构中正在判断的表达式的值与指定值进行比较。下面的代码用于判断用户输入的数字在哪个区间范围内，并返回相应的折扣率。在 Case 子句中使用 Is 关键字和 To 关键字指定不同的数值范围，本例一共包括 3 个范围：“Is<=10”表示用户输入的数字是否小于等于 10，“11 To 30”表示用户输入的数字是否在 11 到 30 之间，“Is>30”表示用户输入的数字是否大于 30。本例使用冒号将两行代码连接并放置在同一行中。

```
Sub 计算折扣率 ()
    Dim strQuantity As String, dblDiscount As Single
    strQuantity = InputBox(" 请输入数量：")
    If IsNumeric(strQuantity) Then
      Select Case Val(strQuantity)
          Case Is <= 10: dblDiscount = 0.1
          Case 11 To 30: dblDiscount = 0.2
          Case Is > 30: dblDiscount = 0.3
      End Select
    End If
    MsgBox " 折扣率是：" & Format(dblDiscount, "0.00")
End Sub
```

21.3.7 循环结构

在实际应用中，经常会遇到需要重复执行特定操作的情况，有些操作可能预先知道要重复执行的次数，而另一些操作可能知道在什么条件下开始执行或结束执行。可以使用 VBA 中的 For Next 和 Do Loop 两种循环结构来控制需要重复执行的操作。

1. For Next 循环结构

如果预先知道操作要重复执行的次数，可以使用 For Next 循环结构。其语法格式如下。

```
For counter = start To end [Step step]
    [statements]
    [Exit For]
    [statements]
Next [counter]
```

- counter：必选，用于循环计数器的数值变量，循环计数器的值将在循环期间不断递增或递减。作为循环计数器的变量不能是 Boolean 数据类型，也不能是数组元素。
- start：必选，循环计数器的初始值。
- end：必选，循环计数器的终止值。
- Step：可选，循环计数器的步长，省略该参数则默认其值为 1。如果设置该参数，需要按“Step 步长值”的格式输入，其中的“步长值”几个字需要替换为实际的值。步长值可为正数也可为负数，如果为正数，每循环一次都会计算循环计数器值与步长值之和；如果为负数，每循环一次都会计算循环计数器值与步长值之差；当循环计数器的当前值大于或小于终止值时，For Next 循环结构将退出并继续执行后面的代码。
- statements：可选，在 For Next 循环结构中包含的 VBA 代码，它们将被执行指定的次数。
- Exit For：可选，随时中途退出 For Next 循环结构。

下面的代码用于计算 1 到 10 之间的所有整数之和。循环计数器的初始值为 1，终止值为 10。

由于计算的是连续的整数，因此 For Next 循环结构的步长值为 1，即默认步长值，因此可以省略 Step 参数。

```
Sub 计算 1 到 10 之间的所有整数之和 ()
    Dim intCounter As Integer, intSum As Integer
    For intCounter = 1 To 10
        intSum = intSum + intCounter
    Next intCounter
    MsgBox "1 到 10 之间的所有整数之和是：" & intSum
End Sub
```

下面的代码用于计算 1 到 10 之间的所有偶数之和。由于 1 到 10 之间的偶数是 2、4、6、8、10，两个相邻偶数之差都是 2，因此需要将步长值设置为 2，而且需要将初始值设置为 0 而不是 1，才能正确计算所有偶数。

```
Sub 计算 1 到 10 之间的所有偶数之和 ()
    Dim intCounter As Integer, intSum As Integer
    For intCounter = 0 To 10 Step 2
        intSum = intSum + intCounter
    Next intCounter
    MsgBox "1 到 10 之间的所有偶数之和是：" & intSum
End Sub
```

如果要在满足特定条件时立刻退出循环，则可以在For Next循环结构中嵌套If Then分支结构，并在该分支结构中使用 Exit For 语句退出循环。下面的代码用于计算 1 到 10 之间的所有整数之和，当总和大于等于 30 时停止累加，并显示当前累加到的数字，如图 21-18 所示。

```
Sub 获取达到特定总和时累加到的数字 ()
    Dim intCounter As Integer, intSum As Integer
    For intCounter = 1 To 10
        intSum = intSum + intCounter
        If intSum >= 30 Then Exit For
    Next intCounter
    MsgBox " 总和达到 30 时累加到的数字是：" & intCounter
End Sub
```

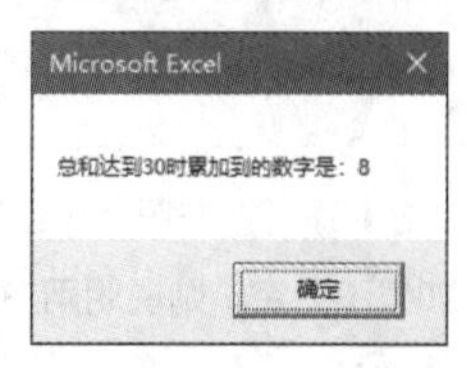

图 21-18　达到特定总和时累加到的数字

2. Do Loop 循环结构

如果预先不知道要循环的次数，但是知道在什么情况下开始或停止循环，则可以使用 Do Loop 循环结构。Do Loop 循环结构包括 Do While 和 Do Until 两种形式。Do While 用于当条件成立时开始循环，条件不成立时终止循环的情况。Do Until 用于直到条件成立时终止循环的情况，即在条件不成立时执行循环，一旦条件成立则退出循环。

无论是 Do While 还是 Do Until，都可以在执行循环结构中的代码之前先判断条件，或者先执行一次循环结构中的代码后再判断条件。条件判断的先后顺序取决于将 While 关键字和 Until 关键字放置在 Do Loop 循环结构的开头或结尾，其具体形式如表 21-3 所示。

表 21-3　Do Loop 循环结构的 4 种形式

Do While	Do Until
Do While 要判断的条件 　　条件成立时执行的代码 Loop	Do Until 要判断的条件 　　条件不成立时执行的代码 Loop
Do 　　条件成立时执行的代码 Loop While 要判断的条件	Do 　　条件不成立时执行的代码 Loop Until 要判断的条件

下面的代码用于判断在对话框中输入的用户名是否是admin。如果是admin，则显示欢迎信息，否则什么也不显示。

```
Sub 验证用户名 ()
    Dim strUserName As String
    Do
        strUserName = InputBox(" 请输入用户名：")
    Loop While LCase(strUserName) <> "admin"
    MsgBox " 用户名正确，欢迎 " & strUserName
End Sub
```

如果要在满足指定条件时退出 Do While 循环，则可以使用 Exit Do 语句。在上面的示例中，只有输入任意大小写形式的 Admin 才会退出循环，即使单击对话框中的【取消】按钮也无法退出循环。正常情况下应该允许在用户单击【取消】按钮时关闭对话框并退出程序，因此需要在 Do While 循环中加入检测 InputBox 函数的返回值是否为空的判断条件，如果返回值为空，则使用 Exit Do 语句退出 Do While 循环，代码如下。

```
Sub 验证用户名 2()
    Dim strUserName As String
    Do
        strUserName = InputBox(" 请输入用户名：")
        If strUserName = "" Then Exit Do
    Loop While LCase(strUserName) <> "admin"
    If strUserName <> "" Then MsgBox " 欢迎 " & strUserName & " 登录系统！ "
End Sub
```

提示

如果在对话框中未输入任何内容并单击【确定】按钮，也会执行 Exit Do 语句退出循环。因此需要在循环外检查 InputBox 函数的返回值是否为空，如果不为空，则说明用户输入了用户名，此时才会显示欢迎信息。

下面的代码所实现的功能与前面的示例相同，但是使用 Do Until 代替了 Do While，而且在 Do Until 循环结构中使用了 Exit Do 语句在满足特定条件时退出循环。

```
Sub 验证用户名 3()
    Dim strUserName As String
    Do
        strUserName = InputBox(" 请输入用户名：")
    Loop Until Lcase(strUserName) = "admin"
    MsgBox " 欢迎 " & strUserName & " 登录系统！ "
End Sub
```

21.3.8 数组

普通变量只能存储一个数据，如果需要在一个变量中存储多个数据，可以使用数组。数组中的每一个数据都是数组的一个元素，每个元素在数组中都有唯一的索引号，它表示数组元素的次序或位置，使用数组名称和索引号可以表示特定的数组元素。按数组的维数可以将数组划分为一维数组、二维数组和多维数组，按数组的使用方式可以将数组划分为静态数组和动态数组。

一维数组中的数据排列在一行或一列中。数据排列在一行中的数组称为一维水平数组，数组元素之间以英文半角逗号分隔。数据排列在一列中的数组称为一维垂直数组，数组元素之间以英文半角分号分隔。下面列出的两个数组包含相同的元素，第1个是一维水平数组，第2个是一维垂直数组。

```
{1,2,3,4,5,6}
{1;2;3;4;5;6}
```

如果数组元素是字符串，则需要使用双引号将字符串括起来，如下所示。

```
{"第一名","第二名","第三名"}
```

二维数组中的数据同时排列在行和列中，水平方向上的数组元素以英文半角逗号分隔，垂直方向上的数组元素以英文半角分号分隔。下面的二维数组有3行2列，第1行包含数字1和2，第2行包含数字3和4，第3行包含数字5和6。

```
={1,2;3,4;5,6}
```

提示

除了一维数组和二维数组，还存在三维或更多维数组，但是最常用的是一维数组和二维数组。

1. 声明一维数组

声明一维数组的方法与声明普通变量的方法类似，可以使用Dim Static、Private、Public关键字，这些关键字决定了数组拥有不同的作用域。与声明普通变量不同的是，声明数组时需要在声明的数组名称的右侧加上一对圆括号，并在其中输入表示数组上界的数字。上界是数组可以使用的最大索引号。

下面的代码声明了一个名为Numbers的数组，其上界为2。由于没有明确指定数组的数据类型，因此默认其为Variant类型。变量名开头的avar有两层含义，开头的字母a表示该变量是一个数组，之后的var表示该变量的数据类型是Variant。

```
Dim avarNumbers(2)
```

如果将数组声明为Variant数据类型，则数组中的所有元素可以是同一种数据类型，也可以是不同的数据类型。如果将数组声明为特定的数据类型，如Integer，则数组中的所有元素都必须是该数据类型。下面的代码将数组声明为Integer数据类型。

```
Dim aintNumbers(2) As Integer
```

要引用数组中的元素，需要使用数组名和一对圆括号，并在括号中放置该元素的索引号。下面的代码引用了数组中索引号为1的数组元素。

```
aintNumbers(1)
```

需要注意的是，索引号为1的数组元素不一定是数组中的第1个元素。这是因为在默认情况下，数组元素的索引号从0开始而不是1，所以前面声明的aintNumbers数组包括以下3个元素。

```
aintNumbers(0)
aintNumbers(1)
```

```
aintNumbers(2)
```

让数组元素的索引号从 1 开始有以下两种方法。

◉ 声明数组时使用 To 关键字，显式指定数组的下界和上界，如下所示。

```
Dim aintNumbers(1 To 3) As Integer
```

◉ 在模块顶部的声明区域输入下面的语句后，在该模块的任意过程中声明的数组的下界都将默认为 1。

```
Option Base 1
```

下界是数组第 1 个元素的索引号，上界是数组最后一个元素的索引号。

使用 VBA 内置的 LBound 函数和 UBound 函数检查数组的下界和上界，可以避免由 Option Base 1 语句和数组声明方式带来的数组上、下界的不确定性，并且可以组合使用 LBound 函数和 UBound 函数来计算数组包含的元素总数。

下面的代码用于计算任意给定的数组包含的元素总数，无论是否在模块顶部的声明区域使用 Option Base 1 语句，计算出的元素总数始终正确无误。

```
Sub 计算数组包含的元素总数 ()
    Dim aintNumbers(2) As Integer
    Dim intCount As Integer
    intCount = UBound(aintNumbers) - LBound(aintNumbers) + 1
    MsgBox " 数组包含的元素总数是：" & intCount
End Sub
```

2. 声明二维数组

声明二维数组的方法与声明一维数组的方法类似，但是由于二维数组比一维数组多了一个维度，因此在声明二维数组时，需要在数组名称右侧的圆括号中输入表示两个维度上界的数字，第 1 个数字表示数组第 1 维的上界，第 2 个数字表示数组第 2 维的上界，两个数字之间以英文半角逗号分隔。或者可以在每个维度中使用 To 关键字显式指定各维度的下界和上界。

下面的代码声明了一个二维数组，该数组第 1 维的上界是 2，第 2 维的上界是 5。如果在模块顶部的声明区域中没有使用 Option Base 1 语句，则该数组两个维度的下界都是 0，该数组共包含 3×6=18 个元素。

```
Dim aintNumbers(2, 5) As Integer
```

如果不希望让数组的下界受到 Option Base 1 语句的影响，则可以使用 To 关键字显式指定数组的下界和上界，如下所示。

```
Dim aintNumbers(1 To 3, 1 To 6) As Integer
```

当引用二维数组中的元素时，需要同时使用两个维度上的索引号来定位一个特定的数组元素。可以将二维数组中的第1维看作行，将第2维看作列。如果在模块顶部的声明区域中没有使用Option Base 1语句，则下面的代码将在对话框中显示 aintNumbers 数组中位于第 1 行第 2 列的元素。

```
Dim aintNumbers(2, 5) As Integer
MsgBox aintNumbers(0, 1)
```

可以使用 LBound 函数和 Ubound 函数检查二维数组的下界和上界。由于二维数组包含两个维度，因此必须在 LBound 函数和 Ubound 函数的第 2 个参数中指定要检查的是哪个维度的下界和上界。下面的代码将检查 aintNumbers 数组第 2 维的下界。

```
MsgBox LBound(aintNumbers,2)
```

3. 为数组赋值

为数组赋值与为普通变量赋值类似，需要在等号的左侧输入数组名称，在等号的右侧输入要赋的值。由于数组包含多个元素，因此在赋值时需要为数组中的每一个元素分别赋值。下面的代码将数字 1、2、3 分别赋值给 aintNumbers 数组中的 3 个元素。

```
Dim aintNumbers(2) As Integer
aintNumbers(0) = 1
aintNumbers(1) = 2
aintNumbers(2) = 3
```

对于有规律的数据，可以使用循环结构为数组元素批量赋值。下面的代码使用 For Next 循环结构为数组元素批量赋值。使用 Lbound 函数和 Ubound 函数获取数组的下界和上界，并将这两个值作为 For Next 循环计数器的初始值和终止值，这样无论在模块顶部的声明区域中是否使用 Option Base 1 语句，代码都能正确运行。

```
Sub 使用循环结构为数组元素批量赋值 ()
    Dim aintNumbers(2) As Integer, intIndex As Integer
    For intIndex = LBound(aintNumbers) To UBound(aintNumbers)
        aintNumbers(intIndex) = intIndex + 1
    Next intIndex
End Sub
```

如果无法使用循环结构批量将数据赋值给数组，则可以使用 VBA 内置的 Array 函数进行赋值。可以使用 Array 函数创建一个数据列表，并将该列表赋值给一个 Variant 数据类型的变量，从而创建一个包含列表中所有数据的数组并自动完成赋值操作。下面的代码使用 Array 函数将表示文件名的 3 个字符串赋值给 Variant 数据类型的 avarFileNames 变量。

```
avarFileNames = Array("1 月销量 ", "2 月销量 ", "3 月销量 ")
```

注意

如果声明的数组要使用 Array 函数进行赋值，则该数组必须声明为 Variant 数据类型，并且在数组名称右侧不能包含圆括号和数组的上、下界。

使用 Array 函数创建并为一个数组赋值后，可以使用 For Next 循环结构操作这个数组。下面的代码首先使用 Array 函数创建了一个包含 3 个文件名的数组，然后在 For Next 循环结构中通过 Dir 函数检查指定路径中的与这 3 个文件名对应的文件是否存在。如果 Dir 函数的返回值为空字符串，则说明指定文件不存在，并在对话框中显示文件不存在的提示信息。

```
Sub 操作 Array 函数创建的数组 ()
    Dim avarFileNames As Variant, intIndex As Integer
    avarFileNames = Array("1 月销量 ", "2 月销量 ", "3 月销量 ")
    For intIndex = LBound(avarFileNames) To UBound(avarFileNames)
        If Dir("C:\" & avarFileNames(intIndex) & ".txt") = "" Then
            MsgBox avarFileNames(intIndex) & ".txt 文件不存在 "
        End If
    Next intIndex
End Sub
```

> **提示**
>
> 使用 Array 函数创建的数组的下界受 Option Base 1 语句的影响。如果为 Array 函数添加类型库限定符 VBA（形式为 VBA.Array），则其创建的数组不受 Option Base 1 语句的影响。

4. 使用动态数组

对于预先无法确定数组中元素数量的情况，可以使用动态数组技术，即先声明一个不包含任何元素的动态数组，然后在程序运行过程中重新定义数组包含的元素数量。声明动态数组时不需要在圆括号中指定数组的上、下界，只保留一对空括号即可。下面的代码声明了一个名为 aintNumbers 的动态数组。

```
Dim aintNumbers() As Integer
```

在程序运行过程中可以使用 ReDim 语句重新定义动态数组的大小。下面的代码声明了一个没有上、下界的动态数组，然后在程序运行过程中对该数组进行了重新定义，将用户输入的数字指定为动态数组的上界。

```
Sub 创建动态数组 ()
    Dim aintNumbers() As Integer, strUBound As String
    strUBound = InputBox(" 请输入数组的上界：")
    If IsNumeric(strUBound) Then
        ReDim aintNumbers(strUBound)
        MsgBox " 重新定义后的数组上界是：" & UBound(aintNumbers)
    End If
End Sub
```

21.3.9 理解对象模型

VBA 是 Office 应用程序中的通用编程语言，Office 应用程序在编程方面的主要不同之处在于它们各自拥有一套不同的对象模型。每一个 Office 应用程序都由大量的对象组成，这些对象对应于 Office 应用程序的不同部分或功能。以 Excel 为例，Excel 程序自身就是一个对象，在其内部的工作簿、工作表、单元格也都是对象。通过 VBA 编程处理这些对象，可以完成 Excel 操作环境定制、工作簿的新建和打开、添加和删除工作表、在单元格中输入数据或设置格式等操作。

Excel 中的所有对象按照特定的逻辑结构组成了 Excel 对象模型，其中的对象具有不同的层次结构。Application 对象位于 Excel 对象模型的顶层，表示 Excel 程序本身。Workbook 对象位于 Application 对象的下一层，当前打开的每一个工作簿都是一个 Workbook 对象。Worksheet 对象位于 Workbook 对象的下一层，特定工作簿中的每一个工作表都是一个 Worksheet 对象。Range 对象位于 Worksheet 对象的下一层，特定工作表中的每个单元格或单元格区域都是一个 Range 对象。上述几种对象的层次结构可以表示为以下形式。

```
Application → Workbook → Worksheet → Range
```

一个对象的上一层对象称为这个对象的父对象，一个对象的下一层对象称为这个对象的子对象。Office 应用程序对象模型中的很多对象都存在父子关系，也正是这种父子关系使各个对象紧密联系在一起。以 Excel 为例，Workbook 对象的父对象是 Application 对象，Workbook 对象的子对象是 Worksheet 对象。很多对象都有一个 Parent 属性，该属性可从当前对象定位到其上一层的父对象并返回这个父对象。下面的代码返回名为“1 月销量”的工作簿所属的 Excel 应用程序的版本号。

```
Workbooks("1 月销量 .xlsx").Parent.Version
```

对于已打开的工作簿，可以省略其文件扩展名，使用下面的代码同样有效。

```
Workbooks("1月销量").Parent.Version
```

很多对象还有一个 Application 属性，该属性可以直接返回对象模型顶层的 Application 对象。当需要从一个层次较低的对象返回 Application 对象时，使用 Application 属性会非常方便，因为可以避免多次使用 Parent 属性逐层向上定位的麻烦。

上面介绍的对象模型的基本概念同样适用于 Word 和 PPT，只不过不同的 Office 应用程序拥有不同的对象，但是对象模型的组织结构与层次定位都是相同或相似的。

每一个支持 VBA 编程的 Office 应用程序的对象模型中都包含了大量的对象，这些对象彼此之间拥有错综复杂的关系，而且每个对象还包括大量的属性和方法，少数对象还包含一些事件。为了快速获得与对象相关的信息，可以使用 VBA 提供的对象浏览器，它是一个用于查询类、对象、集合、属性、方法、事件、常数的实用工具。可以在 VBE 窗口中使用以下几种方法打开对象浏览器。

- 选择菜单栏中的【视图】⇨【对象浏览器】命令。
- 单击【标准】工具栏中的【对象浏览器】按钮。
- 按【F2】键。

打开的对象浏览器如图 21-19 所示。【工程 / 库】中默认为【<所有库>】，因此【类】列表框中会显示当前引用的所有库和当前工程中包含的所有类。如果需要查看某个库中包含的内容，可以在【工程 / 库】下拉列表中选择一个特定的库，【类】列表框中会自动显示所选库中包含的类。在【类】列表框中选择一个类，右侧会显示该类的属性、方法和事件。如果需要快速查找特定信息，可以在搜索框中输入相关内容，然后单击右侧的【搜索】按钮，搜索结果将显示在下方。

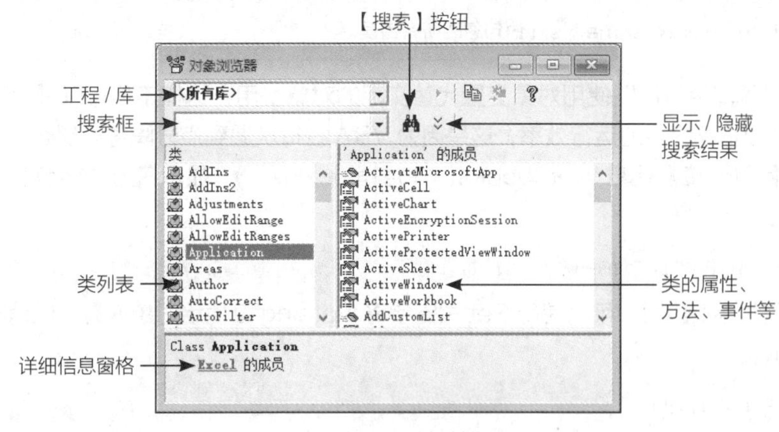

图 21-19 对象浏览器

对象浏览器中使用不同的图标来区分不同的内容，图标表示库，图标表示类，图标表示对象的属性、图标表示对象的方法，图标表示对象的事件，图标表示常数（即 VBA 内置常量）。

类是面向对象程序设计中的一个重要概念，所有新建的对象都是基于类创建的，可以将这些对象称为类的实例。每个对象包含的所有属性、方法和事件都应预先在类中定义，基于类创建的新对象自动继承了类的属性、方法和事件。用户可以通过为对象设置属性来改变对象的外观、特征或状态，也可以使用对象的方法和事件执行所需的操作。

以 Excel 为例，Excel 中的每一个工作表都是一个 Worksheet 对象，设置 Worksheet 对象的 Name 属性可以使各个工作表具有不同的名称，设置 Worksheet 对象的 Visible 属性可以改变工作表的显示状态。

21.3.10 创建和销毁对象

对象在 VBA 中也是一种数据类型，因此可以将变量声明为“对象”数据类型。如果预先知道要在变量中存储哪种类型的对象，则可以将变量声明为该特定类型的对象，如 Worksheet 对象；如果预先不知道要在变量中存储的对象类型，则可以将变量声明为一般对象类型，使用 Object 表示一般对象类型。无论是将变量声明为一般对象类型还是特定对象类型，在声明和使用对象变量时都应该按照以下 3 个步骤。

(1) 声明对象变量。

(2) 将对象引用赋值给对象变量。

(3) 使用完对象变量后销毁对象，从而释放对象变量占用的内存空间。

声明对象变量的方法与声明普通变量的语法格式类似，下面的代码声明一个 Workbook 对象类型的对象变量 wkb，该变量表示当前已打开的某个工作簿。

```
Dim wkb As Workbook
```

声明对象变量后，需要使用 Set 关键字将具体的对象赋值给对象变量，从而建立对象变量与特定对象之间的关联。下面的代码将当前打开的名为“1 月销量 .xlsx”的工作簿赋值给 wkb 对象变量。

```
Set wkb = Workbooks("1 月销量 .xlsx")
```

注意

如果当前没有打开名为“1 月销量 .xlsx”的工作簿，运行上面的代码将会出现运行时错误，可以在上面的代码之前添加 On Error Resume Next 语句忽略所有错误。

为对象变量赋值后，可以使用对象变量代替实际的对象引用，这样不但可以减少对象引用的代码输入量，还可以提高程序的运行效率，这是因为 VBA 在每次遇到点分隔符时都要对其进行解析。下面的代码使用 wkb 变量代替 Workbooks(“1 月销量 .xlsx”)，显示名为“1 月销量 .xlsx”的工作簿中包含的工作表总数。

```
MsgBox wkb.Worksheets.Count
```

当不再使用对象变量时，可以使用 Set 关键字将 Nothing 赋值给对象变量，以销毁其中引用的对象，如下所示。

```
Set wkb = Nothing
```

在 VBA 中编程经常会遇到对同一个对象进行多个操作的情况，此时需要在代码中多次引用该对象。如果这个对象的层次较低，引用该对象的代码将会很长。下面的代码对活动工作簿中的第一个工作表的 A1:B10 单元格区域的字体格式进行了 3 项设置。

```
Sub 设置单元格区域的字体格式 ()
    Worksheets(1).Range("A1:B10").Font.Bold = True
    Worksheets(1).Range("A1:B10").Font.Italic = True
    Worksheets(1).Range("A1:B10").Font.Color = RGB(255, 0, 255)
End Sub
```

代码中的 Worksheets(1).Range (“A1: B10”) 部分重复出现了 3 次，在实际应用中重复出现的次数可能会更多。为了减少代码的输入量并提高程序运行效率，当需要在代码中反复引用同一个对象时可以使用 With 结构，其语法格式如下。

```
With 要引用的对象
    要为对象执行的操作
End With
```

在 With 语句后输入要引用的对象，按【Enter】键后 VBA 会自动添加 End With 语句。在 With 语句和 End With 语句之间放置要为对象执行的操作（通常是为对象设置属性的代码，以及使用对象的方法执行特定操作的代码）。With 和 End With 之间所有与对象有关的属性和方法都需要以点分隔符开头。下面是使用 With 结构的代码，Worksheets(1).Range（“A1: B10”）部分在 With 和 End With 之间只出现了一次，代码变得更加简洁和清晰。

```
Sub 设置单元格区域的字体格式 2()
    With Worksheets(1).Range("A1:B10")
        .Font.Bold = True
        .Font.Italic = True
        .Font.Color = RGB(255, 0, 0)
    End With
End Sub
```

21.3.11 处理集合中的对象

同一类对象组成了该类对象的集合，其中的每一个对象都是集合中的成员。以 Excel 为例，所有打开的工作簿组成了 Workbooks 集合，工作簿中的所有工作表组成了 Worksheets 集合。同一类的对象和集合在拼写形式上非常相似，集合通常比与其相关的对象在名称的结尾多了一个字母 s，如 Workbooks 集合与 Workbook 对象，Worksheets 集合与 Worksheet 对象。集合主要有以下两个用途。

- 从集合中引用特定的对象。
- 遍历集合中的每一个对象，对每一个对象执行相同的操作，或对满足特定条件的对象执行所需操作。

遍历集合中的对象的另一种方法是使用 For Each 循环结构，使用该结构可以遍历集合中的每一个对象，并且预先不需要知道集合中包含的对象总数。只要集合中还有下一个对象，For Each 循环结构就会继续遍历，直到遍历完集合的最后一个对象。For Each 循环结构的语法格式如下。

```
For Each element In group
    [statements]
    [Exit For]
    [statements]
Next [element]
```

- element：必选，用于遍历集合中的每一个对象的对象变量，该变量的类型必须与集合中的对象类型一致。
- group：必选，要在其内部进行遍历的集合。
- statements：可选，要对集合中的对象执行的 VBA 代码，这些代码会在集合中的每一个对象上执行；可以加入 If Then 分支结构只对满足特定条件的对象执行代码。
- Exit For：可选，中途退出 For Each 循环结构。

下面的代码使用 For Each 循环结构显示活动工作簿中的每个工作表的名称。

```
Sub 显示活动工作簿中的每个工作表的名称 ()
    Dim wks As Worksheet
    For Each wks In Worksheets
        MsgBox wks.Name
    Next wks
End Sub
```

21.3.12 使用对象的属性和方法

Excel 对象模型中的每个对象通常都包含一些属性，通过设置属性可以改变对象的外观、特征或状态。设置对象的属性需要先输入这个对象，然后输入一个点分隔符，此时会弹出对象的成员列表，其中包含该对象的属性和方法。双击要使用的属性，或使用方向键选择所需的属性后按【Tab】键，将所选属性输入点分隔符之后；然后输入一个等号，再输入要为属性设置的值。下面的代码用于将数字 168 输入 Excel 活动工作表的 A1 单元格中。

```
Range("A1").Value = 168
```

每个对象都有一个默认属性，当设置默认属性时，可以省略该属性的输入。由于 Value 属性是 Range 对象的默认属性，因此下面的代码与上面的代码等效。

```
Range("A1") = 168
```

如果要多次使用某个属性的值，则应该将该值存储在变量中，以后可以使用这个变量代替对象和属性的代码部分，从而简化代码的输入并提高程序的运行效率。下面的代码用于将 Excel 活动工作簿中的第 1 个工作表的名称赋给 strName 变量。

```
strName = Worksheets(1).Name
```

对象的某些属性会返回一个对象，这种情况在 VBA 中很常见。下面的代码用于设置 A1:B10 单元格区域的字体格式，其中的 Range 是一个对象，Font 是 Range 对象的一个属性，用于设置字体格式。但是 Font 之后还有一个 Name，那么它是 Font 还是 Range 的属性？对 VBA 初学者来说，这类代码很容易引起混乱。

```
Range("A1:B10").Font.Name = " 宋体 "
```

在 Excel 对象模型中，很多对象本身是一个独立的对象，但是同时也会作为另一个对象的属性出现。在上面的代码中，Font 对象虽然是 Range 对象的属性，但是在对 Range 对象使用 Font 属性后，将返回一个表示字体格式的 Font 对象。代码中位于 Font 之后的 Name 是 Font 对象的属性，表示字体的名称。因此上面的代码设置的是 Font 对象的 Name 属性，开头的 Range(“A1:B10”)限定了设置的目标是 A1:B10 单元格区域。

除了属性，对象还拥有方法，方法是对象可以执行的操作。大多数方法都包含一个或多个参数，用于指定方法的执行方式。参数分为必选参数和可选参数两类，必选参数是在使用对象的方法时必须要提供其值的参数，而可选参数可以被省略。

输入对象的方法与输入属性的方法类似，首先输入对象的名称，然后输入点分隔符和所需的方法，再按一下【Space】键，将显示类似图 21-20 所示的提示信息，圆括号中列出了方法的所有参数，由方括号括起的参数是可选参数，没有方括号的参数是必选参数。加粗显示的参数是当前正接收用户输入的参数，此处为 FileName 参数，其后的 As String 表示该参数的数据类型是 String。

```
Sub 打开工作簿()
    Workbooks.Open |
End Sub
        Open(Filename As String, [UpdateLinks], [ReadOnly], [Format],
        [Password], [WriteResPassword], [IgnoreReadOnlyRecommended],
        [Origin], [Delimiter], [Editable], [Notify], [Converter],
        [AddToMru], [Local], [CorruptLoad]) As Workbook
```

图 21-20 显示的方法包含的参数列表

下面的代码用于将 FileName 参数设置为“C:\ 销售数据分析 .xlsx”，执行 Workbooks 对象的 Open 方法将打开由 FileName 参数指定的工作簿。

```
Workbooks.Open "C:\ 销售数据分析 .xlsx"
```

当要为一个方法指定多个参数时，必须按照提示信息中列出的参数的顺序依次设置每一个参数的值，各个值之间使用英文半角逗号分隔。如果需要省略其中的某个参数，而跳到下一个参数的设置，必须为其保留一个逗号以作占位之用。下面的代码为 Open 方法设置了第 1 个参数 FileName 和第 3 个参数 ReadOnly，由于中间省略了第 2 个参数 UpdateLinks，因此需要为其添加一个逗号。

```
Workbooks.Open "C:\ 销售数据分析 .xlsx", , True
```

一种更好的做法是使用命名参数来设置参数的值。使用命名参数可以按任意顺序指定参数的值，而不必遵循参数列表中参数的默认顺序，还可以增强代码的可读性。使用命名参数的方法是：先输入参数的名称，然后输入一个冒号和一个等号，再输入要为参数指定的值。参数的名称就是在输入一个方法并按下【Space】键后显示的参数列表中的每一个英文名称，参数的名称不区分大小写。下面的代码使用命名参数为 Open 方法指定参数的值。

```
Workbooks.Open FileName:="C:\ 销售数据分析 .xlsx", ReadOnly:=True
```

由于使用命名参数能以任意顺序指定参数，因此下面的代码也是正确的。

```
Workbooks.Open ReadOnly:=True, Filename:="C:\ 销售数据分析 .xlsx"
```

与可返回对象的属性类似，对象的一些方法也会返回另一个对象。例如，Workbooks 对象的 Open 方法将返回一个 Workbook 对象，该对象表示使用 Open 方法打开的工作簿。

第22章 编程处理工作簿、工作表和单元格

Workbook、Worksheet 和 Range 是 Excel 对象模型中的 3 个主要且常用的对象，它们对应于工作簿、工作表和单元格。本章将介绍使用 VBA 编程处理工作簿、工作表和单元格的方法。

22.1 编程处理工作簿

Excel 对象模型中的 Workbook 对象用于处理工作簿，但是新建和打开工作簿的操作需要使用 Workbooks 集合来处理。Workbooks 集合表示当前打开的所有工作簿，其中的每一个工作簿都是一个 Workbook 对象。本节将介绍使用 VBA 编程处理工作簿的方法，包括工作簿的引用、新建、打开、保存和另存、关闭等。

22.1.1 引用工作簿

引用工作簿是使用 VBA 对工作簿执行操作的前提，因为它指明了要操作的是哪个或哪些工作簿。Workbooks 表示当前打开的所有工作簿，如果要从中引用某个特定的工作簿，可以使用工作簿的名称或索引号。如果在当前打开的所有工作簿中存在一个名为“销售数据”的工作簿，并且该工作簿是第 2 个打开的工作簿，则下面两行代码都将引用该工作簿。

```
Workbooks("销售数据")
Workbooks(2)
```

还可以使用ActiveWorkbook和ThisWorkbook来引用特定的工作簿。ActiveWorkbook引用的是活动工作簿，无论其名称是什么，引用的都是当前处于活动状态的工作簿。ThisWorkbook 引用的是包含正在运行 VBA 代码的工作簿。如果包含代码的工作簿是活动工作簿，则下面两行代码的作用相同，都返回该工作簿的名称。

```
ActiveWorkbook.Name
ThisWorkbook.Name
```

22.1.2 新建工作簿

使用 Workbooks 集合的 Add 方法可以新建工作簿。Add 方法只有一个可选参数 Template，用于指定新建工作簿时使用的模板。如果省略该参数，Excel 将以默认模板新建工作簿。下面的代码用于以 E 盘根目录中名为“一季度 .xlsx”的工作簿为模板新建一个工作簿。如果作为模板的工作簿不存在或文件名有误，则会出现运行时错误。

```
Workbooks.Add "E:\一季度.xlsx"
```

使用 Add 方法新建工作簿后会返回一个 Workbook 对象，该对象表示刚刚新建的工作簿，并且新建的工作簿会自动成为活动工作簿，此时可以使用 ActiveWorkbook 来引用这个新建的工作簿。下面的代码用于以默认模板新建一个工作簿，然后在对话框中显示该工作簿的名称。

```
Sub 新建工作簿 ()
    Workbooks.Add
    MsgBox ActiveWorkbook.Name
End Sub
```

如果要追踪新建的工作簿，则可以在新建工作簿时将其赋值给一个 Workbook 对象变量，以后可以通过这个对象变量来引用这个新建的工作簿。下面的代码声明了一个 Workbook 类型的对象变量，然后将由 Add 方法新建的工作簿赋值给这个变量，再使用该变量引用新建的工作簿，并使用 Name 属性来显示新建工作簿的名称。

```
Sub 新建工作簿 2()
    Dim wkb As Workbook
    Set wkb = Workbooks.Add
    MsgBox wkb.Name
End Sub
```

案例 22-1

批量创建指定数量的工作簿

案例目标：Workbooks 集合的 Add 方法每次只能新建一个工作簿，现在想要一次性新建多个工作簿，新建工作簿的数量由用户指定，效果如图 22-1 所示。

图 22-1　批量创建指定数量的工作簿

下面的代码用于一次性创建指定数量的工作簿，运行代码时将显示一个对话框，用户在其中输入一个表示工作簿数量的数字，单击【确定】按钮，即可创建指定数量的工作簿，并显示一条关于已创建工作簿数量的提示信息。使用 VBA 中的 InputBox 函数为用户输入提供一个对话框，将其返回值赋值给 strCount 变量；然后使用 IsNumeric 函数判断用户输入的内容是否为数字，如果是数字，则使用 For Next 循环新建指定数量的工作簿；最后使用 MsgBox 函数显示一条提示信息。

```
Sub 批量创建指定数量的工作簿 ()
    Dim strCount As String, intCounter As Integer
    strCount = InputBox(" 请输入新建工作簿的数量：")
    If IsNumeric(strCount) Then
        For intCounter = 1 To strCount
            Workbooks.Add
        Next intCounter
    End If
    MsgBox " 一共创建了 " & strCount & " 个工作簿！ "
End Sub
```

22.1.3 打开工作簿

使用 Workbooks 集合的 Open 方法可以打开一个工作簿，该方法包含多个参数，常用的是第

1 个参数 Filename，该参数指定要打开的工作簿的路径和文件名。除了第 1 个参数以外的其他参数都是可选参数。下面的代码用于打开 E 盘根目录中名为“一季度 .xlsx”的工作簿。

```
Workbooks.Open "E:\ 一季度 .xlsx"
```

如果要打开的工作簿与当前包含 VBA 代码的工作簿位于同一个文件夹，则使用 ThisWorkbook 对象的 Path 属性自动获得包含代码的工作簿的路径，然后将该路径作为 Open 方法 Filename 参数的路径部分，再将工作簿的名称添加到路径之后，即可指定完整的 FileName 参数的值，如下所示。

```
Workbooks.Open ThisWorkbook.Path & "\ 一季度 xlsx"
```

Path 属性返回的路径不包含末尾的分隔符，因此在指定要打开的工作簿的完整路径时需要手动添加。

与新建工作簿时使用 Add 方法可以返回一个 Workbook 对象类似，使用 Open 方法打开一个工作簿后也会返回一个 Workbook 对象，该对象表示刚刚打开的工作簿，该工作簿会自动成为活动工作簿。

使用 Open 方法打开一个工作簿时，如果 Excel 找不到该文件，则会出现运行时错误，可以通过编写错误处理程序来解决这个问题。下面的代码在执行 Open 方法之前加入了 On Error Resume Next 语句，从而将忽略接下来可能发生的任何运行时错误。执行 Open 方法后，Excel 检查 Err 对象的 Number 属性是否为 0。如果不为 0，则说明出现了运行时错误，最可能的原因是 Excel 没有找到要打开的工作簿，此时 Excel 会向用户发出关于文件不存在的提示信息。如果为 0，则说明没出现运行时错误，工作簿将被正常打开。

```
Sub 判断工作簿是否存在 ()
    Dim strFileName As String
    strFileName = "E:\ 一季度 .xlsx"
    On Error Resume Next
    Workbooks.Open strFileName
    If Err.Number <> 0 Then MsgBox " 未找到文件，无法打开！ "
End Sub
```

22.1.4 保存和另存工作簿

使用 Workbook 对象的 Save 方法可以保存对工作簿所做的更改，该方法适用于已经保存到磁盘中的工作簿。下面的代码用于保存对活动工作簿的更改。

```
ActiveWorkbook.Save
```

如果从未将工作簿保存到磁盘中，使用该方法将打开【另存为】对话框，用户需要设置工作簿的保存位置和文件名。因此，如果是首次保存工作簿，则应该使用 Workbook 对象的 SaveAs 方法，以便在代码中直接指定工作簿的保存位置和文件名，避免程序运行的中断。

SaveAs 方法包含多个参数，常用的是第 1 个参数 Filename，该参数用于指定工作簿的保存路径和文件名。下面的代码将活动工作簿以“测试副本”的文件名保存到 E 盘根目录中。如果系统中没有 E 盘，则会出现运行时错误。

```
ActiveWorkbook.SaveAs "E:\ 测试副本 .xlsm"
```

如果不指定 SaveAs 方法的 Filename 参数，则默认将工作簿以当前的文件名保存到当前路径中。

使用 SaveAs 方法以指定的名称和路径保存工作簿时，如果目标位置存在同名工作簿，将显示图 22-2 所示的提示信息，用户需要决定是否用当前文件替换原有文件。

图 22-2　替换文件的提示信息

使用Application对象的DisplayAlerts属性可以屏蔽这类提示信息，方法是将DisplayAlerts属性设置为False。完成另存工作簿的操作后，可以将该属性设置为True以开启Excel正常的提示功能。

```
Application.DisplayAlerts = False
ActiveWorkbook.SaveAs
Application.DisplayAlerts = True
```

22.1.5 关闭工作簿

使用 Workbook 对象的 Close 方法可以关闭指定的工作簿。Close 方法包含 3 个参数，其语法格式如下。

```
Close(SaveChanges, Filename, RouteWorkbook)
```

- SaveChanges：可选，如果在关闭工作簿之前对工作簿进行了更改但是还未保存，则将该参数设置为 True 可以自动保存更改并关闭工作簿，将该参数设置为 False 将不保存更改并关闭工作簿；如果想让用户选择是否保存对工作簿的更改，则可以省略该参数，这样将显示是否保存的提示信息。
- Filename：可选，如果将 SaveChanges 参数设置为 True，并且工作簿从未被保存到磁盘中，则可以使用 Filename 参数指定工作簿的保存路径和文件名。
- RouteWorkbook：可选。如果工作簿不需要传送给下一个收件人，则省略该参数，否则将根据该参数的值传送工作簿。如果将该参数的值设置为 True，则会将工作簿传送给下一个收件人；如果设置为 False，则不传送工作簿。

下面的代码用于关闭名为“一季度”的工作簿。由于已将 Close 方法的 SaveChanges 参数设置为 True，因此在关闭工作簿前会自动保存对该工作簿所做的更改。如果当前没有打开该工作簿，则会出现运行时错误。

```
Workbooks("一季度").Close True
```

在方法中使用命名参数会使代码更易理解，如下所示。

```
Workbooks("一季度").Close SaveChanges:=True
```

下面的代码用于在关闭工作簿时不保存在工作簿打开期间自上次保存之后所做的更改。

```
Workbooks("一季度").Close SaveChanges:=False
```

Workbook 对象有一个 Saved 属性，该属性用于返回或设置一个 Boolean 类型的值。如果该属性的值设置为 True，则表示已经保存了对工作簿的更改；如果设置为 False，则表示还未保存对工作簿的更改。下面两行代码的作用相同，都是在关闭工作簿时不保存任何更改。

```
ActiveWorkbook.Saved = True
ActiveWorkbook.Close SaveChanges:=False
```

将 Saved 属性设置为 True 时需要格外谨慎，此时 Excel 会认为在上次保存后工作簿未发生任何更改，因此，将 Saved 属性设置为 True 将丢失上次保存工作簿之后所做的任何更改。

默认情况下，Workbook 对象的 Close 方法每次只能关闭一个工作簿。如果想要同时关闭多个工作簿，则可以在循环结构中使用 Close 方法。下面的代码将一次性关闭除了包含本代码的工作簿之外的其他所有工作簿；通过在 If Then 分支结构中使用 Workbook 对象的 Name 属性，来判断当前正在关闭的工作簿是否为包含代码的工作簿。

```
Sub 关闭工作簿 ()
    Dim wkb As Workbook
    For Each wkb In Workbooks
        If wkb.Name <> ThisWorkbook.Name Then
          wkb.Close True
        End If
    Next wkb
End Sub
```

如果想要连同包含代码的工作簿一起关闭，则可以在关闭了其他所有工作簿并退出 For Each 循环结构后，加上下面的代码。

```
ThisWorkbook.Close True
```

22.1.6 获取工作簿的路径和名称

使用 Workbook 对象的 FullName、Name 和 Path 3 个属性，可以很容易获取工作簿的路径和名称，这在编程处理工作簿时非常有用。

1. FullName 属性

使用 Workbook 对象的 FullName 属性可以获取工作簿的完整路径，其中包含工作簿的路径和文件名。下面的代码用于显示活动工作簿的完整路径，如果该工作簿从未被保存到磁盘中，则只返回工作簿的默认名称且不包含路径，其默认名称类似于“工作簿 1”“工作簿 2”等。

```
ActiveWorkbook.FullName
```

2. Name 属性

使用 Workbook 对象的 Name 属性可以获取工作簿的名称。如果工作簿从未被保存到磁盘中，则返回的文件名不包含扩展名。下面的代码用于显示当前打开的所有工作簿的名称，如图 22-3 所示。使用 vbCrLf 的目的是让所有名称在一列中纵向排列。

```
Sub 显示所有打开的工作簿的名称 ()
    Dim strMsg As String, wkb As Workbook
    For Each wkb In Workbooks
        strMsg = strMsg & wkb.Name & vbCrLf
    Next wkb
    MsgBox strMsg
End Sub
```

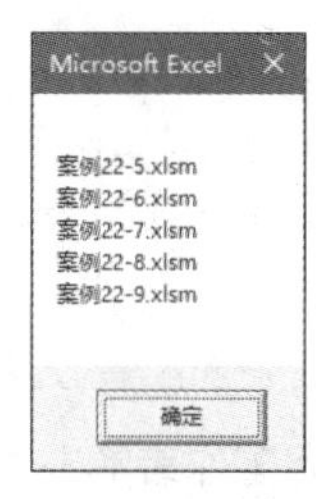

图 22-3　显示所有打开的工作簿的名称

3. Path 属性

使用 Workbook 对象的 Path 属性可以获取工作簿的路径，路径中不包含结尾的分隔符。下面的代码用于显示活动工作簿的路径，如果工作簿从未被保存到磁盘中，则显示为空。

```
ActiveWorkbook.Path
```

使用 Path 和 Name 属性可以实现 FullName 属性的功能，下面两行代码的效果相同。

```
ActiveWorkbook.FullName
ActiveWorkbook.Path & "\" & ActiveWorkbook.Name
```

22.2　编程处理工作表

Excel 对象模型中的 Worksheet 对象用于处理工作表，但是新建和打开工作表的操作需要使用 Worksheets 集合来处理。Worksheets 集合表示一个工作簿中包含的所有工作表，其中的每一个工作表都是一个Worksheet对象。本节将介绍使用VBA编程处理工作表的方法，包括工作表的引用、新建、重命名、移动、复制、删除等。

22.2.1 Worksheets 集合与 Sheets 集合

Worksheets 集合只包含 Worksheet 对象，即平时常用的包含单元格区域的工作表。Sheets 集合可以同时包含两种工作表，一种是普通工作表（Worksheet），另一种是图表工作表（Chart）。当需要遍历 Worksheets 集合中的每一个工作表时，可以声明一个 Worksheet 类型的对象变量，然后使用 For Each 循环结构在 Worksheets 集合中进行遍历。

如果要遍历工作簿中的每一个工作表，不管它是 Worksheet 工作表还是 Chart 工作表，都需要声明一个一般对象变量 Object，然后使用 For Each 循环结构在 Sheets 集合中进行遍历，如下面的两段代码所示。

```
Sub 遍历普通工作表 ()
    Dim wks As Worksheet
    For Each wks In Worksheets
        要执行的代码
    Next wks
End Sub

Sub 遍历普通工作表和图表工作表 ()
    Dim sht As Object
    For Each sht In Sheets
```

```
        要执行的代码
    Next sht
End Sub
```

22.2.2 引用工作表

在 Worksheets 和 Sheets 集合中引用工作表的方法与前面介绍的在 Workbooks 集合中引用工作簿的方法类似：可以使用工作表的名称或索引号从 Worksheets 集合中引用特定的工作表。如果在活动工作簿中存在名为“2 月”的工作表，并且该工作表在工作表标签栏中位于第 2 个位置，则下面两行代码都将引用该工作表。

```
Worksheets("2 月")
Worksheets(2)
```

还可以使用 ActiveSheet 引用活动工作表，下面的代码用于返回活动工作表的名称。

```
ActiveSheet.Name
```

22.2.3 新建工作表

使用 Worksheets 集合的 Add 方法可以在工作簿中新建工作表。Add 方法包含 4 个参数，其语法格式如下。

```
Add(Before, After, Count, Type)
```

- Before：可选，将新建的工作表放置到指定的工作表之前。
- After：可选，将新建的工作表放置到指定的工作表之后。
- Count：可选，新建工作表的数量，如果省略该参数，则其值默认为 1。
- Type：可选，新建工作表的类型，使用 XlSheetType 常量指定该参数的值；如果省略该参数，则其值默认为 xlWorksheet，即新建的是普通工作表。

如果省略所有参数，则使用 Add 方法新建的工作表默认位于活动工作表之前。使用 Add 方法新建工作表后将返回一个 Worksheet 对象，该对象表示刚刚新建的工作表，并且新建的工作表会自动成为活动工作表。可以使用 ActiveSheet 引用这个新建的工作表。

下面的代码用于在活动工作簿中新建一个工作表，由于未提供任何参数，因此新建的工作表会被放置到活动工作表之前。

```
Worksheets.Add
```

下面的代码用于在活动工作簿的最后一个工作表之后新建两个工作表，使用命名参数指定 After 参数的值，使用 Worksheets(Worksheets. Count) 引用最后一个工作表。

```
Worksheets.Add after:=Worksheets (Worksheets.Count)
```

通过在 Add 方法中指定 Count 参数，可以一次性新建指定数量的多个工作表。下面的代码用于在活动工作表之前新建 3 个工作表。

```
Worksheets.Add Count:=3
```

22.2.4 重命名工作表

新建的工作表的名称以 Sheet+“编号”的形式自动命名。Excel 2019 中的工作簿默认包含一个工作表，其名称为Sheet1。新建的一个工作表的默认名称为Sheet2，再新建一个工作表的默认名称为Sheet3，以此类推。使用Worksheet对象的Name属性可以设置工作表的名称。下面的代码用于将Sheet1工作表的名称改为"1月"，在VBA中执行该操作前不需要先选择指定的工作表。

```
Worksheets("Sheet1").Name = "1 月 "
```

案例 22-2

批量重命名工作簿中的所有工作表

案例目标：使用Name属性每次只能修改一个工作表的名称，现在要批量修改工作簿中所有工作表的名称，工作表的名称由用户指定，各个工作表的名称以"用户指定的名称"+"编号"的形式进行设置，效果如图22-4所示。

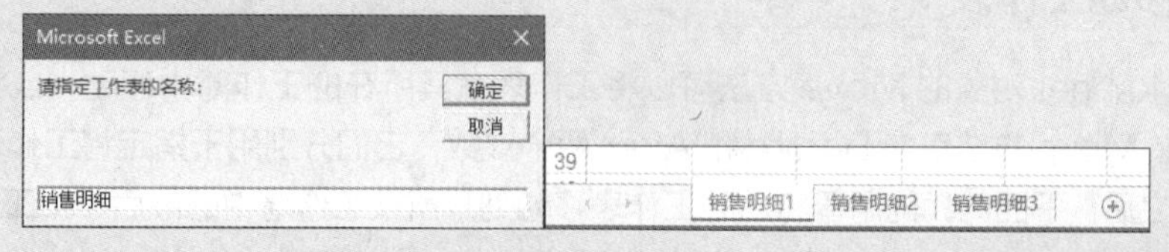

图22-4　批量重命名工作簿中的所有工作表

下面的代码用于重命名工作簿中的所有工作表。首先使用InputBox函数接收用户输入的名称，然后判断该名称是否为空。如果该名称为空，则退出程序；否则将用户输入的名称与表示编号的intNumber变量组成工作表的名称，并将其赋值给Worksheet对象的Name属性。

```
Sub 批量重命名工作表 ()
    Dim strName As String, intNumber As Integer
    Dim wks As Worksheet
    strName = InputBox(" 请指定工作表的名称：")
    If strName = "" Then Exit Sub
    For Each wks In Worksheets
        intNumber = intNumber + 1
        wks.Name = strName & intNumber
    Next wks
End Sub
```

案例 22-3

批量重命名指定工作表以外的所有其他表

案例目标：工作簿中共有7个工作表，其中一个工作表的名称为"汇总表"，现在要将其他6个工作表的名称分别设置为1月、2月、3月、4月、5月、6月，效果如图22-5所示。

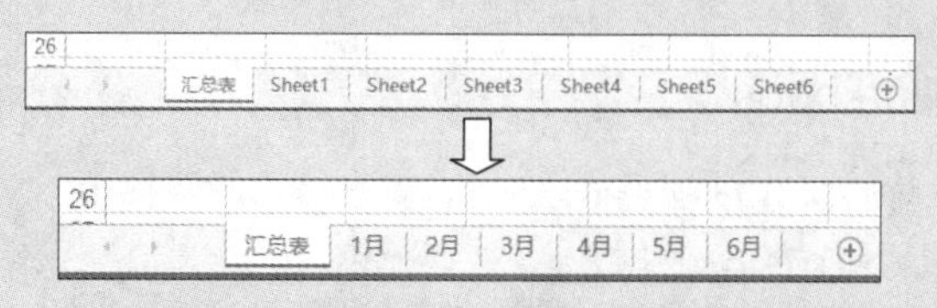

图22-5　批量重命名指定工作表以外的所有其他表

下面的代码用于对名为"汇总表"的工作表以外的其他工作表以月份名称进行重命名。在For Each循环结构中依次遍历每一个工作表，然后使用If Then分支结构判断工作表的名称是否为"汇总表"。如果工作表的名称不为"汇总表"，则重命名该工作表。使用intIndex变量存储一个从1

开始不断递增的数字，该数字作为工作表新名称中的月份数，将该数字与“月”字组成工作表的名称。

```
Sub 批量重命名指定工作表以外的所有其他表 ()
    Dim wks As Worksheet, intIndex As Integer
    For Each wks In Worksheets
        If wks.Name <> " 汇总表 " Then
            intIndex = intIndex + 1
            wks.Name = intIndex & " 月 "
        End If
    Next wks
End Sub
```

22.2.5 移动工作表

使用 Worksheet 对象的 Move 方法可以将工作表在其所在的工作簿中移动，或将其移动到另一个工作簿中。Move 方法包含 Before 和 After 两个参数，它们分别用于指定将工作表移动到某个工作表之前或之后。下面的代码用于将活动工作表移动到其所在工作簿中的最后一个工作表之后。

```
ActiveSheet.Move After:=Worksheets(Worksheets.Count)
```

与 Add 方法不同，Move 方法不返回任何内容。使用 Move 方法移动后的工作表会成为活动工作表，因此可以使用 ActiveSheet 引用使用 Move 方法移动后的工作表。下面的代码用于将 Sheet1 工作表移动到工作簿中的最后一个工作表之前，然后显示该工作表在工作簿中的索引号。

```
Sub 移动工作表 ()
    Worksheets("Sheet1").Move Before:=Worksheets(Worksheets.Count)
    MsgBox ActiveSheet.Index
End Sub
```

除了可以将工作表在其所在的工作簿中进行移动外，还可以将工作表移动到另一个工作簿中。这个工作簿可以是一个已打开的工作簿，也可以是一个新建的工作簿。如果使用 Move 方法时同时省略 Before 和 After 两个参数，则会将工作表移动到新建的工作簿中。下面的代码用于将活动工作表移动到一个新建的工作簿中。

```
ActiveSheet.Move
```

下面的代码用于将活动工作表移动到名为“销售报表”的工作簿中的最后一个工作表之后。如果该工作簿当前未打开，则向用户发出提示信息。为了避免对未打开的工作簿进行操作而出现运行时错误，需要在将指定的工作簿赋值给对象变量之前加入 On Error Resume Next 语句忽略任何可能的错误。赋值后检查是否有错误发生，如果有错误发生，则向用户发出提示信息并退出当前过程；否则将活动工作表移动到指定的工作簿中。

```
Sub 移动工作表 2()
    Dim wkb As Workbook
    On Error Resume Next
    Set wkb = Workbooks(" 销售报表 ")
    If Err.Number <> 0 Then
        MsgBox " 没有打开指定的工作簿！ "
        Exit Sub
    End If
    ActiveSheet.Move After:=wkb.Worksheets(wkb.Worksheets.Count)
End Sub
```

22.2.6 复制工作表

使用Worksheet对象的Copy方法可以复制工作表，Copy方法与Move方法包含的参数和使用方法完全相同，复制后的工作表也将自动成为活动工作表。复制工作表是指在原位置保留工作表，而在其他位置新增工作表的副本。下面的代码用于将活动工作表复制到其所在工作簿中的最后一个工作表之前。

```
ActiveSheet.Copy Before:=Worksheets(Worksheets.Count)
```

22.2.7 删除工作表

使用Worksheet对象的Delete方法可以删除指定的工作表，删除工作表时将显示确认删除的对话框，其中包含【删除】和【取消】两个按钮。Delete方法返回一个Boolean类型的值。如果返回的值为True，则表示单击的是对话框中的【删除】按钮；如果返回的值为False，则表示单击的是对话框中的【取消】按钮。如果不想显示确认删除对话框而自动执行默认的删除操作，则可以将Application对象的DisplayAlerts属性设置为True。

下面的代码用于删除活动工作簿中的第1个、第3个和第5个工作表。

```
Worksheets(Array(1, 3, 5)).Delete
```

案例 22-4

批量删除指定工作表以外的其他工作表

案例目标： 用户在对话框中输入一个要保留的工作表的名称，在对话框中单击【确定】按钮后，将一次性删除工作簿中的其他工作表。

下面的代码用于删除用户指定的工作表以外的其他工作表。Do Loop循环结构用于检查用户指定要保留的工作表是否存在于活动工作簿。如果不存在，则重新显示输入对话框并在其中显示相应的提示信息，如图22-6所示。

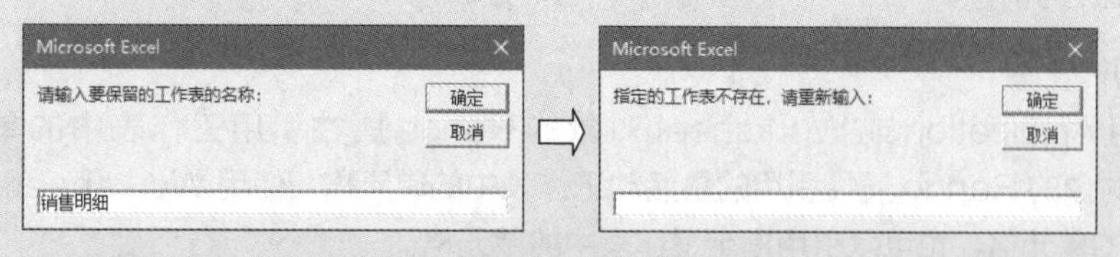

图22-6 指定不存在的工作表时将在输入对话框中显示相应的提示信息

strMsg变量用于存储在输入对话框中显示的不同信息。如果指定的工作表存在或者用户在输入对话框中单击了【取消】按钮，则会退出Do Loop循环。如果指定的工作表存在，则进入For Each循环并开始遍历活动工作簿中的每一个工作表，只要工作表的名称不是用户输入的工作表名称，就删除这个工作表。为了避免每次删除工作表时出现确认删除的对话框，可以将Application对象的DisplayAlerts属性设置为False。

```
Sub 批量删除指定工作表以外的其他工作表 ()
    Dim strMsg As String, strName As String, wks As Worksheet
    strMsg = "请输入要保留的工作表的名称："
    Do
        strName = InputBox(strMsg)
        If strName = "" Then Exit Sub
```

```
        On Error Resume Next
        Set wks = Worksheets(strName)
        If Err.Number <> 0 Then
          strMsg = " 指定的工作表不存在，请重新输入："
        End If
    Loop Until Err.Number = 0
    Application.DisplayAlerts = False
    For Each wks In Worksheets
        If UCase(wks.Name) <> UCase(strName) Then
          wks.Delete
        End If
    Next wks
    Application.DisplayAlerts = True
End Sub
```

22.3 编程处理单元格和区域

Excel 对象模型中的 Range 对象用于处理单元格和单元格区域，该对象可以表示一个单元格、一个单元格区域、不相邻的多个单元格区域等。本节将介绍使用 VBA 编程处理单元格和区域的方法，包括引用单元格、引用行和列、引用不同类型的单元格区域、扩大或缩小引用区域的范围、在单元格区域中读写数据等。

22.3.1 引用单元格

可以使用 Range 或 Cells 属性引用单元格。Range 属性以字符串的形式进行引用，Cells 属性以数字的形式进行引用。

1. Range 属性

可以使用 Application 或 Worksheet 对象的 Range 属性引用工作表中的单元格。使用 Application 对象的 Range 属性引用的是活动工作表中的单元格；使用 Worksheet 对象可以引用活动工作表中的单元格，也可以引用指定工作表中的单元格。

无论使用哪个对象的 Range 属性，要引用一个单元格都需要将表示单元格地址的文本输入 Range 属性右侧的一对圆括号中，并使用一对双引号将该单元格地址引起来。下面的代码用于引用活动工作表中的 A1 单元格。

```
Range("A1")
```

如果活动工作表是 Sheet1，则下面的代码用于引用 Sheet2 工作表中的 A1 单元格。

```
Worksheets("Sheet2").Range("A1")
```

由于 Range 属性中的参数是字符串，因此可以使用变量、数字和文本的组合来作为字符串表达式提供给 Range 属性的参数。下面的代码在 Range 属性的参数中使用了由变量和文本组成的表达式，变量用于存储用户输入的表示行号的数字并与表示列标的字母组合为单元格地址，以此作为 Range 属性的参数。下面的代码用于选择位于 A 列某行中的单元格，行号由用户指定。

```
Sub 引用单元格 ()
    Dim strRow As String
    strRow = InputBox(" 请输入单元格的行号：")
    If IsNumeric(strRow) Then
       Range("A" & strRow).Select
    End If
End Sub
```

2. Cells 属性

引用单元格的另一种方式是使用 Cells 属性。与 Range 属性类似，Cells 属性的父对象也可以是 Application、Worksheet 或 Range 对象。Cells 属性包含两个参数，分别用于指定要引用的单元格的行号和列号。下面的代码用于引用 Sheet1 工作表中的 A2 单元格。

```
Worksheets("Sheet1").Cells(2, 1)
```

如果 Sheet1 是活动工作表，则可以省略 Worksheet 对象的限定信息，即写为以下形式。

```
Cells(2, 1)
```

Cells 属性的第 2 个参数除了可以使用数字外，还可以使用字母来表示列，如下所示。

```
Cells(2, "A")
```

虽然 Cells 属性包含两个参数，但是第 2 个参数是可选参数，可以将其省略。当只使用第 1 个参数时，该参数表示的是工作表或单元格区域中的单元格索引号，按先行后列的顺序计算。下面的代码仍然引用 A2 单元格，但是只使用了 Cells 属性的第 1 个参数。在 Excel 2007 及更高版本的 Excel 中，列的总数是 16384。由于只使用一个参数的 Cells 属性是按照先行后列的顺序来计算索引号的，因此下面代码中的 16385 相当于 16384+1，即扫描完第 1 行的 16384 列之后，转到下一行的第 1 列，即 A2 单元格。

```
Worksheets("Sheet1").Cells(16385)
```

由于 Cells 属性可以使用表示行号、列号的两个数字来引用特定的单元格，因此可以很方便地在循环结构中处理单元格。下面的代码用于在 A1:D6 单元格区域的每一个单元格中输入一个数字，该数字是其所在单元格的行号和列号的乘积，如图 22-7 所示。

```
Sub 引用单元格 2()
    Dim intRow As Integer, intCol As Integer
    For intRow = 1 To 6
       For intCol = 1 To 4
          Cells(intRow, intCol).Value = intRow * intCol
       Next intCol
    Next intRow
End Sub
```

	A	B	C	D	E
1	1	2	3	4	
2	2	4	6	8	
3	3	6	9	12	
4	4	8	12	16	
5	5	10	15	20	
6	6	12	18	24	
7					

图 22-7　在单元格区域中输入数字

如果在 Range 对象中使用 Cells 属性，则引用的是该 Range 对象表示的单元格区域中的某个单元格。下面的代码引用了活动工作表的 B2:F6 单元格区域中的第 2 行第 3 列的单元格，即 D3 单元格。

```
Range("B2:F6").Cells(2, 3)
```

可以在 Range 对象的 Cells 属性中只使用一个参数，其作用与前面介绍的只使用一个参数的 Cells 属性相同，仍然按照先行后列的方式引用单元格区域中的单元格。如果仍要在 B2:F6 单元格区域中引用 D3 单元格，则可以将 Cells 属性的第 1 个参数设置为 8。这是因为单元格 D3 位于 B2:F6 单元格区域中的第 2 行第 3 列，该区域中的每行有 5 个单元格，所以 D3 单元格的索引号为 1×5+3=8。

```
Range("B2:F6").Cells(8)
```

除了可以使用 Range 和 Cells 两个属性引用单元格外，还可以使用一种更简洁的方式来引用单元格。只需将要引用的单元格的地址放置在一对方括号中，这种方法实际上是使用了 Application 对象的 Evaluate 方法的简写形式。使用这种引用方式引用的单元格是绝对引用。下面的代码用于引用 A1 单元格。

```
[A1]
```

22.3.2 引用连续或不连续的单元格区域

可以使用 Range 属性引用单元格区域，也可以在 Range 属性中使用 Cells 属性引用单元格区域。如果要引用不连续的单元格区域，则可以使用 Range 属性或 Application 对象的 Union 方法。

1. Range 属性

与使用 Range 属性引用单元格的方法类似，也可以使用该属性引用单元格区域，只需将表示单元格区域的地址放入 Range 属性右侧的一对圆括号中，并使用一对双引号将其引起来。下面的代码用于引用活动工作表中的 B2:F6 单元格区域。

```
Range("B2:F6")
```

实际上 Range 属性有两个参数，在使用该属性引用单元格区域时，可以同时指定两个参数，将第 1 个参数指定为区域左上角的单元格，将第 2 个参数指定为区域右下角的单元格，两个参数之间使用英文半角逗号分隔。下面的代码仍然引用了 B2:F6 单元格区域，但是同时指定了 Range 属性的两个参数。

```
Range("B2", "F6")
```

也可以将 Cells 属性返回的单元格作为 Range 属性的两个参数，以指定单元格区域的左上角单元格和右下角单元格。下面的代码仍然引用了 B2:F6 单元格区域，但是使用了 Cells 属性作为 Range 属性的参数。

```
Range(Cells(2, 2), Cells(6, 6))
```

使用 Range 属性不仅可以引用一个单元格区域，还可以引用多个不连续的单元格或单元格区域，只需在 Range 属性右侧的圆括号中使用一对双引号将所有使用英文半角逗号分隔的单元格或单元格区域引起来。下面的两行代码分别引用了 5 个单元格（A1、B3、C6、D2、E5）和 3 个单元格区域（A1:A6、C1:C6、E1:E6）。

```
Range("A1,B3,C6,D2,E5")
Range("A1:A6,C1:C6,E1:E6")
```

2. Union 方法

当需要引用并处理多个区域时，可以使用 Application 对象的 Union 方法。该方法可以将多个单元格区域合并为一个 Range 对象，该方法中的每个参数都表示一个单元格区域，各个参数之间使用英文半角逗号分隔，必须至少为 Union 方法提供两个参数。下面的代码使用了 rng 变量存储 A1:B3 和 D3:E6 两个单元格区域。

```
Set rng = Union(Range("A1:B3"), Range("D3:E6"))
```

如果要处理多个单元格区域，则可以使用 Range 对象的 Areas 属性。该属性返回 Range 对象包含的所有单元格区域的集合，其中的每一个区域都是一个 Range 对象，可以使用 For Each 循环结构在 Areas 集合中遍历每一个区域并进行所需的处理。

下面的代码用于显示每个单元格区域包含的单元格数量，使用 rngs 变量存储两个单元格区域，然后在 For Each 循环结构中使用 rng 变量遍历每一个单元格区域；再使用 Range 对象的 Count 属性统计每个单元格区域中的单元格数量，并将结果显示在对话框中。

```
Sub 处理多个单元格区域 ()
    Dim rng As Range, rngs As Range
    Set rngs = Union(Range("A1:B3"), Range("D3:E6"))
    For Each rng In rngs.Areas
        MsgBox rng.Address(0, 0) & " 区域中的单元格数量是： " & rng.Count
    Next rng
End Sub
```

22.3.3 引用行

使用 Range 对象的 Rows 属性可以返回单元格区域中的所有行。Range 对象还有一个 EntireRow 属性，用于返回单元格区域中的所有整行。这两个属性可能容易引起混淆，它们看起来具有相同的作用，但是实际上有所不同。

下面的代码用于显示活动工作表中的B3:D5单元格区域中每一行的地址，这里使用的是Rows属性，返回的结果依次为B3:D3、B4:D4、B5:D5，说明Rows属性返回的行是限定在单元格区域内的每一行，而不是贯穿整个工作表的整行。

```
Sub 引用行 ()
    Dim rng As Range
    For Each rng In Range("B3:D5").Rows
        MsgBox rng.Address(0, 0)
    Next rng
End Sub
```

如果使用EntireRow属性替换上面代码中的Rows属性，则返回的结果依次为3:3、4:4、5:5，说明 EntireRow 属性返回的行是从单元格区域内的每一行延伸到贯穿整个工作表的整行。

```
Sub 引用行 2()
    Dim rng As Range
    For Each rng In Range("B3:D5").EntireRow
        MsgBox rng.Address(0, 0)
    Next rng
End Sub
```

可以使用索引号引用 Rows 属性返回的所有行中的某一行。下面的代码用于引用活动工作表中的第 2 行。

```
Rows(2)
```

像上面的代码所示，不带对象限定符的 Rows 属性引用的是活动工作表中的行。也可以使用 Worksheet 对象引用指定工作表中的行。下面的代码用于引用 Sheet2 工作表中的第 2 行。

```
Worksheets("Sheet2").Rows(2)
```

下面的代码用于引用 B3:D5 单元格区域中的第 2 行（即 B4:D4）。

```
Range("B3:D5").Rows(2)
```

可以使用 Range 对象的 Row 属性返回对象的行号。下面的代码用于返回 B3:D5 单元格区域中的第2行的行号，返回值为4，因为该区域的首行是工作表中的第3行，所以第2行就是工作表中的第4行。

```
Range("B3:D5").Rows(2).Row
```

如果将 Rows 属性应用于包含多个单元格区域的 Range 对象，则只返回第 1 个区域中的所有行，因此下面的代码用于返回第 1 个单元格区域的总行数 3，而不是所有单元格区域的总行数 18。

```
Range("A1:A3,C1:C6,E1:E9").Rows.Count
```

可以使用 EntireRow 属性引用某个单元格所在的一整行。下面的代码用于引用单元格 B5 所在的整行，即工作表中的第 5 行。

```
Range("B5").EntireRow
```

也可以使用 EntireRow 属性引用单元格区域所占据的所有整行。下面的代码用于引用 B3:D5 单元格区域所占据的工作表中的第 3 ~ 5 行。

```
Range("B3:D5").EntireRow
```

22.3.4 引用列

与上一节介绍的使用 Rows 和 EntireRow 属性引用行的方法类似，使用 Range 对象的 Columns 和 EntireColumn 属性可以引用工作表或单元格区域中的所有列或整列。下面的代码用于引用 Sheet2 工作表中的第 3 列。

```
Worksheets("Sheet2").Columns(3)
```

下面的代码用于引用 B3:D5 单元格区域中的所有列，即 B ~ D 列。

```
Range("B3:D5").EntireColumn
```

与 Rows 属性类似，如果将 Columns 属性应用于包含多个单元格区域的 Range 对象，则只返回第 1 个区域中的所有列。

22.3.5 通过偏移引用新的单元格或单元格区域

Range 对象的 Offset 属性与 Excel 的工作表函数 OFFSET 的功能类似，用于将单元格或单元格区域偏移一定的行、列位置之后得到新的单元格或单元格区域。与 Excel 的工作表函数 OFFSET 不同的是，Range 对象的 Offset 属性只执行偏移操作，而不调整区域包含的行、列数。Offset 属性包含两个可选参数，其语法格式如下。

```
Offset(RowOffset, ColumnOffset)
```

- RowOffset：可选，单元格或单元格区域向上或向下偏移的行数。正数为向下偏移，负数为向上偏移，0为不偏移。如果省略该参数，则其值默认为0。
- ColumnOffset：可选，单元格或单元格区域向左或向右偏移的列数。正数为向右偏移，负数为向左偏移，0为不偏移。如果省略该参数，则其值默认为0。

下面的代码引用的是F7单元格，从C5单元格开始向下偏移2行变成C7，然后从C7单元格再向右偏移3列变成F7。

```
Range("C5").Offset(2, 3)
```

如果Range对象是一个单元格区域，则在使用Offset属性后得到的是一个经过偏移指定行、列数后与原区域具有相同行、列数的新区域。下面的代码引用的是E5:G8单元格区域，这是因为原区域B3:D6包含4行3列，该区域左上角的单元格B3向下偏移2行，再向右偏移3列后变成E5，所以偏移后的新区域左上角的单元格是E5。由于区域包含的行、列数并未改变，因此新区域以E5单元格为起点，向下和向右延伸至4行3列的范围，最终得到E5:G8单元格区域。

```
Range("B3:D6").Offset(2, 3)
```

注意

由于Offset属性的两个参数都可以是负数，因此在使用Offset属性时要小心偏移后得到无效的单元格，此时将出现运行时错误。

案例22-5

自动标记销量未达标的员工姓名

案例目标：自动将销量不足500的员工姓名设置为黄色背景，效果如图22-8所示。

	A	B
1	姓名	销量
2	柯梦旋	800
3	邬雅珺	300
4	尤就	200
5	荆瑗	400
6	晋小	300
7	岳曼冬	600
8	杜冷丝	500
9	计密	600
10	丁平	600

图22-8　自动标记销量未达标的员工姓名

下面的代码用于将销量未达标的员工姓名标记为黄色。首先获取A1单元格所在的连续数据区域，然后使用For Each循环结构遍历该区域第2列中的每一个单元格。如果销量小于500，就将与当前单元格位于同一行的左侧一列的单元格的背景色设置为黄色，该单元格中的内容就是与销量对应的员工姓名。

```
Sub 自动标记销量未达标的员工姓名 ()
    Dim rng As Range, rngs As Range
    Set rngs = Range("A1").CurrentRegion
    For Each rng In rngs.Columns(2).Cells
        If rng.Value < 500 Then
            rng.Offset(0, -1).Interior.Color = vbYellow
        End If
    Next rng
End Sub
```

22.3.6 扩大或缩小引用区域的范围

使用 Range 对象的 Resize 属性可以调整单元格区域的范围。Resize 属性包含两个可选参数，其语法格式如下。

```
Resize(RowSize, ColumnSize)
```

- RowSize：可选，新区域包含的行数，省略该参数表示新区域的行数不变。
- ColumnSize：可选，新区域包含的列数，省略该参数表示新区域的列数不变。

下面的代码用于引用 A1:B3 单元格区域。缩放前只有 A1 单元格，使用 Resize 属性后，以 A1 单元格为起点，扩展到包含 3 行、2 列的范围，最后得到 A1:B3 单元格区域。

```
Range("A1").Resize(3, 2)
```

下面的代码用于将原有的 A1:C3 单元格区域扩展到 A1:E5 单元格区域。

```
Range("A1:C3").Resize(5, 5)
```

下面的代码用于将原有的 A1:C3 单元格区域缩小到 A1:B2 单元格区域。

```
Range("A1:C3").Resize(2, 2)
```

案例 22-6

自动标记销量未达标的员工记录

案例目标：自动将销量不足 500 的员工的姓名和销量的整行记录设置为黄色背景，效果如图 22-9 所示。

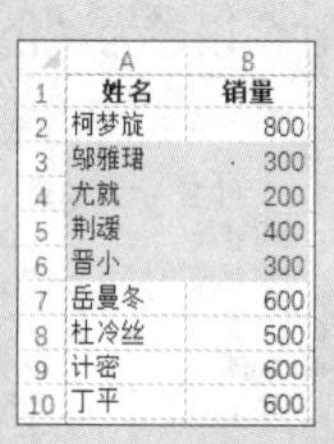

	A	B
1	姓名	销量
2	柯梦旋	800
3	邬雅珺	300
4	尤就	200
5	荆瑷	400
6	晋小	300
7	岳曼冬	600
8	杜冷丝	500
9	计密	600
10	丁平	600

图 22-9　自动标记销量未达标的员工记录

下面的代码用于将销量未达标的整行记录（包括员工姓名和销量）标记为黄色。本例使用 Resize 属性来扩展单元格的范围，以员工姓名所在的单元格为起点，包含一行两列的单元格区域。

```
Sub 自动标记销量未达标的员工记录()
    Dim rng As Range, rngs As Range
    Set rngs = Range("A1").CurrentRegion
    For Each rng In rngs.Columns(2).Cells
        If rng.Value < 500 Then
            rng.Offset(0, -1).Resize(1, 2).Interior.Color = vbYellow
        End If
    Next rng
End Sub
```

22.3.7 引用独立的数据区域

如果某个数据区域与其他数据区域之间至少被一个空行或一个空列分隔开，则可以使用该区域中的任意一个单元格的 Range 对象的 CurrentRegion 属性来选择这个区域。

在图 22-10 所示的工作表中包含两个彼此由空列隔开的数据区域 B2:D6 和 F2:H6。如果要快速选择其中的某个数据区域，则可以使用 Range 对象的 CurrentRegion 属性。下面的代码将选择 B2:D6 数据区域，作为 Range 属性的参数的单元格并非必须是 B2，也可以是 B2:D6 数据区域中的任意一个单元格。

```
Range("B2").CurrentRegion.Select
```

	A	B	C	D	E	F	G	H	I
1									
2		1	1	1		101	101	101	
3		2	2	2		102	102	102	
4		3	3	3		103	103	103	
5		4	4	4		104	104	104	
6		5	5	5		105	105	105	
7									

图 22-10　使用 CurrentRegion 属性选择当前数据区域

22.3.8 引用工作表中的已使用区域

UsedRange 属性是 Worksheet 对象的属性，该属性会返回一个 Range 对象，表示工作表中已使用的单元格区域，一个工作表只有一个已使用的单元格区域。已使用的单元格区域并不仅仅是指包含数据的单元格区域，那些曾经设置过格式的单元格区域也会被纳入“已使用”的范围内，即使这些单元格中没有任何内容。

对上一小节的工作表中的两个不连续区域而言，使用下面的代码将返回该工作表中的已使用的单元格区域 B2:H6，这里假设该工作表是活动工作表。

```
ActiveSheet.UsedRange
```

案例 22-7

删除销售明细表中的所有空行

案例目标：将销售明细表中的数据之间的所有空行删除，效果如图 22-11 所示。

	A	B	C
1	销售日期	商品名称	销量
2	2020-9-5	啤酒	29
3	2020-9-5	果汁	37
4			
5	2020-9-6	酸奶	13
6			
7	2020-9-7	面包	33
8			
9	2020-9-8	饼干	20
10	2020-9-9	饼干	16

	A	B	C
1	销售日期	商品名称	销量
2	2020-9-5	啤酒	29
3	2020-9-5	果汁	37
4	2020-9-6	酸奶	13
5	2020-9-7	面包	33
6	2020-9-8	饼干	20
7	2020-9-9	饼干	16
8			
9			
10			

图 22-11　删除销售明细表中的所有空行

下面的代码用于删除活动工作表已使用区域中的所有空行。For Next 循环结构中从已使用区域的底部向顶部逐行循环，以避免由上向下删除行时出现的行号错乱问题。使用工作表函数 CountA 判断当前行是否为空，如果为空，则删除该行；否则检查下一行，直到到达已使用区域的第1行为止。

```
Sub 删除销售明细表中的所有空行 ()
    Dim lngRowCount As Long, lngRow As Long
    lngRowCount = ActiveSheet.UsedRange.Rows.Count
    For lngRow = lngRowCount To 1 Step -1
        If Application.WorksheetFunction.CountA(Rows(lngRow).Cells) = 0 Then
            Rows(lngRow).Delete
        End If
```

```
    Next lngRow
End Sub
```

22.3.9 在单元格区域中读写数据

在单元格区域中读取和写入数据的最基本方法是使用 For Next 或 For Each 循环结构。For Next 循环结构的优点是可以指定区域中某个特定行、列位置的单元格；而 For Each 循环结构的优点是不管单元格区域中包含多少个单元格，它都会依次进行遍历，直到区域中的最后一个单元格为止。

案例 22-8

批量更正员工的销售额

案例目标： 输入员工完成的销售额时，由于误操作，每个员工的销售额数字的结尾都少了一个 0，通过编程快速更正所有员工的销售额数据，效果如图 22-12 所示。

	A	B
1	姓名	销售额
2	柯梦旋	800
3	邬雅珺	300
4	尤就	200
5	荆瑗	400
6	晋小	300
7	岳曼冬	600
8	杜冷丝	500
9	计密	600
10	丁平	600

	A	B
1	姓名	销售额
2	柯梦旋	8000
3	邬雅珺	3000
4	尤就	2000
5	荆瑗	4000
6	晋小	3000
7	岳曼冬	6000
8	杜冷丝	5000
9	计密	6000
10	丁平	6000

图 22-12　批量更正员工的销售额

下面的代码用于将 B2:B10 单元格区域中的每个值都乘以 10，由此在每个员工的销售额的结尾补 0。首先将该单元格区域赋值给一个 Range 类型的对象变量，使用两个 Long 数据类型的变量分别存储该区域的总行数和总列数。然后使用嵌套的 For Next 循环结构遍历区域中的每个单元格，外层循环用于控制行号，内层循环用于控制列号，通过行号和列号定位区域中的每个单元格。再使用 Range 对象的 Value 属性获取单元格中的数据，并将计算后的结果再赋值给该属性。循环结束的标志是到达单元格区域的最后一个单元格，它由 Range 对象的总行数和总列数决定。

```
Sub 批量更正员工的销售额数据 ()
    Dim rng As Range, lngRow As Long, lngCol As Long
    Set rng = Range("B2:B10")
    For lngRow = 1 To rng.Rows.Count
        For lngCol = 1 To rng.Columns.Count
            rng.Cells(lngRow, lngCol).Value = rng.Cells(lngRow, lngCol).Value * 10
        Next lngCol
    Next lngRow
End Sub
```

本例还可以使用 For Each 循环结构遍历区域中的每个单元格来读写数据，使用这种方法编写的代码更简洁。

```
Sub 批量更正员工的销售额数据 2()
    Dim rng As Range
    For Each rng In Range("B2:B10")
        rng.Value = rng.Value * 10
    Next rng
End Sub
```

第23章 使用事件编程

对象除了具有属性和方法外，还具有可以响应用户操作的事件。为对象的事件编写 VBA 代码，可以在用户执行特定操作时自动执行相应的代码，从而使代码自动和智能地运行。本章将介绍编写事件代码所需了解的基础知识和一些重要事件的使用方法。

23.1 理解事件

本节将介绍事件的基础知识，包括事件的类型及优先级、事件代码的存储位置和输入方法、在事件中使用参数、开启和关闭事件的触发机制等。

23.1.1 事件的类型及优先级

Excel 中包含应用程序事件、工作簿事件、工作表事件、图表工作表事件、嵌入式图表事件、用户窗体和控件事件，它们的说明如下。

- 应用程序事件：监视在 Excel 运行期间发生的操作，它针对的是任意一个工作簿，而不是特定的某个工作簿。如果希望在触发不同工作簿中的相同事件时执行指定的操作，如在新建或打开任意一个工作簿时显示特定的信息，就需要使用应用程序事件。默认情况下无法使用应用程序事件，只有在类模块和标准模块中编写少量代码后才能使用应用程序事件。
- 工作簿事件：只作用于特定工作簿中的操作，包括工作簿自身的操作，以及工作簿中任意一个工作表的操作。
- 工作表事件：只作用于特定工作表中的操作，而不是任意一个工作表。
- 图表工作表事件：只作用于特定图表工作表中的操作。
- 嵌入式图表事件：只作用于特定嵌入式图表的操作。与应用程序事件类似，默认无法使用嵌入式图表事件，需要在类模块和标准模块中编写少量代码后才能使用嵌入式图表事件。
- 用户窗体和控件事件：只作用于特定用户窗体和控件的操作。

不同对象既拥有不同的事件，也拥有相同的事件。用户的操作可能会触发不同对象的同一个事件，也可能会触发同一个对象的多个事件，这些事件的执行具有预先指定的顺序。例如，在工作簿中添加新工作表时，将依次触发以下 3 个工作簿事件。

- NewSheet 事件：执行新建工作表操作时将触发该事件。
- SheetDeactivate 事件：执行新建工作表的操作后，因原来处于活动状态的工作表失去焦点而触发该事件。
- SheetActivate 事件：添加的工作表获得焦点，成为活动工作表而触发该事件。

事件的执行始终遵循由优先级低到高的顺序，如果同时设置了工作表事件、工作簿事件和应用程序事件，工作表事件会优先执行，然后执行工作簿事件，最后执行应用程序事件。对不同对象拥有的同一个事件而言，事件触发的先后顺序遵循最小范围优先原则。

23.1.2 事件代码的存储位置和输入方法

不同对象的事件代码存储在不同的位置，具体如下。

- 应用程序事件的代码存储在用户创建的类模块中，只有在类模块和标准模块中编写特定的代码后，才能使用应用程序事件。
- 工作簿事件的代码存储在与工作簿关联的 ThisWorkbook 模块中。
- 工作表事件的代码存储在与工作表关联的 Sheet1、Sheet2 等模块中。

- 图表工作表事件的代码存储在与图表工作表关联的 Chart1、Chart2 等模块中。
- 嵌入式图表事件的代码存储在用户创建的类模块中。
- 用户窗体和控件事件的代码存储在与用户窗体关联的代码模块中。如果将控件嵌入工作表或图表工作表中，则控件事件的代码存储在与包含该控件的工作表或图表工作表关联的代码模块中。

输入事件代码时，必须将事件代码输入事件所属对象的代码模块中。例如，如果要输入 Sheet1 工作表的事件代码，则需要在 VBE 窗口的工程资源管理器中双击与 Sheet1 工作表关联的代码模块（如 Sheet1），打开对应的代码窗口。在窗口顶部左侧的下拉列表中选择【Worksheet】，如图 23-1 所示，Excel 将自动输入默认事件过程的代码框架，它由包含事件过程声明的两行代码组成。事件过程的名称由“对象名”+“事件名”组成，两个名称之间使用下划线分隔，如 Worksheet_SelectionChange。

```
Private Sub Worksheet_SelectionChange(ByVal Target As Range)

End Sub
```

如果自动输入的默认事件不是想要使用的事件，则可以在代码窗口顶部右侧的下拉列表中选择其他事件，如图 23-2 所示。

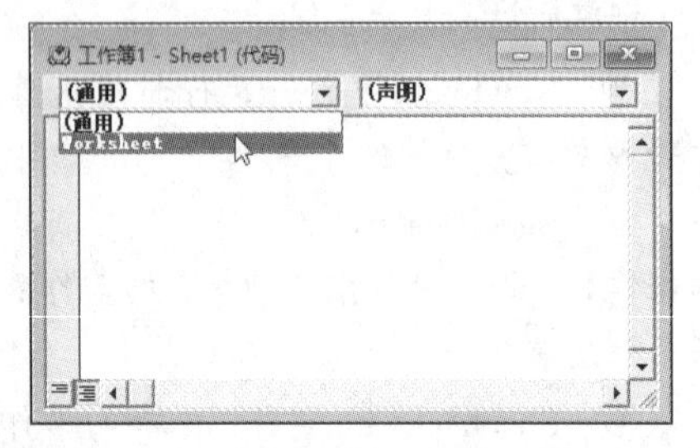

图 23-1　在左侧下拉列表中选择事件所属的对象

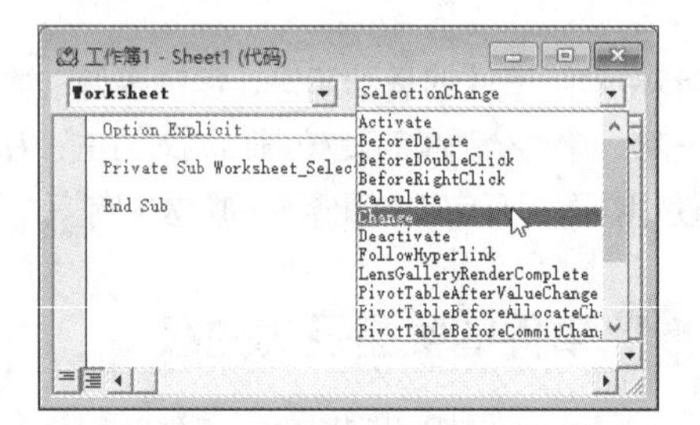

图 23-2　选择所需的事件

23.1.3　在事件中使用参数

与普通的 Sub 过程类似，事件过程也可以包含一个或多个参数，大多数参数都采用传值方式来传递数据。下面显示的是工作簿的 SheetChange 事件过程的框架。

```
Private Sub Workbook_SheetChange(ByVal Sh As Object, ByVal Target As Range)

End Sub
```

该事件过程名称右侧的括号中包含 Sh 和 Target 两个参数，两个参数的传递方式都是传值，Sh 参数声明为 Object 一般对象类型，Target 参数声明为 Range 特定对象类型。Sh 参数表示工作簿中的某个工作表，Target 参数表示工作表中的单元格或单元格区域。与普通 Sub 过程中的参数的作用类似，事件过程中的参数也用于传递所需的数据。

下面的代码放置在工作簿的 SheetChange 事件过程中。当对该工作簿的任意一个工作表中的任意一个单元格执行编辑操作后，将显示刚编辑过的单元格的地址及其所属的工作表的名称的提示信息，如图 23-3 所示。

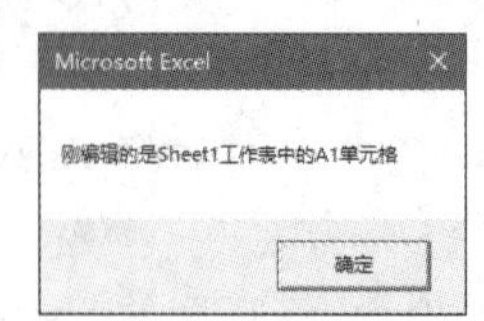

图 23-3　在事件代码中使用参数

```
Private Sub Workbook_SheetChange(ByVal Sh As Object, ByVal Target As Range)
    MsgBox "刚编辑的是" & Sh.Name & "工作表中的" & Target.Address(0, 0) & "单元格"
End Sub
```

很多事件过程都包含一个名为 Cancel 的参数，该参数是一个 Boolean 类型的值。如果该参数值为 True，则取消事件过程；如果该参数值为 False 或不进行设置，则按正常方式执行事件过程。

下面的代码位于工作簿的 BeforePrint 事件过程中，该事件过程中将 Cancel 参数设置为 True。在工作簿中执行打印命令时，将显示图 23-4 所示的提示信息，询问用户是否进行打印，单击【取消】按钮将取消打印。

```
Private Sub Workbook_BeforePrint(Cancel As Boolean)
    Dim lngAns As Long
    lngAns = MsgBox(" 要打印吗？ ", vbOKCancel)
    If lngAns = vbCancel Then
        Cancel = True
    End If
End Sub
```

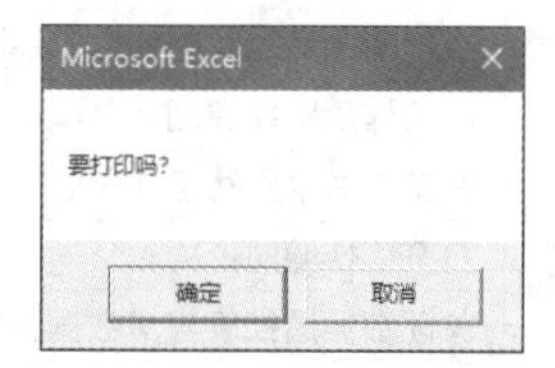

图 23-4 使用 Cancel 参数控制是否取消事件过程

23.1.4 开启和关闭事件的触发机制

当用户执行特定操作时将触发与该操作关联的事件过程，并自动执行其中包含的 VBA 代码。这种机制为自动处理大量工作带来方便，并让程序更加智能。但对某些操作而言，这种自动触发事件过程的机制可能会带来一些问题。

例如，在编辑单元格后会触发工作表的 Change 事件，此时如果 Change 事件过程中的代码包含改变单元格内容的操作，则会再次触发 Change 事件。该事件过程中的代码会继续编辑单元格而又一次触发 Change 事件，这种连锁反应将无限循环下去，最终会导致 Excel 崩溃。

避免出现这种问题的方法是临时关闭事件的触发机制，在完成指定操作后，再重新开启事件的触发机制。只需在事件过程中将 Application 对象的 EnableEvents 属性设置为 True 或 False 即可。

关闭事件触发代码如下。

```
Application.EnableEvents = False
```

开启事件触发代码如下。

```
Application.EnableEvents = True
```

23.2 使用工作簿事件

本节将列出所有的工作簿事件及其触发条件，并介绍常用事件的使用方法。

23.2.1 工作簿事件一览

表 23-1 所示为所有的工作簿事件及其触发条件。

表 23-1　工作簿事件及其触发条件

事件名称	触发条件
Activate	激活工作簿时
AddinInstall	作为加载项安装工作簿时
AddinUninstall	作为加载项卸载工作簿时
AfterSave	保存工作簿之后
AfterXmlExport	保存或导出指定工作簿中的 XML 之后
AfterXmlImport	刷新 XML 数据连接或导入 XML 之后
BeforeClose	关闭工作簿之前
BeforePrint	打印工作簿之前
BeforeSave	保存工作簿之前
BeforeXmlExport	保存或导出指定工作簿中的 XML 之前
BeforeXmlImport	刷新 XML 数据连接或导入 XML 之前
Deactivate	工作簿由活动状态转为非活动状态时
NewChart	在工作簿中新建图表时
NewSheet	在工作簿中新建工作表时
Open	打开工作簿时
PivotTableCloseConnection	关闭数据透视表与其数据源的连接之后
PivotTableOpenConnection	打开数据透视表与其数据源的连接之后
RowsetComplete	在 OLAP 上深化记录集或调用行集操作时
SheetActivate	激活任何一个工作表时
SheetBeforeDoubleClick	双击任何一个工作表时，发生在默认的双击之前
SheetBeforeRightClick	右击任意一个工作表时，发生在默认的右击之前
SheetCalculate	重新计算工作表时
SheetChange	用户更改任意一个工作表时
SheetDeactivate	任意一个工作表由活动状态转为非活动状态时
SheetFollowHyperlink	单击 Excel 中的任何一个超链接时
SheetPivotTableAfterValueChange	在编辑或重新计算数据透视表中的单元格或单元格区域之后
SheetPivotTableBeforeAllocateChanges	在向数据透视表应用更改之前
SheetPivotTableBeforeCommitChanges	在针对 OLAP 数据源提交对数据透视表的更改之前
SheetPivotTableBeforeDiscardChanges	在放弃对数据透视表所做的更改之前
SheetPivotTableChangeSync	在对数据透视表进行更改之后
SheetPivotTableUpdate	更新数据透视表的工作表之后
SheetSelectionChange	在任意一个工作表中选择单元格或单元格区域时
Sync	同步工作簿的本地副本与服务器的副本时
WindowActivate	激活工作簿窗口时
WindowDeactivate	当工作簿窗口由活动状态变为非活动状态时
WindowResize	调整任何一个工作簿窗口大小时

23.2.2 Open 事件

在打开工作簿时将触发 Open 事件。工作簿的 Open 事件过程主要用于对工作簿进行初始化设置，包括以下几个方面。

- 显示欢迎信息。
- 激活特定的工作表和单元格。
- 配置工作簿的界面环境。
- 通过验证 Excel 用户名来设置工作簿的操作权限。

案例 23-1

打开工作簿时显示欢迎信息

案例目标：编写工作簿的 Open 事件，在打开工作簿时显示“欢迎使用本系统！”提示信息。

新建一个工作簿，在该工作簿的 Open 事件过程中输入下面的代码，然后保存并关闭该工作簿。以后打开该工作簿时，将显示“欢迎使用本系统！”提示信息。

```
Private Sub Workbook_Open()
    MsgBox Prompt:=" 欢迎使用本系统！ ", Title:=" 欢迎信息 "
End Sub
```

案例 23-2

打开工作簿时检查用户的操作权限

案例目标：编写工作簿的 Open 事件，在打开工作簿时检查 Excel 用户名是否为 admin。如果是，则正常打开工作簿，否则将自动关闭该工作簿。

新建一个工作簿，在该工作簿的 Open 事件过程中输入下面的代码，然后保存并关闭该工作簿。以后打开该工作簿时，将检查 Excel 用户名是否为 admin。如果不是，则自动关闭该工作簿。

```
Private Sub Workbook_Open()
    Dim strUserName As String
    strUserName = Application.UserName
    If LCase(strUserName) <> "admin" Then
        MsgBox " 用户名不正确，退出程序！ "
        ThisWorkbook.Close False
    End If
End Sub
```

提示

操作时可能会发现无法修改本例工作簿中的代码，因为如果用户计算机中的 Excel 程序的用户名不是 admin（大小写均可），在每次打开工作簿时显示提示信息后就会自动关闭工作簿。为了可以编辑工作簿中的代码，在打开工作簿并显示提示信息后，按【Ctrl+Break】快捷键进入中断模式，然后在显示的对话框中单击【结束】按钮。

23.2.3 BeforeClose 事件

关闭工作簿之前将触发 BeforClose 事件，该事件常与工作簿的 Open 事件组合使用。最常见的一个应用是在 Open 事件中编写自定义工作簿界面环境的代码，以便在打开工作簿后可以自动加载并配置窗口中的界面元素。在 BeforeClose 事件中编写移除自定义界面元素的代码，从而确保在关闭工作簿时可以自动移除任何的自定义界面元素。

当关闭一个未保存的工作簿时，将弹出确认保存的对话框，无论用户是否选择保存工作簿，BeforeClose 事件都已被触发。如果该事件过程用于移除工作簿中临时加载的自定义菜单和命令，则在用户单击【取消】按钮返回工作簿窗口后，工作簿中的自定义菜单和命令仍然会被移除，通常这并非想要的效果。

避免这个问题发生的方法是将 BeforeClose 事件过程中的 Cancel 参数的值设置为 True，以拦截关闭工作簿时弹出的确认保存的对话框，并编写代码控制工作簿的关闭方式。

案例 23-3

编程控制关闭工作簿的方式

案例目标：编写工作簿的 BeforeClose 事件，当关闭未保存的工作簿时，将显示自定义对话框，询问用户是否保存工作簿，并根据用户在对话框中的选择执行不同的操作，效果如图 23-5 所示。

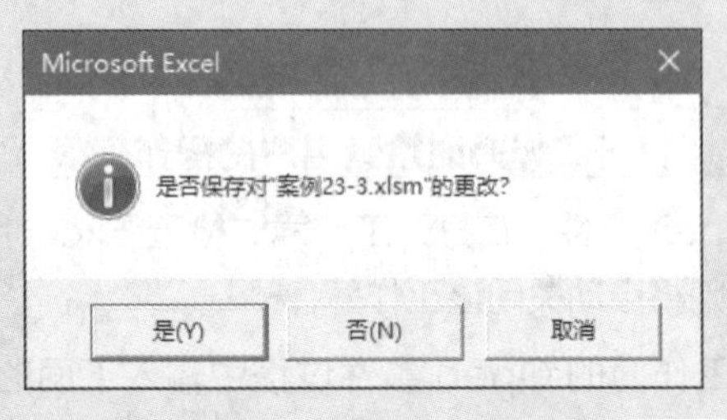

图 23-5　自定义的确认保存的对话框

下面的代码位于工作簿的 BeforeClose 事件过程中，通过 Workbook 对象的 Saved 属性的值来判断工作簿是否已保存。如果未保存，则显示自定义的对话框，并将 MsgBox 的返回值赋值给 lngAns 变量，然后使用 Select Case 判断结构检测 lngAns 变量以判断用户单击的是哪个按钮。如果单击的是【是】按钮，则执行 Workbook 对象的 Save 方法保存工作簿；如果单击的是【否】按钮，则将 Workbook 对象的 Saved 属性设置为 True，让 Excel 认为工作簿已保存；如果单击的是【取消】按钮，则将 BeforeClose 事件过程中的 Cancel 参数的值设置为 True，取消关闭操作并退出该事件过程，从而避免在未关闭工作簿的情况下执行其他代码。

```
Private Sub Workbook_BeforeClose(Cancel As Boolean)
    Dim strMsg As String, lngAns As Long
    If Not ThisWorkbook.Saved Then
        strMsg = " 是否保存对 "" & ThisWorkbook.Name & "" 的更改？ "
        lngAns = MsgBox(strMsg, vbInformation + vbYesNoCancel)
        Select Case lngAns
            Case vbYes: ThisWorkbook.Save
            Case vbNo: ThisWorkbook.Saved = True
            Case vbCancel
                Cancel = True
                Exit Sub
        End Select
    End If
End Sub
```

23.2.4 BeforePrint 事件

执行打印操作时将触发 BeforePrint 事件。BeforePrint 事件过程包含一个 Cancel 参数，将其设置为 True 可以取消打印操作。

案例 23-4

打印前检查首行标题是否填写完整

案例目标：执行打印操作前，检查活动工作表中的数据区域顶部的标题是否填写完整，如果不完整则显示指定的提示信息并取消打印操作，效果如图 23-6 所示。

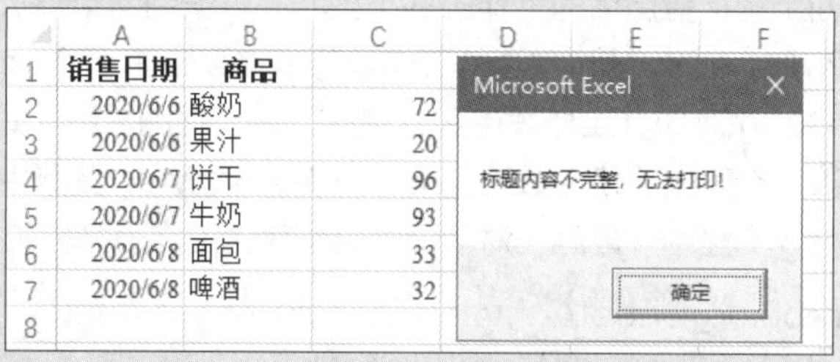

图 23-6 打印前检查首行标题是否填写完整

下面的代码位于工作簿的 BeforePrint 事件过程中。首先将活动工作表中的数据区域赋值给 rng 变量，然后将该区域第 1 行的单元格总数赋值给 intCount 变量，第 1 行的单元格总数实际上就是数据区域包含的列数。再在 VBA 代码中使用工作表函数 CountA 统计第 1 行包含内容的单元格数量是否小于数据区域的列数，如果小于，说明至少有一列的标题是空的，此时将显示“标题内容不完整，无法打印！”提示信息，并取消打印操作。

```
Private Sub Workbook_BeforePrint(Cancel As Boolean)
    Dim rng As Range, intCount As Integer
    Set rng = ActiveSheet.UsedRange
    intCount = rng.Rows(1).Cells.Count
    If WorksheetFunction.CountA(rng.Rows(1)) < intCount Then
        MsgBox "标题内容不完整，无法打印！"
        Cancel = True
     End If
End Sub
```

23.2.5 SheetActivate 事件

在工作簿中激活任意一个工作表时将触发 SheetActivate 事件。SheetActivate 事件过程包含一个 Sh 参数，它表示激活的工作表。该参数的数据类型是 Object，因为激活的可能是工作表，也可能是图表工作表。通过检查 Sh 参数的类型可以判断激活的工作表的类型，然后执行相应的操作。

案例 23-5

显示激活的工作表中的数据区域的地址

案例目标：激活一个工作表时，显示该工作表的名称及其中包含的数据区域的地址，效果如图 23-7 所示。

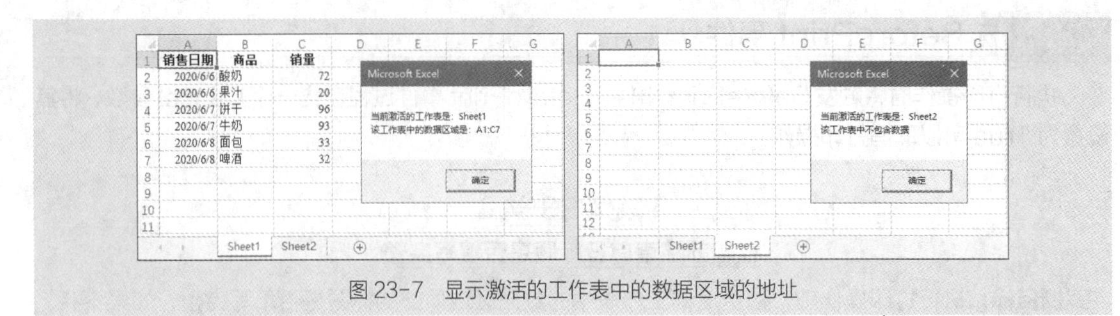

图 23-7　显示激活的工作表中的数据区域的地址

下面的代码位于工作簿的 SheetActivate 事件过程中。为了避免激活图表工作表后出现运行时错误，使用 If Then 判断结构检查激活的工作表的类型，并根据判断结果执行相应的代码。如果激活的工作表的类型是 Worksheet，则将激活的工作表的名称存储在 strMsg 变量中。然后在 VBA 代码中使用工作表函数 CountA 统计工作表中包含数据的单元格的总数。如果总数为 0，则说明工作表中没有数据，将“该工作表中不包含数据”文本添加到 strMsg 变量中；否则将包含数据的单元格的地址添加到 strMsg 变量中。最后在对话框中显示包含工作表名称和指定内容的信息。

```
Private Sub Workbook_SheetActivate(ByVal Sh As Object)
    Dim strMsg As String
    If TypeName(Sh) = "Worksheet" Then
        strMsg = " 当前激活的工作表是： " & Sh.Name & vbCrLf
        If WorksheetFunction.CountA(Cells) = 0 Then
            strMsg = strMsg & " 该工作表中不包含数据 "
        Else
            strMsg = strMsg & "该工作表中的数据区域是: " & Sh.UsedRange.Address(0, 0)
        End If
        MsgBox strMsg
    End If
End Sub
```

23.2.6 NewSheet 事件

在工作簿中新建工作表时将触发工作簿的 NewSheet 事件。NewSheet 事件过程包含一个 Sh 参数，表示新建的工作表或图表工作表。

案例 23-6

自动为新建的工作表设置名称

案例目标：在新建工作表时自动为其设置名称，名称为“工作表”+ 编号。

下面的代码位于工作簿的 NewSheet 事件过程中，工作簿默认只包含一个工作表，因此新建工作表的编号就是工作簿当前包含的工作表总数。

```
Private Sub Workbook_NewSheet(ByVal Sh As Object)
    If TypeName(Sh) = "Worksheet" Then
        Sh.Name = " 工作表 " & Worksheets.Count
    End If
End Sub
```

23.2.7 SheetChange 事件

当对工作簿的任意一个工作表中的任意一个单元格进行编辑时，将触发 SheetChange 事件。

SheetChange 事件过程包含两个参数，Sh 参数表示编辑的单元格所属的工作表，Target 参数表示编辑的单元格。

案例 23-7

显示编辑的单元格的地址及其工作表名称

案例目标：在工作簿中的任意一个工作表中编辑单元格时，将显示正在编辑的单元格的地址及其所属工作表的名称的提示信息，效果如图 23-8 所示。

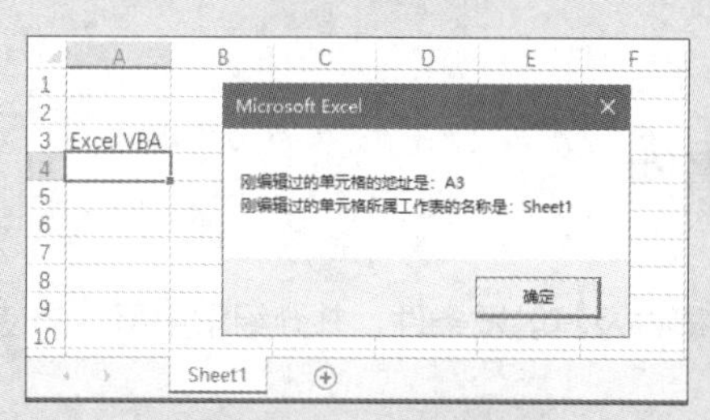

图 23-8　显示编辑的单元格的地址及其所属工作表的名称

下面的代码位于工作簿的 SheetChange 事件过程中。Target.Address(0, 0) 表示返回单元格的相对地址，如果改为 Target.Address，则返回单元格的绝对地址。

```
Private Sub Workbook_SheetChange(ByVal Sh As Object, ByVal Target As Range)
    Dim strMsg As String
    strMsg = " 刚编辑过的单元格的地址是：" & Target.Address(0, 0) & vbCrLf
    strMsg = strMsg & " 刚编辑过的单元格所属工作表的名称是：" & Sh.Name
    MsgBox strMsg
End Sub
```

23.2.8 SheetSelectionChange 事件

在工作簿中的任意一个工作表中选择单元格时将触发 SheetSelectionChange 事件。SheetSelectionChange 事件过程包含两个参数，Sh 参数表示选中的单元格所属的工作表，Target 参数表示选中的单元格。

案例 23-8

自动高亮显示选区包含的整行和整列

案例目标：在工作簿的任意一个工作表中选择单元格或单元格区域时，自动为选区包含的整行和整列设置黄色背景，效果如图 23-9 所示。

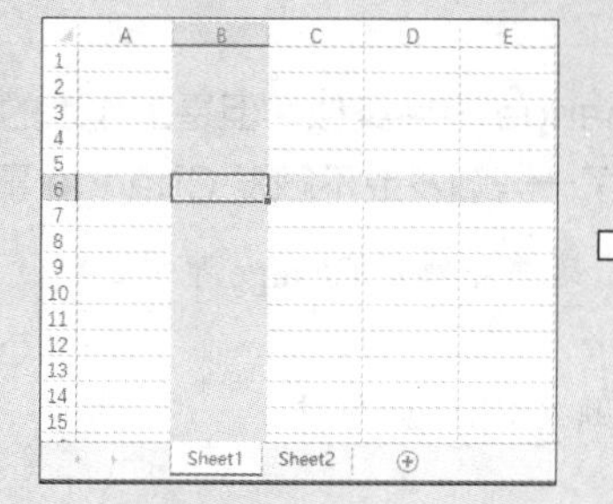

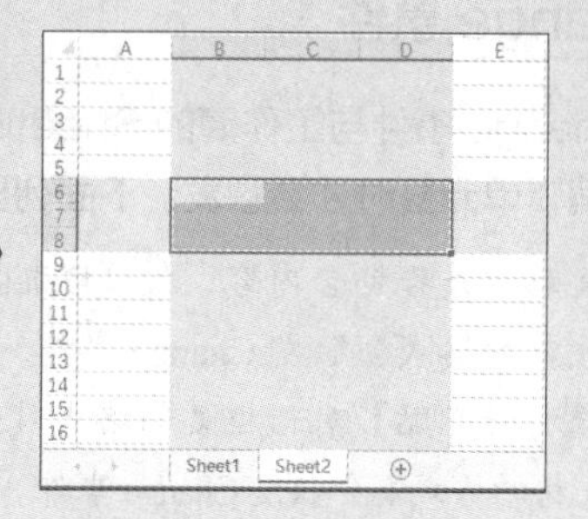

图 23-9　自动为选区包含的整行和整列设置黄色背景

下面的代码位于工作簿的 SheetSelection- Change 事件过程中。为了避免在下次选择单元格时，仍然保留上次设置的背景色，需要先清除之前设置的背景色，正如 SheetSelection- Change 事件过程中的第一行代码所示。

```
Private Sub Workbook_SheetSelectionChange(ByVal Sh As Object, ByVal Target As Range)
    Cells.Interior.ColorIndex = xlColorIndexNone
    Target.EntireColumn.Interior.ColorIndex = 6
    Target.EntireRow.Interior.ColorIndex = 6
End Sub
```

23.3 使用工作表事件

本节将列出所有的工作表事件及其触发条件，并介绍常用事件的使用方法。

23.3.1 工作表事件一览

表 23-2 列出了所有的工作表事件及其触发条件。

表 23-2 工作表事件及其触发条件

事件名称	触发条件
Active	激活工作表时
BeforeDoubleClick	双击工作表时
BeforeRightClick	右键单击工作表时
Calculate	重新计算工作表之后
Change	当用户更改工作表时
Deactivate	任意一个工作表由活动状态转为非活动状态时
FollowHyperlink	单击工作表中的任意一个超链接时
PivotTableAfterValueChange	编辑或重新计算数据透视表中的单元格或单元格区域之后
PivotTableBeforeAllocateChanges	在向数据透视表应用更改之前
PivotTableBeforeCommitChanges	在针对 OLAP 数据源提交对数据透视表的更改之前
PivotTableBeforeDiscardChanges	在放弃对数据透视表所做的更改之前
PivotTableChangeSync	在对数据透视表进行更改之后
PivotTableUpdate	更新工作簿中的数据透视表时
SelectionChange	选择工作表中的单元格或单元格区域时

23.3.2 Change 事件

工作表的 Change 事件与工作簿的 SheetChange 事件类似，但是工作表的 Change 事件只在特定工作表中编辑单元格时才会触发。下面列出了一些触发或不触发 Change 事件的操作。

- 无论单元格中是否包含内容，按【Delete】键都会触发 Change 事件。
- 清除单元格的格式会触发 Change 事件。
- 使用【选择性粘贴】对话框复制格式时会触发 Change 事件。
- 改变单元格的格式不会触发 Change 事件。
- 为单元格添加批注不会触发 Change 事件。

如果 Change 事件过程中包含编辑单元格的操作，则 Change 事件过程内部会触发 Change 事件自身，这将导致 Change 事件过程的无限递归调用，最终可能会使 Excel 崩溃。解决这个问题的方法是在触发 Change 事件的代码之前添加下面的代码，从而关闭事件触发机制。

```
Application.EnableEvents = False
```

在触发 Change 事件的代码之后将 EnableEvents 属性设置为 True，以开启正常的事件触发机制。

```
Application.EnableEvents = True
```

23.3.3 SelectionChange 事件

工作表的 SelectionChange 事件与工作簿的 SheetSelectionChange 事件类似，但是工作表的 SelectionChange 事件只在特定工作表中选择单元格或单元格区域时触发，而不会在工作簿的任意一个工作表中选择单元格或单元格区域时触发。

案例 23-9

在状态栏中显示在指定工作表中的选区地址

案例目标：在 Sheet1 工作表中选择任意单元格或单元格区域时，将在状态栏中显示选区的地址，效果如图 23-10 所示。

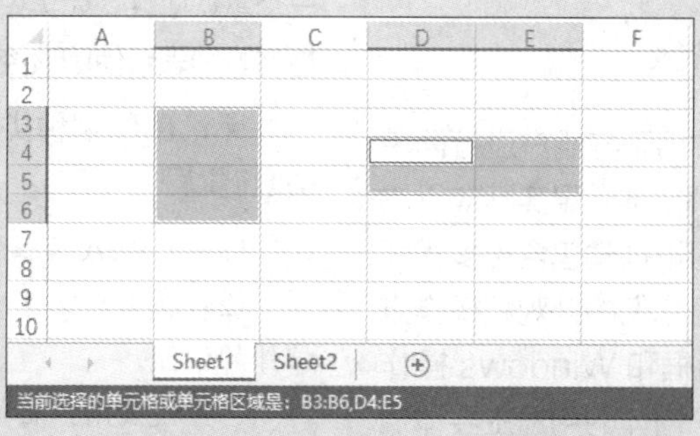

图 23-10　在状态栏中显示 Sheet1 工作表中选区的地址

下面的代码位于 Sheet1 工作表的 SelectionChange 事件过程中，只有在该工作表中选择单元格或单元格区域时，其地址才会显示在状态栏中，在其他工作表中选择单元格或单元格区域时状态栏中不会显示选区的地址。为了在激活其他工作表时清除停留在状态栏中的选区地址，并使状态栏恢复为 Excel 默认状态，需要在 Sheet1 工作表的 Deactivate 事件过程中将 Application 对象的 StatusBar 属性设置为 False。

```
Private Sub Worksheet_SelectionChange(ByVal Target As Range)
    Dim strMsg As String
    strMsg = "当前选择的单元格或区域是："
    Application.StatusBar = strMsg & Target.Address(0, 0)
End Sub

Private Sub Worksheet_Deactivate()
    Application.StatusBar = False
End Sub
```

第24章 使用窗体和控件

VBA中的InputBox和MsgBox两个函数只能和程序进行简单的交互，如果想要构建更具实用性且类型丰富的对话框，则可以使用用户窗体和控件。本章将介绍在VBA中通过用户窗体和控件构建自定义对话框的方法。

24.1 创建和设置用户窗体

本节将介绍创建和设置用户窗体的方法，包括创建用户窗体、设置用户窗体的属性、显示和关闭用户窗体、模式和无模式用户窗体、禁用用户窗体中的关闭按钮。

24.1.1 了解用户窗体

虽然VBA提供了两种用于与用户进行简单交互的对话框，但是它们都很难满足实际应用需求。使用用户窗体和控件可以创建包含更多界面元素和交互方式的对话框，它们的外观和操作方式类似于Excel内置对话框和Windows操作系统中的标准对话框。用户窗体的用途主要体现在以下几个方面。

- 欢迎和登录界面。
- 信息确认界面。
- 选项设置界面。
- 程序帮助界面。
- 数据输入和查询界面。

控件是放置在用户窗体上的对象，不同类型的控件提供了不同的与用户交互的方式。例如，文本框控件可以接收用户输入的信息，选项按钮控件和复选框控件以选项的形式接收用户的输入，列表框控件可以显示一系列数据，图像控件可以显示指定的图片。

用户窗体和控件与用户之间的交互依赖于用户窗体和控件的事件。用户在对用户窗体和控件执行特定操作时将会触发相应的事件；用户窗体和控件会响应用户的操作，并自动运行预先在用户窗体和控件的事件过程中编写的VBA代码。例如，当用户在列表框控件中选择某项时，将触发该控件的Change事件。用户窗体及其包含的所有控件的事件过程的VBA代码存储在与用户窗体关联的代码模块中。

与Excel对象模型中的对象类似，每个控件还包含一些属性和方法。在设计时设置用户窗体和控件的属性，可以改变用户窗体和控件的外观或状态，其中的一些改变在设计时就会立刻显示出来，而另一些改变只能在运行时才会有所体现。“设计时”是指创建用户窗体、添加控件、编写代码的阶段，“运行时”是指运行代码期间。每个控件都有一个默认属性，如果只输入控件名而省略句点和属性名，则表示使用该控件的默认属性。

无论创建哪种类型的用户窗体，创建过程都遵循以下步骤。

(1) 在VBA工程中创建一个新的用户窗体。

(2) 在用户窗体中添加所需的控件，并排列控件的位置。

(3) 设置用户窗体和控件的属性，以使其符合最终对话框的外观和效果。

(4) 在与用户窗体关联的模块中编写用户窗体和控件的事件过程代码。

(5) 编写加载、显示、隐藏和关闭用户窗体的代码。这些代码可能位于标准模块中，也可能位于ThisWorkbook模块或某个Sheet模块中。

(6) 测试用户窗体和控件是否按预期要求正确工作。

24.1.2 创建用户窗体

与ThisWorkbook模块和Sheet模块类似，用户窗体也是一种特定的类模块。要创建一个新的用户窗体，可以在VBE窗口中使用以下两种方法。

- 选择VBA工程中的任意一项，然后选择菜单栏中的【插入】⇨【用户窗体】命令，如

图 24-1 所示。

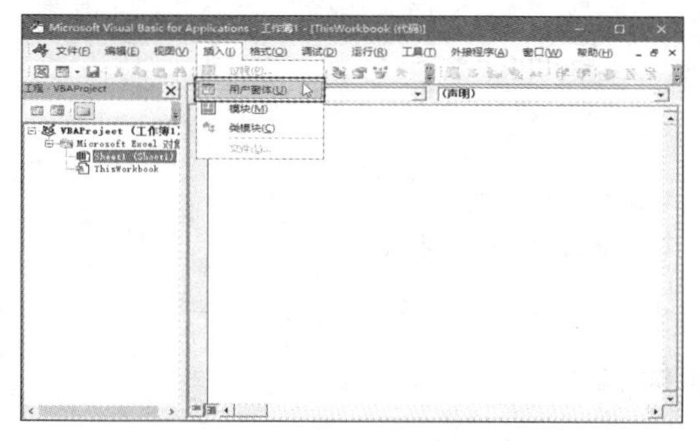

图 24-1　从菜单栏中选择【用户窗体】命令

◉ 右击 VBA 工程中的任意一项，然后在弹出的菜单中选择【插入】⇨【用户窗体】命令，如图 24-2 所示。

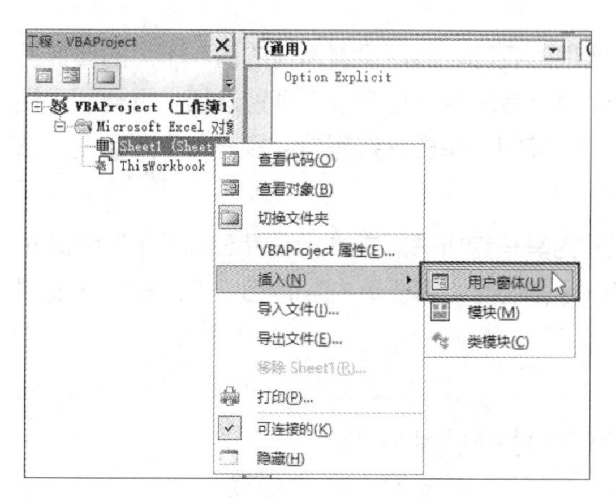

图 24-2　从右键快捷菜单中选择【用户窗体】命令

图 24-3 所示为创建的一个用户窗体，用户窗体的默认名称由 UserForm 和一个数字组成，如 UserForm1、UserForm2 等。由于在代码中需要使用名称来引用用户窗体，因此为用户窗体设置一个易于识别的名称非常重要。

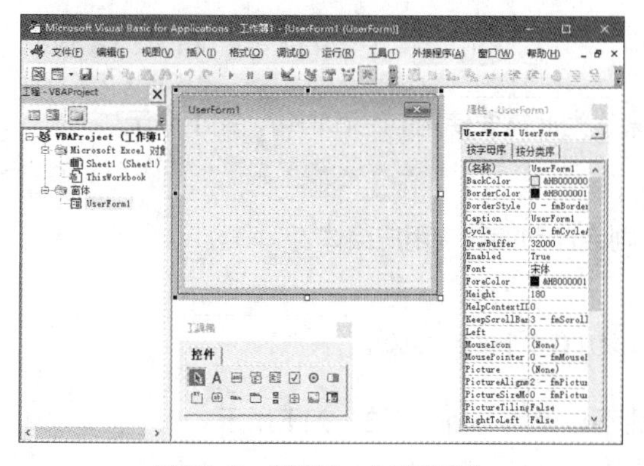

图 24-3　创建的一个用户窗体

在工程资源管理器中选择用户窗体，然后按【F4】键或选择菜单栏中的【视图】⇨【属性窗口】命令，打开的【属性】窗口中列出了在设计时可以设置的用户窗体的所有属性。单击【（名称）】属性，输入用户窗体的新名称，然后按【Enter】键确认修改，如图 24-4 所示。修改用户窗体的名称实际上是在修改与用户窗体关联的模块的名称。

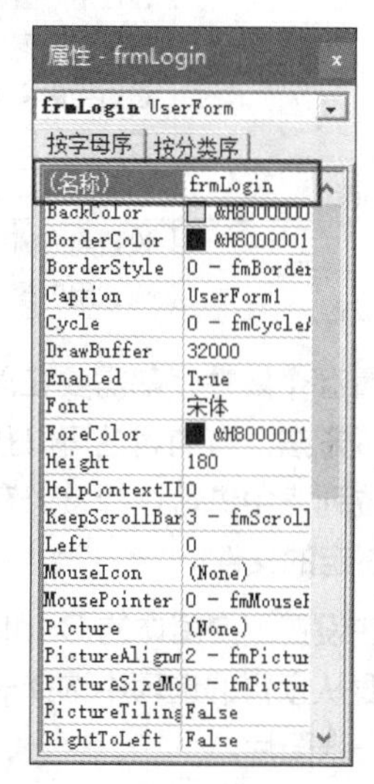

图 24-4　修改用户窗体的名称

注意

如果用户窗体中包含一些控件，则要确保选择的不是控件而是用户窗体本身。验证选择的是否为用户窗体的一个方法是查看选择框是否位于用户窗体的四周，选择框由粗的虚线条和 8 个控制点组成。另一个方法是检查【属性】窗口顶部的下拉列表中当前显示的是否为用户窗体的名称，此处只会显示当前选中的对象的名称。

24.1.3 设置用户窗体的属性

创建一个用户窗体后，为了改变用户窗体的外观特征和操作方式，需要设置用户窗体的属性。要设置用户窗体的属性，需要双击工程资源管理器中的用户窗体模块，打开用户窗体的设计窗口，其中会显示一个用户窗体。按【F4】键打开【属性】窗口，其中显示的就是该用户窗体在设计时可以设置的所有属性。表 24-1 所示为用户窗体的常用属性。

表 24-1 用户窗体的常用属性

属性	说明
（名称）（即 Name）	设置用户窗体的名称，代码中将使用该名称引用用户窗体
BackColor	设置用户窗体的背景色
BorderStyle	设置用户窗体的边框样式
Caption	设置用户窗体的标题，即用户窗体标题栏中显示的文本
Enabled	设置用户窗体是否可用，包括是否可以接受焦点和响应用户的操作
ForeColor	设置用户窗体的前景色
Height	设置用户窗体的高度
Left	设置用户窗体的左边缘与屏幕左边缘之间的距离
Picture	设置用户窗体的背景图
ScrollBars	设置用户窗体中是否显示水平滚动条和垂直滚动条
ShowModal	设置用户窗体的显示模式，分为模式和无模式两种
StartUpPosition	设置用户窗体显示时的位置
Top	设置用户窗体的上边缘与屏幕上边缘之间的距离
Width	设置用户窗体的宽度

无论设置哪个属性，都需要在属性窗口中单击属性的名称，然后设置属性的值。不同的属性拥有不同的设置方法。有的属性可以直接为其输入一个值；有的属性包含多个预置选项，需要从属性名右侧的下拉列表中进行选择；还有的属性包含一个...按钮，单击该按钮将会打开一个对话框，然后从中选择指定的文件。

例如，在设置用户窗体的 Caption 属性时，只需为其指定所需的文本；设置 StartUpPosition 属性时，需要从预置的选项中选择一个；设置 Picture 属性时，需要单击...按钮，然后在打开的对话框中选择一张图片。

有些属性无法在程序运行时设置，如“（名称）”属性和 ShowModal 属性。

24.1.4 显示和关闭用户窗体

只有将用户窗体显示出来，用户才能与用户窗体进行交互。可以通过手动操作来显示用户窗体，为此需要在工程资源管理器中双击用户窗体对应的模块，打开用户窗体的设计窗口，然后按【F5】键或单击【标准】工具栏中的▶按钮。

使用 Show 方法可以在程序运行期间通过代码自动显示用户窗体。下面的代码位于标准模块中，用于显示名为 frmLogin 的用户窗体。

```
frmLogin.Show
```

可以只将用户窗体加载到内存中但是不显示出来，为此需要使用 Load 语句，如下所示。

```
Load frmLogin
```

如果使用 Show 方法显示了指定的用户窗体，则会自动加载该用户窗体。

如果对某个用户窗体多次执行 Load 语句，则会重复加载多个该用户窗体。

如果希望隐藏用户窗体并使其存在于内存中，则可以使用 Hide 方法，如下所示。

```
frmLogin.Hide
```

需要显示隐藏的用户窗体时，可以使用Show方法随时将其显示出来。如果要关闭用户窗体并将其从内存中删除，则可以使用UnLoad语句将用户窗体卸载，如下所示。

```
UnLoad frmLogin
```

提示

卸载用户窗体后，用户窗体中的所有控件将恢复为初始值，而且不会保存卸载之前用户在用户窗体中所做的任何更改。如果希望在卸载用户窗体后使用其中的某些数据，则需要在卸载前使用公有变量存储所需的数据，或将数据写入工作表中。

可以使用Me关键字代替用户窗体名称来引用代码所在的用户窗体，这样无论如何修改用户窗体的名称，Me关键字始终都能引用同一个用户窗体而不会出错。下面的代码位于名为frmLogin的用户窗体中，在卸载用户窗体时使用Me关键字代替用户窗体的名称。

```
UnLoad Me
```

24.1.5 模式和无模式用户窗体

模式用户窗体是指在将其关闭之前，不能操作应用程序的其他部分的用户窗体，如Excel中的【设置单元格格式】对话框和【页面设置】对话框。无模式用户窗体是指在将其关闭之前，可以操作应用程序的其他部分的用户窗体，如Excel中的【查找和替换】对话框。

Show方法包含一个modal参数，用于指定显示的用户窗体是模式的还是无模式的。如果该参数的值为vbModal或省略该参数，则默认显示为模式用户窗体；如果该参数的值为vbModeless，则显示为无模式用户窗体。下面的两行代码分别将名为frmLogin的用户窗体显示为模式和无模式的。

```
frmLogin.Show vbModal
frmLogin.Show vbModeless
```

24.1.6 禁用用户窗体中的关闭按钮

在显示一个用户窗体后，用户可以单击用户窗体右上角的关闭按钮将其关闭。但是如果在用户窗体中添加了命令按钮控件，则用户可能希望通过单击命令按钮执行操作后关闭用户窗体，而不是绕过命令按钮意外地关闭用户窗体，在这种情况下应该禁用用户窗体右上角的关闭按钮的功能。

单击用户窗体右上角的关闭按钮时将触发用户窗体的QueryClose事件，因此可以在该事件过程中编写代码来禁止用户通过右上角的关闭按钮来关闭用户窗体。QueryClose事件过程包含Cancel和CloseMode两个参数，将Cancel参数设置为True将禁用右上角的关闭按钮的功能。CloseMode参数用于判断触发QueryClose事件的操作类型，该参数的值与对应的操作类型如表24-2所示。

表24-2 CloseMode参数值及其说明

名称	值	说明
vbFormControlMenu	0	单击用户窗体右上角的关闭按钮关闭用户窗体
vbFormCode	1	在VBA代码中使用UnLoad语句卸载用户窗体
vbAppWindows	2	正在关闭Windows操作系统
vbAppTaskManager	3	使用Windows任务管理器关闭Excel程序

案例 24-1

禁用对话框右上角的关闭按钮

案例目标：当用户单击对话框右上角的关闭按钮×时，不会关闭对话框，而是显示一条提示信息，提醒用户使用【取消】按钮关闭对话框，效果如图24-5所示。

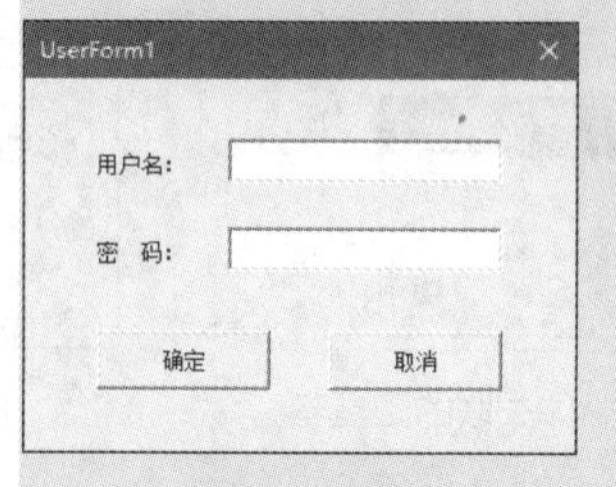

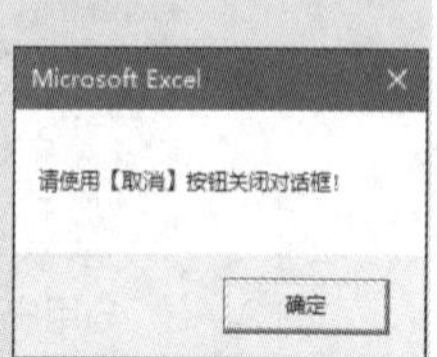

图24-5 禁用对话框右上角的关闭按钮

运行下面的代码，将显示一个登录对话框，单击对话框右上角的关闭按钮时，将显示“请使用【取消】按钮关闭对话框！”提示信息，并禁止关闭对话框，只有单击【取消】按钮才能关闭对话框。

```
Private Sub UserForm_QueryClose(Cancel As Integer, CloseMode As Integer)
    If CloseMode = vbFormControlMenu Then
        MsgBox "请使用【取消】按钮关闭对话框！ "
        Cancel = True
    End If
End Sub
```

24.2 在用户窗体中使用控件

如果要创建具有实际用途的自定义对话框，则需要在用户窗体中添加所需的控件，然后设置它们的属性，并为它们编写能够响应用户操作的事件代码。本节将介绍在窗体中使用控件的方法，包括在用户窗体中添加控件、设置控件的属性、调整控件的大小和位置、设置控件的 Tab 键顺序等内容。

24.2.1 控件类型

在 VBA 工程中添加一个用户窗体后，将显示该用户窗体和工具箱，如图 24-6 所示。如果未显示工具箱，则可以选择菜单栏中的【视图】⇨【工具箱】命令将其显示出来。

在创建用户窗体时，需要将工具箱中的控件添加到用户窗体中。除了工具箱中的第 1 个图标外，其他图标表示不同的控件类型。工具箱中默认包含 15 种控件，可以根据需要向工具箱中添加新的控件。只需右击工具箱中的任意一个图标，在弹出的菜单中选择【附加控件】命令，然后在打开的【附加控件】对话框中选中要添加到工具箱中的控件的复选框，最后单击【确定】按钮，如图 24-7 所示。

图 24-6 与用户窗体关联的工具箱

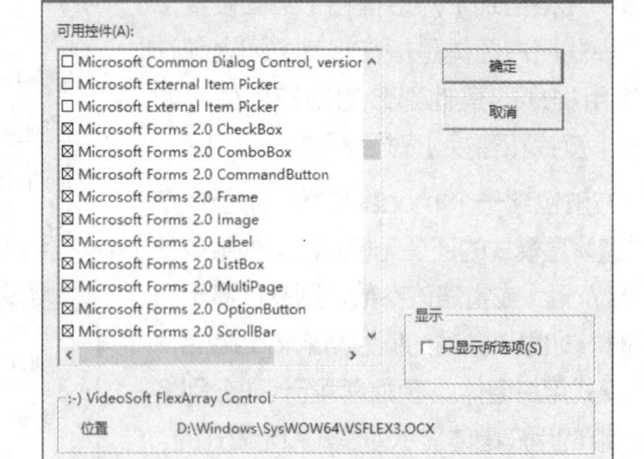

图 24-7 选择要添加到工具箱中的控件

下面简要介绍默认的 15 种控件的功能。

1. 标签

标签控件在工具箱中的图标是 A，英文名是 Label。标签主要用于显示特定内容，或作为其他对象的说明性文字。

2. 文本框

文本框控件在工具箱中的图标是 abl，英文名是 TextBox。文本框主要用于接收用户输入的内容。

3. 复合框

复合框（又称为组合框）控件在工具箱中的图标是，英文名是ComboBox。可以将复合框看作文本框与列表框的组合，用户既可以在复合框中选择一项，也可以在复合框顶部的文本框中进行输入。

4. 列表框

列表框控件在工具箱中的图标是，英文名是ListBox。列表框主要用于显示多个项目，用户可从中选择一项或多项。

5. 复选框

复选框控件在工具箱中的图标是☑，英文名是CheckBox。虽然复选框和复合框只差一个字，但是它们的功能完全不同。复选框类似于一个开关，常用于控制两种状态之间的切换，如打开/关闭、显示/隐藏、是/否等。复选框还用于对多个选项进行设置，同时选中多个复选框以表示这些选项全部生效。

6. 选项按钮

选项按钮控件在工具箱中的图标是⊙，英文名是OptionButton。选项按钮通常成组出现，用户只能选中同一组选项按钮中的一个，这是选项按钮与复选框之间的主要区别。不同组之间的选项按钮各自独立、互不干扰。

7. 切换按钮

切换按钮控件在工具箱中的图标是，英文名是ToggleButton。切换按钮包括按下和弹起两种状态，其功能与复选框类似，只是表现形式不同。

8. 框架

框架控件在工具箱中的图标是，英文名是Frame。框架主要用于对不同用途的选项按钮进行分组，并确保每组中只有一个选项按钮可被选中，以避免用户窗体中包含大量选项按钮而出现混乱。

9. 命令按钮

命令按钮控件在工具箱中的图标是，英文名是CommandButton。命令按钮是最常用的控件，用户单击命令按钮时将执行指定的操作。几乎所有的对话框中都包含命令按钮。

10. TabStrip

TabStrip控件在工具箱中的图标是。TabStrip控件类似于多页控件，但是该控件不能作为其他控件的容器。

11. 多页

多页控件在工具箱中的图标是，英文名是MultiPage。多页控件主要用于在一个对话框中显示多个选项卡，每个选项卡中包含不同的内容。每个选项卡的顶部都有一个文字标签，用户通过单击文字标签可以在不同的选项卡之间切换。

12. 滚动条

滚动条控件在工具箱中的图标是，英文名是ScrollBar。滚动条主要用于对大量项目或信息进行快速定位和浏览。

13. 旋转按钮

旋转按钮（又称为微调按钮或数值调节钮）控件在工具箱中的图标是，英文名是SpinButton。旋转按钮通常与文本框组合使用，用于调整文本框中的值的大小。

14. 图像

图像控件在工具箱中的图标是，英文名是Image。图像控件主要用于在用户窗体中显示图片和图标。

15. RafEdit

RafEdit控件在工具箱中的图标是。RafEdit控件允许用户在工作表中选择单元格区域，并将选区地址自动填入对话框中。

24.2.2 在用户窗体中添加控件

可以使用以下3种方法将工具箱中的控件添加到用户窗体中。

- 在工具箱中单击要添加的控件，然后单击用户窗体中的任意位置，将具有默认尺寸的控件添加到用户窗体中。
- 在工具箱中单击要添加的控件，然后在用户窗体中按住鼠标左键沿对角线方向拖动，绘制出指定大小的控件。

◉ 在工具箱中双击要添加的控件，进入该控件的锁定模式，然后可以在用户窗体中连续添加同一种类型的控件。单击工具箱中当前锁定的控件即可退出锁定模式。

图 24-8 所示为用户窗体中添加的 3 个命令按钮，按钮上显示的文本由控件的 Caption 属性决定，可以将其称为控件的标题。

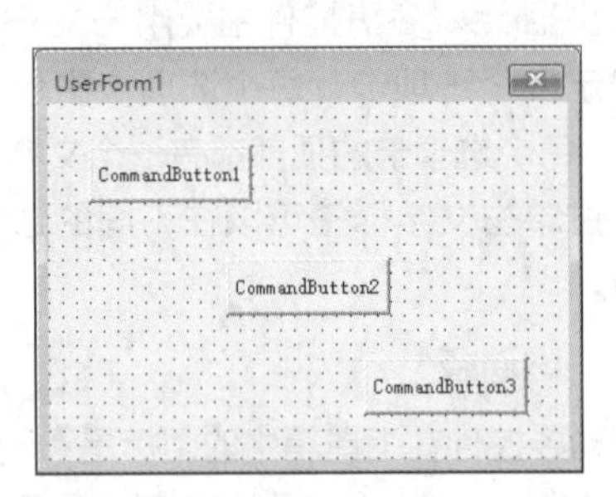

图 24-8 在用户窗体中添加的控件

在代码中需要使用控件的名称来引用控件，控件的名称由其 Name 属性决定。在用户窗体中添加的控件会自动使用默认名称，默认名称由“控件类型名”+“数字”组成。例如，命令按钮控件会被命名为 CommandButton1、CommandButton2等，文本框控件会被命名为 TextBox1、TextBox2 等。一个控件的 Name 属性和 Caption 属性默认具有相同的值。

24.2.3 设置控件的属性

将控件添加到用户窗体后，为了让控件具有所需的外观和操作方式，需要设置控件的属性。按【F4】键打开【属性】窗口，如果窗口顶部的下拉列表中当前显示的不是要设置的控件的名称，则需要在用户窗体的设计窗口中选择所需的控件，直到在下拉列表中显示该控件的名称为止。控件的很多属性的含义与用户窗体中的同名属性类似，设置控件属性的方法也与设置用户窗体属性的方法类似，这里不再赘述。

虽然不同类型的控件都有自己的一套属性，但是其中的一些属性是所有控件共同的属性，如每个控件都有 Name、BackColor、Left、Top、Width、Height、Enabled、Visible、Tag 等属性。这些属性与用户窗体的同名属性具有相同的含义，具体请参考 24.1.3 小节。

可以一次性为多个控件设置它们都有的属性，如设置 Enabled 属性决定所有控件是否可用。但是 Name 属性是个例外，一个用户窗体中的所有控件的 Name 属性必须是唯一的，不能相同。当选择多个控件后，【属性】窗口中只会显示所有选择控件的共同属性，如图 24-9 所示。

图 24-9 显示所有选择控件的共同属性

选择用户窗体中的控件有以下几种方法。

◉ 选择所有控件：在用户窗体中按【Ctrl+A】快捷键。

◉ 选择一定范围内的控件：使用鼠标指针拖动过一定的范围，只要控件的全部或部分区域位于该范围内，这些控件就会被选中。也可以先选择一个控件，然后按住【Shift】键，再单击另一个控件，选择这两个控件和位于它们之间的控件。

◉ 选择不相邻的多个控件：按住【Ctrl】键，然后逐个单击要选择的每一个控件。

当选择多个控件时，选择的控件中总有一个控件的四周的控制点显示为白色，而其他控件的控制点显示为黑色，如图 24-10 所示。当同时调整所有选择控件的格式时，将以控制点为白色的控件为参照基准。

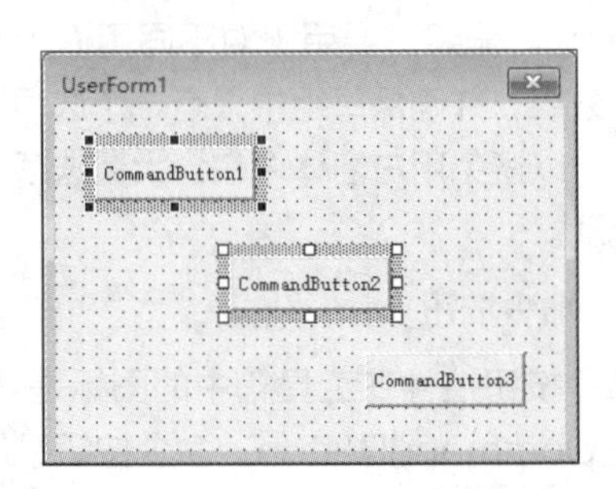

图 24-10 选择的控件具有白色或黑色的控制点

24.2.4 调整控件的大小

在向用户窗体添加控件时，通过在对角线方向上拖动鼠标指针可以控制正在添加的控件的大小。对于已经添加到用户窗体中的控件，则可以使用以下几种方法设置控件的大小。

- 选择控件后拖动其边缘上的控制点。
- 将用户窗体上显示的网格线作为参考线来设置控件的大小，对对齐和排列多个控件很有帮助。
- 在【属性】窗口中设置控件的 Height 和 Width 两个属性，以精确指定控件的大小。

如果要将多个控件设置为相同的大小，则可以在选择这些控件后右击其中的任意一个控件，在弹出的菜单中选择【统一尺寸】命令，然后在其子菜单中选择一种尺寸设置方式，如图 24-11 所示。

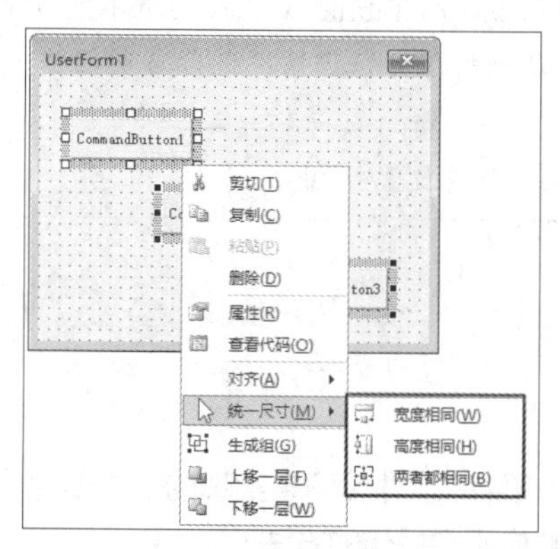

图 24-11 快速将多个控件设置为相同的大小

24.2.5 调整控件的位置

将控件添加到用户窗体后，可以使用鼠标指针拖动控件来调整其位置；也可以使用 24.2.3 小节介绍的方法选择多个控件，然后同时改变这些控件的位置，并保持它们之间的相对位置固定不变。如果要精确设置控件在用户窗体中的位置，则可以设置控件的 Left 属性和 Top 属性。

如果要同时调整多个控件在用户窗体中的排列方式，则可以使用以下两种方法。

- 选择要调整的多个控件并右击其中的任意一个控件，在弹出的菜单中选择【对齐】命令，然后在其子菜单中选择一种对齐方式。
- 将用户窗体上显示的网格作为参考线，让多个控件以特定的网格线为基准进行对齐。

如果不想让控件与网格线对齐，则可以选择菜单栏中的【工具】⇨【选项】命令，打开【选项】对话框。然后在【通用】选项卡中取消选中【对齐控件到网格】复选框，如图 24-12 所示。如果不想在用户窗体中显示网格，则可以取消选中【显示网格】复选框。

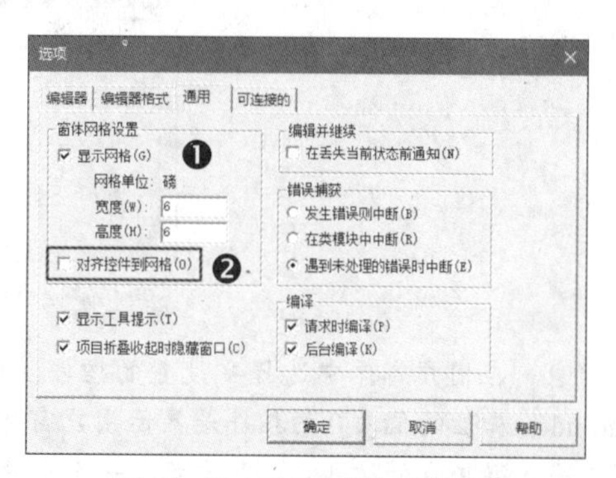

图 24-12 用户窗体的网格设置

24.2.6 设置控件的 Tab 键顺序

焦点可以接收用户的输入或单击等操作。当对象获得焦点时，用户输入的内容就会位于该对象中，或通过按【Enter】键执行与单击等同的操作。当前获得焦点的对象通常可以从外观上分辨出来，如当命令按钮控件获得焦点时，该按钮上会出现虚线框，如图 24-13 所示的 CommandButton1 控件。

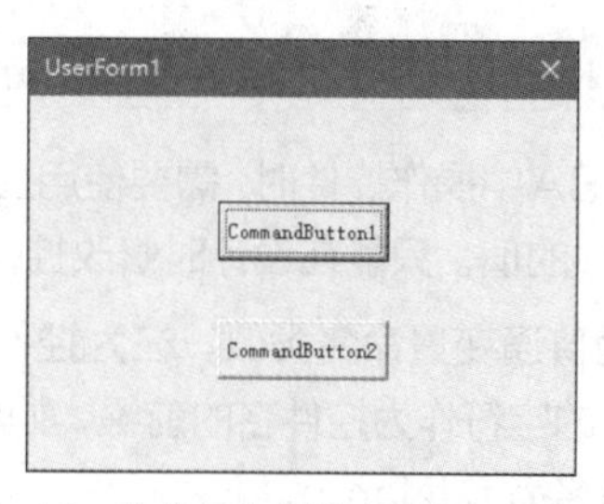

图 24-13 从外观上分辨当前获得焦点的控件

同一时间只能有一个控件获得焦点，只有将控件的 Enabled 和 Visible 两个属性都设置为 True，控件才能获得焦点。按【Tab】键或【Shift+Tab】快捷键可以将焦点从一个对象上移动到另一个对象上。通过设置控件的“Tab 键顺序”可以决定焦点的移动顺序，位于 Tab 键顺序第一位的控件在显示用户窗体时最先获得焦点。

当用户窗体中包含多个控件时，可以使用以下两种方法设置控件的 Tab 键顺序。

◉ 在用户窗体的设计窗口中右击用户窗体，然后在弹出的菜单中选择【Tab 键顺序】命令，打开【Tab 键顺序】对话框，用户窗体中的所有控件按照获得焦点的先后顺序从上到下依次排列，如图 24-14 所示。选择一个或多个控件，然后单击【上移】按钮或【下移】按钮调整控件的 Tab 键顺序。

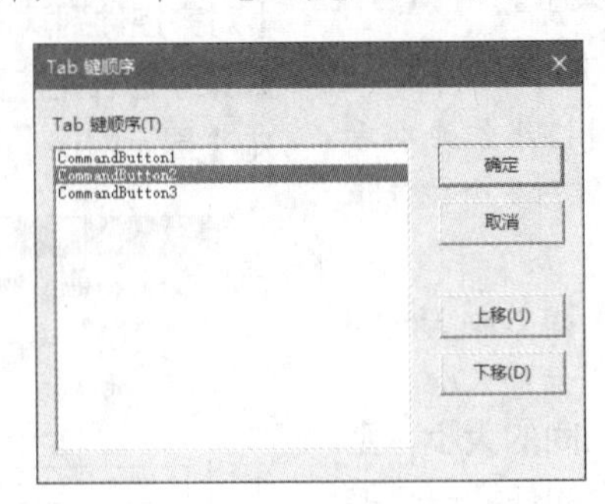

图 24-14　设置控件的 Tab 键顺序

◉ 在用户窗体中选择要设置的控件，然后在【属性】窗口中为 TabIndex 属性设置一个值。TabIndex 属性的值为 0 的控件是显示用户窗体时第 1 个获得焦点的控件，该属性的值为 1 的控件是第 2 个获得焦点的控件，以此类推。一个用户窗体中的所有控件的 TabIndex 属性的值不能重复，在设置某个控件的 TabIndex 属性值时，其他控件的 TabIndex 属性的值会根据情况进行自动调整。

如果希望某个控件不接收焦点，则需要将该控件的 TabStop 属性设置为 False。

24.3　为用户窗体和控件编写事件代码

用户与用户窗体和控件之间的交互是通过用户窗体和控件的事件代码来实现的。本节将介绍编写代码操作控件，以及为用户窗体和控件编写事件代码以响应用户操作的方法。

24.3.1 引用用户窗体中的控件

在 VBA 中操作控件时，需要使用控件的名称引用控件，控件的名称即【属性】窗口中设置的“(名称)”属性的值。只能在设计时修改控件的名称，在运行时可以使用 Name 属性返回控件的名称。

与为普通变量命名类似，在为控件命名时，为了易于在代码中识别控件的类型，应该使用表示控件类型的字符作为控件名的前缀，如将【确定】按钮控件命名为 cmdOk，将用于输入姓名的文本框控件命名为 txtName。

由于控件位于用户窗体中，而用户窗体本身也是一个模块，因此在引用一个用户窗体中的控件时，需要根据不同的情况使用不同的方法。

◉ 如果在用户窗体中引用其内部包含的控件，则可以直接输入控件的名称来引用该控件。例如，在名为 frmLogin 的用户窗体中有一个名为 txtName 的文本框控件，可以使用下面的代码引用该文本框控件。

```
txtName.Value = "Excel 技术与应用大全 "
```

◉ 如果从其他模块中引用用户窗体中的控件，则需要在控件名称前添加用户窗体的名称作为限定符，就像引用不同标准模块中的变量一样。仍然以上面的情况为例，下面的代码位于标准模块中，引用名为 frmLogin 的用户窗体中名为 txtName 的文本框控件。

```
frmLogin.txtName.Value = "Excel 技术与应用大全 "
```

24.3.2 用户窗体中的控件集合

上一小节介绍的不同类型的控件和用户窗体本身都是窗体对象模型中的对象。每个用户窗体中包含的所有控件组成了该用户窗体的 Controls 集合。由于可以在框架控件和多页控件中放置其他类型的控件，因此这两种控件也都有各自的 Controls 集合。

除了以上 3 种对象拥有它们自己的 Controls 集合外，其他控件是没有 Controls 集合的，而且窗体对象模型中也不存在特定控件类型的集合。由于没有特定控件类型的集合，如果想要处理特定类型的控件，则需要在 For Each 循环结构中使用 TypeName 函数检测每一个控件，并判断该函数的返回值是否是特定控件类型的名称（该名称就是在 24.2.1 小节中介绍控件时的英文名称）。

注意

有两个例外情况，由于多页控件中可以包含多个选项卡，每一个选项卡都是一个 Page 对象，因此多页控件中包含的所有选项卡组成了多页控件的 Pages 集合。与多页控件类似，TabStrip 控件可以包含多个选项卡标签，每一个选项卡标签都是一个 Tab 对象，因此 TabStrip 控件中包含的所有选项卡标签组成了 TabStrip 控件的 Tabs 集合。

案例 24-2
统计用户窗体中包含的文本框控件的总数

案例目标：用户窗体中有 4 个文本框和两个按钮，现在需要编写代码自动统计出该用户窗体中文本框的总数，效果如图 24-15 所示。

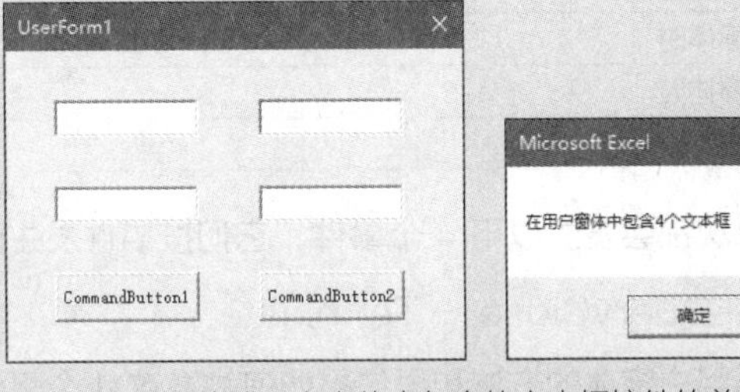

图 24-15 统计用户窗体中包含的文本框控件的总数

下面的代码位于标准模块中。使用 For Each 循环结构在 UserForm1 用户窗体中的控件集合中遍历每一个控件，然后使用 TypeName 函数判断每一个控件的类型是否为 TextBox，如果是，则将用于记录文本框数量的变量的值加 1；最后在提示信息中显示文本框的总数。

```
Sub 处理 Controls 集合中特定类型的控件 ()
    Dim ctl As Control, intCount As Integer
    For Each ctl In UserForm1.Controls
        If TypeName(ctl) = "TextBox" Then
            intCount = intCount + 1
        End If
```

```
    Next ctl
    MsgBox " 在用户窗体中包含 " & intCount & " 个文本框 "
End Sub
```

24.3.3 用户窗体事件

为了让用户窗体响应用户的操作，需要为用户窗体编写事件代码，如在单击或双击用户窗体时执行特定的操作。表 24-3 所示为用户窗体包含的所有事件及触发条件。

表 24-3　用户窗体事件及触发条件

事件名称	触发条件
Activate	激活用户窗体时
AddControl	代码运行期间向用户窗体中添加一个控件时
BeforeDragOver	鼠标指针位于用户窗体上并准备进行拖放操作之前
BeforeDropOrPaste	在一个对象上放置或粘贴数据之前
Click	单击用户窗体时
DblClick	双击用户窗体时
Deactivate	用户窗体失去焦点时，即激活另一个用户窗体时
Error	控件检测出错误但不能将错误信息返回调用过程时
Initialize	加载用户窗体时
KeyDown	在用户窗体上按下按键时
KeyPress	在用户窗体上按下任意按键时
KeyUp	在用户窗体上释放按键时
Layout	改变用户窗体的大小时
MouseDown	在用户窗体上按下鼠标按键时
MouseMove	在用户窗体上移动鼠标指针时
MouseUp	在用户窗体上释放鼠标按键时
QueryClose	关闭用户窗体时
RemoveControl	代码运行期间从用户窗体中删除一个控件时
Resize	改变用户窗体的大小时
Scroll	滚动用户窗体时
Terminate	终止用户窗体时
Zoom	缩放用户窗体时

对一个用户窗体来说，每次都会发生以下 4 个事件，它们按事件发生的先后顺序排列。

```
Initialize → Activate → QueryClose → Terminate
```

下面说明用于显示和关闭用户窗体的方法和语句是如何触发这 4 个事件的。

- 使用 Load 语句加载用户窗体时，将会触发 Initialize 事件。
- 使用 Show 方法显示用户窗体时，将会触发 Initialize 事件和 Activate 事件。
- 使用 UnLoad 语句卸载用户窗体时，将会触发 QueryClose 事件和 Terminate 事件；使用 Hide 方法隐藏用户窗体时不会触发这两个事件。

为用户窗体编写事件代码的方法与为工作簿和工作表编写事件代码的方法类似，首先使用以下任意一种方法打开用户窗体的代码窗口。

- 在工程资源管理器中右击用户窗体模块，然后在弹出的菜单中选择【查看代码】命令。
- 在工程资源管理器中双击用户窗体模块，打开用户窗体的设计窗口，然后双击用户窗体中的空白处，而不要双击任何一个控件。

打开用户窗体的代码窗口，顶部左侧的下拉列表中已经选中了当前的用户窗体，在右侧的下拉列表中选择要编写代码的事件，然后在选择的事件过程中编写代码，如图 24-16 所示。

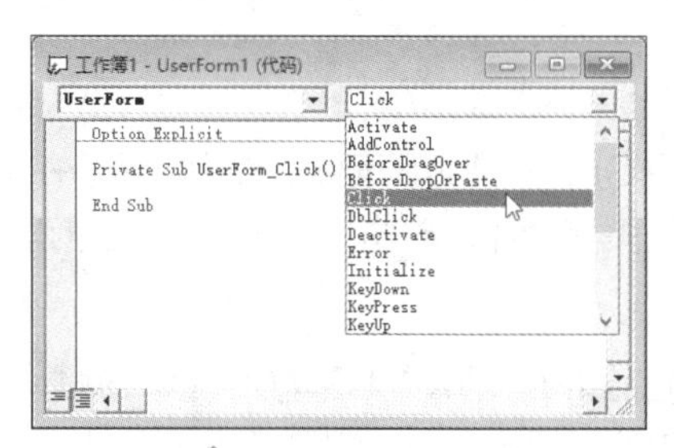

图 24-16　选择用户窗体的事件

注意

编写事件代码前应该先设置好用户窗体的名称。如果在编写事件代码后修改了用户窗体的名称，则需要返回用户窗体的代码窗口，并使用用户窗体的新名称替换事件过程名中用户窗体的旧名称，否则事件将会失效。

案例 24-3

让用户窗体响应用户的操作

案例目标：启动用户窗体时将其显示在屏幕正中间，用户窗体中包含水平滚动条和垂直滚动条，用户窗体的标题为“用户登录”。双击用户窗体将显示一个对话框，询问用户是否关闭该窗体，单击【是】按钮将关闭用户窗体，并显示一条提示信息；单击【否】按钮不关闭用户窗体，效果如图 24-17 所示。

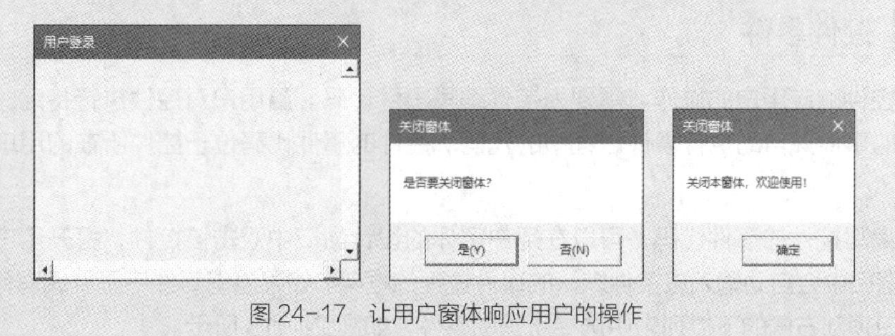

图 24-17　让用户窗体响应用户的操作

下面的代码位于标准模块中，用于显示名为 frmLogin 的用户窗体。显示本例的效果只需执行该过程中的代码即可。

```
Sub 显示用户窗体 ()
    frmLogin.Show
End Sub
```

下面的代码位于用户窗体的 Initialize 事件过程中，用于在加载用户窗体时初始化用户窗体的相关设置，包括设置用户窗体的标题、显示水平滚动条和垂直滚动条、将用户窗体显示在屏幕正中间 3 项设置。

```
Private Sub UserForm_Initialize()
    Me.Caption = " 用户登录 "
    Me.ScrollBars = fmScrollBarsBoth
    Me.StartUpPosition = 2
End Sub
```

下面的代码位于用户窗体的 DblClick 事件过程中，用于当双击用户窗体时关闭用户窗体。

```
Private Sub UserForm_DblClick(ByVal Cancel As MSForms.ReturnBoolean)
   Unload Me
End Sub
```

下面的代码位于用户窗体的 QueryClose 事件过程中，用于在关闭用户窗体时显示一个由用户自定义的对话框，询问用户是否关闭窗体：单击【是】按钮将关闭用户窗体，单击【否】按钮则不关闭用户窗体。

```
Private Sub UserForm_QueryClose (Cancel As Integer, CloseMode As Integer)
    Dim lngAns As Long
    lngAns = MsgBox(" 是否要关闭窗体？ ", vbYesNo, " 关闭窗体 ")
    Select Case lngAns
       Case vbYes
       Case vbNo
           Cancel = True
    End Select
End Sub
```

下面的代码位于用户窗体的 Terminate 事件过程中，用于在关闭用户窗体时显示"关闭本窗体，欢迎使用！"提示信息。

```
Private Sub UserForm_Terminate()
     MsgBox " 关闭本窗体，欢迎使用！ ", vbOKOnly, " 关闭窗体 "
End Sub
```

24.3.4 控件事件

为了让控件响应用户的操作，需要为控件编写事件代码。当用户对控件执行特定的操作时，将会触发相应的事件并自动执行事件过程中的代码。控件的事件代码位于控件所在的用户窗体模块的代码窗口中。

如果要编写控件的事件代码，可以在用户窗体的设计窗口中双击该控件，打开用户窗体模块的代码窗口，窗口中会自动输入该控件默认的事件过程的框架。如果当前事件不是要编写代码的事件，则可以从窗口顶部右侧的下拉列表中选择所需的事件，如图 24-18 所示。

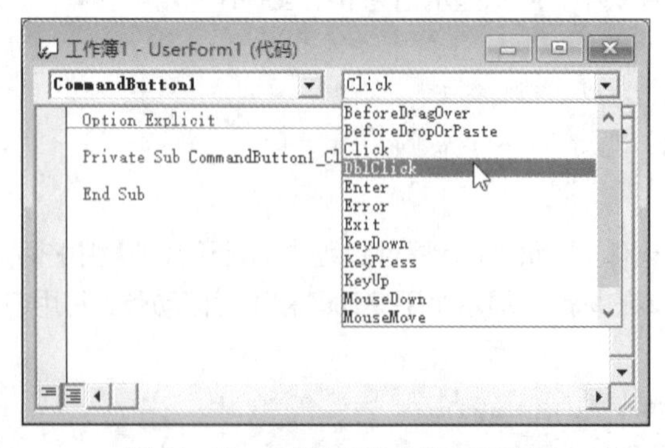

图 24-18　命令按钮控件的事件列表

每个控件都有其默认的事件。例如，命令按钮控件的默认事件为 Click 事件，文本框控件的默认事件为 Change 事件。

案例 24-4
让控件响应用户的操作

案例目标：当用户单击用户窗体中的【确定】按钮时，将显示一条用于确认用户单击了该按钮的信息，信息中包含按钮的标题，效果如图 24-19 所示。

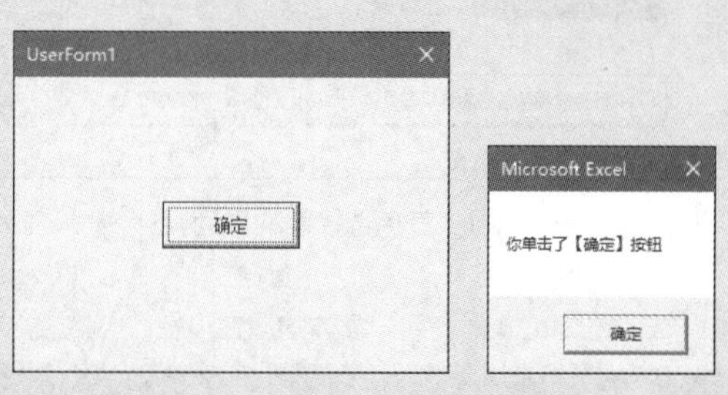

图 24-19 让控件响应用户的操作

下面的代码位于命令按钮控件的 Click 事件过程中，该控件的名称为 cmdOk。

```
Private Sub cmdOk_Click()
    MsgBox " 你单击了【 " & cmdOk.Caption & " 】按钮 "
End Sub
```

24.3.5 使用用户窗体和控件制作颜色选择器

案例 24-5
制作颜色选择器

案例目标：使用用户窗体和控件制作一个颜色选择器，在工作表中选择一个单元格区域，然后在颜色选择器窗口中拖动 3 个滚动条来调整 R、G、B 3 个颜色分量，拖动滚动条时 3 个颜色分量的值将动态改变，窗口左侧将显示当前的颜色预览。当满意显示的颜色时，单击【将当前颜色设置为选区背景色】按钮，将该颜色设置为当前选中的单元格区域的背景色，效果如图 24-20 所示。

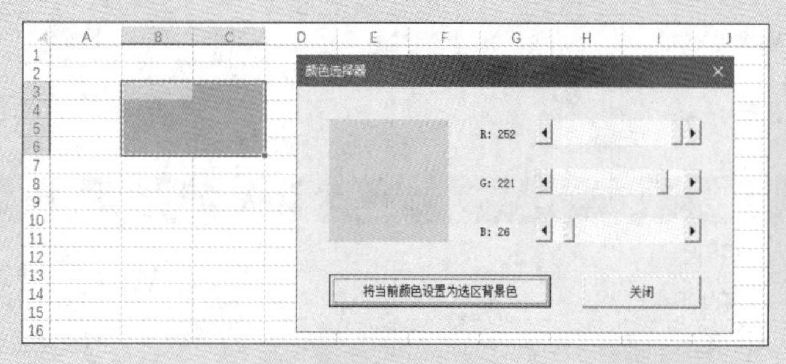

图 24-20 使用颜色选择器为工作表中的选区设置背景色

操作步骤如下。

(1) 新建一个工作簿并保存为“Excel 启用宏的工作簿”格式。打开 VBE 窗口，在 VBA 工程中添加一个用户窗体，然后在其中添加 4 个标签控件、3 个滚动条控件和 2 个命令按钮控件，并将这些控件按图 24-21 所示的位置排列。用户窗体和每个控件的属性设置如表 24-4 ～表 24-13 所示。

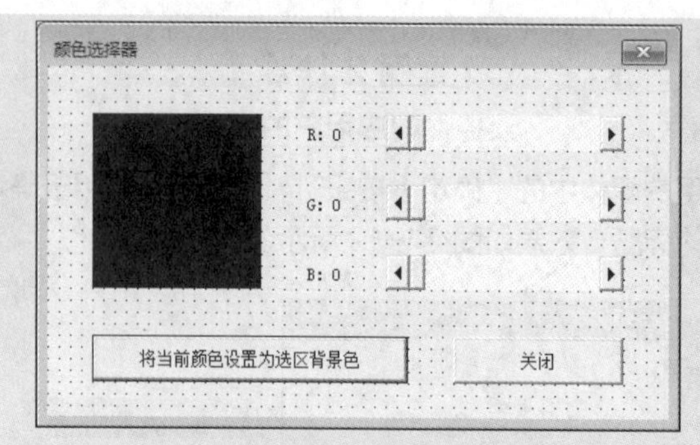

图 24-21　颜色选择器的界面设计

表 24-4　用户窗体的属性设置

属性	值
Name	frmColorSelect
Caption	颜色选择器

表 24-5　第 1 个标签控件的属性设置

属性	值
Name	lblRed
Caption	R：0
AutoSize	True
WordWrap	False

表 24-6　第 2 个标签控件的属性设置

属性	值
Name	lblGreen
Caption	G：0
AutoSize	True
WordWrap	False

表 24-7　第 3 个标签控件的属性设置

属性	值
Name	lblBlue
Caption	B：0
AutoSize	True
WordWrap	False

表 24-8　第 4 个标签控件的属性设置

属性	值
Name	lblColor
BackColor	黑色

表 24-9 第 1 个滚动条控件的属性设置

属性	值
Name	scrRed
Max	255
Min	0
LargeChange	5
SmallChange	1

表 24-10 第 2 个滚动条控件的属性设置

属性	值
Name	scrGreen
Max	255
Min	0
LargeChange	5
SmallChange	1

表 24-11 第 3 个滚动条控件的属性设置

属性	值
Name	scrBlue
Max	255
Min	0
LargeChange	5
SmallChange	1

表 24-12 第 1 个命令按钮控件的属性设置

属性	值
Name	cmdApply
Caption	将当前颜色设置为选区背景色
Default	True

表 24-13 第 2 个命令按钮控件的属性设置

属性	值
Name	cmdClose
Caption	关闭
Cancel	True

（2）完成界面设计后，接下来编写实现颜色选择功能的 VBA 代码。首先编写 scrRed、scrGreen 和 scrBlue 3 个滚动条控件的 Scroll 事件代码。当拖动滚动条上的滑块时，滚动条左侧的 3 个标签控件中将会显示与滑块当前位置对应的 R、G、B 3 个颜色分量的值，同时位于窗口右侧的颜色显示器中会显示由 R、G、B 3 个颜色分量叠加形成的最终颜色。

```
Private R As Integer, G As Integer, B As Integer

Private Sub scrRed_Scroll()
    R = scrRed.Value
    lblRed.Caption = "R：" & R
    lblColor.BackColor = RGB(R, G, B)
```

```
End Sub

Private Sub scrGreen_Scroll()
    G = scrGreen.Value
    lblGreen.Caption = "G: " & G
    lblColor.BackColor = RGB(R, G, B)
End Sub

Private Sub scrBlue_Scroll()
    B = scrBlue.Value
    lblBlue.Caption = "B: " & B
    lblColor.BackColor = RGB(R, G, B)
End Sub
```

（3）双击用户窗体中的【将当前颜色设置为选区背景色】按钮，然后编写该按钮的 Click 事件代码，实现单击该按钮时将当前颜色设置为活动工作表中的选区的背景色的功能。

```
Private Sub cmdApply_Click()
    If TypeName(Selection) = "Range" Then
        Selection.Interior.Color = lblColor.BackColor
    End If
End Sub
```

（4）双击用户窗体中的【关闭】按钮，然后编写该按钮的 Click 事件代码，用于在单击【关闭】按钮时关闭颜色选择器窗口。

```
Private Sub cmdClose_Click()
    Unload Me
End Sub
```

（5）在 VBA 工程中添加一个标准模块，然后在该模块的代码窗口中输入下面的代码，用于在执行该 Sub 过程时显示非模式的颜色选择器窗口，这样在显示窗口的同时可以选择工作表中的单元格或单元格区域。

```
Sub 为选区设置背景色 ()
    frmColorSelect.Show vbModeless
End Sub
```

完成以上工作后，关闭 VBE 窗口并保存当前工作簿。按【Alt+F8】快捷键打开【宏】对话框，选择【为选区设置背景色】后单击【执行】按钮，即可打开颜色选择器窗口。

创建自定义函数和加载项

虽然 Excel 内置的几百个函数可以执行不同类型的计算，但是在面对很多复杂的问题时，只有嵌套多个函数才能解决，而一些特殊的计算任务使用 Excel 内置函数可能根本无法完成。为了简化公式或实现内置函数无法完成的功能，用户可以通过编写 VBA 代码来创建自定义函数。为了让自定义函数可以在任何打开的工作簿中使用，需要将包含自定义函数的工作簿创建为加载项。本章将介绍创建自定义函数和加载项的方法。

25.1 创建和使用自定义函数

本节将介绍创建自定义函数所需了解的基本知识和创建方法，最后介绍两个实用的自定义函数实例，它们可以完成实际应用中的任务，并可简化内置函数中的公式。

25.1.1 理解 Function 过程中的参数

创建自定义函数实际上就是在创建 Function 过程。Function 过程中的参数的命名规则与变量的命名规则相同，具体请参考本书第 21 章。为了与 Excel 内置函数的英文名称一致，用户创建的用于工作表公式的 Function 过程也应该使用英文名称。

Function 过程中的参数的功能和用法与变量的类似，而且参数是一个不需要在 Function 过程中声明就可以直接使用的变量，参数也有数据类型。可以创建包含零个或多个参数的Function过程，各个参数之间使用英文半角逗号分隔。参数的个数可以是固定或不固定的，参数可以分为必选参数和可选参数两种类型，类似于 Excel 内置函数和 VBA 内置函数的参数。

如果要创建包含参数的 Function 过程，则需要在 Function 过程名称右侧的圆括号中定义参数的名称及其数据类型，参数的语法格式如下。

```
[Optional] [ByVal | ByRef] [ParamArray] varname[( )] [As type] [= defaultvalue]
```

- Optional：可选，使用 Optional 关键字定义的参数是可选参数。如果在使用该关键字定义的参数之后还有其他参数，则这些参数也必须是可选的，并且每一个参数都需要使用 Optional 关键字进行定义。在使用 Function 过程时，可以省略由 Optional 关键字定义的参数，这样将会自动使用该参数的默认值。
- ByVal 和 ByRef：可选，决定参数是按值（ByVal）传递还是按址（ByRef）传递，默认为按址传递。
- ParamArray：可选，使用该关键字定义的参数是不限数量的可选参数。如果在 Function 过程中定义了多个参数，则使用 ParamArray 关键字定义的参数必须是该 Function 过程中的最后一个参数。
- varname：必选，参数的名称。
- type：可选，参数的数据类型。为变量设置的数据类型同样适用于参数，但是使用 ParamArray 关键字定义参数时，该参数的数据类型只能是 Variant 类型的数组，参数名右侧必须带有一对圆括号。

◉ defaultvalue：可选，为使用 Optional 关键字定义的可选参数提供默认值。

使用 Application 对象的 Volatile 方法可以为自定义函数设置易失性，该方法有一个参数，其值如果为 True，则将自定义函数设置为易失性函数；如果为 False，则将自定义函数设置为非易失性函数。如果省略该参数，则其值默认为 True。下面的两行代码都将函数设置为易失性函数。

```
Application.Volatile
Application.Volatile True
```

25.1.2 创建自定义函数

本小节以创建包含两个参数的自定义函数为例，介绍创建自定义函数的方法。创建包含两个参数的自定义函数时，两个参数之间使用英文半角逗号分隔，格式如下。

```
Function 函数名 ( 参数名 As 数据类型 , 参数名 As 数据类型 )

End Function
```

案例 25-1

创建一个可以进行四则运算的自定义函数

案例目标： 创建一个可以进行四则运算的自定义函数，并根据用户指定的方式对数据执行加、减、乘、除中的任意一种运算。在工作表公式中输入该函数时，将第 1 个参数设置为一个单元格区域，将第 2 个参数设置为加、减、乘、除中的一个运算符，按【Enter】键后将对指定单元格区域中的数值进行连加、连减、连乘或连除的计算，效果如图 25-1 所示。

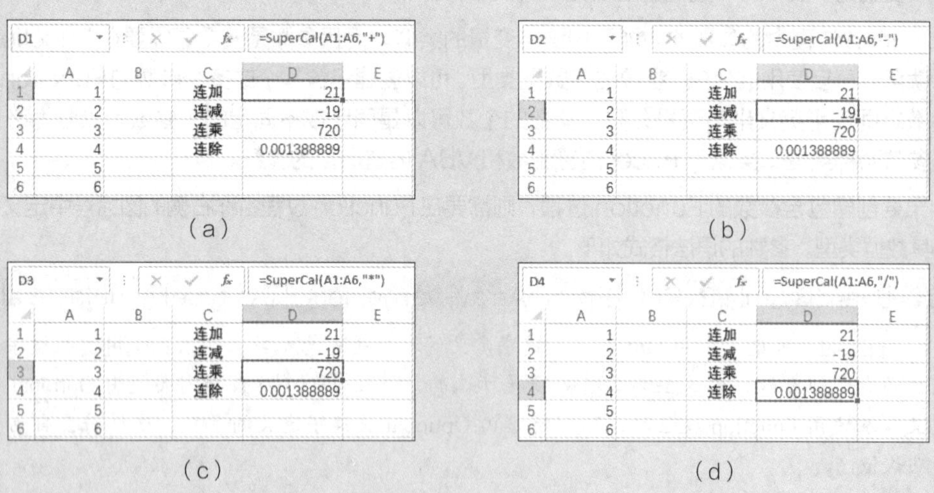

D1 =SuperCal(A1:A6,"+")

	A	B	C	D	E
1	1		连加	21	
2	2		连减	-19	
3	3		连乘	720	
4	4		连除	0.001388889	
5	5				
6	6				

（a）

D2 =SuperCal(A1:A6,"-")

	A	B	C	D	E
1	1		连加	21	
2	2		连减	-19	
3	3		连乘	720	
4	4		连除	0.001388889	
5	5				
6	6				

（b）

D3 =SuperCal(A1:A6,"*")

	A	B	C	D	E
1	1		连加	21	
2	2		连减	-19	
3	3		连乘	720	
4	4		连除	0.001388889	
5	5				
6	6				

（c）

D4 =SuperCal(A1:A6,"/")

	A	B	C	D	E
1	1		连加	21	
2	2		连减	-19	
3	3		连乘	720	
4	4		连除	0.001388889	
5	5				
6	6				

（d）

图 25-1　在工作表公式中使用自定义函数执行计算

下面的代码创建了一个名为 SuperCal 的函数，该函数包含 rngs 和 operator 两个参数，rngs 参数表示一个单元格区域；operator 参数表示一个运算符，类型为加、减、乘、除中的一种。为了避免初始值为 0 时执行运算而返回错误值，需要使用一个变量判断当前处理的是否为第 1 个单元格中的值，如果是，则将第 1 个值赋值给函数名本身，以初始化其值。如果当前处理的不是第 1 个单元格中的值，则根据在函数中指定的运算符执行相应的运算。如果在函数中指定了加、减、乘、除以外的其他运算符，则函数将返回“无效的运算符”文字。

```
Function SuperCal(rngs As Range, operator As String)
    Dim rng As Range, i As Integer
    For Each rng In rngs
        If IsNumeric(rng.Value) Then
            i = i + 1
            If i = 1 Then
                SuperCal = rng.Value
            Else
                Select Case operator
                    Case "+": SuperCal = SuperCal + rng.Value
                    Case "-": SuperCal = SuperCal - rng.Value
                    Case "*": SuperCal = SuperCal * rng.Value
                    Case "/": SuperCal = SuperCal / rng.Value
                    Case Else: SuperCal = " 无效的运算符 "
                End Select
            End If
        End If
    Next rng
End Function
```

25.1.3 自定义函数实例

本节将介绍两个自定义函数，用于统计单元格区域中不重复值的数量和按单元格背景色对数据求和。

案例 25-2

统计区域中不重复值的数量

案例目标：创建一个自定义函数，该函数只有一个参数，在工作表公式中输入该函数并指定要统计的单元格区域，即可统计出该单元格区域中不重复值的数量，效果如图 25-2 所示。

D1 =CountUniqueValues(A1:C6)

	A	B	C	D	E	F
1	A	A	A	6		
2	B	B	B			
3	C	C	C			
4	D	D	D			
5	E	E	E			
6	F	F	F			

图 25-2　统计单元格区域中不重复值的数量

下面的代码位于标准模块中，创建一个名为 CountUniqueValues 的函数，该函数有一个数据类型为 Range 的参数 rng。代码中声明了一个集合对象 colUniqueValues，用于存储不重复的值。在 For Each 循环中遍历指定区域中的每一个单元格，然后使用集合对象的 Add 方法将单元格中的值和值的字符串形式添加到集合中。由于集合对象的 Add 方法要求其第 2 个参数必须为 String 数据类型，因此需要使用 CStr 函数将单元格中的值强制转换为 String 数据类型。最后使用集合对象的 Count 属性统计集合中不重复值的数量，并将其赋值给函数名。为了避免在向集合中添加重复值时出现运行时错误，需要在执行集合对象的 Add 方法之前使用 On Error Resume Next 语句忽略所有错误。

```
Function CountUniqueValues(rng As Range)
    Dim colUniqueValues As Collection, rngCell As Range
    Application.Volatile
    Set colUniqueValues = New Collection
    On Error Resume Next
    For Each rngCell In rng
        colUniqueValues.Add rngCell.Value, CStr(rngCell.Value)
    Next rngCell
    On Error GoTo 0
    CountUniqueValues = colUniqueValues.Count
End Function
```

案例 25-3

按单元格背景色对数据求和

案例目标：创建一个自定义函数，该函数有两个参数，在工作表公式中输入该函数，并将第 1 个参数指定为要作为背景色参照基准的单元格，将第 2 个参数指定为要进行求和的单元格区域，按【Enter】键将对单元格区域中具有与指定单元格背景色相同的单元格进行求和，效果如图 25-3 所示。

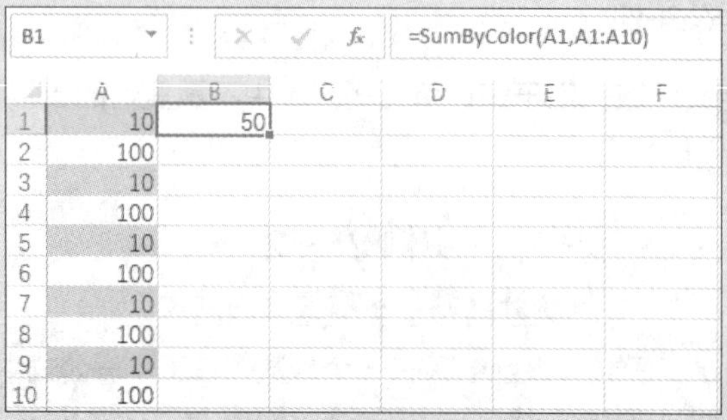

B1 =SumByColor(A1,A1:A10)

	A	B	C	D	E	F
1	10	50				
2	100					
3	10					
4	100					
5	10					
6	100					
7	10					
8	100					
9	10					
10	100					

图 25-3　按单元格背景色对数据求和

下面的代码位于标准模块中，创建一个名为 SumByColor 的函数，该函数有两个参数，rngColor 参数表示要作为背景色参照基准的单元格，rngSum 参数表示要进行求和的单元格区域。使用 For Each 循环遍历要进行求和的单元格区域中的每一个单元格，然后使用 If 语句判断单元格的背景色是否与第 1 个参数指定的单元格的背景色相同。如果是，则将单元格中的值累加到由函数名表示的变量中，并将结果赋值给函数名。Range 对象的 Interior 属性返回 Interior 对象，该对象的 Color 属性用于设置单元格的背景色。

```
Function SumByColor(rngColor As Range, rngSum As Range)
    Dim rngCell As Range
    Application.Volatile
    For Each rngCell In rngSum
        If rngCell.Interior.Color = rngColor.Interior.Color Then
            SumByColor = SumByColor + rngCell.Value
        End If
    Next rngCell
End Function
```

25.2 创建和管理加载项

Excel 加载项提供了一种通用性，可以将在特定工作簿中使用 VBA 开发的功能变成能在所有工作簿中使用的功能。只需在计算机中进行简单的安装，就可以在任何一个打开的工作簿中使用加载项包含的功能，而且会在每次启动 Excel 程序时自动加载，就像 Excel 的内置功能。本节将介绍创建和管理加载项的方法。

25.2.1 了解加载项

Excel 包含的一些内置的加载项可以为 Excel 提供一些额外的功能。用户也可以根据需要使用 VBA 开发加载项，从而满足个性化的功能需求。创建好的加载项可供自己使用，也可以分发给其他用户。具体来说，创建和使用加载项主要有以下几个原因。

1. 扩展 Excel 功能

创建加载项主要是为了扩展 Excel 功能。虽然 Excel 拥有强大的功能，但是仍然无法完全满足实际应用中不断变化的各种需求。通过VBA可以开发出Excel内置功能以外的新功能，从而扩展Excel功能。

2. 简化操作

很多复杂的计算公式需要通过嵌套多个函数才能实现，对公式和函数不太熟悉的用户来说，这无疑增加了使用难度。使用 VBA 开发能够完成特定任务的用户自定义函数，可以极大地简化公式。

3. 提供应用程序级访问

在普通工作簿中使用 VBA 创建的 Sub 过程、用户自定义函数、界面定制等内容都只能在包含这些代码和对象的工作簿中使用，无法用于其他工作簿，加载项的出现解决了这个问题。从普通工作簿创建加载项之后，可以让其中包含的功能被当前打开的任何一个工作簿使用，提供 Excel 应用程序级的访问。

虽然加载项是工作簿的一种，但是其工作方式与普通工作簿有很大区别，包括以下几个方面。

- 安装后的加载项可以在每次 Excel 启动时自动启动，不需要重复安装。
- 安装后的加载项始终处于隐藏状态，无法让加载项显示在 Excel 窗口中，也不能查看加载项中包含的工作表和图表。
- 在加载项中创建的 Sub 过程、自定义函数、界面定制等内容可以被当前打开的所有工作簿使用，并且不需要在使用 Sub 过程或自定义函数时添加加载项名称的限定信息。
- 加载项中包含的 Sub 过程不会显示在【宏】对话框中，且无法使用该对话框运行加载项中的 Sub过程，但是可以从用户界面中运行这些Sub过程，也可以在公式中使用加载项中包含的自定义函数。
- 安装后的加载项不受宏安全性设置的影响，无论该设置当前是否禁用了所有宏，加载项中的宏都始终可用。

Excel 2019 内置的加载项通常位于 Windows 系统文件所在的磁盘分区的以下路径中，其他版本 Excel 的内置加载项的存储路径与其类似。

```
C:\Program Files\Microsoft Office\Root\Office16\Library\
```

用户创建的加载项的默认存储路径如下，其中的 < 用户名 > 由用户登录操作系统时使用的用户名决定。使用 Application 对象的 UserLibraryPath 属性可以返回该路径。

```
C:\Users\< 用户名 >\AppData\Roaming\Microsoft\AddIns
```

如果要查看 Excel 内置加载项的存储路径，可以在功能区的【开发工具】选项卡的【代码】组中单击【宏安全性】按钮，打开【信任中心】对话框，选择【受信任位置】选项卡，右侧列表框中显示了 Excel 加载项的默认位置，如图 25-4 所示。

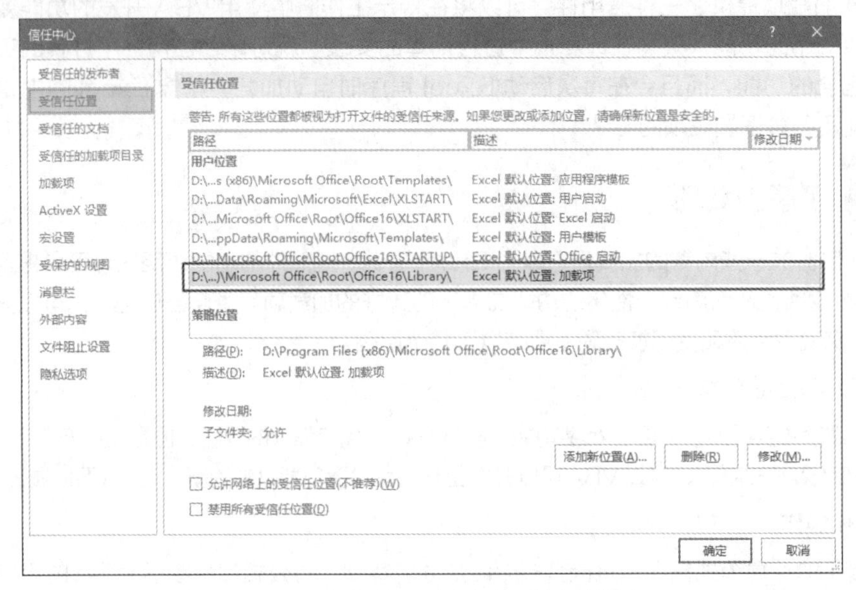

图 25-4　查看 Excel 内置加载项的存储位置

25.2.2 创建加载项

Excel 2007 及更高版本的 Excel 中的加载项文件的扩展名为 .xlam，Excel 早期版本中的加载项文件的扩展名为 .xla。如果要创建在多个不同 Excel 版本中使用的加载项，则应该创建 .xla 文件格式的加载项。创建加载项就是将普通工作簿保存为加载项文件类型，但是必须确保要创建加载项的工作簿中包含一个活动工作表，否则无法将工作簿创建为 .xlam 或 .xla 格式的加载项文件。

为了让加载项可以向用户显示友好的说明信息，需要为将要创建加载项的工作簿添加标题和描述信息。在 Excel 中打开要创建加载项的工作簿，选择【文件】⇨【信息】命令，然后在打开的界面右侧单击【属性】按钮，在弹出的菜单中选择【高级属性】命令，如图 25-5 所示。打开图 25-6 所示的对话框，在【标题】和【备注】文本框中分别输入要在【加载项】对话框中显示的有关该加载项的名称和说明信息，然后单击【确定】按钮。

图 25-5　选择【高级属性】命令

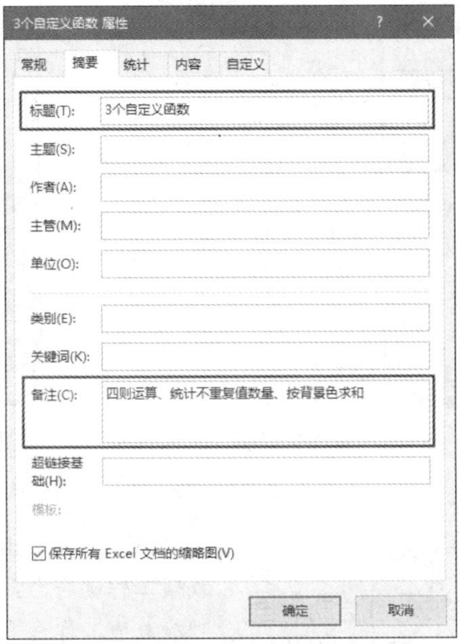

图 25-6 为加载项添加标题和描述信息

打开要创建加载项的工作簿，选择【文件】⇨【导出】命令，然后双击打开界面右侧的【更改文件类型】命令。打开【另存为】对话框，在【保存类型】下拉列表中选择【Excel 加载宏】或【Excel 97-2003加载宏】，对话框中的保存位置将自动定位到存储用户自定义加载项的AddIns文件夹。在【文件名】文本框中输入加载项文件的名称，然后单击【保存】按钮，即可在 AddIns 文件夹中创建加载项，如图 25-7 所示。

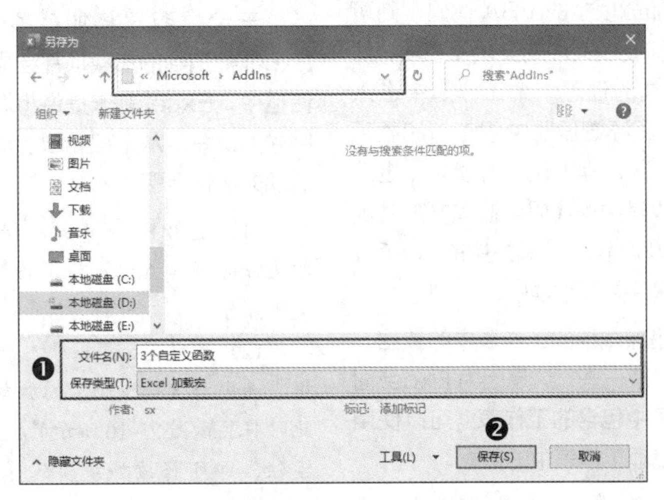

图 25-7 在 AddIns 文件夹中创建加载项

25.2.3 安装和卸载加载项

创建加载项之后，如果想要在 Excel 中使用其中包含的功能，则需要安装该加载项。在功能区的【开发工具】选项卡的【加载项】组中单击【Excel 加载项】按钮，打开【加载项】对话框，选中要安装的加载项的复选框，如图 25-8 所示。如果没有显示要安装的加载项，则单击【浏览】按钮后选择所需的加载项。单击【确定】按钮，即可将指定的加载项安装到 Excel 中。

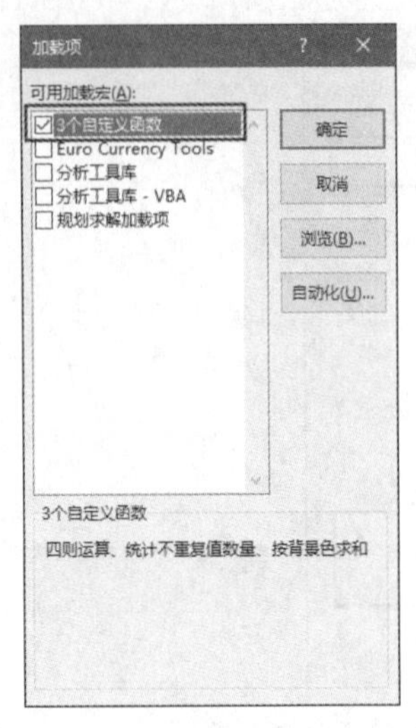

图 25-8　选择要安装的加载项

由于已安装的加载项会在 Excel 启动时自动运行，因此对于无须使用的加载项，可以将其从 Excel 中卸载，以免影响 Excel 的启动速度。打开【加载项】对话框，取消选中要卸载的加载项的复选框，然后单击【确定】按钮。

25.2.4 修改加载项

如果需要修改加载项中的 VBA 代码，则可以在 Excel 中打开加载项文件或安装加载项，然后在当前打开或新建的任意一个工作簿中进入 VBE 窗口，在工程资源管理器中双击与加载项对应的 VBA 工程，展开其中包含的模块，进入指定的模块窗口修改其中的代码。修改好加载项中的代码后，单击 VBE 窗口工具栏中的【保存】按钮，将修改结果保存到加载项中。

如果要修改的是加载项的工作表中的数据，则操作过程会稍微复杂一些，这是因为 Excel 窗口中不会显示加载项中包含的工作表。可以使用下面的方法修改加载项工作表中的数据。

(1) 在任意一个工作簿中打开 VBE 窗口，展开与加载项对应的 VBA 工程，选择其中的 ThisWorkbook 模块。

(2) 按【F4】键打开【属性】窗口，其中显示了 ThisWorkbook 对象的属性。选择 IsAddIn 属性，然后将其值设置为 False，如图 25-9 所示。

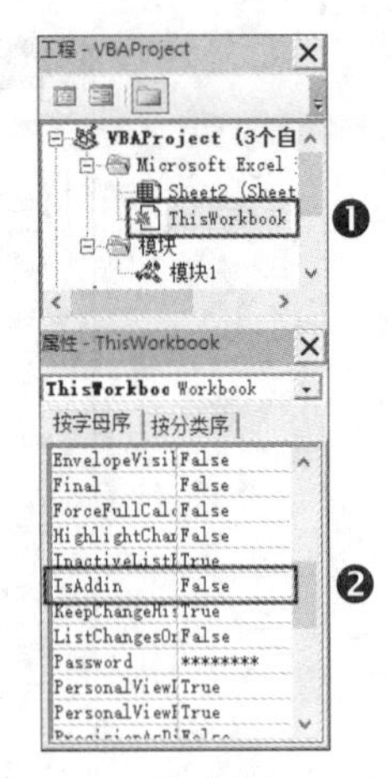

图 25-9　修改 IsAddIn 属性

(3) 将 IsAddIn 属性的值改为 False 后，加载项工作簿将会显示在 Excel 窗口中，此时可以对加载项工作表中的数据进行编辑。完成所需修改后，将 IsAddIn 属性的值设置为 True，即可将加载项重新隐藏起来。最后单击 VBE 窗口工具栏中的【保存】按钮，将修改结果保存到加载项中。

25.2.5 删除加载项

无论是否已将加载项安装到 Excel 中，Excel 检测到的加载项都会显示在【加载项】对话框中，Excel 并未提供将加载项从该对话框中删除的命令。从【加载项】对话框中删除某个加载项的操作步骤如下。

(1) 退出 Excel 程序，进入包含加载项文件的文件夹（如 AddIns），将加载项文件从该文件夹中删除。

(2) 启动 Excel 程序，打开【加载项】对话框，选中与上一步删除的加载项对应的复选框，此时将显示图 25-10 所示的提示信息，单击【是】按钮，即可将该加载项从【加载项】对话框中删除。

图 25-10　从【加载项】对话框中删除加载项时的提示信息

Excel 规范和限制

工作簿和工作表规范和限制

功能	最大限制
打开的工作簿个数	受可用内存限制
工作簿的窗口个数	受可用内存限制
工作簿中的名称个数	受可用内存限制
工作簿中的命名视图个数	受可用内存限制
工作簿中的工作表个数	受可用内存限制
工作表的行数和列数	最大行数为 1048576，最大列数为 16384
列宽	255 个字符
行高	409 磅
单元格中的字符个数	32767 个字符
选定区域的个数	2048
排序关键字的个数	单个排序时为 64 个，连续排序时没有限制
筛选下拉列表中的项目个数	1000 个
条件格式中的条件个数	64 个
页眉或页脚中的字符个数	32 个
分页符个数	水平分页符和垂直分页符均为 1026 个
方案个数	受可用内存限制
方案中的可变单元格个数	32 个
规划求解中的可变单元格个数	200 个
自定义函数个数	受可用内存限制
显示比例的缩放范围	10% ~ 400%
撤销次数	100 次

图表规范和限制

功能	最大限制
与工作表链接的图表个数	受可用内存限制
图表引用的工作表个数	255 个
图表中的数据系列个数	255 个
二维图表的数据系列中的数据点个数	受可用内存限制
三维图表的数据系列中的数据点个数	受可用内存限制
图表中的所有数据系列的数据点个数	受可用内存限制

数据透视表规范和限制

功能	最大限制
数据透视表的个数	受可用内存限制
数据透视表中的报表筛选个数	256 个
数据透视表中的值字段个数	256 个
数据透视表中的页字段个数	256 个
每个字段中唯一项的个数	1048576 个
数据透视表中的计算项个数	受可用内存限制
数据透视图中的报表筛选个数	256 个
数据透视图中的值个数	256 个
数据透视图中的计算项个数	受可用内存限制

计算规范和限制

功能	最大限制
最大正数	9.99999999999999E+307
最小正数	2.2251E-308
最大负数	-9.99999999999999E+307
最小负数	-2.2251E-308
数字精度	15 位，超过 15 位的部分自动变为 0
计算允许的最早日期	1900 年 1 月 1 日（1904 日期系统为 1904 年 1 月 1 日）
计算允许的最晚日期	9999 年 12 月 31 日
可以输入的最长时间	9999:59:59
公式中允许的最大正数	1.7976931348623158e+308
公式中允许的最大负数	-1.7976931348623158e+308
公式内容的长度	8192 个字符
函数可以包含的最大参数个数	255 个
函数可以嵌套的最大层数	64 层
工作表数组个数	受可用内存限制
公式迭代次数	32767 次

Excel 函数速查表

逻辑函数

函数名称	功能
AND	判断多个条件是否同时成立
FALSE	返回逻辑值 FALSE
IF	根据条件判断并获取不同结果
IFNA	判断公式是否出现 #N/A 错误
IFERROR	如果公式的计算结果错误，则返回用户指定的值；否则返回公式的结果
NOT	对逻辑值求反
OR	判断多个条件中是否至少有一个条件成立
TRUE	返回逻辑值 TRUE
XOR	判断多个条件中是否有一个条件成立

信息函数

函数名称	功能
CELL	获取有关单元格格式、位置或内容的信息
ERROR.TYPE	获取对应于错误类型的数字
INFO	获取有关当前操作环境的信息
ISBLANK	如果值为空，则返回 TRUE
ISERR	如果值为除 #N/A 以外的任何错误值，则返回 TRUE
ISERROR	如果值为任何错误值，则返回 TRUE
ISEVEN	如果数字为偶数，则返回 TRUE
ISFORMULA	如果单元格包含公式，则返回 TRUE
ISLOGICAL	如果值为逻辑值，则返回 TRUE
ISNA	如果值为错误值 #N/A，则返回 TRUE
ISNONTEXT	如果值不是文本，则返回 TRUE
ISNUMBER	如果值为数字，则返回 TRUE
ISODD	如果值为奇数，则返回 TRUE
ISREF	如果值为一个引用，则返回 TRUE
ISTEXT	如果值为文本，则返回 TRUE
N	获取转换为数字的值
NA	获取错误值 #N/A
SHEET	返回引用工作表的工作表编号
SHEETS	返回引用所在的工作簿包含的工作表总数
TYPE	获取表示值的数据类型的数字

文本函数

函数名称	功能
ASC	将全角（双字节）字符转换为半角（单字节）字符
BAHTTEXT	将数字转换为泰语文本
CHAR	获取与数值序号对应的字符
CLEAN	删除文本中所有非打印字符

续表

函数名称	功能
CODE	获取与字符对应的数值序号
CONCATENATE	将多个文本合并到一处
DOLLAR	将数字转换为美元文本
EXACT	比较两个文本是否相同
FIND 和 FINDB	以区分大小写的方式精确查找
FIXED	将数字按指定的小数位数取整
JIS	将半角（单字节）字符转换为全角（双字节）字符
LEFT 和 LEFTB	从文本最左侧开始提取字符
LEN 和 LENB	获取文本中的字符个数
LOWER	将文本转换为小写
MID 和 MIDB	从文本指定位置开始提取字符
NUMBERSTRING	将数值转换为大写汉字
NUMBERVALUE	以与区域设置无关的方式将文本转换为数字
PHONETIC	获取文本中的拼音（汉字注音）字符
PROPER	将文本中每个单词的首字母转换为大写
REPLACE 和 REPLACEB	以指定位置替换
REPT	生成重复的字符
RIGHT 和 RIGHTB	从文本最右侧开始提取字符
SEARCH 和 SEARCHB	以不区分大小写的方式进行查找
SUBSTITUTE	以指定文本替换
T	将数值转换为文本
TEXT	将数值转换为按指定数字格式表示的文本
TRIM	删除文本中多余的空格
UNICHAR	返回给定数值引用的 Unicode 字符
UNICODE	返回对应于文本的第 1 个字符的数字（代码点）
UPPER	将文本转换为大写
VALUE	将文本转换为数字
WIDECHAR	将半角字符转换为全角字符

数学和三角函数

函数名称	功能
ABS	计算数字的绝对值
ACOS	计算数字的反余弦值
ACOSH	计算数字的反双曲余弦值
ACOT	计算数字的反余切值
ACOTH	计算数字的双曲反余切值
AGGREGATE	获取列表或数据库中的集合
ARABIC	将罗马数字转换为阿拉伯数字
ASIN	计算数字的反正弦值
ASINH	计算数字的反双曲正弦值
ATAN	计算数字的反正切值
ATAN2	计算给定坐标的反正切值
ATANH	计算数字的反双曲正切值
BASE	将一个数转换为具有给定基数的文本

续表

函数名称	功能
CEILING	以远离 0 的指定倍数舍入
CEILING.MATH	以绝对值或算数值增大的方向按指定倍数舍入
CEILING.PRECISE	将数字向上舍入为最接近的整数或最接近的指定基数的倍数。无论该数字的符号如何，该数字都向上舍入
COMBIN	计算给定数目对象的组合数
COMBINA	计算给定数目对象中具有重复项的组合数
COS	计算数字的余弦值
COSH	计算数字的双曲余弦值
COT	计算数字的双曲余弦值
COTH	计算给定角度的余弦值
CSC	计算给定角度的余割值
CSCH	计算给定角度的双曲余割值
DECIMAL	将给定基数内的数的文本表示转换为十进制数
DEGREES	将弧度转换为角度
EVEN	沿绝对值增大的方向舍入到最接近的偶数
EXP	计算 e 的 *n* 次方
FACT	计算数字的阶乘
FACTDOUBLE	计算数字的双倍阶乘
FLOOR	以接近 0 的指定倍数舍入
FLOOR.MATH	以绝对值或算数值减小的方向按指定倍数舍入
FLOOR.PRECISE	将数字向下舍入为最接近的整数或最接近的指定基数的倍数。无论该数字的符号如何，该数字都向下舍入
GCD	计算最大公约数
INT	计算永远小于原数字的最接近的整数
LCM	计算最小公倍数
LN	计算自然对数
LOG	计算以指定底为底的对数
LOG10	计算以 10 为底的对数
MDETERM	计算数组的矩阵行列式的值
MINVERSE	计算数组的逆矩阵
MMULT	计算两个数组的矩阵乘积
MUNIT	返回单位矩阵或指定维度
MOD	求商的余数
MROUND	返回参数按指定基数舍入后的值
MULTINOMIAL	返回参数和的阶乘与各参数阶乘乘积的比值
ODD	沿绝对值增大的方向舍入最接近的奇数
PI	获取 pi 的值
POWER	计算数字的乘幂
PRODUCT	计算数字的乘积
QUOTIENT	获取商的整数部分
RADIANS	将度转换为弧度
RAND	获取 0 到 1 之间的一个随机数
RANDBETWEEN	获取介于两个指定数字之间的一个随机数
ROMAN	将阿拉伯数字转换为文本格式的罗马数字
ROUND	将数字按指定位数舍入（四舍五入）

续表

函数名称	功能
ROUNDDOWN	舍入到接近 0 的数字（向下舍入）
ROUNDUP	舍入到远离 0 的数字（向上舍入）
SEC	计算给定角度的正割值
SECH	计算给定角度的双曲正割值
SERIESSUM	计算基于公式的幂级数的和
SIGN	获取数字的符号
SIN	计算给定角度的正弦值
SINH	计算数字的双曲正弦值
SQRT	计算正平方根
SQRTPI	计算某数与 pi 的乘积的平方根
SUBTOTAL	获取指定区域的分类汇总结果
SUM	对指定单元格求和
SUMIF	按给定条件对指定单元格求和
SUMIFS	按给定的多个条件对指定单元格求和
SUMPRODUCT	计算对应数组元素的乘积和
SUMSQ	计算参数的平方和
SUMX2MY2	计算两个数组中对应值平方差之和
SUMX2PY2	计算两个数组中对应值平方和之和
SUMXMY2	计算两个数组中对应值差的平方和
TAN	计算数字的正切值
TANH	计算数字的双曲正切值
TRUNC	获取数字的整数部分

统计函数

函数名称	功能
AVEDEV	计算数据点与其平均值的绝对偏差的平均值
AVERAGE	计算参数的平均值
AVERAGEA	计算参数的平均值，包括数字、文本和逻辑值
AVERAGEIF	计算满足给定条件的所有单元格的平均值
AVERAGEIFS	计算满足多个给定条件的所有单元格的平均值
BETA.DIST	获取 Beta 累积分布函数
BETA.INV	获取指定 Beta 分布的累积分布函数的反函数
BINOM.DIST	计算一元二项式分布的概率值
BINOM.DIST.RANGE	返回二项式分布试验结果的概率
BINOM.INV	计算使累积二项式分布小于或等于临界值的最小值
CHISQ.DIST	获取累积 Beta 概率密度函数
CHISQ.DIST.RT	获取 χ^2 分布的单尾概率
CHISQ.INV	获取累积 Beta 概率密度函数
CHISQ.INV.RT	获取 γ^2 分布的单尾概率的反函数
CHISQ.TEST	获取独立性检验值
CONFIDENCE.NORM	获取总体平均值的置信区间
CONFIDENCE.T	获取总体平均值的置信区间（使用学生的 t 分布）
CORREL	获取两个数据集之间的相关系数
COUNT	计算参数列表中数字的个数
COUNTA	计算参数列表中值的个数

续表

函数名称	功能
COUNTBLANK	计算空白单元格的数量
COUNTIF	计算满足给定条件的单元格的数量
COUNTIFS	计算满足多个给定条件的单元格的数量
COVARIANCE.P	计算协方差，即成对偏差乘积的平均值
COVARIANCE.S	计算样本协方差，即两个数据集中每对数据点的偏差乘积的平均值
DEVSQ	计算偏差的平方和
EXPON.DIST	获取指数分布
F.DIST	获取 F 概率分布
F.DIST.RT	获取 F 概率分布
F.INV	获取 F 概率分布的反函数值
F.INV.RT	获取 F 概率分布的反函数值
FISHER	获取 Fisher 变换值
FISHERINV	获取 Fisher 变换的反函数值
FORECAST	获取沿线性趋势的值
FREQUENCY	以垂直数组的形式获取频率分布
F.TEST	获取 F 检验的结果
GAMMA	返回伽玛函数值
GAMMA.DIST	获取 γ 分布
GAMMA.INV	获取 γ 累积分布函数的反函数
GAMMALN	获取 γ 函数的自然对数
GAMMALN.PRECISE	获取 γ 函数的自然对数
GAUSS	返回小于标准正态累积分布 0.5 的值
GEOMEAN	计算几何平均值
GROWTH	计算沿指数趋势的值
HARMEAN	计算调和平均值
HYPGEOM.DIST	获取超几何分布
INTERCEPT	获取线性回归线的截距
KURT	获取数据集的峰值
LARGE	获取数据集中第 *k* 个最大值
LINEST	获取线性趋势的参数
LOGEST	获取指数趋势的参数
LOGNORM.INV	获取对数累积分布的反函数
LOGNORM.DIST	获取对数累积分布函数
MAX	获取参数列表中的最大值，忽略文本和逻辑值
MAXA	获取参数列表中的最大值，包括文本和逻辑值
MEDIAN	获取给定数值集合的中值
MIN	获取参数列表中的最小值，忽略文本和逻辑值
MINA	获取参数列表中的最小值，包括文本和逻辑值
MODE.NULT	获取一组数据或数据区域中出现频率最高或重复出现的数值的垂直数组
MODE.SNGL	获取数据集内出现次数最多的值
NEGBINOM.DIST	获取负二项式分布
NORM.DIST	获取正态累积分布
NORM.INV	获取标准正态累积分布的反函数
NORM.S.DIST	获取标准正态累积分布
NORM.S.INV	获取标准正态累积分布函数的反函数

续表

函数名称	功能
PEARSON	获取 Pearson 乘积矩的相关系数
PERCENTILE.EXC	获取区域中数值的第 *k* 个百分点的值，*k* 取值范围在 0 到 1 之间，但不包含 0 和 1
PERCENTILE.INC	获取区域中数值的第 *k* 个百分点的值
PERCENTRANK.EXC	获取数据集中值的百分比排位，此处的百分点值的范围在 0 到 1 之间，但不包含 0 和 1
PERCENTRANK.INC	获取数据集中值的百分比排位
PERMUT	获取给定数目对象的排列数
PERMUTATIONA	返回可从总计对象中选择的给定数目对象（含重复）的排列数
PHI	返回标准正态分布的密度函数值
POISSON.DIST	获取泊松分布
PROB	获取区域中的数值落在指定区间内的概率
QUARTILE.EXC	获取数据集的四分位数，此处的百分点值的范围在 0 到 1 之间，但不包含 0 和 1
QUARTILE.INC	获取数据集的四分位数
RANK.AVG	获取一个数字在数字列表中的排位
RANK.EQ	获取一个数字在数字列表中的排位
RSQ	获取 Pearson 乘积矩相关系数的平方
SKEW	获取分布的不对称度
SKEW.P	返回用于体现某一分布相对其平均值的不对称度
SLOPE	获取线性回归线的斜率
SMALL	获取数据集中的第 *k* 个最小值
STANDARDIZE	获取正态化数值
STDEVA	估算基于样本的标准偏差，包括文本和逻辑值
STDEVPA	估算基于整个样本总体的标准偏差，包括文本和逻辑值
STDEV.P	估算基于整个样本总体的标准偏差，忽略文本和逻辑值
STDEV.S	估算基于样本的标准偏差，忽略文本和逻辑值
STEYX	获取通过线性回归法预测每个 *x* 的 *y* 值时所产生的标准误差
T.DIST	获取学生的 t 分布的百分点
T.DIST.2T	获取学生的 t 分布的百分点
T.DIST.RT	获取学生的 t 分布
T.INV	获取作为概率和自由度函数的学生 t 分布的 t 值
T.INV.2T	获取学生的 t 分布的反函数
TREND	获取沿线性趋势的值
TRIMMEAN	获取数据集的内部平均值
T.TEST	获取与学生的 t 检验相关的概率
VARA	计算基于给定样本的方差，包括文本和逻辑值
VARPA	计算基于整个样本总体的方差，包括文本和逻辑值
VAR.P	计算基于整个样本总体的方差，忽略文本和逻辑值
VAR.S	计算基于给定样本的方差，忽略文本和逻辑值
WEIBULL.DIST	获取韦伯分布
Z.TEST	获取 z 检验的单尾概率值

查找和引用函数

函数名称	功能
ADDRESS	获取与给定的行号和列号对应的单元格地址
AREAS	获取引用中包含的区域数量

续表

函数名称	功能
CHOOSE	根据给定序号从列表中选择对应的内容
COLUMN	获取单元格或单元格区域首列的列号
COLUMNS	获取数据区域的列数
FORMULATEXT	返回给定引用公式的文本形式
GETPIVOTDATA	获取数据透视表中的数据
HLOOKUP	在数据区域的行中查找数据
HYPERLINK	为指定内容创建超链接
INDEX	返回表格或区域中的数值或对数值的引用
INDIRECT	获取由文本值指定的引用
LOOKUP	仅在单行单列中查找
MATCH	获取指定内容所在的位置
OFFSET	根据给定的偏移量获取新的引用区域
ROW	获取单元格或单元格区域首行的行号
ROWS	获取数据区域的行数
RTD	获取支持 COM 自动化程序的实时数据
TRANSPOSE	转置数据区域的行与列的位置
VLOOKUP	在数据区域的列中查找数据

日期和时间函数

函数名称	功能
DATE	获取指定日期的数值序号
DATEDIF	计算开始和结束日期之间的时间间隔
DATEVALUE	将常规的日期形式转换为数值序号
DAY	获取日期中具体的某一天
DAYS	计算两个日期之间的天数
DAYS360	以一年 360 天为基准计算两个日期间的天数
EDATE	计算从起始日前几个月或后几个月的日期的数值序号
EOMONTH	计算从起始日期前几个月或后几个月的月份最后一天的数值序号
HOUR	获取小时数
ISOWEEKNUM	返回日期在全年中的 ISO 周数
MINUTE	获取分钟数
MONTH	获取月份
NETWORKDAYS	计算两个日期间的所有工作日天数
NETWORKDAYS.INTL	计算两个日期间的所有工作日天数（使用参数指明周末有几天并指明是哪几天）
NOW	获取当前日期和时间
SECOND	获取秒数
TIME	将指定内容显示为一个时间
TIMEVALUE	将文本格式的时间转换为数值序号
TODAY	获取当前日期
WEEKDAY	获取对应当前日期的一周中的第几天
WEEKNUM	获取某个日期位于一年中的第几周
WORKDAY	计算与指定日期相隔数个工作日的日期
WORKDAY.INTL	计算与指定日期相隔数个工作日的日期（使用参数指明周末有几天并指明是哪几天）
YEAR	获取年份
YEARFRAC	计算从起始日期到终止日期所经历的天数占全年天数的百分比

财务函数

函数名称	功能
ACCRINT	计算定期支付利息的有价证券的应计利息
ACCRINTM	计算在到期日支付利息的有价证券的应计利息
AMORDEGRC	计算每个结算期间的折旧值（折旧系数取决于资产的寿命）
AMORLINC	计算每个结算期间的折旧值
COUPDAYBS	计算当前付息期内截止到结算日的天数
COUPDAYS	计算结算日所在的付息期的天数
COUPDAYSNC	计算从结算日到下一付息日之间的天数
COUPNCD	计算成交日之后的下一个付息日
COUPNUM	计算成交日和到期日之间的应付利息次数
COUPPCD	计算成交日之前的上一付息日
CUMIPMT	计算两个付款期之间累积支付的利息
CUMPRINC	计算两个付款期之间为贷款累积支付的本金
DB	使用固定余额递减法，计算一笔资产在给定期间内的折旧值
DDB	使用双倍余额递减法或其他方法，计算一笔资产在给定期间内的折旧值
DISC	计算有价证券的贴现率
DOLLARDE	将以分数表示的美元价格转换为以小数表示的美元价格
DOLLARFR	将以小数表示的美元价格转换为以分数表示的美元价格
DURATION	计算定期支付利息的有价证券的年度期限
EFFECT	计算有效年利率
FV	计算一笔投资的未来值
FVSCHEDULE	应用一系列复利率计算初始本金的未来值
INTRATE	计算一次性付息证券的利率
IPMT	计算一笔投资在给定期间内支付的利息
IRR	计算一系列现金流的内部收益率
ISPMT	计算特定投资期内要支付的利息
MDURATION	计算假设面值为￥100 的有价证券的 Macauley 修正期限
MIRR	计算正负现金流在不同利率下支付的内部收益率
NOMINAL	计算名义年利率
NPER	计算投资的期数
NPV	基于一系列定期的现金流和贴现率计算投资的净现值
ODDFPRICE	计算首期付息日不固定的面值￥100 的有价证券价格
ODDFYIELD	计算首期付息日不固定的有价证券的收益率
ODDLPRICE	计算末期付息日不固定的面值￥100 的有价证券的价格
ODDLYIELD	计算末期付息日不固定的有价证券的收益率
PDURATION	计算投资到达指定值所需的期数
PMT	计算年金的定期支付金额
PPMT	计算一笔投资在给定期间内偿还的本金
PRICE	计算定期付息的面值￥100 的有价证券的价格
PRICEDISC	计算折价发行的面值￥100 的有价证券的价格
PRICEMAT	计算到期付息的面值￥100 的有价证券的价格
PV	计算投资的现值
RATE	计算年金的各期利率
RECEIVED	计算一次性付息的有价证券到期收回的金额
RRI	计算某项投资增长的等效利率
SLN	计算某项资产在一个期间中的线性折旧值
SYD	计算某项资产按年限总和折旧法计算的指定期间的折旧值
VDB	使用余额递减法，计算一笔资产在给定期间或部分期间内的折旧值

续表

函数名称	功能
XIRR	计算一组未必定期发生的现金流的内部收益率
XNPV	计算一组未必定期发生的现金流的净现值
YIELD	计算定期支付利息的有价证券的收益率
YIELDDISC	计算折价发行的有价证券的年收益率
YIELDMAT	计算到期付息的有价证券的年收益率

工程函数

函数名称	功能
BESSELI	获取修正的贝塞尔函数 In(x)
BESSELJ	获取贝塞尔函数 Jn(x)
BESSELK	获取修正的贝塞尔函数 Kn(x)
BESSELY	获取贝塞尔函数 Yn(x)
BIN2DEC	将二进制数转换为十进制数
BIN2HEX	将二进制数转换为十六进制数
BIN2OCT	将二进制数转换为八进制数
BITAND	返回两个数的按位“与”
BITLSHIFT	返回左移 shift_amount 位的计算值接收数
BITOR	返回两个数的按位“或”
BITRSHIFT	返回右移 shift_amount 位的计算值接收数
BITXOR	返回两个数的按位“异或”
COMPLEX	将实系数和虚系数转换为复数
CONVERT	将数字从一种度量系统转换为另一种度量系统
DEC2BIN	将十进制数转换为二进制数
DEC2HEX	将十进制数转换为十六进制数
DEC2OCT	将十进制数转换为八进制数
DELTA	测试两个值是否相等
ERF	获取误差函数
ERF.PRECISE	获取误差函数
ERFC	获取余误差函数
ERFC.PRECISE	获取从 *x* 到无穷大积分的互补 ERF 函数
GESTEP	测试某值是否大于阈值
HEX2BIN	将十六进制数转换为二进制数
HEX2DEC	将十六进制数转换为十进制数
HEX2OCT	将十六进制数转换为八进制数
IMABS	计算复数的绝对值（模数）
IMAGINARY	获取复数的虚系数
IMARGUMENT	获取一个以弧度表示的角度的参数 theta
IMCONJUGATE	获取复数的共轭复数
IMCOS	计算复数的余弦
IMCOSH	计算复数的双曲余弦值
IMCOT	计算复数的余弦值
IMCSC	计算复数的余割值
IMCSCH	计算复数的双曲余割值
IMDIV	计算两个复数的商
IMEXP	计算复数的指数
IMLN	计算复数的自然对数
IMLOG10	计算复数的以 10 为底的对数

续表

函数名称	功能
IMLOG2	计算复数的以 2 为底的对数
IMPOWER	计算复数的整数幂
IMPRODUCT	计算复数的乘积
IMREAL	获取复数的实系数
IMSEC	计算复数的正割值
IMSECH	计算复数的双曲正切值
IMSIN	计算复数的正弦
IMSINH	计算复数的双曲正弦值
IMSQRT	计算复数的平方根
IMSUB	计算两个复数的差
IMSUM	计算多个复数的和
IMTAN	计算复数的正切值
OCT2BIN	将八进制数转换为二进制数
OCT2DEC	将八进制数转换为十进制数
OCT2HEX	将八进制数转换为十六进制数

数据库函数

函数名称	功能
DAVERAGE	计算满足条件的数值的平均值
DCOUNT	计算满足条件的包含数字的单元格个数
DCOUNTA	计算满足条件的非空单元格个数
DGET	获取符合条件的单个值
DMAX	获取满足条件的列表中的最大值
DMIN	获取满足条件的列表中的最小值
DPRODUCT	计算满足条件的数值的乘积
DSTDEV	获取满足条件的数字作为一个样本估算出的样本总体标准偏差
DSTDEVP	获取满足条件的数字作为样本总体计算出的总体标准偏差
DSUM	计算满足条件的数字的和
DVAR	获取满足条件的数字作为一个样本估算出的样本总体方差
DVARP	获取满足条件的数字作为样本总体计算出的样本总体方差

多维数据集函数

函数名称	功能
CUBEKPIMEMBER	获取关键性能指标属性并显示名称
CUBEMEMBER	获取多维数据集中的成员或元组
CUBEMEMBERPROPERTY	获取多维数据集中成员属性的值
CUBERANKEDMEMBER	获取集合中的第 *n* 个成员或排名成员
CUBESET	定义成员或元组的计算集
CUBESETCOUNT	获取集合中的项目数
CUBEVALUE	获取多维数据集中的汇总值

Web 函数

函数名称	功能
ENCODEURL	将文本转换为 URL 编码
WEBSERVICE	从 Web 服务中获取网络数据
FILTERXML	在 XML 结构化内容中获取指定路径下的信息

加载宏和自动化函数

函数名称	功能
CALL	调用动态链接库或代码源中的程序
EUROCONVERT	欧洲货币间的换算
REGISTER.ID	获取已注册的指定动态链接库或代码源的注册号
SQL.REQUEST	以数组的形式返回外部数据源的查询结果

兼容性函数

函数名称	功能
BETADIST	获取 Beta 累积分布函数
BETAINV	获取指定 Beta 分布的累积分布函数的反函数
BINOMDIST	计算一元二项式分布的概率值
CHIDIST	获取 χ^2 分布的单尾概率
CHIINV	获取 γ^2 分布的单尾概率的反函数
CHITEST	获取独立性检验值
CONFIDENCE	获取总体平均值的置信区间
COVAR	计算协方差，即成对偏差乘积的平均值
CRITBINOM	计算使累积二项式分布小于或等于临界值的最小值
EXPONDIST	获取指数分布
FDIST	获取 F 概率分布
FINV	获取 F 概率分布的反函数值
FTEST	获取 F 检验的结果
GAMMADIST	获取 γ 分布
GAMMAINV	获取 γ 累积分布函数的反函数
HYPGEOMDIST	获取超几何分布
LOGINV	获取对数分布函数的反函数
LOGNORMDIST	获取对数累积分布函数
MODE	获取在数据集中出现次数最多的值
NEGBINOMDIST	获取负二项式分布
NORMDIST	获取正态累积分布
NORMINV	获取标准正态累积分布的反函数
NORMSDIST	获取标准正态累积分布
NORMSINV	获取标准正态累积分布函数的反函数
PERCENTILE	获取区域中数值的第 k 个百分点的值
PERCENTRANK	获取数据集中值的百分比排位
POISSON	获取泊松分布
QUARTILE	获取数据集的四分位数
RANK	获取一个数字在数字列表中的排位
STDEV	估算基于样本的标准偏差，忽略文本和逻辑值
STDEVP	估算基于整个样本总体的标准偏差，忽略文本和逻辑值
TDIST	获取学生的 t 分布
TINV	获取学生的 t 分布的反函数
TTEST	获取与学生的 t 检验相关的概率
VAR	计算基于给定样本的方差，忽略文本和逻辑值
VARP	计算基于整个样本总体的方差，忽略文本和逻辑值
WEIBULL	获取韦伯分布
ZTEST	获取 z 检验的单尾概率值

Excel 快捷键

工作簿基本操作

快捷键	功能
F10	打开或关闭功能区命令的按键提示
F12	打开【另存为】对话框
Ctrl+F1	显示或隐藏功能区
Ctrl+F4	关闭选定的工作簿窗口
Ctrl+F5	恢复选定工作簿窗口的大小
Ctrl+F6	切换到下一个工作簿窗口
Ctrl+F7	使用方向键移动工作簿窗口
Ctrl+F8	调整工作簿窗口大小
Ctrl+F9	最小化工作簿窗口
Ctrl+N	创建一个新的空白工作簿
Ctrl+O	打开【打开】对话框
Ctrl+S	保存工作簿
Ctrl+W	关闭选定的工作簿窗口
Ctrl+F10	最大化或还原选定的工作簿窗口

在工作表中移动和选择

快捷键	功能
Tab	在工作表中向右移动一个单元格
Enter	默认向下移动单元格，可在【Excel 选项】对话框【高级】选项卡中设置
Shift+Tab	可移到工作表中的前一个单元格
Shift+Enter	向上移动单元格
方向键	在工作表中向上、下、左、右移动单元格
Ctrl+ 方向键	移到数据区域的边缘
Ctrl+Space	可选择工作表中的整列
Shift+ 方向键	将单元格的选定范围扩大一个单元格
Shift+ Space	可选择工作表中的整行
Ctrl+A	选择整个工作表。如果工作表包含数据，则选择当前区域。当插入点位于公式中某个函数名称的右边时将打开【函数参数】对话框
Ctrl+Shift+ Space	选择整个工作表。如果工作表中包含数据，则选择当前区域。当某个对象处于选定状态时，选择工作表上的所有对象
Ctrl+Shift+ 方向键	将单元格的选定范围扩展到活动单元格所在列或行中的最后一个非空单元格。如果下一个单元格为空，则将选定范围扩展到下一个非空单元格
Home	移到行首
	当 Scroll Lock 处于开启状态时，移到窗口左上角的单元格
End	当 Scroll Lock 处于开启状态时，移动到窗口右下角的单元格
PageUp	在工作表中上移一个屏幕
PageDown	在工作表中下移一个屏幕
Alt+PageUp	在工作表中向左移动一个屏幕
Alt+PageDown	在工作表中向右移动一个屏幕

续表

快捷键	功能
Ctrl+End	移动到工作表中的最后一个单元格
Ctrl+Home	移到工作表的开头
Ctrl+PageUp	可移到工作簿中的上一个工作表
Ctrl+PageDown	可移到工作簿中的下一个工作表
Ctrl+Shift+*	选择环绕活动单元格的当前区域。在数据透视表中选择整个数据透视表
Ctrl+Shift+End	将单元格选定区域扩展到工作表中所使用的右下角的最后一个单元格
Ctrl+Shift+Home	将单元格的选定范围扩展到工作表的开头
Ctrl+Shift+PageUp	可选择工作簿中的当前和上一个工作表
Ctrl+Shift+PageDown	可选择工作簿中的当前和下一个工作表

在工作表中编辑

快捷键	功能
Esc	取消单元格或编辑栏中的输入
Delete	在公式栏中删除光标右侧的一个字符
Backspace	在公式栏中删除光标左侧的一个字符
F2	进入单元格编辑状态
F3	打开【粘贴名称】对话框
F4	重复上一个命令或操作
F5	打开【定位】对话框
F8	打开或关闭扩展模式
F9	计算所有打开的工作簿中的所有工作表
F11	创建当前范围内数据的图表
Ctrl+'	将公式从活动单元格上方的单元格复制到单元格或编辑栏中
Ctrl+;	输入当前日期
Ctrl+`	在工作表中切换显示单元格值和公式
Ctrl+0	隐藏选定的列
Ctrl+6	在隐藏对象、显示对象和显示对象占位符之间切换
Ctrl+8	显示或隐藏大纲符号
Ctrl+9	隐藏选定的行
Ctrl+C	复制选定的单元格。连续按两次【Ctrl+C】组合键将打开 Office 剪贴板
Ctrl+D	使用【向下填充】命令将选定范围内最顶层单元格的内容和格式复制到下面的单元格中
Ctrl+F	打开【查找和替换】对话框的【查找】选项卡
Ctrl+G	打开【查找和替换】对话框的【定位】选项卡
Ctrl+H	打开【查找和替换】对话框的【替换】选项卡
Ctrl+K	打开【插入超链接】对话框或为现有超链接打开【编辑超链接】对话框
Ctrl+R	使用【向右填充】命令将选定范围最左边单元格的内容和格式复制到右边的单元格中
Ctrl+T	打开【创建表】对话框
Ctrl+V	粘贴已复制的内容
Ctrl+X	剪切选定的单元格
Ctrl+Y	重复上一个命令或操作
Ctrl+Z	撤销上一个命令或删除最后输入的内容
Ctrl+F2	打开打印面板
Ctrl+ 减号	打开用于删除选定单元格的【删除】对话框

续表

快捷键	功能
Ctrl+Enter	使用当前内容填充选定的单元格区域
Alt+F8	打开【宏】对话框
Alt+F11	打开 Visual Basic 编辑器
Alt+Enter	在同一单元格中另起一个新行，即在一个单元格中换行输入
Shift+F2	添加或编辑单元格批注
Shift+F4	重复上一次查找操作
Shift+F5	打开【查找和替换】对话框的【查找】选项卡
Shift+F8	使用方向键将非邻近单元格或区域添加到单元格的选定范围中
Shift+F9	计算活动工作表
Shift+F11	插入一个新工作表
Ctrl+Alt+F9	计算所有打开的工作簿中的所有工作表
Ctrl+Shift+”	将值从活动单元格上方的单元格复制到单元格或编辑栏中
Ctrl+Shift+(	取消隐藏选定范围内所有隐藏的行
Ctrl+Shift+)	取消隐藏选定范围内所有隐藏的列
Ctrl+Shift+A	当插入点位于公式中某个函数名称的右边时，将会插入参数名称和括号
Ctrl+Shift+U	在展开和折叠编辑栏之间切换
Ctrl+Shift+ 加号	打开用于插入空白单元格的【插入】对话框
Ctrl+Shift+;	输入当前时间

在工作表中设置格式

快捷键	功能
Ctrl+B	应用或取消加粗格式设置
Ctrl+I	应用或取消倾斜格式设置
Ctrl+U	应用或取消下划线
Ctrl+1	打开【设置单元格格式】对话框
Ctrl+2	应用或取消加粗格式设置
Ctrl+3	应用或取消倾斜格式设置
Ctrl+4	应用或取消下划线
Ctrl+5	应用或取消删除线
Ctrl+Shift+ ~	应用“常规”数字格式
Ctrl+Shift+!	应用带有两位小数、千位分隔符和减号（用于负值）的“数值”格式
Ctrl+Shift+%	应用不带小数位的“百分比”格式
Ctrl+Shift+^	应用带有两位小数的“指数”格式
Ctrl+Shift+#	应用带有日、月和年的“日期”格式
Ctrl+Shift+@	应用带有小时和分钟并包含 AM 或 PM 字样的“时间”格式
Ctrl+Shift+&	对选定单元格设置外边框
Ctrl+Shift+_	删除选定单元格的外边框
Ctrl+Shift+F	打开【设置单元格格式】对话框并切换到【字体】选项卡
Ctrl+Shift+P	打开【设置单元格格式】对话框并切换到【字体】选项卡